中国水利学会
CHES

2022中国水利学术大会论文集

第七分册

中国水利学会 编

U0226377

黄河水利出版社

内 容 提 要

本书是以"科技助力新阶段水利高质量发展"为主题的 2022 中国水利学术大会（中国水利学会 2022 学术年会）论文合辑，积极围绕当年水利工作热点、难点、焦点和水利科技前沿问题，重点聚焦水资源短缺、水生态损害、水环境污染和洪涝灾害频繁等新老水问题，主要分为国家水网、水生态、水文等板块，对促进我国水问题解决、推动水利科技创新、展示水利科技工作者才华和成果有重要意义。

本书可供广大水利科技工作者和大专院校师生交流学习和参考。

图书在版编目（CIP）数据

2022 中国水利学术大会论文集：全七册/中国水利
学会编 . —郑州：黄河水利出版社，2022.12
ISBN 978-7-5509-3480-1

Ⅰ.①2… Ⅱ.①中… Ⅲ.①水利建设-学术会议-
文集 Ⅳ.①TV-53

中国版本图书馆 CIP 数据核字（2022）第 246440 号

策划编辑：杨雯惠 电话：0371-66020903 E-mail：yangwenhui923@163.com

出 版 社：黄河水利出版社   网址:www.yrcp.com
　　　　　地址：河南省郑州市顺河路黄委会综合楼 14 层   邮政编码：450003
发行单位：黄河水利出版社
　　　　　发行部电话：0371-66026940、66020550、66028024、66022620（传真）
　　　　　E-mail：hhslcbs@ 126.com
承印单位：广东虎彩云印刷有限公司
开本：889 mm×1 194 mm 1/16
印张：261（总）
字数：8 268 千字（总）
版次：2022 年 12 月第 1 版   印次：2022 年 12 月第 1 次印刷

定价：1 200.00 元（全七册）

《2022 中国水利学术大会论文集》

编 委 会

前言 Preface

　　学术交流是学会立会之本。作为我国历史上第一个全国性水利学术团体，90多年来，中国水利学会始终秉持"联络水利工程同志、研究水利学术、促进水利建设"的初心，团结广大水利科技工作者砥砺奋进、勇攀高峰，为我国治水事业发展提供了重要科技支撑。自2000年创立年会制度以来，中国水利学会20余年如一日，始终认真贯彻党中央、国务院方针政策，落实水利部和中国科协决策部署，紧密围绕水利中心工作，针对当年水利工作热点、难点、焦点和水利科技前沿问题、工程技术难题，邀请院士、专家、代表和科技工作者展开深层次的交流研讨。中国水利学术年会已成为促进我国水问题解决、推动水利科技创新、展示水利科技工作者才华和成果的良好交流平台，为服务水利科技工作者、服务学会会员、推动水利学科建设与发展做出了积极贡献。

　　2022中国水利学术大会（中国水利学会2022学术年会）以习近平新时代中国特色社会主义思想为指导，认真贯彻落实党的二十大精神，紧紧围绕"节水优先、空间均衡、系统治理、两手发力"的治水思路，以"科技助力新阶段水利高质量发展"为主题，聚焦国家水网、水灾害防御、智慧水利、地下水超采治理等问题，设置1个主会场和水灾害、国家水网、重大引调水工程、智慧水利·数字孪生等20个分会场。

　　2022中国水利学术大会论文征集通知发出后，受到了广大会员和水利科技工作者的广泛关注，共收到来自有关政府部门、科研院所、大专院校、水利设计、施工、管理等单位科技工作者的论文共1000余篇。为保证本次大会入选论文的质量，大会积极组织相关领域的专家对稿件进行了评审，共评选出669篇主题相符、水平较高的论文入选论文集。按照大会各分会场主题，本论文集共分7册予以出版。

　　本论文集的汇总工作由中国水利学会秘书处牵头，各分会场协助完成。论文集的编辑出版也得到了黄河水利出版社的大力支持和帮助，参与评审、编辑的专家和工作人员克服了时间紧、任务重等困难，付出了辛苦和汗水，在此一并表示感谢！同时，对所有应征投稿的科技工作者表示诚挚的谢意！

由于编辑出版论文集的工作量大、时间紧，且编者水平有限，不足之处，欢迎广大作者和读者批评指正。

中国水利学会

2022 年 12 月 12 日

目录 Contents

生态水利工程学

目 录

淤损水库治理与管理技术

标准化

土壤水分监测仪器检验测试规程关键技术指标验证与分析

陈　敏[1,3]　张　慧[2,3]　刘满红[1,3]

（1. 水利部水文仪器及岩土工程仪器质量监督检验测试中心，江苏南京　210012；
2. 江苏南水科技有限公司，江苏南京　210012；
3. 水利部水文水资源监控工程技术研究中心，江苏南京　210012）

摘　要：标准化工作与经济建设紧密相连，不仅是质量监督的重要依据，也是产品进入市场的基本准则。《土壤水分监测仪器检验测试规程》（SL/T 810—2021）于 2022 年 1 月 26 日正式实施，为了更好地贯彻执行该标准，本文对标准进行了解读，并对标准中的关键技术指标验证进行了详尽解析，旨在为正确理解和使用标准提供参考，将有助于不断提升产品质量，推动产业升级，促进行业发展，为我国抗旱减灾科学管理提供技术保障。

关键词：标准化；墒情监测；指标验证

1　引言

干旱灾害是影响我国经济社会发展的主要自然灾害之一，近年来随着气候变化的加剧，干旱灾害也呈加重趋势，对我国抗旱减灾工作提出了新的挑战，只有全面加强旱情监测，做到及时、准确监测和预测，才能适应和满足新时期抗旱工作需要。

墒情监测是旱情监测系统中的一项重要内容，土壤水分监测仪器是墒情监测的关键仪器设备。随着旱情监测自动化程度越来越高，土壤水分监测仪器在我国抗旱减灾工作中的作用也越来越重要[1]。目前，国内外土壤水分监测仪器种类繁多，由于生产加工手段和工艺流程的差异，产品性能、可靠性、稳定性、准确性等技术质量参差不齐，墒情监测数据准确性得不到保证，如何从众多的仪器种类中选择合格的土壤水分监测仪器，服务于我国抗旱减灾工作，已非常必要和迫切[2]。

《土壤水分监测仪器检验测试规程》（SL/T 810—2021）的发布与实施，对土壤水分监测仪器检验测试方法和过程进行标准化，开展产品各项技术指标全性能检验测试和结果评价，遴选出合格的产品，应用于旱情监测工作，能够促进产品质量稳步提高，确保旱情监测使用的仪器能够稳定可靠运行，达到数据准确的要求，为我国抗旱减灾科学管理提供技术保障。

2　标准的整体框架与主要技术内容

土壤水分监测仪器是指测定土壤水分含量的仪器。于 2022 年 1 月 26 日正式实施的《土壤水分监测仪器检验测试规程》（SL/T 810—2021）针对常规使用的频域法、时域法和张力计法土壤水分监测仪器的工作特点和技术指标，规定了土壤水分监测仪器的检验测试仪器设备及性能指标、标准土样制备方法、检验测试项目及方法、检验测试结果评价等要求，适用于频域法、时域法、张力计法土壤水分监测仪器的质量检验与结果评价[3]。

《土壤水分监测仪器检验测试规程》（SL/T 810—2021）整体框架包括前言、8 个章节及 1 个附

作者简介：陈敏（1965—），男，正高级经济师，主要从事质量监督与标准化研究工作。

录。主要技术内容为：前言，给出了标准起草所依据的标准、起草单位和起草人；范围，规定了标准的适用范围，适用于频域法、时域法、张力计法土壤水分监测仪器的质量检验与结果评价；规范性引用文件，列出了标准中规范性引用的每个文件；术语和定义，界定了为理解标准用到的重要概念和术语所必需的定义；检验测试仪器设备，包括检验测试设备要求和检验测试设备配置；检验测试项目，包括关键检验测试项目和非关键检验测试项目；标准土样制备，包括土壤选取、土壤预处理、标准土样制备要求与步骤；检验测试方法，包括土壤水分监测仪器的外观、工作环境适应性、贮存环境、电源、功耗、信号与接口、绝缘、外壳防护、机械环境适应性、准确性、重复性、抗冻胀性、防腐蚀和可靠性的检验测试方法；检验测试结果评价，包括对检验测试结果的评价方法和合格、不合格的判定规则；附录，包括土壤水分监测仪器检验测试的准确性、重复性等计算公式。

3 关键技术指标验证与分析

3.1 关键技术指标确定

标准编制过程经过大量实践分析，根据对仪器性能影响的重要程度和实际使用要求，将土壤水分监测仪器的性能指标分为关键技术指标和非关键技术指标。关键技术指标主要包括准确性、重复性、外壳防护。准确性指标主要反映仪器测量数据与真实值之间的误差，是仪器性能最重要的指标。重复性指标主要反映仪器在相同条件下对同一被测量对象连续测量所得结果之间的一致程度。外壳防护指标主要反映仪器的防水防尘性能，由于水分监测仪器在实际使用时需要长期埋入土壤中，防水性能要求特别高，外壳防护性能指标会直接影响仪器长期测量精度，因此外壳防护也是重要的一项关键技术指标。

3.2 关键技术指标验证与分析

标准编制过程中对多家生产企业的土壤水分监测仪器进行了一系列关键技术指标验证，主要包括准确性、重复性、外壳防护等关键技术指标。指标验证过程中选用了 12 种有代表性的土壤水分监测仪器，具体试验结果如下。

准确性主要用于判断土壤水分监测仪器的精度，采用绝对误差平均值表示，准确性误差≤2%。准确性指标验证结果见表 1。

指标验证过程中制备了 4 种体积含水量区间的土样，含水量区间分别为 0~10%、10%~20%、20%~30%、30%~40%。表 1 中 0~10%含水量中超过误差范围的有 1 款样机，10%~20%和 20%~30%含水量中超过误差范围的均有 2 款样机，30%~40%含水量中超过误差范围的有 3 款样机，在 4 种区间中均满足误差要求的样机有 8 台，合格率为 66.7%。样机存在测量数据超差的主要原因有两方面：一方面是传感器率定公式存在偏差，另一方面是传感器性能不稳定导致测量数据误差较大。

表 1　准确性指标验证结果

样机编号	准确性 （≤2%）			
	0~10%	10%~20%	20%~30%	30%~40%
1 号	1.05	1.23	0.78	0.95
2 号	0.76	1.32	1.07	1.22
3 号	1.31	2.21	1.89	2.45
4 号	1.27	0.75	1.56	1.78
5 号	0.98	1.16	1.34	0.82

续表1

样机编号	准确性（≤2%）			
	0~10%	10%~20%	20%~30%	30%~40%
6号	0.85	1.78	0.59	1.45
7号	2.34	3.21	4.57	4.38
8号	1.14	1.53	1.47	2.43
9号	1.07	1.12	1.58	1.62
10号	1.58	1.69	2.35	1.85
11号	1.34	0.56	1.46	1.56
12号	1.42	1.45	1.78	1.61

　　重复性采用试验标准差表示，验证试验在重复性条件下，对每个标准土样连续测量6次，依据测量结果计算试验标准差，试验标准差应≤1%。重复性指标验证结果见表2。

表2　重复性指标验证结果

样机编号	重复性（≤1%）			
	0~10%	10%~20%	20%~30%	30%~40%
1号	0.05	0.12	0.05	0.18
2号	0.16	0.31	0.22	0.17
3号	0.30	0.34	0.20	0.24
4号	0.10	0.15	0.16	0.09
5号	0.24	0.26	0.18	0.25
6号	0.35	0.34	0.05	0.16
7号	0.56	1.07	1.21	1.59
8号	0.10	0.16	0.07	0.11
9号	0.21	0.08	0.21	0.34
10号	0.25	0.13	0.08	0.19
11号	0.35	0.26	0.36	0.39
12号	0.34	0.31	0.21	0.18

　　重复性指标验证中样机7号在10%~20%、20%~30%、30%~40%三种含水量中，重复性均大于1%，不满足标准的要求，其余样机的重复性均满足标准的要求。样机7号测量数据存在不稳定情况，准确性误差也较大，最大准确性误差4.57%（体积含水量）。测试结果表明，该样机准确性和重复性不满足要求的主要原因是产品性能不稳定。

　　外壳防护主要用于判断仪器的防护性能，指标验证试验中，样机外壳最高点应低于水面1m，试验持续时间为24 h。试验完成后，检查仪器是否有渗水情况。外壳防护指标验证结果见表3。外壳防护指标验证中，样机3号和样机7号有渗水现象，外壳防护指标验证合格率为83.3%。

表 3　外壳防护指标验证结果

样机编号	测试情况	样机编号	测试情况
1 号	无渗水	7 号	渗水
2 号	无渗水	8 号	无渗水
3 号	渗水	9 号	无渗水
4 号	无渗水	10 号	无渗水
5 号	无渗水	11 号	无渗水
6 号	无渗水	12 号	无渗水

3.3　检验测试流程设计

通过大量的检验测试实践，根据土壤水分监测仪器的工作特点，分析研究全性能检验测试流程，确定检验测试项目先后次序。检验测试流程中将仪器常规的电气性能和环境适应性能放在检验测试流程中的前面，将准确性检验测试放在检验测试流程的后面，可以充分反映出仪器在经过前期检验测试是否发生数据偏移情况，如发生数据偏移，将在最后的精度检验测试中能完整地反映出来。如果不按照这种流程，将精度检验测试放在前面，后期的环境测试等对传感器适应能力的检验测试就无法体现出来。在制定了检验测试流程后，严格按照土壤水分监测仪器的技术指标的要求和流程进行检验测试，通过整个检验测试周期的仪器基本性能指标就能充分地反映出来。

3.4　验证效果

通过对土壤水分监测仪器关键技术指标的验证与分析，以及全性能检验测试技术方法研究和流程设计，经过多次实践应用和专家咨询，形成了规范、严谨的标准化检验测试规程，具有可操作性、可追溯性、可证实性等特点，检验测试技术方法及研究成果实现了对土壤水分监测仪器全性能技术的指标检验测试和质量评定，形成的技术成果通过了水利部科技成果鉴定，达到了国际先进水平。检验测试遴选出的合格产品目录得到国家防汛抗旱总指挥部办公室认可，并在国家防汛抗旱指挥系统二期工程以及各地土壤墒情监测系统建设中应用，取得了较好的效果，确保了墒情监测系统运行稳定可靠、数据准确，不仅提高了土壤水分监测仪器质量控制管理水平，也为旱情监测工程建设与管理提供了技术保障。

4　结语

标准化是为了建立最佳秩序、促进共同效益而开展的制定并应用标准的活动[4]。标准化工作与经济建设紧密相连，不仅是质量监督的重要依据，也是产品进入市场的基本准则。《土壤水分监测仪器检验测试规程》（SL/T 810—2021）关键技术指标验证及全性能检验测试技术方法研究成果，实现了对土壤水分监测仪器全性能技术指标的检验测试和质量评定。

质量合格的土壤水分监测仪器是提高旱情监测工程建设质量的重要保证，结合国家旱情监测工程墒情监测系统建设，开展土壤水分监测仪器检验测试标准化研究，形成规范、严谨的检验测试规程，并投入生产应用，出具科学、准确的检验测试报告，充分发挥产品检验测试作用，做到以检促评，客观、公正地评价土壤水分监测仪器质量水平，将有助于不断提升产品质量，推动产业升级，促进行业发展[5]。

参考文献

[1] 刘满红，陈敏，蒋新新. 国家防汛抗旱指挥系统二期工程墒情监测仪器选型 [J]. 中国防汛抗旱，2018（5）：5-8.

［2］章树安，章雨乾．土壤水分监测技术方法应用比较研究［J］．水文，2013，33（2）：25-28．

［3］中华人民共和国水利部．土壤水分监测仪器检验测试规程：SL/T 810—2021［S］．北京：中国水利水电出版社，2021．

［4］国家质量监督检验检疫总局，中国国家标准化管理委员会．标准化工作导则 第1部分：标准化文件的结构和起草规则：GB/T 1.1—2020［S］．北京：中国标准出版社，2020．

［5］陈敏．墒情监测仪器检测标准化研究与应用实践［C］//中国标准化协会．第十八届中国标准化论坛论文集．北京：中国学术期刊（光盘版）电子杂志社，2021：1031-1034．

基于信息化的实验室安全标准化建设——以江西农业大学国土资源与环境学院实验教学中心为例

汪　露[1]　武秀侠[3]　朱泰峰[1]　庄宪骥[2]　谢凯柳[1]　兰　帅[1]　孙春霞[1]

（1. 江西农业大学国土资源与环境学院，江西南昌　330045；
2. 江西农业大学资产与实验室管理处，江西南昌　330045；
3. 中国水利学会，北京　100053）

摘　要：实验室安全重于泰山，而信息化是实验室安全标准化建设的必然趋势。以江西农业大学国土资源与环境学院实验教学中心为例，探索信息化手段在实验室基础设施建设、化学试剂、仪器设备、安全检查、安全准入和培训等方面的应用，以期降低实验室安全风险，不断提高实验教学中心的管理水平。

关键词：信息化；实验室安全；标准化

1　引言

实验室是高校进行教学和科研的重要载体[1]，近年来实验室安全事故多有发生，实验室安全重于泰山，因此高校对实验室安全建设越来越重视，人力、物力、财力的投入也逐年增加。实验室标准化建设是一项系统工程，涉及一系列标准、规范和要求[2]，随着信息化技术的迅猛发展以及在各行各业的广泛应用，将其运用到高校实验室建设也是必然趋势。本文以江西农业大学国土资源与环境学院实验教学中心为例，从实验室基础设施建设、化学试剂、仪器设备、安全检查、安全准入和培训等方面开展探索，将信息化手段广泛运用到实验室安全标准化建设中，以期从源头上降低安全隐患和风险，为学院教学和科研事业保驾护航。

2　实验教学中心基本情况

江西农业大学国土资源与环境学院现有教职工 109 人，专任教师 80 人，专职实验员 6 人，下设实验教学中心，包括 45 间实验室，其中本科教学实验室 25 间、科研实验室 20 间；2 间药品室，1 间样品消化室，面积约 3 367 m^2，服务于学院农业资源与环境系、环境科学与工程系、农业水利工程系、土地资源管理系和旅游管理系 5 个教学单位 1 786 名本科生、271 名硕士研究生和 44 名博士研究生。

3　实验教学中心存在的主要问题

3.1　实验室分布较为分散，不方便管理

实验教学中心 45 间实验室分布在学院 5 层办公楼，其中一层 10 间、三层 13 间、四层 7 间、五

基金项目：国家自然科学基金青年基金项目（42001232）；江西农业大学校级教改课题（2018B2ZZ06）。

作者简介：汪露（1986—），女，实验师，实验室副主任，主要从事农业资源与环境学科实验教学与研究工作。

通信作者：朱泰峰（1986—），男，讲师，系副主任，主要从事土地信息技术及应用、土地利用规划、持续土地利用管理研究工作。

层 9 间、六层 6 间，具体见表 1。教学实验室和科研实验室分布不够集中，较为分散，不方便使用和管理。

表 1　45 间实验室分布情况

楼层	教学实验室/间	科研实验室/间	总数/间	服务各系情况
一层	8	2	10	资环系、水利系、环境系
三层	1（药品室）	12	13	资环系、环境系
四层	6	1（药品室）	7	资环系、环境系、水利系
五层	5	4	9	资环系、旅游系、环境系
六层	5	1（消化室）	6	土管系、资环系
合计	25	20	45	

各实验室均设有安全责任人，主要负责该实验室安全及日常管理。除两间机房教学实验室安装电子门锁外，其余均为普通钥匙门锁。学生进入实验室，尤其是寒暑假期间借用本科教学实验室做实验，需要与实验员联系，办理使用手续[3]，而实验室的使用情况、人员进出情况、安全检查等依然使用纸质登记，不方便查询和管理，费时费力。

3.2　化学试剂未实现信息化

化学试剂，尤其是危险化学品的全流程管理未实现信息化。

3.2.1　普通化学试剂

目前，科研实验室普通化学试剂的采购流程主要是学生根据实验所需试剂要求向实验室负责人或导师提出申请，包括购买数量及规格等信息，导师审核同意后直接联系试剂供货商供货，各科研实验室自行存储和使用购买的普通化学试剂。实验结束后的空试剂瓶整理后经学院和学校统一回收处理。

化学试剂的全流程管理依然通过纸质台账记录本管理，且存在使用记录不及时和不规范的情况。未使用完或者保存时间较长的化学试剂若一直存放在实验室，容易造成试剂的浪费，也存在一定的安全隐患。

3.2.2　危险化学品

危险化学品管理主要依据《江西农业大学危险化学品采购管理办法》和《国土资源与环境学院危险化学品管理细则》，实验教学中心建立了申购人（由各课题组指定专人负责）、实验室（课题组）、学院（实验教学中心）三级责任制，强化和规范申购流程。

实验教学中心存放的危险化学品严格遵守"五双"管理制度管理，部分危险化学品在"全国易制毒化学品管理信息系统"中备案管理，但主要还是依靠纸质台账记录，存在记录不及时和不规范现象，对于存放位置、使用情况、存放时间等信息都尚未实现信息化，不方便查阅和管理，管理工作量较大，存在一定的安全隐患，也是实验室安全标准化建设中的重点[4]。

3.3　仪器设备未实现信息化

仪器设备，尤其是大型仪器设备、特种设备等未实现信息化。

3.3.1　仪器设备

仪器设备的基础信息管理主要依据"江西农业大学资产综合管理系统"，主要包括仪器设备编号、名称、存放地、型号、品牌、价格、入库时间、管理人等信息。但是仪器设备的操作说明、使用记录、维修记录等情况尚未实现信息化。部分科研实验室还摆放了一些损坏或利用率不高的仪器设备，占用了宝贵的实验室空间[5]。

对于操作复杂的大型仪器设备，操作过程中的注意事项也没有有效的信息化手段进行提醒，学生操作仪器有时依靠实验室其他学生的口头讲述或者老师的简单讲解，操作过程存在不规范性，而且往往是在仪器出现问题时才进行报修，不利于仪器的日常维护和保养[6]，学生操作过程中存在一定的安全隐患。

3.3.2　气瓶

实验教学中心的气瓶主要有氢气、氧气、氮气、氦气等，种类较多，实验室在气瓶管理方面没有实现信息化，不够规范，主要表现在气瓶日常检查、气瓶质量、气瓶采购、气瓶存储、气瓶柜的配置、安全使用等方面，没有固定的管理人员，存在较多的安全隐患[7]。

3.4　实验室安全准入和培训未实现信息化

实验室安全准入和培训是实验室安全建设重要的基础[8]，学校建立了"实验室安全考试系统"，实验教学中心虽然要求每位进入实验室学习和工作的师生均要通过该系统学习和考核，但这些学习针对性不强，比较宽泛，而且后续学习及学习效果没有及时跟踪了解，实验安全教育和培训也没有系统规范，缺乏有效的信息化手段来管理。

3.5　实验室安全检查未实现信息化

《高等学校实验室安全检查项目表》中包含责任体系、规章制度、安全宣传教育、安全检查、实验场所、安全设施、基础安全、化学安全、生物安全、辐射安全与核材料管制、机电等安全、特种设备与常规冷热设备等12大项303小项的内容，而且内容还在不断更新或增加。实验教学中心针对不同实验室功能也重点做了筛选，要求每日巡检。目前，各实验室的检查主要是采用学校和学院不定期检查、实验室每日自查的方式，填写记录以纸质为主，记录针对性不强，检查效率不高，整改不及时。

4　信息化在实验室安全标准化建设中的应用

4.1　完善实验教学中心网站建设

实验教学中心现有的网站内容主要包括中心简介、实验队伍、实验教学、管理模式、设备与环境、教学资源和虚拟实验室等，微信公众号及小程序正在开发建设中，可以根据需求修改网站模块，增加实验室分布情况、化学试剂、仪器设备、安全自查等内容。及时更新实验室安全管理的各项制度，方便师生自助了解实验教学中心。在实验室安全文化及培训方面，可以通过公众号或小程序推送安全知识和讲座，如安全政策法规、安全标准、小常识、急救知识等[9]。增加学习的动画视频，提高学习兴趣和时效性。针对不同专业设置不同的学习内容，师生通过小程序随时随地完成学习，掌握安全知识，方便快捷[10]。

4.2　实验室优化配置，实现出入管理信息化

将功能相近的实验室合并，教学及科研实验室尽量集中分布，合理安排闲置或使用率低的实验室，重新规划实验室的内部使用空间，完善基础设施建设。

开发小程序，方便师生预约实验室，也可以查看实验室目前的使用状况，提高实验室的利用率。

更换门禁系统，与实验室安全考试和培训的结果结合起来，只有考核合格的师生才能打开门禁，方便出入信息化管理。

4.3　化学试剂全流程信息化

建立实验教学中心化学试剂信息化管理平台，从申购开始进行网上填报，电子审批，统一管理，规范流程，实现化学试剂的全生命周期信息化管理[11]。同时引入二维码技术，给每一瓶化学试剂配备二维码，二维码信息包括试剂种类、采购时间、是否危险化学品、存储位置、管理及使用人员等，入库时即扫码登记，及时了解每瓶试剂的存储情况，化学试剂的使用情况也可以通过扫描二维码填写，方便管理员及时更新和掌握试剂情况，按需统一调配，从源头上降低安全隐患。

4.4　仪器设备全流程信息化

借助学校"资产综合管理系统"和二维码技术，给每一个入库的仪器设备张贴二维码，师生扫码即可了解仪器设备的操作说明、使用情况、注意事项等，还可以网上预约、填写使用记录等，对于

损坏的仪器设备能及时了解、及时报修，降低安全隐患。例如，农业水利工程系的核心实验课程包括水力学、工程水文学、水利工程施工、灌溉排水工程学、水工建筑物、水利计算等，其实验室存放了较多的实验模型和模具，实验课内容包含较多讲解和参观部分，而实验室面积不足，学生较多，使得教学目标和教学效果难以达到，学生上实验课体验感较差，兴趣不高，还需要分批分组进入实验室学习，可以将二维码技术运用起来，学生通过手机端扫描模型上的二维码，即可了解该模型的基本信息，任课老师也可以将课程内容制作成小视频，一方面方便学生参观，另一方面增加实验课程的互动性和趣味性[12]。

4.5 气瓶信息化

建立气瓶信息化管理平台，从气瓶采购开始信息化管理，各实验室从平台填报使用采购需求，气瓶进入实验室后，为每一瓶气体配置二维码标签，扫描即可填报该气瓶的基本信息，包括气瓶种类、采购时间、供货商、存储位置、气瓶有效期、使用记录等。实验教学中心能及时掌握各实验室气瓶的动态情况[13]，从源头上降低安全风险。此外，学生在使用气瓶前应经过专门培训[14]，对气瓶危险性要有一定认识，培训记录和相关内容也可以填入平台，方便信息化管理。

4.6 实验室安全检查信息化

建立安全检查小程序，内容主要包括日常规范、环境卫生、仪器设备、化学试剂、实验气体、电气安全及其他等，可以根据实验室功能的具体情况有针对性地设置检查内容，由实验室安全责任人或安排当天值日的学生登录小程序按照检查提示进行检查和填写，还可以上传检查照片，方便快捷[15]。离开实验室或超时未填写的实验室还能设置提醒功能。

5 结语

实验室的安全运行是学院及学校各项事业稳定长久发展的基本保障，实验教学中心实验室的安全标准化建设也在稳步开展，信息化在建设中的应用范围逐渐增加，如表2所示。

表2 信息化在实验室安全标准化建设中的应用

信息化手段	实验室安全标准化建设内容
公众号	规章制度，培训
小程序	实验室分布情况，安全检查
二维码	化学试剂，仪器设备，气瓶
平台	化学试剂，气瓶

实验室的安全标准化建设同时也离不开实验室管理人员，实验室安全责任人及专职实验员要定期参加安全管理培训，熟悉信息化相关操作，及时了解标准化建设的相关知识，不断提高自身的安全意识和信息化水平，为学院及学校的教学、科研工作贡献力量。

参考文献

[1] 袁芳亭，方燕妮，张红艳，等.高校实验室安全管理实践与探索——以华中农业大学园艺学科实验室为例 [J]. 黑龙江科学，2022，13（10）：109-111.

[2] 吕飞.高校实验室标准化建设和质量管理探究 [J].大众标准化，2022（3）：150-152.

[3] 李宗峰，张容娟.实验室信息化管理自动门禁系统 [J].绵阳师范学院学报，2016，35（2）：38-43.

[4] 韩光宇，何淼，赵明高，等.校实验室危险化学品全周期信息化管理实践与探索 [J].实验技术与管理，2021，38（6）：278-281.

[5] 刘光辉.高校教学科研型实验室的安全管理浅析 [J].现代职业安全，2022（7）：81-83.

[6] 刘春光.信息化背景下高校实验室安全管理探索与实践 [J].黑龙江科学，2022，13（13）：100-101，104.

［7］赵小静．高校实验室特种设备安全管理分析［J］．中国设备工程，2022（6）：92-93.

［8］曾译萱，罗占收．高校科研实验室安全教育与考试系统建设探索［J］．实验技术与管理，2021，38（12）：266-268，272.

［9］张国志．高校实验室安全管理标准化程序［J］．中国标准化，2022（10）：132-134.

［10］倪红军，李霞，周巧扣，等．基于微信小程序的高校实验室安全教育平台构建［J］．实验室研究与探索，2020，39（12）：280-284.

［11］虞俊超，王满意，张锐，等．基于二维码的高校实验室危险化学品安全管理［J］．实验室研究与探索，2021，40（2）：307-310.

［12］郭昕宇，彭鹤．教学演示中心实验室信息化建设［J］．中国科技信息，2020（23）：42-44.

［13］林建国．基于"物联网"的高校实验室气瓶闭环管理体系探索与研究［J］．太原城市职业技术学院学报，2021，（5）：203-205.

［14］秦福安．信息化管理在气瓶安全管理中的作用［J］．化工管理，2019（19）：128-129.

［15］刘雪蕾，李恩敬．实验室安全检查与信息系统设计——以北京大学为例［J］．实验技术与管理，2020，37（8）：276-279.

云南省农业用水定额评估

穆贵玲[1,2]　张　康[1,2]　郑江丽[1,2]

(1. 珠江水利委员会珠江水利科学研究院，广东广州　510611；
2. 水利部珠江河口治理与保护重点实验室，广东广州　510611)

摘　要： 用水定额评估可及时查找现行用水定额存在的问题和不足，并提出修订建议，使其与资源条件、社会经济及技术水平相协调，是保证用水定额先进性、合理性及科学性的重要手段。对云南省农业用水定额进行评估，评估结果表明，云南省农业用水定额覆盖性为"严格"，合理性为"合理"，实用性为"严格"，先进性为"宽松"；建议加强农业用水计量，增加试验数据积累，下次修订复核柑橘用水定额。

关键词： 农业用水定额；用水定额评估；云南省

1 引言

用水定额是节水工作推进的技术依据，用水定额管理是节水工作有效落实的手段和保障。科学合理的用水定额，可鼓励节水单位继续努力，促进后进单位节约用水、合理用水，对缓解水资源紧缺状况，支持国民经济可持续发展都具有十分重要的意义。国家近年来十分重视定额管理工作，《中华人民共和国水法》第四十七条明确规定"国家对用水实行总量控制和定额管理相结合的制度"。《取水许可和水资源费征收管理条例》明确要求"按照行业用水定额核定的用水量是取水量审批的主要依据"。2011 年中央一号文件《关于加快水利改革发展的决定》明确提出"把节水工作贯穿于经济社会发展和群众生产生活全过程。加快制定区域、行业和用水产品的用水效率指标体系，加强用水定额管理和计划管理"。《国务院关于实行最严格水资源管理制度的意见》（国发 3 号文）第十一条明确提出"强化用水定额管理"。十九届五中全会决议明确提出要建立水资源刚性约束制度，首先就是建立一系列硬指标，包括强制性用水标准和定额等用水效率方面的指标。《水利部关于建立健全节水制度政策的指导意见》（水资管〔2021〕390 号文）提出建立健全节水监督管理制度，强化用水定额管理，加强用水定额在取水许可、计划用水等领域的执行。

随着经济社会的发展、产业结构的调整以及节水工作的不断深入，各省区现行用水定额可能存在不完善、与当前用水实际存在差距等问题，并可能最终导致用该定额标准指导的用水户总体用水效率不高，弱化用水定额限制和引导节约用水的作用。通过用水定额评估，及时查找现行用水定额存在的问题和不足，并提出修订建议，使其与资源条件、社会经济及技术水平相协调，是保证其先进性、合理性及科学性的重要手段。本文以云南省为例，对其农业用水定额的覆盖性、合理性、先进性和实用性（简称"四性"）进行评估。

2 研究方法

目前，我国用水定额评估以定性评估为主，主观性较强。例如，黄燕等[1] 采用类比法和二次平

基金项目： 广西重点研发计划（902229136010）；科技基础资源调查项目（2019FY101900）；国家重点研发计划项目（2021YFC3001000）。

作者简介： 穆贵玲（1989—），女，工程师，主要从事水资源高效利用及水生态环境研究工作。

均法对海南省城镇生活用水定额进行了合理性评估；邓方方[2]采用对比分析法对天津取水定额先进性进行了评估；钱龙娇[3]采用对比分析法对河南省工业用水定额先进性进行了评估。

用水定额定性评估已开展部分实践，但评估因子各地有所不同，尚未形成统一的评估指标体系。例如，施胜利[4]运用层次分析法，以覆盖性、合理性、先进性、实用性、公平性为准则评判了上海市用水定额的合理性。刘紫薇[5]采用多层次灰色关联综合评判法从"四性"对陕西省、宁夏回族自治区、内蒙古自治区、新疆维吾尔自治区以及青海省的农业用水定额进行了评估。焦军[6]采用多层次灰色关联综合评判法计算黄河流域各省区现行的火电行业用水定额指标序列与最优指标集的相似程度，从而确定用水定额的相对优劣程度。李奎等[7]通过云模型改进的模糊层次分析法构建黄河流域火电行业用水定额评估模型。刘曾美等[8]将系统层次模糊优化模型用于工业用水定额合理性评估。穆贵玲等[9]提出量化赋值法对广西农业用水定额进行了"四性"定量评估。

本次采用文献［9］提出的量化赋值法，该方法针对水利部《用水定额评估技术要求》（办资源函〔2015〕820 号）提出的评估内容，建立了包含农业"四性"评估内容的评估指标体系，定量对农业用水定额进行评估，克服了目前评估方法的主观性和指标不统一缺陷，具有较好的适用性。

3 区域概况

云南省地处我国西南边陲，共划分了 8 个地级市、8 个自治州，17 个市辖区、18 个县级市、29个民族自治县、65 个县。根据《云南统计年鉴 2021》，云南粮食作物种植面积 416.74 万 hm²，占农作物播种总面积的 49.9%；经济和其他作物种植面积 417.81 万 hm²，占农作物播种总面积的 50.1%。

《云南省用水定额》（云水发〔2019〕122 号）是云南省水利厅在接到水利部整改通知后整改形成的，农业方面制定了农业、林业、畜牧业、渔业共 4 大类 9 种类别 39 种产品 717 个用水定额值。

4 评估结果

4.1 覆盖性

《云南省用水定额》（云水发〔2019〕122 号）中农业灌溉用水定额包括沟灌、滴灌、微喷灌、畦灌、喷灌等 5 种主要灌溉方式，制定了水稻、旱作、草场、人工湿地 4 个类别 28 种作物共 680 个定额值，按 2020 年农作物面积统计，制定了用水定额的作物播种面积 739.57 万 hm²，占总作物播种总面积的 88.62%，农业灌溉用水定额覆盖度为 0.886 2。

渔业用水定额包括池塘水产养殖，制定了年用水、年补水 2 个定额值，渔业灌溉用水定额覆盖度为 1。

畜禽用水定额包括规模养殖、家庭养殖、圈养、放养 4 种养殖方式，制定了牲畜、家禽 2 个类别7 个种类 33 个定额值，畜牧业灌溉用水定额覆盖度为 1。

按照量化赋值法，覆盖性评估值为 90.9%，云南农业用水定额覆盖性为"严格"。

4.2 合理性

《云南省用水定额》（云水发〔2019〕122 号）中农业灌溉用水定额包括滇中区、滇东南区、滇西南区、滇东北区、滇西北区和干热河谷区 6 个分区 14 个亚区，概括了云南省农业灌溉用水定额最主要的地域差异，基本反映了全省经纬度、海拔及水热条件变化的一般趋势，突出了云南省岩溶地区和干热河谷区的特点，揭示了各地区通过长期历史发展过程所形成的种植业主要特点，分区结果合理，分区符合度为 1。

灌溉用水定额包括 50%、75%、90% 三种保证率，水文年型符合度为 1。

农业用水定额为 2013 年修订实施，2019 年底修订，超过 5 年，修订年限符合度为 0。

根据《2021 年云南省水资源公报》，2021 年全省年平均降水量 1 123.3 mm，较常年偏少 12.1%，属平水偏枯年，与平水年定额标准进行对比。本次对水稻实际用水水平进行评估，选择 116 个灌区作为样点灌区（12 个大型灌区、29 个中型灌区、75 个小型灌区），样点灌区选择综合考虑全省不同行政区域的空间分布、工程设施状况、管理水平、灌溉水源条件（提水、自流引水）、作物种类和种植结构、地形地貌等因素，涉及全省 6 个农业灌溉用水分区，具有较好的代表性。采用偏离度指标来评估农业用水定额的现状用水水平符合度。偏离度是指现状用水水平偏离用水定额标准的程度，其计算公式为

$$\rho = (1 - D_{实}/D_{标}) \times 100\% \tag{1}$$

式中：$D_{实}$ 为实际现状用水水平指标；$D_{标}$ 为现行用水定额标准值。

各分区实际亩均灌溉用水量与制定的定额标准对比结果见表 1。滇中区（Ⅰ-3）、滇西南区（Ⅲ-3）、滇东北区（Ⅳ-1）、滇西北区（Ⅴ）和干热河谷区（Ⅵ-3）灌区中稻实际净灌溉水量与定额标准接近，偏离度绝对值均小于 10%，属于"严格"；滇中区（Ⅰ-1）、滇中区（Ⅰ-2）、滇中区（Ⅰ-4）、滇东南区（Ⅱ-1）和滇东北区（Ⅳ-2）灌区中稻实际净灌溉水量与定额标准差距较小，偏离度绝对值在 10%～20%，属于"合理"；滇东南区（Ⅱ-2）、滇西南区（Ⅲ-1）和滇西南区（Ⅲ-2）灌区中稻实际净灌溉水量与定额标准差距较大，偏离度绝对值大于 20%，属于"宽松"。总体来说，云南省水稻实际亩均灌溉用水量与用水定额平均相差小于 10%，现状用水水平符合度为 1。

按照量化赋值法，云南省农业用水定额合理性评估值为 0.8，评估结果为"合理"。

表 1 不同分区样点灌区用水统计

分区	实际灌水定额/（m^3/hm^2）	定额标准/（m^3/hm^2）	偏离度/%
滇中区（Ⅰ-1）	3 508.51	2 925～3 150	-11.38
滇中区（Ⅰ-2）	3 060.68	3 825～3 900	19.98
滇中区（Ⅰ-3）	3 999.59	4 275～4 350	6.44
滇中区（Ⅰ-4）	3 161.39	3 750～3 825	15.70
滇东南区（Ⅱ-1）	3 205.88	3 600～3 675	10.95
滇东南区（Ⅱ-2）	3 303.82	4 425～4 500	25.34
滇西南区（Ⅲ-1）	2 584.15	2 025～2 100	-23.05
滇西南区（Ⅲ-2）	3 403.33	2 700～2 775	-22.64
滇西南区（Ⅲ-3）	3 526.12	3 900～4 050	9.59
滇东北区（Ⅳ-1）	2 866.15	2 700～3 000	4.46
滇东北区（Ⅳ-2）	2 929.37	3 450～3 675	15.09
滇西北区（Ⅴ）	2 882.54	2 925～3 150	1.45
干热河谷区（Ⅵ-3）	5 214.25	5 100～5 475	-2.24
平均偏离度			3.82

4.3 实用性

云南农业用水定额主要应用于：①水资源规划，如《红河州水资源综合规划》。②农业灌溉计划用水管理，《云南省节约用水条例》要求县级以上人民政府推广农业节水技术，遏制农业粗放用水，提高农业用水效率，建设农业节水灌溉工程，这些均要用灌溉用水定额为标准来衡量。③农业相关建设项目水资源论证，《云南省红河州弥泸大型灌区工程水资源论证报告书》中分析其用水量及用水定额是符合实际情况的、是合理的、是先进的，认为其可研报告提出的用水量无须核减或调增。④农业水价改革及节水管理。《云南省人民政府办公厅关于加快推进农业水价综合改革的实施意见》（云政

办发〔2016〕81号）逐步建立农业灌溉用水总量控制和定额管理制度，在具备精准计量的条件下，应推广计量收费和超定额（计划）累进加价相结合的用水制度；根据《云南省 2020 年度用水定额督查检查报告》，云南省保山坝灌区工程、禄劝本业水库工程的可行性研究报告中节水评价章节应用了用水定额。综合来看，云南省农业用水定额应用于农业用水管理和相关农业规划。

按照量化赋值法，云南省农业用水定额实用性评估值为 1，评估结论为"严格"。

4.4 先进性

与云南相邻近的有四川、贵州、广西 3 个省级行政区，共涉及云南定额分区中的 Ⅰ、Ⅱ、Ⅳ、Ⅴ、Ⅵ共 5 个农业灌溉用水分区。4 个省区均有 50%水文年型，故采用 50%水文年型定额进行对比分析。云南定额为区间值，本次取其均值与相邻省区定额值进行对比。

云南与相邻省级行政区用水定额对比情况（$P=50\%$）见图 1~图 4。本次评估选取云南种植面积占比 4.5%以上的作物，并且以相邻省级行政区均具有的农作物种类为代表进行对比分析，因油菜广西未制定定额，豆类贵州未制定定额，故主要包括水稻（中稻）、玉米、蔬菜（茎叶类大白菜）、薯类（马铃薯）、水果（柑橘）、茶叶、烤烟等 7 类。

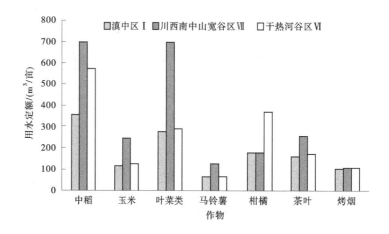

图 1 Ⅰ区及Ⅵ区与相邻省级行政区用水定额对比

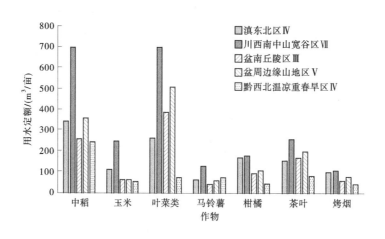

图 2 Ⅳ区与相邻省级行政区用水定额对比

计算云南省与相邻省级行政区"综合偏离度"，见表 2。计算得到综合评估值为 22.50%，评估结论为"宽松"，主要是柑橘与其他省区偏离度较大，建议修订时复核柑橘用水定额标准。

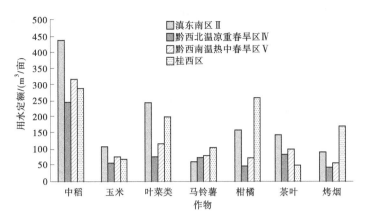

图3 Ⅱ区与相邻省级行政区用水定额对比

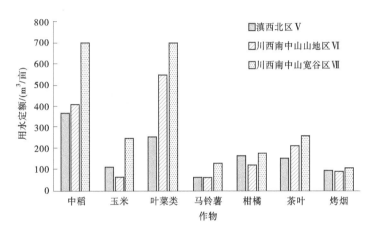

图4 Ⅴ区与相邻省级行政区用水定额对比

表2 云南省与相邻省偏离度评估值

农业分区	中稻	玉米	叶菜类	马铃薯	柑橘	茶叶	烤烟
滇中区Ⅰ							
川西南中山宽谷区（Ⅶ区）	−48.93	−52.00	−60.36	−46.15	0.00	−36.54	−4.55
干热河谷区Ⅵ							
川西南中山宽谷区（Ⅶ区）	−17.86	−48.00	−58.21	−46.15	106.94	−32.69	0.00
滇东南区Ⅱ							
黔西北温凉重春旱区（Ⅳ区）	78.38	89.71	219.57	−18.18	242.86	74.00	113.46
黔西南温热中春旱区（Ⅴ区）	38.95	40.22	110.00	−25.00	118.18	45.00	63.24
桂西区	51.72	53.57	22.50	−42.86	−38.46	190.00	−45.59
Ⅱ区平均	58.66	64.96	164.78	−21.59	180.52	59.50	88.35
滇东北区Ⅳ							
川西南中山宽谷区（Ⅶ区）	−50.71	−54.00	−62.14	−50.00	−5.56	−39.42	−9.09
盆南丘陵区（Ⅲ区）	32.69	79.69	−32.05	44.44	78.95	−7.35	66.67
盆周边缘山地区（Ⅴ区）	−4.17	79.69	−48.04	8.33	54.55	−21.25	25.00
黔西北温凉重春旱区（Ⅳ区）	39.86	102.94	245.65	−11.36	264.29	89.00	130.77

续表 2

农业分区	中稻	玉米	叶菜类	马铃薯	柑橘	茶叶	烤烟
Ⅳ区平均	4.42	52.08	25.85	-2.15	98.06	5.24	53.34
滇西北区Ⅴ							
川西南中山山地区（Ⅵ区）	-10.37	75.78	-53.64	4.17	37.50	-29.07	5.56
川西南中山宽谷区（Ⅶ区）	-47.50	-55.00	-63.57	-51.92	-8.33	-41.35	-13.64
Ⅴ区平均	-28.93	10.39	-58.60	-23.88	14.58	-35.21	-4.04
作物平均偏离度	5.64	28.42	19.97	-21.34	77.36	17.30	30.17

5 结论

（1）云南省农业用水定额覆盖率评估值为 90.90%，云南农业用水定额覆盖性为"严格"。

（2）云南省农业用水定额合理性评估的综合评估值为 86.99%，评估结论为"合理"，建议增加试验数据积累，更好地支撑定额复核验证。

（3）云南省农业用水定额已应用于农业用水管理、相关农业规划制定等工作，实用性评估结论为"严格"；建议加强农业用水计量，促进定额管理更好地落到实处。

（4）云南省农业用水定额先进性综合评估值为 22.50%，先进性评估结论为"宽松"。建议下次修订复核柑橘用水定额。

参考文献

[1] 黄燕，马志鹏，肖淳. 海南省城镇生活用水定额合理性评估 [J]. 人民珠江，2015，36（5）：126-130.

[2] 邓方方. 天津市工业取水定额先进性分析评估 [J]. 河北水利，2018（7）：33-34.

[3] 钱龙娇. 河南省工业用水定额先进性评估 [J]. 治淮，2019（10）：62-63.

[4] 施胜利. 上海市用水定额体系评估初步研究 [D]. 上海：华东师范大学，2017.

[5] 刘紫薇. 六省区农业用水定额分析及评估 [D]. 郑州：华北水利水电大学，2017.

[6] 焦军. 黄河流域火电行业用水定额合理性评估应用研究 [D]. 合肥：合肥工业大学，2015.

[7] 李奎，邢玉玲，谭炳卿，等. 基于云模型的黄河流域火电行业用水定额评估 [J]. 人民黄河，2017，39（5）：64-68.

[8] 刘曾美，陈斯达，冯斯安，等. 基于系统层次模糊优化模型的工业用水定额合理性研究 [J]. 水资源保护，2019，35（5）：48-51，77.

[9] 穆贵玲，张康，郑江丽，等. 基于量化赋值法的农业用水定额评估 [J]. 中国农村水利水电，2022（11）：97-101.

中美标准柔性回填钢管计算方法的对比与研究

吕彦伟　裴向辉

（中水北方勘测设计研究有限责任公司，天津　300222）

摘　要：目前水利水电工程回填管设计大多参考给排水行业规范，针对水利水电工程回填管管径、内压和埋深均较大的特点，本文从管壁厚度、钢管变形和管壁稳定性验算等方面，介绍并对比分析了中国标准《水利水电工程压力钢管设计规范》（SL/T 281—2020）和美国标准《AWWA M11》的差异，并选取工程实例对中美标准进行了计算分析，经试算发现，采用中美标准计算出的钢管最终管壁厚度相同，采用中国标准新增的水利水电工程回填钢管设计理论可得到较合理的设计结果，值得进一步探讨和推广使用。

关键词：中美标准；回填钢管；计算方法；对比

近年来，我国长距离引调水管线工程项目迅速增加，这种引调水管线通常线路长、流量大、造价较高。回填管具有构造简单、施工方便、经济环保等优点，在引调水管线的应用越来越多[1]。回填钢管可认为是一种由钢管和土体组成的联合承载体。目前，回填管已经广泛应用于给排水工程，但在水利水电工程中应用较少，近些年水利水电工程回填管设计大多参考给排水行业规范，但是给排水行业回填管通常管径、内压和埋深均较小，针对水利水电工程回填管管径、内压和埋深均较大的特点，中国标准《水利水电工程压力钢管设计规范》（SL/T 281—2020）对《水电站压力钢管设计规范》（SL 281—2003）进行了修订，首次增加了回填管的相关内容。其实，针对水利水电工程回填管设计，美国标准（Fourth Edition）（简称《M11-E4》）已经有了详细的介绍。随着回填管设计的不断发展，美国标准对《M11-E4》进行了修订，修订后的 AWWA MANUAL M11《Steel Water Pipe-A Guide for Design and Installation（Fifth Edition）》（简称《M11-E5》）对回填管设计进行了相关修改。

本文从管壁厚度、钢管变形和管壁稳定性验算等方面，对比分析了中国标准（SL/T 281—2020）和美国标准《M11-E4》《M11-E5》的差异，并选取工程实例对中美标准进行了详细的计算分析，为中外回填钢管设计提供参考。

1　回填钢管管壁厚度

回填钢管设计中，通常需要初步拟定管壁厚度，然后进行钢管变形和管壁稳定性验算。在拟定管壁厚度时，中美标准通常采用的做法是按照明管设计，即假定钢管单独承受内水压力，采用国际通用的锅炉公式（1）计算管壁厚度，同时考虑制造、安装和运输要求的最小管壁厚度[1]。

$$t = P r / [\sigma] \tag{1}$$

式中：P 为设计内水压力，kPa；r 为钢管半径，mm；$[\sigma]$ 为钢材允许应力，kPa。

一方面，中美标准的不同是钢材允许应力的取值。美国标准规定，工作压力下，钢材允许应力不应超过最小屈服强度的 50%；最大压力下，钢材允许应力不应超过最小屈服强度的 75%。中国标准规定，钢材允许应力在以上两种工况下不应超过最小屈服强度的 55% 和 80%，同时考虑焊缝系数的影响，焊缝系数通常取为 0.9。考虑焊缝系数后的钢材允许应力在以上两种工况下不应超过最小屈服

作者简介：吕彦伟（1992—），男，工程师，主要从事压力钢管和水工结构设计工作。

强度的 49.5% 和 72%，与美国标准取值接近。

另一方面，中美标准的不同是考虑制造、安装和运输要求的最小管壁厚度。美国标准规定，管壁厚度不小于 $D/288$ mm（D 为管径，下同）和（$D+508$ mm）$/400$ mm。中国标准规定，管壁厚度不小于 $D/800$ mm+4 mm 和 6 mm。

2 回填钢管变形计算

2.1 美国标准 AWWA MANUAL M11 中计算公式[2-3]

根据美国标准《M11-E4》和《M11-E5》，变形公式最先由 M. G. Spangler 提出，后经 Watkins 和 Spangler 修改，之后又经多次重新整理。其中，最常用的一种计算变形的公式按式（2）计算：

$$\Delta x = D_1 K W r^3 / (EI + 0.061 E' r^3) \qquad (2)$$

式中：Δx 为管道的水平变形，mm，允许最大变形与钢管直径的比值小于或等于 5%；D_1 为变位滞后系数，取 1.0~1.5；K 为基底常数，取 0.1；W 为作用在单位管道长度上的荷载，kN/mm；r 为钢管半径，mm；E 为钢管弹性模量，kPa；I 为单位长度管壁的横向惯性矩，mm^4/mm；E' 为管侧土反力模量，kPa。

2.2 中国标准 SL/T 281—2020 中计算公式[4]

根据中国标准 SL/T 281—2020，管道放空时，管顶竖向土压力、地面车辆荷载或堆积荷载引起的最大变形同美国标准 AWWA MANUAL M11 中公式。允许最大变形与钢管直径的比值小于或等于 2%~4%。

2.3 回填钢管变形计算对比分析

（1）变形公式最先由 M. G. Spangler 提出，是针对无压管道在土压力和活荷载作用下的长期变形预测。后来根据大量的工程经验，修改后的变形公式考虑了管侧土反力模量 E' 的影响，得到了式（2）中同时考虑钢管本身刚度和管侧土反力模量的影响。根据公式和工程经验，钢管变形公式可以看成作用在钢管上的荷载/（钢管刚度+管侧土刚度），而钢管变形主要由管侧土刚度控制，大多数情况下，钢管刚度对于抵抗变形作用为 1%~10%，管侧土刚度对于抵抗变形作用为 90%~99%，在钢管厚度和管侧土反力模量单独变化时，增加管侧土反力模量相对于增加钢管厚度对于变形更加明显。因此，管侧土反力模量 E' 的取值对于回填钢管的变形尤为重要。

针对管侧土反力模量 E' 的取值，目前国内外还没有统一的方法。美国标准规定，管侧土反力模量由回填土本身的土质、设计压实度和钢管埋深确定。而中国标准规定，管侧土反力模量除与上述三种因素有关外，还受到沟槽宽度和管侧原状土土质的影响。中国标准 SL/T 281—2020 主要引用了国内给排水行业成熟的计算方法，在回填土变形模量的基础上，乘以相应的修正系数，该系数与管中心处沟槽宽度和钢管外壁直径的比值以及回填土变形模量与管侧原状土变形模量的比值有关。

（2）中美标准最大变形公式均考虑了管顶竖向土压力、地面活荷载等外荷载影响。

（3）中美标准最大变形公式均考虑了变形滞后系数的影响。变形滞后系数是考虑管道埋设后回填施工状况引起的管道挠度的时效变化系数。管侧土体并非理想的弹性体，在抗力长期作用下，土体会产生变形或松弛，变形滞后系数与回填土压实度、管道运行时间和管道的功能均有关。针对水利水电工程中的回填钢管内压较大的特点，内压将起到抵抗钢管变形的作用，中国标准将此系数取下限值 1.0 进行计算。美国标准将此系数取为 1.0~1.5，通常取为 1.1。

（4）中国标准规定允许最大变形与钢管直径的比值小于或等于 2%~4%，美国标准为 5%，略大于中国标准。

3 回填钢管管壁稳定性验算

3.1 美国标准 AWWA MANUAL M11 中计算公式[2-3]

根据美国标准《M11-E4》，埋置于土壤中的管道可能会由于荷载或变位的弹性失稳而造成破坏或屈曲。外部荷载的总和应当小于或等于允许的弯曲应力。允许的弯曲应力按式（3）计算：

$$q_a = (1/\text{FS})(32R_wB'E'EI/D^3)^{1/2} \tag{3}$$

式中：q_a 为允许弯曲应力，kPa；FS 为安全系数，取 2.0；D 为管径，m；R_w 为水的浮力系数，$R_w = 1-0.33(h_w/H)$，其中 h_w 为管道上部的地下水高度，m，H 为管顶至地表高度，m；B' 为弹性支撑经验系数（无量纲），$B' = 1/(1+4e-0.213H)$；其他符号意义同前。

对于一般铺设条件下的管道，其外部荷载按式（4）判定：

$$\gamma_w h_w + R_w W_c/D + P_v \leq q_a \tag{4}$$

在某些情况下，可能需要考虑活荷载，但通常来讲，不需要将活荷载和管内的瞬时真空状态同时考虑。因此，如果同时考虑活荷载，抗屈要求按式（5）判定：

$$\gamma_w h_w + R_w W_c/D + W_L/D \leq q_a \tag{5}$$

式中：γ_w 为水的容重，kN/m³；P_v 为管道内部真空压力，kPa；W_c 为作用于单位长度管道上的竖向土荷载，kN/m；W_L 为作用于管道上的活荷载，kN/m；其他符号意义同前。

随着回填管设计的不断发展，美国标准对《M11-E4》进行了修订，修订后的《M11-E5》对回填管设计进行了相关修改。其中，外部荷载判定准则不变，允许的弯曲应力按式（6）计算：

$$q_a = 1.2C_n(EI)^{0.33}(\varphi_s E'k_v)^{0.67}R_H/(\text{FS}r_0) \tag{6}$$

式中：FS 为安全系数，取 2.0；r_0 为钢管外半径，m；C_n 为考虑某些非线性影响的系数，取 0.55；φ_s 为考虑土压实影响的系数，取 0.9；k_v 为土壤泊松比修正系数，$k_v = (1+v_s)(1-2v_s)/(1-v_s)$，$v_s$ 为钢材的泊松比；R_H 为回填深度修正系数，$R_H = 11.4/(11+2r/H)$（H 为回填深度）；其他符号意义同前。

3.2 中国标准 SL/T 281—2020 中计算公式[4]

钢管管壁截面的稳定性验算，应按式（7）计算：

$$p_k \geq K_{st}(F_v/D + P_v + p_e) \tag{7}$$

式中：p_k 为钢管的临界外压力，kPa；F_v 为管顶竖直方向的荷载，kN/m；P_v 为管道放空时管内外气压差，kPa；p_e 为管道管底处外水压力，kPa；K_{st} 为钢管管壁截面的抗外压稳定安全系数，取 2。

回填管临界屈曲压力按式（8）计算：

$$p_k = E_s/[12(1-v_s^2)](t/r^3)(n^2-1) + E_d/[2(n^2-1)(1+v_d)] \tag{8}$$

式中：v_s 为钢材的泊松比；v_d 为管侧回填土的泊松比；n 为屈曲失稳的波形数（$n=2，3，4$，整数，使 p_k 的值最小的 n 值）；其他符号意义同前。

3.3 回填钢管管壁稳定性验算对比分析

（1）对于回填钢管管壁稳定性验算，目前国内外还没有统一的计算方法，所有计算方法均根据相关理论和工程经验得出，差异性较大。但所有计算方法在对回填钢管管壁稳定性验算时均同时考虑了管道刚度和周围土体刚度的影响，同时考虑了管顶竖向土压力、地面活荷载和瞬时真空状态的影响，并具有一定的安全裕度。中国标准 SL/T 281—2020 中计算公式主要基于国内给水排水行业规范《给水排水工程管道结构设计规范》（GB 50332—2002）和日本规范得出。美国标准与中国标准计算公式不同，且美国标准第 4 版和第 5 版的计算公式也不同，相差较大，主要原因是公式为半理论半经验公式，随着工程经验的逐渐积累和成熟，计算公式也在不断优化。

（2）在管壁稳定性验算时，中国标准认为需同时考虑管顶竖向土压力、地面活荷载和瞬时真空状态；美国标准则认为不需要将活荷载和管内的瞬时真空状态同时考虑，需分开验算。

（3）中美标准钢管管壁的抗外压稳定安全系数相同，均为 2。

4 回填钢管计算实例

以国外某供水工程为例，输水管道工程全长约 15.2 km，根据沿线的地形、地质情况，输水线路由蓄水池、回填钢管和隧洞组成。回填钢管大部分为浅埋钢管，最大埋深为 2.0 m，地下水位于管顶以上 1.4 m，钢管直径为 3.6 m。回填土设计压实度为 95%，回填土压缩模量为 6.893 MPa（1 000 psi），回填土密度为 2.0 g/cm³，内摩擦角为 25°，黏聚力为 5.0 kPa。回填钢管采用 ASTM A283 Grade C 钢材，屈服强度为 205 MPa，抗拉强度为 380~515 MPa。正常工况下的最大内水压力为 477.6 kPa，水压试验工况下的最大内水压力为 716.4 kPa。

回填钢管所受外部荷载为管顶竖向土压力、地面活荷载和管道内部真空压力，具体见表1。中美标准中回填钢管管壁厚度、变形和管壁稳定性验算结果见表1。

表 1　回填钢管管壁厚度、变形和管壁稳定性验算结果

项目		中国标准（SL/T 281—2020）		美国标准《M11-E4》		美国标准《M11-E5》
根据内水压力初拟管壁厚度	正常工况下钢材允许应力/MPa	101.5		102.5		102.5
	水压试验工况下钢材允许应力/MPa	147.6		153.75		153.75
	正常工况下计算厚度/mm	8.5		8.4		8.4
	水压试验工况下计算厚度/mm	8.7		8.4		8.4
	考虑制造、运输和安装要求的最小管壁厚度/mm	8.5		12.5		12.5
	选取初拟管壁厚度/mm	10		14		14
变形验算	回填钢管壁厚/mm	10	14	14	18	14
	垂直土压力强度/（kN/m）	91	91	142	142	142
	活荷载/（kN/m）	43	43	43	43	43
	管道内部真空压力/kPa	101	101	101	101	101
	钢管允许偏差/mm	144	145	181	181	181
	钢管变形计算值/mm	35	35	48	47	48
	埋管的管壁变形是否满足要求	满足	满足	满足	满足	满足
根据外荷载进行管壁稳定性验算	钢管总外部荷载/kPa $\gamma_w h_w + R_w W_c/D + P_v$	—	—	145	145	145
	钢管总外部荷载/kPa $\gamma_w h_w + R_w W_c/D + W_L/D$	—	—	56	56	56
	钢管总外部荷载/kPa $F_v/D + P_v + p_e$	188	188	—	—	—
	允许屈曲压力/kPa	167	208	107	155	157
	如果回填钢管总外部荷载小于允许屈曲压力，壁厚满足外部荷载条件	不满足	满足	不满足	满足	满足
最终管壁厚度/mm		14		18		14

注：管壁厚度均不包括锈蚀裕度。

通过表 1 可得出以下结论：

（1）在初拟管壁厚度计算时，中美标准在不同工况下的允许应力结果接近，在内水压力作用下，采用中国标准计算的管壁厚度为 10 mm，小于美国标准计算结果 14 mm。

（2）在进行变形计算时，采用中国标准计算的变形值和允许变形值均小于美国标准计算结果，分别减小 25% 和 20%，减小幅度相近。

（3）在进行管壁稳定性验算时，在同一钢管壁厚 14 mm 下，采用中国标准计算的总外部荷载和允许屈曲压力均大于美国标准计算结果。同时，美国标准《M11-E5》计算出的允许屈曲压力值大于《M11-E4》计算值，增大 45% 左右。

（4）采用中国标准计算时，通过内水压力得到初拟的管壁厚度 10 mm，然后进行钢管变形和管壁稳定性验算，发现变形满足要求，而管壁稳定性不满足要求时，需要增大管壁厚度到 14 mm，此时，可以得出本工程回填钢管壁厚由外荷载控制。

（5）虽然在初拟管壁厚度、钢管变形和管壁稳定性验算等方面，中美标准存在差异，但是通过分析可知：①在初拟管壁厚度计算时，中美标准允许应力接近，根据锅炉公式计算出的结果相近。考虑制造、运输和安装要求的最小管壁厚度存在差异，但对于水利水电工程回填管内压和埋深均较大的特点，回填管管壁厚度主要由外荷载或者内压控制，极少由最小管壁厚度控制。本工程回填钢管壁厚即由外荷载控制。②在进行变形计算时，采用中国标准计算的变形值和允许变形值均按照相近幅度整体小于美国标准计算结果，即变形值接近等比例减小，影响变形验算结果较小。分析原因主要是管侧土反力模量和变形滞后系数取值的影响，同时，地下水也是影响很大的因素，中国标准地下水以下的土重采用浮容重，美国标准采用水的浮力系数 $R_w = 1 - 0.33\ (h_w/H)$ 来反映地下水的影响，而浮容重往往小于美标计算结果。③在管壁稳定性验算时，中国标准需同时考虑管顶竖向土压力、地面活荷载和瞬时真空状态，而美国标准则需要将活荷载和管内的瞬时真空状态分开考虑，导致了采用中国标准计算的总外部荷载和允许屈曲压力均整体大于美国标准计算结果，影响管壁稳定性验算结果较小。

采用中国标准计算得到的最终管壁厚度为 14 mm，采用美国标准《M11-E4》计算得到的最终管壁厚度为 18 mm，采用美国标准《M11-E5》计算得到的最终管壁厚度为 14 mm。中国标准与修订后的美国标准《M11-E5》钢管最终管壁厚度计算结果相同，均小于美国标准《M11-E4》计算结果。说明采用中国标准新增的水利水电工程回填钢管设计理论可得到较合理的设计结果。

5 结语

本文从初拟管壁厚度、变形和管壁稳定性验算等方面对比分析了中国标准 SL/T 281—2020 和美国标准《M11-E4》《M11-E5》关于回填钢管设计的差异，得到以下结论：

（1）初拟管壁厚度时，中美标准采用的方法相同，不同之处在于钢材允许应力的取值和考虑制造、安装和运输要求的最小管壁厚度。采用同种钢材时，中美标准在不同工况下的允许应力接近，考虑制造、运输和安装要求的最小管壁厚度存在差异。

（2）中美标准最大变形计算公式相同，而变形公式中最重要的参数为管侧土反力模量和变形滞后系数。美国标准规定，管侧土反力模量由回填土本身的土质、设计压实度和钢管埋深确定；中国标准规定，除与上述三种因素有关外，管侧土反力模量还受到沟槽宽度和管侧原状土土质的影响，中国标准考虑的影响因素更加全面。针对水利水电工程中的回填钢管内压较大的特点，内压将起到抵抗钢管变形的作用，中国标准将此系数取下限值 1.0 进行计算。美国标准将此系数取为 1.0~1.5，通常取为 1.1。

（3）在管壁稳定性验算时，中美标准计算方法还存在较大的差别，中国标准需同时考虑管顶竖向土压力、地面活荷载和瞬时真空状态，而美国标准则需要将活荷载和管内的瞬时真空状态分开考虑，导致了采用中国标准计算的总外部荷载和允许屈曲压力均整体大于美国标准计算结果。考虑到水利水电工程回填管管径和埋深均较大，还需进一步研究。

（4）虽然在初拟管壁厚度、钢管变形和管壁稳定性验算等方面，中美标准还存在差异，但采用中国标准 SL/T 281—2020 和修订后的美国标准《M11-E5》计算出的钢管最终管壁厚度相同，说明采用中国标准新增的水利水电工程回填钢管设计理论可得到较合理的设计结果，值得进一步探讨和推广使用。

参考文献

[1] 石长征，伍鹤皋，袁文娜. 柔性回填钢管的设计方法与实例分析 [C]//中国电建集团成都勘测设计研究院有限公司. 第八届全国水电站压力管道学术会议文集. 北京：中国水利水电出版社，2014.

[2] AWWA Manual M11, Steel Pipe-A Guide for Design and Installation (Fourth Edition) [S]. Denver：AWWA，2004.

[3] AWWA Manual M11, Steel Pipe-A Guide for Design and Installation (Fifth Edition) [S]. Denver：AWWA，2017.

[4] 中华人民共和国水利部. 水利水电工程压力钢管设计规范：SL/T 281—2020 [S]. 北京：中国水利水电出版社，2020.

水泵模型试验单位参数表达及算法研究

张弋扬　闫　宇　蔡俊鹏　王煜坤

（中水北方勘测设计研究有限责任公司，天津　300222）

摘　要：本文提出了水泵模型试验中单位参数的定义，并阐述了采用单位参数即单位流量 Q_{11}、单位扬程 H_{11}、单位轴功率 P_{11} 表述的优点以及必要性。将不同类型的水泵模型试验数据通过单位参数表述后进行了对比。同时，进一步明确了水泵和水轮机模型试验中的水压力脉动相对值表示方法、空化试验中的空化系数 σ 的算法以及水泵装置模型试验中的效率换算问题。旨在将水泵模型试验与水轮机模型试验的单位参数换算、水压力脉动相对值表达、效率换算相统一。

关键词：水泵模型试验；单位参数；水压力脉动相对值；空化系数；效率换算

　　在水轮机模型试验中，水轮机模型单位参数（如单位流量 Q_{11}、单位转速 n_{11}、单位轴功率 P_{11}、空化系数 σ）、水轮机的模型效率换算以及水压力脉动百分数等表述已经得到建立并趋于完善，蓄能泵和水泵水轮机水泵工况单位参数目前也沿用同样的算法。但对于水泵而言，特别是低扬程泵，试验结果需注明模型试验转速、模型公称直径、试验水温，并需要采用流量-效率、流量-扬程、流量-轴功率等绝对值表达其特性，尚缺乏水泵模型试验结果的无量纲化处理。IEC 规程只提到了蓄能泵和水泵水轮机（高扬程泵），ISO 规程只针对水泵真机试验。因此，对水泵模型试验中的单位值算法进行规范定义，解决制约水泵模型试验结果无量纲参数计算中的行业问题，并将水轮机和水泵模型试验单位参数算法相统一具有重要的意义。

1　水泵模型试验单位参数算法

1.1　单位参数概念提出的原因

　　国际电工委员会标准《水轮机、蓄能泵和水泵水轮机模型验收试验规程》（IEC60193）中，水力机械性能可以由基于 $H=1$、$D=1$ 和 $\rho=1$ 或 $n=1$、$D=1$ 和 $\rho=1$ 的无量纲术语表示。把模型试验得到的水轮机参数根据相似律转换成一个公称直径 $D=1$ m、水头 $H=1$ m 的标准水轮机参数——单位参数，便于应用、性能比较。

　　无量纲术语及相对其他已有术语之间的关系：单位转速 n_{11}、单位流量 Q_{11}、单位轴功率 P_{11}、空化系数 σ，其表达公式分别为

$$n_{11} = \frac{n \cdot D}{H^{0.5}} \tag{1}$$

$$Q_{11} = \frac{Q}{D^2 \cdot H^{0.5}} \tag{2}$$

$$P_{11} = \frac{P}{D^2 \cdot H^{1.5}} \tag{3}$$

$$\sigma = \frac{\text{NPSH}}{H} \tag{4}$$

　　与脉动量有关的无量纲术语：相对压力脉动 $\tilde{p}_E$ 表达式为

作者简介：张弋扬（1983—），女，高级工程师，水力机电所所长，主要从事水力机械模型及现场测试工作。

$$\tilde{p}_E = \frac{\tilde{p}}{H} \tag{5}$$

式中：n_{11} 为单位转速；Q_{11} 为单位流量；P_{11} 为单位轴功率；n 为转速，r/min；D 为叶轮公称直径，m；Q 为流量，m³/s；H 为水头，m；P 为轴功率，kW；σ 为空化系数；NPSH 为空化余量，m；$\tilde{p}_E$ 为相对压力脉动；$\tilde{p}$ 为压力脉动值。

H 为试验水头，即试验中得到的水头，如果试验水头不相同，则 H 也会形成相应变化。水轮机模型试验中一般采用等试验水头变转速方法，试验水头基本恒定，同样水泵水轮机水泵工况扬程（特别是最低扬程）变幅也控制在一定范围，未出现明显水泵工况单位参数换算问题，水轮机模型试验遵循 ED 体系。与水轮机模型试验不同，水泵模型试验采用固定转速，变扬程（流量随之变化）方法，遵循 nD 体系，目前水泵模型试验结果采用有量纲方式表达，提供了流量-效率、流量-扬程、流量-轴功率、流量-临界空化余量关系曲线。在完成以上表述时，同时要给出试验转速、模型公称直径，使得不同模型参数之间对比较为困难。

水泵模型试验中将模型效率（与水轮机相同）统一换算至参照雷诺数 $Re_{ref} = 7 \times 10^6$，解决了不同转速、直径、水温对模型效率影响问题，但水泵模型参数无量纲问题一直没有得到有效解决。对于低扬程泵，在零扬程单位参数，采用水轮机模型给出的单位参数表达则 Q_{11} 为无穷大，水压力脉动相对值也为无穷大，所有将试验扬程 H 做分母的参数都无解。

1.2 水泵单位参数的定义

经过多年探索，水泵模型无量纲参数采用如下算法得以解决。

水泵模型试验参数统一换算到基于转速频率 $f_n = 1$ Hz、公称直径 $D = 1$ m 的单位参数，便于模型之间比较。

单位流量：

$$Q_{11} = \frac{Q}{D^2 \cdot H_{\eta max}^{0.5}} \tag{6}$$

单位扬程：

$$H_{11} = \frac{H}{f_n^2 \cdot D^2} \tag{7}$$

单位轴功率：

$$P_{11} = \frac{P}{D^2 \cdot H_{\eta max}^{1.5}} \tag{8}$$

空化系数：

$$\sigma = \frac{NPSH}{H_{\eta max}} \tag{9}$$

式中：Q_{11} 为单位流量，m³/s；H_{11} 为单位扬程，m；P_{11} 为单位轴功率，kW；f_n 为转频，Hz；D 为叶轮公称直径，m；Q 为流量，m³/s；$H_{\eta max}$ 为试验最优效率点扬程，m；P 为轴功率，kW；σ 为空化系数；NPSH 为空化余量，m。

以上水泵单位参数计算公式为 IEC60193 中单位参数计算公式的变体，量纲与水轮机模型相同。

水泵模型试验单位参数计算采用将水轮机模型试验中的试验工况水头变为最优效率点特征扬程值作为公式中计算常数 $H_{\eta max}$，解决了水泵运行全范围（零流量至零扬程），特别是零扬程有解问题。

Q_{11}：只是将水轮机模型单位流量计算公式中试验水头变为水泵最优效率点扬程，由于水轮机模型试验采用等水头，其定义的试验水头其实也可看作最优效率点水头。

H_{11}：新的定义，为水轮机模型试验 IEC 规程中能量系数 $E/(n^2D^2)$ 变体（E 为试验比能），分母将转速改为转速频率主要考虑对于常规泵，使其单位扬程值处于 1 值附近，如采用试验转速，其值将降低 3 600 倍，为数值表达方面的考虑。

水泵模型试验相对固定的特征点为零流量参数、最优效率点参数、零扬程参数。因此，选用最优效率点作为参考点具有稳定性和合理性。

扩展讲，对于实际泵站工程，存在工程规划参数、工程运行参数与泵本身水力参数一致性和匹配问题，对实际工程设计和运行更关心设计工况参数。对模型开发研究而言，采用最优效率点扬程作为单位参数特征值无可厚非，但对于实际工程是否考虑将设计扬程作为单位参数计算特征值，值得商榷。

1.3 计算单位参数的前提条件

根据国际电工委员会标准 IEC60193，对试验模型公称直径和试验条件（雷诺数与转速、水温、模型公称直径相关）的规定如表 1 所示。

表 1　模型尺寸最小值及试验参数

参数	径流式（混流式）	斜流式	轴流式（轴流转桨式和灯泡式）	冲击式（水斗式）
雷诺数 Re（－）	4×10^6	4×10^6	4×10^6	2×10^6
单位比能（每级）E（J/kg）①	100	50	30②	500
公称直径 D/m	0.25③	0.30	0.30	—
水斗宽度 B/m	—	—	—	0.08

注：①在遵守弗劳德数相似条件下进行空化试验，所选的比能值可导致雷诺数低于规定值。

②若 $D\geqslant0.4$ m，则 $E_{min}=20$ J/kg。

③对于径流式水力机械，公称直径 D 为 D_2。对于低比速水泵和水泵水轮机，若其外径大于或等于 0.5 m，则其公称直径在 0.2 m$\leqslant D_2\leqslant0.25$ m 内应该是允许的。

水泵试验模型的公称直径及雷诺数应符合表 1 的要求，对具体的试验转速不做额外规定。模型效率统一换算到参照雷诺数 $Re_{ref}=7\times10^6$ 条件下。

1.4 水泵模型试验中的效率换算

为了排除试验水温、试验转速、模型公称直径等对效率的影响，水泵模型试验中的模型效率统一换算到参照雷诺数 $Re_{ref}=7\times10^6$ 条件下，算法如下（两步法中的第一步计算），同 IEC60193 一致。

以下介绍原型泵的效率换算：

对于离心式水泵来说，原模型参数换算方法宜采用国际电工委员会标准 IEC60193 中推荐的两步法换算。

（1）将模型测量效率转换为 Re_{uM^*} 下的模型效率。在 Re_{uMi} 处测量到的模型效率 η_{hMi} 将转换成在 Re_{uMi} 范围内选定的、常数 Re_{uM^*} 下的效率 η_{hMi^*}。

$$(\Delta\eta_h)_{Mi\to M^*}=\delta_{ref}\left[\left(\frac{Re_{uref}}{Re_{uMi}}\right)^{0.16}-\left(\frac{Re_{uref}}{Re_{uM^*}}\right)^{0.16}\right] \tag{10}$$

$$\delta_{ref}=\frac{1-\eta_{hoptM}}{\left(\dfrac{Re_{uref}}{Re_{uoptM}}\right)^{0.16}+\left(\dfrac{1-\nu_{ref}}{\nu_{ref}}\right)} \tag{11}$$

$$\eta_{hMi^*}=\eta_{hMi}+(\Delta\eta_h)_{Mi\to M^*} \tag{12}$$

（2）将模型效率换算到原型工况。参照固定的模型雷诺数 Re_{uM^*} 将模型效率 η_{hM^*} 用下面修正换算成原型水泵效率 η_{hP}：

$$(\Delta\eta_h)_{M^*\to P}=\delta_{ref}\left[\left(\frac{Re_{uref}}{Re_{uM^*}}\right)^{0.16}-\left(\frac{Re_{uref}}{Re_{uP}}\right)^{0.16}\right] \tag{13}$$

$$\eta_{hP} = \eta_{hMi^*} + (\Delta\eta_h)_{M^* \to P} \tag{14}$$

式中：$(\Delta\eta_h)_{Mi \to M^*}$ 为试验值到模型值效率修正值；δ_{ref} 为可换算损失率；$\Delta\eta$ 为效率的增量值；Re_u 为雷诺数 $Re_u = (n/60) \cdot \pi \cdot D^2/\nu$；$Re_{uref}$ 为参照雷诺数，7×10^6；Re_{uMi} 为试验点雷诺数；Re_{uM} 为模型雷诺数；Re_{uP} 为原型雷诺数；η_{hoptM} 为模型最优效率；ν_{ref} 为相应于 $Re_{uref} = 7 \times 10^6$ 的损失分布系数，取 0.6；ν 为运动黏滞性系数，m^2/s；D 为叶轮公称直径，m；n 为转速，r/min；$(\Delta\eta_h)_{M^* \to P}$ 为模型到原型效率修正值；η_{hP} 为原型水力效率；η_{hM} 为模型水力效率。

对于低扬程大流量泵站（贯流、轴流、混流），由于进出水流道损失较大，模型装置效率在80%左右，按以上两步法换算原型效率，效率值要增加 4%~5% 或更大，但效率不换算更接近实际情况。因此，低扬程、大流量泵站原型泵装置水力效率宜直接采用装置模型效率，装置水力效率不换算。

2 水泵模型试验中对水压力脉动相对值的计算

2.1 水压力脉动试验时域分析

水压力脉动试验的时域图（见图1）中幅值示值和取值方法采用混频双振幅幅值（峰峰值）$\Delta H/H_{\eta max}$ 百分数表示，ΔH 混频双振幅幅值取值方法采用97%置信度；$H_{\eta max}$ 为试验最优效率点扬程。以97%置信度对压力脉动混频幅值取值的方法：取置信度97%剔除3%不可信区域的数据，给出水压力脉动双幅值 ΔH。

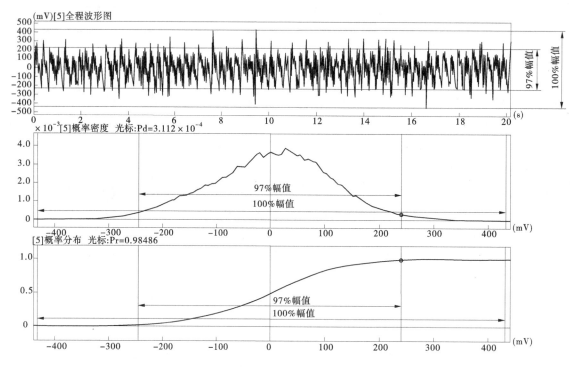

图1 水压力脉动试验的时域图

2.2 水压力脉动试验频域分析

用 FFT（Fast Fourier transform）分析软件进行压力脉动数据的幅频特性分析。频谱可由一系列时间间隔测算出的离散傅立叶变换的平均值来评定。为了减少由于限定时间间隔引起的泄露效应并使各频率能最佳确定，应采用像 Hanning 窗和 Kaiser-Bessel 窗的加权窗。经 FFT 分析的分频幅值（峰峰值），应至少给出包括主频在内的前3个主要特征频率及其对应的分频幅值，频域图中分频幅值示值和取值方法采用峰峰值表示。为了便于数据的使用，压力脉动的分析结果可以由无量纲数的形式给出，频率的无量纲数是频率系数 $F_n = f/n$。

2.3　水压力脉动相对值

以某水泵模型为例，水压脉动采用绝对值即 97%置信度峰峰值表示（见图 2）、水压脉动采用相对试验扬程即 97%置信度峰峰值相对于试验扬程百分数表示（见图 3）、水压脉动采用相对最优效率点扬程即 97%置信度峰峰值相对于最优效率点扬程的百分数表示（见图 4）。将以上三种表示方法进行对比。

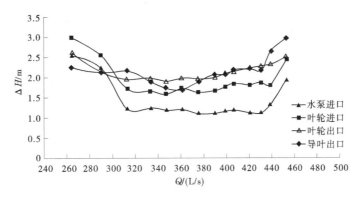

图 2　水压力脉动绝对值试验结果

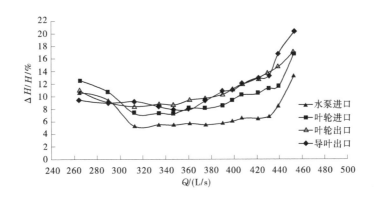

图 3　水压力脉动相对试验扬程试验结果

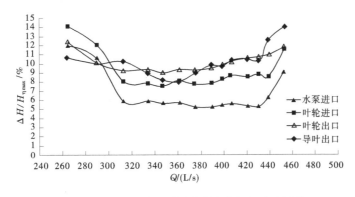

图 4　水压力脉动相对最优效率点扬程试验结果

水压力脉动采用绝对值表达，失去了模型试验效果；目前水轮机行业采用相对于试验扬程百分数表示，效果较为显著；而用在水泵模型试验时，同样的水压力脉动值（97%置信度峰峰值），扬程越低，相对值越大，零扬程时则相对值无穷大（无解）。因此，水力机械水压力脉动相对值采用相对最优效率点扬程百分数表示，曲线走势与采用绝对值相同，这种表达方式更趋合理。

3 水泵模型试验单位参数算例

3.1 不同类型水泵模型单位参数结果比较

某卧式双吸离心泵模型试验转速为 1 450 r/min，模型公称直径 $D = 0.242$ m，效率统一换算到参照雷诺数 $Re_{ref} = 7 \times 10^6$。采用单位参数和实际值试验参数表述对比，如图 5 所示。

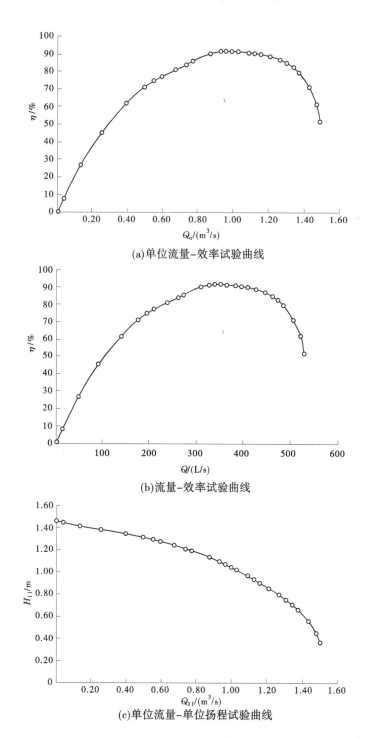

(a)单位流量-效率试验曲线

(b)流量-效率试验曲线

(c)单位流量-单位扬程试验曲线

图 5　单位参数与实际值对比

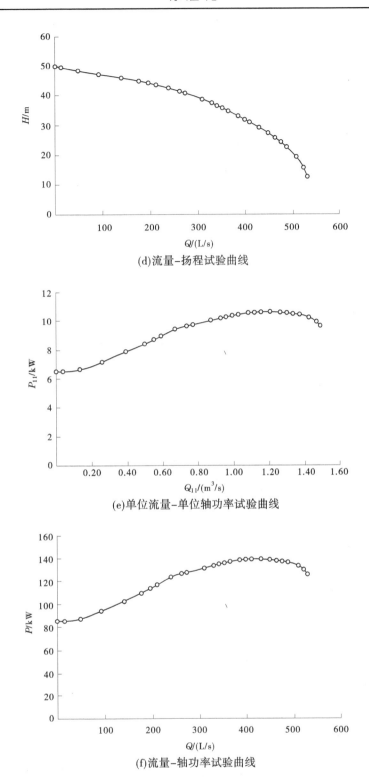

(d)流量–扬程试验曲线

(e)单位流量–单位轴功率试验曲线

(f)流量–轴功率试验曲线

续图 5

由图 5 可知，单位参数表述与实际试验数据表述的试验曲线趋势一致。

将轴流泵装置模型、混流泵装置模型、立式单吸离心泵模型用单位参数曲线进行对比。单位流量–单位扬程试验曲线见图 6，曲线中标记点为最优效率点。

以上三种类型水泵模型的最优效率点参数见表 2。

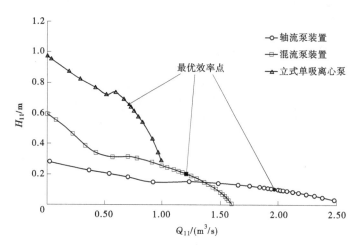

图 6 不同类型水泵模型单位流量-单位扬程

表 2 最优效率点参数

水泵模型类型	参数			
	Q_{11}/（m³/s）	H_{11}/m	P_{11}/kW	η/%
轴流泵装置	1.97	0.101	24.53	78.39
混流泵装置	1.22	0.2	14.25	83.71
立式单吸离心泵	0.71	0.657	7.91	88.42

不同类型的水泵模型通过单位参数的表述对比可见，按照轴流泵装置→混流泵装置→立式单吸离心泵的顺序最优效率点单位流量 Q_{11} 是从大到小的，单位扬程 H_{11} 是从小到大的。因此，用单位参数表述便于不同模型之间的对比与区分。

3.2 空化系数与实际参数对比

定义空化系数为空化余量与第一级叶轮最优效率点扬程之比，按式（9）计算，某水泵模型临界空化余量曲线（Q-NPSH$_c$ 曲线）与 Q_{11}-σ_c 曲线如图 7、图 8 所示。

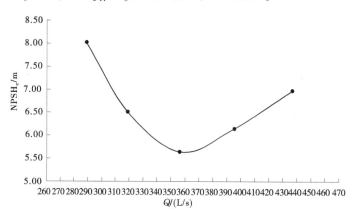

图 7 水泵模型 Q-NPSH$_c$ 试验曲线

空化系数曲线用单位参数表述与实际参数表述的试验曲线趋势也是一致的，并且可以通过 σ_c 及 Q_{11} 判断模型空化性能优劣。

4 水泵模型试验单位参数与 IEC 规范中的无量纲系数对比

水泵水轮机在进行水泵模型试验时采用 IEC 规范中流量系数、能量系数、功率系数将其进行单位

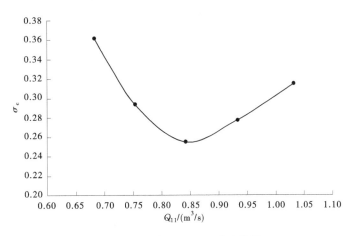

图 8　水泵模型 Q_{11}-σ_c 试验曲线

化，公式如下：

$$Q_{nD} = \frac{Q}{n \cdot D^3} \tag{15}$$

$$E_{nD} = \frac{E}{n^2 \cdot D^2} \tag{16}$$

$$P_{nD} = \frac{P}{\rho \cdot n^3 \cdot D^5} \tag{17}$$

式中：Q_{nD} 为流量系数；E_{nD} 为能量系数；P_{nD} 为功率系数；n 为转速，r/min；D 为叶轮公称直径，m；Q 为流量，m³/s；E 为水力比能，J/kg；P 为轴功率，kW；ρ 为水密度，kg/m³。

按照以上算法进行的不同比速水泵模型参数单位化的结果如图 9 所示。

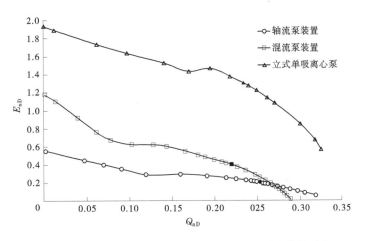

图 9　不同类型水泵模型流量系数-能量系数试验曲线对比

从图 9 中可以看出，不同类型水泵模型通过这种方式在能量系数上可以进行区分。但对于流量系数，由于分母 n、D 的数值对于水泵模型试验来说相对固定。因此，无法通过此方法在流量系数上将不同类型水泵模型进行区分，而水泵模型试验结果采用单位参数表达效果更为显著。

5　结论

水泵模型试验单位参数表达和计算方法的提出涉及水轮机模型试验标准表述和水泵模型试验标准的重塑。但与原来水轮机模型试验标准并不冲突，水轮机模型试验采用固定水头进行，所有工况试验水头均与最优效率点相同，不涉及以前数据修正问题。解决了制约水泵行业模型无量纲参数计算的问题，将水泵和水轮机模型无量纲参数（单位参数）换算方法相统一。

参考文献

［1］郭彦峰，赵越，刘登峰．水泵水轮机模型全特性试验的关键技术改进措施［J］．水电能源科学，2016，34（5）：176-179.

［2］IEC 60193：2019. Hydraulic turbines, storage pumps and pump-turbines-Model acceptance tests［S］. IEC, Geneva, 1999.

［3］张弋扬，姜海峰，何成连．南水北调工程水泵模型试验关键技术问题处理［J］．水泵技术，2012（3）：4-8.

［4］刘润根，张弋扬．南昌市新洲老泵站改建工程潜水泵装置模型试验研究［J］．水泵技术，2015（3）：44-48.

［5］关醒凡．大中型低扬程泵选型手册［M］．北京：机械工业出版社，2019.

［6］葛强，周君亮，李龙，等．低扬程水泵装置水力特性参数换算研究综述［J］．河海大学学报（自然科学版），2006（2）：165-170.

［7］葛强，陈松山，严登丰，等．低扬程泵装置流道损失试验研究与数值模拟［J］．中国农村水利水电，2006（12）：70-72.

［8］王福军，张玲，黎耀军，等．轴流式水泵非定常湍流数值模拟的若干关键问题［J］．机械工程学报，2008（8）：73-77.

［9］姚志峰，王福军，肖若富，等．离心泵压力脉动测试关键问题分析［J］．排灌机械工程学报，2010，28（3）：219-223.

《中国水利学会团体标准管理办法》
修订前后主要变化情况浅析

武秀侠　周静雯　张淑华　赵　晖　董长娟　王兴国　李建国

(中国水利学会，北京　100053)

摘　要： 为更好地推动实施 2020 年版《中国水利学会团体标准管理办法》，本文对比分析了 2020 年版和 2016 年版中国水利学会印发的《办法》框架结构与具体条文。通过分析，得出了《办法》修订前后的主要变化情况和 2020 年版《办法》印发后中国水利学会团体标准化工作重点。

关键词： 团体标准；管理办法；对比分析

1　修订背景

2015 年 6 月，国家标准委办公室印发《国家标准委办公室关于下达团体标准试点工作任务的通知》（标委办公一〔2015〕80 号），明确中国水利学会（简称学会）作为 12 家试点单位之一，开展团体标准研制工作，制定《中国水利学会标准管理办法》[1]（简称《办法》）。2016 年 9 月，学会制定印发《办法》（水学〔2016〕83 号）。该《办法》自发布实施以来，在规范和加强学会团体标准立项、编制、实施等方面发挥了重要作用[2]。

随着《中华人民共和国标准化法》（主席令第 78 号，简称标准化法）、《团体标准管理规定》（国标委〔2019〕1 号，简称管理规定）等的发布实施以及国家标准委、水利部对团体标准管理的不断加强，2016 年发布的《中国水利学会标准管理办法（试行）》（简称旧版《办法》）中团体标准推广实施、国际化、知识产权等方面内容已不能有效满足新的需求。因此，学会对旧版《办法》进行了修订，并于 2020 年发布了《中国水利学会团体标准管理办法》（水学〔2020〕85 号，简称新版《办法》）。为便于团体标准化工作各参与方更好地理解实施新版《办法》，本文从框架结构和具体条文两个方面，详细对比了新、旧版《办法》，得出《办法》修订的主要思路和重点修订内容，以期为未来一段时间推动实施办法提供指导。

2　框架结构对比

新版《办法》由总则、机构与职责、标准立项、标准编制、推广实施、标准复审与修订、标准翻译、专利事项管理、经费管理、附则等 10 章组成。与旧版《办法》相比，主要变化如下：一是调整第二章名称为"机构与职责"；二是拆分"第三章编制与发布"为"第三章标准立项"和"第四章标准编制"；三是拆分"第四章实施与监督、复审"为"第五章推广实施"和"第六章标准复审与修订"；四是增加"第七章标准翻译"和"第八章专利事项管理"。新版《办法》与旧版《办法》章节组成如表 1 所示。

作者简介：武秀侠（1984—），女，高级工程师，主要从事水利标准化管理与研究工作。

表 1 《办法》修订前后章节组成对比

新版《办法》	旧版《办法》	备注
第一章 总则	第一章 总则	
第二章 机构与职责	第二章 组织机构	优化名称
第三章 标准立项	第三章 编制与发布	新版《办法》将立项阶段从编制环节剥离，拆分为两章
第四章 标准编制		
第五章 推广实施	第四章 实施与监督、复审	监督不属于社会团体职责，复审不是推广实施内容，新版《办法》拆分为两章
第六章 标准复审与修订		
第七章 标准翻译		新增
第八章 专利事项管理		新增
第九章 经费管理	第五章 经费管理	
第十章 附则	第六章 附则	

3 具体条文对比

新版《办法》共 59 条，较旧版《办法》多 30 条，其中新增 28 条。

3.1 第一章 总则

本章共 7 条，新增 2 条，旧版《办法》修改转化 5 条。主要变化如下：

（1）第一条编制目的和依据。新版《办法》除修改完善旧版编制目的外，增加了《办法》的编制也是服务水利行业发展及标准化工作改革的需要表述。同时，删除了《中华人民共和国标准化法实施条例》等过时依据。

（2）第二条团体标准定位。新版《办法》充分吸收管理规定要求，突出团体标准是为满足涉水领域市场和创新需要，强调在学会章程规定的业务范围内开展团体标准编制。

（3）第三条适用范围。新版《办法》除修改完善旧版《办法》适用范围外，还增加了与其他社会团体联合发布团体标准有关管理要求。

（4）第四条为新增条款，明确接受上级主管部门管理，并遵守国家关于团体标准的有关制度要求。

（5）第五条编制原则。新增坚持开放、透明、公平、协商一致的编制原则以及开展标准编制工作的方法以及质量要求。

（6）第六条为新增条款，明确了团体标准编制主体，鼓励多方参与团体标准编制，充分反映各方的共同需求。

（7）第七条编制要求。新增与强制性、推荐性标准技术要求关系内容，鼓励制定国际领先水平的团体标准，禁止利用团体标准排除、限制市场竞争。

3.2 第二章 机构与职责

本章共 6 条，新增 3 条，旧版《办法》修改转化 3 条。主要变化如下：

（1）第八条机构组成。结合工作实际，新增技术委员会和主、参编单位三级机构。

（2）第九条理事长办公会的主要职责。新增组织制定团体标准战略发展规划职责，调整"审批"为"审定"，将审批团体标准立项职责调整至标准化工作办公室。

（3）第十条标准化工作办公室的主要职责。结合工作实际，新增维护团体标准体系，确定团体标准主、参编单位，组织开展团体标准党的相关技术研究，负责团体标准解释以及负责管理技术委员会等职责；删除制定和实施标准化发展规划、计划以及团体标准经费协调管理等职责。

（4）第十一条技术委员会的主要职责。新增条款，采用技术委员会管理模式是我国标准化工作管理的通行做法，学会将逐步采用技术委员会模式。本条规定了技术委员会负责提出团体标准化工作的政策和措施建议、团体标准编制建议、指导团体标准编制、负责团体标准审查等职责。同时，强调未成立技术委员会的由标准化工作办公室暂行部分职责。

（5）第十二条、第十三条为新增条款，明确了主、参编单位的主要职责和分工。

3.3 第三章 标准立项

本章为新增章节，共 7 条，新增 4 条，旧版《办法》修改转化 3 条。主要变化如下：

（1）第十四条、第十七条、第十八条、第十九条为新增条款，分别明确了立项阶段的主要工作任务、立项论证会专家组成、论证会有关要求以及主编单位资格等。

（2）第十五条、第十六条、第二十条由旧版《办法》修改转化，分别规定了提案受理方、提案材料要求以及立项条件。同时，批准立项调整为由学会执行。

3.4 第四章 标准编制

本章共 13 条，新增 2 条，旧版《办法》优化完善 11 条。主要变化如下：

（1）第二十一条、第三十二条为新增条款，明确了编制阶段的主要工作任务以及主编单位负责保存标准编制过程资料和建立档案要求。

（2）第二十二条至第二十八条规定了标准起草、征求意见、审查、报批四个阶段主要工作内容，均是在旧版《办法》基础上，结合工作实际的丰富完善。

（3）第二十九条标准发布形式。结合工作实际，调整为以学会文件形式发布。

（4）第三十条标准编写格式。在旧版《办法》基础上增加工程建设、分析方法等团体标准的编写要求，同时对标准封面格式进行了规范。

（5）第三十一条团体标准编号规则。沿用旧版《办法》编号规则，对部分文字进行了编辑性修改。

（6）第三十三条标准著作权。沿用旧版《办法》。

3.5 第五章 推广实施

本章共 8 条，新增 6 条，旧版《办法》修改转化 2 条。主要变化如下：

（1）第三十四条、第三十五条、第三十七条、第三十八条、第三十九条、第四十条为新增条款，规定了团体标准推广应用范围以及标准公开、推广活动、标准转化、标准采信、国际化等推广实施手段。

（2）第三十五条、第四十条是旧版《办法》的修改完善，分别明确了标准化工作办公室负责宣传推广团体标准及受理团体标准实施中出现的问题。

3.6 第六章 标准复审与修订

本章共 8 条，新增 4 条，旧版《办法》修改转化 4 条。主要变化如下：

（1）第四十二条至第四十六条为标准复审要求，是旧版《办法》的修改完善。调整复审周期为 5 年，新增依据复审结论定期公开有效团体标准清单规定。

（2）第四十七条至第四十九条分别提出复审结论为全面修订、局部修订或少量修改或补充团体标准的管理要求。

3.7 第七章 标准翻译

本章为新增章节，第五十条至第五十三条共 4 条，规定了鼓励主编单位同步开展团体标准翻译，明确了翻译重点、语种和程序要求。

3.8 第八章 专利事项管理

本章为新增章节，第五十四条至第五十六条共 3 条。依据管理规定，提出了标准编制过程中要特别关注专利问题，明确涉及专利时的处理方式和违反专利有关要求需承担的责任。

3.9 第九章 经费管理

本章共 2 条，均是旧版《办法》的丰富完善。主要变化如下：

（1）第五十七条经费来源。除保留旧版《办法》中的来源外，新增主、参编单位自愿筹集，政府等有关方面的资助以及标准化工作办公室开展培训、销售标准文本和相关资料收入等来源。

（2）第五十八条经费使用。优化完善原有表述，新增要符合国家有关规定要求。

3.10 第十章 附则

本章共 1 条，比旧版《办法》减少 1 条，主要变化为删除了解释单位规定。

4 总体分析

从第 3 部分具体条文修改变化来看，《办法》修订内容主要包括新增、删除和优化三个方面。新增的内容包括：接受上级主管部门的管理，标准化技术委员会和主、参编单位及职责，标准翻译，专利事项管理等；删除的内容包括：专家委员会、个人提交团体标准申请以及理事长办公会审查确定标准立项等；优化的内容包括：《办法》编制目的、理事长办公会及标准化工作办公室职责等。分析如下：

（1）强化团体标准编制要求。编制团体标准除应遵循政府引导、市场主导、创新驱动、统筹协调等原则外，还应广泛吸纳参与者，深入调查研究，广泛征求意见，确保标准质量。同时，团体标准技术要求不得低于强制性标准的相关技术要求。鼓励制定高于推荐性标准和具有国际领先水平的团体标准。禁止利用团体标准实施妨碍商品、服务自由流通等排除、限制市场竞争的行为。

（2）优化机构与职责。增加了标准化技术委员会和主、参编单位及职责，强化技术委员会在标准编制各阶段的技术咨询作用，主、参编单位在团体标准编制及实施中的主要任务。同时，进一步明确理事长办公会的决策职责、标准化工作办公室的组织协调职责。

（3）细化团体标准立项、编制管理要求。结合工作实际，细化了标准立项、各编制阶段工作任务和材料要求以及专家遴选、审查要求等内容，使《办法》更具操作性，更好地指导有关单位开展团体标准化工作。

（4）强化团体标准推广实施。为有效推动团体标准实施，团体标准发布后，及时公开团体标准名称、编号等信息，适时开展团体标准化良好行为评价，推动团体标准应用及与国外标准间互认等。同时，接受任何单位和个人反馈团体标准实施情况和存在问题，举报、投诉违反强制性标准的行为。

（5）增加团体标准翻译和专利有关规定。团体标准以满足市场和创新需求为目标，聚焦新技术、新产业、新业态和新模式，专利融入团体标准概率极高，满足国际市场需求概率极大，为避免专利纠纷以及满足国际化需要，新增有关内容。

5 结论与建议

为适应标准化工作改革对团体标准提出的新要求，学会对旧版《办法》进行了修订，提出了统一的、较为全面的管理要求。在修订过程中，延续了旧版《办法》中的好经验、好做法，大量吸收了标准化法和管理规定等提出的新要求，并将多年实践总结融入其中。与旧版《办法》相比，新增 28 条，因此本次修订是一项创新性工作，有必要加强学习宣传，及时调整工作思路。

参考文献

[1] 李建国，武秀侠，王兴国，等. 中国水利学会团体标准发展与培优 [J]. 水利发展研究，2020，20（12）：52-54.
[2] 中国水利学会. 中国水利学会标准编制实物 [M]. 北京：中国水利水电出版社，2020.

浅谈工程建设类水利行业标准编写的体例 格式要求及常见问题分析

陈　军[1,2]　武秀侠[2]　董长娟[2]　周静雯[2]　王兴国[2]　赵　晖[2]　李建国[2]

(1. 珠江水利委员会珠江水利科学研究院，广东广州　510610;
2. 中国水利学会，北京　100053)

摘　要：标准的体例格式是标准的表现形式，是标准化工作的重要方面。工程建设类水利行业标准需要严格按照《水利技术标准编写规定》（SL 1—2014）要求的体例格式进行编写，鉴于标准编写人员对各类体例格式要求学习不足、理解不深，导致其所编写的标准体例格式存在较多问题，一定程度上影响了标准的编写进度和质量。本文对工程建设类水利行业标准的体例格式要求及常见问题进行了研究分析，并提出了改进建议，供参考。

关键词：工程建设；水利行业标准；编写；体例格式

1　引言

起草一项好的标准除需要具备相应的专业技术知识外，还需要掌握标准化的基础知识，理解标准化的核心概念，并正确运用起草标准化文件的原则，以及遵循起草标准化文件的途径和步骤。其中，标准的体例格式是标准的表现形式，是标准区别于任何其他行政文件及科技著作的显著特点，是否规范不仅直接关系标准质量，而且影响标准被接受程度和执行效果[1-2]。水利标准根据其功能特性分类的不同，在编写过程中应参照的体例格式有所差异。现阶段，水利标准根据功能特性可分为工程建设类水利国家标准和水利行业标准、非工程建设类水利国家标准和水利行业标准。各类水利标准编写过程中选用体例格式的要求如下：

（1）工程建设类水利国家标准采用《工程建设标准编写规定》（建标〔2008〕182号），工程建设类水利行业标准采用《水利技术标准编写规定》（SL 1—2014）[3]。

（2）非工程建设类水利国家标准采用《标准化工作导则　第1部分：标准化文件的结构和起草规则》（GB/T 1.1—2020）[4]，非工程建设类水利行业标准的体例格式要求为，前言部分依据《水利技术标准编写规定》（SL 1—2014）进行编写，其他部分则按照《标准化工作导则　第1部分：标准化文件的结构和起草规则》（GB/T 1.1—2020）进行编写。

由此可见，工程建设类水利行业标准需要按照《水利技术标准编写规定》（SL 1—2014）要求的体例格式进行编写。然而，一些标准编写者因对各类体例格式要求的理解不深导致所编写的标准在体例格式上存在较多问题，不仅影响了标准的质量，也导致标准编写进度的滞后。因此，本文针对工程建设类水利行业标准编写的体例格式要求，结合标准体例格式复读工作的相关经验，就标准编写过程中常见问题进行梳理和分析，并提出相关的改进建议，以期提高水利行业标准编写工作的效率和标准编写质量。

作者简介：陈军（1989—），男，高级工程师，主要从事水生态修复、水利标准化管理与研究工作。
通信作者：武秀侠（1984—），女，高级工程师，主要从事水利标准化管理与研究工作。

2 常见问题分析

根据《水利技术标准编写规定》（SL 1—2014），工程建设类水利行业标准结构由前引部分、正文部分和补充部分组成。下面按照以上顺序一一介绍。

2.1 前引部分

工程建设类水利行业标准的前引部分必须包括封面、发布公告、前言和目次 4 个部分。其中，SL 1—2014 的附录 A 中给出了封面的具体模板；发布公告则是在标准编写完成后由水利部发布的"关于批准发布水利行业标准的公告（标准名称）"给出，因此这两部分往往不存在体例格式的问题。

2.1.1 前言

在编写标准前言的过程中存在的共性问题主要包括两点：一是特定部分缺项漏项，二是基本部分字体使用错误。

（1）特定部分缺项漏项。在 SL 1—2014 中，对标准前言的组成进行了明确规定，即由特定部分和基本部分组成。其中，特定部分的内容必须包含 5 个部分：①简述制定（修订）标准的任务来源；②简述标准编写所依据的起草规则；③简述标准的主要技术内容，对于修订标准则简述修订的主要内容；④列出所需强制执行条文的编号，如无则注明"本标准为全文推荐"；⑤对于修订的标准，列出所替代标准的历次版本信息。因此，在前言中缺以上 5 项信息中的任何一项，均属于标准编写过程中的体例格式问题。在对标准体例格式复读工作的情况进行总结后发现，最容易被编者忽视而导致缺项漏项的信息：一是全文推荐标准未注明"本标准为全文推荐"；二是修订标准未列出所替代标准的历次版本信息。

（2）基本部分字体使用错误。标准前言的基本部分一般包括批准部门、主持机构、解释单位、主编单位、参编单位、出版和发行单位、标准主要起草人、标准技术内容审查人、标准体例格式审查人以及标准主管机构的通信地址、邮政编码、电话号码和电子邮箱等信息。在 SL 1—2014 的附录 E 中对该部分内容的字体进行了明确规定，相关信息需以黑体展示，但编者往往忽视了这一要求，采用了与特定部分相同的字体（宋体），导致出现体例格式上的错误。

2.1.2 目次

根据 SL 1—2014 的规定，工程建设类水利行业标准的目次应包括 5 部分内容：①章、节的编号、标题及其起始页码；②附录的编号、标题及其起始页码；③"标准用词说明"及其页码；④"标准历次版本编写者信息"及其页码（修订的标准需要）；⑤"条文说明"及其隔页页码。目次中存在的体例格式问题主要包括 3 点：一是目次为非自动生成或未更新至最终版本，导致目次中标题或页码与正文中相应的标题与页码不一致；二是未将"标准用词说明"及"标准历次版本编写者信息"纳入目次中；三是"目次"二字的字体字号不符合 SL 1—2014 的附录 E 中的要求。

2.2 正文部分

工程建设类水利行业标准的正文部分一般包括总则、术语和符号（若有）以及技术篇章。

2.2.1 总则

标准的总则应包括 5 部分内容，并按照如下顺序编写：①制定（修订）标准的目的；②标准的适用范围；③标准的共性要求；④引用标准清单；⑤执行相关标准的要求。在编写标准总则的过程中，经常在引用标准清单中存在较多的体例格式问题。

（1）引用标准清单的排序错误。标准编写人员极易在水利行业标准和其他行业标准的排序中按照标准代号的拉丁字母排序，而未基于优先水利行业标准的原则进行排序。根据 SL 1—2014 的要求，引用标准清单的排列顺序应为国家标准、水利行业标准、其他行业标准、ISO 标准、IEC 标准、其他国际标准；其中，引用的行业标准中必须优先列出水利行业标准清单，然后将其他行业标准按照标准代号的拉丁字母排序。最后，相同类型的标准应按照标准顺序号排列，在体例格式复读工作的过程中发现存在将相同类型的引用标准随机排列的错误案例。

（2）引用标准再次出现时列出了标准名称。SL 1—2014 明确要求，引用标准只有在首次出现时，应写明标准的编号和标准名称；当该标准再次出现时，只需要列出标准编号即可，即在引用标准清单前出现的引用标准需要列出标准名，之后文中的条款则无须列出标准名。

（3）引用标准的发布年号是否需要标注模糊不清。对于引用的标准，不加注日期引用时说明可接受所引标准将来所有的变化；而注日期引用时则说明仅该日期对应的版本适用于本标准。但目前存在较多的体例格式问题是，当引用了某项标准的具体条文时，并未注明该标准的发布年号。

【示例 1】

正确：按照 SL ×××—20×× 第 x. x. x 条的规定执行。

错误：按照 SL ××× 第 x. x. x 条的规定执行。

（4）条文说明中出现的引用标准不应在引用标准清单中列出。

2.2.2 术语和符号

依据对笔者体例格式复读工作的总结分析发现，在术语和符号章节易出现的体例格式问题为：对在其他标准中已有定义的术语，在无须改写定义的前提下进行重复定义。SL 1—2014 明确要求，只有在现行标准中尚无统一规定时，该术语才需要被定义。若在其他标准中已经被定义了，可以采取引用的方式；若需要改写其他标准中定义的术语，应在改写的定义后提示该定义是改自其他定义的。

2.2.3 技术篇章

技术篇章是标准的核心要素，该部分出现的体例格式问题较多，经总结包括以下 7 点：

（1）技术条款中常出现目的性描述。根据 SL 1—2014 要求，标准中的技术内容条款应为技术准则、技术要求或技术措施，相关的目的性内容不应出现在技术条款中，但可放入条文说明。

【示例 2】

正确：对于生态流量满足程度较低的情况，应从天然与实际来水、工程任务、调度、管理、建筑物泄放能力等方面分析原因。

错误：对于生态流量满足程度较低的情况，应从天然与实际来水、工程任务、调度、管理、建筑物泄放能力等方面分析原因，为水库生态流量泄放适应性管理提供依据。

（2）条款的类型分为要求、指示、推荐、允许和陈述，需通过能愿动词进行区分，但标准编写者常出现缺乏表示严格程度的标准用词，导致无法区分条款类型。SL 1—2014 明确要求，标准的条文中应采用表示严格程度的标准用词，如"应""宜""可"等。

【示例 3】

正确：应根据环境条件及锚固土层地质条件确定特拉锚的间距和打入深度。

错误：根据环境条件及锚固土层地质条件确定特拉锚的间距和打入深度。

（3）常出现模糊性表述。标准的语言应准确、简明、易懂，不应采用"一般""大约""尽量""尽可能""力求""左右""基本达到"等模糊词语。

【示例 4】

正确：双护盾掘进机施工可采用双护盾掘进模式。

错误：双护盾掘进机施工一般可采用双护盾掘进模式。

（4）并列表述采用编号。根据 SL 1—2014 要求，在标准内容表述中，对几个并列的要素，宜采用并列项的形式。并列项应罗列并列的短语，不应包含要求和推荐性条款。并列项可使用在条文中，不受条文层次的影响。并列项应用破折号"——"并列排列。并列项文字应在破折号后接写。破折号前应对应本层次左起空四个字符。各破折号也应对齐，换行后首字应与破折号后首字对齐。

（5）参数范围的数值表述不符合要求，具体见示例5。

【示例5】

序号	正确书写	不正确书写
1	$10\% \sim 15\%$	$10 \sim 15\%$
2	$1.1 \times 10^5 \sim 1.3 \times 10^5$	$1.1 \sim 1.3 \times 10^5$
3	$18° \sim 36°30'$	$18 \sim 36°30'$
4	$-18°30' \sim 18°30'$	$\pm18° \pm 30'$
5	6万~8万	6~8万

（6）条文说明对条文内容进行了补充规定或延伸规定。根据 SL 1—2014 要求，条文说明不允许对条文内容做补充规定或延伸规定，也不应对条文内容进行重复，需使用陈述性语言，不应使用"应""宜""可"等标准用词。

（7）其他需要注意的格式问题，如章、节的标题和条、款的内容应在编号后空两个字符后书写；项的编号应左起空六个字符，其内容应在编号后接排，换行后首字应与上行首字对齐；图号、表号应与所属条文的条的编号一致，若同一条文中有多个图或表时，其编号应为"图（表）×.×.×-1""图（表）×.×.×-2""图（表）×.×.×-3"等。

2.3 补充部分

工程建设类水利行业标准的补充部分一般包括附录（若有）、标准用词说明和标准历次版本编写者信息（若标准是首次制定，可不要标准历次版本编写者信息）。对于这部分内容，常存在以下两点体例格式问题：

（1）附录未在正文中引出。

（2）缺少标准用词说明和标准历次版本编写者信息。

3 建议与展望

基于以上对工程建设类水利行业标准编写的体例格式常出现问题的分析，为了更科学地编写水利标准，笔者提出了以下3点建议：一是主管单位应将加强标准编写要求的宣贯、严格标准编写质量作为切入点，在严格标准编写资格管理的同时，还应严密关注编写组对体例格式复读意见的处理情况，以此来把好标准发布前的最后一道关口；二是编写单位应在挑选编写人上把握重点，选择具有标准编写资格、愿意承担此项工作的人员作为主要编写人员，同时应当为标准的编写者提供财、物及时间上的保障，让编写者能真正投入到标准的编写工作中去；三是编写人员，首先需要在思想上重视标准编写的体例格式，既要克服前期研究重于后期编写的误区，也要克服条文内容重于体例格式的误区，其次需要花大量时间对标准编写要求进行深入学习，确保编写人员对相应的体例格式要求具备深入的理解和灵活应用的能力。

为适应新阶段水利标准化工作高质量发展，水利标准化主管机构已经对 SL 1—2014 从标准名称的修改、标准定位的明确、标准特征名的规范、引用标准的处理方式、术语选列原则的可操作性扩充、局部修订编写要求的增加、部分格式体例的完善7个方面进行了修订[5]。一旦新版 SL 1 发布，就需要主管机构加大宣贯力度，编写人员加强学习，为水利行业高质量发展提供高水平的水利标准做准备。

参考文献

[1] 于爱华，李志平. 水利技术标准编写常用体例格式分析 [J]. 水利技术监督，2018（1）：4-6.

［2］曹阳．规范标准体例格式 提高标准编写质量［J］．水利技术监督，2011，19（1）：4-5.

［3］中华人民共和国水利部．水利技术标准编写规定：SL 1—2014［S］．北京：中国水利水电出版社，2014.

［4］国家市场监督管理总局，国家标准化管理委员会．标准化工作导则 第1部分：标准化文件的结构和起草规则：GB/T 1.1—2020［S］．北京：中国标准出版社，2020.

［5］程萌，郑寓，方勇，等．《水利技术标准编写规定》修订的关键问题简析［J］．水利技术监督，2022（3）：10-14.

标准化改革现阶段水利标准"走出去"的机遇与挑战

李　蕊[1]　杨清风[2]　郑　寓[1]

（1. 水利部产品质量标准研究所，浙江杭州　310012；
2. 中国水利工程协会，北京　100055）

摘　要：水利标准国际化对我国经济贸易及国际地位有重要意义。自 2015 年积极推进标准化改革，面对更加灵活开放的标准制定制度、快速增长的水利技术、日益复杂的国际形势和激烈的国际竞争，应对水利标准国际化工作所面临的机遇和挑战进行总结和思考。本文浅析了标准化改革背景下水利标准国际化在科技发展、国际市场和政策支持上的机遇，并从标准化技术与制度、标准化学科建立及国际竞争趋势等方面提出现阶段的四点挑战及相关建议，为我国水利国际化工作提供简要参考。

关键词：水利标准；标准国际化；国际标准；团体标准；标准化学科

1　水利标准国际化的现状与意义

近年来，我国水利标准国际化工作的重要性不断体现。国际水利标准是国际水利工程建设、水利产品贸易、水资源利用和水电开发等重要领域的依据。2015 年以来，我国着力设计标准英文体系，加速翻译水利标准，积极参加国际标准化活动和交流会议，我国水利标准国际化工作取得一定进展。然而，我国水利国际标准制定始终没有成体系、成规模，国际认可度与美国和欧盟等一些发达国家有较大差距[1]。发展我国水利标准国际化有助于促进我国水利技术的快速发展、增强我国水利产品国际贸易、推动我国赶超发达国家、助力我国水利文化在世界传播[2]。面对日益复杂的国际形势及不断丰富的外交手段，许多国家利用水外交战略直接或间接地影响国家间关系或提升国际地位，水利标准国际化能够作为重要措施推进我国水外交战略[3]。在我国水利技术快速发展，"一带一路"国外水利项目增多，以及水利标准"走出去"的迫切需求下，本文总结提出了标准化改革后水利标准"走出去"所面临的三点机遇与四大挑战及相关建议，为我国水利标准国际化工作提供简要参考。

2　水利标准"走出去"的机遇

2.1　科技进步，有技术和资源支撑

掌握核心水利技术是开拓水利国际标准的前提。随着我国改革开放的深入，我国水利技术总体水平不断上升，部分优势学科如水文水资源、防洪减灾、灌溉排水、水利工程建设和筑坝已经达到国际先进水平，在国际上有较强影响力[4-5]。同时，我国也在大力发展生态水利工程，开拓新技术保护水环境水生态，积极构建具有预报、预警、预演、预案功能的智慧水利体系，为我国在水利技术走向国际提供支撑和依据[6]。在"一带一路"对外工程项目中，中国标准的应用位列第一，占到总体标准数量的 35% 以上[7]。水利技术的快速发展和国际认可，为我国发展水利标准国际化工作提供了基础保障。

作者简介：李蕊（1995—），女，工程师，主要从事标准化管理、明渠水力学及水利标准化研究工作。

随着涉水领域新材料、新技术以及国际水利工程项目的增加，需要明确规范的内容逐渐增多。很多新仪器、新方法，如三维立体成像技术（Stereoscopic Camera）、激光雷达技术（LIDAR）、三维数字孪生技术（Digital Twin）等，因其更加精准、高效、经济等优势，在全球范围内的利用率快速提升。然而，国内和国际上鲜有对此类新技术的明确规定，大多停留在原则性的指导，尚未形成全面、系统的标准。在新技术广泛运用与相关标准缺乏的条件下，应当把握当下科技进步的形势，深入分析我国技术优势，全面调研新型水利技术的标准国际化的需求和应用情况，借此推动标准水利标准国际化的脚步[5]。

2.2 国际占有率小，有较大国际市场

目前，国际标准体系由美国和欧盟主导[8]，我国的国际标准数量与美国和欧盟的国际标准有较大差距。我国水利技术标准体系完善，且数量上多于美国、欧洲、日本等其他世界主要经济体[9]。然而，现阶段国际范围内对我国水利标准的采纳率并不高，主要集中在东南亚、非洲、拉丁美洲部分国家及其他"一带一路"援建国家[5,9]，而西方国家及原西方殖民地区对中国标准的采纳度很低[9]。目前现行的国际标准中，由我国制订的标准数量较少。2019—2021 年，ISO 正式发布我国 3 项小水电标准。截至 2021 年末，我国多位水利专家当选 ISO 和 IEC 工作组召集人，我国首次承担分委会秘书处工作，为未来拓展我国水利国际标准做支撑。随着我国涉外水利工程项目数量上涨，国际影响力逐渐增强，中国国际标准在数量和内容上的欠缺意味着我国水利标准有很大"走出去"的潜在空间。

2.3 国家政策上的支持

标准化改革以来，我国出台多项政策推动水利技术"走出去"。在"一带一路"的政策下，我国自主研发的水利技术被应用在许多国家的水利建设工程中。例如，我国利用小水电技术为巴基斯坦开发了水资源，改善了当地的用电短缺[10]。在很多"一带一路"的水利工程实践中，相关技术的标准也能够随之"走出去"，并在工程实践中得到认证。同时，标准化的相关政策也推动了水利标准"走出去"的进程。国务院 2015 年发布《深化标准化工作改革方案》《国家标准化体系建设发展规划（2016—2020 年）》，明确提出要提高我国标准国际化的水平，推动我国技术成为国际标准。2017 年，新修订的《中华人民共和国标准化法》发布，明确了标准种类包括团体标准，赋予团体标准法律地位，优化现有水利标准体系，加快标准制定节奏。针对标准国际化，组织起草了《水利技术标准翻译出版工作管理办法（试行）》以及《水利技术标准英译本翻译规定（试行）》等规范性文件[5]。在国家政策的支持下，标准国际化工作的官宣培训、人才培养、科研力度等方面都显著增强，为我国标准"走出去"提供有力支撑。

3 水利标准国际化的挑战及建议

3.1 语言障碍和文化差异导致信息不对称及信息交换困难

语言问题是大多数探讨标准国际化的文献中首要提到的问题[1,9,11]。语言障碍在 2015 年集中开展的水利标准翻译工作后有所改进，一些有代表性的论文与著作应运而生[2,9,11]。然而总体上，相比于大量针对国内市场的中文标准，翻译或总结国际标准的参考文献仍然很少，对国外标准的探索、比对、跟进也非常有限，在一定程度上形成信息孤岛。国内外水利标准内容在工艺、材料、设计阶段、招标节点、审查方式等有所不同[12]，很多对外项目采用的中国标准没有英文版[1]，造成国外工程师和业主单位对中国标准难以理解、缺乏认同。语言障碍和文化差异直接阻碍了我国现行标准在国际上的推广。

加强外语能力和文化理解是解决问题的关键。在此需要指出，在翻译或编制国际标准的过程中，除对标准内容的准确理解，标准化用词和表述的精确性至关重要。例如，杨静等总结的一些国内外标准表述的差异可能会直接影响国际标准的编制[11]。对于英文标准语言的理解和应用能力需要不断加强，为水利标准国际化做好基本保障。

3.2 国际标准化制度发展较晚及相对不成熟

整体上，中外标准体系具有一定差异，并且我国的英文版标准尚未形成完整规范的体系[5]。相比之下，一些发达国家，如美国和德国，已经构建了全面的水利国际标准管理方式，协调了体系构建、管理运行、法律法规、国际化发展、科学技术等关系，成功为多个国家输送水利相关技术和装备[13]。我国在标准化改革初期，强调标准化管理，依然具有较强的行政性，标准制度自身也存在尚未完全解决问题，如：①由于行政部门业务繁多及专业能力受限，导致我国标准的平均标龄（7~8年）远超代表性发达国家（如美国、日本、法国、德国）的平均标龄（3~5年）[14]；②各类标准的适配性和协调性有待完善，团体标准的规范性和权威性有待加强；③由于历史行业划分，如水利与水电的划分，部分标准内容重复或功能性相似的问题没有解决[1,12]；④标准的符合性评审不够完善[15]，需要制定科学、全面、系统的评价体系为我国标准"走出去"提供证明和支撑。

我国 2019 年颁发各类标准的范围和要求，优化了组织机构及职责，有效缩短了编制周期，为标准国际化奠定基础[16]。目前，需要持续完善我国标准制度，积极构建由政府引导监督，多主体参与、多元化治理、多元化服务的标准化战略[14]，并在未来标准化研究中，探究新方法的作用、效果及影响力。

3.3 标准化学科建设及人才管理制度不够完善

我国目前标准化学科的建立还不够完善，缺少专业人才深入研究标准国际化工作以及对标国际和国外标准。标准化是结合专业知识、法律政策、项目管理、社会经济等学科的复杂学科。研究表明，标准化学科的建立能够有效促进工业发展，提升标准带来的社会效益[17]。然而，目前标准化学科的建立在全球范围都非常有限。作为质量管理重要的一部分，包括美国、德国、中国等国家的大部分工程学院的学生从未接触过标准化学科[18]。以中国、日本、韩国为主的一些亚洲国家等对标准化学科的建立起到了带头作用[19-20]。ISO、IEC、ITU 等国际标准化组织越来越重视标准化学科的建立，并设立奖项鼓励提供标准化课程的高等院校和科研组织[20]。同时，各国学者也在呼吁建立标准工程师官方认证系统[17]。

近年来，我国标准化科研日益增多，但在高等教育体系中对标准化人才培养还仍然很少，针对标准工程师的培训和认证也比较有限，导致实际生产中缺乏负责国际标准推广和应用的专业人员。为此，可以采取的措施包括但不限于：①提升国际标准化工作者的待遇；②引进国外标准体系的海外人才；③制定标准国际型人才数据库和评价体系，建立国际标准化人才认证制度；④将国际标准化发展为专业工程学科；⑤标准化有关部门、组织、机构等加强推广和宣贯培训等。

3.4 国际形势日益复杂，国际竞争激烈

我国水利技术虽然已达到先进水平，但是除掌握先进的科学技术外，相关水利技术标准"走出去"很大程度上依赖于国际认可和话语权。我国自加入 WTO 和 ISO 等国际标准化组织，就加入了国际贸易与技术的合作和竞争。目前，美国和欧盟是国际标准市场最大的两个主体。美国标准制定相对开放、灵活、自主、市场化，大多数制定的标准为事实标准，并拥有将事实标准合并为正式标准的机制[8]。由于历史因素，欧洲标准在 1980 年相对混乱、分散、重复，1993 年欧盟的诞生促使欧洲建立金字塔式的标准制定体系，上层的标准制定组织（Standard-Developing Organizations，SDO）数量很少，仅有三个正式的 SDO 履行管理监督职责，所制定的标准多为正式标准。2018 年我国明确规定团体标准的范围后，一些国外学者将我国团体标准视为事实标准，与多数美国标准一样，归纳进世界标准竞争的行列[8]。最新文献显示，我国标准化改革后衍生出的标准重复问题和市场竞争趋势受到国际关注。欧洲一些学者认为当前我国团体标准制定活动将对西方已建立的标准制定体系，特别是欧洲金字塔式的稳定结构造成严重威胁[8]。近期一些国外报告将愈发活跃的标准化活动视作中美之间的地缘政治竞争[8,21]，对我国标准国际化活动持谨慎甚至批判态度。当前日益激烈的国际竞争让我国水利标准国际化工作面临愈发严峻的挑战。

为在激烈的国际竞争中发展国际标准，提升国际话语权、提高国际影响力至关重要。目前，我国的标准化组织更多服务于国内企业单位，专门拓展国际化业务相对较少。水利国际标准主要靠高层互访赠送、人才培训以及部分带资的"走出去"项目[5]。在满足上述解决方案的同时，我国需要形成完整、系统的宣传和推广模式。借助我国在国际标准化组织的影响力、进行多双边交流、参与国际涉水项目合作及水事交流讨论等活动宣传推介我国水利相关标准。建立动态国际标准跟踪体系，对标分析中外规范，推进标准国际互认机制，令中国技术和专家获取更多国际话语权[1]。

4 结语

本文通过对我国标准化改革后水利标准国际化工作的总结和思考，总结提出了水利标准"走出去"所面临的三个机遇和四点挑战。目前，我国水利技术迅速发展，国际地位逐步提升，标准化制度改革完善，国际标准化市场空间较大，为我国水利标准国际化工作带来机遇。同时，一些问题制约着标准国际化的进程，包括语言壁垒和文化差异、自身标准化制度问题、标准化学科建立不完善、专业人才缺乏以及国际竞争激烈等。多个问题环环相扣，解决方式互相依赖，需要政府有关部门、标准化组织、高等院校及科研机构、涉水单位和企业等多方协同推进水利标准国际化工作。

参考文献

[1] 张忠辉. 推动中国水利标准"走出去"的实践探索 [J]. 中国水利，2021 (20)：122-125.

[2] 郑寓，顾晓伟. 关于我国水利技术标准国际化的认识和思考 [J]. 中国水能及电气化，2015 (2)：8-11.

[3] 王建平，金海，吴浓娣，等. 深入开展水外交合作的思考与对策 [J]. 中国水利，2017 (18)：62-64.

[4] 李青，郑寓，方勇. 国内外水利技术标准简要比对分析 [C] //中国水利学会. 中国水利学会2016学术年会（下册）. 南京：河海大学出版社，2016：1033-1038.

[5] 吴浓娣，王建平，夏朋，等. 水利技术标准国际化的思考与建议 [J]. 中国水利，2018 (15)：52-56.

[6] 郭润豪. 浅析在一带一路背景下生态水利工程发展现状与前景 [J]. 水利电力，2018 (2)：152-175.

[7] 许立祥，许国，方勇，等. "一带一路"背景下设计标准"走出去"借鉴与研究 [J]. 水利技术监督，2021 (11)：19-62.

[8] Rühlig T N, Brink T N. The Externalization of China's Technical Standardization Approach [J]. Development and Change, 52 (5)：1196-1221.

[9] 郑寓，吴燕明，刘咏峰，等. 水利技术标准国际化 [M]. 北京：中国水利水电出版社，2015.

[10] 张恬，阮天鹏，林凝. "一带一路"背景下面向巴基斯坦小水电人才培养模式的思考 [J]. 小水电，2020 (2)：1-4.

[11] 杨静，李会中，王团乐，等. 水利标准翻译难点与技巧 [C] //石柏勋，司富安，蔡辉军，等. 中国水利学会勘测专业委员会2018年年会暨学术交流会. 武汉：武汉理工大学出版社，2018：67-71.

[12] 吴鹤鹤. 国际工程技术标准应用研究及中国标准国际化建议 [C] //中国工程建设标准化协会. 第三届中国工程建设标准化高峰论坛论文集. 2018：38-40.

[13] 胡孟，吴剑，田庆奇，等. 德国水利标准化概况及对我国的启示 [J]. 中国标准化，2013 (9)：71-74.

[14] 祝杨军. 我国水利标准化战略定位的三维透视 [J]. 华北水利水电大学学报（社会科学版），2017, 33 (6)：30-33.

[15] 宋小艳，于爱华，刘彧，等. 水利标准"谁在用、用在哪、用的怎么样"调研 [J]. 水利技术监督，2020 (6)：23-28.

[16] 武秀侠，王兴国，董长娟，等. 《水利标准化工作管理办法》修订前后主要变化情况浅析 [J]. 中国标准化，2022 (9)：58-63.

[17] Freericks C. Standards Engineers - Who Needs Them? [C] //Enterprise Interoperability：I-ESA12 Proceedings. 2012：457-464.

［18］Lemeš S, Zenica. Standardization in Engineering Curriculum ［C］//9th Research/Expert Conference with International Participations. Neum, B&H, 2015：335-340.

［19］Idowu S O, Mijatovic I. Sustainable Development：Knowledge about Education and Standardisation ［M］. Switzerland：Springer Nature Switzerland AG, 2019.

［20］Choi D G, de Vries H J. Standardization as Emerging Content in Technology Education at All Levels of Education ［J］. International Journal of Technology and Design Education, 2011 (21)：111-135.

［21］Seaman J. China and the New Geopolitics of Technical Standardization ［M］. Paris：IFRI, 2020.

标准中的专利问题综述及在水利技术标准中的应用浅析

李　桃[1,2]　郑　寓[1,2]　顾晓伟[1,2]

（1. 水利部产品质量标准研究所，浙江杭州　310024；
2. 水利部杭州机械设计研究所，浙江杭州　310024）

摘　要：科技进步加快了标准的更新与发展，标准在制修订过程中涉及专利的技术条款越来越多，协调好标准与必要专利之间的关系，是当下标准编制者、必要专利持有人以及标准使用者三方共同要解决的问题。本文总结了标准与标准必要专利特点及相互关联性，以期为水利技术标准涉及必要专利的制定提供一定的思路。

关键词：标准；必要专利；利益关系

随着科学技术的进步及标准的发展和更新，标准在制定过程中涉及越来越多的专利内容。标准具有普遍适用性，以增加社会生产效率为目的，维护公共利益；设定专利权是为了鼓励创新，保护专利权人的权益，使其获得的利益最大化。为统一规范设计专利的标准修订规则，保护社会公众和专利权人及相关权利人的合法权益，国家制定了专门的标准[1]。本文介绍了标准必要专利的概念与性质，分析了标准与必要专利之间的利益关系。

1　标准的定义与分类

标准是指依照一定的程序规定，为活动提供规则、指南等可共同和重复使用的规范性文件[2]。标准是一个公认的文件，它的目的是促进共同效益；标准具备重复性、特定性、公开性和普遍适用性。

标准按专业性质分类，可分为技术标准、管理标准和工作标准。其中，技术标准是对标准化领域中需要协调统一的技术事项所制定的标准。它是根据不同时期的科学技术水平和实践经验，针对具有普遍性和重复出现的技术问题，提出的最佳解决方案。技术标准在制定和实施过程中不可避免地会涉及专利，即标准必要专利（Standards-Essential Patents，SEP）。

2　标准必要专利

2.1　标准必要专利的定义

标准必要专利[3] 目前没有统一的定义。国际电信联盟（ITU）将其定义为实施特定标准建议书时必需的专利；美国电气及电子工程师学会（IEEE）把标准必要专利定义为在缺少商业或者技术上可行而不侵权的替代方式的情况下，需要实行 IEEE 标准基本条款的强制或者任意部分必须使用到的专利；欧洲电信标准协会（ETSI）对必要专利的界定为即已经被纳入标准，且无法在不利用该项专利权的情况下实施标准的专利权。我国工信部对标准必要专利的定义为标准制定的相关机构在为调整某一特定社会关系而制定标准的过程中，无法避免地出现因为部分或者全部的规范性文件不存在技术或者商业层面的可替代方案，必须会波及其相关权利要求的专利或者专利申请。可以理解为标准必要

作者简介：李桃（1974—），女，高级工程师，主要从事水利标准化研究工作。

专利是包含在国际标准、洲际标准、国家标准和行业标准中，且在实施标准时必须使用的专利，如果有替代公开的技术，应同时纳入标准中，防止技术垄断阻碍技术研发及进步。

对标准必要专利的总结描述就是为实施某项标准而必须使用的专利，主要包括两个含义：一个是生产者可以根据该标准制定符合标准的产品，另一个是生产者所生产的产品就必须符合规范性文件所制定的标准。

2.2 标准必要专利的特征

标准必要专利所描述的特征和核心要素具有不可替代性、必然被侵权性、必要专利之间的互补关系。不可替代性，是指制定、实施标准的过程中，没有其他技术可以替代该专利，该标准在实施时没有可替代的技术来实现。为了适应市场的发展和变化，标准在编制过程中必然要吸收采纳先进的技术标准，这势必会使该专利技术的拥有者在一定时期内具有较为稳固的市场优势地位，从而会带来垄断问题，使得其在一定程度上侵犯了标准必要专利使用者或是被许可人的自由竞争权益。

2.3 标准必要专利的 FRAND 原则[4]

含有必要专利的标准一经发布，往往在某个区域、行业甚至世界通用，实际上会造成技术性垄断。因此，标准化组织专门制定了知识产权政策（IPR policy），其中一项重要内容就是要求持有标准专利的成员以 FRAND（Fair, Reasonable and Non-Discrimination，公平、合理、无歧视）原则进行专利许可。授权原则主要是相关授权费用的问题，简单地说，标准必要专利的授权费率应该遵守既让专利持有人在专利权被保护范围内受益，又不压迫专利实施者的利益。同时采取措施平衡必要专利持有者和标准其他技术主体的自主创新。

2.4 标准与专利之间的利益关系

科技创新与产业发展离不开标准与专利的作用，这两者的关系也必将影响到标准的制定与实施，当标准的实施无法规避涉及专利保护的技术时，就会有标准与专利在公共利益与私有权益之间的博弈。两者博弈的结果可能会对市场竞争与技术创新产生两方面影响。一方面，标准与专利的结合会极大地提高标准的技术水平，专利被采纳编写到标准之后，以标准为载体的专利技术会在更大范围内推广实施；另一方面，标准与专利的结合可能会提高标准编制的复杂性，影响标准的时效性，同时有可能使标准成为专利所有者阻挠其他竞争者进入的工具，造成技术垄断，最终降低标准的经济社会效益。因此，深入研究标准与专利之间的关系，是促进技术创新与推广、促进产业升级、推进技术高质量发展的必由之路。

2.5 标准必要专利的作用

专利的标准化存在两面性：一方面可以促进创新，增进效率，降低消费者的成本，消除技术障碍；另一方面增强了标准化组织参与者在专利许可使用谈判中的地位，使其向标准使用者即专利被许可使用人收取不公平、不合理和歧视性的专利许可使用费，因此要协调好必要专利与专利的关系，使标准使用人与专利持有人之间达到利益双赢。

3 国内外标准与必要专利之间的纠纷案例

含有必要专利的标准在使用过程中，会在专利持有者和标准执行者之间引发纠纷，许可费是纠纷的核心问题。近年来，标准必要专利许可费问题在各个领域的纠纷越来越多，尤其在通信领域的纠纷引起了众多国家和地区标准化组织、法院和反垄断执法机构的关注：从 2010 年到 2015 年美国法院受理的标准必要专利纠纷案件超过 122 起[5]，其中微软（Microsoft Corporation）与摩托罗拉（Motorola, Inc）作为典型判例更是引起全球关注；在欧盟，案例"Phillip""Motorola 与 Apple""Motorola 与 Samsung""华为与中兴"[6] 成为推动欧洲标准必要专利救济规则变化的原因；在中国，比较知名的是华为与美国交互数字通讯有限公司（Inter Digital Group，简称 IDC 公司）等四家公司之间的纠纷。这起案件被称为中国第一起标准必要专利使用费纠纷案，这起案例也促进了国内相关法律的建立健全进度。

4 标准与必要专利之间的协同关系的法律分析

《中华人民共和国专利法》中目前没有对标准必要专利进行司法解释及规定。2016 年 4 月 1 日以后，人民法院在审查标准必要专利时，依据的是《最高人民法院关于审理侵犯专利权纠纷案件应用法律若干问题的解释（二）》。然而，该司法解释对标准必要专利仅规定了推荐性国家、行业或者地方标准，没有提及国际标准或者洲际标准必要专利制度，在遇到国际标准必要专利或者洲际标准必要专利侵权诉讼或许可费纠纷时，我国还缺乏足够的法律依据对标准必要专利权人、标准实施者进行保护[5]。建议在《中华人民共和国专利法》修订过程中，适当增加标准必要专利制度，完善专利保护体系。

根据公平、合理、无歧视的原则，综合考虑专利的创新程度及其在标准中的作用、标准所属的技术领域、标准的性质、标准实施的范围和相关的许可条件等因素，专利持有者、标准实施者协商标准必要专利许可，应当遵循诚信原则。

5 水利技术标准与必要专利应用的思考

随着水利高质量发展规划体系的不断完善，越来越多的先进技术应用于水利行业尤其是智慧水利的建设。高质量发展理念和高新技术在水利行业的创新应用，使得水利技术标准的制定和编修越来越多涉及技术专利条款，考虑到水利行业的特点及标准应用的对象，行业标准或团体标准与标准必要专利可遵循以下原则：

第一明确关系：参照《团体标准涉及专利处置指南 第 1 部分：总则》编制《水利技术标准及必要专利处置规则》，遵循 FRAND 条款原则，鼓励技术创新，在充分尊重必要专利专利人权益的同时，协调标准实施者与标准必要专利持有人之间的关系。

第二明确费率：确定标准实施者支付给标准必要专利权人的基准费率，已经确定，专利人不应要求获得更高费率。

第三技术替代原则：水利行业的技术创新应用，应鼓励技术自主创新为主，制定技术标准中会越来越多地引用相关专利，如果有替代技术，不应以必要专利的名义排他。

第四司法途径：在 FRAND 条款原则下，标准实施者与标准必要专利权人仍未达成一致的，通过诉讼的途径解决纠纷。

综上，在水利技术标准制修订及团体标准编制过程中，处理好标准与必要专利之间的关系，协调好专利持有者与标准制定者及使用者之间的关系，推动水利高质量发展。

参考文献

［1］全国标准化原理与方法标准化技术委员会．标准制定的特殊程序 第 1 部分：涉及专利的标准：GB/T 20003.1—2014［S］．北京：中国标准出版社，2014.

［2］全国标准化原理与方法标准化技术委员会．标准化工作指南 第 1 部分：标准化和相关活动的通用术语：GB/T 20000.1—2014［S］．北京：中国标准出版社，2014.

［3］周子莹．技术标准中必要专利问题研究［D］．南昌：南昌大学，2017.

［4］张洪瑜．标准必要专利许可中 FRAND 原则研究［D］．青岛：青岛大学，2018.

［5］周婷．标准必要专利许可费的确定——基于十六个典型案例的研究［D］．湘潭：湘潭大学，2017.

［6］熊正．标准必要专利禁令救济的限制规则研究——以"华为诉中兴"案为例［D］．武汉：华中科技大学，2017.

北京市水务行业技术标准体系框架研究

邱彦昭　韩　丽

（北京市水科学技术研究院，北京　100048）

摘　要： 为提高北京水务标准的技术水平，北京市水务局持续开展水务标准编制、修订和完善等工作，这些标准制定和实施在北京水务技术管理中发挥了重要作用。随着水务改革发展不断推进、水务管理水平不断提升，水务标准化管理面临新的形势和更严格的要求，亟须梳理现有标准，建立水务标准体系。北京市水务现状标准评估及体系框架研究是在充分了解现状基础上，基于系统工程学方法，构建了全链条全过程北京水务标准体系框架，明确了"十四五"期间标准制修订计划。重点解决怎么建立标准体系、纳入哪些水务标准的问题，实现北京水务标准体系框架从无到有的突破。

关键词： 水务；标准体系；框架结构

标准化管理已成为国家治理体系和治理能力现代化的重要组成部分。为提高北京水务标准的技术水平，增强水务技术标准的使用效率，北京市水务局持续开展水务标准编制、修订和完善等工作，这些标准制定和实施在北京水务管理中发挥了重要作用。然而，随着水务改革发展不断推进、水务管理水平不断提升，水务标准化管理面临新的形势和更严格的要求，亟须在对现有全北京水务技术标准进行重新梳理的基础上，建立北京水务标准体系，科学规范管理水务技术标准，为水务管理工作更好地提供技术支撑。

1　国内水务行业标准化现状

水务行业标准化工作从中华人民共和国成立初期开始起步，1994年水利部刊印了第一个覆盖整个领域的水利水电技术标准体系表，标志着我国水利技术标准的基本分类初步形成。随后在2001年、2008年、2014年和2021年每6年对标准体系进行不断更新完善。同时上海市、山东省等省市也根据自身需求在2016年出台了水务标准体系。上述工作的开展均对北京水务标准体系建设提供了经验借鉴。

1.1　水利技术标准体系构建情况

我国水利技术标准体系经历了几十年的发展，总体上可分为四个阶段：

第一阶段：起步阶段（20世纪50年代至70年代末）。中华人民共和国成立初期，我国水利建设主要以学习苏联经验、采用苏联技术标准为主，到20世纪70年代末，我国共颁布水利水电技术标准约15项，标准化对象主要集中在水文、水利水电工程建设的勘测设计与施工，开创了水利技术标准从无到有的新局面[1]。

第二阶段：快速发展阶段（20世纪80年代至90年代末）。进入20世纪80年代，一大批水利水电工程项目得到投资兴建，为了规范水利工程建设、保障工程质量和水利技术标准的管理，水利部于1988年颁布了"水利水电勘测设计技术标准体系"，标志着我国水利技术标准向着体系型方向发展。

作者简介： 邱彦昭（1986—），男，高级工程师，副主管，主要从事供排水管理制度研究、水务标准化研究工作。

通信作者： 韩丽（1981—），女，教授级高级工程师，主管，主要从事水务发展战略规划、水与经济社会持续发展、政策机制与管理制度研究、水资源管理、水资源配置与调度研究工作。

第三阶段：全面发展阶段（21 世纪至 2020 年）。进入 20 世纪 90 年代中期，建设现代化水利、实现水资源可持续利用逐渐成为水利发展的目标，尤其是城市水利的发展，促使人们对自然规律、人与自然关系、治水理念等系列问题进行了重新思考[2-3]。

第四个阶段：高质量发展阶段（2020 年至今）。在"十四五"时期，随着水利高质量发展成为水利发展的新阶段新目标，标准化也逐步转为持久水安全、优质水资源、健康水生态、宜居水环境、先进水文化等全面提升标准化水平的方面，为水利改革发展提供强有力的技术支撑和保障。

2021 年版《水利技术标准体系表》是在针对 2014 年版水利业务领域标准数量不足、标准间逻辑关系不清的基础上进行修改完善的标准体系，收录国家标准和水利行业标准 504 项。采用二维结构框架，包括与水利部政府职能和水利专业分类密切相关的水文、水资源、水生态水环境等 9 个专业门类，以及为实现上述专业目标的设计、监测预测、计量等 14 个功能序列。

1.2 上海市水务标准体系建设

为深入贯彻落实中央及上海市政府有关标准化工作的要求，满足上海市经济社会城市发展对水务标准化的需求，为水务部门依法行政、科学治水提供技术保障和支持，指导涉水标准编制，上海市水务局于 2016 年编制了《上海市水务标准体系表》。该体系的主要依据包括水利部编制的《水利技术标准体系（2014 版）》，并结合《上海市工程建设标准体系表》《上海市水务局（上海市海洋局）标准化管理办法》等，其组成单元包括标准、规范、规程、导则、定额和标准化指导性技术文件等，采用专业门类、功能序列、层次的三维框架结构[4]。

1.3 山东省水利现代化建设标准体系建设

山东省以《水利改革发展"十三五"规划》和《山东省水利发展"十三五"规划》中明确水利现代化及标准化工作为依据，结合山东省省情水情的基本特点和对水利现代化发展的需求，充分考虑水利现代化的内涵和特征，以及新时期山东省水利现代化建设的重点任务和工作部署，分析得出了支撑山东省水利现代化建设的六大内容，即现代水利工程体系、水资源管理与服务体系、水生态治理与保护体系、现代农村水利体系、现代水利信息化体系、节水型社会管理体系，这六大建设内容构成了山东省水利现代化标准体系的 6 大核心要素[5-6]。

2 北京水务技术标准现状分析

截至 2021 年底，北京水务现有北京市地方技术标准 98 项。其中，2010 年以前的标准共 24 项，占现状标准总数的 25%。较早的水务地方标准《地下水数据库表结构》（DB11/T 247—2004）为 2004 年编制，目前已完成修订。近年来，北京市围绕水文水资源、城镇及农村供排水、水利工程、防洪减灾和信息化等方面，综合考虑北京水务重点难点工作，开展了系列标准建设。

从专业门类分析，北京水务技术标准在节水方面的共 45 项，占北京市水务局归口标准的 44%。北京市近年来更是将节水作为水务精细化管理工作重点开展，开展百项节水标准行动方案，将各行业节水评价、定额管理进行精细分类。

从功能序列分析，北京水务标准在运行维护类和定额标准方面的共 33 个，占标准总数的 34%。定额评价类标准多来源于节水评价和定额管理等。同时运行维护类标准占比较大，北京市除大中型工程参照水利部或住房和城乡建设部日常标准外，还专门针对小型水利工程和农村供排水设施编制了适用于北京市工程特点和运维要求的技术标准[7]。

3 北京市水务标准体系框架构建

3.1 建设目的

3.1.1 适应水务行业发展新形势的需要

深入贯彻习近平总书记"节水优先、空间均衡、系统治理、两手发力"治水思路，落实中央、水利部、北京市有关标准化工作的要求，充分体现标准化在首都水务高质量发展和更好服务首都

"四个中心"建设中的基础性、战略性作用，为北京市水务行业发展提供强有力的技术支撑和保障。

3.1.2 适应标准化工作改革的需要

为进一步贯彻落实《国务院关于印发深化标准化工作改革方案的通知》（国发〔2015〕13 号）的相关要求，规范加强水务标准化体系建设，结合首都水务重点工作，修订完善地方性标准，逐步清理和缩减不适应北京涉水工作标准数量和规模，为市场自主制定的标准留出发展空间。

3.2 建设原则

目标性：紧密围绕北京水务行业发展新形势、新任务、新要求，按照"确有需要，管用实用"原则，合理确定标准需求，建立《北京市水务技术标准体系表》，为水务技术管理提供依据。

系统性：科学界定水务技术标准的内涵与外延，建立健全水务技术标准体系，全方位提供标准化工作支撑，服务北京市水务中心工作。

协调性：与有关法律法规、方针政策、标准体系相一致；与生产实践以及科技创新成果相协调；理顺标准相互之间、标准内部之间的逻辑关系；处理好标准与管理文件、政府标准与市场标准的关系。

3.3 标准体系框架结构

综合其他水务或水利标准体系、北京市现行水务标准和标准需求调研情况，确定从专业门类、功能序列和层次等三个维度构建水务标准体系框架（见图1）。

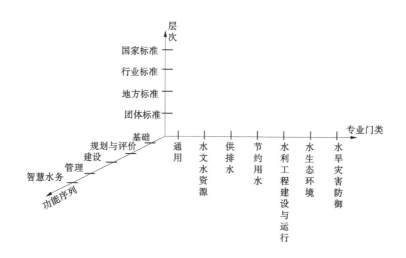

图 1　北京市水务技术标准体系三维框架

在对专业门类和功能序列进行二次细分的基础上，形成了水务标准体系框架说明表，明确每个类型的边界，并对包含内容等进行解释说明。

3.3.1 专业门类

专业门类是指与北京市水务政府职能和施政领域密切相关，反映水务事业的主要对象、作用和目标，体现水务专业特色的专业门类。专业门类分为通用、水文水资源、供排水、节约用水等 7 个一级专业门类 17 个二级专业门类（见图2、表1）。

3.3.2 功能序列

功能序列是为实现上述专业的目标和任务，需开展的规划、评价、建设、管理与信息化（智慧水务）工作流程，针对上述工作流程，从过程研究的角度对标准进行划分，包括基础、规划与评价等 5 大类 16 个子项（见图3、表2）。

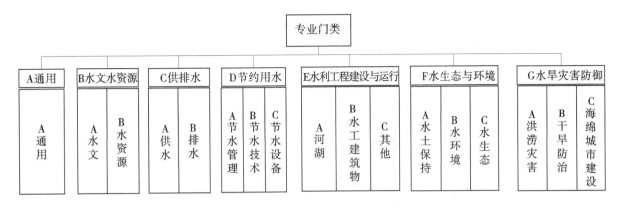

图 2 北京市水务标准体系专业门类

表 1 专业门类说明

序号	一级	二级	范围与解释说明
1	通用	通用	原则上属于上级部门管理的，涉及 2 个及以上的专业的标准
2	水文水资源	水文	站网布设，水文监测，水情预报，资料整编，水文仪器设备等
		水资源	水资源规划，水资源论证，水资源管理，水源地保护等
3	供排水	供水	制水净水，输配管网，水质监测等
		排水	雨水，污水，再生水，污泥处置等
4	节约用水	节水管理	定额、节水教育与宣传
		节水技术	节水灌溉技术、工业节水技术、生活节水技术
		节水设备	节水灌溉设备、生活节水设备、生活节水器具
5	水利工程建设与运行	河湖	河道维养，河湖治理，区域除涝等
		水工建筑物	堤防，闸坝，水闸，泵站等
		其他	机电与金属结构、水电新农村等
6	水生态与环境	水土保持	水土保持监测，水土流失治理，水土保持植物措施等
		水环境	地表水及地下水环境质量，水环境监测等
		水生态	水生生物多样性、水生态健康、水生态系统保护与修复等
7	水旱灾害防御	洪涝灾害	防洪、排涝、洪水调度、河道整治、灾情评估等灾害防治
		干旱防治	抗旱、预案编制及灾害防治
		海绵城市建设	建筑与小区、道路与广场、园林与绿地

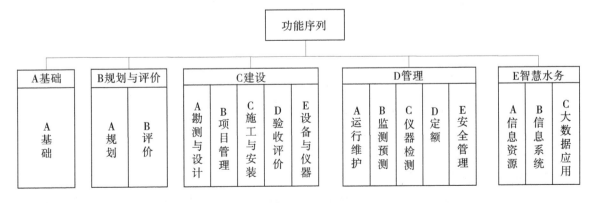

图 3 北京市水务技术标准体系功能序列

表 2 功能序列说明

序号	一级	二级	范围及解释说明
1	基础	基础	标准化工作导则、术语、代码、符号、计量等
2	规划与评价	规划	水务规划和水资源规划、河湖流域规划等
		评价	工程前期评估评价，水环境影响评价等
3	建设	勘测与设计	地形测绘，地质勘查，水工设计等
		项目管理	项目招标投标管理，质量管理，项目施工监理，设备监造
		施工与安装	施工通用技术，土建工程施工，机电及设备安装等
		验收评价	阶段验收，专项验收，竣工验收，质量评定等
		设备与仪器	工程装备，监测仪器及实验器具或装置
4	管理	运行维护	工程调度，运行操作，检修维护，降级报废等
		监测预测	观测，监测，调查，统计分析，预测，预报等
		仪器检测	计量方法，检定规程，计量仪器的检验、校验等
		定额	取用水定额等
		安全管理	安全要求、施工安全、运维安全、安全监测等
5	智慧水务	信息资源	分类目录，编码、数据库表结构和标识符、信息安全等
		信息系统	采集传输、交换接口、存储计算等
		大数据应用	整编处理、数据挖掘、决策研判等

3.3.3 层次

层次是指一定范围内一定数量的共性标准的集合，反映了各项标准之间的内在联系。本标准体系将标准分为 4 个层次，包括国家标准、行业标准、地方标准和团体标准等。

4 "十四五"时期水务标准建设

基于北京市水务技术标准体系框架，在现状标准评估的基础上，充分分析标准需求，根据今后水务重点工作，提出"十四五"时期水务标准建设计划。

4.1 节约用水系列标准编制

2022—2023 年计划完成节水标准 26 项制修订工作，主要涉及生活服务业、工业、建筑业、农业等各领域和各用水环节的用水定额、节水评价和用水单位节水评价规范等。有效支撑本市用水计划管理、节水考核等政策的制定和实施，倒逼产业转型升级、经济提质增效，改善水资源环境，推动北京市绿色高质量发展。

4.2 智慧水务系列标准编制

"十四五"期间，智慧水务标准体系在充分分析标准规范现状的基础上，沿用目前已有的相关信息化通用建设标准，新增和修订共计 42 项目标准，其中补充建设基础通用、编码、监测感知、传输与交换、数据资源、应用建设和运维与安全七个方面的标准规范共计 39 个，修订相关标准 3 项。有效支撑智慧水务 1.0 建设工作。

4.3 工程安全与质量标准编制

以工程安全建设和安全运行为主线，以水务工程施工、设备安装、设施运行为主要工作内容，开展工程安全与质量标准体系建设。主要涉及供排水设施安全建设运行、水利工程设施安全建设运行等 24 个技术标准制修订工作。有效支撑涉水工程安全管理工作，确保工程设施安全建设和安全运行。

5 结语

本研究成果是在明确水务标准体系内涵基础上，收集整理国内水务技术标准制定现状，梳理分析国家、行业和市级层面现有涉水，通过调研座谈、咨询论证，分析北京市不同专业领域标准落实执行情况和管理需求，构建了北京水务标准三维体系框架，提出了"十四五"时期水务标准编制计划。成果首次构建了北京水务技术标准体系框架，为"十四五"时期水务标准制修订工作提出计划清单，在北京水务标准化工作中发挥了基础性、引领性作用。

参考文献

[1] 李赞堂. 中国水利标准化现状、问题与对策 [J]. 水利水电技术，2002，33（10）：54-57，63.

[2] 胡孟，田庆奇，宋卫坤，等. 标准化形式在水利行业中的应用分析 [J]. 水利水电技术，2013，44（6）：90-93.

[3] 胡孟，江丰，余和俊，等. 水利标准化发展的若干思考 [J]. 中国水利，2014（21）：62-64.

[4] 黄剑，张睿. 上海水务标准体系框架解析 [J]. 水资源开发与管理，2017（1）：7-12.

[5] 高鹏，孙玉亭，刘春霞，等. 山东省水利现代化标准体系探究 [J]. 中国标准化，2018（9）：94-100.

[6] 张传雷，宋军，刘彬彬. 深圳市水务标准化工作浅议 [J]. 水利技术监督，2010（2）：7-9.

[7] 杨素花，胡军，贾宇涵，等. 北京市智慧水务标准体系建设研究 [J]. 北京水务，2021（Z2）：67-72.

水利工程现场试验室标准化建设与管理

邢志水　王鹏程　金　琼

（中水北方勘测设计研究有限责任公司，天津　300222）

摘　要：本文结合工程实践，从建设规划、基础设施建设、资源配置建设等三个方面阐述水利工程现场试验室标准化建设程序，提出水利工程现场试验室验收与启用的一般流程，并从各个方面系统阐述水利工程现场试验室管理的标准化模式，以发挥质量检测在水利工程高质量发展中的重要作用。

关键词：水利工程；现场试验室；标准化；建设；管理

水利工程质量检测是一种衡量和反映工程质量最为直接、有效的手段，是一个确保工程质量控制达标所进行评定验收的重要环节，对提高工程质量、控制施工成本、加快施工进度、强化施工监管力度、保证施工安全等方面有着积极的推进作用。水利工程现场试验室标准化建设与管理将有效发挥质量检测在水利工程高质量发展中的重要作用。

1　建设规划

1.1　项目考察

项目考察是建设规划的基础，应从工程资料解读和现场勘查两个方面入手。对招标投标文件、项目合同书和设计文件等资料进行解读，明确工程建设规模、进度计划、地理分布等信息，现场实地勘查主要了解当地地理人文和工程环境。通过项目考察应初步规划现场试验室的位置、投资、工作内容及场地、人员、设备等方面的配置。

1.2　选址

现场试验室选址应充分考虑安全、环保、交通便利及工程质量管理要求等因素，设置独立的活动场所，以保证质量检测工作的独立性。

1.3　规划布局

现场试验室应设置工作区和生活区，各功能室按照质量检测流程和工作相关性合理布局，互不干扰，在满足质量检测工作需要、保证质量检测数据客观性和准确性的基础上，合理投资，经济适用。

2　基础设施建设

2.1　房屋建设

现场试验室可以自建房屋或租赁房屋，应保证结构安全可靠，地基稳固、墙体坚固保温，房屋空间标准，屋顶防水防腐，地面平整坚固，防滑防水，门窗尺寸合理，采光通风好，有特殊要求的功能室严格按照标准要求建设。

2.2　功能室建设

功能室设置依据工程质量检测内容确定。一般应设置办公室、资料室（档案室）、土工室、骨料室、胶凝材料室、化学室、混凝土成型室、标准养护室、力学室、耐久室、收缩室、样品室、留样室、储藏室、加工间等。功能室应依据现行规程规范要求标准化建设。

作者简介：邢志水（1985—），男，高级工程师，副经理，主要从事水利工程质量检测与材料研究工作。

2.3 水电建设

各功能室给排水设计应符合安全、卫生、经济、适用等要求，同时便于管理、维修。水泥室、混凝土成型室、骨料室内地面应设置泄水槽和沉淀池，保持排水畅通。用电设施的安装应符合相关规定，保证用电安全。除特殊要求外，各功能室应有空气流通的窗口，化学室应设置通风橱，并安装机械通风设施。收缩室和标准养护室不宜设置通风窗口，但应设置防水照明灯，满足工作采光需要。

2.4 温湿度建设

胶凝材料室、混凝土成型室、标准养护室、力学室等对温湿度环境条件有要求的功能室，应配置相应设施，如空调、喷湿装置、温控装置、抽湿装置等，并应在室内悬挂温湿度表。

2.5 环保建设

现场试验室应有必要的环境保护设施，避免不必要的环境污染。废物、废料、废品应设置专属地存放，集中处理，含有毒有害物质的废水应进行处理，必要时，委托处理，符合国家排放标准后，方可排放。

2.6 安全设施与装备建设

现场试验室安全防护应严格执行国家和行业有关规定，要有相应的应急预案和必要的应急救援器材、设备。在各功能室内及楼道内应配置灭火器，各功能室窗户外安装防盗网，保证设备和各类档案资料的安全。

2.7 设备基础建设

现场试验室设备基础主要指的是试验检测操作台、样品架、设备安放基础等。试验检测操作台台面应平整、坚固、抗压、抗折、耐磨、耐腐蚀，尺寸标准化建设。标准养护室的金属材质样品架应做防锈处理，数量应满足工程建设高峰期试件养护最大数量需求。留样室和样品室的样品架应做防潮处理。万能试验机、击实仪、振动台、摇筛机等仪器设备应做安放基础，应按照有关标准规范和仪器设备使用说明书的要求设计尺寸，宜采用混凝土基础，工序化浇筑时，应留出下一工序安装的孔道，并保证上表面平整。

2.8 标志标牌建设

现场试验室应建设的标志标牌主要包括单位名称牌匾、各功能室门牌、资质机构框图、岗位职责、管理制度和操作规程等上墙图框以及安全、环保和各类明示标志等。

3 资源配置建设

3.1 人员配置

现场试验室岗位一般有室主任（项目负责人、项目经理）、技术负责人、质量负责人、授权签字人、检测员、样品管理员、仪器设备管理员、档案资料管理员等组成，必要时，可增配监督员和内审员等岗位。检测人员职称或资质应符合标准要求，辅助检测人员应经母体检测机构能力确认，检测人员数量应满足试验检测工作需要和合同要求，建立人员与检测参数对应表，每项检测参数需两名及以上检测人员承担。主要岗位人员应经母体检测机构正式任命，并对授权签字人和检测人员进行授权，授权范围应满足合同要求，且不能超出检测机构资质范围。

3.2 设备配置

现场试验室仪器设备应按照招标投标文件和合同要求配置，应进行安装与调试，并记录，应进行计量溯源，并确认。现场试验室还应配备必要的办公、劳保、防护用品及安全设备等。

3.3 标准规范

现场试验室应根据检测项目配备相应的法律法规、规定条例、规程规范及检测标准。检测标准应受控有效，且在母体机构资质认定能力及其授权范围内。

3.4 参考标准

现场试验室应配备用于期间核查的参考标准，如标准砝码等，必要时，可配备用于自校准的参考标准。参考标准应进行计量溯源，独立储存，不得用于检测。

3.5 质量管理体系

现场试验室应依据母体检测机构质量管理体系，结合现场实际，建立完整、适用的质量管理体系，主要包括：母体机构资质认定及等级，现场试验室成立及授权，组织机构及职能划分，人员任命及资质或能力认证，设备配置及档案，质量检测流程及阶段管理，检测人员、标准规范、设备、样品、环境、检测、安全保密及档案等各方面的管理制度，质量手册、程序文件，试验检测作业指导书等。

3.6 办公设施

现场试验室应配备办公室、资料室，必要时可配备会议室，各室内应配备办公设施。

3.7 交通设施

现场试验室应按照合同要求和工作需要配备专用车辆，保证现场取样、现场检测及委托检测等工作的顺利开展。

4 现场试验室验收与启用

4.1 母体机构审查

现场试验室组建完成后，应向母体检测机构提出审查申请。母体检测机构按照相关规定，对现场试验室的基础设施和资源配置进行审查，不符合要求的，责令整改，并进行复核，符合要求后，组织编制启用申请书，并签署意见，报送建设单位核查。

4.2 建设单位核查

建设单位接到现场试验室启用申请书后，组织申报资料核查，并进行现场核查。申报资料审查重点是现场试验室建设是否符合招标投标文件和合同要求，现场核查主要是核查试验室实际情况与申报资料是否一致。核查后，符合要求的，应予批准，不符合要求的，责令整改，根据整改情况进行复查复批。

4.3 质量监督机构备案

水利工程现场试验室接受相应水行政管理部门质量监督机构的监督管理，现场试验室启用申请书经建设单位签署批准意见后，可报质量监督机构备案。

5 现场试验室管理

5.1 母体检测机构监督管理

现场试验室是经母体检测机构授权成立的，代表母体检测机构在工程现场从事试验检测工作的临时机构。在现场试验室组建及运行期间，母体检测机构应履行必要的监督管理职能，以保障现场试验的管理水平和工作质量。

5.2 基础设施管理

基础设施管理是试验检测工作正常进行的前提和基础，应保证基础设施正常稳定，不影响检测工作的开展及检测数据的准确性。

5.3 检测人员管理

现场试验室应建立健全人员档案，一人一档。加强检测人员考勤管理，人员变动应按有关规定及时办理变更手续。建立年度人员培训计划，定期或不定期地对全员进行政策要求、质量体系、标准规范、检测技术、职业素养、安全保密等方面的培训，提升检测人员的能力。

5.4 仪器设备管理

现场试验室应建立完备的仪器设备档案，应做好仪器设备使用记录和维护记录；应制订年度计量溯源计划书，依据计量法实施细则和相关标准要求，委托质量技术监督部门认可的计量单位进行计量溯源，并按照标准要求，分别对仪器设备计量溯源结果进行确认，标识仪器设备的状态；对未列入计量溯源目录的设备,应由母体检测机构或母体检测机构授权进行自校准,对性能不够稳定、漂移量大、使用频繁、携带运输到现场检测以及在恶劣环境下使用的仪器设备应进行期间核查。

5.5 检测样品管理

现场试验室样品应在取样、检测、留样、处置等方面进行标准化管理。现场取样严格按照相关标准要求进行,由两名及以上检测人员负责,样品必须有代表性,标识唯一,流转记录清晰,可追溯,并做必要的取样或见证记录;检测人员依据标准要求留样、制样、检测,标识检测状态;建立试验检测台账,不合格品台账和留样台账,按照质量体系文件规定,对样品进行标准化管理。

5.6 检测方法管理

现场试验室应遵循从严从新的原则,选择检测标准。标准选择按照国家标准、水利行业、其他行业标准、地方标准的顺序执行。应建立受控标准清单及资料库,并对标准进行定期查新,保证执行标准受控有效。

5.7 检测环境管理

现场试验室应将其从事检验检测活动所必需的场所、环境要求制定成文件。对有温湿度要求的科室,应配备温湿度控制设备和监测仪表,并规范记录环境条件。将精密仪器单独放置,避免干扰。

5.8 检测过程管理

现场试验室应在授权参数范围内,严格按照检测标准及试验检测作业指导书的要求开展检测工作,编制格式统一的检测报告和原始记录,检测报告内容完整,原始记录完整、真实、可追溯,按规定存档。

5.9 外部委托管理

现场试验室对超出授权范围的检测项目和参数,应外部委托检测,对受委托检测单位的检测资质进行评审,并建立档案,受委托检测单位不应与被检测参建方有利益关系。外部委托检测的样品取样方法、取样数量、检测频率、检测方法等应符合工程规程规范和设计标准的要求。

5.10 安全生产管理

现场试验室应制定安全生产管理办法,规范安全生产管理工作。现场试验室应定期进行安全生产活动,并对全员进行安全生产教育,签署安全生产责任书。检测工作中应佩戴防护用具和劳保用品,危险化学品应双人双锁管理,应安全用水用电、防火防盗,避免安全事故发生。

5.11 档案资料管理

现场试验室档案资料主要包括质量体系文件、人员档案资料、仪器设备档案资料、样品管理资料、试验检测资料、教育培训资料、安全生产管理资料等。应建立档案管理制度,专人专柜,分年分类存档,并做好安全保密工作。

5.12 信息化管理

现场试验室可参照建设单位或者母体检测机构的管理模式,构建试验检测信息化管理平台,使试验检测管理更加科学与规范,以提高试验检测工作效率,减少人为差错。

6 结语

(1)水利工程现场试验室建设应在项目考察的基础上进行,应兑现投标承诺,履行合同约定,满足标准要求和工程实际需要。

(2)水利工程现场试验室建设验收与启用应符合现行有关法律法规、规定条例、规程规范的要求。

(3)水利工程现场试验室管理全过程应符合相关法律法规、规章制度及标准规范的要求,做到安全生产标准化,运行管理规范化。

参考文献

［1］中华人民共和国水利部. 水利质量检测机构计量认证评审准则：SL 309—2013 ［S］. 北京：中国水利水电出版社，2014.

［2］国家认证认可监督管理委员会. 检验检测机构资质认定能力评价 检验检测机构通用要求：RB/T 214—2017 ［S］. 北京：中国标准出版社，2018.

［3］全国信用标准化技术工作组. 检验检测机构诚信基本要求：GB/T 31880—2015 ［S］. 北京：中国标准出版社，2015.

［4］全国实验室仪器及设备标准化技术委员会（SAC/TC 526）. 检验检测实验室技术要求验收规范：GB/T 37140—2018 ［S］. 北京：中国标准出版社，2018.

［5］中华人民共和国水利部. 水利水电建设工程验收规程：SL 223—2008 ［S］. 北京：中国水利水电出版社，2008.

［6］中华人民共和国水利部. 水利水电工程施工质量检验与评定规程：SL 176—2007 ［S］. 北京：中国水利水电出版社，2007.

［7］中华人民共和国水利部. 水工混凝土施工规范：SL 677—2014 ［S］. 北京：中国水利水电出版社，2015.

［8］中华人民共和国水利部. 水利工程质量检测技术规程：SL 734—2016 ［S］. 北京：中国水利水电出版社，2016.

［9］中华人民共和国水利部. 水利工程施工监理规范：SL 288—2014 ［S］. 北京：中国水利水电出版社，2015.

［10］中华人民共和国住房和城乡建设部. 房屋建筑和市政基础设施工程质量检测技术管理规范：GB 50618—2011 ［S］. 北京：中国建筑工业出版社，2012.

［11］中华人民共和国住房和城乡建设部. 供配电系统设计规范：GB 50052—2009 ［S］. 北京：中国计划出版社，2010.

［12］中华人民共和国建设部. 施工现场临时用电安全技术规范：JGJ 46—2005 ［S］. 北京：中国建筑工业出版社，2005.

［13］中华人民共和国公安部. 建筑灭火器配置设计规范：GB 50140—2005 ［S］. 北京：中国计划出版社，2005.

浅谈泵站运行管理标准化监督检查模式探索
——以南水北调泵站为例

许 国[1] 王 馨[2] 顾晓伟[1]

(1. 水利部产品质量标准研究所，浙江杭州 310012；
2. 浙江省天正设计工程有限公司，浙江杭州 310000)

摘 要：泵站属于中国水利工程建设之中的重要组成，发挥了供水、调水等作用，承担着十分重要的责任。泵站运行管理监督检查可以及时发现设施使用期间隐含的故障隐患，及时进行科学处理，以保证泵站设施防控和安全运行的能力。泵站运行管理标准化监督检查主要工作内容包括调度运行、工程检查、安全监测、工程评价、工程养护、工程维护、安全生产七个方面。

关键词：泵站；运行；监督检查；标准化

1 引言

《中华人民共和国标准化法》指出，"标准化工作的任务是制定标准、组织实施标准以及对标准的制定、实施进行监督"，可见对标准实施情况的监督检查是标准化工作的重要一环。对于企业而言，标准的监督检查是企业对所执行标准情况的自我监督检查并对结果进行处理的活动。对标准实施情况进行监督检查是确保标准要求贯彻到位的必然要求，是确保泵站安全运行的有效手段，也是实现泵站运行管理标准化过程管控的重要环节。

长期以来，标准化贯彻实施不利的原因，很大程度上是"重前期开发、轻中期落实、无后期监督"的模式造成的。因此，确保贯标监督检查到位，健全标准化监督检查制度，形成监督检查的长效机制，及时发现识标、采标、贯标不到位等各类问题，强化自查自纠，完善效果评价是提升标准化工作效果的重要方向之一。2014 年，南水北调工作基本由建设期转入运行管理期，随之开启了运行管理标准化探索发展之路，标准在运行管理一线的贯彻落实程度呈现参差不齐的状况。为此，本文以泵站为例，在运行管理标准化监督检查方面进行了有益的探索和尝试。

2 南水北调运行管理标准化总体情况

南水北调运行管理标准化发展主要包括三个时期，即探索发展时期、快速发展时期和全面发展时期。

2.1 探索发展时期（2014—2016 年）

2014 年，南水北调工作基本由建设期转入运行管理期，随之开启了运行管理标准化探索发展之路，原国务院南水北调工程建设委员会办公室开展大量调研和学习借鉴，编制了运行安全管理五大体系四项清单，并于 2016 年发文，开展运行安全管理标准化建设，实施五大体系四项清单标准化创建工作，并选取了 9 个工程管理处开展试点工作。

作者简介：许国（1992—），男，工程师，主要从事水利标准化研究工作。

通信作者：王馨（1995—），女，工程师，主要从事工程运行管理研究工作。

2.2 快速发展时期（2017—2018 年）

经过标准化建设探索，南水北调工程运行安全标准化管理发展更加成熟，2017 年开始，将五大体系四项清单发展为八大体系四项清单，试点由原来的 9 个增加至 30 个，标准化建设从"安全"角度扩大到整个工程运行管理，标准化覆盖面更加广泛。同时，南水北调中线干线工程建设管理局（简称中线建管局）和中国南水北调集团东线有限公司（简称东线总公司）结合自身标准化发展需要，积极开展标准化顶层设计等工作，如中线建管局制定了《南水北调中线干线工程建设管理局运行管理规范化建设总体规划（2018—2020 年）》，东线总公司制定了《南水北调东线工程运行管理规范化总体规划》。2017—2018 年，南水北调运行管理标准化快速发展。

2.3 全面发展时期（2019 年至今）

随着 2018 年度水利部机构改革调整，水利部对南水北调运行管理提出更高的要求，2019 年初，在全国水利工作会议上，鄂竟平提出在南水北调建设运行上提档升级，要求"持续提升工程运行管理水平。推进工程运行管理规范化标准化建设，完善工程运行管理制度标准体系，打造南水北调工程品牌"。围绕"水利行业强监管，水利工程补短板"的水利改革发展总基调，南水北调工程运行管理标准化从行业标准建设、团体标准编制、标准化创建提升等三个方面全面开展建设，南水北调工程运行管理标准化进入了全面发展新阶段，开启全面建设的新征程。

根据《关于开展南水北调工程运行安全管理标准化建设工作的通知》（总建管〔2016〕16 号）规定，按照运行安全管理标准化建设工作方案和安全主体责任要求，工程运行安全管理规范化建设先从运行安全标准化建设试点开始。东、中线工程各管理单位按照国务院南水北调办的要求，确定在东线台儿庄泵站、洪泽泵站 2 个管理处，中线方城、禹州、辉县、永年、定州、天津、涞涿 7 个管理处（分布点见图1），试点开展工程运行安全管理五大体系四项清单建设，即工程运行安全管理体系、防洪度汛安全管理体系、工程安防管理体系、应急管理体系、安全责任监督检查体系等 5 大安全管理体系，以及试行安全岗位责任清单、设备设施运行缺陷清单、工程运行和水量调度安全问题清单、应急管理行为清单等 4 项安全行为管理清单。

3 泵站运行管理标准化现状分析

受南水北调司委托，于 2021 年 11 月分别采用现场调研和视频检查的方式，针对山东段以及江苏段的 8 个泵站的运行管理现状进行了监督检查，现场听取泵站工程管理单位运行管理标准化基本情况介绍，实地查看整个泵站工程运行管理情况，包括中控室、设备间、工具间、应急仓库等，检查相关日常检查填写情况，就相关问题进行咨询交流，具体发现问题如下。

3.1 统一规范制度内容

进一步对相关规范制度的内容进行梳理校核，包括上墙明示的相关制度要求等，要做到内容表述一致、统一规范，避免相互之间存在矛盾，以及存在编写口语化等问题。

3.2 标识标牌要统一

现场检查中发现，部分设备周围缺乏警示带、标识牌摆放位置不正确等问题，针对这些问题，按照相应的标准要求，及时进行更改。

3.3 标识牌要及时更换

部分标识牌存在破损、废弃不用等现象，应及时进行更换或去除，保证标识清晰、醒目。

3.4 现场施工要保持清洁、卫生

现场施工处理到位，做好现场密封措施，施工结束清理现场，保持施工现场卫生干净整洁。

4 南水北调运行管理标准化经验与不足

4.1 运行管理标准化经验

通过多年发展，南水北调运行管理标准化取得了一定的经验，主要包括以下几个方面。

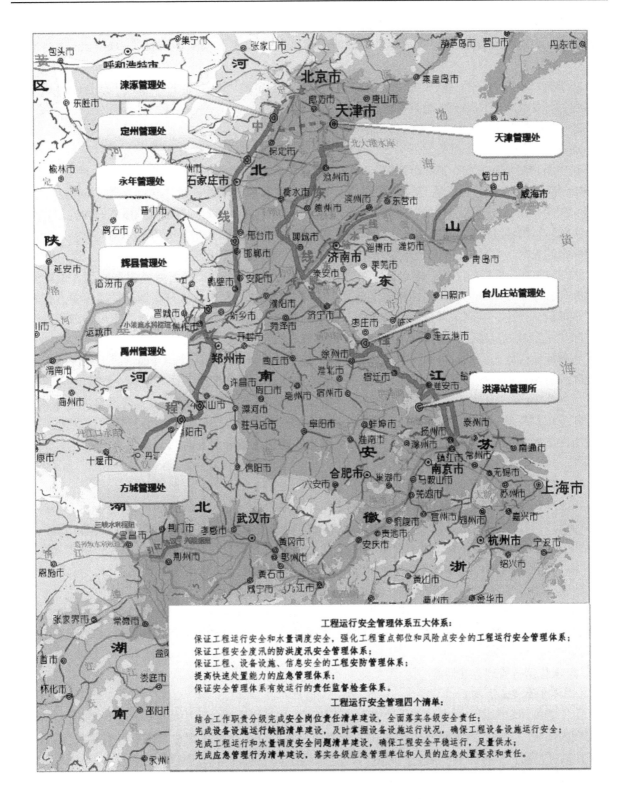

图 1 南水北调运行管理标准化试点分布示意图

4.1.1 标准化试点先行，择优复制推广

南水北调中线标准化工作采取的形式是在焦作管理处选取试点，通过试点，反复探索最佳的实施方案和效果，对实施效果不合理的地方进行多次优化改进，在取得最优效果并通过专家验收后，由河南分局或中线建管局进行推广应用。

在南水北调东线标准化建设中，通过在泗洪泵站成功试点，发挥示范引领作用，在引用推广下，逐渐形成了江苏 2.0 版泵站群管理标准，同时，为江苏省南水北调泵站群推广 IOS 标准化奠定了基础。

标准化试点作为一种"自下而上"的模式，与标准制定的"自上而下"模式相结合，形成一套标准化循环优化改进的路径，为标准发挥效果提供有力支撑。

4.1.2 开展标准顶层设计，注重落地生根

加强顶层设计包括标准化发展规划、体系顶层设计、每年年度工作方案等。

在体系顶层设计方面，如江苏水源公司按照南水北调工程"稳中求好，创新发展"的总体思路，于 2017 年完成"10S"标准管理体系顶层设计，即十大标准化体系，具体包括组织、制度、表单、流程、安全、信息、要求、行为、条件、标识等 10 个管理方面。"10S"标准管理体系的内容、分类等均从实际运行管理过程中的需求出发，以解决实际问题为目标，如管理表单标准体系中，囊括所有环节需要填报的表单，不同的表单对应不同的时间段或环节，使得整个管理流程中表单规范化、统一化。

通过"10S"标准化实施，建立了科学制度，规范人的行为，全面提升泵站工程管理人员业务素质和操作技能，使管理方式从定性化向定量化、从静态到动态，从粗放式到精细化管理转变，有效减轻了现场管理压力，实现了复杂问题简单化、简单问题程序化、程序问题固定化，不仅提高了工作效率，减少了事故发生率，而且保证工程运行安全可靠。

在每年度工作方案制订方面，东线总公司和中线建管局每年结合标准化开展情况，制订当年的标准化工作方案，如中线建管局自 2016 年起，每年统筹谋划，制订年度工作方案，并配套相应的政策文件，如 2019 年 5 月印发《南水北调中线干线工程 2019 年运行管理标准化规范建设实施方案》，明确了年度主要任务，同时 6 月印发《关于做好南水北调中线干线工程 2019 年运行管理标准化规范化建设有关工作的通知》，对年度工作进一步分解细化，明确任务分工及时间节点要求，将年度工作落到实处。

4.1.3 以信息化为手段，促进标准化实施

南水北调中线和东线均积极采用信息化手段，促进标准化，在中线工程中，通过手机客户终端，将运行管理过程中的事项、流程、问题等汇总，运行管理人员使用手机 APP 实现巡查路线管理、扫二维码登记、提醒注意事项、问题查看与申报等运行管理的需要，在东线工程中，利用移动互联、APP 等信息化手段，结合调度运行系统建设，建设江苏南水北调信息化统一管理平台，实现数据共享、信息共享、平台共享、管理共享，打造"可视化的数字管理时代"。

信息化作为科学、高效实施标准化的载体，将制定的标准化要求，以便捷、高效的方式落实到具体实施人员，同时避免了纸质材料印刷浪费、传输周期长、填报审核不易等问题，极大地促进了标准化实施。

4.2 标准化运行管理存在问题

4.2.1 标准管理无法统一

由于管理体制不同，中线和东线管理上各不相同，中线由南水北调中线建管局统一管理，标准能够实现内部统一实施；东线全线运管模式尚未落地，各单位运行管理职责未理顺，责权利关系未闭合，仍处于江苏、山东分管状态，同时各段工程管理单位不同，如江苏省境内有 14 座泵站，其中 4 座由江苏水源公司直接管理、10 座由当地代管。江苏各泵站以江苏水源公司"10S"为标准化建设体系，整体框架与东线总公司现行标准略有差异，但实际运行管理资料和管理方式基本一致，截至 2019 年年底，江苏方面初步完成九个泵站的"8S"标准化建设工作，安全生产标准化创建工作正在全面推进；山东干线公司通过了水利部水利安全生产标准化一级达标单位评审，现以东线总公司四个标准要求开展标准化建设工作，同时结合管辖工程类型，打造标准化试点，待完成后推广至其他管理处借鉴。

此外，中线和东线之间、东线内部各工程段之间参考使用的标准均不统一，如中线采用的标准包

括国家标准、行业标准以及南水北调中线标准，东线采用的标准包括国家标准、行业标准，江苏省地方标准以及江苏水源公司制定的企业标准等，由于采用的标准不统一，相关的管理要求各不相同，如管理制度、记录表单、标志牌外观等均不一致。

4.2.2 相关成果需不断完善和巩固

标准化各个阶段建设要求与内容不同，如前阶段重点围绕职责体系、制度标准体系、流程体系以及实体达标建设等开展工作，虽取得一些成果，但需要在实践中不断发现新的问题和漏洞，并不断补充、修订和完善。风控体系和绩效考核体系正在积极谋划推进，后续工作任重而道远。同时各单位对相关成果的执行应用还需进一步加强，仍需更多的时间进行积累巩固。

东线工程标准化建设推进过程中，已印发的四个标准（试行版）也存在许多内容需不断完善改进，特别是在标准如何落地推行方面，标准与其他国家、行业标准的兼容方面，如何与江苏水源公司、山东干线公司现行规范体系衔接方面，以及工程建设标准不统一、设备类型难全面覆盖等方面均需要修订完善。在现场贯标、评价过程中也发现，要想将运行管理标准落实到每一项具体工作中，必须再深入细化现行标准内容，如制度、流程、表单等管理事项，都有待进一步规范。

4.2.3 制定的标准数量过多、种类过杂

调研过程中，一线人员普遍反映制定的标准在规范化运行管理过程中发挥了较好的作用，但标准数量太多，标准整体的综合性不好，降低了标准的使用效率，同时标准的分类需要进一步优化，如在信息机电方面，共有53个标准，使用起来较为烦琐，建议进行压缩简化。

此外，标准是经协商一致制定并由公认机构批准，共同使用和重复使用的一种规范性文件，其发布、编制格式等都有相应的要求，需要以"标准"形式的发布，在南水北调标准化工作中，有的标准是下发的文件，有的标准是规章制度，有的是规程、办法、细则等，标准的形式多样，未能统一，不利于标准的统一管理和实施。

4.2.4 部分标准科学性不足

标准的定义中明确规定标准是"为了在一定的范围内获得最佳秩序"，但调研过程中发现，运用标准化后，效率反而降低，如巡查，原本需要20 min，在实施标准化后，巡查时间提高到40 min，工作效率反而降低。此外，在运行管理巡视过程中，动态巡视和静态巡视的时间段的确定需要进行进一步优化。

4.2.5 标准化建设缺乏完善保障机制

标准化规范化建设不仅要建立标准体系，完善标准资料，更重要的是现场单位建立规范意识，落实管理责任，形成保障机制。这就需要一是落实人员保障，增加标准化专业人员配备，大力开展运行管理培训，切实增强现场人员管理能力；二是落实经费保障，成立标准化建设专项经费，从硬件到软件，保证稳定的资金支持是落实标准化建设的必备手段。

4.2.6 利用信息化手段实现标准化管理仍有待加强

例如，东线工程运行管理标准化、规范化建设工作已取得初步成效，但与许多集团单位、国际公司相比，整体还比较薄弱，运行管理信息化短板突出。标准化建设是一个从点到面、由增到减的过程，有效运转、精简实用是关键。利用信息化管理平台，建立集中统一数字化管理模式，将标准文本、标准要求、标准管理信息化、智能化，保证运行管理标准长期稳定的规范执行，才是标准化建设工作成熟完善的体现。

5 标准化监督检查存在的问题

传统标准监督检查的弊端在于"就标准而检查"，多是由标准化部门针对某一项标准或者某一个方面进行的运动式检查，不仅专业性有差距，而且不能很好地与一线的实际标准需求相契合，导致监督检查往往流于形式，效能低下，不可持续。

进一步分析发现，影响监督检查效能的主要因素包括管理、技术和人员三个方面。技术是监督检

查的物的对象，体现标准要求在各类技术文件、流程环节等方面的落实情况；人员是监督检查人的对象，体现标准要求的执行到位情况；而管理创新则是标准监督检查的驱动力，体现监督检查的自我革新与持续改进。管理创新是驱动技术落实和人员执行标准的根本，监督检查墨守成规、不重效果，便往往流于形式或者没有有效的手段，无法确保技术落实和人员执行标准。因此，导致监督检查效果不佳的根源还在于缺乏管理创新。具体表现在以下几方面：

（1）缺少机制创新，系统性、可持续性差，难以保证检查效果。

传统的标准化检查往往是出了问题才检查、引发关注才检查，突击式、一阵风的检查多，检查内容不具体、不系统，后续解决也是打补丁，没有延续性，反而给一线增加负担。

（2）缺少方式创新，全面性、有效性不足，无法实现全流程管控。

传统检查往往围绕一个问题或者一个点进行，头痛医头、脚痛医脚，效果不能覆盖到安全运行管理一线全流程，反而容易带来新的问题。

（3）缺少方法创新，深入性、针对性较弱，容易造成走过场。

传统检查由于时间短、一次性，很多检查人员不能深入提出指导意见，或者无法提出长期性解决方案。因此，检查提出的意见多以浅尝辄止的意见为主，不利于效果落实。

（4）缺少形式创新，专业性、互动性较差，检查效能不高。

传统检查一般是上对下为主，挑问题、提要求的形式多，横向互动交流少，因此不利于不同单位、部门之间的相互借鉴与相互进步。

6 南水北调泵站运行管理标准化监督检查的几点思考

通过研究，南水北调各单位开展标准化积极性和认可度均较高，而对标准化开展的目标和要求，以及标准化理论等认识上存在不足，标准化工作存在流于表面等问题。针对调研过程中发现的问题进行思考，并提出一些建议。

6.1 加快标准化总领性政策制度建设

南水北调工程作为我国重大水利工程之一，其标准化工作需要在水利部指导下开展，加强标准化总领性政策制度建设，有利于促进南水北调工程标准化工作的统一开展，规范各地标准化工作机制，推进完善标准化工作体系。

6.2 建设南水北调标准体系，提高标准质量

应根据南水北调目前现有的标准实际情况，统筹规划，组织制定和完善包括国家标准、行业标准、地方标准和企业标准在内的南水北调标准体系。另外，在标准的制定过程中，不仅要考虑其是否能适应南水北调工程运行管理的需要，也可参考国际标准化组织或国内其他已有的相关标准；不仅要考虑现实的需求，也要注意吸收发达国家的先进技术。

6.3 发布部分南水北调行业标准

针对在南水北调工程中运用较好，各项条件成熟，且具备共性，能够共同使用的标准由水利部统一编制发布，如公告、名称、导视、警告等标识标牌，运行管理的流程表单等，由南水北调司牵头统一编制技术标准，进行应用推广。

6.4 加强南水北调工程标准化队伍的建设

南水北调工程标准化工作是一项技术含量很高的工作，它需要配备专门的工作人员。在人员进入这个领域以后，要对他们进行全面的培训，提高其业务能力和管理水平，适应科技和时代发展的要求，为后期标准化的发展打下坚实的基础。

6.5 积极转化南水北调可开展标准化建设成果

将南水北调工程中成熟、先进、实用的技术，积极转化为行业标准、团体标准，进行推广应用。例如，中线建设的一体化多功能浮桥，具有一定的技术创新性和实用性，可转化为团体标准进行推广。

6.6 统一标准化建设内涵

南水北调工程运行管理建设过程中使用的"规范化""标准化"等名称尚不统一，且建设的内容不一。为更好地推广南水北调标准化建设成果，应进一步明确各标准化概念的建设内涵，如是否包含规章制度建设等。

6.7 以信息化为支撑推动标准化建设

信息化作为重要手段工具，不断推动标准化建设。通过研发信息化系统，建立行政管理系统、自动化调度系统、工程巡查实时监管系统等多个信息化系统。建议建立统一的专门网络服务平台，构筑南水北调标准化服务渠道，及时发布标准化相关信息。同时建立统一的标准文件管理平台，及时全文公布各级标准，有利于促进标准实施。

6.8 优化检查方式，创新检查内容

为进一步提高效率，以泵站监督检查为示范，初步形成了监督检查的基本流程（见图2）。

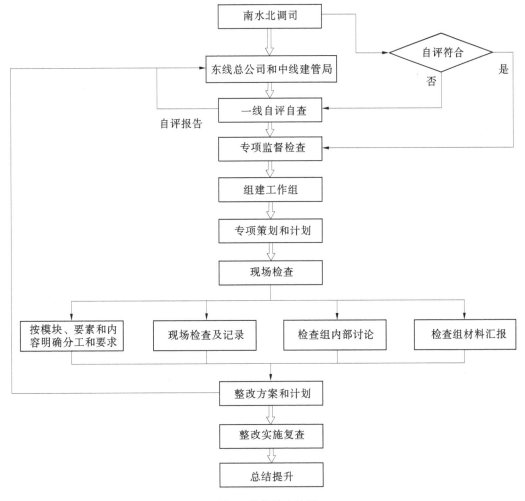

图 2 监督检查流程

在检查方式上着力创新，突破检查模式，由原先单点检查、单一标准检查，转变为实施标准过程检查，针对下属单位在标准获取、识别、采纳、试用、贯彻、评价、完善等诸环节进行监督检查。针对标准化检查存在的空、难、宽等问题，决定将"抓流程、抓责任、抓具体"的思路，向标准在一线落实转变。以采标、识标、宣贯、落实、监督等为重点的标准贯彻落实流程和制度建设情况，主要检查各单位是否制定了新发布标准识别流程、具体该谁负责、落实标准如何反馈、如何开展闭环监督检查，对标准要求是否落实进行重点抽查。

6.9 深化标准检查与交流的结合

通过不同层次、不同组织之间的交叉检查，既是督促激励的过程，又是学习借鉴的过程，在检查中学习，在交流中提高。同时，应及时总结前期标准化检查的效果、经验及不足，不断优化完善标准检查方式。强化各级自查自评的主动性。推进专项检查与日常自查的有机结合，最终实现以各单位自主开展标准化监督检查为主的机制，实现企业自我改进，促进标准在运行管理一线得到落实。

参考文献

［1］周德祥，史进朝，杨凯，等．基于标准贯彻落实为核心的标准化监督模式探索与实践［J］．中国标准化，2021（6）：31-36.

［2］任秀君．标准的贯彻实施及监督［J］．航空标准化与质量，2015（5）：20-22.

［3］徐智明．浅谈企业标准实施的监督检查的重要性［J］．中国石油和化工标准与质量，2013（5）：244.

［4］王敏．企业对标准的实施要进行监督［J］．交通标准化，2003（11）：16-17.

水利团体标准监督检查方法研究与构建

程　萌[1]　杨清风[2]　郑　寓[1]　李　桃[1]　许　国[1]　许立详[1]　李　蕊[1]

(1. 水利部产品质量标准研究所，浙江杭州　310012；
2. 中国水利工程协会，北京　100053)

摘　要： 面对团体标准的蓬勃发展，团体标准的质量却不能得到保障。为了加强对团体标准的监管，提升团体标准质量，各地各级市场监督管理部门纷纷把团体标准纳入"双随机、一公开"的监管范围。本文根据水利团体标准的现状，提出了水利团体标准监督检查的原则、依据、工作流程、检查内容与要求、检查注意事项。提高水利团体标准自我声明公开监督检查工作的有效性，提高水利团体标准的质量和水平。

关键词： 水利团体标准；监督检查

1　背景介绍

2015 年 3 月，国务院印发的《深化标准化工作改革方案》，首次将团体标准作为国家标准体系的一部分，提出培育发展团体标准的要求[1]。2016 年 2 月，原质检总局、国家标准委发布《关于培育和发展团体标准的指导意见》，提出建立团体标准基本信息公开制度，建立全国团体标准信息平台。全国团体标准信息平台于 2016 年上半年开始运行，为社会团体提供标准信息公开及查询等服务。原质检总局、国家标准委、民政部于 2017 年 12 月联合印发了《团体标准管理规定（试行）》，该规定对团体标准的制定、实施和监督等方面提出了明确要求，引导、规范和监督团体标准化工作。2018 年 1 月 1 日，新修订的《中华人民共和国标准化法》正式实施，使团体标准作为我国标准体系的组成有了法律依据[2]。同时《中华人民共和国标准化法》明确"建立标准实施信息反馈和评估机制，根据反馈和评估情况对其制定的标准进行复审。"[3]

近年来，随着团体标准的蓬勃发展，在水利部国科司的指导和监督下，水利团体标准化工作取得了显着成绩。截至目前，共有 12 家水利社团开展团体标准研制工作，累计发布团体标准 142 项，在研团体标准 197 项。2021 年共发布团体标准 46 项[4]，其中，中国水利学会共发布 12 项、中国水利工程协会共发布 3 项、中国水利水电勘测设计协会共发布 8 项、中国水利企业协会共发布 9 项、中国灌区协会共发布 3 项、中国农业节水和农村供水技术协会共发布 2 项、中国大坝工程学会共发布 4 项、国际沙棘协会共发布 4 项、中国水利经济研究会共发布 1 项（见图 1）。

面对团体标准的蓬勃发展，团体标准的质量却不能得到保障。为了加强对团体标准的监管，提升团体标准质量，各地各级市场监督管理部门纷纷把团体标准纳入"双随机、一公开"的监管范围。《市场监管总局关于全面推进"双随机、一公开"监管工作的通知》（国市监信〔2019〕38 号）中要求，按照《中华人民共和国标准化法》的第二十七条、第三十八条、第三十九条、第四十二条，对团体标准、企业标准自我声明进行监督检查。检查方式可采用书面检查和网络检查[5]。

作者简介： 程萌（1989—），女，高级工程师，主要从事水利标准化方面的研究工作。

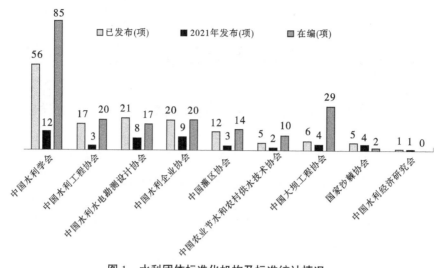

图1　水利团体标准化机构及标准统计情况

2　监督检查原则和依据

2.1　监督检查原则

监督检查原则是开展团体标准监督检查工作应遵守的基本准则，是保障结果准确、有效高质量的基本要求[6]，本文依据对多年监督检查工作总结，认为开展团体标准监督抽查工作应符合以下4项原则。

2.1.1　科学性

团体标准检查工作开展采用的依据、开展方法、工作程序、给出的结论等应符合标准化的原理和客观规律。具体表现在：①团体标准监督检查工作采用的依据应有法律、政策文件、国家强制性标准等支撑。②采用的方法应科学、可行，程序内容的确定应具备逻辑性、完整性，并应具有相应的理论基础和专业化知识。③给出的结论应有专家团队进行论证，以保证监督检查结果的科学性和权威性。

2.1.2　客观性

检查人员应本着客观的立场，以客观材料和事实为依据开展监督检查工作。

2.1.3　公平性

检查人员应本着公平公正的态度对每一项团体标准，采用相同的流程、方法和判定原则公平合理地进行评价。

2.1.4　独立性

检查人员不应与委托方、标准起草单位、标准发布单位和起草人员有直接的经济利益关系，且不受上级单位等因素的影响，能够坚持第三方立场，确保监督检查工作不受有关利益方的干扰和影响。

2.2　监督检查依据

（1）《中华人民共和国标准化法》。

（2）《团体标准管理规定》（国标委联〔2019〕1号）。

（3）《市场监管总局办公厅关于印发团体标准、企业标准随机抽查工作指引的通知》（市监标创函〔2019〕1104号）。

（4）《标准化工作导则　第1部分：标准化文件的结构和起草规则》（GB/T 1.1—2020）。

（5）《水利技术标准编写规定》（SL 1—2014）。

（6）住房和城乡建设部印发的《工程建设标准编写规定》。

（7）水利行业相关的法律法规、强制性标准和产业政策要求。

（8）《水利标准化工作管理办法》（水国科〔2022〕297）。

（9）《关于加强水利团体标准管理工作的意见》（水国科〔2020〕16 号）。

（10）《中国水利学会团体标准管理办法》《中国水利工程协会标准管理办法》等水利行业社会团体的管理办法。

3 监督检查工作流程

3.1 组建检查人员库

根据团体标准所涉及的专业背景知识，选择合适的监督检查人员，建立审查人员库，检查人员库中的检查人员应具备下列条件：

（1）应具备中级以上标准化技术职称或具备三年以上标准化工作经验。

（2）检查人员库中，高级职称应占 50%以上，具有教授级高级职称的占 20%以上。

（3）检查人员库中，具备三年以上标准技术审查经验的专业人员应占 50%以上，有五年以上标准技术审查经验的专业人员应占 20%以上。

3.2 确定审查人员

根据团体标准所涉及的专业背景知识，选择合适的监督检查人员，分初审人员、复审人员和批准人员三级组成监督检查工作组。

3.2.1 标准初审人员

标准初审人员应由具备中级以上标准化专业技术资格或具备三年以上标准化工作经验的专业人员担任。初审人员应熟练掌握 GB/T 1.1—2020、SL 1—2014、《工程建设标准编写规定》等格式体例要求，熟悉团体标准相关的法律法规、强制性国家标准，掌握标准化知识和团体标准相关的专业知识，熟练掌握监督检查工作依据的材料。

3.2.2 标准复审人员

标准复审人员应由具有标准化中、高级职称，且具备三年以上标准技术审查经验的专业人员担任。初审人员应熟练掌握 GB/T 1.1—202、SL 1—2014、《工程建设标准编写规定》等格式体例要求，并具备 3 年以上格式体例复读经验。对专业性强或技术性强的标准，还应有具有专业知识背景的人员参与。

3.2.3 报告批准人员

报告批准人员应由具有标准化高级职称，并具有五年以上标准技术审查经验的专业人员或部门负责人担任。

3.3 抽样样本

在全国标准信息公共服务平台上随机抽取待查标准清单。

3.4 工作分配

采用随机分配的方式，将抽取待查标准随机分组，再随机抽签选择初审人员和复审人员。

3.5 初审

从检查人员库中，随机抽取若干位初审人员。初审人员应分别核对团体标准文本的标准名称、标准编号和标准发布单位等信息与全国团体标准信息平台登记的信息是否一致。然后按照检查的内容与要求对团体标准开展形式检查与技术检查。其中，形式检查包括标准的编写格式、规范性引用文件、标准要素的文字表述方式、标准的框架结构、整体的编写逻辑、语言表达等；技术检查包括团体标准文本的技术要求的先进性、合理性、协调性、可操作性、与强制性国家标准符合性等。初审人员对其各自的结论进行汇总整理，最终给出其是否符合要求的初步结论。

3.6 复审

从检查人员库中，随机抽取 1 位符合要求的复审人员。复审人员按照检查内容和检查方法，对初审结论进行复核，确定最终审查结论。

3.7 编写报告并复核结果

检查小组依据复审的结果，参照《团体标准随机抽查工作指引》等文件，按照项目要求，汇总审查结果情况，并编写标准监督检查报告，交由报告批准人员最终复核。

3.8 检查结果及处理方式

（1）异议处理。应在收到社会团体和企业异议之日起 5 个工作日内完成异议复核，并将复核意见告知监管单位。

（2）整改复核。应在收到社会团体已整改信息后，完成整改情况核查。经核查已完成整改的，上报监管单位；经核查未完成整改的，退回相关社会团体。

（3）结果报告。整改复核结束后，承担单位应形成监督检查情况报告，并填写团体标准监督检查表、结果汇总表，报送至监管单位。

4 检查内容与要求

检查内容主要分为两部分：一是形式检查，二是技术检查，两者同步开展。

4.1 形式检查

形式检查内容包括：

（1）标准是否有相应标准文本。

（2）标准的编号和名称是否与标准文本内的编号和名称、标准正文提及的产品等信息保持一致。

（3）其他，如标准的格式体例是否符合《标准化工作导则 第1部分：标准化文件的结构和起草规则》（GB/T 1.1—2020）要求。主要检查下列几项：①整体结构是否完整；②整体编写是否具有逻辑性；③规范性引用文件是否现行有效；④规范性引用文件在正文中的引用是否符合格式体例要求；⑤标准语言是否符合格式体例要求；⑥标准图、表、公式等内容是否符合格式体例要求。

4.2 技术检查

技术检查内容主要有：

（1）团体标准技术要求与强制性国家标准符合性：团体标准必须符合国家法律法规、强制性标准、国家推荐性标准、行业标准和相关政策文件的要求，所有标准的内容和技术指标不应低于其法律法规、强制性标准的要求。例如，饮水的产品标准中重金属含量不能高于国家强制性标准、国家推荐性标准和行业标准的要求。

（2）标准的内容是否做到技术上先进、经济上合理：团体标准内容先进性、合理性、协调性、可操作性有利于科学合理利用资源，推广科学技术成果，增强产品的安全性、通用性、可替换性，提高经济效益、社会效益、生态效益，做到技术上先进、经济上合理。

一是，检查团体标准是否做到技术上先进、经济上合理。

二是，重点检查团体标准的标准化对象，是否属于国家最新版《产业结构调整指导目录》中的淘汰类别；属于淘汰类别的，判定团体标准不具有科学合理性。

三是，检查团体标准中的规定指标和方法清晰、准确、合理程度，在工程中应用方便、可行程度。

（3）标准的编号是否符合相关规定：团体标准的编号应符合国务院标准化行政主管部门制定的编号规则，即编号依次由团体标准代号、社会团体代号、团体标准顺序号和年代号组成。社会团体代号由社会团体自主确定，可以使用大写拉丁字母或者大写拉丁字母和阿拉伯数字的组合。社会团体代号还应当合法，不能与现有标准代号重复。

（4）社会团体是否存在利用团体标准实施妨碍商品、服务自由流通等排除、限制市场竞争的行为：检查团体标准是否暗含有专利等垄断性内容。

5 监督检查注意事项

开展水利团体标准监督检查，重点工作应包括以下几个方面。

5.1 建立监督检查体系，做好前期准备

为高质高效完成监督检查工作，确保监督检查结论的科学性和合理性，需进一步明确监督检查内容，设定各项监督检查内容的具体要求，明确监督检查的方法与尺度，建立监督检查体系。确定监督检查的程序和方法，组建监督检查工作组，合理安排项目组成员，明确职责分工；组织成员内部培训，使项目组成员明确检查依据、程序和方法等内容，熟练掌握团体标准和企业标准监督检查的方式方法；制定日程安排，提前收集相关资料，包括标准化法、相关领域的强制性标准、随机抽查工作的文件等，确保各项检查工作顺利完成。

5.2 开展多渠道调研，做好调研记录

通过多渠道开展调研，包括网络平台、电话联系、现场咨询等，保证检查所需资料的全面性、准确性及可靠性，关系到检查结论的准确度与合理度、报告编制的顺利性等，因此在调研过程中，需重点做好项目基础信息核对、标准发布和实施情况等。

5.3 建立高水平专家队伍，保障检查结果

检查专家作为检查工作的重要人员，是整个检查工作的核心和关键。因此，为提高检查专家队伍水平，检查人员库中的检查人员应具备一定的要求，符合检查要求，如在标准化经验方面，应具备中级以上专业技术职称且具备三年以上标准化工作经验；在技术职称方面，检查人员库中，高级职称应占50%以上，具有教授级高级职称的占20%以上；在技术领域方面，检查人员的专业应能够均匀覆盖水利团体标准涉及的专业领域，从多方面提高专家队伍水平与质量，保障检查结果准确性。

5.4 分析问题成因，提出改进建议，撰写成果报告

根据检查情况，确定检查结果，同时针对检查结果，包括异议处理、整改复核等工作内容，进行综合分析，提出检查结论和今后的改进建议，并撰写监督检查情况报告，完成团体标准、结果汇总表等编制。

6 结语

开展水利团体标准监督检查工作，可以及时掌握水利团体标准的质量状况和技术水平，为水利部掌握水利行业各类组织的标准动态提供了权威的、有价值的信息，为开展各项监管工作和出台相关政策提供技术依据。能有效提高广大水利行业社会团体的标准化意识，推动水利团体标准自我声明公开监督检查工作的贯彻落实，提高水利团体标准自我声明公开监督检查工作的有效性，提高水利团体标准的质量和水平。

参考文献

［1］国家标准化发展纲要［J］.大众标准化，2022（6）：200.

［2］国家标准化管理委员会 民政部印发《团体标准管理规定》［J］.工程建设标准化，2019（2）：20

［3］住房和城乡建设部办公厅关于培育和发展工程建设团体标准的意见［J］.安装，2016（12）：6-7.

［4］李佳.我国团体标准发展现状分析——基于全国团体标准信息平台数据［J］.标准科学，2017（5）：23-27.

［5］逄征虎.团体标准大有可为［J］.中国环保产业，2016（12）：24-27.

［6］朱翔华.团体标准化发展的国内外比较研究［J］.标准科学，2020（5）：21-22.

中国水利学会团体标准化工作实践经验与启示

董长娟　武秀侠　赵　晖　张淑华　周静雯　王兴国　李建国

（中国水利学会，北京　100053）

摘　要： 近年来，国家大力推进实施标准化战略，鼓励和支持团体标准培育发展，实施团体标准培优计划，团体标准正在成为国家标准化战略的重要组成部分。中国水利学会作为国家标准化管理委员会首批团体标准研制试点单位和团体标准培优计划单位，在团体标准研制与培优工作中做了大量开拓性工作，取得了显著成效。本文全面阐述了近年来我国对团体标准化工作的一系列相关政策和要求，总结了中国水利学会团体标准化工作发展现状和经验做法，并围绕新阶段水利高质量发展需求，对中国水利学会下一步团体标准化工作提出展望。

关键词： 团体标准；中国水利学会；水利高质量发展

团体标准是由具有法人资格、具备相应专业技术能力、标准化工作能力和组织管理能力的学会、协会、商会、联合会和产业技术联盟等社会团体按照团体确立的标准制定程序自主制定发布，由社会自愿采用的标准。团体标准具有快速响应需求、制定速度快、知识产权政策灵活等特点。发展团体标准能够充分释放市场主体标准化活力，优化标准供给结构，提高产品和服务竞争力，助推新阶段水利高质量发展。

1　背景

2015 年 3 月，国务院印发《深化标准化工作改革方案》（国发〔2022〕13 号），首次提出培育发展团体标准的重大改革举措，激发市场主体活力，完善标准供给结构，建立政府主导制定的标准与市场自主制定的标准协同发展、协调配套的新型标准体系。鼓励具备相应能力的社会团体在市场化程度高、技术创新活跃、产品类标准较多的领域，开展团体标准试点，增加标准的有效供给，拉开了我国团体标准发展的帷幕[1]。2015 年 6 月，国家标准化管理委员会（简称国家标准委）办公室下发了《国家标准委办公室关于下达团体标准试点工作任务的通知》（标委办公一〔2015〕80 号），明确了试点工作的任务，中国水利学会等 39 家全国性社会团体被列为首批试点单位。2016 年 2 月，国家质检总局和国家标准委联合印发《关于培育和发展团体标准的指导意见》（国质检标联〔2016〕109 号），为我国团体标准化工作健康有序发展提供了政策保障[2]。

2018 年 1 月 1 日，新修订的《中华人民共和国标准化法》（中华人民共和国主席令第 11 号）正式实施，确立了团体标准的法律地位，为开展团体标准化工作提供了重要的法律制度保障[3]。2019 年，国家标准委、民政部印发《团体标准管理规定》（国标委联〔2019〕1 号），对团体标准的制定和监督管理提出了进一步的要求。2021 年 8 月，中共中央、国务院印发《国家标准化发展纲要》，提出充分释放市场主体标准化活力，优化政府颁布标准与市场自主制定标准二元结构，大幅提升市场自主制定标准的比重。大力发展团体标准，实施团体标准培优计划，推进团体标准应用示范，充分发挥技术优势企业作用，引导社会团体制定原创性、高质量标准。为贯彻落实《国家标准化发展纲要》，规范团体标准化工作，促进团体标准优质发展，2022 年，国家标准委等十七部门联合印发《关于促

作者简介：董长娟（1986—），女，高级工程师，主要从事标准化、农村供水方面的研究和管理工作。

进团体标准规范优质发展的意见》（国标委联〔2022〕6 号），对开展水利团体标准化工作提出了规范性要求。

自 2015 年以来，我国各社会团体响应国家号召，积极开展团体标准化工作。根据全国团体标准信息平台统计数据，截至 2022 年 8 月 31 日，共有 6 740 家社会团体在全国团体标准信息平台注册，社会团体在平台共计公布 43 336 项团体标准。中国水利学会作为国家标准委首批团体标准研制试点单位，在团体标准研制工作中做了大量开拓性工作，取得了显著成效。

2 学会团体标准化工作实践经验

2.1 发展现状

2015 年以来，中国水利学会作为国家标准委首批团体标准研制试点单位和团体标准培优计划单位，以习近平新时代中国特色社会主义思想为指导，深入贯彻落实习近平总书记"节水优先、空间均衡、系统治理、两手发力"治水思路、国家标准化工作改革有关要求，围绕新阶段水利高质量发展需求，在团体标准研制工作中做了大量开拓性工作，取得了显著成效[4]。

6 年多来，学会共研究提出了 200 余项团体标准选题，围绕农村饮水安全、节约用水、水生态治理等领域发布了 56 项团体标准，同步完成 2 项中英文版研制，在编标准 110 余项，为政府和社会提供了一批优质团体标准，快速、有效地响应了市场需求[5]。

已发布团体标准取得了良好的实施效果。例如，2018 年发布的《农村饮水安全评价准则》得到水利部、国务院扶贫办和国家卫生健康委联合发文采信，2019 年，该标准成为国家标准委向国际标准化组织推荐的我国社会管理领域团体标准的唯一范例，为我国打赢农村饮水安全脱贫攻坚战做出了重大贡献。学会与中国教育后勤协会联合发布的《节水型高校评价标准》继 2020 年、2021 年被水利部、国家机关事务管理局等联合发文采信后，2022 年再次被水利部、教育部和国家机关事务管理局发文采信，全国各地共有 700 多所普通高校对标该标准完成了节水型高校建设。

2020 年，学会团体标准《农村饮水安全评价准则》荣获我国标准化领域最高奖项"中国标准创新贡献奖"；同年，《渡槽安全评价导则》荣获"中国标准科技创新奖"。2022 年，《寒冷地区渠道安全监测技术规程》和《粗粒土试验规程》再次荣获"中国标准科技创新奖"，学会团体标准影响力不断提升。

2.2 经验做法

（1）完善制度建设、严控标准质量。学会不断完善制度建设，修订完善了《中国水利学会团体标准管理办法》，启动了《中国水利学会团体标准化技术委员会管理细则》编制工作，为规范标准化工作、提高标准质量奠定了基础。标准编制过程中，不断强化管理、严格专家选取、提高标准质量。

（2）创新发展思路、主动征集需求。由原来被动接受团体标准项目申请创新性转变为围绕水利行业高质量发展和市场需求主动征集标准项目，取得了良好成效，更好地满足了水利事业发展和创新需求，加大了水利技术标准的有效供给。

（3）深化合作交流、共同研制标准。学会已积极与中国工程建设标准化协会、中国教育后勤协会、中国制冷空调工业协会、中国公路学会、中国水力发电工程会、中国大坝工程学会等单位签订战略合作协议或备忘录，共同制定团体标准、开展技术交流，争取优势互补、长期合作、共同发展。

（4）开发信息系统、提高工作效率。开发完成"中国水利学会标准管理系统"，实现了团体标准制修订全过程跟踪，各环节动态监管，提高团体标准管理效率和编制质量。同步开发"水利团体标准管理系统"模块，全力支撑水利部对各水利社会团体团体标准化工作监管，从源头上避免重复立项，为促进水利团体标准规范有序发展做出积极贡献。

（5）强化标准宣贯、推动标准实施。创新标准宣传方式，制作团体标准年度发布会宣传片，充分利用中国水博览会等平台积极向社会推介发布。公开团体标准发布稿供社会公众免费下载。推动政府、检验监测机构等采信已发布团体标准，有力促进了学会团体标准在更大范围内推广应用。

（6）开展咨询服务、提升工作能力。充分发挥学会平台优势，针对会员单位开展标准化咨询服务工作。完成 2 项"十四五"水利标准化发展规划编制和 1 项技术标准评估工作，均获得高度评价。通过咨询服务项目实施，开阔了视野，拓展了思维，锻炼了队伍，提升了标准化工作能力。

3 经验启示

（1）健全制度是基础。无规矩不成方圆，健全的制度是保证团体标准化工作有效开展的基础，对于团体标准化工作的开展具有指导和规范作用，使团体标准的制定、实施和监督有依可循、有规可守。

（2）严把质量是核心。高质量发展离不开高水平标准做保障，在标准编制过程中，应严格过程管理，严把标准质量，保证标准的科学性、规范性、适用性和时效性，为标准有效实施提供保障。

（3）强化实施是关键。标准化的效益依赖于标准的实施，要不断丰富和深化标准贯彻实施的手段，让更多的人了解标准、熟悉标准、用好标准，切实发挥团体标准的价值。

（4）加强合作是抓手。社会团体间合作开展团体标准化工作，一方面可以节约社会资源，杜绝重复立项，同时可以取长补短，优势互补，进一步提升团体标准的质量；另一方面，可以扩大团体标准应用范围，惠及更广泛的应用主体。

4 结论与展望

经过 6 年多的发展，学会团体标准化工作取得显著成效，尤其近两年，学会积极开拓创新、转变发展思路，开发了团体标准管理系统，不断拓展宣传途径，积极开展标准化咨询服务，团体标准化工作能力不断提升并形成一定影响力。但对比新阶段水利高质量发展需求和《国家标准化发展纲要》对团体标准化工作要求，学会团体标准化工作仍有较大的进步空间。下一步，学会将进一步开拓进取、真抓实干，以团体标准事业的持续进步助力新阶段水利高质量发展。

（1）不断提高团体标准研制质量。持续贯彻落实习近平总书记"十六字"治水思路、国家标准化工作改革和《国家标准化发展纲要》精神，紧扣推动新阶段水利高质量发展的目标，立足全面支撑提升水旱灾害防御能力、水资源集约节约利用能力、水资源优化配置能力、大江大河大湖生态保护治理能力等开展团体标准选题和研制工作。在标准研制工作中，严格过程管理，严把标准质量关，提供更多高质量标准，与水利政府标准协同共进。

（2）继续加强与各单位沟通协作。加强与有关学会、协会、商会、联合会等单位沟通合作，分享团体标准化工作经验，联合发布团体标准；同时，扩大受众范围，持续推动团体标准事业协同发展。

（3）持续强化标准实施与宣贯。强化标准实施，建立标准实施反馈机制，积极开展标准复审工作。充分利用学会平台优势，创新团体标准宣贯培训方式，推动标准有效实施，积极拓展标准化咨询业务，不断提升学会团体标准的应用面和影响力。

（4）积极推动标准国际化工作。充分发挥学会的平台优势，积极开展中外文版团体标准编制和国际标准选题工作，积极参与标准国际化活动，力争在优势和特色领域形成一批具有国际先进水平的团体标准。

参考文献

[1] 罗敏，于翔，蔡闯．我国团体标准发展概况及培育与创新［J］．中国标准化，2016（9）：63-65.

[2] 曾杰．团体标准的发展与创新分析［J］．标准科学，2018（9）：48-51.

[3] 徐婷，佘伟军，秦长毅，等．《中华人民共和国标准化法》新法重要条款解读［J］．石油管材与仪器，2018，4（4）：56-59.

[4] 中国水利学会．中国水利学会标准编制实物［M］．北京：中国水利水电出版社，2020.

[5] 李建国，武秀侠，王兴国，等．中国水利学会团体标准发展与培优［J］．水利发展研究，2020，20（12）：52-54.

水利水电工程勘测类标准评估分析

顾晓伟 许 国 郑 寓 李 桃 程 萌

（水利部产品质量标准研究所，浙江杭州 310012）

摘 要：为推动水利标准化高质量发展，按照新阶段水利高质量发展的总体要求，确定评估的内容、方法和要求，对水利水电工程勘测类标准进行评估，并对评估结果进行分析，提出存在的问题和建议。通过评估，全面系统地掌握了勘测类标准的实施情况，并得出勘测类标准整体质量与水平总体较好，能够满足全面提升国家水安全保障能力建设等高质量发展要求的结论。

关键词：水利水电工程；勘测；标准；评估

1 背景

为充分发挥水利技术标准的"指挥棒"作用，将标准的制定与新发展阶段、生态文明思想、人与自然和谐共生的要求紧密结合起来，推动新阶段水利高质量发展，2021 年水利部组织开展了水利标准专项评估工作，选取水利重点发展领域和新阶段国家重大战略要求密切相关的水利行业基础通用且发展需求迫切的规划、勘测、设计类标准和水利信息化类标准，以问题和需求为导向，统筹协调，有序推进，全面深入分析水利标准技术水平与新阶段水利高质量发展要求之间的差距。

本文选取了评估对象中水利水电工程勘测类标准进行分析介绍。水利勘测工作是工程基本建设管理中的一项重要基础工作，在工程投资决策和工程建设中具有十分重要的作用，是编制水利工程设计文件的依据，勘测类标准中的技术要求直接关系水利工程勘测、设计、建设的质量。根据 2021 版水利技术标准体系表可知，水利水电工程勘测类标准共 11 项，其中水利水电工程勘探规程是系列标准，包含物探、钻探和坑探 3 项标准。

2 评估内容、方法与要求

本次水利水电工程勘测类标准评估主要按照新发展理念和新阶段水利高质量发展的要求，统筹发展和安全，全面贯彻落实"节水优先、空间均衡、系统治理、两手发力"的治水思路，遵循"科技引领、生态安全"的原则，充分发挥标准的"指挥棒"作用，为新阶段水利高质量发展提供技术支撑与保障。

根据新阶段水利高质量发展的目标、要求和实施路径，确定本次评估的主要指标包括四个方面：一是标准应用对象。了解每项标准的使用单位和个人，包括可能应用的单位类型，如生产企业、设计单位、施工企业、水利工程管理单位、科研院所等。二是标准应用范围。了解标准实际应用的范围与领域，了解标准具体应用案例。三是标准应用效果。了解标准应用实施效果，在水利行业管理发展中的作用，具体应用项目上发挥的作用，对于应用单位的贡献，是否满足当前水利高质量发展的需求等。四是存在的问题，了解标准在应用中所产生的问题，如标准是否适应党中央、国务院重大决策部署和国家发展战略，是否满足科技创新引领的要求，是否满足发展与安全方面的要求，是否满足生态

基金项目：水利政策研究和制度建设（12630011）。

作者简介：顾晓伟（1989— ），男，工程师，主要从事水利标准化研究工作。

安全以及数字化、网络化、智能化发展的要求等。

根据评估内容，每项标准形成明确的评估结论，即在新阶段水利高质量发展中的质量与水平，具体包括"好""较好"和"一般"三类，根据结论提出为推动新阶段水利高质量发展，标准需要修改补充的建议。

评估的方法主要是通过现场、网络、电话、调查问卷等方式开展评估，具体包括现场实地调研、征求意见、问卷调查、专家咨询等方法。

3　评估结果

通过问卷调查，共回收有效问卷 72 份，主要为标准使用者或单位，进行初步分析，标准评价结论达到 2/3 及以上的为初步结论，再通过多次内部研讨和专家咨询会的方式对评估结果进行分析和审查，得出最终各标准评估结论，评估清单及结论见表 1。

表 1　现行水利水电工程勘测类标准评估结论

序号	标准名称	标准编号	评估结论
1	工程岩体分级标准	GB/T 50218—2014	较好
2	土的工程分类标准	GB/T 50145—2007	较好
3	水利水电工程地质勘察规范	GB 50487—2008	好
4	中小型水利水电工程地质勘察规范	SL 55—2005	好
5	水利水电工程天然建筑材料勘察规程	SL 251—2015	好
6	水利水电工程施工地质规程	SL 313—2021	好
7	水利水电工程勘探规程（1. 物探，2. 钻探，3. 坑探）	SL/T 291	好
8	水利水电工程地质观测规程	SL 245—2013	好
9	水利水电工程地质测绘规程	SL/T 299—2020	好
10	水利水电工程测量规范	SL 197—2013	较好
11	水利水电工程施工测量规范	SL 52—2015	好

其中，评估结论为"好"的有 8 项，占 72.7%；"较好"的有 3 项，占 27.3%；"一般"的有 0 项，占 0%，见表 2。

表 2　勘测类标准评估结论与数量分析

序号	评估结论	标准数量/项	所占比例/%
1	好	8	72.7
2	较好	3	27.3
3	一般	0	0
	合计	11	100

4　结果分析

4.1　总体分析

通过本次评估，较为全面系统地掌握了水利水电工程勘测类水利技术标准的实施情况。总体来看，勘测类标准评估结论达到"较好"及以上的占 100%，整体质量与水平较好，具体体现在以下几个方面：

一是符合国家和水利部的发展要求。勘测类标准的内容与技术均符合"创新、协调、绿色、开放、共享"新发展理念的要求，符合党中央、国务院重大决策部署和国家发展战略要求，在技术引领、发展与安全、生态保护等方面发挥了积极作用，能够较好地满足全面提升国家水安全保障能力建设等高质量发展要求。

二是全面推动水利水电工程高质量发展。勘测类标准全面覆盖了水利水电工程建设各个方面，在水利工程规划、设计、建设等工作中发挥了重要基础性和引领性作用，为完善国家水网重大工程、河湖生态保护、智慧水利建设等方面提供了重要技术基础，有效提高了水利工程建设、产品和服务质量，为新阶段水利工程建设高质量发展提供了基础技术支撑。

三是有力支撑了各项水利工程建设。勘测类标准在水利工程建设中广泛运用，如《水利水电工程施工地质规程》（SL 313—2021）在引江济淮、南水北调东线、贵州省黔南州凤山水库等水利水电工程地质勘测中应用，获得了科学完善的地质资料，对及时发现地质隐患、优化设计等作用显著，取得了很好的应用效果。同时也广泛应用于技术难度较高的工程中，如贵州省铜仁市大兴水利枢纽工程地处岩溶区，地质条件复杂，通过使用 SL 313—2021，全面查明了岩溶的分布规律，为工程设计提供了准确的地质资料。

四是较好地保证了水利勘测成果质量。通过标准的实施，统一了相关工作程序，明确了工作内容、方法和技术要求，保证了各项工作成果质量，如《水利水电工程地质测绘规程》（SL/T 299—2020）在贵州板丛水库、马龙田水库、干桥水库，深圳公明水库等工程中应用，有效地指导了项目地质测绘工作外业开展和内业资料整理，保障了地质测绘成果的质量，并在广西桂林长塘水利枢纽等多个工程前期勘察中应用，查明了工程区的地形地貌、地层岩性、地质构造、水文地质条件及物理地质现象等，有效指导了地质测绘工作，为评价工程地质条件提供了很好的技术支撑，有效保证了工程安全与质量。

4.2　存在问题

通过评估可得，勘测类标准具有一定的质量与水平，但也存在一些问题，具体包括以下几个方面：

一是部分标准创新引领性不强，部分标准的技术内容存在滞后，最新的相关内容存在空缺，需要及时补充更新，部分标准标龄过长，如《中小型水利水电工程地质勘察规范》（SL 55—2005），在全国中小型水利水电工程地质勘察和中小型病险水库除险加固工程地质勘察工作中得到广泛应用，但标龄已经达 17 年，部分引用的大部分标准已修编或作废，如引用的《水利水电工程地质勘察规范》（GB 50287—1999），已修订为《水力发电工程地质勘察规范》（GB 50287—2010）版本。

二是需要补充最新的技术方法，提高标准引领性，建议重点补充勘测手段和地质数字模型等方面的技术内容，如勘测类标准《水利水电工程地质勘察规范》（GB 50487—2008），近年来水利水电工程地质勘察技术发展较快，建议增加 BIM 平台下勘察的相关技术内容，补充新种类水利水电工程地质勘察内容如平原型水库、抽水蓄能工程等新兴水利水电工程种类，同时为提高标准引领性，建议补充区域构造稳定性的定量评价规定、土的腐蚀性评价标准、隧洞不同掘进施工方法（TBM、盾构等）地质勘察技术规定等内容。《水利水电工程测量规范》（SL 197—2013）中建议增加无人机测量技术、网络 RTK 测量技术、无人船水下地形测量的技术要求等。通过补充新技术内容，为水利工程建设进一步查清地质条件，形成可以直接进行三维数字设计的地质图等成果。

三是需要补充绿色生态发展的要求，新阶段高质量发展提出了生态优先等绿色发展要求，应尽快补充完善。例如，《工程岩体分级标准》（GB/T 50218—2014），随着生态保护要求提高，建议增加各类岩石开采利用相关要求，同时岩体基本质量分级包含范围较宽，建议进一步细分等；再如，《水利水电工程地质勘察规范》（GB 50487—2008）在淮河干流蚌埠至浮山段行洪区建设和调整工程、大别山革命老区引水灌溉工程等水利工程中应用。当前，国家高度重视防洪工程体系、国家水网重大工程等建设，工程地质勘察为水利工程建设规划设计施工提供重要基础支撑资料，对保证水利工作高质量发展具有重要意义，建议及时补充新技术、新要求，同时随着技术发展和生态要求的进一步提高，建议增列水土保持、弃土场或弃渣场、地下管线等勘察内容。

四是部分标准化工作者对高质量发展理解不充分，通过大量的评估发现，部分水利标准化工作者对水利高质量发展认识不彻底，高质量发展与标准化发展结合不紧密，未充分将高质量发展的要求代入标准化工作中，导致部分评估虽结论是符合高质量发展，但调查问卷中提出的问题，却显示与高质量发展不符合，如部分专家认为一些标准纯属技术范畴，与新发展理念、党中央、国务院重大决策部署和国家发展战略等要求无关。

4.3　思考建议

围绕存在的问题，提出以下建议：一是加大水利标准化投资力度，尽快完成必要标准的修订工作，通过实施标准制修订专项计划，在 3~5 年内，完成所有必要的标准修订任务。二是加强水利标准化与高质量发展的高度结合，通过开展相关研究课题、培训班、宣传活动等形式，推动水利标准化全方位支撑高质量发展，同时鼓励更多的标准化工作者了解、参与高质量发展建设。三是大力推进创新性、引领性的团体标准发展，促进水利新技术、新产品、新工艺快速转化为团体标准，先行先试。四是建立评估有效机制，将评估结果与标准制修订、标准复审等工作有效结合，发挥更大的价值，同时在推荐申报"中国标准创新贡献奖""标准科技创新奖"等标准化奖励时，充分结合评估结果。

5　结语

标准评估作为了解标准实施情况、反映标准质量与水平的重要手段，评估结论可为水利标准化主管部门和标准主编人员提供借鉴与参考，为下一步标准复审、制修订等工作提供依据，建议标准化主管机构及时组织开展标准复审，并在复审要求中，增加新阶段水利高质量发展所需要的技术条件和指标。此外，建议继续加大标准评估力度，同时加强标准评估的理论、方法等研究，鼓励社会力量开展标准化评估服务，形成一定规模的标准化第三方评估机构，为推动标准高质量发展提供有力的技术支撑。

参考文献

[1] 李春田. 标准化概论 [M]. 5 版. 北京：中国人民大学出版社，2010.

[2] 齐莹. 水利技术标准体系问题及对策研究 [J]. 中国水利水电科学研究院学报，2013（4）：291-296.

[3] 顾晓伟，郑寓，施克鑫，等. 新时期水利标准体系收录原则的探索与实践 [J]. 水利技术监督，2020（5）：7-10.

[4] 毛凯，孙智，林常青. 工程建设标准实施评估工作方法研究 [J]. 工程建设标准化，2016（6）：67-70.

[5] 陈志田. 关于标准实施效果宏观评价体系的研究 [J]. 世界标准化与质量管理，2004（4）：13-15.

关于新阶段水利标准化工作的思考和建议

周静雯　武秀侠　张淑华　王兴国　赵　晖　董长娟　李建国

(中国水利学会，北京　100053)

摘　要： 党的十八大以来，国家大力推动标准化在经济社会各领域的普及应用，标准化在推进国家治理体系和治理能力现代化中发挥着基础性、引领性作用。本文从我国标准化发展形势出发，梳理并概括了水利标准化面临的新形势、新要求，探讨了推动新阶段水利标准化高质量发展的措施建议，旨在为相关内容的研究和标准化管理工作提供参考。

关键词： 水利行业；标准化；标准体系；高质量发展

1　我国标准化发展形势

标准是经济活动和社会发展的技术支撑，是国家治理体系和治理能力现代化的基础性制度。标准还是全球治理的重要规制手段和国际经贸往来与合作的通行证，被视为"世界通用语言"[1]。长期以来，特别是党的十八大以来，党中央、国务院高度重视标准化工作。党的十八届二中全会将标准纳入国家基础性制度范畴。党的十八届三中全会提出政府要加强战略、政策、规划、标准的制定与实施。习近平总书记在致第三十九届国际标准化组织（ISO）大会贺信中指出：伴随着经济全球化深入发展，标准化在便利经贸往来、支撑产业发展、促进科技进步、规范社会治理中的作用日益凸显，并强调：中国将积极实施标准化战略，以标准助力创新发展、协调发展、绿色发展、开放发展、共享发展。在"一带一路"国际合作高峰论坛上，习近平总书记再次面向全世界号召努力加强政策、规制、标准等方面的"软联通"，要求加强规则和标准体系相互兼容。在第 83 届 IEC 大会的贺信中习近平总书记强调：以高标准助力高技术创新，促进高水平开放，引领高质量发展。在中央全面依法治国委员会第二次会议上，指出要把工作重点放在完善制度环境上，健全法规制度、标准体系，强调把标准放到依法治国的高度来认识。

在党的十九大报告中，习近平总书记专门就瞄准国际标准提高水平、提高污染排放标准等提出明确要求。李克强总理也指出标准化日益成为全世界面临的重大战略问题，也越来越受到国际社会的高度重视，并要求：要强化标准引领，提升产品和服务质量，促进中国经济迈向中高端。党的十九届五中全会审议通过《中共中央关于制定国民经济和社会发展第十四个五年规划和二〇三五年远景目标的建议》，做出了一系列重要部署。明确列出"加强标准、计量、专利等体系和能力建设，深入开展质量提升行动""强化绿色导向、标准引领和质量安全监管，建设农业现代化示范区""提升洪涝干旱、森林草原火灾、地质灾害、地震等自然灾害防御工程标准"等要求。

2021 年 10 月，中共中央、国务院公开印发《国家标准化发展纲要》，明确标准是经济活动和社会发展的技术支撑，是国家基础性制度的重要方面。标准化在推进国家治理体系和治理能力现代化中发挥着基础性、引领性作用，描绘了新时代标准化发展的宏伟蓝图，强化了标准化推动经济社会发展的重要地位。2022 年 7 月，为贯彻实施《国家标准化发展纲要》，市场监管总局、中央网信办、国家发展改革委等 16 部门联合印发《贯彻实施〈国家标准化发展纲要〉行动计划》，明确了 2023 年年底

作者简介： 周静雯（1990—），女，工程师，主要从事环境科学、标准化研究工作。

前重点工作，有序推进任务落实，更好地发挥标准化在推进国家治理体系和治理能力现代化中的基础性、引领性作用。总的来看，《国家标准化发展纲要》围绕标准化服务经济社会高质量发展和标准化自身发展，部署了七项重点任务，具体安排了七个工程和五项行动，内容十分丰富，要求明确具体，在实施碳达峰碳中和标准化提升工程、完善生态系统保护与修复标准体系、提升自然资源节约集约利用标准水平、实施公共安全标准化筑底工程等4方面涉及水利部任务分工，对水利行业的科技发展和标准化建设具有很强的针对性和指导性，也是当前和今后一个时期我们做好各项工作的基本遵循。

2　水利标准化发展现状

近年来，水利部高度重视标准化工作，在水利部党组的带领下，取得了诸多成绩。2020年，水利部推荐申报的2项水利行业标准和2项团体标准，先后荣获"中国标准创新贡献奖"（我国标准化领域的最高奖项）、"标准科技创新奖"（我国工程建设领域唯一的标准奖项）两个重要奖项。2021年，水利部修订发布新版《水利技术标准体系表》，围绕新阶段水利高质量发展对标准的需求，新增了节水、河湖生态治理、水库安全、地下水管控、调水工程管理、农村饮水安全、水利工程智能化、计量等方面的标准，按照功能序列和专业门类两个维度对标准进行分类，涉及水文、水资源、水生态水环境、水利水电工程、水土保持、农村水利、水灾害防御、水利信息化等领域，基本覆盖水利行业所有领域，水利标准体系不断优化完善。联合国工业发展组织正式发布由水利部主导编制的系列国际标准《小水电技术导则》（中英文版），国际标准化组织ISO正式发布《小水电技术导则 第1部分：术语》（IWA 33—1）、《小水电技术导则 第2部分：选点规划》（IWA 33—2）、《小水电技术导则 第3部分：设计原则与要求》（IWA 33—3）3个分册，向国际社会充分展示和分享了我国在小水电领域取得的成绩和经验。充分运用信息化手段，水利部国际合作与科技司网站标准查询系统增加了意见反馈专栏，同时免费公开了全部水利行业标准文本，以及已出版的行业标准英文译本，大大提高了标准的使用频率，加快了信息交流，方便公众及时查询、使用标准和反馈使用过程中发现的问题。2022年，水利部修订发布《水利标准化工作管理办法》，进一步完善水利标准化工作组织机构与职责，细化标准项目类别和立项程序，优化标准制定发布程序，为规范和加强水利标准化工作提供了制度保障。

然而，对照保障国家水安全，提升水旱灾害防御能力、水资源集约节约利用能力、水资源优化配置能力、大江大河大湖生态保护治理能力的实际需求，现行水利标准涵盖水利行业管理的全部领域还不够，部分新领域，如智慧水利、国家水网、中小型水库除险加固等领域水利技术标准尚不完善。

3　夯实水利标准化工作的几点建议

3.1　深入抓好《水利标准化工作管理办法》的贯彻实施

新版《水利标准化工作管理办法》在标准项目分类、标准立项、制定发布程序等进行了全方位的优化调整。例如，规定了主编单位选取原则，明确采用竞争性立项、政府采购等方式择优确定。又如，在保留原有起草、征求意见、审查和报批四个阶段的基础上，进一步优化调整审查和报批阶段程序。新增专家委员会组织召开报批稿审查会、提请部务会审议报批材料等程序。优化行业标准征求意见时间，除一般情况下为30日外，紧急情况下可以缩短至20日。细化开展标准局部修订的有关程序和要求等。主管机构、主持机构应结合业务工作，充分运用媒体宣传、培训研讨等多种形式，特别是利用好网站、公众号等新媒体工具，加强对办法的宣贯解读，如采用绘制标准编制流程图的形式，展示标准编制流程和制定各编制阶段注意事项，特别是在编制单位开展编制前，对编制组和管理人员进行办法解读和标准编制流程的培训，有助于编制组和管理人员熟练掌握编制程序，进而更好地合理安排人员分工和时间，提高编制进度和编制质量。

3.2　持续优化完善水利技术标准体系

围绕《国家标准化发展纲要》《贯彻实施〈国家标准化发展纲要〉行动计划》，动态更新《水利技术标准体系表》，补充增加相关标准。例如，在涉水领域的云计算、大数据、物联网、传感器等方面同步部署技术研发和标准研制，加快推出一批智慧水利标准，支撑具有预报、预警、预演、预案功能的智慧水利建设。又如，在生态流量领域，加快水库泄放生态流量标准制定，探索以长江、黄河等七大流域管理为抓手，推动制定生态系统保护标准，支撑改善河湖生态环境。

3.3 强化协同推进，狠抓标准质量

标准的大纲、征求意见和送审阶段，由主持机构组织大纲审查、发布征求意见文件和组织送审稿审查，审查前将有关材料提交主管机构复核，主管机构将复核意见反馈给主持机构，修改完善后进行该阶段工作。目前，在笔者参与的复核工作中发现，各阶段材料仍然存在部分问题。例如，标准体例格式不规范、审查会议邀请专家不符合有关要求、起草人超标等问题。标准需要主管机构、主持机构、主编单位等多方共同协作，严把标准质量关，共同编制高水平标准，特别是主持机构应根据有关职责分工，把好第一道关，对所主持编制的标准质量负责，对主编单位提交的阶段材料进行审核把关，对大纲审查会、送审稿审查会上专家提出的意见进行逐条梳理和校对，确保主编单位对合理意见进行了采纳，对未采纳意见进行解释说明并具有合理理由。各主持机构应重视标准送审阶段进行的格式体例复读和英文翻译审核意见，对主编单位采纳情况进行复核，确保标准文字、格式更加规范、严谨。

4 结语

标准化在国家经济社会发展中发挥着越来越重要的作用，水利行业应该进一步提高思想认识，深入学习贯彻习近平总书记"十六字"治水思路和关于治水重要讲话指示批示精神，认真落实《国家标准化发展纲要》和新修订的《水利标准化工作管理办法》，紧跟水利部党组最新部署要求，切实提高政治判断力、政治领悟力、政治执行力，把握新发展阶段、贯彻新发展理念、构建新发展格局，深刻认识水利标准化工作在推动新阶段水利高质量发展、保障国家水安全等方面的基础性、引领性作用，紧扣推动新阶段水利高质量发展的目标，立足全面支撑提升水旱灾害防御能力、水资源集约节约利用能力、水资源优化配置能力、大江大河大湖生态保护治理能力，以高水平的标准化推动水利高质量发展。

参考文献

[1] 甘藏春，田世宏. 中华人民共和国标准化法释义 [M]. 北京：中国法治出版社，2017.

水资源取用水计量技术规范与标准体系的构建与实施

史占红[1,2]　戚珊珊[2]　徐国龙[1,2]　施克鑫[1]

（1. 水利部南京水利水文自动化研究所，江苏南京　210012；
2. 水利部水文仪器及岩土工程仪器质量监督检验测试中心，江苏南京　210012）

摘　要：本文结合水资源开发利用全过程中的计量管理需求，通过构建一套结构化的水资源取用水计量技术规范与标准体系，作为《水利技术标准体系表》的补充。本文在论述标准体系现状的基础上，分析了现有标准体系存在的问题，并提出相应的解决对策，以期能够为水资源取用水计量技术规范与标准制修订提供参考，促进水资源计量监测体系的建设和完善，规范新建、整改提升原有水资源计量设施，优化水资源开发利用，提升水资源监管能力和水平。

关键词：水资源；计量；技术规范；标准体系

1　引言

水资源计量是水资源管理的基础工作，是水利高质量发展的重要支撑。国家目前正在实施水资源税费改革，计量是纳税的前提。党中央提出的"建立水资源刚性约束制度"和"实施最严格的水资源管理制度"两项措施，对水资源计量工作提出了更高的要求。水资源计量作为水资源管理的关键手段，包含取用水计量、河湖生态基流计量、行政区域分水流量计量以及地下水量计量等一切涉及水资源取、用、耗、排、调、分、节等利用过程的计量活动，水资源计量的对象与方式见图1。

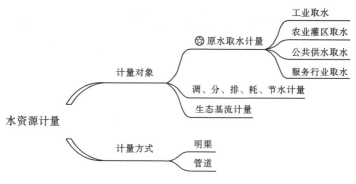

图1　水资源计量的对象与方式

为切实加强水资源取用水监管，必须强化取用水计量管理的政策措施，建立健全水资源取用水计量技术规范和标准体系，依法推进取用水计量管理。在水利部2021版《水利技术标准体系表》的基础上，结合水资源开发利用全过程中的取用水计量管理需求，构建完成一套结构化的计量标准体系，作为《水利技术标准体系表》的补充。本体系中的标准包括现有的和计划编制的计量技术规范与标准，与其他相关标准相联系，形成具有系统性、适用性、可扩展的计量标准体系。

基金项目：中央级公益性科研院所基本科研业务费项目（Y921003、Y922011）。

作者简介：史占红（1978—），男，高级工程师，主要从事水利计量、标准化与质量检验工作。

水资源取用水计量技术规范与标准体系的构建是为了适应新时期水资源管理工作需要，促进水资源取用水计量监测体系的建设和完善，规范新建、整改提升原有计量设施，优化水资源开发利用，提升水资源监管能力和水平，保障国家生态文明建设和经济社会高质量发展。

本文在论述水资源取用水计量技术规范与标准体系现状的基础上，分析了现有水利技术标准体系存在的问题以及相应的解决对策，通过构建一套层次清晰、结构完整的水资源取用水计量技术规范与标准体系，以期能够为后续标准制修订工作提供参考，并为加强水资源取用水计量管理提供技术支撑。

2 计量标准体系现状与存在问题

2.1 水资源取用水计量技术规范与标准现状

水利行业标准体系表包括国家标准和行业标准，由水利部组织编制，定期进行修订，是水利技术标准制修订中长期规划和年度计划的重要依据[1]。截至目前，水利部共发布了 1988 版、1994 版、2001 版、2008 版、2014 版和 2021 版共六版体系表[2]，为水利中心工作提供了有力的技术支撑。

在 2021 版《水利技术标准体系表》中，用于水资源监测计量的仪器类、方法类标准主要由水利部水文司主持编制，数据交换、传输、存储类标准由水利部信息中心主持编制，农业灌区用水计量标准由水利部农村水利水电司主持编制，水利部水资源管理司主持编制的计量相关标准有《取水计量技术导则》《取用水计量监测管理规程》《水量计量设备基本技术条件》《水资源计量监测设备配备与管理导则》《取用水计量设施设计规范》等。

用于水资源取用水的管道类流量计量设备相关标准主要由工信部、住房和城乡建设部、生态环境部等相关部委编制，相关计量器具的形式评价大纲、检定规程和校准规范主要由国家市场监管总局主持编制。

经梳理，目前水资源取用水计量相关的标准规范有 100 多部，其中已发布并可关联引用的水资源取用水计量相关产品标准 32 部，具体见表 1。计量技术规范 35 部，具体见表 2。明渠与管道流量测量方法标准 24 部，具体见表 3。

表 1　水资源取用水计量相关产品标准

标准类	标准名称	标准编号
一、明渠水位		
1	水文仪器基本参数及通用技术条件	GB/T 15966—2017
2	水位测量仪器 第 1 部分：浮子式水位计	GB/T 11828.1—2019
3	水位测量仪器 第 2 部分：压力式水位计	GB/T 11828.2—2022
4	水位测量仪器 第 3 部分：地下水位计	GB/T 11828.3—2012
5	水位测量仪器 第 4 部分：超声波水位计	GB/T 11828.4—2011
6	水位测量仪器 第 5 部分：电子水尺	GB/T 11828.5—2011
7	水位测量仪器 第 6 部分：遥测水位计	GB/T 11828.6—2008
8	磁致伸缩液位计	GB/T 21117—2007
二、明渠流速流量		
9	转子式流速仪	GB/T 11826—2019
10	流速流量仪器 第 2 部分：声学流速仪	GB/T 11826.2—2012
11	声学多普勒流速剖面仪	GB/T 24558—2009

续表 1

标准类	标准名称	标准编号
三、管道		
12	科里奥利质量流量计	GB/T 31130—2014
13	基于 HART 协议的电磁流量计通用技术条件	GB/T 29815—2013
14	基于 HART 协议的质量流量计通用技术条件	GB/T 29818—2013
15	饮用冷水水表和热水水表 第 1 部分：计量要求和技术要求	GB/T 778.1—2018
16	饮用冷水水表和热水水表 第 2 部分：试验方法	GB/T 778.2—2018
17	饮用冷水水表和热水水表 第 3 部分：试验报告格式	GB/T 778.3—2018
18	饮用冷水水表和热水水表 第 4 部分：GB/T 778.1 中未包含的非计量要求	GB/T 778.4—2018
19	饮用冷水水表和热水水表 第 5 部分：安装要求	GB/T 778.5—2018
20	电磁流量计	T/ZZB 0354—2018
21	涡街流量计	JB/T 9249—2015
22	电磁流量计	JB/T 9248—2015
23	液体容积式流量计 通用技术条件	JB/T 9242—2015
24	玻璃转子流量计	JB/T 9255—2015
25	金属管浮子流量计	JB/T 6844—2015
26	液体腰轮流量计	JB/T 12959—2016
27	超声多普勒流量计	CJ/T 122—2000
28	IC 卡冷水水表	CJ/T 133—2012
29	电子远传水表	CJ/T 224—2012
30	给排水用超声流量计（传播速度差法）	CJ/T 3063—1997
四、数据传输		
31	远程终端单元（RTU）技术规范	GB/T 34039—2017
32	水文自动测报系统设备 遥测终端机	SL 180—2015

表 2　水资源取用水计量相关计量技术规范

序号	计量技术规范名称	计量技术规范编号
一、计量标准装置		
1	液体流量标准装置检定规程	JJG 164—2000
2	水表检定装置检定规程	JJG 1113—2015
二、工作计量器具		
3	饮用冷水水表检定规程	JJG 162—2019
4	热水水表检定规程	JJG 686—2015
5	电磁流量计检定规程	JJG 1033—2007

续表 2

序号	计量技术规范名称	计量技术规范编号
6	超声流量计检定规程	JJG 1030—2007
7	液体流量计器具检定系统表检定规程	JJG 2063—2007
8	差压式流量计检定规程	JJG 640—2016
9	流量积算仪检定规程	JJG 1003—2016
10	旋进旋涡流量计	JJG 1121—2015
11	液体容积式流量计检定规程	JJG 667—2010
12	靶式流量计检定规程	JJG 461—2010
13	涡轮流量计检定规程	JJG 1037—2008
14	科里奥利质量流量计检定规程	JJG 1038—2008
15	浮子流量计检定规程	JJG 257—2007
16	涡街流量计检定规程	JJG 1029—2007
17	速度–面积法流量装置	JJG 835—1993
18	明渠堰槽流量计（试行）	JJG 711—1990
19	标准表法科里奥利质量流量计在线校准规范	JJF 1708—2018
20	主动活塞式流量标准装置校准规范	JJF 1586—2016
21	非实流法校准 DN1000～DN15000 液体超声流量计校准规范	JJF 1358—2012
22	饮用冷水水表型式评价大纲	JJF 1777—2019
23	热水水表型式评价大纲	JJF 1522—2015
24	浮子流量计型式评价大纲	JJF 1589—2016
25	科里奥利质量流量计型式评价大纲	JJF 1591—2016
26	差压式流量计型式评价大纲	JJF 1590—2016
27	旋进旋涡流量计型式评价大纲	JJF 1554—2015
28	靶式流量计型式评价大纲	JJF 1510—2015
29	直线明槽中的转子式流速仪检定/校准方法	GB/T 21699—2008
30	水位试验台校验方法	GB/T 30952—2014
31	转子式流速仪检定规程	JJG（水利）001—2009
32	浮子式水位计检定规程	JJG（水利）002—2009
33	超声波测深仪检定规程	JJG（水利）003—2009
34	明渠堰槽流量计检定规程	JJG（水利）004—2015
35	管道式电磁流量计在线校准要求	CJ/T 364—2011

表3 水资源取用水计量相关流量测量方法标准

标准类	标准名称	标准编号
一、明渠流量测量		
1	水位观测标准	GB/T 50138—2010
2	河流流量测验规范	GB 50179—2015
3	声学多普勒流量测验规范	T/CHES 61—2021
4	水工建筑物与堰槽测流规范	SL 537—2011
二、管道流量测量		
5	封闭管道中流体流量的测量 渡越时间法液体超声流量计	GB/T 35138—2017
6	封闭管道中流体流量的测量 用安装在充满流体的圆形截面管道中的涡街流量计测量流量的方法	GB/T 25922—2010
7	流体流量测量 流量计性能表述方法	GB/T 22133—2008
8	封闭管道中导电液体流量的测量 电磁流量计的性能评定方法	GB/T 18659—2002
9	封闭管道中导电液体流量的测量 电磁流量计的使用方法	GB/T 18660—2002
10	封闭管道中流体流量的测量 V形内锥流量测量节流装置	GB/T 30243—2013
11	封闭管道中流体流量的测量 一次装置和二次装置之间压力信号传送的连接法	GB/T 26801—2011
12	用安装在圆形截面管道中的差压装置测量满管流体流量 第1部分：一般原理和要求	GB/T 2624.1—2006
13	用安装在圆形截面管道中的差压装置测量满管流体流量 第2部分：孔板	GB/T 2624.2—2006
14	用安装在圆形截面管道中的差压装置测量满管流体流量 第3部分：喷嘴和文丘里喷嘴	GB/T 2624.3—2006
15	用安装在圆形截面管道中的差压装置测量满管流体流量 第4部分：文丘里管	GB/T 2624.4—2006
16	封闭管道中流体流量的测量 术语和符号	GB/T 17611—1998
17	封闭管道中液体流量的测量 称重法	GB/T 17612—1998
18	用称重法测量封闭管道中的液体流量 装置的检验程序 第1部分：静态称重系统	GB/T 17613.1—1998
19	封闭管道中流体流量的测量 热式质量流量计	GB/T 20727—2006
20	封闭管道中流体流量的测量 科里奥利流量计的选型、安装和使用指南	GB/T 20728—2021
21	封闭管道中导电液体流量的测量 法兰安装电磁流量计 总长度	GB/T 20729—2006
22	智能仪表可靠性试验与评估 第2部分：智能涡街流量计可靠性试验与评估	JB/T 12021.2—2014
23	流量测量装置校准和使用不确定度的评估 第1部分：线性校准关系	GB/T 29820.1—2013
24	流体流量测量 不确定度评定程序	GB/T 27759—2011

2.2 计量标准体系存在的问题

随着水利改革发展与水利科技的不断进步,我国现有的水资源取用水计量相关标准存在着部分标准内部交叉重复、个别缺项漏项等问题;各标准规范的系统协调性不够,因此梳理和构建水资源计量技术规范和标准体系势在必行。具体问题表现如下所述。

2.2.1 标准规范不完整

目前,水资源取用水计量标准更侧重于监测方法与仪器产品标准,缺少对水资源取用水计量过程中计量设施的安装调试、运行维护、监督审查标准,计量检定规程与校准规范缺项较多,尤其是对水资源计量标准装置与开展现场校准缺少相应的计量技术规范。

2.2.2 系统性不够

水资源计量所用的标准由多部门主持编制。各业务部门均从各自业务需要出发,存在有些技术指标覆盖不完整、内容相互不衔接、语义不一致等问题。同时,现有体系未能兼顾到行业内部之间以及与国家其他相关标准之间的相互关系,在整体上缺乏系统性。

3 体系的构建与实施

3.1 构建原则

3.1.1 系统性

全面梳理水资源计量管理所需的标准,继承现有、补充缺失,按标准的功用和内容进行分类,做到层次合理、结构分明,各标准之间协调一致、互相配套,构成整体,避免重复。

3.1.2 适用性

水资源取用水计量技术规范和标准体系与水利部《水利技术标准体系表》有效衔接,突出计量工作特点,体现水资源管理需求,具有一定的适用性和可操作性。

3.1.3 扩展性

体系框架结构留有余地,便于扩展,标准项目充分体现当今水资源取用水计量技术发展水平,具有一定的预见性,适当超前[3]。

3.2 体系框架

水资源取用水计量技术规范和标准体系的建立是以获得准确可靠的水资源计量数据,支撑最严格水资源管理为目标,依据术语、管理规程及计量技术导则等基础标准,开展取用水计量设施设计、产品选型配备、安装运维、数据质量控制、计量器具检定校准、计量器具产品标准以及后续的监督评价等各项工作。标准体系框架结构见图2。

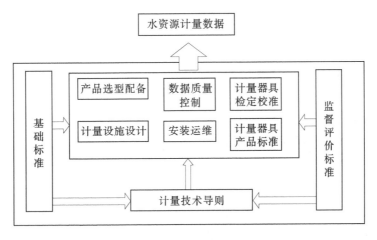

图2 标准体系框架结构

本体系表中，从标准层次上分为基础标准和技术标准两个层级；从标准功能上划分为术语标准、计量技术导则类标准、管理标准、设计选型类标准、安装运行维护类标准、计量技术规范类标准集、数据传输/质量/存储类标准以及监督评价类标准。标准体系的层次与分类见图3。

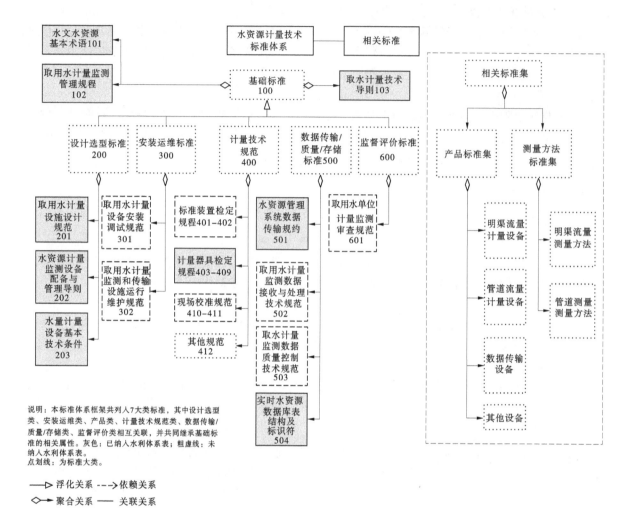

图3　标准体系的层次与分类

3.3　体系实施

本体系规划中，已纳入《水利技术标准体系表》（2021版）并急需制修订和发布的标准约14部（其中包括6部行业计量检定规程）。目前未纳入《水利技术标准体系表》但有编制需求的技术标准有5部。计量技术规范除相关水资源计量标准装置、计量器具的检定规程和校准规范外，还包括明渠和管道流量（水量）计量器具的现场校准规范，这类标准通过水资源计量分技术委员会申报立项，未纳入《水利技术标准体系表》的水资源计量相关仪器产品标准将通过团体标准申请立项和发布。

在体系表中，对各类标准的编制状态、需求程度及标准立项发布方式进行了说明，并对各类标准的适用范围和主要内容进行了描述，具体见表4。

表 4 标准体系实施说明

标准类别	标准数量	说明					
基础标准	3	适用范围广、具有通用性条款的基础、通用标准。可直接应用，也可作为编制其他标准的基础					
		取用水计量监测管理规程和取水计量技术导则在水资源计量技术标准体系中发挥总体框架作用，给出水资源计量各环节、场景下对计量方法的确定，设备的选型配备、对水资源计量数据的准确度控制要求，对水资源计量监测管理的要求					
		序号	标准名称	标准编号	编制状态	需求程度	是否已纳入《水利技术标准体系表》
		101	水文基本术语和符号标准	GB/T 50095—2014	拟修订	★★★	是
		102	取用水计量监测管理规程	GB/T	拟编	★★★	是
		103	取水计量技术导则	GB/T 28714	已修订报批	★★★	是
设计选型标准	3	规定取水工程对计量及附属设施进行合理设计，包括计量方法、设备选型安装、位置选取、电力和通信等方面给出明确要求					
		201	取用水计量设施设计规范	SL/T	拟编	★★★	是
		202	水资源计量监测设备配备与管理导则	GB/T	拟编	★★	是
		203	水量计量设备基本技术条件	SL/T 426—2021	已发布	★★★	是
安装运维标准	2	规定水资源计量设备的安装调试、巡视检查、试验检测、缺陷处理、更新改造、涉网管理等方面的运行维护要求					
		301	取用水计量设备安装调试规范	JJF	拟编	★★	否
		302	取用水计量监测和传输设施运行维护规范	JJF	制订中	★★★	否
计量技术规范	11	适用于各计量工作器具的型式评价、首次检定、后续检定和使用中检查，以及现场使用计量器具的校准方法					
		401	水流速标准装置校准规范	JJF	制订中	★★★	否
		402	水位标准装置校准规范	JJF	制订中	★★★	否
		403-408	明渠水位、流速类计量器具	JJG/JJF	拟编	★★	是
		409	管道式流量计量器具类	JJG/JJF	拟编	★★	否
		410	明渠流量计现场校准规范	JJF	拟编	★★★	否
		411	管道流量计现场校准规范	JJF	在编	★★★	否
	33	412	其他相关标准规范	GB/JJG/JJF	已发布	★	否

续表 4

标准类别	标准数量	说明				
数据传输/质量/存储标准	4	规范水资源计量数据的采集、传输、交换、存储的技术要求，保障水资源计量监测数据的质量，满足国家对水资源管理工作的需求				
		501	水资源监测数据传输规约	SL/T 427—2021	已发布	★★★	是
		502	取用水计量监测数据接收与处理技术规范	JJF	拟编	★★	否
		503	取水计量监测数据质量控制技术规范	JJF	制订中	★★★	否
		504	水资源监控管理数据库表结构及标识符标准（体系表改名为：实时水资源数据库表结构及标识符）	SL 380—2007	拟修订	★★★	是
监督评价标准	1	规范各级水行政主管部门对取用水单位计量工作情况是否符合法定要求所开展的定期审查活动，为各级水行政主管部门取用水计量监管工作提供技术依据				
		601	取用水单位计量监测审查规范	JJF	制订中	★★★	否

注：表中水资源取用水计量相关标准"需求程度"一栏，用"★"表示需求紧迫性："★★★"为高，"★★"为较高，"★"为一般。

4 结语

水利部南京水利水文自动化研究所作为国家能源资源计量技术委员会水资源计量分技术委员会（MTC36/SC2）秘书处所在单位，通过对水资源取用水计量技术规范与相关标准的梳理，基本厘清了标准间的层次及相互关系；通过构建标准层次框架，解决共性标准和个性标准的隶属和包容的关系；通过对水资源取用水计量工作过程全覆盖，用于规范水资源取用水计量管理的各个环节。有利于克服水资源取用水计量技术标准编制的盲目性、随机性，同时可避免标准间的矛盾和交叉、遗漏和重复。

通过构建水资源取用水计量技术规范与标准体系，将成为指导今后水资源取用水计量技术规范与标准化发展的蓝图，作为水资源取用水计量技术规范与标准化制修订计划与实施管理的依据，可供各行业、各部门制定与水资源取用水计量相关标准时参考和引用。

水资源取用水计量技术规范与标准体系是一个动态发展的结构，随着水资源管理工作的不断深入，对相应的技术规范会提出更高、更新的要求，本标准体系将根据国家社会对水资源计量的要求不断补充和完善。

参考文献

[1] 顾晓伟，郑寓，施克鑫，等. 新时期水利标准体系收录原则的探索与实践 [J]. 水利技术监督，2020，157（5）：7-10.

[2] 齐莹. 水利技术标准体系问题及对策研究 [J]. 中国水利水电科学研究院学报，2013，11（4）：291-296.

[3] 李国强，湛希，徐启. 标准体系结构设计模型研究 [J]. 中国标准化，2018（19）：64-68.

水利工程建设项目标准化管理体系的
建立思路和方法

杨 微

（松辽水利委员会水利工程建设管理站，吉林长春 130021）

摘 要：水利工程建设项目标准化管理体系可以有效地规范和约束项目法人管理的行为、明确项目法人的具体职责任务、明晰参建单位的管理流程，提升水利工程建设过程水平等。本文从水利工程建设项目标准化管理体系建立的目的、项目法人的工作职责、标准化管理的思路和方法等方面开展了研究。研究结果表明，制定一套科学合理、系统全面、普遍适用的水利工程建设管理标准化指标体系，对加快我国水利工程事业的整体发展进程具有重要意义。

关键词：水利工程建设项目；标准化管理体系；管理思路及方法；项目法人职责任务

水利工程是国民经济和社会发展的基础设施，具有"兴利"和"除害"的功能。水利工程建设是一个多阶段、多环节、多因素的复杂过程，尤其是大型水利工程建设，具有建设周期长、空间跨度大、涉及行业和专业众多、设计施工难度大，实施过程影响因素复杂等特点，规范化、标准化管理对工程的顺利实施起到关键性作用。

当前，水利工程建设管理体制是以项目法人责任制为核心，项目法人对工程投资、质量、进度、安全以及水利工程建设全过程负总责；参建各方负责人承担工程质量终身责任制。这种建设管理体制对项目法人的综合协调、专业管理、技术水平以及履职能力都提出了很高的要求，项目法人的管理能力直接影响工程的顺利实施和效益发挥。新时期，提升水利高质量发展的背景下，大型水利工程呈现出投资规模大、工程类型多、线路长、参建单位众多；单一工程项目投资动辄几十亿、几百亿，包括水利枢纽、输水管线、隧洞、发电、泵站等多类型工程等，给项目法人的实施管理带来很大的难度。

目前，项目法人的建设管理中存在三大主要薄弱环节：一是项目法人的业务管理能力不足，与大规模水利工程建设的需要不匹配；二是项目法人的技术能力水平与多类型大型综合水利工程建设需要不匹配；三是项目法人传统管理模式与现代水利工程投资、进度、质量和安全管理的新要求不匹配。为提升水利工程建设管理水平，保证水利工程质量、效益的充分发挥，需要制定一套科学合理、系统全面、普遍适用的水利工程建设管理标准化指标体系。本文结合作者多年水利工程建设管理的实践，提出了水利工程建设全过程管理标准化管理的思路和方法，以供大家参考。

1 水利工程建设项目标准化管理的目的

水利工程建设项目的投资、质量、进度和安全"四大目标"是考核工程建设成败的关键，项目法人的能力和履职情况是核心。标准化管理的目的，就是通过对项目法人业务流程专业化梳理，建立一套大中型水利工程建设项目标准化管理体系，来规范和约束项目法人管理的行为，并利用当前信息化的手段，提高大中型水利工程建设项目管理效率，提升水利工程建设水平。

作者简介：杨微（1981—），女，高级工程师，主要从事建设管理方面的工作。

2 水利工程建设项目法人的工作职责

2020 年水利部发布了《水利工程建设项目法人管理指导意见》（水建设〔2020〕58 号），明确了项目法人对工程建设的质量、安全、进度和资金使用负首要责任并承担职责，共计 17 项。主要内容包括：组织开展初步设计的编制和报批；按照基本建设程序和批准的建设规模、内容组织建设；组建现场管理机构；办理各项手续；参与征地拆迁、移民安置，配合地方政府做好外部条件落实；依法组织招标投标和采购；按规定做好设计变更；负责监督检查参建单位履职情况；负责组织解决工程建设的重大技术问题；组织编制年度建设计划和资金预算；落实安全度汛措施，对在建工程安全度汛负责；组织或参与工程有关验收；编制财务决算和资产移交；负责工程档案管理、信息管理；接受上级各项监督检查，并组织落实整改。

水利工程建设项目的目标是在安全生产的基础上，按照批准的建设规模、内容，做到"投资可控，进度按期，质量合格"。为实现上述工程目标，项目法人需对工程建设全过程进行强化管理，并对"指导意见"赋予的职责进行细化，形成可操作性的措施。

3 水利工程建设项目标准化管理的思路

通过对水利工程项目法人在工程实施全过程管理的梳理，确定以项目法人的职责和任务为依据，将项目法人的工作任务进行细化和分解；整合成各项业务流程，通过智能化、信息化手段，实现业务流程的规划化和标准化，进而解决项目法人业务能力不足的问题，从而实现对工程投资、进度、质量和安全的有效管理。水利工程建设项目标准化主要从以下几个方面进行管理：

（1）项目法人的组织管理：包括项目法人的组织框架、职责任务、管理模式、管理制度以及对其他参建单位的管理要求等。

（2）建设项目的目标体系：包括工程建设进度目标、质量目标、投资控制目标、安全生产管理目标及其他目标，以及对目标实现的措施保证等。

（3）建设项目的技术管理体系：包括工程技术标准、工程设计成果、技术要求、施工技术（施工组织设计、施工技术方案、专项技术方案）、工程施工成果资料等。

（4）建设项目的招标管理体系：包括项目招标的分类、标段划分、招标方式、招标文件的编制程序、采用的标准文本、合同条件以及合同签订等。

（5）建设项目的质量管理体系：包括质量标准、工程施工过程的质量管理、工程质量评定与质量效果等。

（6）建设项目的进度管理体系：包括总进度计划、年度进度计划、节点进度计划、阶段进度计划、进度控制措施、施工进度偏差与纠偏措施等。

（7）建设项目的投资与财务管理体系：包括工程投资组成、投资到位和投资完成及计划统计、财务管理的账目设置、资金使用、工程支付和决算等。

（8）建设项目的验收管理体系：包括法人验收管理的验收计划、分部工程验收、单位工程验收和合同验收的成果等，阶段验收、专项验收和竣工验收的相关成果等。

（9）建设项目的工程档案管理体系：包括档案管理的办法、归档资料的分类以及归档成果和专项验收成果等。

（10）建设项目的智慧管理系统：智能化管理的标准和要求以及框架和通用管理模式等。

以上 9 个体系 1 个系统中，组织管理是基础、智慧管理是手段、其他体系是业务。将水利工程建设过程的业务按照管理程序和职能需求进行流程编制，从而形成完整的标准化管理模式。

目前，在实行项目法人制的同时，国家和水利行业也积极推行项目代建管理，PPP 和 EPC 管理模式，虽然各种管理模式不同，但管理的工作内容和业务是不变的，只是工程的管理组织结构变化而已。

4　水利工程建设项目标准化管理的方法

通过对整个水利工程建设管理任务的梳理，分解出项目法人组织管理、目标体系、技术管理体系、招标管理体系、质量管理体系、进度管理体系、投资与财务管理体系、验收管理体系和工程档案管理体系共计 9 个体系指标，按照逻辑管理和现行的管理制度、管理办法及流程等，进一步开发出智能管理模块，从而形成了完整的标准化、智能化管理体系。由于水利工程类型多，涉及的专业复杂，建议可以从单一体系和模块开发入手。例如，以质量管理系统、安全管理系统、档案管理系统开始建立，逐步过渡到全过程管理系统化；或者根据目前管理现状，先行制定《水利工程项目法人管理工作导则》，再逐步形成标准化管理规范。

5　结论

建立全面和完善的全过程项目法人管理体系是解决项目法人管理能力不足、履职不到位的重要途径，也是全面提升水利工程建设水平和提高管理效率的必由之路。

参考文献

[1] 李林娜，张奎俊，王冬梅. 谈水利建设项目安全生产标准化管理体系建设 [J]. 山东水利，2021（12）：48-49.

[2] 王腾飞，宋涛，葛现勇，等. 水利工程 PMC 项目管理模式下的安全生产标准化管理 [J]. 水利水电工程设计，2019，38（3）：25-27.

[3] 蒋雯，钱杭，吕晓波，等. 水利工程管理单位安全生产标准化创建过程中的重点与难点分析 [J]. 中国标准化，2019（6）：138-139.

[4] 乐豪峰. 水利工程运行期标准化项目管理研究 [D]. 杭州：浙江工业大学，2018.

[5] 黄智刚. 浅谈基于项目法人的安全风险管理框架 [J]. 中国水利，2018（6）：47-49.

我国水利工程标准化建设与管理探究

方　朋　牛昭昭　吴倩雯

（珠江水利委员会珠江水利科学研究院，广东广州　510611）

摘　要：我国水利行业经过不断发展，已建成众多水库、水闸、河道堤防等各类水利工程，众多的水利工程为国民经济和社会发展提供了坚实基础和保障。但目前我国水利工程在建设与管理上仍存在水平参差不齐、标准化程度不高、标准不够系统完备等问题。为了水利工程的社会及经济价值能更好地实现，我们应该加强水利工程的标准化建设与管理，同时重视对管理方式进行创新，为实现经济的发展和资源的合理利用奠定基础借鉴。

关键词：标准化；质量体系；建设与管理；水利工程

随着我们对水利工程建设与管理工作的研究逐步深入，越来越多的水利工程从业者注意到了水利行业构建现代标准化建设与质量管理体系对于行业发展的积极影响。为了使水利工程实际作用得到有效的发挥，提升建设与管理工作的效率和效果，形成系统高效的标准化建设与管理模式是保障水利工程发挥持久效益的基础，从中思考能够优化未来标准化质量体系及科学管理的思路，希望能够对水利工程的发展提供帮助[1]。

1　水利工程建设标准化建设与管理的重要性

水利工程对提升区域经济发展水平及人民生活水平具有重要的意义，甚至和整个我国社会的发展情况息息相关。但当前水利工程仍存在较多问题，尤其是历史遗留问题仅靠水利行业自身难以有效解决，要抓住高质量发展历史机遇，加强顶层设计，争取政策支持，稳步推进水利工程标准化建设与管理。水利工程建设与管理除需要关注水利工程的施工质量外，还需要重点关注水利工程的实用性，这就需要水利工程标准化发挥作用。水利工程的标准化建设与管理可以实现对整个工程各项资源的优化配置，进而提升工程的效率及效益。

2　水利工程建设管理中存在的问题

2.1　水利工程建设在运行管理上的不足

很多水利工程在建设初期会根据预期效益和工程目标来制订相关的建设管理措施，在施工中注重施工安全和质量以提高水利工程整体质量。但为了降低工程成本，水利工程管理单位在项目竣工后对工程运行管理重视程度不足，导致水利工程在运行中缺乏标准化管理，给其运行效益带来一定程度的影响。

一旦缺乏健全的运行管理机制，很容易造成严重的工程质量问题，加大工程后期的维护难度和造成维护成本大幅提升。同时，由于水利工程管理人员的标准化运行管理意识不足，对水利工程整体运行情况掌握程度较低，导致其无法发挥水利工程实际运行效益。建设管理部门和运行管理部门间沟通不及时，导致运行管理人员不能及时掌握水利工程基础资料，导致其产生管理混乱的问题，给水利工程带来多项安全隐患[2]。

作者简介：方朋（1994—），男，工程师，主要从事水利工程质量检测及标准化管理的研究工作。

2.2 水利工程规划时未做到建设与运行管理的有机结合

在实际水利工程建设过程中，建设管理单位若是过于忽略运行管理环节，不将运行管理和工程建设管理紧密结合起来，甚至偏离工程管理体系，无形中会降低运行管理功能，降低水利工程后期使用效益。另外，现代水利工程建设要是没有一套标准化建设管理制度，会让整个工程规划缺乏合理性，影响到水利工程的整体质量，给水利工程的稳定运行带来不利影响[3]。

3 水利工程标准化建设与管理的措施建议

3.1 构建水利工程完善的质量体系内容

我们应着眼于对原有的质量体系内容、规章进行针对性的完善，确保水利行业内部运行所遵循的相关规章、制度能够切实满足国家、社会对于水利工程标准化建设与管理的需求，以此推动水利工程质量体系的逐步完善，实现标准化建设与管理的目标。在未来的水利工程标准化质量体系科学管理过程中，我们需要严格遵循国家规定的相关法律法规与水利工程的实际情况进行针对性的融合，以此推动水利工程标准化质量体系的进一步完善，推动后续水利工程标准化建设及科学管理的发展。

3.2 强化水利工程标准化建设与管理的监督考核

因为我国各地区经济发展水平和管理模式不同，所以各地区对实行水利工程标准化建设与管理的重视程度也不尽相同，需要水利行业主管部门加强引导、督导和帮扶，形成共识，共同努力。各级主管部门在做好宣传指导的同时，还需要加强监督和考核，建立一套完善的监督考核机制，制定出水利工程标准化建设与管理的考核标准，完善激励措施，严肃追责问责。我们要统一认识，上下联动，共同发力，使水利工程建设与管理标准化真正落实落地，促进基层管理能力和管理水平切实提高，水利工程面貌和环境得到质的提升，全面实现现代水利工程标准化建设与管理目标。

3.3 积极推动水利工程标准化体制机制建设和管理

当今形势下，我们要推动水利工程标准化统筹协调机制，实现标准化管理部门与业务管理部门有效联动；推动建立重大水利项目与标准化的同步发展机制，实现同步论证、同步建设、同步验收；推动水利行业标准实施监督，建立水利行业标准实施反馈机制等。同时，重点做好水利工程标准化工作的顶层设计，以开放兼容的态度聚焦水利行业新技术、新业态和新模式，支撑"双循环"发展新格局，提高我国水利工程领域标准与世界标准的融合度。建立公平、开放、兼容的标准制定程序和机制，积极吸纳水利工程建设与管理的相关方参加标准制定，做到公开、公平、技术可行、成本可控、多边共赢。

4 结语

（1）本文对水利工程标准化建设与管理展开全面探究，找到其中存在的问题并提出合理的解决对策，希望为全面提升水利工程标准化建设提供参考建议，为确保水利工程安全稳定运行打下坚实基础。

（2）目前，仍需要继续提高水利工程标准化管理的应用水平和范围，对各种设备管理技术进行创新，从不同方面将水利工程标准化管理模式进行全方位落实，助力水利行业的稳定、长远发展。

参考文献

[1] 全面推进水利工程标准化管理推动水利高质量发展——水利部运行管理司负责人解读《关于推进水利工程标准化管理的指导意见》[J]. 中国水利，2022（8）：1-3.

[2] 邱志章，朱连伟. 水利工程标准化管理信息化建设模式构思与实践——以浙江省为例[J]. 浙江水利科技，2019，47（1）：54-56.

[3] 袁艺，朱连荣，王玉安. 创新型课题活动程序"标准化"分析解读——《水利工程质量管理小组活动导则》解读（十六）[J]. 水利建设与管理，2021，41（3）：77-80，71.

浅谈降水量观测技术标准

李　薇[1]　李玉梅[2,3]

（1. 水利部信息中心，北京　100053；

2. 水利部南京水利水文自动化研究所，江苏南京　210012；

3. 水利部水文仪器及岩土工程仪器质量监督检验测试中心，江苏南京　210012）

摘　要： 降水量是最基本的水文要素之一，降水量观测也一直是我国水文测验中的重要组成部分，在用的监测仪器数量巨大，但从目前降水量观测系列标准的情况来看，新技术发展与标准不相适应的问题慢慢突显。本文通过对降水量观测系列标准的梳理，围绕降水量观测规范，紧扣仪器标准、检定规程和校准规范，研究各标准要素之间的适应性及一致性，为今后标准管理部门进行标准体系编制提供技术支撑。

关键词： 降水量；观测；标准；分析

1　降水量观测仪器技术标准发展简述

降水观测通常采用人工观测和仪器观测的方法。我国在 20 世纪 60 年代，开始研究制定降水量观测及其仪器的技术标准，如《虹吸式雨量计》《降水量观测规范》等，80 年代开始陆续发布了《雨量器技术条件》（ZBY 159—1983）、《雨量器和雨量量筒检定规程》（JJG 524—1988）、《翻斗式雨量计》（GB/T 11832—1989）、《降水量观测规范》（SL 21—1990）、《融雪型雨雪量计》（SL/T 107—1995）等，到 20 世纪末，多方位的降水量观测技术标准体系已经形成。

随着我国实施"最严格水资源管理"、《中华人民共和国水文条例》等一系列水利政策法规的发布实施，全社会对降水量观测资料的需求越来越大，质量要求越来越严，水文行业对降水观测工作也越来越重视，逐步完善了包括观测规范、观测仪器标准、计量检定规程以及与降水外延相关技术标准的降水量观测系列标准体系，为我国降水量观测技术的发展、提高降水量观测数据的质量发挥了重要作用。

通过开展对现有降水量观测技术标准调查研究发现，现有标准对目前常用的降水量观测仪器，如虹吸式、翻斗式雨量计的要求已经比较完善，已能够适应降水量观测规范的要求，但缺少新型降水观测仪器的产品标准。为此，本文结合我国降水量观测工作的实践和应用需求，对现有降水量观测技术标准进行梳理，对标准的分类、特征、关系以及发展进行分析，查找问题并提出技术标准进一步发展的意见和建议。

2　降水量观测标准的分类及其特征分析

2.1　标准分类

目前，与降水量观测相关的技术标准类型主要有产品标准、规范类标准、计量检定规程。

（1）与降水量观测直接关联的标准见表 1。

作者简介： 李薇（1980—），女，高级工程师，主要从事水文水资源、水利信息化方面的工作。

表 1 降水量观测直接关联标准

序号	标准编号	标准名称	备注
1	SL 21—2015	降水量观测规范	规范类标准
2	GB/T 21978.2—2014	降水量观测仪器 第 2 部分：翻斗式雨量传感器	产品标准
3	GB/T 21978.3—2008	降水量观测仪器 第 3 部分：虹吸式雨量计	产品标准
4	GB/T 21978.5—2014	降水量观测仪器 第 5 部分：雨量显示记录仪	产品标准
5	GB/T 21978.6—2008	降水量观测仪器 第 6 部分：融雪型雨雪量计	产品标准
6	GB/T 28592—2012	降水量等级	规范类标准
7	GB/T 35228—2017	地面气象观测规范 降水量	规范类标准
8	GB/T 35968—2018	降水量图形产品规范	规范类标准
9	JB/T 9457—2015	虹吸式雨量计 技术条件	产品标准
10	JB/T 9458—2015	雨量器 技术条件	产品标准
11	JJG（水利）005—2017	翻斗式雨量计	产品标准
12	JJG（气象）005—2015	自动气象站翻斗式雨量传感器	计量检定规程
13	JJG 524—1988	雨量器和雨量量筒检定规程	计量检定规程
14	QX/T 286—2015	15 个时段年最大降水量数据文件格式	规范类标准
15	QX/T 320—2016	称重式降水测量仪	产品标准
16	SL 323—2011	实时雨水情数据库表结构与标识符	规范类标准
17	SL/T 811.4—2021	降水量观测仪器 第 4 部分：称重式雨量计	产品标准

（2）与降水量观测间接关联的标准见表 2。

表 2 降水量观测间接关联标准

序号	标准编号	标准名称	备注
1	GB/T 9359—2016	水文仪器基本环境试验条件及方法	通用产品标准
2	GB/T 13336—2019	水文仪器系列型谱	规范类标准
3	GB/T 15966—2017	水文仪器基本参数及通用技术条件	通用产品标准
4	GB/T 19704—2019	水文仪器显示与记录	通用产品标准
5	GB/T 19705—2017	水文仪器信号与接口	通用产品标准
6	GB/T 41368—2022	水文自动测报系统技术规范	规范类标准
7	GB/T 50095—2014	水文基本术语和符号标准	规范类标准
9	SL 34—2013	水文站网规划技术导则	规范类标准
10	SL 61—2015	水文自动测报系统技术规范	规范类标准
11	SL 180—2015	水文自动测报系统设备 遥测终端机	产品标准
12	SL/T 247—2020	水文资料整编规范	规范类标准
13	SL/T 460—2020	水文年鉴汇编刊印规范	规范类标准
14	SL 630—2013	水面蒸发观测规范	规范类标准

2.2 标准特征分析

在降水量观测系列标准中，标准特征名主要有规范、检定规程、技术条件、仪器等。分析降水量观测系列标准间的关系，有必要对标准特征名及其包括的主要内容做一些了解。

2.2.1 规范

在《标准化工作导则 第1部分：标准化文件的结构和起草规则》（GB/T 1.1—2020）中，规范标准是指规定产品、过程或服务需要满足的要求以及用于判定其要求是否得到满足的证实方法的标准。对于某一工程作业或者行为进行定性的信息规定，主要是因为无法精准定量而形成的标准。例如，《降水量观测规范》（SL 21），它主要统一规定雨量站场地建设以及通过雨量站点进行降水观测、资料获取等方面的要求。其主要内容包括适用范围、总则（管理规范）、观测场地要求、仪器安装要求、人工观测技术、自动化观测技术、降水资料处理等内容。

2.2.2 检定规程

检定规程是用标准计量器具对计量器具进行检测时必须严格执行的程序，是作为检定计量器具的计量性能依据，具有国家法定性的技术文件。其内容主要包括适用范围、使用条件、操作步骤、检定项目、测试方法、不确定度分析和数据记录格式等。其目的是统一降水计量器具检定工作的执行方法，确保量值传递的准确性。每一种计量器具都应有其自身的检定规程。例如，翻斗式雨量计检定规程、雨量器检定规程、虹吸式雨量计检定规程等。

2.2.3 技术条件

产品通用标准是规定某类产品应该达到的各项通用性能指标和质量要求，主要内容包括范围、技术条件、试验方法和检验规则等。例如，水文仪器显示与记录、水文仪器基本参数及技术条件等。

2.2.4 仪器

产品专用标准是以某类产品名称作为标准名称，主要内容包括范围、技术要求、试验方法、检验规则、标志和作用说明书、包装、运输、贮存等。例如，翻斗式雨量计、虹吸式雨量计、雨量显示记录仪、水文自动测报系统设备遥测终端机等。

3 降水量观测标准间关系分析

3.1 观测规范和仪器标准关系分析

观测规范是开展行业降水量观测工作的统一规范有秩序的标准化工作规范性文件，包括了降水量观测全过程的标准作业要点，从观测场地建设、观测设备选型安装、过程观测、数据采集分析处理、资料整编，还包括后期的数据应用服务等。从标准化的角度来说，它集管理标准、技术标准、工作标准于一体，以技术为主、管理为辅，统一规范了降水量观测的工作行为，在降水量观测标准中占有全局性、纲领性的地位。

仪器标准是统一规范降水量观测个体产品质量的技术标准，它是根据降水量观测工作过程中，满足不同的观测需求，提供可选择的质量可靠，功能指标、准确度满足要求的产品技术标准支撑。

从二者的关系来说，仪器标准是执行观测规范标准不可或缺的重要组成部分，细化了后者中有关设备的要求，为后者的设备选型提供多标准参考选择。同时，仪器标准也是为保障降水量观测科学、正确、可靠的有序开展以及为引进国外产品提供技术支撑。

3.2 观测规范与计量检定规程的关系分析

观测规范与计量检定规程之间的关系，首先是性质不同，其编制的法律依据不同，规范编制的法律依据是《中华人民共和国标准化法》，而计量检定规程依据的是《中华人民共和国计量法》。

其次，二者关联的纽带是数据。观测规范通过管理上的、技术上的统一规定，对获取的数据精度提出要求，从而提高观测数据资料的质量，不涉及对数据的认证。计量检定规程通过制定检定程序，对观测仪器计量性能的检测、数据量值的溯源和传递，对数据的准确性、合理性进行认定，从而为数据资料的使用提供法律认定依据。

最后，计量检定规程所要检定、校准的项目，其来源应是观测规范中所涉及的，脱离观测规范，制定计量检定规程没有实际意义。

3.3 仪器标准与计量检定规程的关系分析

仪器标准是降水量观测仪器产品研制、设计、生产、检测、使用等必需的依据，它涉及产品的各个环节，包括产品技术要求、性能指标、试验方法、检验的规则、标识标志、使用说明书，以及产品的包装、运输、贮存的要求等。计量检定规程，是针对各类降水量观测产品中具有计量特性的性能指标，而展开的具有法定性质的规定程序步骤的检测，检定项目是观测仪器标准中具有定量要求的指标。从逻辑关系上来说，需先有部分产品标准，而后制定产品计量检定规程。

3.4 与相关标准的关系分析

在与降水量观测标准间接相关的标准中，属于局部被引用的关系。例如，引用《水文仪器系列型谱》（GB/T 13336—2019），只是引用这个标准中规定的产品分类和谱型，表示目前降水量观测仪器产品的发展系列及其系列下的种类，避免产品无序发展，增强产品技术发展的协调一致性。引用的部分占标准总体的比例相当得小，不至于引发标准系统性的错误，给标准使用者带来分歧。

4 降水量观测的新技术发展及问题

4.1 新技术发展

降水量观测近年来也在不断地引入新的技术，主要表现在两个方面：一方面是在点测量仪器上采用新技术以达到提高点测量雨量计的长期测量精度和稳定性的目的；另一方面是在探索通过面雨量监测获得局部降雨量值的新方法。

目前，我国在点雨量测量应用最多的是翻斗式雨量计，因其始终无法解决在人工不干预的情况下翻斗积沙带来较大测量误差的问题，所以采用其他方法来替代翻斗式雨量计是近些年从事水文仪器研究的科研工作者一直追求的目标。当前研究较多的是称重式雨量计和光学式雨量计。

除翻斗积沙会使翻斗式雨量计误差加大外，大雨强情况下对小分辨力的翻斗也会使计量误差急剧增加，目前通过双翻斗结构设计已基本解决。此外，利用其他原理的降水量观测仪器研究在我国也开始大量开展。雷达、微波和电磁测雨技术已开展比测多年，取得了大量比测成果，并投入定性研判。

4.2 问题

从表1、表2降水量观测系列标准和新技术发展情况来看，尚存在以下问题：

（1）缺少新技术应用的观测规范。新技术发展和标准不相适应的问题慢慢突显，雷达、微波和电磁测雨技术可以先行制定导则、指南类标准。

（2）缺乏新技术应用的产品标准。现行有效的标准中，以《降水量观测规范》（SL 21）为龙头的系列标准，均有打破最大 4 mm 雨强的仪器观测瓶颈，超大雨强的观测技术、观测仪器尚缺乏标准的指引。光学雨量计、雷达雨量计等新产品，还没有技术标准。从标准推广应用情况来看，尚无开展降水量观测系列标准的宣贯推广工作。

（3）计量类检定规程标准较少。对于大量安装在野外的雨量器实行巡检，应有相应的操作指南。

5 结论与建议

（1）建议确立降水量观测系列标准框架结构。在系列标准框架构建的设计上，考虑以业务要求确立框架干、支线；以行业主导的标准为主体内容，辅以团体标准规划；对上衔接水利技术标准体系。以降水量观测规范为龙头，统筹协调兼顾；以仪器产品标准为基础单元构件，监控观测产品质量，增强观测可靠性和稳定性；以计量检定规程为保障，加强法制数据的建立和应用。

（2）建议设立长效投入资金。降水量数据是国家基础水文数据，是公益性很强的大数据，降水量观测标准应作为公益性标准，在标准评估、立项编制、宣贯推广中加强长效资金投入。

（3）建议加强标准评估。标准评估是研究标准之间关系的重要手段，也是目前我国标准化工作发展的趋势，应在降水量观测系列标准系规划、标准之间层级、相互之间的引用等方面加强评估。

（4）建议加快有关标准制修订。尽快补充新型降水量观测仪器的产品标准，一方面可以指导科研工作者在新产品研制过程中应重点关注哪些关键要求，提高科研工作效率；另一方面也使得新型产品的应用有法可依，在日常使用过程中方便规范管理。

参考文献

［1］水利部关于发布《水利技术标准体系表》的通知（水国科〔2021〕70号）［J］. 中华人民共和国水利部公报，2021（1）：15.

［2］中华人民共和国水利部. 降水量观测规范：SL 21—2015［S］. 北京：中国水利水电出版社，2015.

［3］叶柏生，杨大庆，丁永建，等. 中国降水观测误差分析及其修正［J］. 地理学报，2007（1）：3-13.

［4］王宗海，孙忠欣，徐长芹. 3种测雨仪器降水观测差值的原因分析［J］. 贵州气象，2006（5）：45-47.

［5］任芝花，王改利，邹风玲，等. 中国降水测量误差的研究［J］. 气象学报，2003（5）：621-627.

［6］李聪，肖子牛，张晓玲. 近60年中国不同区域降水的气候变化特征［J］. 气象，2012（4）：419-424.

［7］袁野，徐玮屿. 关于普通雨量器降水量观察误差分析［J］. 黑龙江科技信息，2016（28）：16.

基于调查问卷的《防洪标准》在水利行业的实施效果评估

宋小艳[1]　刘　彧[1]　于爱华[1]　齐　莹[1]　王丽丽[2]

（1. 中国水利水电科学研究院，北京　100038；2. 临沂大学，山东临沂　276400）

摘　要：《防洪标准》（GB 50201—2014）被43项现行水利标准引用，在水利各专业中具有重要作用。依据《中华人民共和国标准化法》要求，采取调查问卷的形式，在水利行业开展《防洪标准》（GB 50201—2014）实施效果的评估工作。针对标准自身水平、实施情况、实施效益3个方面，共设置10个一级指标和21个二级指标。对调查结果进行系统分析后，认为《防洪标准》（GB 50201—2014）实施效果为"好"，对标准的使用建议为"继续有效"，并提出了3条下一步工作的建议。

关键词：防洪标准；评估；调查问卷；实施效果

1　引言

《中华人民共和国标准化法》明确"要建立标准实施信息反馈和评估机制"[1]。2015年3月，国务院发布《关于印发深化标准化工作改革方案的通知》，提出"开展标准实施效果评价"。《防洪标准》（GB 50201—2014）为《中华人民共和国防洪法》《中华人民共和国防汛条例》的贯彻实施提供了有效支撑，实际应用对象广泛，涵盖生产企业、设计单位、施工企业、工程管理部门、行政管理部门、科研院所、大专院校、社会团体等类型。《防洪标准》（GB 50201—2014）自实施以来，已成为我国各行业工程技术和管理人员制订防洪标准的最重要依据。自2014年发布以来，水利系统尚未对其实施效果开展评估工作。

2　《防洪标准》（GB 50201—2014）的被引用情况

从标准被引用的角度分析，标准被引用频次越高，发挥的作用就越大，实施效果的评估工作就越迫切。《防洪标准》（GB 50201—2014）属于基础性标准，被43项现行水利标准引用，如表1所示，通过实际应用支撑了水利行业中水文、水资源、水生态水环境、水利水电工程、水土保持、农村水利、水灾害防御、水利信息化等各专业方向。

3　调查问卷

3.1　问卷设计

本次调查依托水利部在2019年开展的水利行业223项重点标准的评估[2]，着重调查《防洪标准》（GB 50201—2014）的实施效果，包括3个方面：标准自身水平、标准实施情况、标准实施效益，共10个一级指标和21个二级指标。每个二级指标，根据评估内容，形成明确的评估结果，分为"好、较好、一般、较差"等四类。对二级指标的调查结果进行系统分析后，确定标准实施效果的总体评估等级，分为"好、较好、一般、较差"等四类，并提出对标准的使用建议，分为"继续有效、

作者简介：宋小艳（1989—），女，工程师，主要从事标准化和质量管理体系认证工作。

需要修订、并入其他标准、废止"等，为标准后续程序提供直接、有效的结论性建议。

表 1 引用《防洪标准》（GB 50201—2014）的标准统计

序号	标准名称	标准编号	备注（引用《防洪标准》编号）
1	城市水文监测与分析评价技术导则	SL/Z 572—2014	GB 50201—1994
2	江河流域规划编制规程	SL 201—2015	
3	城市水系规划导则	SL 431—2008	
4	城市供水水源规划导则	SL 627—2014	
5	水利水电建设项目水资源论证导则	SL 525—2011	GB 50201—1994
6	水工程建设规划同意书论证报告编制导则（试行）	SL/Z 719—2015	
7	防汛物资储备定额编制规程	SL 298—2004	GB 50201—1994
8	堰塞湖风险等级划分与应急处置技术规范	SL 450—2021	
9	防洪规划编制规程	SL 669—2014	
10	中国蓄滞洪区名称代码	SL 263—2000	GB 50201—1994
11	洪水影响评价报告编制导则	SL 520—2014	
12	山洪沟防洪治理工程技术规范	SL/T 778—2019	
13	蓄滞洪区设计规范	GB 50773—2012	
14	农田水利规划导则	SL 462—2012	GB 50201—1994
15	灌区改造设计规范	GB 50599—2020	
16	农田排水工程技术规范	SL/T 4—2020	
17	灌溉与排水工程设计标准	GB 50288—2018	
18	小型水电站水文计算规范	SL 77—2013	
19	小型水力发电站设计规范	GB 50071—2014	
20	水利工程水利计算规范	SL 104—2015	
21	中国水库名称代码	SL 259—2000	GB 50201—1994
22	中国水闸名称代码	SL 262—2000	GB 50201—1994
23	水利水电工程劳动安全与工业卫生设计规范	GB 50706—2011	
24	堤防工程安全评价导则	SL/Z 679—2015	
25	水闸安全评价导则	SL 214—2015	
26	水库大坝安全评价导则	SL 258—2017	
27	橡胶坝工程技术规范	GB/T 50979—2014	
28	调水工程设计导则	SL 430—2008	
29	混凝土重力坝设计规范	SL 319—2018	
30	混凝土拱坝设计规范	SL 282—2018	
31	混凝土面板堆石坝设计规范	SL 228—2013	
32	堤防工程设计规范	GB 50286—2013	
33	海堤工程设计规范	GB/T 51015—2014	
34	水工挡土墙设计规范	SL 379—2007	GB 50201—1994

续表 1

序号	标准名称	标准编号	备注（引用《防洪标准》编号）
35	水工隧洞设计规范	SL 279—2016	
36	混凝土面板堆石坝施工规范	SL 49—2015	
37	滩涂治理工程技术规范	SL 389—2008	
38	水库降等与报废标准	SL 605—2013	
39	水工隧洞安全监测技术规范	SL 764—2018	
40	村镇供水工程技术规范	SL 310—2019	
41	水利水电工程管理技术术语	SL 570—2013	
42	水利信息公用数据元	SL 475—2010	
43	水利水电工程金属结构报废标准	SL 226—1998	GB 50201—1994

注：备注列中，除标注引用标准编号为 GB 50201—1994，其余引用标准编号均为 GB 50201。

3.2 调查方式

经过多轮专家咨询，选择在规划、勘测设计、施工、监理、试验、质量管理、科研、教学等多专业和领域发放调查问卷，包括水利部水利水电规划设计总院、水利部长江水利委员会、水利部松辽水利委员会、水利部珠江水利委员会、水利部科技推广中心、江苏省水利厅、河海大学、中水北方勘测设计研究有限责任公司、湖北省水利水电规划勘测设计院、长江科学院、湖北省水利水电科学研究院等 17 家单位。调查问卷的发放对象为各单位中应用《防洪标准》（GB 50201—2014）的专家、学者和一线科研人员，确保调查充分。调查期间，共获得有效问卷 49 份，针对不同问题，分别统计有效回答数（无效回答不计入统计），确保了调查结果的有效性和准确性。

4 标准评估情况

4.1 标准自身水平

《防洪标准》（GB 50201—2014）自身水平主要包括标准的适用性、先进性、协调性和可操作性 4 个一级指标。其中，适用性包括技术指标能否满足标准制定时的目的、技术指标能否满足现有水平的要求 2 个二级指标，先进性主要是指与国际标准、国外行业水平相比的情况，协调性包括与法律法规协调一致性、与国内其他标准的协调一致性 2 个二级指标，可操作性主要是调查标准的要求是否符合实际。

经过调查发现，如表 2 所示，在适用性方面，认为《防洪标准》（GB 50201—2014）的技术指标能"好"和"较好"满足标准制定时的目的，分别为 89.80% 和 10.20%，没有人认为"一般"和"较差"；认为其技术指标能"好"和"较好"满足现有水平的要求，分别为 83.67% 和 16.33%，没有人认为"一般"和"较差"。在先进性方面，与国际标准、国外行业水平相比，认为"好""较好""一般"的占比分别为 54.17%、43.75% 和 2.08%，没有人认为"较差"。在协调性方面，认为标准与法律法规协调一致性"好""较好""一般"的占比分别为 79.59%、18.37% 和 2.04%，没有人认为"较差"，有 1 人认为"一般"；与国内其他标准的协调一致性"好""较好""一般"的占比分别为 68.75%、29.17% 和 2.08%，没有人认为"较差"，有 1 人认为"一般"。在可操作性方面，认为标准的要求符合实际"好"和"较好"的占比分别为 70.83% 和 29.17%，没有人认为"一般"和"较差"。

表 2 《防洪标准》（GB 50201—2014）自身水平的调查统计

一级指标	适用性							
二级指标	技术指标能否满足标准制定时的目的				技术指标能否满足现有水平的要求			
分类	好	较好	一般	较差	好	较好	一般	较差
百分比	89.80%	10.20%	0	0	83.67%	16.33%	0	0

一级指标	先进性			
二级指标	与国际标准、国外行业水平相比			
分类	好	较好	一般	较差
百分比	54.17%	43.75%	2.08%	0

一级指标	协调性							
二级指标	与法律法规协调一致性				与国内其他标准的协调一致性			
分类	好	较好	一般	较差	好	较好	一般	较差
百分比	79.59%	18.37%	2.04%	0	68.75%	29.17%	2.08%	0

一级指标	可操作性			
二级指标	要求是否符合实际			
分类	好	较好	一般	较差
百分比	70.83%	29.17%	0	0

4.2 标准实施情况

标准实施情况包括标准推广情况、实施应用情况和被引用情况 3 个一级指标。其中，推广情况包括标准传播和标准衍生材料（标准衍生材料是指除标准文本以外的与标准相关的文件，包括但不限于培训教材、标准应用、示范指导书等）传播情况 2 个二级指标，实施应用情况包括被采用情况、工程应用状况（工程建设、运行维护、工程管理等）2 个二级指标，被引用情况主要是调查《防洪标准》（GB 50201—2014）被法律法规、行政文件、标准等引用情况。

经过调查发现，如表 3 所示，在推广情况方面，认为《防洪标准》（GB 50201—2014）传播"好""较好""一般""较差"的占比分别为 72.92%、20.83%、4.17% 和 2.08%，有 2 人认为"一般"，有 1 人认为"较差"；衍生材料传播"好""较好""一般""较差"的占比分别为 43.75%、45.84%、8.33% 和 2.08%，有 4 人认为"一般"，有 1 人认为"较差"。在实施应用情况方面，认为标准被采用"好"和"较好"占比分别为 85.71% 和 14.29%，没有人认为"一般"和"较差"；工程应用状况（工程建设、运行维护、工程管理等）"好"和"较好"占比分别为 87.50% 和 12.50%，没有人认为"一般"和"较差"。在被引用情况方面，被法律法规、行政文件、标准等引用"好""较好""一般"的占比分别为 83.34%、14.58% 和 2.08%，没有人认为"较差"，有 1 人认为"一般"。

表3 《防洪标准》（GB 50201—2014）实施情况的调查统计

一级指标	推广情况							
二级指标	标准传播				标准衍生材料传播			
分类	好	较好	一般	较差	好	较好	一般	较差
百分比	72.92%	20.83%	4.17%	2.08%	43.75%	45.84%	8.33%	2.08%

一级指标	实施应用情况							
二级指标	被采用情况				工程应用状况（工程建设、运行维护、工程管理等）			
分类	好	较好	一般	较差	好	较好	一般	较差
百分比	85.71%	14.29%	0	0	87.50%	12.50%	0	0

一级指标	被引用情况			
二级指标	被法律法规、行政文件、标准等引用			
分类	好	较好	一般	较差
百分比	83.34%	14.58%	2.08%	0

4.3 标准实施效果

标准实施效果主要调查经济效益、社会效益和生态效益3个一级指标[3-4]。其中，经济效益包括降低成本、缩短工期、工程节约、提质增效4个二级指标，社会效益包括公共健康和安全、行业发展和科技进步、公共服务能力3个二级指标，生态效益包括资源节约、资源利用/节能减排、改善生态环境3个二级指标。

经过调查发现，如表4所示，在经济效益方面，认为《防洪标准》（GB 50201—2014）在降低成本方面为"好""较好""一般"的占比分别为56.25%、41.67%、2.08%，有1人认为"一般"，没有人认为"较差"；在缩短工期方面为"好""较好""一般"的占比分别为58.34%、39.58%、2.08%，有1人认为"一般"，没有人认为"较差"；在工程节约方面为"好""较好"和"一般"的占比分别为62.50%、35.42%、2.08%，有1人认为"一般"，没有人认为"较差"；在提质增效方面为"好""较好""一般"的占比分别为55.10%、42.86%、2.04%，有1人认为"一般"，没有人认为"较差"。在社会效益方面，认为《防洪标准》（GB 50201—2014）在公共健康和安全方面"好""较好"，分别为79.59%、20.41%，没有人认为"一般"和"较差"；在行业发展和科技进步为"好""较好"和"一般"的占比分别为57.14%、40.82%、2.04%，有1人认为"一般"，没有人认为"较差"；在公共服务能力方面"好""较好"占比分别为73.47%、26.53%，没有人认为"一般"和"较差"。在生态效益方面，在资源节约方面"好""较好"占比分别为69.39%、30.61%，没有人认为"一般"和"较差"；在资源利用/节能减排方面"好""较好"占比分别为66.67%和33.33%，没有人认为"一般"和"较差"；在改善生态环境方面为"好""较好""一般"的占比分别为70.84%、27.08%、2.08%，有1人认为"一般"，没有人认为"较差"。

5 结语

《防洪标准》（GB 50201—2014）是重要的基础性标准，应用对象广泛，被43项现行水利标准引用，支撑了水利行业各个专业方向。经过调查及统计，发现水利行业对《防洪标准》（GB 50201—

2014）意见较为统一，标准自身水平、实施情况、实施效益评估结果为"好""较好"的比例极高。因此，《防洪标准》（GB 50201—2014）实施效果的评估结论为实施效果"好"，后续使用建议为"继续有效"。

表4　《防洪标准》（GB 50201—2014）实施效果的调查统计

一级指标	经济效益							
二级指标	降低成本				缩短工期			
分类	好	较好	一般	较差	好	较好	一般	较差
百分比	56.25%	41.67%	2.08%	0	58.34%	39.58%	2.08%	0

一级指标	经济效益							
二级指标	工程节约				提质增效			
分类	好	较好	一般	较差	好	较好	一般	较差
百分比	62.50%	35.42%	2.08%	0	55.10%	42.86%	2.04%	0

一级指标	社会效益							
二级指标	公共健康和安全				行业发展和科技进步			
分类	好	较好	一般	较差	好	较好	一般	较差
百分比	79.59%	20.41%	0	0	57.14%	40.82%	2.04%	0

一级指标	社会效益			
二级指标	公共服务能力			
分类	好	较好	一般	较差
百分比	73.47%	26.53%	0	0

一级指标	生态效益							
二级指标	资源节约				资源利用/节能减排			
分类	好	较好	一般	较差	好	较好	一般	较差
百分比	69.39%	30.61%	0	0	66.67%	33.33%	0	0

一级指标	生态效益			
二级指标	改善生态环境			
分类	好	较好	一般	较差
百分比	70.84%	27.08%	2.08%	0

另外，在评估过程中也发现了一些问题，下一步可以从以下3方面开展进一步的工作。

一是《防洪标准》（GB 50201—2014）在推广情况上略有不足，有"较差"的评价出现，有1人认为标准传播"较差"，有1人认为标准衍生材料传播"较差"。标准实施效果与宣传、宣贯培训等有很大关系，建议加大对《防洪标准》（GB 50201—2014）及其衍生材料的推广和宣传。

二是引用《防洪标准》的43项现行水利标准中有9项标准引用 GB 50201—1994，为作废标准。建议引用标准时，若不是引用到该标准的具体条款，最好不注年份，这样即使引用的标准有修订，其最新版本也同样适用。

三是标准实施效果的评估需要众多专业技术人员参与，有一定的不确定性。因此，建议深入研究标准实施效果评估的方式和方法，引入信息系统，使评估工作更加便捷和准确。

参考文献

［1］李元沉，王爽．标准实施效果评价方法研究初探［J］．中国标准化，2022（7）：57-61．

［2］宋小艳，于爱华，刘彧，等．水利标准"谁在用、用在哪、用的怎么样"调研［J］．水利技术监督，2020（6）：23-28．

［3］全国标准化原理与方法标准化技术委员会（SAC/TC 286）标准化效益评价 第1部分：经济效益评价通则：GB/T 3533.1—2017［S］．北京：中国标准出版社，2017．

［4］全国标准化原理与方法标准化技术委员会（SAC/TC 286）．标准化效益评价 第2部分：社会效益评价通则：GB/T 3533.2—2017［S］．北京：中国标准出版社，2017．

简述抽水蓄能电站工程第三方试验室的
标准化建设要点

孙乙庭[1]　王树武[2]　王德库[1]　隋　伟[1]

(1. 中水东北勘测设计研究有限责任公司，吉林长春　130061；
2. 山东文登抽水蓄能有限公司，山东威海　264200)

摘　要：开展第三方试验室标准化建设已成为抽水蓄能电站工程全过程质量控制的关键环节。本文以山东文登抽水蓄能电站第三方试验室为例，总结标准化建设及运行中的成熟经验，主要从建设标准化、管理正规化、工作规范化、数据信息化、检测诚信化等方面简述第三方试验室的标准化建设要点，以期助力优化抽水蓄能电站工程全过程质量控制体系。

关键词：标准化建设；抽水蓄能电站工程；第三方试验室；全过程质量控制

1　引言

随着我国抽水蓄能电站的大力兴建，全过程质量控制越来越重要，对质量检测机构标准化的要求也越来越高。抽水蓄能电站工程第三方试验室是为满足抽水蓄能电站工程项目建设过程质量控制要求，由建设单位通过独立招标，委托具有相应资质的检验检测机构在工程现场建立的临时性试验检测场所。它受建设单位监督管理且独立于监理单位、施工单位，对工程建设全过程质量控制进行服务，承担建设单位、监理单位及施工单位的检测任务，对工程建设过程中所需材料、应用工艺和构筑物、半成品等产品的质量状态与性能指标，通过标准的技术方法测量、试验等手段进行界定、评价工作[1]。

抽水蓄能电站工程第三方试验室包括土建试验室、金属试验室和物探试验室。其中，土建试验室主要负责土工、混凝土、建筑、装饰类试验检测工作；金属试验室主要负责金属材料、结构、安装加工工艺类试验检测和基建期金属监督工作；物探试验室主要负责锚杆无损检测、灌浆密实、岩体声波检测等无损物探工作。抽水蓄能电站第三方试验室在监理单位监督下开展日常试验检测工作，确保试验检测数据的真实和准确，并为建设单位对工程质量进行事前、事中、事后三控制提供技术支持和咨询服务。

本文以山东文登抽水蓄能电站第三方试验室为例，总结标准化建设及运行中的成熟经验，主要从建设标准化、管理正规化、工作规范化、数据信息化、检测诚信化等方面简述第三方试验室的标准化建设要点，以期助力优化抽水蓄能电站工程全过程质量控制体系。

2　标准化建设

2.1　建设标准化

（1）抽水蓄能电站第三方试验室应在母体机构授权范围内开展检测工作，质量管理体系运行有效。

作者简介：孙乙庭（1984—），男，高级工程师，主要从事水电工程试验检测工作。

（2）试验仪器设备先进齐全，受控标识规范，应经具有相应资质的计量检定机构或校准机构检验合格，并取得计量检定或校准证书，保持及时更新，做到一机一档。例如，仪器设备需内部校准，内部校准使用的工作计量器具可溯源到国家基准。

（3）管理人员及试验人员岗位齐全、配备合理，均需母体机构授权，监理单位审批。人员职责明确，主要包括项目负责人、技术负责人、质量负责人、授权签字人、安全员、设备管理员、样品管理员、资料员、试验检测人员等，需保证组织机构健全，满足工作需要。

（4）试验室区域布置合理、功能分开，应根据试验室仪器设备数量、大小和操作空间而定，同时考虑使用功能和试验室之间的关系，以达到方便有效的目的[2]。区域受控明确，温湿度控制有效，主要试验室的环境控制要求如表1所示。

表1　主要试验室的环境控制要求

序号	试验室	试验环境控制要求
1	胶凝材料室	环境温度 20 ℃±2 ℃，相对湿度≥50%
2	化学分析室	环境温度 20 ℃±2 ℃，相对湿度≤50%
3	砂石骨料室	环境温度 20 ℃±5 ℃，相对湿度 40%~70%
4	沥青试验室	环境温度 20 ℃±5 ℃
5	土工试验室	环境温度 20 ℃±5 ℃
6	金属力学试验室	环境温度 10~35 ℃（对试验要求严格时试验温度 23 ℃±5 ℃）
7	混凝土成型室	环境温度 20 ℃±5 ℃，相对湿度>50%
8	混凝土养护室	环境温度 20 ℃±2 ℃，相对湿度≥95%
9	恒温恒湿室	环境温度 20 ℃±1 ℃，相对湿度 60%±5%
10	混凝土力学试验室	环境温度 20 ℃±5 ℃，相对湿度>50%
11	混凝土耐久性试验室	环境温度 20 ℃±5 ℃
14	胶凝材料留样室	环境温度 20 ℃±5 ℃，相对湿度≤50%
15	现场检测设备存放室	环境温度 20 ℃±5 ℃，相对湿度≤70%
16	X 射线片保存	环境温度 4~24 ℃，相对湿度 30%~60%

2.2　管理正规化

（1）试验室规章、制度内容齐全，程序文件执行有效，采用最新规范标准、执行标准宣贯及时，根据工程特点有针对性地编制检测工作大纲、作业指导书、工艺规程、操作手册等。

（2）样品管理精细，台账记录规范、标识清晰、流转有效、保存正规。尤其重视需要长期封存的样品，加强防护保持状态稳定和真实性，记录清晰便于追溯和处置，主要样品代表数量及保存期限如表2所示。

表 2　主要样品代表数量及保存期限

序号	样品名称	留样期限	代表数量及依据标准	留样期限依据标准
1	水泥	90 d	依据《混凝土结构工程施工质量验收规范》（GB 50204—2015）： 7.2.1　按同一厂家、同一品种、同一代号、同一强度等级、同一批号且连续进场的水泥，袋装不超过 200 t 为一批，散装不超过 500 t 为一批，每批抽样数量不应少于一次 依据《水工混凝土施工规范》（DL/T 5144—2015）： 11.2.1　水泥进场检验按同厂家、同品种、同强度等级进行编号和取样。中热硅酸盐水泥、低热硅酸盐水泥、低热矿渣硅酸盐水泥及通用硅酸水泥，以不超过 600 t 为一取样单位	依据《通用硅酸盐水泥》（GB 175—2007）： 9.6.3　以生产者同编号水泥的检验报告为验收依据时，在发货前或交货时买方在同编号水泥中取样，双方共同签封后由卖方保存 90 d，或认可卖方自行取样、签封并保存 90 d 的同编号水泥的封存样
2	粉煤灰	3 个月	依据《水工混凝土掺用粉煤灰技术规范》（DL/T 5055—2007）： 5.4.1　粉煤灰的取样以连续供应的相同等级、相同种类的 200 t 为一批，不足 200 t 者按一批计 依据《用于水泥和混凝土中的粉煤灰》（GB/T 1596—2017）： 8.1　粉煤灰出厂前按同种类、同等级编号和取样。散装粉煤灰和袋装粉煤灰应分别进行编号和取样，不超过 500 t 为一编号，每一编号为一取样单位	依据《水工混凝土掺用粉煤灰技术规范》（DL/T 5055—2007）： 5.4.3　对进场粉煤灰抽取的检验样品，应留样封存，并保留 3 个月
3	速凝剂	粉状 6 个月 / 液体 3 个月	依据《喷射混凝土用速凝剂》（GB/T 35159—2017）： 7.1.1　生产厂应按同类产品单独进行分批编号，每一批号为 50 t，不足 50 t 也按一个批量计。同一批号的产品应混合均匀 依据《水工混凝土外加剂技术规程》（DL/T 5100—2014）： 5.3.1　掺量不小于 1% 同品种的外加剂每一批号为 100 t，掺量小于 1% 但大于 0.05% 的外加剂每一批号为 50 t，掺量不大于 0.05% 的外加剂以 1~2 t 为一批。不足一批的也应按一个批量计	依据《喷射混凝土用速凝剂》（GB/T 35159—2017）： 8.1　贮存条件及有效期，有效期从生产日期算起。 8.4　粉状速凝剂有效期为 6 个月，液体速凝剂有效期为 3 个月 依据《水工混凝土外加剂技术规程》（DL/T 5100—2014）： 5.3.2　每一批号取样充分混匀，分为两等份，一份按 3.1 节和 3.2 节规定的项目进行试验；另一份密封保存半年。 5.4.1　贮存条件及有效期：有效期从生产日期算起，企业可根据产品性能自行规定

续表 2

序号	样品名称	留样期限	代表数量及依据标准	留样期限依据标准
4	高性能聚羧酸减水剂	半年	依据《混凝土外加剂应用技术规范》(GB 50119—2013): 6.3.1 应按每50 t为一核验批,不足50 t时也应按一个检验批计,同一批号的产品必须混合均匀	依据《混凝土外加剂》(GB 8076—2008): 7.2 每一批号取样充分混匀,分为两等份,其中一份按表1和表2规定的项目进行试验,另一份密封保存半年。 8.1 贮存条件及有效期,有效期从生产日期算起,企业可根据产品性能自行规定
			依据《水工混凝土外加剂技术规程》(DL/T 5100—2014): 5.3.1 掺量不小于1%同品种的外加剂每一批号为100 t,掺量小于1%但大于0.05%的外加剂每一批号为50 t,掺量不大于0.05%的外加剂以1~2 t为一批。不足一批的也应按一个批量计	依据《水工混凝土外加剂技术规程》(DL/T 5100—2014): 5.3.2 每一批号取样充分混匀,分为两等份,一份按3.1节和3.2节规定的项目进行试验,另一份密封保存半年。 5.4.1 贮存条件及有效期,有效期从生产日期算起,企业可根据产品性能自行规定
5	高效减水剂	半年	依据《混凝土外加剂应用技术规范》(GB 50119—2013): 5.3.1 高效减水剂应按每50 t为一检验批,不足50 t时也应按一个检验批计	依据《混凝土外加剂应用技术规程》(GB 50119—2013): 5.3.1 每一检验批取样应充分混匀,并应分为两等份:其中一份应按本规范5.32条和5.33条规定的项目及要求进行检验,另一份应密封留样保存半年
6	引气剂及引气减水剂	半年	依据《混凝土外加剂应用技术规范》(GB 50119—2013): 7.4.1 引气剂应按每10 t为一检验批,不足10 t时也应按一个检验批计,引气减水剂应按每50 t为一检验批,不足50 t时也应按一个检验批计	依据《混凝土外加剂应用技术规程》(GB 50119—2013): 7.4.1 每一检验批取样应充分混匀,并应分为两等份:其中一份应按本规范第7.4.2和7.4.3条规定的项目及要求进行检验,另一份应密封留样保存半年
7	膨胀剂	180 d	依据《混凝土外加剂应用技术规范》(GB 50119—2013): 13.4.1 膨胀剂应按每200 t为一检验批,不足200 t时也应按一个检验批计	依据《混凝土膨胀剂》(GB/T 23439—2017): 7.2 每一编号取的试样应充分混匀,分为两等份:一份为检验样,一份为封存样,密封保存180 d 依据《混凝土外加剂应用技术规程》(GB 50119—2013): 13.4.1 每一检验批取样应充分混匀,并应分为两等份:其中一份应按本规范第13.4.2条规定的项目进行检验,另一份应密封留样保存半年

（3）安全管理可靠，保持常态化监督。设立安全监督员，负责纠正日常安全违规行为，并安置监控设备便于追溯和实时监督。标识醒目，安全器材配置充足，对高温炉、烘箱一类高温仪器，在醒目位置张贴防烫标识，并配备防烫伤等急救药品。设备管理员定期检查万能材料试验机、切石机、取芯机等有安全隐患的设备保养情况，确保可安全使用。

（4）定期开展全员业务培训、技术交流，规范试验过程，整体提升工作能力和服务意识。主要有试验技能培训、现场取样培训、强制性条文培训、诚信服务培训、健康和安全知识培训、疫情防控培训等。同时积极开展"安全月""质量月"相关活动，使安全意识、质量理念深入人心。

2.3　工作规范化

（1）规范委托流程，取样过程留存可追溯影像资料，证明取样人员合规操作。在监理见证和指定下抽取有代表性的样品，如实描述样品状态，第三方试验室须对所检样品或所检部位的结果真实性负责，当不具备检测条件时应及时反馈委托单位。

（2）强化过程管控，规范试验检测行为。检测过程严格执行标准，检测结果真实、准确、有效。对试验中出现的异常数据主动进行复核，无误后及时反馈，必要时通过加密复检或其他检测手段进行验证，确保质量管控及时、有效。

2.4　数据信息化

（1）上传数据做到信息化及时准确，重要试验过程留存试验视频。试验间已配备监控，数据有争议时及时复核试验过程。

（2）公示栏采用二维码信息化，提高工作透明度，定期更新汇报材料，实现动态管理。

（3）统一应用检验检测智能管理系统，实现网络化办公、信息化管理、大数据分析、母体机构监督的"连锁式"运行平台。

2.5　检测诚信化

（1）建立诚信管理体系。认真执行《检验检测机构诚信基本要求》规定，从法律、技术、管理和责任等方面积极落实，持续识别诚信要素，满足诚信服务、提高践约度，并接受各方监督，定期收集内、外部诚信信息，开展诚信自我评价[3]。

（2）持续开展第三方试验室和人员诚信评价。从法律法规指标、技术要求指标、管理要求指标、责任要求指标、否决项指标等方面进行赋分，建立试验室和人员诚信档案，并实施分类管理[4]。

（3）倡导诚信文化、端正职业操守。诚信化管理归根结底是对人的管理，既要靠法律法规和规章制度约束，也要靠个人内心道德的自律，建立守信激励、失信惩戒机制，使诚实守信、公正准确成为工作风气。

3　结语

随着我国抽水蓄能电站工程质量管理水平不断提升，第三方试验室在全过程质量控制中的作用也越来越重要。在抽水蓄能电站工程第三方试验室标准化建设过程中，尚有许多环节处于探索阶段，建设标准化、管理正规化、工作规范化、数据信息化、检测诚信化是试验室标准化建设的主要方向，尤其检测诚信化将是新形势下工程质量检测机构高质量发展的基石。相信通过各方共同努力，第三方试验室标准化建设将迎来新机遇、高发展，必将为抽水蓄能电站工程全过程质量控制保驾护航。

参考文献

[1] 白云天，侯福江，王德库，等. 水电工程建设第三方试验室运行及管理模式分析 [J]. 东北水利水电，2018（12）：61-63.

［2］洛桑多吉，马智法．旁多水利枢纽工程第三方检测试验室的建设与运行管理［J］．东北水利水电，2013（9）：57-59.

［3］全国信用标准化技术工作组．检验检测机构诚信基本要求：GB/T 31880—2015［S］．北京：中国标准出版社，2015.

［4］全国社会信用标准化技术委员会（SAC/TC 470）．检验检测机构诚信评价规范：GB/T 36308—2018［S］．北京：中国标准出版社，2018.

水利标准实施效果及存在问题简析

刘 彧 宋小艳 于爱华 齐 莹 霍炜洁

（中国水利水电科学研究院，北京 100038）

摘 要：标准的实施效果及存在问题是标准实施效果评估中需要了解的重要信息资源。本文通过调研收集
整理了部分水利标准的实施效果及存在问题，结合对调研中掌握的案例进行分析探讨，从而积累
了水利标准实施效果评估的更多经验，对探索水利标准的提升途径产生积极作用。

关键词：水利；标准；实施效果；存在问题

标准已成为世界各国争夺的战略性创新资源之一，影响和塑造着全球经济格局。技术标准作为科技转化的一项成果，可以起到降低成本、鼓励促进技术创新、市场竞争和国际贸易等作用，从而产生应有的经济效益、社会效益和生态环境效益[1]。不仅体现在产品标准中，在工程建设类标准中同样重要。

1 标准实施效果调研及案例分析

项目结合《水利部国际合作与科技司关于开展水利标准实施效果评估工作的通知》（〔2019〕国科综便字第23号）安排，选取223项水利标准进行深入调研，分析论证水利标准实施效果和存在问题，探索提升水利标准的途径和方法。

根据社会需要和有利于社会发展的宗旨制定标准，最终需要取得效益。规范、有序、合理、有效，使之达到最优化的效果，是标准化的追求。按收益结果可将效益种类归结为经济效益、社会效益和环境效益。这三种效益均有初始和最终、宏观与微观、直接与间接、近期与远期、正和负之分。初始效益因缺乏基础资料，无法对初始目标和效益预测进行考证；因水利工程浩大，而且大多是百年工程，不确定因素（气候、自然灾害等）较多，宏观效益和远期标准化效益很难定量计算，故本课题将最终直接与间接获得的近期和微观的正效益作为重点研究内容，其他效益作为附属部分不单独体现[2]。

另外，水利产品标准关乎国家、企业，以及水利工程和人民群众利益、安全、环保等，其规定除满足质量特性以确保其适用性外，还存在一定的市场行为。在兼顾社会效益和环境效益的基础上，经济效益作为产品标准的重要考量。

按标准应用的收益结果可分为经济效益、社会效益和生态环境效益。三种效益有时难以分割，如《小水电代燃料标准》（SL 468—2009）显现出了标准的综合效益，增加农村水电经济效益；增加就业机会，缓解了社会压力，体现了标准的社会效益；小水电代燃料项目实施后，退耕还林，附近森林覆盖率提高5%以上，生态环境得到了改善。

1.1 经济效益

将制定与实施标准所获得的节约和有益结果，去除制定与实施标准所付出的活劳动和物化劳动消耗即为标准化经济效益。一般产业共性的技术标准居多。水利标准的编制几乎由各大企事业单位、科

作者简介：刘彧（1987—），女，高级工程师，主要从事水利标准化研究工作。

研、高校等单位承担，实际情况下传统的资本和劳动力、技术的积累效果并未单独纳入标准化经济效益计算。调研中主要考虑提高水利工程、产品或服务质量，降低投入成本和时间成本，提高工作效率，降低运行维护管理成本，减少事故及处理成本以及其他等方面作为标准产生的经济效益指标。结果显示，产生经济效益的标准大部分为节水、水资源论证、农村水电类的标准，其中设计、规划类标准占多数。像制定和实施与水资源保护和合理利用水平的相关标准以及能耗标准，能够达到规范、促进、引导资源保护和合理利用，限制高消耗、高污染、资源利用效率低的生产工艺和生产方式，最大限度地减少废弃物的产生，实现资源和能源的综合利用。例如，《建设项目水资源论证导则》（GB/T 35580—2017）致力于水资源开发利用，主要对取水、用水、供水、耗水、排水等承载能力评价，对水资源论证，取水许可，非常规水源利用，地下水开发利用等内容进行规定。根据标准内容，可将"节约用水或核减用水量，产生的经济效益是多少"视为"直接经济效益"；"工程带来负面影响所做出的修复投入量"等视为"间接经济效益"。《防洪标准》（GB 50201—2014）直接作用到提高水利工程、产品或服务质量中，为工程建设节约投入、降低灾害损失。《洪水调度方案编制导则》（SL 596—2012）通过减少事故及处理成本发挥间接效益节约防灾和救灾成本。《节水灌溉工程验收规范》（GB/T 50769—2012）通过验收环节提高工程质量，使工程发挥更大效益。根据用户反映，使用《管道输水灌溉工程技术规范》（GB/T 20203—2017），工程规划、设计更加科学经济，施工、管理更加规范严谨，工程投资、运行费用降低，节水增产效果较旧规范更加明显。据统计，截至 2020 年底，我国喷灌、微灌、管道输水灌溉等高效节水灌溉面积达到 3.5 亿亩，其中管道输水灌溉面积 1.58 亿亩，约占高效节水灌溉的 50%。同时，规范的实施，有力地改善了田间作物灌水条件，有利于适时适量灌溉。据测算，管道输水灌溉工程年增效益 30 元/亩左右，年节水 20~30 m³/亩，节地 1.5%，省工 20%，增产 5% 以上。由此推算，《管道输水灌溉工程技术规范》（GB/T 20203—2017）实施后年节水 30 亿 m³ 以上、年增产粮食 80 亿 kg 以上，年直接经济效益 50 亿元以上。

1.2 社会效益

基础通用和公益标准主要围绕国家基础保障和治理能力提升，大多体现的是社会效益。依据此类标准开展资源与能源节约、环境保护、重要领域安全、社会管理和公共服务等，对社会发展（如科学技术、文化教育、社会保障、公共利益服务水平等）以及节能环保（如资源环保、生态环保、废弃物等）产生积极作用。

同时，标准平衡着供需双方的信息对称性，降低购买风险。如水利建设中各类合同的签订，内容明示的、隐含的，通过标准的质量特性，承载双方供需要求和信任，减少争议，降低了诉述成本，创造了公正条件。例如，水利质检机构作为第三方开展各类检测业务，在承接任务、签订合同时，开展检测依据的标准作为合同中必须明示的内容，这些标准起到公益性的社会责任和质量追溯等作用。另外，标准是安全的基础，劳动安全、设备安全、人身和财产安全等各类安全标准保障社会的安全。例如，水利工程建设过程中的防火、防电、防辐射以及各项防护措施、安全标示和图形符号等，在相关标准中均有严格的规定。通过标准的发布实施、宣贯，提高使用者的知识和技术水平，标准程序也有利于劳动者尽快掌握新技术、新工艺和新方法，不断提高使用者的科技文化素质、劳动技能和劳动熟练程度，从而提高作业效率和劳动生产力。

产生社会效益的标准大部分为规划、勘测设计类标准，如《节水灌溉工程技术标准》（GB/T 50363—2018），直接作用到全国节水灌溉推广中，起到引领节水灌溉发展、指导节水灌溉工程建设、推动节水灌溉技术进步的重大作用，对促进我国节水灌溉发展具有重要意义。

1.3 生态环境效益

生态环境是人们赖以生存的条件，生态环境问题主要受自然因素如气候、地貌、土壤、植被等和人类活动的共同影响。人们为了生存和发展，不得不对大自然进行开发、改造。工程建设或多或少地给生态环境带来一定的负面影响，水利工程在合理开发利用水资源的同时，也未忽略对生态环境的保护。十八大以来，党和国家加大生态环境治理和保护力度，先后出台一系列法规、规章和标准。依据水利工程技术标准在水环境、水土保持等方面适时监测、评价，约束工程建设对生态环境的影响，将负面影响降到最低程度。

生态环境效益是对人类社会活动的环境后果即对环境质量变化所带来的损失或收益的衡量。此类标准大多致力于生态环境保护、治理和控制，降低污染，实现生态环境可持续发展。通过规定环境要素中所含有害物质或者因素的最高限额标准，确保环境达到目标值。标准实现了由"末端控制"和"先污染后治理"到"污染预防"的转变，促使组织对产品生命周期内具有或可能具有的潜在环境影响移速加以控制，实现清洁生产、减少污染物排放、节约资源、预防环境污染的发生。环境效益可以从自然、经济、人文等多种角度对人类活动可能导致的环境变化进行综合评估和衡量，可按环境保护措施实行前后环境不利影响指标或环境状况指标的差值来算。例如，《江河流域规划环境影响评价规范》（SL 45—2006），"掌握地下水污染控制状况、下泄低温水恢复程度"、"维持和保护河流（湖、库）水功能区功能"等可视为直接环境效益；通过评价采取措施"恢复和改善控制性工程低温水状况""保护地下水水质，防止地下水污染"等可视为间接环境效益。再如，《开发建设项目水土保持方案技术规范》（SL 204—1998），"避免了被核减的工程给环境带来危害程度"可视为直接环境效益；"减少弃渣场地、运输方式等不合理而对环境带来的危害"可视为间接环境效益等[3]。

2 标准存在问题

调研收集的标准应用案例中发现，标准的应用非常广泛，为一些重大工程、重要规划、宣贯教材提供了重要支撑作用。在经济、社会、生态环境等方面也发挥了可观的效益，有效地推动了水利事业发展。尽管如此，也要认识到水利标准在实际应用过程还存在一些不足。在调研中发现，个别标准存在适用范围过大、过窄或者过泛的问题；以及技术内容存在技术水平过高或者过低、可操作性受到限制条件多或者步骤烦琐等问题；或者部分相关标准存在一些相似或重复问题；例如，一些化学分析类标准，在试验方法方面存在一定的相似性，使用时使用者很难选取使用哪个标准更为适宜。例如，使用电感耦合等离子体质谱法测地表水中的铁元素，可以选用《铅、镉、钒、磷等 34 种元素的测定-电感耦合等离子体质谱法》（SL 394.2—2007）或《水质 65 种元素的测定电感耦合等离子体质谱法》（HJ 700—2014）；《吹扫捕集气相色谱/质谱分析方法（GC/MS）测定水中挥发性有机污染物》（SL 393—2007）与《水质挥发性有机物的测定吹扫捕集/气相色谱-质谱法》（HJ 639—2012）均可用于测定地表水中的三氯苯；《水质 总硒的测定 铁（Ⅱ）——邻菲啰啉间接分光光度法》（SL 272—2001）与《水质 硒的测定原子荧光光度法》（SL 327.3—2005）、《水质 总硒的测定 3，3′-二氨基联苯胺分光光度法》（HJ 811—2016）、《水质 硒的测定 石墨炉原子吸收分光光度法》（GB/T 15505—1995）、《水质 硒的测定 2，3-二氨基萘荧光法》（GB 11902—1989）的标准存在相似，且相似内容一致；《生产建设项目水土保持监测与评价标准》（GB/T 51240—2018）与《水土保持监测技术规程》（SL 277—2002）名称和内容均存在相似之处，建议统筹协调[4-5]。

3 结语

3.1 进一步规范标准评估机制

水利标准对国民经济的影响作用是一个动态变化的过程，在未来水利标准化工作中，考虑到水利标准作为推广先进水利科技成果和实践经验的重要工具和桥梁，需要伴随水利科技发展而不断修订发展、伴随水利工程发展遇到的新问题而不断深化发展，标准评估是一项长期性任务。因此，建议进一步统一规范评估指标、评估方法，以及评估结论的评判原则，通过动态评估，全面提高标准化工作作用成效。

3.2 加强水利标准监督管理

调研表明，水利标准经过 50 年发展历程取得了显著的成绩。但同时也发现，水利技术标准本身还存在着不适宜、不配套和缺项等问题，部分标准修订不及时，引用失效文件，交叉、重复，乃至不一致的现象仍然存在；另外，标准的宣贯工作还有待加强，部分使用者反馈标准获取不方便，实施环节存在执行标准不主动、监督不到位等现象；水利技术标准的作用尚未得到充分的发挥，具有很大的发展潜力。建议开展标准合规性评价，清理、复核标准；设置信息反馈通道，便于问题反映和收集。应从标准编制、实施、监督管理全过程出发，进一步全面加强水利标准化工作，才能充分发挥水利技术标准的应有作用[6]。

参考文献

［1］于爱华，齐莹，刘彧，等．水利标准实施效果评估报告［R］．北京：中国水利水电科学研究院，2020.

［2］于爱华，齐莹，李建国，等．水利技术标准绩效评估研究［R］．2021.

［3］齐莹，于爱华．水利技术标准效益产生机理研究［J］．中国标准化，2020（8）：84-89.

［4］刘彧，于爱华，齐莹，等．水利标准规范性引用文件现状分析与建议［J］．水利技术监督，2021（1）：12-14.

［5］于爱华，齐莹．水利技术标准效益评估之我见［J］．水利技术监督，2013（2）：9-13.

［6］宋小艳，于爱华，刘彧，等．水利标准"谁在用、用在哪、用的怎么样"调研［J］．水利技术监督，2020（6）：23-28.

水利技术标准的作用及影响因素

齐 莹

（中国水利水电科学研究院，北京 100038）

摘 要：本文从标准化和标准的概念入手，分析了水利技术标准的特性。从标准的产生过程来看，标准具有目的性、科学性、民主性的特性。从标准的内容来看，标准具有适用性、先进性、经济性和政策性的特性。从标准的实施、使用过程来看，标准具有生产力特性。进一步分析了影响标准发挥作用的主要因素，提出了促进水利技术标准积极发挥作用的建议。

关键词：水利技术标准；作用；影响因素

1 水利技术标准的特性

1.1 标准化和标准的概念

标准化是为了在既定范围内获得最佳秩序，促进共同效益，对现实问题或潜在问题确立共同使用和重复使用的条款以及编制、发布和应用文件的活动[1]。从这一定义可以看出，获得最佳秩序、促进共同效益是标准化活动的目的，同时这一目的又是衡量和评价标准作用的重要判定依据。通过标准的实施，规范人们的行为，使标准化对象的有序化程度提高，使之尽量符合客观的自然规律和技术法则，从而促进技术进步，保证产品和服务的质量，最终实现提高标准作用和效益的终极目标。

标准是通过标准化活动，按照规定的程序经协商一致制定，为各种活动或其结果提供规则、指南或特性，供共同使用和重复使用的文件[1]。（注：1. 标准宜以科学、技术和经验的综合成果为基础。2. 规定的程序指制定标准的机构颁布的标准制定程序。3. 诸如国际标准、区域标准、国家标准等，由于它们可以公开获得以及必要时通过修正或修订保持与最新技术水平同步，因此它们被视为构成了公认的技术规则。其他层次上通过的标准，诸如专业协（学）会标准，企业标准等，在地域上可影响几个国家）

1.2 水利技术标准的特性

1.2.1 从水利技术标准的产生过程来看

从水利技术标准的产生过程来看，具有以下特性：

（1）目的性。从标准化的概念中可以看出，制定和实施水利技术标准的最终目的就是要获得最佳秩序和最佳效益。但这个最佳效益不是绝对的，而是相对于当时的社会经济状况、科学技术水平等条件而言的。尽管在获得最佳效益过程中所涉及的问题不同、需要推敲的因素不等，但任何标准的目的是完全一致的。

（2）科学性。由标准的概念可以看出，制定水利技术标准的基础是水利科学技术和实践经验的综合成果。这说明，没有经过实践检验的科学技术成果是不能纳入标准的；仅经过实践检验，却没有经过科学论证并总结其普遍性、规律性的成果，同样不能纳入标准。因此，这一规定反映了水利技术标准具有严格的科学性。

（3）民主性。水利技术标准在制定过程中，要经过大纲审查、广泛征求意见、送审稿审查、报

作者简介：齐莹（1979—），女，正高级工程师，主要从事水利标准化方面的工作。

批稿审定等阶段，这就保证了标准中的技术规定可以形成统一的、各方均可接受的意见，进而体现了标准的民主性。标准的民主性越强，生命力越强。

1.2.2 从水利技术标准的内容来看

从水利技术标准的内容来看，具有以下特性：

（1）适用性。水利技术标准是科学技术成果与实践经验经过分析综合，进行总结、提炼、优化的结果，使其具有广泛适用性，有更普遍的指导作用。

（2）先进性。水利技术标准更多地涉及技术领域的重复性事物，是通用的技术语言，具有技术先进性。

（3）经济性。水利技术标准的经济性源于技术先进性，任何一项先进的科技成果纳入标准时，重要考虑的应是该项标准对国民经济发展和社会进步的影响。

（4）政策性。水利技术标准的先进性、经济性客观上就要求其内容必须符合国家的法律法规、技术经济政策和水利行业发展政策。

1.2.3 从水利技术标准的实施、使用过程来看

从水利技术标准的实施、使用过程来看，具有生产力特性[2-3]，主要表现在科学技术和分工协作两个方面。

（1）水利技术标准是科学技术研究和实践经验总结的综合成果。标准的制定→实施→修订这一螺旋上升的过程，实质上就是技术和经验积累→应用→创新→再积累的过程[4-6]。在这一过程中，标准对新的技术进步提供了一个共同的出发点，新的标准的实现过程就是对技术进步过程中的技术多样性的不断约束，从而完成对最优技术的选择。标准的更新过程则是新成果代替旧成果，是科技研发创新的深化和提高的过程。由于科学技术是第一生产力，任何一项科研成果，通过标准这一渠道，可为其迅速推广应用创造良好的条件。

（2）标准从本质上讲，是人类劳动分工的产物，它对经济发展的意义，主要是降低了分工协调成本。水利技术标准作为各方公认的技术准则，衔接了相互独立的专业化操作，降低了分工协调成本，促进了分工的深化，从而不断提高生产力。

2 水利技术标准的作用和影响因素

标准的作用是标准使用产生的影响和效果[7]，是有用性和价值性的体现。

2.1 从标准特性角度分析水利技术标准的作用

从标准的产生过程及其内容中体现的标准特性看来，标准的科学性、民主性、适用性、先进性决定了水利技术标准具有技术支撑作用、桥梁转化作用和引导促进作用；标准的目的性、经济性、政策性决定了水利技术标准具有管理基础作用和约束保障作用，从而实现了水利技术标准对水利行业发展的促进作用。

2.1.1 技术支撑作用

水利技术标准是一种强有力的技术手段，为提高工程与产品质量、防灾减灾、确保人民群众的生命财产与工程安全等方面提供了技术支撑。

2.1.2 管理基础作用

水利技术标准为科学管理奠定了基础。通过标准的实施，可以减少人为的随意性，保障设施运行的安全性，提高监督的有效性。

2.1.3 桥梁转化作用

水利技术标准是科技成果和生产实践之间的桥梁。通过标准这种媒介，才能使成熟的水利科技成果从理论走向实际，使创新成果迅速传播，促进产学研有机结合，实现向现实生产力的转化。在这个过程中，标准是鼓励先进技术、淘汰落后技术的创新平台，各国、各行业都试图借助标准这个桥梁来寻求经济利益最大化。

2.1.4 引导促进作用

在水利科技与管理水平向更高层次发展的过程中，水利技术标准作为引导手段，对新技术、新工艺、新材料、新产品的推广具有明显的促进作用。体现科学性的标准的实施是先进技术的发展方向，同时抑制一些落后技术的使用。

2.1.5 约束保障作用

水利技术标准是提高水利工程建设、产品和服务质量的约束和保障。由水利行业组织制定的推荐性标准具有行业约束性；强制性标准相当于我国的技术法规[8]，以强制力保障实施。

2.2 影响水利技术标准发挥作用的主要因素

在水利技术标准的实施过程中，其发挥的作用大小是与它所处的环境和人们对它的认识相联系的。具体地说，水利技术标准的作用将受到标准所处的社会环境、标准的适用性、人们对标准的知晓与了解程度、标准实施程度等多种因素影响，并且标准的作用会随着科技的发展和社会的进步而发展。

2.2.1 水利技术标准所处的社会环境

水利技术标准作为水利相关法律法规的延伸和一种技术手段，从其发展历程来看，作用的发挥与其所处的社会与经济制度紧密相关。不同的发展时期，社会对标准的重视程度和要求不同，标准化及水利政策制度不同，这些都将影响和约束标准作用的发挥。

2.2.2 水利技术标准的适用性

适用性是指产品、过程或服务在具体条件下适合规定用途的能力[1]。标准的适用性是指一个标准在特定条件下适合于规定用途的能力。因此，标准的作用主要受标准使用的难易程度、标准的指标、参数等技术要素合理性的影响。此外，标准作用的发挥还与标准体系的适用性（包括标准之间的系统性、协调性等）有关。

2.2.3 水利技术标准的知晓与了解程度

标准作用的发挥与人们对它的认识有关，如果没有标准化意识，显然标准就没有意义。在标准发布以后，对标准进行宣贯，让水利从业人员尽快地了解标准的技术内容，对标准的推广应用非常重要。

2.2.4 水利技术标准的实施程度

标准只有被广泛实施才能产生作用。标准的实施程度主要受水利从业人员执行标准的主动性、使用标准人员的标准化意识、标准实施情况的监督检查及其激励机制等因素的影响。强制性水利技术标准作为水行政主管部门依法行政的重要技术手段，行政强制力是促进其全面有效贯彻实施的保障。

3 对促进水利技术标准积极发挥作用的建议

为进一步发挥水利技术标准的积极作用，为推动水利高质量发展提供保障，对加强水利技术标准的制定、研究、实施、监督等标准化工作提出如下建议。

3.1 进一步推进标准供给多元化发展

促进水利标准化改革与发展，进一步理顺政府、市场在水利标准供给侧改革中的多元关系。围绕水利中心工作，聚焦水旱灾害防御、国家水网建设、智慧水利建设等重点领域，属于保"安全"的编制强制性标准，属于公益类的重点保"基本"，持续为水利改革发展提供标准支撑。

同时激发市场主体活力，进一步研究水利团体标准的制定原则、标准化服务对象领域和转化途径，加强对团体标准发展的监督协调和规范引导，提高团体标准的公信力和影响力，满足水利水电多元化发展需求。

3.2 不断深入开展标准化研究工作

不断深入开展水利标准化战略中的政策问题研究、水利标准化发展中的理论问题研究、标准关键技术研究、相关水利标准国际化研究等，进一步提升水利标准化的理论与学术水平。统筹推进科技、标准、产业协同创新，健全科技成果转化为技术标准机制，结合现有科技发展情况，将市场急需的具有自主知识产权的新技术和新产品转化为标准。

3.3 进一步提高水利技术标准的适用性

水利技术标准指标的合理性对国民经济和社会发展起到至关重要的作用。指标过高，不仅阻碍技术的发展，还会给水利工程建设造成极大的浪费；指标过低，不仅影响水利工程质量，更糟的是给水利工程造成极大的安全隐患。为此，应进一步开展标准试点示范工作，加快标准验证点布局，构建标准验证技术支撑体系，对新技术、新产品、新工艺的技术指标进行复核、验证，对标准进行及时的调整，提高标准的适用性，更规范地指导实践。

3.4 加强对水利技术标准实施的指导和监督

标准化活动的目的就是实施标准、获得效益。水利技术标准的有效实施应加强以下两个环节的工作：

（1）宣贯培训是确保水利技术标准的使用者和潜在使用者正确理解并有效实施标准的重要手段。只有做好水利技术标准的宣贯培训，才能使水利行业从业人员了解标准，并在水利建设与管理过程中贯彻执行标准，最终实现标准的作用和效益。

（2）实施监督是水利技术标准作用显现的关键。标准的实施，尤其是强制性标准和强制性条文的实施，只靠"自律"是不够的，还必须有监督。实施有效、监督到位是实现水利技术标准作用的决定环节。因此，应完善水利技术标准实施监督体制建设，运用法律性质的强制性手段和市场机制的资源性措施，通过激励政策、强制措施推动标准的实施。特别是对于强制性标准，通过工程质量检查、产品认证等手段，形成社会监督机制，促进标准的实施，充分发挥标准的作用。通过建立水利技术标准评价机制，加强标准评价结果运用，将评价结果及时反馈到标准管理的全过程。

参考文献

[1] 全国标准化原理与方法标准化技术委员会（SAC/TC 286）. 标准化工作指南 第1部分：标准化和相关活动的通用术语：GB/T 20000.1—2014 [S]. 北京：中国标准出版社，2015.

[2] 洪生伟. 技术监督概论 [M]. 2版. 北京：中国质检出版社，2011.

[3] 赵海军. 论标准经济学 [J]. 广东商学院学报，2007（1）：4-7.

[4] 李学京. 标准与标准化教程 [M]. 北京：中国标准出版社，2010.

[5] 中国工程建设标准化协会学术委员会. 工程建设标准化概论 [M]. 北京：新世界出版社，1994.

[6] 上海市标准化研究院. 标准化效益评价及案例 [M]. 北京：中国标准出版社，2007.

[7] 麦绿波. 标准的功能和作用（下）[J]. 标准科学，2012（11）：6-10.

[8] 吴立功. 论我国水利标准化建设与发展 [J]. 人民长江，2005（4）：13-14，62.

国际标准组织 ISO 水利相关技术委员会国际标准分析

刘姗姗　刘　彧　马福生　齐　莹

（中国水利水电科学研究院，北京　100038）

摘　要： 标准国际化是支撑水利高质量发展的重要保障，本文基于对国际标准组织 ISO 水利相关技术委员会及其发布的国际标准的分析，结果表明，截至 2022 年 9 月 26 日，ISO 中水利相关的技术/方案委员会 18 处，分技术委员会 2 处，水利相关技术/方案委员会和分技术委员会负责颁布国际标准 395 项，主要分布在科学中 IT 应用，纺织工业产品，土方工程、土壤的物理性质，截止阀，灌排设备和管材等方向，正在负责制定中国际标准 108 项，主要分布在科学中 IT 应用，土工布、一般阀门，土方工程、液体废物、污泥、灌排设备和管材等方向，未来，我国水利标准国际化需要在 IT 应用、防渗材料、管道及其配件和污水污泥处理上加大力度。

关键词： ISO；水利；技术委员会；国际标准

1　引言

水利标准国际化是经济活动和社会发展的技术支撑，是国家基础性制度的重要方面。标准化在推进国家治理体系和治理能力现代化中发挥着基础性、引领性作用。随着中国"走出去"战略和"一带一路"倡议的实施，我国水利对外发展的进程不断加快[1]，通过开展标准英文翻译、标准对比研究，利用国际研讨、援外培训等机会积极推介，依托承担国际工程项目带动标准输出等方式，已使我国水利标准得到了一些国家的认可[2]。本文通过研究与分析国际标准组织 ISO 中水利相关技术委员会及其负责标准情况，旨在为我国水利标准国际化提供技术支撑。

2　国际标准组织 ISO 中水利相关技术委员会分析

国际标准组织 ISO 是一个独立的非政府国际组织，拥有 167 个国家标准机构的成员。汇集了世界各个行业的专家，通过其成员分享知识，制定自愿的、基于共识的、与市场相关的国际标准，以支持创新并为全球挑战提供解决方案。ISO 现有技术委员会（TC）共 258 处，分技术委员会（SC）共 550 处。ISO 中水利相关的技术/方案委员会有 18 处，涉及船舶和海洋技术、管道流量测量、水泵、污水利用、水产养殖、节水和小型水电站等方面。最早成立的是 1947 年的船舶和海洋技术委员会和封闭管道中流体流量的测量技术委员会，最晚成立的是 2022 年的小型水电站技术委员会和供热管网技术委员会，秘书处主要设置在中国国家标准化管理委员会（4 个）、法国标准化协会（4 个）、英国标准协会（3 个）和德国标准化学会（2 个）（见表 1）。分技术委员会有 2 处，分别是铸铁管、配件及其接头分技术委员会、灌溉和排水设备和系统分技术委员会，成立年份均为 1980 年，秘书处设置在法国标准化协会和以色列标准协会（见表 2）。分析表明，ISO 中水利相关的技术委员会早期成立的多

基金项目： 青年基金项目（51879275）。

作者简介： 刘姗姗（1987—），女，高级工程师，主要从事水生态及标准化研究工作。

通信作者： 齐莹（1979—），女，正高级工程师，主要从事水利标准化方面的工作。

与工程相关，随着水资源的紧缺，水资源利用及节水相关的技术委员会相继成立。

表1 水利相关技术/方案委员会信息

序号	编号	名称	成立年份	秘书处
1	ISO/TC 8	船舶和海洋技术	1947	中国国家标准化管理委员会（SAC）
2	ISO/TC 30	封闭管道中流体流量的测量	1947	英国标准协会（BSI）
3	ISO/TC 113	液体比重测定法	1964	印度标准协会（ISI）
4	ISO/TC 115	泵	1964	法国标准化协会（AFNOR）
5	ISO/TC 138	流体输送用塑料管、配件和阀门	1970	日本工业标准委员会（JISC）
6	ISO/TC 147	水质	1971	德国标准化学会（DIN）
7	ISO/TC 153	阀门	1971	法国标准化协会（AFNOR）
8	ISO/TC 182	岩土工程	1981	英国标准协会（BSI）
9	ISO/TC 190	土壤质量	1985	德国标准化学会（DIN）
10	ISO/TC 211	地理信息/地理信息学	1994	瑞典标准研究所（SIS）
11	ISO/TC 221	土工合成材料	2000	英国标准协会（BSI）
12	ISO/TC 224	饮用水、废水和雨水系统和服务	2001	法国标准化协会（AFNOR）
13	ISO/TC 234	渔业和水产养殖	2007	挪威标准协会（SN）
14	ISO/TC 275	污泥回收、再循环、处理和处置	2013	法国标准化协会（AFNOR）
15	ISO/TC 282	水的再利用	2013	中国国家标准化管理委员会（SAC）
16	ISO/PC 316	节水产品-等级	2018	澳大利亚标准协会（SA）
17	ISO/TC 339	小型水电站	2022	中国国家标准化管理委员会（SAC）
18	ISO/TC 341	供热管网	2022	中国国家标准化管理委员会（SAC）

表2 水利相关分技术委员会信息

序号	编号	名称	发起年份	秘书处
1	ISO /TC 5/SC 2	铸铁管、配件及其接头	1980	法国标准化协会（AFNOR）
2	ISO/TC 23/SC 18	灌溉和排水设备和系统	1980	以色列标准协会（SII）

3 国际标准组织 ISO 中水利相关技术委员会国际标准分析

水利相关技术/方案委员会直接负责颁布的国际标准有332项，其中，已经出版的国际标准155项、系统审查中的国际标准11项、审查结束的国际标准2项、待修订的国际标准43项、国际标准待确认121项（见表3）。水利相关技术/方案委员会直接负责颁布的国际标准主要分布在科学中 IT 应用（包括数字地理信息），纺织工业产品，土方工程、挖掘、基础建设、地下工程（包括岩土工程），土壤的物理性质，截止阀，其他与造船和海洋结构相关的标准，封闭管道流，鱼和渔业产品，与造船和海洋结构相关的通用标准和明渠流方向（见表4）。综合来看，随着计算机应用的广泛，ISO 中水利相关国际标准更集中在 IT 应用，同时，工程实际相关的纺织工布及岩土施工等相对较多。

表3 水利相关技术/方案委员会已颁布国际标准阶段分布

编号	国际标准出版	系统审查中的国际标准	审查结束	待修订的国际标准	国际标准待确认	总数
ISO/TC 8	14			2	10	26
ISO/TC 30	2				8	10
ISO/TC 113	2	1	1		4	8
ISO/TC 115	2				3	5
ISO/TC 138	3				3	6
ISO/TC 147					2	2
ISO/TC 153	12	1		4	12	29
ISO/TC 182	33	5		2	16	56
ISO/TC 190	7			1	7	15
ISO/TC 211	39	1	1	13	37	91
ISO/TC 221	24	1		7	14	46
ISO/TC 224	12	1		4	5	22
ISO/TC 234	2	1		8		11
ISO/TC 275	2					2
ISO/TC 282				2		2
ISO/PC 316	1					1
总数	155	11	2	43	121	332

表4 水利相关技术/方案委员会已颁布国际标准主要分类

序号	分类	数量
1	35.240.70：科学中 IT 应用（包括数字地理信息）	88
2	59.080.70：纺织工业产品	42
3	93.02：土方工程、挖掘、基础建设、地下工程（包括岩土工程）	31
4	93.02 和 13.080.20：土方工程、挖掘、基础建设、地下工程（包括岩土工程）和土壤的物理性质	22
5	23.060.01：截止阀	20
6	47.020.99：其他与造船和海洋结构相关的标准	10
7	17.120.10：封闭管道流	9
8	67.120.30：鱼和渔业产品	9
9	47.020.01：与造船和海洋结构相关的通用标准	8
10	17.120.20：明渠流	7

　　水利相关技术/方案委员会直接负责制定中的国际标准有 96 项，其中，处于提议阶段的国际标准 5 项、处于工作草案阶段的国际标准 27 项、处于技术委员会草案阶段的国际标准 22 项、处于投票阶段的国际标准 30 项、处于提交阶段的国际标准 9 项、处于出版阶段的国际标准 3 项（见表5）。除去未分配分类号的 28 项，水利相关技术/方案委员会负责制定中的国际标准主要分布在科学中 IT 应用

（包括数字地理信息），土工布（包括土工合成材料），一般阀门，土方工程、挖掘、基础建设、地下工程（包括岩土工程）、液体废物、污泥，消费者服务、饮用水、污水（包括污水处理）、与造船和海洋结构相关的通用标准和其他与造船和海洋结构相关的标准方向（见表6）。结果表明，随着资源的紧张，废水、污泥的再利用相关国际标准逐步增加。

表5　水利相关技术/方案委员会制定中国际标准阶段分布

编号	新项目获批	在TC/SC工作计划中注册的新项目	工作草案(WD)启动	投票/评论期结束	委员会草案(CD)注册	CD研究/投票启动	投票结束	CD获准注册为DIS	DIS注册	DIS投票启动:12周	DIS投票结束	完整报告已分发;DIS获准注册为FDIS	收到最终文本或FDIS注册以供正式批准	发送给秘书处的证明或发起FDIS投票:8周	正在出版的国际标准	总量
TC 8		9				1		2	1		3			1		17
TC 138											1					1
TC 153		1							2		3				1	7
TC 182		1	1			1			1	2			1		1	8
TC 190				1						1						2
TC 211		9				2		3	1		3	3	1	2	1	25
TC 221	1	1	1			4	1	2					1	2		13
TC 224	4	2			1	2			1		5	1				16
TC 234		1														1
TC 275					1		2						1			4
TC 282									1	1						2
总量	5	24	2	1	2	10	3	7	7	4	15	4	4	5	3	96

表6　水利相关技术/方案委员会制定中国际标准主要分类

序号	分类	数量
1	未分配分类号	28
2	35.240.70：科学中IT应用（包括数字地理信息）	18
3	59.080.70：土工布（包括土工合成材料）	12
4	23.060.01：一般阀门	6
5	93.02：土方工程、挖掘、基础建设、地下工程（包括岩土工程）	6
6	13.030.20：液体废物、污泥	4
7	03.080.30、13.060.20和13.060.30：消费者服务、饮用水、污水（包括污水处理）	3
8	47.020.01：与造船和海洋结构相关的通用标准	3
9	47.020.99：其他与造船和海洋结构相关的标准	2

水利相关分技术委员会直接负责颁布国际标准 63 项目，其中，已经出版的国际标准 27 项、系统审查中的国际标准 4 项、审查结束的国际标准 2 项、待修订的国际标准 4 项、国际标准待确认 26 项（见表 7）。主要分布在排灌设备，钢铁管材，钢铁管材和特殊用途钢管（包括建筑用空心钢筋和型材），管道组件和一般管道，特殊用途钢管（包括建筑用空心钢筋和型材），供气系统（包括建筑物中的燃气表）和供水系统（包括建筑物中的水表）方向（见表 8）。

表 7　水利相关分技术委员会已颁布国际标准阶段分布

编号	国际标准出版	系统审查中的国际标准	审查结束	待修订的国际标准	国际标准确认	总量
ISO /TC 5/SC 2	11	4	2	3	3	23
ISO/TC 23/SC 18	16			1	23	40
总量	27	4	2	4	26	63

表 8　水利相关分技术委员会已颁布国际标准主要分类

序号	分类	数量
1	65.060.35：排灌设备	39
2	23.040.10：钢铁管材	8
3	23.040.10 和 77.140.75：钢铁管材和特殊用途钢管（包括建筑用空心钢筋和型材）	4
4	23.040.01：管道组件和一般管道	2
5	77.140.75、91.140.40 和 91.140.60：特殊用途钢管（包括建筑用空心钢筋和型材）、供气系统（包括建筑物中的燃气表）和供水系统（包括建筑物中的水表）	2
6	77.140.75 和 91.140.60：特殊用途钢管（包括建筑用空心钢筋和型材）和供水系统（包括建筑物中的水表）	2

水利相关分技术委员会直接负责制定中的国际标准 12 项，处于工作草案阶段的国际标准 2 项、处于技术委员会草案阶段的国际标准 2 项、处于投票阶段的国际标准 6 项、处于提交阶段的国际标准 2 项（见表 9）。除去未分配分类号的 2 项，制定中的国际标准主要分布在排灌设备、钢铁管材和特殊用途钢管（包括建筑用空心钢筋和型材）方向（见表 10）。

表 9　水利相关分技术委员会制定中国际标准阶段分布

编号	在 TC/SC 工作计划中注册的新项目	投票/评论期结束	CD 获准注册为 DIS	DIS 注册	DIS 投票启动：12 周	DIS 投票结束	收到最终文本或 FDIS 注册以供正式批准	总量
ISO /TC 5/SC 2	2	1	1	1		2		7
ISO/TC 23/SC 18					1	2	2	5
总量	2	1	1	1	1	4	2	12

表 10　水利相关分技术委员会制定国际标准主要分类

序号	分类	数量
1	65.060.35：排灌设备	5
2	23.040.10：钢铁管材	3
3	23.040.10 和 77.140.75：钢铁管材和特殊用途钢管（包括建筑用空心钢筋和型材）	2
4	未分配分类号	2

4　结论

本文基于对国际标准组织 ISO 水利相关技术委员会及其发布的国际标准的分析，结果表明：

（1）截至 2022 年 9 月 26 日，ISO 中水利相关的技术/方案委员会 18 处，分技术委员会 2 处，成立年份分布在 1947—2022 年。ISO 中水利相关的技术委员会早期成立的多与工程相关，随着水资源的紧缺，水资源利用及节水相关的技术委员会相继成立。

（2）水利相关技术/方案委员会和分技术委员会负直接负责颁布国际标准 332 项，综合来看，随着计算机应用的广泛，ISO 中水利相关国际标准更集中在 IT 的应用，同时，工程实际相关的纺织工布及岩土施工等相对较多。为提高我国水利标准在国际上的地位，应加快计算机技术在水利行业应用及施工相关标准走出去。

（3）水利相关分技术委员会直接负责颁布国际标准 63 项，主要分布在排灌设备，钢铁管材和供水系统（包括建筑物中的水表）方向。直接负责制定中国际标准 12 项，主要分布在排灌设备、钢铁管材和特殊用途钢管（包括建筑用空心钢筋和型材）方向。

参考文献

［1］顾晓伟，郑寓，程萌，等. 水利行业采用国际标准的现状与建议［J］. 水利技术监督，2018（5）：17-20.
［2］张忠辉，杨海燕. 推动中国水利标准"走出去"的实践探索［J］. 中国水利，2021（20）：122-125.

新阶段完善节水认证标准体系建设的思考

刘行刚[1,2]　张升东[2]　郑　好[2]　王　雪[2]　盖红星[2]

(1. 中国水利水电科学研究院，北京　100038；
2. 北京中水润科认证有限责任公司，北京　100048)

摘　要：贯彻"节水优先、空间均衡、系统治理、两手发力"新时期治水思路，实施国家节水行动方案，促进节水型社会建设，要求深入推进节水认证体制机制创新。完善节水认证标准体系建设是发挥标准引领作用、推进节水认证规范化、实现水利高质量发展的标准技术要求。本文结合我国推进节水认证的政策需求，分析国内外节水认证标准体系现状与不足，提出了我国完善节水认证标准体系建设的建议。

关键词：节水；节水认证；标准体系；高质量发展；水资源

1　引言

水资源短缺是世界各国共同面临的生存问题[1]。我国被联合国列为"水资源紧缺"的国家之一，人均水资源占有量低，列在世界的121位。同时，我国水资源利用率低，单位国民生产总值（GDP）用水量是美国的8倍、德国的11倍[2]。

习近平总书记站在中华民族永续发展的战略高度提出"节水优先、空间均衡、系统治理、两手发力"治水思路。近年来，国家从顶层设计入手加强节水立法工作、实施节水行动方案和建设节水型社会来应对水资源危机，各项措施提出推进节水认证工作[3]。

当前，我国节水认证标准体系尚不完善，导致节水认证势头不足[4]，表现出应用面窄、分头管理、散而弱的弊端，不适应新阶段水利高质量发展要求。有必要完善节水认证标准体系建设，推进节水认证工作规范化，实现水利高质量发展高标准引领。

2　国内外节水认证及认证标准体系发展情况

澳大利亚、法国等国家较成功地开展了节水认证，多数以产品为主开展节水认证[5]。美国环境保护署（EPA）代表政府推动的节水认证发展较全面、最为典型，包括产品、场所、设施的节水认证。本文以美国为例介绍国外节水认证及认证标准体系发展情况。

2.1　美国节水认证及认证标准体系发展情况

2.1.1　美国节水认证的发展

美国学者认为认证是政府职能的市场化，社会治理的新趋势[6-8]。为了促进用水伦理，保护国家水资源安全，美国环境保护署（EPA）根据职责自2004年1月组织制定了全国性、市场化的"节水认证计划"（Watersense）[9]，并于2006年6月正式实施。最初的节水认证计划仅是社会应用量大的卫生洁具产品，包括花洒、马桶、水龙头等。

随着"节水认证计划"的成功实施，EPA不断完善节水认证制度，从城镇生活卫生洁具产品扩大到农业的灌溉设备、土壤湿度监测、植被，把建筑房屋、办公楼宇、酒店、企业园区等工商业领域

作者简介：刘行刚（1982—），高级工程师，主要从事农业节水、农村供水、灌排标准化和节水认证工作。

通信作者：盖红星（1977—），高级工程师，主要从事认证认可研究工作。

的场所设施作为"产品"纳入节水认证体系。

2.1.2 美国节水认证的标准体系情况

美国 EPA 统一负责节水认证工作,以标准为基础组织制定节水认证的标准规范性文件(目前为 Watersense 2.1 版),并动态更新。美国节水认证计划的组织结构示意图见图 1,分为 4 个层次,从顶端到底端依次是 EPA、认可机构、认证机构、产品(含场所设施)。

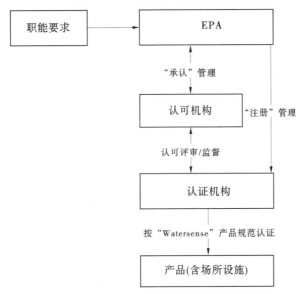

图 1 美国节水认证计划的组织结构示意图

EPA 节水认证的标准规范体系分 4 个层级:一是规定政府开展节水认证的行政的标准规范;二是规定认可机构、认证机构、检测机构能力要求的标准规范;三是规定认证程序(含认可和检测)的标准规范;四是规定产品、场所设施等性能的标准规范。这些标准规范文件构成了 EPA 的节水认证的标准规范体系,见表 1。

表 1 EPA 主导的节水认证标准规范体系

文件层级	标准化规范化对象	标准要求	规范性要求
第一层级 节水认证管理规定	认证范围、认证标志、合格评定机构[①]的确定程序、认证信息的发布等	《合格评定 词汇和一般原则》(ISO/IEC 17000)	制定发布《节水认证计划》
第二层级 合格评定机构能力要求	认可、认证、检验检测机构	《认可机构要求》(ISO/IEC 17011);《产品、过程和服务认证机构要求》(ISO/IEC 17065);《检测和校准实验室能力要求》(ISO/IEC 17025)	增加节水专业和经历要求
第三层级 合格评定活动程序要求	认可、认证、检验检测活动		制定统一的《认证方案》,作为《节水认证计划》的附件规定认证认可程序
第四层级 合格评定对象技术要求	城镇生活用水产品等	美国农业和生物工程师协会(ASABE)、美国机械工程师协会(ASME)、美国材料与试验协会(ASTM)、加拿大标准协会(CSA)等组织的自愿性共识标准	如依据《卫浴供水配件》(ASME A112.18.1)制定的《淋浴头技术规范》
	农业农村灌溉设备等		如依据《灌溉控制技术测试协议》(ASABE S633)制定的《灌溉控制器技术规范》
	酒店、园区等工商业场所	用水设施应符合上述自愿性共识标准	基于节水产品应用制定了《工商业设施节水良好实践》

注:① 合格评定机构包括认可机构、认证机构、检验检测机构。

2.2 我国节水认证及认证标准体系发展情况

2.2.1 我国节水认证的发展

1999 年 2 月，原国家经贸委发布了《中国节能产品认证管理办法》，其中包括节水产品。2004 年以来，国家连续发文推进节能产品（含节水）认证，将获得认证的产品纳入政府采购。此类节水产品认证主要由质检行业的认证机构实施，仅包括便器、水嘴、淋浴器、便器冲洗阀等 4 种城镇生活用品。2005 年，水利部推荐成立中水润科、新华节水等 2 家节水产品认证机构，并于 2006 年开始对农业节水灌溉和农村供水领域的 5 类 40 余种产品进行认证。截至 2022 年 8 月，各类节水产品认证证书共计 4 720 张，占全国认证证书总量的 0.15%。

近年，《国家节水行动方案》《"十四五"节水型社会建设规划》等文件提出"推进节水认证工作"，任务要求从"节水产品认证"向"节水认证"转变。

2.2.2 我国节水认证标准体系情况

我国节水产品认证起步较早，质检系统和水利行业在各自管理范围内建立实施了节水产品认证，形成了基本的节水产品认证标准规范框架，见表 2。认证机构自主开发的节水认证的未列入表中。

表 2 我国节水认证标准规范体系

文件层级	节能产品认证	节水产品认证	备注
第一层级 节水认证管理规定	《中国节能产品认证管理办法》	—	无专门节水认证管理办法
第二层级 合格评定机构能力要求	《合格评定 认可机构要求》（GB/T 27011）[①]、（GB/T 27065）[②]、（GB/T 27025）[③] 的基本要求		无节水专业和经历要求
第三层级 合格评定活动 程序要求	认证机构自行制定认证规则	《节水产品认证规范》（SL/T 476）	水利行业制定了统一的认证规范
第四层级 合格评定对象技术要求	便器、水嘴、淋浴器、便器冲洗阀等 4 种产品标准和认证机构自行编制技术规范	农业节水灌溉和农村供水的 5 类 40 余种产品标准	主要依据产品质量标准，缺少统一的节水属性的技术标准

注：①GB/T 27011 等同采用 ISO/IEC 17011；

②GB/T 27065 等同采用 ISO/IEC 17065；

③GB/T 27025 等同采用 ISO/IEC 17025。

3 我国节水认证标准体系的不足

相比于美国节水认证，我国节水认证标准体系存在以下不足。

3.1 节水认证标准体系系统性不强

从我国不同行业主导的节水认证横向分析，相互独立，散而弱，缺少统一的适用于节水认证的标准规范文件。从我国不同行业主导的节水认证纵向分析，仅有《合格评定产品、过程和服务认证机构服务》（GB/T 27065）和《节水产品认证规范》（SL/T 476）作为开展节水认证的标准，并且 GB/T 27065 规定了产品认证机构的通用要求但缺少节水专业要求，SL/T 476 规定了认证实施程序方面的要求，尚未覆盖节水认证管理、实施的全过程，系统性不强。

3.2 节水认证依据的产品标准不足

现阶段，我国开展的节水认证一种是控制水量的直接节水产品认证，一种是控制水流失间接节水产品认证。便器、水嘴等极少数直接节水产品有具体节水标准作为节水认证依据，输配水管材管件、灌带等间接节水产品则以产品质量标准为认证依据。节水认证依据的产品标准匮乏制约了社会节水能力的提升和节水认证的推广。

3.3 节水认证标准体系市场应变能力弱

美国节水认证标准体系以自愿性共识标准为主，动态调整的灵活性和市场的适应性强。我国实施的节水产品认证过度依赖国家标准、行业标准，标准制修订周期长，节水认证标准体系的市场应变能力弱。

4 完善我国节水认证标准规范体系的建议

借鉴美国 EPA 节水认证标准规范体系建设的经验，提出如下建议。

4.1 加强节水认证标准体系顶层设计

围绕节水认证工作需要，梳理我国节水认证标准体系框架加强顶层设计。建议节水认证标准体系框架如表 3 所示，包括 4 个方面，一是规定节水认证标志、术语和原则的基础性标准；二是规定节水认证、检测机构能力要求的综合类标准；三是规定节水认证实施要求的应用类标准；四是规定产品节水性能的技术类标准。

表 3 节水认证标准体系框架

文件层级	标准化对象	标准类别	备注
第一层级	节水认证术语、标志、节水认证基本原则等	基础类标准	
第二层级	节水认证机构、节水产品检测机构等	综合类标准	以 GB/T 27065、GB/T 27025 等通用标准为基础，按工业、农业和城镇生活不同领域进行专业细分
第三层级	节水认证实施规则、节水产品检测规范等	应用类标准	参考 SL/T 476，按节水认证对象进行专业细分
第四层级	节水产品（含场所设施）性能指标要求等	技术类标准	按工业、农业和城镇生活不同领域对产品进行细分

4.2 加快节水认证标准实施文件的制订

坚持"节水优先、空间均衡、系统治理、两手发力"的治水思路，围绕《国家节水行动方案》《"十四五"节水型社会建设规划》等一系列文件要求，从推进节水认证工作的需要出发，加快工业、农业和城镇生活领域节水标准或技术规范的制定，解决我国节水认证依据标准短缺或节水属性不强的问题。

4.3 丰富节水认证标准体系的内涵

结合我国国情，顺应从"节水产品认证"向"节水认证"的转变，加强节水型灌区、节水型高校、节水型园区、节水型酒店，以及节水型企业等领域标准的认证应用和推广，并将其作为节水认证标准体系建设内容。

4.4 构建灵活的节水认证标准体系

学习美国节水认证标准体系建设的良好经验，科学合理地采用已有的国家、行业或团体标准作为我国节水认证标准体系的组成部分，鼓励社会组织为我国节水认证标准体系提供市场响应及时、应变能力强的标准化服务。

参考文献

［1］李国英. 推动新阶段水利高质量发展 全面提升国家水安全保障能力［N］. 人民日报，2022-03-22.

［2］曹辉. 学校园节水管理研究［D］. 天津：天津大学，2010.

［3］刘行刚. 节水认证：支撑水利高质量发展的有力抓手［J］. 中国水利，2022（11）：67-69.

［4］刘宇峰．实施节水产品认证，有效应对水资源紧缺危机［C］//第十一届中国科协年会 国际水资源保护标准研讨会．2009：27-31.

［5］邵启雍，马娜，戴宇欣．美、欧、澳的节水产品认证及启示［J］．节能与环保，2008（11）：16-19.

［6］Lesley Mcallister. Regulation by third-party verification［J］. Boston College Law Review，2012，53（1）：1-64.

［7］高秦伟．论政府规制中的第三方审核［J］．法商研究，2016，176（6）：24-33.

［8］李军超．基于第三方认证的社会性规制：一个合作治理的视角［J］．江西社会科学，2015（7）：237-243.

［9］ EPA. Accomplishments and History ［EB/OL］．（2022-06-14）［2022-09-25］ https：//www. epa. gov/watersense/accomplishments-and-history.

水利科技成果转化标准化建设策略

黄智华[1]　　谷宏亮[2]

（1. 中国水利水电科学研究院，北京　100038；

2. 中国电建集团国际工程有限公司，北京　100036）

摘　要： 作为现阶段科技项目创新和推广应用中最重要的战略任务之一，水利科技成果转化取得了一系列显著的成就，有利保障了我国水利科技创新发展和多元化建设。本文立足于我国水利科技成果转化的意义和优势，探讨了水利科技成果转化的标准化建设策略，以期为进一步促进我国水利科技成果转化，推动新阶段我国水利行业高质量发展提供支撑。

关键词： 水利科技；成果转化；标准化建设；策略

1　水利科技成果转化标准化建设的重要意义

标准化建设指的是在经济、技术、科学及管理等社会实践中，对重复性事物和概念通过制定标准化文件达到统一，以获得最佳秩序和社会效益的过程。从概念来看，标准化建设具有目的性、客观性、抽象性、技术性、经济性、连续性、约束性、政策性八种特性。标准化建设是制度化的最高形式，可以运用到生产、开发设计、管理等方面，是一种非常有效的工作方法。在经济高速发展的宏观背景下，标准化建设已成为引领行业发展的重要规则之一。

水利科技成果转化标准化建设指的是以标准化的形式规定水利科技成果的转化和推广。现阶段，水利科技成果转化标准化建设成为水利科技成果市场准入的必需指标，是水利科技成果转化的内驱动力。水利科技成果转化标准化建设不但是水利领域的生产标尺，而且将成为平衡市场经济发展的重要指标。加强水利科技成果推广转化，积极推动成熟适用水利科技创新成果和水利行业需求精准对接，不但可以推进水利科技创新发展、促进水利科技成果的应用，而且可以增收水利经济效益，全面推动水利先进实用技术转变为生产力[1-2]。

2　水利科技成果转化的优势

2.1　技术成果水平高

水利部国际合作与科技司每年组织对水利科技项目成果进行验收或鉴定，并定期发布《水利科技成果公报》。这些成果涵盖水文水资源、防灾减灾、水环境与生态、水利工程建设与管理、农村水利、河湖治理、水土保持、高新技术应用等领域。迄今为止，已有多项成果成功应用到生产实际中，并取得了显著的经济效益、社会效益及环境效益，提高了水利科技的整体水平。从表1可知，近10年提交的科技成果中，省部级以上项目资助的占80%以上；通过成果鉴定的项目中，70%以上达到了国际领先或国际先进水平。

2.2　技术成果数量多

在科技创新的大背景下，持续涌现出诸多水利先进实用技术。根据《水利先进实用技术重点推

基金项目： 国家自然科学基金面上基金（51879279）；环库区维管（02442201）。

作者简介： 黄智华（1978—），女，高级工程师，主要从事面源污染、地表水环境等相关研究工作。

广指导目录管理办法》，技术成果通过形式审查、有关部门组织的专家审查及委员会综合评议后可进入《水利先进实用技术重点推广指导目录》。《水利先进实用技术重点推广指导目录》每年发布 1 次，旨在为夯实水利基础、实现水利现代化提供坚实的科技支撑和技术引领。表 2 所示为水利部科技推广中心近 10 年发布的进入《水利先进实用技术重点推广指导目录》的水利先进实用技术的数量。从表 2 中可以看出，近 10 年来，我国水利科技成果数量从 2011 年的 68 项增加到 2021 年的 308 项，十年间翻了两番。

表 1　近 10 年水利科技成果统计

序号	年份	科技成果数量	国家计划资助项目	省部级计划资助项目	计划外项目	通过成果鉴定项目数量	国际领先水平	国际先进水平	国内领先或国内先进
1	2011	128	26	88	14	39	18	14	7
2	2012	162	36	121	5	20	11	8	1
3	2013	172	16	150	6	38	16	17	5
4	2014	161	10	144	7	36	10	19	7
5	2015	149	2	145	2	25	10	9	6
6	2016	157	16	137	4	27	7	12	8
7	2017	140	20	113	7	—	—	—	—
8	2018	65	8	48	9	—	—	—	—
9	2019	89	59		30	—	—	—	—
10	2020	71	23		48	—	—	—	—

表 2　近 10 年水利先进实用技术数量

序号	年份	技术数量/项
1	2011	68
2	2013	70
3	2014	105
4	2015	108
5	2016	110
6	2017	180
7	2018	236
8	2019	233
9	2020	306
10	2021	308

3　水利科技成果转化标准化建设案例分析

科技成果转化，简单来说，指的科技项目产生的技术创新成果在实践中转化为产品、商品或产业化进而得以技术扩散的过程[3]，如图 1 所示。开展水利科技成果标准化建设，可以建立一套完整的标准化评估体系，通过对水利科技成果的科学意义、创新性、应用价值、示范效果等进行综合评估，进一步助推水利科技成果转化。

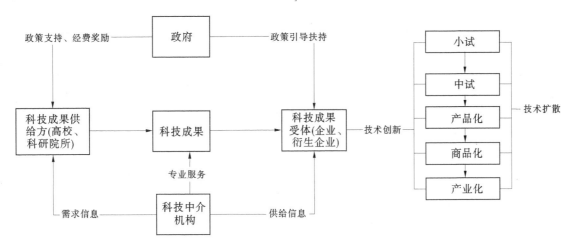

图1　科技成果转化的基本流程

以富营养化水体营养盐削减与生物调控综合防治技术为例，探讨该项成果转化的标准化建设评估体系。首先，从该项技术的科学意义来看，水体富营养化问题在我国乃至全世界都备受关注，水体出现富营养化问题时，溶解氧含量急剧下降，水生生态系统遭受严重破坏，因此防治水体富营养化意义重大。其次，从该项技术的创新性来看，该技术遵循"源头控制－过程阻断－末端治理－水生态修复"全过程系统治理思路，采用原位观测、机制模拟和工程示范相结合的多技术手段，针对缓流型富营养化水体研发形成了以"水陆交错带末端拦截（反硝化墙）、水表层植物营养竞争（网式生态浮床）、水体中基于食物网结构与功能优化的生物调控"为核心的水体富营养化立体防控技术，其中"水陆交错带末端拦截（反硝化墙）"可有效减少湖库周边陆域坡面散流的入湖库污染物量，"水表层植物营养竞争（网式生态浮床）"可提供优质的生态食材并美化周边环境，"基于食物网结构与功能优化的生物调控"可通过捕获调控鱼类以维持良好的食物网结构与功能并获得较高的经济收益、社会收益和生态收益。再次，从该项技术的应用价值来看，该项技术对削减缓流型富营养化水体营养盐含量，改善水体营养盐平衡，提升水体自净能力，降低水体藻类水华发生风险，复苏河湖库水生态环境意义重大。最后，从该项技术的示范效果来看，该项技术目前在忠县黄金河、万州区石桥河等拦网水域开展了示范应用，并取得了较明显的生态环境效益和社会经济效益。

综上，富营养化水体营养盐削减与生物调控综合防治技术在科学意义、创新性、应用价值、示范效果等方面均起到了一定的引领作用，经综合评估，该项技术极具推广价值。

4　水利科技成果转化标准化建设策略

4.1　优化转化体系，提高转化效率

为了进一步优化水利科技成果转化的标准化体系，可以颁布的相关政策、文件为依据，构建并落实科技成果转化各环节中的责任制度，建立专业的技术指导与服务部门，以逐步扩大水利工程领域新型实用技术的转化推广力度。通常情况下，水利科技成果的创新性和示范价值已经得到有关专业部门的技术鉴定，技术成果成熟可用，因此无须重复性地开展相关研究即可在实用范围内进行推广，有效提高了技术转化效率[4]。

4.2　构建多元化平台，拓宽转化途径

为加快推进水利科技成果转化标准化建设，可以通过构建多元化的服务平台，如依托水利推广工作站、推广中心、水利学会等团体组织拓宽水利科技成果的转化途径、优化工作流程，引导水利研究基地、服务中心、实验室等有关部门拓展成果转化渠道，有效提高水利科技成果转化的效益，全面助推水利科技成果创新。

4.3　设立专项资金，细化奖励比例

为激励水利科技成果推广转化和标准化建设，可加强各级政府财政部门对重大公益性科学技术研

究成果转化和推广应用的资金支持力度，并以市场发展效益为基石，引导企业与高校、科研单位开展合作模式，构建产学一体的服务平台、应用机构、研究中心等，开展同步研究，提高应用与推广价值，为成果转化浇筑坚实的基地[5]。此外，可以《中华人民共和国促进科技成果转化法》《国务院关于印发实施〈中华人民共和国促进科技成果转化法〉若干规定的通知》为基础，将水利科技成果推广转化纳入单位绩效考核中，对重大突出贡献者进行表扬和嘉奖，有效助推水利科技成果转化工作的顺利开展。

4.4 加大宣传力度，营造浓厚氛围

以定期举办科学技术座谈、会议培训等交流形式，强调水利科技成果转化标准化建设工作在推进落实水利科技创新和水利标准化建设中的战略意义，以及在推动国家经济建设、社会发展和保障国家安全等方面的重要作用，营造全行业技术人员全面参与水利科技成果转化标准化建设的浓厚氛围，积极调动水利标准化建设工作的实施热情。

5 结语

综上所述，现阶段为助推水利科技成果转化标准化建设，可以建立一套完整的标准化评估体系，对水利科技成果的科学意义、创新性、应用价值、示范效果等进行综合评估。此外，还可以从优化转化体系、提高转化效率，构建多元化平台、拓宽转化路径，设立专项资金、细化奖励比例，加大宣传力度、营造浓厚氛围等方面开展工作，充分发挥水利科技成果转化标准化建设的价值，提高水利科技成果的转化效益，积极调动水利标准化建设工作的实施热情，为推动新阶段我国水利行业高质量发展提供支撑。

参考文献

[1] 李国英. 全面提升水利科技创新能力 引领推动新阶段水利高质量发展 [J]. 中国水利，2022（10）：1-3.

[2] 吕彩霞，米双姣. 扎实推动水利国际合作与科技业务高质量发展——访水利部国际合作与科技司司长刘志广 [J]. 中国水利，2020（24）：41-42.

[3] 郝少盼，陈达，宋荔钦. 对建设科技成果交易平台的思考——以水利科技交易平台为例 [J]. 科技资讯，2020，18（11）：239，241.

[4] 施红怡，耿雷华，赵志轩，等. 江苏省"十四五"水利科技创新发展体系探索 [J]. 江苏水利，2021（8）：1-3，54.

[5] 吴莹，柏文. 浅谈水利科技推广与应用 [J]. 治淮，2021（6）：75-76.

ISO 和 IEC 中水利相关技术委员会及标准现状

徐 红 刘 彧 马福生 盛春花

（中国水利水电科学研究院，北京 100038）

摘 要：国际标准化组织（ISO）和国际电工委员会（IEC）是世界上著名的国际标准化机构。本文主要分析了我国、美国、德国、英国、日本等国家参与国际标准化组织（ISO）、国际电工委员会（IEC）与水利相关的技术委员会、分委员会、工作组、秘书处及担任主席职务情况，以便了解我国及其他国家参与国际标准组织国际标准活动的现状。

关键词：水利国际标准；国际标准组织；国际标准化组织；国际电工委员会

全球化背景下，制度性话语权很重要的方面就是标准制定权。标准之争既是技术研发之争，也是市场开拓之争，更是发展战略之争。一个国家的标准化程度，从某种意义上说反映着社会的现代化水平和国家的治理水平，大力推动参与国际标准化工作，是提升全球治理制度性话语权的重要手段。国际标准化组织（International Organization for Standardization，ISO）、国际电工委员会（International Electrotechnical Commission，IEC）和国际电信联盟（International Telecommunication Union，ITU）称为"三大国际标准化组织"。这三大国际标准化组织为全球各个领域制定不同的标准，推动全球有序发展。三大国际标准化组织中，国际标准化组织（ISO）和国际电工委员会（IEC）制定了与水利相关的国际标准，国际电信联盟（ITU）旨在促进国际上通信网络的互联互通，其制定的标准与水利的直接相关性不大。因此，本文从与水利相关的技术委员会、分委员会、工作组、秘书处及担任主席职务等视角，分析我国、美国、德国、英国、日本等国家参与 ISO 和 IEC 两大国际标准化组织的活动情况。

1 国际标准化组织（ISO）

1.1 ISO 基本情况

国际标准化组织（ISO）是世界上最大的国际标准化机构，成立于 1947 年 2 月 23 日。总部设在瑞士日内瓦。ISO 是非政府性国际组织，不属于联合国，但是联合国经济和社会理事会的综合性咨询机构。ISO 的宗旨是：在世界范围内促进标准化及其有关活动的发展，以便国际物资交流和服务，并扩大在知识、科学、技术和经济方面的合作。它的主要活动是制定、发布和推广国际标准；协调世界范围内的标准化工作；组织各成员国和技术委员会进行国际标准化的交流；与其他国际性组织共同研究有关标准化问题。

ISO 成员分为 3 类：正式成员、通信成员和注册成员。ISO 章程规定 1 个国家只能有 1 个具有广泛代表性的国家标准化机构参与 ISO。正式成员可以参加 ISO 各项活动，有投票权。通信成员通常是没有完全开展标准化活动的国家组织，没有投票权，但可以作为观察员参加 ISO 会议。注册成员来自尚未建立国家标准化机构、经济不发达的国家。

ISO 的技术工作是通过技术委员会（TC）和分委员会（SC）来开展的，每个 TC 可以设若干 SC，TC 和 SC 下面还可以设立若干工作组（WG）。每个 TC 和 SC 都设有秘书处，由 ISO 成员团体担任。TC 的秘书处由 ISO 技术管理局（TMB）指定；SC 的秘书处由 TC 指定；WG 不设秘书处，但由上级 TC 或 SC 指定一名召集人。TC 和 SC 的成员分为 2 类：正式成员（P 成员）和观察员（O 成员），其

作者简介：徐红（1981—），女，正高级工程师，主要从事标准化、计量等研究工作。

中 P 成员必须积极参加 TC 或 SC 的活动，有投票义务，且要尽可能出席会议。

1.2 ISO 与水利相关的 TC、SC

截至 2022 年 10 月 15 日，ISO 已发布国际标准 24 530 项，成员国是 167 个，TC 和 SC 共 809 个。2021 年 2 月，水利部发布了 2021 年版《水利技术标准体系表》（简称《体系表》）。《体系表》中体现了水利行业的特色标准，分为 9 个专业门类：水文、水资源、水生态水环境、水利水电工程、水土保持、农村水利、水灾害防御、水利信息化、其他等。依据《体系表》中 9 个专业门类，梳理了 ISO 中与水利标准相关的 TC、SC 情况，见表 1。

表 1 ISO 中与水利相关的 TC、SC 情况一览表

专业门类	TC	SC	TC/SC 中文名称	秘书处	担任主席	创建年份	发布标准	工作组	P 成员
A 水文	TC30		封闭管道中流体流量测量	英国	英国	1947	10	0	21
	TC30	SC2	差压装置	英国	英国	1984	13	3	21
	TC30	SC5	速度和质量测量法	瑞士	瑞士	1982	15	2	24
	TC30	SC7	容积方法（包括水表）	英国	英国	1983	6	1	27
	TC113		水文测量	印度	印度	1964	8	3	15
	TC113	SC1	速率面积方法	印度	印度	1981	12	4	15
	TC113	SC2	量水建筑物	印度	印度	1984	17	2	15
	TC113	SC5	仪器、设备和数据管理	中国	中国	1981	12	2	16
	TC113	SC6	泥沙运移	印度	印度	1981	11	2	13
	TC113	SC8	地下水	韩国	韩国	1993	6	0	12
B 水资源	PC316		节水产品-等级	澳大利亚	澳大利亚	2018	1	1	18
C 水生态水环境	TC147		水质	德国	德国	1971	2	1	36
	TC147	SC1	术语	南非	南非	1980	2	0	25
	TC147	SC2	物理、化学和生物化学方法	德国	德国	1980	162	10	29
	TC147	SC3	放射性测量	法国	法国	2005	29	5	20
	TC147	SC4	微生物方法	德国	德国	1980	29	7	33
	TC147	SC5	生物方法	德国	德国	1980	79	3	27
	TC147	SC6	取样	英国	英国	1982	23	5	24
D 水利水电工程	TC71		混凝土，钢筋混凝土和预应力混凝土	日本	日本	1949	1	3	32
	TC71	SC1	混凝土试验方法	以色列	以色列	1981	21	3	16
	TC71	SC3	混凝土生产和混凝土建筑施工	挪威	挪威	1983	11	3	22
	TC71	SC4	结构混凝土的性能要求	俄罗斯	俄罗斯	1995	1	1	19
	TC71	SC5	混凝土建筑的简化设计标准	韩国	韩国	1996	9	1	13
	TC71	SC6	混凝土构件的非传统加固材料	日本	日本	2000	11	3	10
	TC71	SC7	混凝土结构维护与修复	日本	日本	2004	12	4	15
	TC71	SC8	混凝土和混凝土结构的环境管理	日本	日本	2007	5	4	12
	TC74		水泥和石灰	比利时	空缺	1950	7	0	28
	TC115		泵	法国	法国	1964	5	1	19

续表1

专业门类	TC	SC	TC/SC 中文名称	秘书处	担任主席	创建年份	发布标准	工作组	P 成员
	TC115	SC1	泵的尺寸与技术规范	英国	英国	1980	12	0	15
	TC115	SC2	泵的测量与测试方法	德国	德国	1980	4	2	17
	TC115	SC3	泵的安装和特殊应用	美国	美国	1999	3	0	11
	TC135		无损检测	日本	日本	1969	1	1	36
	TC135	SC2	表面法	南非	南非	1982	14	0	25
	TC135	SC3	超声检测	德国	德国	1982	20	2	27
	TC135	SC4	涡流检测	法国	法国	1982	7	0	26
	TC135	SC5	射线检测	德国	德国	1982	26	0	28
	TC135	SC6	泄漏检测	日本	日本	1982	4	1	24
	TC135	SC7	人员资格	加拿大	加拿大	1982	7	1	33
	TC135	SC8	热像检测	韩国	韩国	1998	4	4	17
	TC135	SC9	声发射检测	中国	中国	2007	11	4	21
	TC138		输送流体用塑料管、管配件和阀门	日本	日本	1970	6	1	40
D 水利水电工程	TC138	SC1	污水、废水和排水用塑料管和管配件	法国	法国	1982	36	3	37
	TC138	SC2	供水用塑料管道和管配件	瑞士	瑞士	1983	87	3	36
	TC138	SC5	塑料管、管配件、阀门及其附件的一般性能——试验方法和基本规范	荷兰	荷兰	1990	100	7	33
	TC138	SC6	各种用途的增强塑料管道和管配件	奥地利	奥地利	1983	29	4	22
	TC138	SC7	塑料阀门和辅助设备	意大利	意大利	1982	18	0	19
	TC138	SC8	非开挖修复用管道系统	日本	日本	2013	24	4	26
	TC153		阀门	法国	法国	1971	29	6	20
	TC164		金属材料力学试验	日本	日本	1975	1	3	21
	TC164	SC1	单轴向试验	法国	法国	1981	13	3	21
	TC164	SC2	延伸试验	日本	日本	1981	28	0	21
	TC164	SC3	硬度试验	德国	德国	1981	25	5	23
	TC164	SC4	韧性试验	美国	美国	1981	27	5	21
	TC182		土工学	英国	英国	1981	56	10	24
	TC221		土工合成材料	英国	英国	2000	46	5	31
	TC339		小型水电站	中国	空缺	2022	0	0	11
F 农村水利	TC23		农林拖拉机和机械	法国	法国	1952	36	3	26
	TC23	SC18	灌排系统与设备	以色列	以色列	1980	40	7	11
	TC282		水的再利用	中国	中国	2013	2	4	23
	TC282	SC1	再生水灌溉利用	以色列	以色列	2014	6	1	18
合计	16	44					1 242	163	

从表 1 中可以看出，ISO 与水利相关的 TC 共 16 个，SC 共 44 个，工作组 163 个，已发布的国际标准 1 242 项，秘书处共分布在 19 个不同的国家，创建年份最早的是 TC30 封闭管道中流体流量测量，建于 1947 年，创建年份最晚的是 TC339 小型水电站，建于 2022 年。正式成员数量最少的是 TC71 下设 SC6 混凝土构件的非传统加固材料，正式成员数量是 10 个，正式成员数量最多的是 TC138 输送流体用塑料管、管配件和阀门，正式成员数量是 40 个。设置秘书处共 59 个，担任主席人员共 57 人，其中 TC74 水泥和石灰、TC339 小型水电站的主席人员目前处于空缺状态。发布标准数量最多的是 TC147 水质 SC2 物理、化学和生物化学方法，共发布 162 项国际标准，TC339 小型水电站由于是 2022 年新成立的技术委员会，目前该 TC339 还未正式发布国际标准。

TC 涉及的专业门类有水文、水资源、水生态水环境、水利水电工程、农村水利共 5 大类。ISO 中与水文相关的 TC 是 2 个，即 TC30 封闭管道中流体流量测量和 TC113 水文测量，涉及的 SC 是 8 个。与水资源相关的 TC 是 1 个，即 PC316 节水产品-等级。与水生态水环境相关的 TC 是 1 个，即 TC147 水质，涉及的 SC 是 6 个。与水利水电工程相关的 TC 是 10 个，分别是 TC71 混凝土，钢筋混凝土和预应力混凝土；TC74 水泥和石灰；TC115 泵；TC135 无损检测；TC138 输送流体用塑料管、管配件和阀门；TC153 阀门；TC164 金属材料力学试验；TC182 土工学；TC221 土工合成材料；TC339 小型水电站，涉及的相关 SC 共 28 个。与农村水利相关的 TC 是 2 个，即 TC23 农林拖拉机和机械、TC282 水的再利用，涉及的 SC 共 2 个。

1.3 我国及其他主要国家参与 ISO 水利相关 TC、SC 情况

ISO 与水利相关的 TC、SC 共 60 个，设置秘书处共 59 个，分别分布在日本、德国、英国、法国等 19 个国家。这 19 个国家在 ISO 水利相关标准中担任正式成员国、承担秘书处、担任主席情况见表 2。

表 2　我国及其他主要国家参与 ISO 水利相关 TC、SC 情况一览表

国家	正式成员	承担 TC 秘书处	承担 TC、SC 秘书处	担任 TC 主席	担任 TC、SC 主席
英国	58	3	7	3	7
中国	57	2	4	1	3
韩国	55	0	4	0	3
日本	54	4	9	4	10
法国	53	3	7	3	7
俄罗斯	50	0	1	0	1
印度	48	1	4	1	4
德国	48	1	8	1	8
美国	43	0	2	0	2
意大利	43	0	1	0	1
奥地利	40	0	1	0	1
荷兰	40	0	1	0	1
瑞士	37	0	2	0	2
挪威	33	0	1	0	1
比利时	31	1	1	0	0
南非	26	0	2	0	2
加拿大	24	0	1	0	1
澳大利亚	22	1	1	1	1
以色列	17	1	3	1	3

从表2中可以看出，在 ISO 与水利相关的 60 个 TC 和 SC 中，担任正式成员排名前五名的分别是英国（58 个）、中国（57 个）、韩国（55 个）、日本（54 个）、法国（53 个）。TC 秘书处主要由 9 个国家承担，其中承担 TC 秘书处最多的是日本（4 个），其次是英国（3 个）、法国（3 个）、中国（2个），德国、印度、以色列、澳大利亚、比利时各承担 1 个 TC 秘书处。承担 TC 和 SC 秘书处最多的是日本（9 个），其次是德国（8 个）、英国（7 个）、法国（7 个），中国、韩国、印度均承担了 4 个秘书处。TC 主席主要由 8 个国家的人员担任，其中担任 TC 主席最多的国家是日本（4 个），其次是英国（3 个）、法国（3 个），中国、德国、印度、以色列、澳大利亚各担任 1 个 TC 主席。担任 TC 和 SC 主席最多的是日本（10 个），其次是德国（8 个）、英国（7 个）、法国（7 个），然后是印度（4 个）、中国（3 个）、以色列（3 个）。我国及其他主要国家参与 ISO 水利相关 TC、SC 情况见图 1。

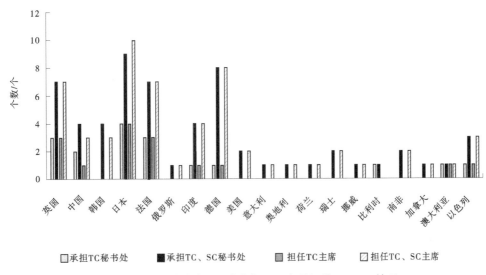

图 1　我国及其他主要国家参与 ISO 水利相关 TC、SC 情况

在 ISO 与水利相关的 60 个 TC 和 SC 中，我国作为正式成员参与了 56 个 TC 和 SC 的国际标准编制活动，未作为正式成员参加的 4 个 TC 和 SC 分别是 TC115 泵 SC3 泵的安装和特殊应用、TC147 水质 SC3 放射性测量、TC182 土工学、TC221 土工合成材料。我国承担了 TC282 水的再利用和 TC339 小型水电站共 2 个 TC 的秘书处，同时承担了 TC113 水文测验 SC5 仪器、设备和数据管理，TC135 无损检测 SC9 声发射检测 2 个 SC 的秘书处。除 2022 年新成立的 TC339 小型水电站主席人员目前处于空缺状态外，其他 3 个 TC 和 SC 的主席均由我国人员担任。

总体来说，在担任 ISO 与水利相关的 TC、SC 秘书处的 19 个国家中，我国作为正式成员参与国际标准的 TC 和 SC 数量上排名第 2，承担 TC 秘书处数量上排名第 3，担任 TC 主席数量上排名第 4，承担 TC 和 SC 秘书处数量上排名第 5，担任 TC 和 SC 主席数量上排名第 6。

2　国际电工委员会（IEC）

2.1　IEC 基本情况

国际电工委员会（IEC）成立于 1906 年，是世界上成立最早的非政府性国际电工电子标准化机构，是联合国经济和社会理事会的甲级咨询组织。1947 年 ISO 成立后，IEC 曾作为电工部门并入 ISO，但在技术上、财务上仍保持其独立性。根据 1976 年 ISO 与 IEC 的新协议，两组织都是法律上独立的组织，IEC 负责有关电工、电子领域的国际标准化工作，其他领域则由 ISO 负责。IEC 成员国包括了绝大多数的工业发达国家及一部分发展中国家。IEC 的宗旨是促进电工、电子工程领域中的标准化及有关事项（如认证）方面的国际合作，增进国家间的相互了解。

技术委员会（TC）是承担标准制修订工作的技术机构，下设分委员会（SC）和工作组（WG）、项目组（PT）、维护组（MT）等。TC、SC 由各成员国自愿参加，主席和秘书经选举产生，由标准化管理局（SMB）任命。IEC 成员分为两类：正式成员和协作成员。IEC 章程规定，1 个国家只能有 1 个机构以国家委员会名义参加 IEC。正式成员可以参加各项活动，有投票权；协作成员可以观察员身份参加所有会议，并在自行选择的 4 个技术委员会或分委员会里，享有充分的表决权。

2.2 IEC 与水利相关的 TC、SC 情况

截至 2022 年 10 月 8 日，IEC 设有 TC 和 SC 共 225 个。与水利相关的只有一个 TC，即 TC4 水轮机。TC4 水轮机创建于 1911 年，TC4 没有下设 SC，但有 11 个工作组、6 个维护组、17 个正式成员、18 个观察员，已发布了 33 项国际标准，秘书处设在加拿大，TC 主席由法国人担任。

我国作为正式成员国参加了 TC4 水轮机的国际标准相关编制工作。其余 16 个正式成员国还有美国、德国、英国、日本、俄罗斯、法国、意大利、加拿大、奥地利、比利时、瑞士、捷克、印度、挪威、瑞典、斯洛文尼亚。

3 结论与建议

本文从与水利相关的技术委员会、分委员会、工作组、秘书处及担任主席职务等视角，分析我国、美国、德国、英国、日本等国家参与 ISO 和 IEC 两大国际标准组织的活动情况。ISO 与水利相关的 TC、SC 共 60 个，设置秘书处共 59 个，分别分布在日本、德国、英国、法国等 19 个国家。在这 19 个国家中，我国作为正式成员参与国际标准的 TC 和 SC 数量上排名第 2，承担 TC 秘书处数量上排名第 3，担任 TC 主席数量上排名第 4，承担 TC 和 SC 秘书处数量上排名第 5，担任 TC 和 SC 主席数量上排名第 6。

大力推动参与国际标准化工作，是提升全球治理制度性话语权的重要手段。水利国际标准是一个动态的发展过程，为了更好地推进我国水利国际标准化工作，建议在今后工作中，及时跟踪水利国际标准的发展动态，统计分析我国及其他国家在水利国际标准中的主编、参编情况，加强我国与水利国际标准的对比分析工作，以便及时掌握并推动我国在水利国际标准中所处的地位和水平。

参考文献

[1] 水利部关于发布《水利技术标准体系表》的通知（水国科〔2021〕70 号）[J]. 中华人民共和国水利部公报，2021（1）：15.

黄河流域生态保护和高质量发展标准体系研究

伍　艳　宋　力　张　汉　徐祖奔　赵　越　郭建华

（黄河水利委员会黄河水利科学研究院，河南郑州　450003）

摘　要：近年来，黄河流域经济快速发展，流域现有水利标准体系无法满足黄河流域生态保护和高质量发展战略所提出的要求。本文主要介绍了黄河流域的治理现状，针对目前黄河流域水利标准化体系现状，分析了当前黄河治理存在的一些主要问题，并从防洪保安全、优质水资源、健康水生态、宜居水环境、科学水管理、传承水文化几个方面对黄河流域生态保护和高质量发展标准体系建设提出了建议。

关键词：黄河流域；高质量发展；标准体系

1　引言

2022年7月13日，水利部修订印发《水利标准化工作管理办法》，旨在深入贯彻落实中共中央、国务院印发的《国家标准化发展纲要》，进一步提升水利标准化工作管理水平，充分发挥水利标准化工作对推动新阶段水利高质量发展的支撑和引领作用[1]。

随着粤港澳大湾区、长三角一体化、京津冀一体化、黄河流域生态保护和高质量发展等重大国家战略的出台，对区域和流域水利标准需求的迫切性不断提高，但支撑区域/流域发展的水利标准相对滞后[2]。为深入贯彻落实《国家标准化发展纲要》和《黄河流域生态保护和高质量发展规划纲要》有关精神，践行新阶段"节水优先、空间均衡、系统治理、两手发力"的治水思路，规范黄河水利委员会（简称黄委）水利标准化工作，根据《中华人民共和国标准化法》《水利标准化工作管理办法》《关于加强水利团体标准管理工作的意见》，结合黄委水利工作实际，于2022年6月15日印发了《黄委标准化工作管理办法》，这对黄委水利技术标准体系的建立具有重要指导意义。

2　黄河流域治理现状

"黄河宁，天下平"，黄河治理历来都是中华民族安民兴邦的大事。自古以来，中华民族始终在同黄河水旱灾害做斗争，历史上的大禹治水、潘季驯"束水攻沙"、汉武帝"瓠子堵口"等事例反映了不同时期黄河治理的艰辛实践，但由于历史条件的制约，黄河屡治屡决的局面始终没有得到根本改观，从先秦到解放前的2 500多年间，黄河下游共决溢1 500多次，改道26次[3]。新中国成立以来，针对黄河不同时期的问题、特点和要求进行治理开发与保护，党和国家先后部署开展了黄河水害和开发黄河水利综合规划、黄河流域综合规划等，特别是党的十八大以来，以完善黄河治理体系为方向，进一步加大了治黄力度，着力推进水资源节约保护、防洪治理、水土流失防治等工作[4-6]。

经过几代治黄人的不懈努力，黄河保护与治理取得了一定成效。防洪减灾和水沙治理取得明显成效，水资源支撑保障能力不断提升，水生态环境持续明显向好，治理管护体制机制不断完善。随着不同治理时期治黄实践的深入，理念不断更新，治理手段不断丰富，为将黄河打造"幸福河"提供了重要实践基础。

特殊的自然地理和气候条件造就了黄河水少沙多以及善淤、善决、善徙的特质，致使黄河历史上

作者简介：伍艳（1981—），女，正高级工程师，主要从事环境、评价和治理方面的工作。

三年两决口、百年一改道，成为一条多灾多难的河流。目前，黄河流域在水量、水沙、水生态、水质等方面都有不同程度的失衡，总体上呈现水资源超承现象普遍且严重、生态脆弱与功能受损、水沙关系不协调及洪水风险威胁大等态势[7]。这些问题，表象在黄河，根子在流域，既有先天不足的客观制约，也有后天失养的人为因素。

针对以上黄河突出问题，现有相关标准主要有《河流悬移质泥沙测验规范》（GB/T 50159—2015）、《河流泥沙颗粒分析规程》（SL 42—2010）、《堤防工程安全评价导则》（SL/Z 679—2015）、《堤防工程养护修理规程》（SL 595—2013）、《水资源规划规范》（GB/T 51051—2014）、《黄河流域（陕西段）污水综合排放标准》（DB 61/224—2011），以及《淤地坝技术规范》（SL/T 804—2020）、《黄土高原地区水土流失综合治理技术标准》、《入河排污口设置论证报告技术导则》等标准，但仍缺乏系统有效的标准支撑，与生态保护、高质量发展仍存在一定的差距。

3 黄河流域标准化体系构建

党的十八大以来，习近平总书记对系统治水做出了一系列重要论述，强调山水林田湖草是一个生命共同体，要按照自然生态的整体性、系统性及其内在规律，统筹考虑自然生态各要素以及山上山下、地上地下、陆地海洋、流域上下游，进行系统保护、宏观管控、综合治理；保障水安全，关键要转变治水思路，按照"节水优先、空间均衡、系统治理、两手发力"的治水思路，统筹做好水灾害防治、水资源节约、水生态保护修复、水环境治理[8]。这些重要论述深刻阐述了山水林田湖草相互依存的共生关系，揭示了治水兴水中应统筹兼顾各种要素、协调各方关系，治水与治山、治林、治田、治草有机结合，整体推进的系统治理思想实质，为新时代治水工作提供了行动指南。

面对新形势和新要求，黄河系统治理应在一个更广的空间和时间尺度上，以实现"幸福河"为导向，以"四个确保"为目标要求，谋划空间上更加广泛、领域上更加全面、布局上更加协调、效果上更加持久的黄河保护与治理策略。

在治理导向层面，黄河系统治理应重点突出以下特征：一是目标的协同性，以建设"幸福河"为总目标，根据"大堤不决口、河道不断流、水质不超标、河床不抬高"的具体要求以及相互间的影响与联系，统筹确定水资源节约、水生态保护、水环境治理、水灾害防治的目标和具体指标，协同推进各目标的实现；二是体系的完备性，以已有黄河治理体系为基础，围绕"幸福河"和"四个确保"协同目标，统筹构建布局更合理、内容更全面、结构更完整、成效更显著的防洪减灾体系、水沙调控体系、水资源调配体系、水生态保护体系和水环境治理体系；三是措施的综合性，突破"单一措施、单一目的"的做法，注重"综合措施、综合目标"，统筹兼顾各种要素，把局部问题放在整个系统中来解决，有机结合防洪、水资源配置工程、水生态修复、水污染治理等工程措施，融合推进法律法规、标准规范、预案编制、监管能力建设等非工程措施；四是效果的持久性，坚持问题导向、注重源头治理，做到标本兼治。以"治本"为最终目标，建立健全黄河流域系统治理长效机制，解决黄河治理的战略性、前瞻性问题，确保治理效果的稳定性、持续性和长久性，对难以彻底解决的难点问题，分阶段持续推进；以黄河流域重大现实问题为切入点，实施阶段性治理，进行重点突破。

在施治策略层面，黄河系统治理应重点坚持"五个统筹"：一是流域统筹，以"流域系统"为空间视角，实施山水林田湖草系统治理，做好干支流、上下游、左右岸、地表地下统筹兼顾，协调好社会经济空间与生态空间和点线面之间的关系，增强治理的全局性和系统性；二是水陆统筹，以水环境、水生态承载力为约束，协调处理好污染治理、泥沙治理的水陆空间关系，坚持"治水"和"治岸"两手抓，既要在河上治问题的表象，也要在陆上治问题的根子，做到协调推进；三是四水统筹，厘清黄河流域水灾害、水资源、水生态、水环境问题的内在联系，将黄河四大水问题作为有机整体进行治理，统筹协调相关治理目标和任务，系统谋划、综合施策，协调实现"四个确保"；四是水沙统筹，深入研究和认识把握黄河水沙关系变化规律，抓住协调水沙关系这一黄河系统治理的"牛鼻子"，完善水沙调控体系，增加流域调水调沙动力；五是措施统筹，落实好"水利工程补短板、水利行业强监管"水利改革发展总基调,既要加强工程措施,也要抓好法规制度、体制机制、预案标准、监测监控等非工程措施,做到工程措施和非工程措施的有机结合。

针对黄河特征和问题,围绕黄河流域生态保护和高质量发展内涵,本文从防洪保安全、优质水资源、健康水生态、宜居水环境、科学水管理、传承水文化六个方面构建黄河流域生态保护和高质量发展的标准体系(见表1)。

表 1 黄河流域生态保护和高质量发展标准体系

序号	领域	序号	标准名称
1	防洪保安全	1	《黄河流域防洪安全控制标准》
		2	《黄河流域堤防安全评价体系》
		3	《黄河水沙关系控制标准》
		4	《黄河流域标准化堤防建设标准》
		5	《黄河流域城市防洪排涝排水标准》
		6	《黄河流域超标准洪水风险防控标准》
		7	《黄河下游滩区综合治理标准》
2	优质水资源	8	《黄河流域水资源控制标准》
		9	《黄河流域行业用水定额标准》
		10	《黄河流域节水评价标准》
		11	《黄河流域水资源配置标准》
3	健康水生态	12	《黄河流域水生态控制标准》
		13	《黄河流域河源区生态评价标准》
		14	《黄土高原区水土流失综合防治标准》
		15	《黄河流域旱作梯田建设标准》
		16	《黄河流域淤地坝建设标准》
		17	《黄河流域水生态空间管控标准》
		18	《黄河流域河湖生态流量标准确定标准》
		19	《上下游跨区域跨行业生态补偿机制建设标准》
		20	《黄河流域生态修复工程建设标准》
		21	《黄河流域地下水超采区控制标准》
4	宜居水环境	22	《黄河流域水环境控制标准》
		23	《黄河流域河湖健康评价标准》
		24	《饮用水安全评价标准》
		25	《污水处理设施技术评价标准》
		26	《水质监测标准》
		27	《非常规水资源利用标准》
		28	《水资源环境承载力评价标准》
5	科学水管理	29	《黄河流域水管理标准》
		30	《黄河流域节水定额标准》
		31	《河湖水质监测标准》
		32	《黄河流域生态流量计算标准》
6	传承水文化	33	《黄河水文化遗产认定及价值评价标准》

3.1 防洪保安全标准体系

防洪保安全标准体系旨在持续增强水沙调控能力，提高超标准洪水防御能力，系统补强防洪薄弱环节，综合提升滩区治理水平，继续提高城市防洪能力，全面提升防洪风险防控能力。其中，《黄河流域防洪安全控制标准》可包含年均减沙量、黄河下游主槽过流能力、内蒙古河段过流能力、宁蒙河段防御标准洪水、潼关高程控制等指标；《黄河流域堤防安全评价体系》可包含堤防安全、运行管理、工程质量、防洪标准、渗流安全、结构安全等指标；《黄河水沙关系控制标准》可包含流域泥沙、水沙输移、年径流量、河道演变、年最大洪峰、河道流等指标；《黄河流域标准化堤防建设标准》可包含堤顶宽度、放淤固堤宽度、险工护岸、临河堤脚、背河淤区等指标；《黄河流域城市防洪排涝排水标准》可包含城市防洪、城市排涝、城市排水等指标；《黄河流域超标准洪水风险防控标准》可包含防御预案、预案措施、防御调度演练、防汛业务培训、应急处置能力、洪水风险图等指标；《黄河下游滩区综合治理标准》可包含堤防防洪安全、分区管理、二级悬河、滩区安全、滩区基础设施、滩区产业结构、滩区人口政策、滩区运用补偿政策等指标。

3.2 优质水资源标准体系

优质水资源标准体系旨在建立用水总量和强度控制指标，健全不同行业用水定额标准，强化全流域节水，完善流域水资源配置方案。其中，《黄河流域水资源控制标准》可包含流域用水总量控制、农田灌溉水有效利用系数、万元工业增加值用水量下降、万元 GDP 用水量下降、干流水质达优良比例、重要支流优良比例、饮用水水源水质合格率等指标；《黄河流域行业用水定额标准》可包含工业用水定额标准、农业用水定额标准、城镇用水定额标准、生活用水定额标准等指标；《黄河流域节水评价标准》可再分为《综合、基础节水标准》（可包含水量测试监测、水计量器具、节水综合评价、取水管理、取水设备等指标）、《城镇节水标准》（可包含城镇用水定额、城镇节水评价规划、用水器具和设备用水效率、建筑施工和材料节水、污水再生和雨水集约、城市园林绿化、环卫节水等指标）、《工业节水标准》（可包含工业企业取水定额、工业企业节水评价、工艺节水设计、工业节水设备、工业污水处理与利用等指标）、《农林业节水标准》（可包含农业用水定额、农艺节水、林业节水、灌溉设计、管理和技术、节水产品和设计等指标）、《海水、苦咸水淡化和利用标准》（可包含海水淡化、海水冷却、生活用海水、海水资源综合利用等指标）；《黄河流域水资源配置标准》也可再分为《水资源配置社会经济合理性标准》（可包含缺水率、农业用水比例、灌溉保证率等指标）、《水资源配置效率合理性标准》（可包含万元工业产值用水量、亩均供水量、农田灌溉水利用系数等指标）、《水资源配置资源合理性标准》（可包含地表水开发利用率、地下水利用率、平原水库蒸发渗漏损失率等指标）、《水资源配置生态合理性标准》（可包含河道内生态基流保证率、河道外生态用水保证率、生态用水比例等指标）。

3.3 健康水生态标准体系

健康水生态标准体系旨在加强河源区水源涵养保护治理，加强黄土高原区水土流失综合防治，加强河流河口生态保护与修复。其中，《黄河流域水生态控制标准》可包含利津断面最小生态流量、利津断面年均入海水量、河口镇断面最小生态流量、河口镇断面下泄水量、天然温地保留率等指标；《黄河流域河源区生态评价标准》可包含年径流量、水土流失总面积、沙化草地面积、土地盐碱化面积、地下水储量、植被覆盖率等指标；《黄土高原区水土流失综合防治标准》可包含水土流失面积、年平均侵蚀模数、土壤侵蚀强度、流域产沙量等指标；《黄河流域旱作梯田建设标准》可包含坡耕地类、地形特征、坡面水系、田间道路、田区规划、梯田工程量等指标；《黄河流域淤地坝建设标准》可包含单坝控制面积、设计标准、淤积年限、主要建筑物、工程建设质量等指标；《黄河流域水生态空间管控标准》可包含涉及水功能的区域、水资源利用上限、水环境质量底线、水生态保护红线、水生态红线约束等指标；《黄河流域河湖生态流量标准确定标准》可包含生态流量、河湖自然规律、河流分区分类、水资源开发利用、工程调控能力、生态环境状况、设计保护率、生态基流等指标；《上下游跨区域跨行业生态补偿机制建设标准》可包含生态补偿法规、补偿主体和对象、补偿标准、补偿管理机制、市场化生态补偿机制等指标；《黄河流域生态修复工程建设标准》可包含生态环境状况指数、生态系统的完整性、生态系统自然结构、生态系统自然功能、生态修复目标指数、生态系统自我维系能力、生态监测等指标；《黄河流域地下水超采区控制标准》可包含地下水位年均变化、地下水开采量占总供水量的比例变化、地下水水质情况、地下水监测井密度、地下水对植被根系的支撑率、荒漠化面积年均变化率、地裂缝累计长度等指标。

3.4 宜居水环境标准体系

宜居水环境标准体系旨在加强流域水资源保护，推进饮用水水源保护，加强重点区域地下水保护与治理。其中，《黄河流域水环境控制标准》可包含河源区植被覆盖度、植被覆盖率、新增水土流失治理面积、水土流失率、可治理沙化土地治理率等指标；《黄河流域河湖健康评价标准》可包含水文水资源、物理结构、水质、生物、社会服务功能等指标；《饮用水安全评价标准》可包含水量、水质、用水保证率、供水保证率等指标；《污水处理设施技术评价标准》可包含工程技术子系统（用地选择、材料选用、工艺选择、工程施工）、工程经济子系统（投资经济性、运维费用、能耗）、运行管理子系统（运营稳定、安全、维护周期）等指标；《水质监测标准》可包含 pH、氨氮、硝酸盐、亚硝酸盐、挥发性酚类、氰化物、砷、汞、铬（六价）、总硬度、铅、氟、镉、铁、锰、溶解性总固体、高锰酸盐指数、硫酸盐、氯化物、大肠菌群、生化需氧量、其他地区特点项目等指标；《非常规水资源利用标准》可包含非常规水资源类别、非常规水资源用途、不同用途非常规水资源利用水质检测标准等指标；《水资源环境承载力评价标准》可包含水资源承载力、水环境承载力等指标。

3.5 科学水管理标准体系

科学水管理标准体系旨在健全监管体制机制，完善监管法规制度，完善监测监控体系。其中，《黄河流域水管理标准》可包含干支流统一调度覆盖率、取退水监测率、公众对黄河保护治理的满意度等指标；《黄河流域节水定额标准》可包含节约用水定额、节水技术规范、节水载体评价标准、产品水效标准等指标；《河湖水质监测标准》可包含溶解氧、pH、水温、浊度、COD、总氮、总磷、高锰酸盐指数、氨氮等指标；《黄河流域生态流量计算标准》可包含生态流量等指标。

3.6 传承水文化标准体系

传承水文化标准体系旨在体现黄河文化在中华文明中"根"的地位和"魂"的作用，体现生态、经济和文化建设的一体化。其中，《黄河水文化遗产认定及价值评价标准》可包含黄河水文化、黄河水文化遗产、工程类黄河水文化遗产、非工程类黄河水文化遗产、历史价值、科学与技术价值、社会价值、艺术价值等指标。

4 结论

我国现有的水利技术标准体系在黄河流域生态保护和高质量发展战略实施上仍存在许多问题需要解决，应通过积极采取对策，进一步完善技术标准体系，加强对生态环境的恢复与保护，促进高质量发展。由于黄河流域内区域标准的缺失，流域管理工作缺乏专业技术指导，为确保流域生态治理规范化，实现高质量发展与"幸福河"的目标，编制并发布《黄河流域生态保护和高质量发展标准体系》很有必要。《黄河流域生态保护和高质量发展标准体系》主要内容包括防洪安全、优质水资源、健康水生态、宜居水环境、科学水管理和传承水文化六个方面。在未来的实践探索中，将通过进一步调研与总结，以完善《黄河流域生态保护和高质量发展标准体系》内容，实现生态效益、社会效益和经济效益，促进黄河流域生态保护和高质量发展。

参考文献

[1] 水利部修订印发《水利标准化工作管理办法》[J]. 中国水能及电气化, 2022 (8): 1-5.
[2] 彭月平. 水利工程标准化管理理论体系构建 [J]. 水利建设与管理, 2021, 41 (12): 54-58.

［3］习近平. 在黄河流域生态保护和高质量发展座谈会上的讲话［J］. 求是，2019（20）：4-11.

［4］连煜. 黄河资源生态问题及流域协同保护对策［J］. 民主与科学，2018（6）：20-23.

［5］王镇环. 加强黄河流域生态环境治理［J］. 中国人大，2018（1）：47-48.

［6］金凤君. 黄河流域生态保护与高质量发展的协调推进策略［J］. 改革，2019（11）：33-39.

［7］薛松贵，张会言. 黄河流域水资源利用与保护问题及对策［J］. 人民黄河，2011，33（11）：32-34.

［8］水利部党组理论学习中心组专题学习研讨习近平总书记在深入推动黄河流域生态保护和高质量发展座谈会上的重要讲话精神［J］. 中国水利，2021（21）：10005.

新阶段水利信息化标准实施效果评估与分析

施克鑫[1,2]　李聂贵[1,2,3]　郭丽丽[1,2]

(1. 水利部交通运输部国家能源局南京水利科学研究院，江苏南京　210029；
2. 水利部南京水利水文自动化研究所，江苏南京　210012；
3. 河海大学，江苏南京　210024)

摘　要： 水利信息化标准作为智慧水利建设的基础，是水利政务和业务活动过程中均需遵守的标准。开展水利信息化标准评估，能够有效了解各项标准现状与不足。选取 2021 版《水利技术标准体系表》中现行有效的 27 项水利信息化类国家标准和行业标准，围绕各项标准应用对象、应用范围、应用效果和存在的问题等四个方面开展评估，全面摸清水利信息化类标准在"数字化、网络化、智能化"等方面的实施效果情况，充分发挥标准的"指挥棒"作用，推动标准质量和效益全面提升。

关键词： 水利信息化；标准；实施效果评估

1　基本情况

近年来，随着习近平总书记关于网络强国重要思想的贯彻落实，水利部党组把智慧水利建设作为推动新阶段水利高质量发展六条实施路径之一，明确提出要立足新发展阶段，完整、准确、全面贯彻新发展理念，构建新发展格局，推动高质量发展，按照"需求牵引、应用至上、数字赋能、提升能力"要求，以数字化、网络化、智能化为主线，以数字化场景、智慧化模拟、精准化决策为路径，以构建数字孪生流域为核心，全面推进算据、算法、算力建设，加快构建具有预报、预警、预演、预案功能的智慧水利体系，为新阶段水利高质量发展提供有力支撑和强力驱动。

标准是经济活动和社会发展的技术支撑，是国家基础性制度的重要方面。水利信息化标准作为智慧水利建设的基础，是水利政务和业务活动过程中均需遵守的标准[1]。水利部于 1988 年、1994 年、2001 年、2008 年、2014 年、2021 年先后制定发布了六版水利技术标准体系，其中 2001 年首次在标准体系中规划了水利信息化技术标准 20 余项。为满足水利信息化发展需要，水利部又在 2003 年颁布了《水利信息化标准指南》，作为编制水利信息化技术标准制修订计划的主要依据，并补充提出了术语、分类和编码、规划与前期准备、信息采集、信息传输与交换、信息存储、信息处理、信息化管理、安全、地理信息等 10 个方面的水利信息化技术标准共 71 项[2]；2008 年修订的水利技术标准体系中，信息化被列为体系的一项专业门类，并规划了基础、通用、专用 3 类水利信息化技术标准共 82 项；2014 年版水利技术标准体系中，信息化被列为体系的一项综合功能序列，并规划了信息化、通用、设计、质量、运行维护、验收等水利信息化标准共 55 项[3]；2021 年新发布的水利技术标准体系中，规划了水利信息化标准 34 项，覆盖了通用、设计、运行维护、质量与安全等。经过多年的发展，水利信息化标准逐步得到了发展与完善。

2　标准实施效果评估

标准评估作为标准化工作的重要组成部分，是了解标准现状与不足的有效途径，也是推动标准化

基金项目： 南京水利科学研究院中央级公益性科研院所基本科研业务费专项资金（Y922011）。

作者简介： 施克鑫（1990—），男，工程师，主要从事标准化等领域工作。

发展的重要手段之一，能够很好地指导标准化工作科学发展。"十三五"期间，水利部组织开展了水利标准实施效果评估工作，全面摸清当时有效的 854 项标准实施情况，2021 年，为使水利标准评估工作常态化，推动水利技术标准从"有没有"向"好不好"转变，充分发挥水利技术标准的"指挥棒"作用，水利部组织开展了水利标准专项评估工作，选取 2021 版《水利技术标准体系表》中现行有效的 27 项水利信息化类国家标准和行业标准进行了评估。

2.1 评估目标及原则

本次评估在全面摸清现行有效水利标准"谁在用、用在哪、效果怎么样、存在什么问题"等实施效果情况的基础上，进一步围绕推动新阶段水利高质量发展要求，全面摸清信息化类国家标准和行业标准在"数字化、网络化、智能化"等方面的实施效果情况，充分发挥标准的"指挥棒"作用，推动标准质量和效益全面提升。

2.2 评估内容

对现行有效的 27 项水利信息化类国家标准和行业标准的评估，主要围绕标准应用对象、应用范围、应用效果和存在的问题等四个方面开展评估。了解每项标准的使用单位和个人，包括可能应用的单位类型，如生产企业、设计单位、施工企业、水利工程管理单位、科研院所等。了解标准实际应用的范围与领域，了解信息化类标准涉及具体的应用案例等。了解标准应用实施效果，在水利行业管理发展的作用，在具体应用项目上发挥的作用，以及对应用单位的贡献。了解标准在应用中所产生的问题，如标准是否适应党中央、国务院重大决策部署和国家发展战略的有关要求，是否符合数字化、网络化、智能化发展要求等。根据评估内容，每项标准要形成明确的评估结论，包括"好"、"较好"和"一般"三类，并系统分析各领域标准实施效果情况，根据结论提出需要继续完善的水利标准清单及需要补充完善的内容建议。

2.3 评估结果

评估的 27 项信息化类标准涉及通用、设计、运行维护、质量与安全等 4 个方面，其中评估结论为"好"的有 5 项，占 19%；"较好"的有 10 项，占 37%；"一般"的有 12 项，占 44%，见表 1 和图 1。

表 1　信息化类标准评估结论与数量分析

序号	评估结论	标准数量/项	所占比例/%
1	好	5	19
2	较好	10	37
3	一般	12	44
合计		27	100

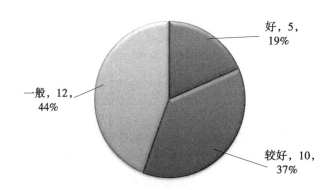

图 1　水利信息化水利评估结论与标准数量分析

2.4 结果分析

由评估结果可知，56%的水利标信息化类标准都能较好地满足水利高质量发展要求。例如，《水利对象分类与编码总则》（SL/T 213—2020）已在水利部、流域管理机构和省（自治区、直辖市）的信息系统开发和建设中广泛应用，取得较好的实施效果，能够满足现有信息化技术水平发展总体要求，且符合水利数据化、网络化、智能化等方面要求，不仅满足水利对象管理，还可兼容在全域范围内实现对所有对象管理。44%的水利信息化类标准与新阶段水利高质量发展要求符合程度"一般"，还存在一定差距，主要表现在以下几方面：

一是信息化标准为基础性标准，面对"数字化、网络化、智能化"新需求，尚不能有效满足。例如，《水利数据交换规约》（SL/T 783—2019）明确了不同级别政务外网、政务内网、DMZ 区、同网域、不同网域之间的数据交换规定，能够指导水利信息化行业数据交换工作，基本满足遇到的各类跨级、跨域、跨网络问题，但本标准是基础性数据交换规约，面对"数字映射、数字孪生、仿真模拟""四预"等新应用技术的需要，还应对本标准的相关内容进行补充完善。

二是创新引领性不强，标准不协调等问题。例如，《水利信息分类》（SL 701—2014）标准对水利信息按照业务、行政和阶段进行了分类，基本上满足了对水利信息的分类并进行编码，但是在业务产生具体属性信息的分类与编码缺乏规范性要求，与《水利对象分类与编码总则》（SL/T 213—2020）的分类要求不协调等，给信息共享应用带来了困难。同时，由于内容过于抽象，规定也都是行业常识性规定，故在实际应用中作用有限。建议根据当前智慧水利和国家水网智能化发展的需要，在参照水利对象分类、智慧水利顶层设计等相关成果的基础上，归纳出"水利信息"的定义，具体化水利信息的分类与编码，重新编制，并增加对水利信息元的分类与编码等内容。

三是标准内容滞后，不满足新阶段新需求。例如，《水利基础数字地图产品模式》（SL/Z 351—2006）中涉及的水利一张图在数字水利、智慧水利要求中扮演着极其重要的作用，是水利空间信息标准化、规范化和深度融合应用的关键，相关配套标准将是水利一张图最终形成部、流域、省多级互动互通的关键，但随着数字孪生等新要求的提出，一张图相关标准在二维空间为主的基础上，需进一步考虑三维空间的应用需求，并将配套标准与之同步。建议补充孪生地图的定义，空间数据表示方式中扩展三维模型、BIM 等，数字地图产品中扩展水流场、水质场、工况场、泥沙场等数字孪生场景类型。

3 问题与建议

本次标准专项评估工作开展过程中，发现存在的问题以及相应的建议如下：

（1）标准更新较慢。目前，水利信息化标准中尚存在修订更新不及时的问题，部分技术内容尚未满足新阶段水利高质量发展需求。主要原因在于：一是标准修订经费来源不足，每年用于标准修订的经费明显不能满足标准更新需要。二是部分标准修订发布后，引用该标准的下位标准及相关联的其他标准未能及时更新。因此，建议系统梳理各项标准与其引用标准之间的关系，做好联动修订完善工作，并且急需进一步拓宽经费支持渠道，以确保水利技术标准能有效发挥"指挥棒"的作用。

（2）标准发布后宣贯不及时。目前，部分水利信息化标准发布实施后，标准应用单位及一线工作人员不能及时知晓，仍在使用过时标准或指南手册。因此，建议新标准发布后应加强标准宣贯培训，可委托具备条件的支撑单位定期统一组织标准应用单位开展相关领域标准宣贯工作，也可录制课程视频，并通过"中国水利教育培训网"等平台进行选择学习。同时可通过微信公众号推送等方式加强水利信息化标准化有关概念、政策的解读与宣传。

（3）部分标准对行业引领性不够。部分水利信息化类标准，主要侧重于保基本，保证了水利相关数据传输等基础功能的有效实现，但在新阶段水利行业对"数字化、网络化、智能化"等新需求方面还存在差距，在"数字映射、数字孪生、仿真模拟"等新技术方面明显薄弱，尚达不到引领水利行业信息化发展的要求。建议鼓励将引领信息化发展的新技术新产品转化为技术标准，可先以团体标准形式试行，政府主导制定的国家标准、行业标准、地方标准可视情况采信使用。

4 结语

水利信息化在水利行业各领域、各环节中发挥着至关重要的作用，水利信息化领域的标准化建设更是对其他各专业领域起到基础性和引领性作用。建议结合标准实施效果评估结果，进一步完善水利信息化标准，优化水利信息化标准体系，加强新一代信息技术与水利业务的深度融合，强化数字孪生、大数据、人工智能、区块链等技术在水利业务中的应用研究，瞄准智慧水利建设关键核心问题，开展水利信息化标准制修订与实施工作。

参考文献

[1] 曾焱，程益联. 水利信息化技术标准及其体系研究 [J]. 水利信息化，2016 (1)：6-9, 13.
[2] 中华人民共和国水利部. 水利信息化标准指南 [M]. 北京：中国水利水电出版社，2003.
[3] 中华人民共和国水利部. 水利技术标准体系表 [M]. 北京：中国水利水电出版社，2014.

国内外水土保持标准体系对比研究

廖灵敏[1, 2, 3]　梁　慧[1, 2, 3]　王媛怡[1, 2, 3]　郭　辉[1, 2, 3]

（1. 长江水利委员会长江科学院，湖北武汉　430010；
2. 国家大坝安全工程技术研究中心，湖北武汉　430010；
3. 水利部水工程安全与病害防治工程技术研究中心，湖北武汉　430010）

摘　要：本文调研了国际标准化组织（ISO），美国、欧洲、日本等相关标准化组织以及我国各行业部门发布的水土保持相关标准情况，从标准数量、体系完整性、编制理念和可操作性等维度进行了国内外水土保持标准体系的对比分析，初步揭示了各自的特点与差异性。根据对比分析结果，结合新形势下水土保持工作发展要求，分析了现有水土保持标准支撑水利工作的不足和发展方向，对我国水土保持标准建设工作的完善具有一定的参考价值。

关键词：水利标准；水土保持；国内外；分析

　　水土流失是影响人类生存与发展必须面对的重大生态和环境问题。2018 年水利部开展的水土流失动态监测数据显示，全国水土流失问题依然突出。水土流失成因复杂，不仅会造成土地贫瘠、土地沙化、农业减产，而且大量坡面泥沙被冲刷使河床抬高、淤积河渠、库容减少、行洪能力下降，导致洪水危害不断增加。随着我国社会经济快速发展，生产建设项目数量急剧增加，在工程建设期间，由于原地貌被人为干扰、机器开挖，地表原有的土壤和植被遭到破坏，裸露面积增加，表层土壤的耐蚀性减弱，因而导致土壤侵蚀加剧。做好水土保持工作，仍是当前的迫切需要。水土保持标准体系的高效建设是新时期水土保持工作高质量发展的重要技术支撑和保障。因此，本文针对国内外水土保持相关标准体系开展了对比初探研究，尝试揭示其特征、区别与联系，在此基础上，结合新形势下水土保持工作要求，分析了现有水土保持标准支撑水利工作的不足，以期为水利标准管理提供一些参考。

1　国外水土保持标准现状

1.1　ISO 水土保持相关标准现状

　　除法律法规外，标准是支撑国际和欧美发达国家水土保持工作开展必不可少的重要组成部分。国际标准化组织（ISO）中与水土保持领域较为相关的有土壤质量技术委员会（ISO/ TC 190），下辖 3 个分技术委员会和 3 个工作小组，制定土壤质量研究考察方面的国际标准及其他文件[1]。截至 2021 年 12 月底，ISO 已有土壤质量标准 194 项，尚有 20 项标准在研究制定中，大部分标准已被世界各国采用。与 ISO/ TC 190 相联络的分技术委员会有 9 个，可能涉及水土保持工作的包括肥料、土壤改良剂和有益物质技术委员会，水质技术委员会，污泥回收、循环利用、处理和处置技术委员会，水回用技术委员会。

1.2　美国水土保持相关标准现状

　　针对水土保持的管理，美国设立了健全的法制和技术标准体系，为国家标准和州（地方性）标

基金项目：水利部标准实施与监督项目（CKSC2021582/CL）；国家自然科学基金青年科学基金项目（52009010）；新疆兵团财政科技计划项目（2020AB010）。

作者简介：廖灵敏（1985—），女，正高级工程师，副室主任，主要从事水工建筑材料研究工作。

通信作者：梁慧（1986—），女，高级工程师，主要从事水工建筑材料研究工作。

准 2 个层次[2]。美国农业部自然资源保护局（NRCS）作为美国水土保持工作的最高领导机构，发布约 160 项涉及水、土、空气、动植物等方面的保护标准。单从水土保持角度看，相关标准约有 84 项。但是 NRCS 明确表示这些标准为指导性、推荐性标准，各项保护措施的具体实施也须依据项目所在州或者地区的当地标准。

1.3 欧洲水土保持相关标准现状

根据调研和收集结果，德国、法国和英国等国家发布的涉及水土保持的标准基本都包括两大类：一类是与土壤质量有关，一类与水质、水污染等相关。以英国为例，英国标准学会（BS）发布的相关标准 20 余项。这些标准按其所涉及的工作内容来分，其中与土壤质量等相关的 10 余项、与水质和水污染相关的 10 余项。德国标准化委员会（DIN）发布的相关标准 20 余项，其中与土壤质量等相关的 17 项、与管道排水和底层土壤改良相关的 3 项、与水质和水污染相关的 4 项。

1.4 日本水土保持相关标准现状

日本的水土保持有近百年历史，相关的法律法规、行政许可和标准建设均较为完善。例如，先后发布了《砂防法》《滑坡防治法》《陡坡崩塌防治法》《治山治水紧急措置法》《土地改良法》《森林法》等[3-4]。项目组目前主要调研了日本在土地改良方面的标准情况，主要由规划设计、计算、施工、设施管理 4 类标准构成，数十项标准自成体系，涵盖了灌排渠系、水源工程、农用道路设施建设以及土地整理合并、灾后修复、围海围湖造田等内容。20 世纪末，受日本国际协办机构（JICA）项目支持，我国引进吸收了日本土壤改良中涉及灌溉、排水的规划设计标准共 14 项，为我国灌排技术的发展起到良好的借鉴作用。

2 国内水土保持标准现状

2.1 我国水利行业水土保持标准工作现状

水利部标准体系建设始于 1988 年，水利部此前发布了 1988 版、1994 版、2001 版、2008 版和 2014 版共五版《水利技术标准体系表》[5]，为水利中心工作提供了有力的技术支撑。

与前五版标准体系表相比，2021 年更新的《水利技术标准体系表》专业门类调整为九大类，收录标准 504 项。水土保持仍然是其中一个大类，涵盖水土保持监测、水土保持植物措施、水土流失治理、水土流失重点防治区划分、水土保持区划等，共列有已颁、在编（在修订）和拟编的标准 23 项。其中，已颁标准 14 项、拟编标准 1 项（水土保持工程项目规范，强制性标准）、制订标准 1 项（水土保持工程前期工作技术规程）、修订标准 7 项。

2.2 其他部门水土保持相关标准现状

我国涉及发布水土保持标准的其他部门主要包括国家林业和草原局、自然资源部、农业部、交通运输部、铁道部、生态环境部等。例如，林业标准包含森林土壤、植树育苗及机械、生态公益林、速生丰产林等与水土保持密切相关的标准 100 多项[6]。农业行业标准中，发布与水土保持相关的标准如《农林保水剂》（NY/T 886—2022）、《土壤水分测定法》（NY/T 52—1987）、《土壤有机质测定法》（NY/T 85—1988）、《农田土壤环境质量监测技术规范》（NY/T 395—2012）等[7]。铁路行业标准《铁路建设项目水土保持方案技术标准》（TB 10503—2005）、交通行业标准《公路环境保护设计规范》（JTG B04—2010）和环境标准《环境影响评价技术导则 水利水电工程》（HJ/T 88—2003）中也含有水土保持方面的内容。

3 国内外水土保持标准体系对比分析

3.1 我国水土保持标准与发达国家标准的对比分析

从标准体系层次将我国水利行业水土保持标准与发达国家相关标准进行对比，分析揭示了两者在标准数量、体系完整性、编制理念、可操作性等方面的区别与联系。具体表现在以下几方面：

（1）从数量上来说，我国目前水利标准体系中水土保持标准数量较欧美、日本国家少。数量上的差异主要由国情的不同导致。我国水土保持标准基本上适用于全国范围内水土流失治理和规划,主要由水利部负责主导。在美国,水土保持标准涉及州、郡、县和重点保护区多层面,美国环保署和美国农业部自然资源保护局在国家层面开展顶层设计并发布相关水土保持策略、规范和指导,各州依据本州实际情况,进一步丰富、完善州一级的水土保持和泥沙控制法律和标准。日本的水土保持工作也涉及建设省、国土省、农业水产省以及各都道府县多个层面,且分工更为细致[8]。

(2)从体系完整性来说,我国水土保持标准综合了生物(林、草、农)和工程(相当于小农水或更小的工程)两个方面的工作,重点关注工程建设项目,但不含施工类的标准,林、草、农、土壤等方面标准相对较宏观。发达国家的标准覆盖面较全,划分更细,如联合国可持续发展委员会提出的一百多个可持续发展指标,涉及抗荒漠化与干旱、土地资源规划与管理等水土保持的内容[2];美国在水土流失治理和水土资源管理等方面发布的标准更是涵盖了流域水沙控制、风蚀、垄地耕作、河道堤岸植被建设等各个方面,在涉及环保、生态修复和防洪等方面考虑更为全面。体系上的差异主要是由于标准编制所基于的法律条文的不同造成的。我国水土保持标准主要是基于《中华人民共和国水土保持法》而编制的,标准侧重水和土资源的保护。美国大部分水土保持标准是基于《清洁水法案》及《水土自然保持法案》制定的,标准具有流域性,涵盖了对水、土、气、植被及野生动物等的保护,几乎面向流域内所有公众。

(3)从编制理念和可操作性来说,我国与发达国家在防治水土流失、改善自然环境的目标完全一致,但是在开展水土保持工作的内容和时序上有所不同。欧美国家由于开垦建设造成严重的水土流失后,通过立法、大规模开展土壤侵蚀研究和水土保持防治,并发展到后来侧重于流域尺度的自然资源管理、土地耕作系统的生态修复等方面的工作内容。日本经过几十年发展,破坏的植被已基本得到恢复,目前主要是结合防灾工作开展水土流失控制与预防。而我国借助现代科学的理论和方法,首先开展的是水土流失状况调查研究,在试验推广阶段也进行的是水土流失考察与勘查,目前仍然处在开发与治理并进阶段[9]。因此,我国水利行业目前的水土保持标准中,仍然较为侧重如何对当前社会经济发展各种项目开发过程的水土保持工作进行规范,相对于发达国家水土保持标准,更适合于发展中国家大规模水土保持工作的规范和指导。值得注意的是,日本的水土保持相关标准十分注重与政令的紧密衔接,使标准具有一定的法律效应,相关做法值得参考。

3.2 水利行业水土保持标准与其他部门标准的对比分析

国内多个行业发布了涉及水土保持工作内容的标准,这些相关标准能有效地丰富和补充水利行业中水土保持标准。从标准功能和影响力来看,我国水利行业的水土保持标准在开展各类水土保持工程性项目或水电建设项目水土保持的实际工作中认可度极高,基本涉及了建设项目从可行性评估到验收阶段的所有功能序列,是我国在当下"开发与治理并进"阶段保水保土、实现"青山绿水"的最重要法宝之一。同时我国水利行业水土保持标准在国家生态建设过程中也发挥了突出的、不可取代的作用,如《土壤侵蚀分类分级标准》(SL 190—2007)是目前我国水土保持效益评估最重要的准绳之一,是我国未来生态建设、水土保持工作积极有效开展的最重要的参考之一。从标准的层级来看,水利行业的水土保持标准国家层级标准比例较高,占比接近50%,与其他行业制定的水土保持标准相比更具有影响力。

4 我国水土保持标准的发展方向

总的来说,我国水土保持工作已取得了良好的成果,已有水土保持标准对水土保持工作的成绩发挥了重要的技术支撑作用。新形势下水土保持工作除传统的治理水土流失、减轻水旱风沙灾害外,还要提供良好的生态环境、服务饮水安全、控制面源污染、提供良好的休闲旅游场所等,技术领域进一步延伸。综合国内外水土保持标准体系的对比分析,面对新时期水利高质量发展的需求,分析认为水利行业水土保持标准的支撑作用仍存在一些不足,也是未来需提升的方向。

4.1 标准体系上需进一步完善

与发达国家相比,在针对水土流失与水环境的联系、水土保持与全球气候变化的联系等方面,我国仍缺乏相关的技术标准,存在一定的差距。在我国高速发展的同时,生产建设项目产生的弃渣量巨大,如果处理不当,会导致严重生态破坏和经济损失,弃渣场已成为生产建设项目水土保持工作的重点,但目前关于弃渣场生态修复及弃渣资源化利用等方面的技术标准有待完善。另外,城市水土保持是新时期水土保持工作的重点任务之一,相对于偏远地区,城市水土流失治理标准需更严格、内容更细化,更侧重生态建设,提升宜居环境。但目前在监督管理、治理技术等方面,相关技术标准或较为薄弱,或为空白,有待提升。

4.2 部分水土保持管理标准项目有待补充

一是目前标准多集中于大的项目或水利部管理层面,对市县级指导性不够,未有充分考虑"放管服"改革后基层水土保持监督管理能力的实际,造成部分要求难以有效落地,与高质量发展需求尚有差距。

二是现有标准未充分考虑流域之间的差异性,未充分体现流域系统性治理的要求。《中华人民共和国长江保护法》出台后,相关的支撑性规范和技术标准缺乏,给该法的有效贯彻实施带来了一定的困难。

三是现有部分水土保持管理要求已体现在文件政策层面,但未形成统一、可量化的标准,如生产建设项目水土保持监测三色评价中针对不同监测内容如何定量打分缺乏量化标准,对同一问题的认识差异较大,不利于政策实施落地。

参考文献

[1] 林先贵,段增强,陈美军. 中国土壤质量标准研究现状及展望 [J]. 土壤学报,2011,48 (5):1059-1071.

[2] 张长印,陈法扬. 试论我国水土保持技术标准体系建设 [J]. 中国水土保持科学,2005,3 (1):15-18.

[3] 鲁胜力. 日本水土保持监督执法 [J]. 福建水土保持,2002,14 (1):34-35.

[4] 杜秋. 完善我国水土保持法律制度研究 [D]. 石家庄:石家庄经济学院,2013.

[5] 韩景超,王正发. 我国水利技术标准体系现状研究及思考 [J]. 中国水利,2019 (13):39-41.

[6] 王向东,高旭彪,李贵宝. 水土保持标准剖析与标准体系完善建议 [J]. 水利水电技术,2009,40 (4):66-69.

[7] 黄百顺. 对水土保持技术标准体系建设的思考 [J]. 中国水土保持,2011 (7):34-35.

[8] 李纪岳,李树君,赵跃龙,等. 日本农田建设标准体系变迁及构成分析 [J]. 世界农业,2016 (2):106-111.

[9] 孙厚才,赵健. 中外水土保持理念对比 [J]. 长江科学院院报,2008 (3):9-13.

国内外引调水相关的水文技术标准现状与展望

徐志成[1,2]　丁　兵[1,2]　李昊洁[1,2]

（1. 长江水利委员会长江科学院，湖北武汉　430010；
2. 水利部长江中下游河湖治理与防洪重点实验室，湖北武汉　430010）

摘　要： 水文技术标准是支撑引调水工程运行管理的重要基础支撑之一。文章收集了国际标准化组织（International Organization for Standardization，ISO）、美国和英国为代表的国外水文技术标准，以及国内国家、行业、地方、团体和企业技术标准在内的全部水文技术标准；筛选了其中与引调水相关的技术标准，分析和对比了国内外引调水相关水文技术标准现状；梳理了引调水相关水文技术标准需求，并针对需求给出了水文相关技术标准发展展望，对提高我国引调水工程运行管理水平、推进相关技术标准国际化有着积极意义。

关键词： 引调水；水文技术标准；现状与展望

1　引言

改革开放以来，我国经济发展和城镇化突飞猛进，工农业生产和人民生活水平不断提高，对水资源的需求也迅速增加，使原来就缺水的华北、西北、东北等地区和经济发展迅速的东南沿海地区的水资源供需矛盾更加突出。水资源短缺和分布不均匀已经成为我国城市和地区经济发展的主要制约因素[1-3]。在这种形势下，引调水工程应运而生，并已经形成南水北调工程、引滦入津、引黄济青、引江济渭、辽西北供水等一系列世界级的引调水工程，有效地改善了部分重要城市水资源严重短缺的问题[4-6]。

水文是国民经济建设和社会发展重要的基础性工作之一。经过一个多世纪的发展，国外已经形成了以ISO为主，美国、欧洲、俄罗斯等国家和地区各具区域特色的水文标准体系[7]。国内水文标准起步稍晚，自1955年首次颁布《水文测验方法暂定规定》以来，经过水利、电力、能源、地质等多个行业以及地方政府、团体和企业的大力发展，形成了涵盖水文仪器及设备、水文监测、水文情报与预报等一系列技术标准，有力地支撑了引调水工程在内的水利工程的运行管理[8-9]。不过，水文工作由于其流域性、整体性等特征，与长距离引调水工程跨流域的工程特征有所差异。梳理国内外引调水相关的水文技术标准现状，掌握引调水工程对水文技术标准的需求，从引调水工作开展角度展望水文技术标准发展方向，不仅是提高我国引调水工程运行管理的重要途经，也是占领标准技术前沿，推进相关技术标准国际化的应有之举。

2　国内外引调水相关水文技术标准现状

2.1　国外相关技术标准

2.1.1　国际相关技术标准

国际标准化组织（ISO）是全球范围内包含水文相关标准的最具权威的国际标准化组织。ISO采用技术委员会（TC）、分技术委员会（SC）、工作组（WG）的组织形式，用以协调标准的制定，保

基金项目： 中央级公益性科研院所基本科研业务费资助项目（CKSF2021530/HL）。
作者简介： 徐志成（1995—），男，博士研究生，研究方向为寒区水文学、标准化。

证同一门类，甚至不同门类之间的标准能组成一个完整的体系，并且各标准之间不致出现矛盾的内容。ISO 中与水文相关的技术标准委员会为明渠水流测量技术委员会（ISO/TC 113），共设置 WG1、WG2、WG5、WG6 和 WG8 共 5 个工作组。

截至 2022 年，该技术委员会共发布 156 项水文相关技术标准，其中部分标准随着时间推移相继被修订或废除，目前现行水文相关技术标准共计 67 项。为方便国内外引调水相关水文技术标准对比分析，参照 2021 年水利技术标准体系表对国内外相关标准划分为通用、规划勘测与设计、施工安装、监理与验收、监测预测、运行维护、材料与实验、仪器与设备、质量与安全、计量和监督与评价共计 11 个功能序列[10]。ISO 国际水文相关的标准主要分布在监测预测过程，共 20 项（占比 30%），其次为规划勘察与设计、仪器与设备以及计量，分别为 16 项、14 项和 8 项，占比分别为 24%、21% 和 12%，以上四个流程共占比约 87%，剩余主要为通用（5 项）、运行和维护（2 项）、施工与安装（1 项）以及监督与评价（1 项），而在监理与验收、材料与试验以及质量与安全三个流程环节则无水文相关标准（见表 1）。

表 1　国内外引调水相关水文技术标准功能序列分布统计

组织		A	B	C	D	E	F	G	H	I	J	K
		通用	规划勘察与设计	施工与安装	监理与验收	监测预测	运行维护	材料与试验	仪器与设备	质量与安全	计量	监督与评价
1	国际标准	5	16	1	0	20	2	0	14	0	8	1
2	美国标准	25	16	8	0	23	0	0	38	0	25	1
3	英国标准	8	3	2	0	10	3	0	20	0	18	0
4	中国标准	7	19	4	2	42	2	5	43	1	10	2

2.1.2　美国相关技术标准

美国引调水水文相关指标体系收录于美国国家标准协会（American National Standards Institute，ANSI），ANSI 成立于 1981 年，负责管理和协调美国自愿标准和合格评定系统，即 ANSI 本身并不是一个标准开发组织，而是为标准制定和评定系统提供了一个框架，是协调基于标准的解决方案的中立场所，汇集了全球超过 27 万家公司和组织超过 3 000 万专业人士开展标准体系的制定。在水文相关领域，ANSI 目前已发布的 142 项标准中，具体与引调水相关的标准共计 136，这些机构来自美国材料实验协会（American Society of Testing Materials，ASTM）、英国标准协会（British Standards Institution，BSI）、德国标准化协会（Deutsches Institut für Normung，DNI），以及 ISO 国际标准和中国国家标准在内的 9 个国际和国家间标准组织。

按功能序列将美国 ANSI 现行标准划分，其中关于引调水水文相关的标准主要为仪器与设备相关的标准（38 项，占比约 27%），明确了水文测量相关的仪器与设备，如雨量计、水位测量装置、流量测量设备、蒸发观测仪等。其次为通用、计量、监测预测以及规划、勘察与设计，分别占比 19%、18%、16% 和 13%，其余较少标准则分布在施工安装和监督与评价中（见表 1）。在监理与验收、材料与实验以及质量与安全三个流程环节无相关标准（与 ISO 国际标准相同）。总体而言，ANSI 中关于引调水水文相关的标准主要涵盖两个方面：一方面是对水文具体过程的观测标准；另一方面是关于水文过程的综合指导手册，如水文手册、寒冷地区水文调查指导等，这也导致 ANSI 中关于引调水水文相关的标准中通用流程的标准的比例较高（仅次于仪器设备）。

2.1.3　英国相关技术标准

英国引调水水文相关标准收录于英国标准化学会（British Standards Institution，BSI），是美国 ANSI 引调水水文相关标准来源最多的国家，在 ANSI 关于引调水水文相关标准中有 40 项来自 BSI。自 1956 年开始，BSI 共提出引调水水文相关标准 120 项，现行标准共计 73 项，其中与引调水相关的标准共计 64 项（见表 1）。从功能序列上看，首先是仪器与设备（20 项），其次是计量（18 项）和监测预测（10 项）。其他标准分布在通用（8 项）、规划勘察与设计（3 项）、运行维护（3 项）、施工与安装（2 项）中。

2.1.4 国外相关技术标准现状分析

综合对比国际 ISO、美国 ANSI 和英国 BSI 引调水水文相关标准，不难看出，经过半个多世纪的发展，不同国家或地区间引调水水文相关标准有着较高的一致性，在明渠水流量、流速、水位测量以及地下水监测方面整体上形成了较为一致的水文测定标准体系。与此同时，针对地方水文气象特征又各自发展出独特的标注体系，如英国 BSI 在降水以及降雪的水文测定与美国 ANSI 相关计量标准有所差异，不同国家或地区一致性的标准逐步汇聚形成国际 ISO 引调水水文相关标准。具体到引调水相关的功能序列，当前国外引调水水文相关的标准主要聚焦在监测预测、仪器与设备、计量以及规划勘察与设计四个方面，能够较为完善地服务于区域引调水的水文规划、设备使用以及监测预测。

2.2 国内引调水相关水文技术标准现状

水文相关技术标准是水利工程开展的基础，经过水利、电力、能源、地质、石油等多个行业以及地方半个多世纪的大力发展，现有共计 195 项水文相关标准。去除其中与引调水不相关的技术标准，例如《水库水文泥沙观测规范》（SL 339—2006）、《油气管道工程水文勘测规范》（SY/T 7630—2021）等，国内引调水相关水文技术标准共 137 项。其中，国家标准 40 项、行业标准 64 项、地方标准 31 项、企业标准 2 项。行业标准中以水利行业为主导，共计 54 项，其他行业为地质、石油与船舶。地方标准来自北京、广东、广西、河南、吉林、江苏、昆明、青海、山东、上海、浙江、郑州和重庆 13 个省（直辖市），尤其是南水北调中线工程通过的河南省，有 7 项标准。水文相关的企业标准则来自南水北调集团以及三峡集团，分别为《南水北调中线一期工程总干渠初步设计水文分析计算技术规定（试行）》和《水文遥感数据应用技术指南》。

在功能序列上，国内引调水水文相关技术标准涉及通用、规划勘察与设计、施工与安装、监理与验收、监测预测、运行维护、材料与试验、仪器与设备、质量与安全、计量、监督与评价等 11 个流程（见表 1）。其中，最多的两项流程分别为仪器与设备（43 项）和监测预测（42 项），其次为规划勘察与设计（19 项）和计量（10 项），而其他材料与实验、监督与评价、监理与验收、施工与安装以及运行维护则相对较少（不超过 5 项）。

综上，当前国内引调水相关水文技术标准已经较为丰富，体系较为完整。但也应该注意到，现有的引调水相关的水文技术标准在功能序列上的分布十分不均，主要集中在仪器与设备、监测预测和计量。部分标准经过了数次的修订，对降水、蒸发、河道流量、泥沙等关键水文气象的监测方面形成了强有力的指导。但在运行维护、监督与评价方面相关标准较少，有待进一步加强。

2.3 国内外引调水相关水文技术标准宏观对比

总的来说，国内引调水水文相关标准与国外相关标准相比，区别与联系主要如下：

（1）从数量上看，尽管国外在水文相关标准的发展上远早于我国，但后来者居上，我国形成了引调水水文相关标准 137 项，高于国际 ISO 113 水文相关技术标准委员会制定的 66 项。

（2）从功能序列上看，国内引调水相关水文技术标准涵盖的功能序列更全，能更好地支撑引调水工作的开展。此外，国内和国外均主要服务于水文监测，且标准部数最多的序列大体均为监测预测和仪器设备，但在其他功能序列方面，分布部数差异较大，如国际上通用流程引调水水文相关技术标准较少，而国内通用的相关技术标准数量较多。

（3）从标准制定组织体系上看，我国的技术标准化大体是"自上而下为主、自下而上为辅"的特点，国内相关技术标准体系基本由行业所在部门牵头，由其统一下发标准制订计划，表现为我国水文相关标准绝大多数由水利行业发布，地方和企业针对其水文工作需求加以补充。而国外标准化是"自下而上为主、自上而下为辅"的特点，这与其标准制定机构（ISO、ANSI 以及 BSI）大多为标准协调的第三方平台可以看出，以 ISO 为例，水文相关的标准技术委员会并不制订标准计划，而是协调各方利益，比选各国相似技术标准整合形成，由此更新更快，但计划性弱，不利于标准的全面发展。

3 引调水相关水文技术标准需求与展望

3.1 引调水对水文技术标准的需求

基于以上技术标准的现状分析，不难看出引调水相关水文技术标准主要聚焦和服务于水文监测，对照引调水工程在保障供水安全和实现水资源优化配置的核心目的上，仍存在以下需求有待满足。

在保障水安全方面，针对南水北调中线以及规划中西线冬季输水过程中可能存在的冻结问题，需要水文相关技术标准体系能够给出精准的冰情监测预报系统，保障调水通道的正常运行。在优化水资源配置方面，要求水文相关技术标准体系能够整合水资源多源信息，智能感知与多尺度预测预报，面向国家数字经济建设和中央企业数字化转型要求，结合智慧南水北调等引调水骨干工程建设实践需求，聚焦云原生、数字中台和数字孪生等重点方向开展研究，研发水文相关的水循环立体监测技术，发展区域用水过程智能感知、精准监测和自动控制技术，探索以"航空-低空-地面-网络"一体化立体水文监测的方法。

此外，随着全社会对生态环境重视程度的提高，近年来生态环境保护被赋予更多关注。调水工程对生态环境正反两方面的影响都需加以重视。如何协调处理好调出区和受水区的利益，如何统筹好上下游、左右岸、干支流与相关区域间的关系，如何建立生态补偿机制对水源区因保护水源而开展的产业调整、征地移民等进行补偿，如何解决好经济社会可持续发展和生态环境保护关系，是引调水工程规划和设计过程中需要重点考虑的问题[11-12]。目前，在调水工程的生态环境保护中还存在结构性的政策缺位，特别是有关生态建设的经济政策严重短缺。这种状况导致了生态效益及相关的经济效益在保护者与受益者之间的不公平分配，受益者无偿占有生态效益，保护者得不到应有的经济激励。这种生态保护与经济利益关系的扭曲，不仅使生态保护面临很大困难，而且影响了利益相关者之间的和谐。需要水文监测技术标准能够综合考虑环境等其他关键要素，由流量单一目标监测向多目标监测发展。

3.2 引调水相关水文技术标准展望

针对以上需求，现有的水文技术标准体系仍有以下值得注意和发展的地方。

3.2.1 管道冰情监测有待强化

南水北调冬季管道结冰的实时监测是保障南水北调供水安全的前提，现有的水文相关的技术标准体系虽然给出了《河流冰清观测规范》（SL 59—2015），但距离管道实时监测仍存在一定差距。对于在规划的西线调水工程，长距离埋管的冰清监测也是西线工程顺利运行的前提，有待对相关水文监测标准加以强化。

3.2.2 多目标协调的水文监测有待加强

随着生态大保护的深入，引调水需要充分考虑引调水工程规划布局、工程布置、水工设计、调度运行中的生态环境问题。需要维护调水水源区、受水区和调水沿线地区河湖自然形态和水系联通，保障调水水质安全，保证河湖基本的生态需水，注重生物多样性保护。虽然河道生态基流和湖泊生态水位是水生态健康的重要保障，但目前水文监测技术国家或行业标准体系中缺乏系统和针对性的相关标准，仅在一些团体标准，如《河湖健康评价导则》中有所明确，未来仍有待进一步加强。

3.2.3 一体化立体水文监测系统标准有待加强

现有的水文相关技术标准体系虽然已经包含了多元立体化的水文监测系统，土壤墒情监测规范、地下水监测工程规范、河流流量监测规范、水文遥感数据应用指南等标准明确了各水量组分观测方法，尤其是河道流量已经实现高自动化监测系统，但整体上各水组分观测相对独立，缺少一体化的实时监测系统，此外，关于遥感数据应用技术也仅停留在企业标准层级，缺少具有行业和国家层级的规范性的标准加以指导。

3.2.4 水文监测的信息化和智能化建设有待强化

服从和服务于水利改革发展总基调,与水利信息化建设相衔接,实现调水工程管理信息化。一是准确全面掌握调水工程基本信息;二是动态掌握调水工程调度动态信息;三是将调水工程信息纳入"水利一张图"统一平台;四是实现调水工程信息互联互通、信息共享;五是强化调水工程信息在管理中的应用,支撑强监管。但现有的引调水水文相关技术标准体系对引调水工程下的数字孪生、智慧水网建设尚不能很好地支撑,仍有待强化。

3.2.5 考虑引调水工程的跨流域水文监测有待修缮

以往的水文监测通常局限于某一区域或流域,上游来水补给遵循自然水循环过程,但随着引调水工程的建设,人类通过大型调水工程可重造国家或区域层面的水文网络和流量分配,创建一个"人工河"网络,影响水文相关技术标准的可靠性。以水文站网规划技术导则为例,大型调水工程可能会极大地改变流域内水文循环过程,给水文监测的可靠性、代表性、一致性带来威胁。未来,考虑引调水工程影响的水文监测有待开展。

4 结语

目前,国内水文技术标准体系总体完善度较高,能够较好地支撑引调水工作的开展。但围绕国内引调水工程建设与管理需求和发展趋势,在管道冰清监测、多目标协调的水文监测、一体化立体水文监测、水文监测的信息化和智能化建设以及考虑引调水工程的跨流域水文监测等方面仍有待完善。

参考文献

[1] 李雪松,李婷婷. 水安全综合评价研究——基于中国 2000—2012 年宏观数据的实证分析 [J]. 中国农村水利水电,2015 (3):45-49.

[2] 王成丽,韩宇平,阮本清,等. 中国区域发展的水安全评价 [J]. 中国水利水电科学研究院学报,2010,8 (1):34-38.

[3] Cai J, Varis O, Yin H. China's water resources vulnerability: a spatio-temporal analysis during 2003—2013 [J]. Journal of cleaner production, 2017, 142: 2901-2910.

[4] 冯顺新,姜莉萍,冯时. 河湖水系连通影响评价指标体系研究 II——"引江济太"调水影响评价 [J]. 中国水利水电科学研究院学报,2015,13 (1):20-27.

[5] 李娟,蔡家宏,常明浩. 南水北调工程在山东水资源配置中的作用 [J]. 中国水利,2020 (13):49-51.

[6] 李庆中. 南水北调工程保障国家水安全的作用探析 [J]. 水利发展研究,2020,20 (9):9-12.

[7] 秦福兴,章树安. 水文技术标准的现状分析与展望 [J]. 水文,2008 (1):73-76.

[8] 梁坤. 浅析水文技术的标准及面临的问题 [J]. 黑龙江科技信息,2014 (1):79.

[9] 姜永富,李薇. 我国水文标准化工作的现状与发展 [J]. 水文,2008,28 (6):61-64.

[10] 水利部关于发布《水利技术标准体系表》的通知(水国科〔2021〕70 号)[J]. 中华人民共和国水利部公报,2021 (1):15.

[11] 韩占峰,周曰农,安静泊. 我国调水工程概况及管理趋势浅析 [J]. 中国水利,2020 (21):5-7.

[12] 娄广艳,周孝德,韩娜娜. 调水工程的发展及趋势 [J]. 水利发展研究,2004 (9):43-45.

粤港澳大湾区涉水标准协同发展途径探析

陈若舟[1,3]　杨　芳[1,2,3]　马志鹏[1,2,3]　陈高峰[1,2,3]　苏　波[1,3]

(1. 珠江水利委员会珠江水利科学研究院, 广东广州　510611;
2. 水利部粤港澳大湾区水安全保障重点实验室, 广东广州　510611;
3. 粤港澳大湾区涉水事务标准协同研究中心, 广东广州　510611)

摘　要: 粤港澳大湾区在国家发展大局中具有重要战略地位。本文从内地与香港、澳门在技术层面存在标准不统一、成果互认难度大的问题出发, 主要梳理了粤港澳大湾区区域涉水标准的现状, 对比了主要涉水标准的差异性, 探讨了如何借助科技创新平台, 打破当前区域行业标准协同壁垒, 推进粤港澳三地涉水标准深度融合和涉水事务标准协同。

关键词: 粤港澳大湾区; 涉水事务; 标准化; 协同

标准是经济活动和社会发展的技术支撑, 在国家治理体系和治理能力现代化中发挥着基础性、战略性、引领性作用[1]。推进粤港澳大湾区建设, 是国家重大决策部署, 然而长期以来, 由于历史原因, 内地与香港、澳门在技术层面存在标准不统一、成果互认难度大的问题。随着粤港澳大湾区建设国家战略的全面深入推进, 粤港澳三地涉水事务的合作交流越发频繁, 水利标准 "碰撞" 问题日益显现, 影响了协同推进涉水事务合作的效率。本文主要梳理了粤港澳大湾区区域涉水标准的现状, 通过对比主要涉水标准的差异性, 探讨了如何借助科技创新平台, 打破当前区域行业标准协同壁垒, 推进粤港澳三地涉水标准深度融合和涉水事务标准协同。

1　粤港澳大湾区水利标准化现状

新时期国家标准化改革对标准化工作提出了一系列新要求, 水利作为国民经济基础设施的重要组成部分和重要战略资源, 需要加快提升水利标准整体水平, 发挥标准提升对质量变革的引领和支撑作用, 以高标准推动水利高质量发展。

1.1　水利标准化工作的政策支持及新要求

2021 年 10 月, 中共中央、国务院印发的《国家标准化发展纲要》明确提出 "建立国家统筹的区域标准化工作机制, 将区域发展标准需求纳入国家标准体系建设, 实现区域内标准发展规划、技术规则相互协同, 服务国家重大区域战略实施"。

2019 年以来, 水利部先后印发《水利标准化工作管理办法》《关于加强水利团体标准管理工作的意见》等文件, 不断健全标准化制度体系。《水利标准化工作三年行动计划 (2020—2022 年)》提出优化标准化专家委员会委员结构, 设立水利标准化工作联络员制度、水利团体标准联席会议制度, 建立标准化工作年报和标准化工作月度专报制度, 标准化工作管理逐步制度化、规范化、程序化, 以及密切跟踪水利标准国际动态, 坚持引进来和走出去并重, 推动我国水利标准与国际标准互认。开展水利标准化对外合作与交流, 推动水利标准在国际上的应用, 积极参与国际标准制定。

1.2　水利标准体系不断优化完善

水利部按照国务院《深化标准化工作改革方案》精神和 "确有需要、管用实用" 的原则, 不断

作者简介: 陈若舟 (1982—), 女, 高级工程师, 主要从事科研管理、标准化研究工作。

优化完善推荐性水利技术标准体系，推进水利行业标准制修订，全面简化标准编制程序。2019 年，首次委托第三方全面开展现行有效水利技术标准实施效果评估工作，全面摸清水利标准实施效果，废止了一批不适应改革发展要求的标准，进一步厘清和缩减了不适应改革要求的行业标准数量和规模，为市场自主制定的标准留出发展空间；将近百项含强制性条文的水利技术标准精简整合为 10 项，并开展研编工作，以发挥强制性标准的刚性约束作用。

1.3 水利标准化工作成效

近年来，我国水利标准化工作积累了大量理论与实践经验，取得了显著成效：行业通用规范标准及专项规范数量显著提升，标准实施与标准国际化均稳步推进，标准监督不断强化，为各项水利工作开展提供了重要依据，提升了我国水利技术标准的国际影响力。据不完全统计，截至 2021 年底，水利技术标准（GB、SL、SL/T）现行的共 804 项，主要涉及流域/区域的规范标准有规划、勘查、设计、施工、试验检测、质量验收、运行维护、验收、安全监测和评价等工程建设类标准和水文、水资源、水环境、水利工程、防洪抗旱、农村水利、农村水电、水土保持等专业领域。经评估水利行业技术标准整体实施效果较好，有效提高了水利工程建设、产品和服务质量。

1.4 湾区水利标准工作现状与发展趋势

当前水利标准化工作在支撑粤港澳大湾区水利高质量发展方面依然存在一些"短板"，如跨行业水利标准建设不足、区域标准融合不充分、国际对标水平不高等。虽然相关专业规范已比较齐全，但基本都是国家或行业通用规范标准及专项规范，体现地域特色的标准还需进一步完善，特别是针对粤港澳大湾区的高质量建设标准亟须补充并实现三地协同互认[2]。粤港澳大湾区水利标准化工作将围绕优质水资源保障、防洪（潮）减灾保安全、健康水生态与宜居水环境、水安全监管服务等水安全保障目标，积极落实国家、水利部及粤港澳大湾区水利标准战略有关部署，开展湾区水利标准协同研究，完善湾区水利相关标准体系，制定并落实一批共认、共享、共用的湾区标准，对标国际一流湾区建立适应大湾区高质量发展的水利标准，是未来几年湾区水利标准工作的主要任务。

2 粤港澳大湾区涉水标准差异分析

目前，粤港澳大湾区涉水事务标准采用存在三地三标准的情况。例如，内地采用国家标准（GB）（如《防洪标准》（GB 50201—2014）等）、水利行业标准（SL）（如《洪水风险图编制导则》（SL 483—2017）等）及相关地方或团体标准（如广东省地方标准《堤防工程安全评价导则》（DB44/T 1095—2012）等）；香港大多沿用英国的涉水事务法律法规及标准（如《雨水排放手册—STORMWATER DRAINAGE MANUAL》）；澳门大多沿用葡萄牙或者欧盟涉水事务法律法规及标准（如《澳门供排水规章》（第 46/96/M 号法令））。

三地标准的差异具体表现在以下方面。

2.1 概念内涵有所不同

例如，城市防洪方面，香港无过境洪水威胁，以排除本地暴雨径流、抵御外海台风暴潮为主，因此香港所采用的"防洪标准"，其含义与内地"防洪标准"完全不同，更接近内地"排水标准"，但也不尽相同。香港"防洪标准"适用对象，包含"大排水、小排水"两个概念，约等于内地"排水标准"与"治涝标准"的并集。

2.2 标准的指标不同

以深圳、香港界河水域深圳湾为例，深圳执行《海水水质标准》（GB 3097—1997）三类标准，香港执行《后海湾水质管制区水质目标》。与内地相比，香港未提出化学耗氧量（COD）、生化需氧量（BOD_5）、活性磷酸盐等指标，这可能与香港有养殖需求有关系。

2.3 指标限值不同

以内地与澳门现行饮用水标准为例，内地现行饮用水标准《生活饮用水卫生标准》（GB 5749—2006）中涉及 106 项指标，基本与 WHO 和美国、欧盟等国家（地区）的水质标准指标内容保持一致，但从指标数量及指标值来看，内地对色度等感官指标和一般化学指标限制相对严格，对农药、消毒副产物等有机污染物指标的要求相对国际存在差距，某些指标偏低或缺失。标准限值对比见表 1。

表 1 内地《生活饮用水卫生标准》（GB 5749—2006）和香港特区《WHO 饮用水水质准则（第四版）》部分指标对比[3-4]

单位：mg/L

指标	香港标准	内地标准 GB 5749—2006	内地标准 GB 5749—2022（2023 年即将实施）
丙烯酰胺	0.000 1	0.000 5	0.000 5
苯	0.001	0.01	0.01
1，2-二氯乙烷	0.003	0.03	0.03
环氧氯丙烷	0.000 1	0.000 4	0.000 4
四氯乙烯和三氯乙烯	0.01	0.04/0.07	0.04/0.02
三卤甲烷	0.1	*	*
氯乙烯	0.000 5	0.005	0.001
铁	0.2	0.5	0.3
锰	0.05	0.3	0.1

注：*表示该类化合物中各种化合物的实测浓度与其各自限值的比值之和不超过 1。

2.4 标准计算方法有所不同

以河口洪潮水位计算为例，广东省与香港均考虑到以洪为主和以潮为主两种工况，但具体到两个工况的边界条件又有所不同。以 200 年一遇洪水为主时，广东省考虑 200 年一遇洪水遭遇 5 年一遇外江潮位，而香港考虑 200 年一遇降雨遭遇 10 年一遇外江潮位；以 200 年一遇风暴潮位为主时，广东省考虑 200 年一遇风暴潮位遭遇 5 年一遇降雨，而香港考虑遭遇 10 年一遇降雨。相对而言，香港防洪要求更高。

2.5 标准单位或基面有所不同

以河口潮汐数据为例，广东省习惯沿用珠江基面作为高程基面（现在逐渐往 1985 国家高程基准基面过渡），香港采用主要基准面（mPD），澳门采用海图基准面（MCD），基面数值差异较大。

2.6 行业主管部门不同

标准和标准化本身属于管理范畴，标准的制定和实施必然受到政治经济体制的影响。以涉水事务标准为例，内地标准制定主管部门主要为水利部门，香港主管部门为发展局（含下属水务署、渠务署、土木工程拓展署等），澳门主管部门为运输工务司（含下属海事及水务局、土地工务运输局等）。

3 粤港澳大湾区涉水标准协同推进途径探析

标准作为一种中性的技术工具，是推动粤港澳大湾区融合发展最有力、最有效的抓手，是最有可能率先实现突破、取得实效的载体。可考虑依托于现有的标准协同创新平台，如粤港澳大湾区标准化研究中心、粤港澳大湾区涉水事务标准协同研究中心等，从以下几方面推进大湾区涉水标准协同发展。

3.1 建设粤港澳涉水标准协同体系

开展大湾区水利标准制定、合作机制、跨界工程项目标准应用等方面现状调研。收集梳理现三地涉水事务标准的情况，通过对比粤港澳水利标准体系及需求，重点从编制体系、技术标准、管理制度等方面，建立各方适用的体系和需求择优选用技术标准，以水利项目为载体形成粤港澳合作共建的水利标准协同工作机制，提出针对不同合作共建类型采取的相应体系和标准衔接策略。

通过标准协同平台加强与香港、澳门的密切合作，努力构建大湾区水利标准体系及互联互通互认机制，形成大湾区政策、规则、标准"三位一体"的一流研究机构、大湾区标准化战略决策的一流高端智库、湾区标准国际化的一流公共平台，为助推建设富有活力和国际竞争力的一流湾区积极发挥标准化作用。

3.2 推进粤港澳大湾区涉水事务标准规范编制

以跨界工程及联合项目为突破口，不断丰富粤港澳三地涉水事务标准或导则的构成。可考虑从先以下几个方面推进粤港澳大湾区标准或导则：水资源节约集约利用、流域-区域水资源联合调配保障、供水安全水网构建与运行维护、城乡供水安全水网构建与保障、粤港澳大湾区水安全保障下的全过程节水、基于资源化利用的再生水、洪涝共治下防洪潮等。近期建议推进编制的标准规范如表2所示。

表 2   近期建议编制的标准规范

序号	学科领域	标准规范名称
1	水文水资源	粤港澳大湾区水资源节约集约利用评价导则
2		粤港澳大湾区流域-区域水资源联合调配保障标准
3		粤港澳大湾区供水安全水网构建与运行维护标准
4		河口咸潮上溯监测技术规范
5		粤港澳大湾区河口保护与治理一体化标准
6	洪涝灾害防御	高度城镇化区域内涝预警预报技术规范
7		城市群精细实时洪水预报系统技术导则
8	水环境水生态	粤港澳大湾区生态影响类项目施工期环境监测技术规范
9		粤港澳大湾区城镇水环境治理和水生态修复技术导则
10		生态型清洁小流域治理与全过程观测技术导则
11	水利信息化	城市群智慧水务一体化建设标准
12		粤港澳三地智慧水务共享平台建设标准

3.3 加强技术交流与合作

利用好现有协议、社会团体、科技创新平台，通过学术会议、项目合作、本地化服务等方式积极促进粤港澳三地技术人员的广泛交流，吸收行业内外经验[5-6]。在行业内涉水管理交流方面，可围绕流域管理有关涉水标准应用实际，按照水利标准化工作部署，与香港、澳门水行政主管部门共商流域管理标准协同推进及实施；在跨行业技术交流方面，可围绕服务粤港澳大湾区发展战略，结合湾区涉水工程建设项目，开展水利与环境、交通等跨行业技术交流。

3.4 推广应用示范

从粤港澳大湾区各地对跨区域水利合作发展、处理共同水事纠纷、涉水项目实施中发掘标准的协同应用需求。例如，深圳河作为深圳、香港跨界河流，可打造以统一标准开展流域保护、治理和管理的范例；珠江河口珠海、澳门水事纠纷、珠澳供水等工程管理标准范例等。通过技术输出，推动研究跨区域、整合式或融合式的超级标准规范的制定，实现内地与港澳特区高质量发展和未来融合式发展。

4 结语

深入贯彻落实党中央、国务院、水利部标准化工作要求，发挥标准化战略性、基础性和支撑性作用，推动建立"以规则相互衔接为重点、以标准融合互通为手段"的湾区互联互通模式，促进粤港澳大湾区水利标准融合发展，是构建新发展格局、服务国家发展战略、推动新阶段水利高质量发展、强化流域管理、助力水利技术输出等的必然要求。

目前，粤港澳大湾区三地标准协同工作处于起步阶段，依托于现有的标准协同创新平台，建立粤港澳涉水标准协同体系、推进粤港澳大湾区涉水事务标准规范编制、加强技术交流合作及推广应用示范，有利于促进粤港澳三地涉水事务标准互联互通，以标准创新驱动粤港澳大湾区水利高质量发展。

参考文献

[1] 倪莉. 加强标准化引领 助力新阶段水利高质量发展 [J]. 中国水利, 2022 (15): 13-14.

[2] 潘柯良. 长江三角洲地区、粤港澳大湾区、京津冀区域标准化发展对比研究 [J]. 中国标准化, 2022, 7 (610): 68-72, 81.

[3] 中华人民共和国卫生部. 生活饮用水卫生标准: GB 5749—2006 [S]. 北京: 中国标准出版社, 2007.

[4] 世界卫生组织. WHO 饮用水水质准则 [M]. 上海市供水调度监测中心, 上海交通大学, 译. 4 版. 上海: 上海交通大学出版社, 2014.

[5] 陈昭. 粤港澳大湾区科技创新协同机制研究 [J]. 科技管理研究, 2021 (19): 86-96.

[6] 李斌. 粤港澳大湾区建设背景下专业人才培养与区域产业协同发展路径探析 [J]. 中国多媒体与网络教学学报, 2021, 12 (中旬刊): 202-204.

水利行业标准验证工作的重要性及运行机制探讨

任蒙蒙　李海峰　王　勇

（珠江水利委员会珠江水利科学研究院，广东广州　510611）

摘　要：标准验证工作是保证标准高质量发展的重要手段。标准验证检验检测点（简称"标准验证点"）的有效运行是开展标准验证工作的前提。本文通过分析国内外标准验证工作的现状、我国水利行业标准验证工作面临的挑战，针对水利行业标准验证工作的开展现状，提出了水利行业标准验证点运行机制以及检验检测工作实施的重点和展望。

关键词：标准验证；检验检测；水利行业

1　引言

水利与生活、生产、生态密切相关，习近平总书记多次就保障国家水安全发表重要论述，为做好水利行业高质量发展提供了科学指南和根本遵循。水利部部长李国英明确要求发挥标准的"指挥棒"作用。依靠高标准、体现高标准是促进水利高质量发展的重要标志。开展水利行业标准验证工作是评价相关水利行业标准技术内容科学性、合理性和先进性的重要手段，同时也是国家水利行业高质量标准制定和实施的关键环节。

标准具有基础性、引领性和战略性作用，是科技创新成果对接产业化的桥梁和手段之一，在助力我国高质量转型过程中发挥着关键作用[1]。标准技术内容的科学性、合理性、先进性、适用性和可操作性直接决定了标准的质量。标准验证工作是标准制定、实施等全周期过程中的重要内容，旨在促进标准的高质量发展。标准验证工作是利用检验检测的科学手段，采用定性与定量相结合的方法，综合评判标准内容的科学性、合理性、先进性、适用性和可操作性，是确保标准高质量的强有力手段[2]。

目前，标准验证工作的重要性已逐渐受到相关部门和部分行业领域的重视。虽然有部分单位已开展相关标准验证点试点工作，但关于标准验证点具体运行机制还没有统一的规定，而且水利行业目前还没有国家标准验证点。因此，探讨水利检测行业标准验证点的重要性及运行机制十分必要。

2　标准验证工作开展现状

目前，关于"标准验证"一词没有明确的定义，在《质量管理体系 基础和术语》（GB/T 19000—2016）中定义了"验证"的含义，"通过提供客观证据对规定要求已得到满足的认定"。其实，在标准制定过程中存在一些标准验证的工作，但是没有统一的规定和重视。随着国家高质量转型的发展，标准验证工作逐渐引起广泛的重视。

国外标准验证工作最早追溯到 20 世纪五六十年代。据报道，国外标准制定过程中多数都存在标准验证环节，而且标准验证工作的重视程度与标准制定相当。在国外，药品、军工、软件等领域最早开始标准验证工作，验证工作的运行机制发展较为成熟，从而推动标准的制定水平达到新的高度。20世纪五六十年代，为了调查污染输液导致的败血症药难事件，美国食品药品管理局（FDA）专门成

作者简介：任蒙蒙（1992—），男，工程师，主要从事水利工程材料研发及检测相关工作。

立了特别工作组，经过几年的调查得出的结论为"过程失控"。因此，1976 年 6 月 1 日首次将文件的形式纳入了"大容量注射剂药品生产质量管理规程（GMP）（草案）"，明确了"通过验证确立控制生产过程的运行标准，通过对已验证状态的监控，控制整个工艺过程，确保质量"[3]。在军工领域，美国国防部在《国防部标准化工作的政策与程序》细则中指出，"产品特性需要通过技术实践来进行验证"，表明了验证工作在标准制定中的重要性。1995 年，欧洲实验室认证合作组织发布了"Traceability of Measuring and Test Equipment to National Standards"，明确了标准的可追溯性原则[4]。1986 年，国际电气和电子工程师协会提出了《IEEE 标准 1012-1986 软件验证和确认》，明确了对软件的验证和确认过程，后来经过 4 次修订，形成了完善的验证流程和方法，包含了软件的研发、运行、维护、重用等生命周期[5]。国外完善的标准验证工作运行机制、流程和方法等制度可为我国的标准验证工作提供借鉴和参考。

我国标准验证工作的起步时间较晚，刚开始时仅对标准验证工作做出了相关要求和指示，没有形成统一的标准验证工作运行机制。随着我国的高质量发展转型，国家逐渐出台了相关政策。《国家标准化体系建设发展规划（2016—2020 年）》对加强标准验证能力做出相关规定。2017 年，我国第一批国家级标准验证检验检测试验单位获批，共计 20 家单位[6]。2021 年 10 月，国务院印发了《国家标准化发展纲要》[7]，明确提出了"建成一批国际一流的综合性、专业性标准化研究机构，若干国家级质量标准实验室，50 个以上国家技术标准创新基地"。2022 年，国家标准化管理委员会发出了《国家标准化管理委员会关于加强国家标准验证点建设的指导意见》[8]，指出"到 2025 年底，建成 2 个综合性标准验证点，配套建成不少于 50 个领域类标准验证点，建成比较完善的标准验证制度、工作机制及工作体系"。标准化和标准验证工作逐渐得到了国家的重视。

与国际标准验证工作的进展相比，我国的标准验证检验检测工作存在明显的差距，而且水利行业目前尚无国家标准验证点，无法满足新阶段水利行业高质量发展的需求。因此，亟须开展水利标准验证检验检测运行机制及相关内容等工作的研究，以推动水利行业高质量发展。

3 水利行业标准实施面临的挑战

现行水利标准基本都是行业通用标准及专项规范，针对地域或区域需求的标准极少。与水利行业高质量发展的需求相比，标准化工作在支撑区域战略发展上还存在差距，标准体系不够完善。粤港澳大湾区建设是新时代推动形成全面开放新格局的新尝试，也是推动"一国两制"事业发展的新实践。粤港澳大湾区具有"一国两制三法域"的独特性。经济、法律和行政上制度不同，使粤、港、澳三地采用的标准体系、标准制定与审定主体、强制标准执行方式等方面存在较大差异，亟须围绕粤港澳大湾区建设的需求，完善符合各方认可的标准体系，寻求体制和技术要求的融合点，构建标准验证工作平台，推进粤港澳大湾区水利标准一体化，是当前水利行业标准验证工作的重中之重。

构建国家水利标准验证点是解决目前水利行业标准验证工作重难点问题的重要手段，也是新时代推进粤港澳大湾区水安全建设、实现全国水利行业高质量发展的基础支撑和研究平台。国家水利标准验证点紧密围绕国家战略、区域经济社会发展和新阶段水利行业高质量发展需求，聚焦水资源、水灾害、水生态、水工程安全及智慧水利等水利行业的标准验证工作，服务全国水网、江河治理、洪旱灾害防治、工程安全与病害治理、河口海岸治理保护修复等国家水利行业标准需求，开展相应水利标准技术要求、核心指标、试验和检验方法等验证工作，有利于提升水利标准科学性、合理性及适用性，为构建推动我国水利行业高质量发展的标准体系、发展标准化服务业提供有力支撑。

4 水利行业标准验证点的运行机制

4.1 建立健全标准验证配套制度

标准验证工作是一项系统工程，涉及经济、技术、人员等多方面因素。标准验证点应充分调研标准验证工作的运行机制，完善标准验证点配套制度，保障标准验证点的有序建设，规范标准验证点运行管理，提升标准验证工作质量。加强标准验证点的资源建设。每年持续投入资金支持标准验证点资源建设，设立专项资金支持标准验证点建设；持续更新不同方向标准验证所需的仪器设备，保证实验室标准验证人员数量。

4.2 加强标准验证点的检验检测能力建设

标准验证点的检验检测能力建设是标准验证工作的关键。只有不断地夯实标准验证技术，才能确保标准的高质量发展。标准验证点应具备开展不同时机和类型标准验证工作的能力，掌握不同时机和类型标准验证工作的时间安排、人员安排、实验室和仪器安排等工作流程，为不同时机和类型的标准验证工作积累丰富经验；建立规范的标准验证工作机制，进一步完善标准验证计划、实施和验证报告编写等工作流程，提升标准验证点检验检测的能力。

4.3 提升标准制定和实施应用的竞争力

标准验证点不仅要开展国内的国家标准、行业标准、地方标准、团体标准和企业标准的验证工作，还应与国际标准接轨，开展中国标准、英国标准、欧盟标准、美国标准对标研究。系统性进行国内外标准对比，为国内外标准对接提供技术支持。针对我国企业在国际市场的需求，加强对国内外标准的指导思想、设计、材料、试验和施工等方面进行系统性对比，分析中外标准差异，促进国内外标准对接，提升我国标准在国际市场中的竞争力。

4.4 加强市场服务的能力

标准验证点除加强自身检验检测能力外，还需提升向市场服务的能力。标准验证点的运行仅依靠财政经费投入无法支撑完成高质量标准验证工作。因此，通过拓宽渠道来加大对标准验证工作的投入，进一步提高标准验证点的检验检测能力。在完成国家标准、行业标准、地方标准验证任务的基础上，加强对市场自主制定的团体标准和企业标准提供验证服务、科技成果转化服务，从市场获得必要的资金支持。另外，还要建立健全市场服务机制，采用主动获取市场需求、"专家式推广"等方式，加大宣传标准及其验证工作的概念、定位和重要性，提升相关企业和机构对标准验证工作的重要性认识和重视，有效发挥标准验证工作为水利行业高质量发展方面提供基础支撑和技术保障。

5 结语

标准验证工作是保证标准高质量发展的重要手段，国家标准验证点是开展相应标准验证工作的前提。因此，构建国家水利行业标准验证点是促进水利行业高质量发展的重要标志，也是推动新时代新阶段全国水安全建设和提升我国水利行业标准在国际市场中竞争力的关键。通过不断探索和完善对标准验证点的运行机制，提升水利行业标准验证检验检测工作能力，助力我国水利行业高质量发展。

参考文献

[1] 郭凯，张佩玉，杨敬丽，等．未来五至十年中国标准化预见［J］．中国标准化，2021（1）：6.

[2] 程丽萍，吴雨洲，余建华，等．国家技术标准验证工作研究［J］．标准科学，2017（8）：15-19.

[3] 刘清顺．新国家药品生产验证与质量检验标准实施手册［M］．长春：吉林人民出版社，2004.

[4] Committee E，Ferrero C. EAL-Traceability of Measuring and Test Equipment to National Standards［J］. EAL Meeting Conference，2020.

[5] Institute of Electrical and Electronics Engineers. IEEE Standard for System, Software, and Hardware Verification and Validation：IEEE Std 1012-2016［S］. New York, USA：Institute of Electrical and Electronics Engineers.

[6] 机械工业仪器仪表综合技术经济研究所"数字化工厂与测控自动化"入选第一批国家级标准验证检验检测点试点单位［J］．仪器仪表标准化与计量，2017（4）：10009.

[7]《国家标准化发展纲要》［J］．中国质量监管，2021（10）：16-21.

[8]《国家标准化管理委员会关于加强国家标准验证点建设的指导意见》正式发布［J］．机械工业标准化与质量，2022（5）：9-11.

解读标准管理内涵 促进江苏省规划标准化建设

袁文秀[1] 徐海峰[2,3]

（1. 江苏省水利工程规划办公室，江苏南京　210000；
2. 水利部南京水利水文自动化研究所，江苏南京　210000；
3. 水利部水文仪器及岩土工程仪器质量监督检验测试中心，江苏南京　210000）

摘　要：本文通过《江苏省城市防洪规划编制规程》（DB32/T 4288—2022）内容特点介绍，解读标准管理内涵，积极探索江苏省规划体系标准化建设模式和路径，助力江苏省城市防洪体系的智慧化建设，为新一轮江苏省城市防洪规划编制提供统一的规范指导。

关键词：城市防洪；规划编制；标准化；解读

1　引言

近年来，我国多地发生城市极端暴雨洪水，导致财产损失巨大，甚至发生人员伤亡，影响重大。江苏省是全国经济强省，人口众多，城镇化进程快，城乡一体化程度高，城镇已成为人口、财富和重要基础设施的主要聚集地。江苏省地处长江、淮河两大江河流域下游，东临黄海，地势低平，属亚热带向暖温带过渡地带，洪涝潮灾害易发频发，洪涝带来的灾害风险将更高、灾害损失将更严重。为保障人民生命财产安全，助力江苏省经济高质量可持续发展，统一规范指导江苏省城市防洪规划编制，更好地推动城市防洪体系建设与运行，减少城市洪涝灾害、减轻洪涝风险，根据江苏省城市洪涝水特征，由江苏省水利工程规划办公室组织开展《江苏省城市防洪规划编制规程》（DB 32/T 4288—2022）（简称《规程》）的研制工作，并于 2022 年 6 月 10 日由江苏省市场监督管理局发布，7 月 10 日实施[1]。这是江苏省水利首例规划类标准，为构建发展江苏省地方特色的规划标准体系奠定了基础。

《规程》共 14 章和 1 个资料性附录，内容包括城市概况、形势分析、规划总体布局、城市防护区划分与治理标准、水文水利计算、工程措施规划、非工程措施规划、投资估算与规划实施、综合评价、保障措施等。

2　《规程》体现的地方特点

《规程》研制时，参考了《水文基本术语和符号标准》（GB/T 50095）、《防洪标准》（GB 50201）、《泵站设计规范》（GB 50265）、《堤防工程设计规范》（GB 50286）、《城市排水工程规划规范》（GB 50318）、《城市水系规划规范》（GB 50513）、《河道整治设计规范》（GB 50707）、《城市防洪工程设计规范》（GB/T 50805）、《海绵城市建设评价标准》（GB/T 51345）、《城市排水工程规划规范》（GB 50318）、《室外排水设计标准》（GB 50014）、《水利水电工程设计洪水计算规范》（SL 44）、《水利工程水利计算规范》（SL104）、《水利水电工程等级划分及洪水标准》（SL 252）、《水闸设计规范》（SL 265）、《洪水风险图编制导则》（SL 483）、《防洪规划编制规程》（SL 669）、《治涝标准》（SL 723）、《城市防洪应急预案编制导则》（SL 754）、《水旱灾害防御调度方案编制规范》（DB32/T

作者简介：袁文秀（1971—），女，正高级工程师，科长，主要从事水利规划及研究工作。

通信作者：徐海峰（1974—），男，高级工程师，标准计量室副主任，主要从事标准化研究工作。

4177）等大量国内技术标准文献，结合江苏省城市洪涝水形成特点，在《规程》编制中突出体现三大方面的特点。

2.1 城市洪涝水分类特点

《规程》针对江苏省实际，将可能遇到的洪水分为流域洪水、区域洪水、山洪、海潮和涝水五类，分别给予定义并给出不同城市防护区防洪治涝标准选用建议。

2.2 江苏地理位置及洪水组合特点

《规程》针对江苏省地处长江、淮河流域下游，洪水峰高量大，以及城市化程度高等特点对城市防洪的需求，考虑威胁江苏城市的流域洪水、区域洪水、山洪、海潮特性等，制定城市需防御流域洪水（含海潮）、区域洪水（含山洪）的水文水利计算方法的同时，制定了防御流域洪水、区域洪水遭遇的水文水利计算方法。

2.3 江苏地势平缓、排涝难度大及要求高的特点

《规程》针对城市治涝片区暴雨易与流域、区域高水位遭遇带来的排涝难度大及城市化水平高带来的排涝要求高的特点，制定治涝水文水利计算方法；提出优先自排、减少抽排原则，在规划合理的水面率、充分发挥调蓄能力的基础上，按自排为主、抽排为辅、自排与抽排相结合的不同治涝片区类型，因地制宜地进行涝水安排，制定由蓄涝区、河道、涵闸、泵站等组成的治涝工程规划布局。

3 《规程》对城市防洪规划编制工作的规范性管理

3.1 规程标准释义

《标准编写规则 第 6 部分：规程标准》（GB/T 20001.6—2017）[2] 对"规程标准"的定义是：为活动的过程规定明确的程序以及判定该程序是否得到履行的追溯/证实方法的标准。在编制《规程》时，根据国家、行业和江苏省防洪相关法律法规、强制性标准要求，结合江苏省城市防洪的工作实践经验和省内各地方防洪规划编制与实施情况，明确规划编制的内容和相适应的要求，并提供了可参考、可追溯证实路径和方法。

3.2 《规程》对规划编制过程内容的界定

《规程》对规划编制内容进行了明确的界定，明确规定了江苏省城市防洪规划编制的具体内容：城市概况、形势分析、规划总体布局、城市防护区划分与治理标准、水文水利计算、工程措施规划、非工程措施规划、投资估算与实施、综合评价、保障措施，提出了"总体要求"。

《规程》对开展规划编制工作的区域做出了普适性指导，即适用于设区市、县（市、区）级城市防洪规划的编制。对于城镇、开发区和园区等区域开展防洪规划编制工作的，可参照《规程》。

3.3 《规程》对规划编制的规范性指导

为便于《规程》的实施，易于江苏省各地城市防洪规划编写工作者理解与使用，编制高质量的规划报告文本，《规程》在编写时，综合江苏省各地防洪规划报告编写案例，凝练出典型的规划报告编写格式，作为《规程》资料性附录，并给出了与正文相对应的编写要求，见表1。

表 1 典型规划报告提纲编写参照

报告章条号	报告章条标题内容	《规程》对应章条	说明
1	前言	—	简述城市防洪规划报告编制过程、本次规划主要内容等
2	城市概况	按第 5 章编写	
2.1	自然概况	按 5.1 条编写	包括城市所在地区的自然地理、气象水文及与城市防洪相关的水系情况等
2.2	经济社会概况	按 5.2 条编写	包括城市社会经济指标，重要工业、文物及基础设施等

续表 1

报告章条号	报告章条标题内容	《规程》对应章条	说明
2.3	城市国土空间总体规范概要	按 5.3 条编写	包括中心城区范围、空间布局与功能定位及对防洪排涝要求等
2.4	其他相关规划概要	按 5.4 条编写	与城市相关的流域、区域水利规划及相关行业规划对城市防洪治涝的要求及安排等
3	形势分析	按第 6 章编写	
3.1	洪涝灾害	按 6.1 条编写	通过典型洪、涝灾害年分析城市洪、涝致灾成因等
3.2	现状能力评价	按 6.2 条编写	分析城市防洪治涝减灾体系现状、存在问题及现状能力，评价与经济社会发展的适应性
3.3	需求分析	按 6.3 条编写	通过预测规划水平年城市经济社会指标，分析城市防洪治涝面临的形势及需求等，确定治理标准及规划目标
4	总体规划	—	需综合《规程》内容与相关法律法规内容编写
4.1	规划依据	—	除依据《规程》外，还应包括《规程》编制时参考的法律法规、规范标准、规划报告等
4.2	规划指导思想与原则	按引言的表述形式编写	需根据政策法规变化适宜调整
4.3	规划范围及规划研究范围	按 4.3 条编写	需根据周边水系边界综合确定规划研究范围
4.4	规划水平年	按 4.3 条编写	
4.5	规划布局思路	按 7.1 条编写	城市防洪进行分区防治，工程措施与非工程措施相结合，在流域、区域防洪治涝布局基础上，通过协调与城市交通、市政工程及生态环境保护要求等综合确定城市防洪总体布局
4.6	规划目标与防洪治涝标准	防洪治涝标准按 8.2 条编写	规划目标根据规划指导思想、原则、城市防洪形势、规划防洪标准、防洪体系建设等方面，考虑防洪任务的轻重缓急等，按不同规划水平年提出
5	水文水利计算	—	
5.1	洪涝水特性	按 6.1 条编写	
5.2	防洪水文水利计算	按 7.2.1 条、9.2 条编写	根据城市洪水类型及遭遇规律，通过对多种防洪工程布局及调度运行方案的水文水利计算及综合比选，制定设计洪水出路安排及防洪工程布局方案，明确与城市防洪相关的断面或节点设计洪峰、防洪水位等
5.3	治涝水文水利计算	按 7.3.1 条、9.3 条编写	包括治涝片区设计暴雨分析计算，确定治涝片区设计排涝控制水位，在分析治涝片区与承泄区水位遭遇规律基础上，通过对多种治涝工程布局及调度运行方案的水文水利计算及综合比选，制定设计涝水出路安排及治涝工程布局方案等
⋮	⋮	⋮	⋮
11	保障措施	按 14.1~14.5 条编写	包括组织、法制、投入及科技保障等

4 结语

《规程》编制坚持以习近平新时代中国特色社会主义理论为指导，践行"节水优先、空间均衡、系统治理、两手发力"的治水思路，遵循"两个坚持、三个转变"的防灾减灾救灾理念，坚持人民至上、生命至上，坚持全面规划、统筹兼顾，坚持绿色生态、人水和谐，坚持风险防控、防治结合的原则。编制过程中查阅了大量国内外相关城市防洪规划的文献资料，并根据江苏省城市防洪特色，融合江苏省在城市防洪规划编制与实施中积累的经验和成熟做法，通过系统分析城市防洪与流域、区域防洪的互馈关系，统筹考虑城市防洪与生态环境保护、交通、市政发展的相互影响，首创性地提出

"城市分区防洪"的理念，并将相关要求首次明确写入标准中，对促进我国防洪标准体系水平提升具有重要意义，对进一步提升和指导江苏省新一轮城市防洪规划编制、促进江苏省城市防洪建设与管理具有重大意义。

参考文献

［1］江苏省市场监督管理局. 城市防洪规划编制规程：DB32/T 4288—2022［S］. 北京：中国标准出版社，2022.

［2］全国标准化原理与方法标准化技术委员会（SAC/TC 286）. 标准编写规则 第6部分：规程标准：GB/T 20001.6—2017［S］. 北京：中国标准出版社，2017.

《雷达水位计》（T/CHES 45—2020）应用分析

徐海峰[1,2]　李玉梅[1,2]　桑　梓[3]

（1. 水利部南京水利水文自动化研究所，江苏南京　210000；
2. 水利部水文仪器及岩土工程仪器质量监督检验测试中心，江苏南京　210000；
3. 深圳市汇合发展有限公司南京分公司，江苏南京　210000）

摘　要：本文通过对《雷达水位计》（T/CHES 45—2020）发布实施背景简介，系统阐述了雷达水位计的应用特点、标准主要内容及其创新点、主要技术指标国内外分析对比、国内应用案例剖析等情况，研究分析 T/CHES 45—2020 自发布实施以来的应用情况，为促进我国具有自主知识产权雷达水位产品推广应用、促进其技术水平进一步提升、促进雷达水位计标准向国际标准转化等提供参考。

关键词：团体标准；雷达水位计；应用；分析

1　引言

为贯彻落实习近平总书记"节水优先、空间均衡、系统治理、两手发力"治水思路，按照《中华人民共和国标准化法》、《团体标准管理规定》（国标委联〔2019〕1 号）和《关于加强水利团体标准管理工作的意见》（水国科〔2020〕16 号）等文件精神，遵循开放、透明、公平的团体标准编制原则，增强水位测量技术能力，促进雷达水位计技术发展和水平提升，引导产品设计、技术创新发展、规范产品市场秩序、保障产品质量，增加水利标准的有效供给，满足市场发展和技术创新需求，由中国水利学会组织河海大学、水利部水文仪器及岩土工程仪器质量监督检验测试中心等单位编制了团体标准《雷达水位计》（T/CHES 45—2020）[1]，自 2021 年 2 月 1 日起实施，同年发布团体标准英文版。

与通用性国家标准《水文仪器基本参数及通用技术条件》（GB/T 15966—2017）[2] 规定的雷达水位产品技术内容相比，团体标准技术内容更全面、技术参数和性能要求更高、专业性更强、对产品技术应用发展引领性更好。

通过标准化科技成果查新，目前国内外尚无雷达水位计国际、国家和行业技术标准。团体标准《雷达水位计》（T/CHES 45—2020）填补了该领域的空白。

本文通过对团体标准国内发展情况、主要技术内容及创新性、国内外产品测量误差对比分析、应用实施情况等方面进行阐述，分析团体标准应用实施成效。

2　雷达水位计在涉水行业应用特点和场景

2.1　测量原理

雷达水位计是一种非接触式水位测量仪器[3]，采用发射–反射–接收的工作模式，通过天线发射电磁波至水面，电磁波经水面反射后，由天线接收，电磁波从发射到接收的时间与到水面的距离成正比，通过多次测量和计算，获取水位测量数据，见图 1。

作者简介：徐海峰（1974—），男，高级工程师，标准计量室副主任，主要从事标准化研究工作。

通信作者：李玉梅（1980—），女，工程师，科员，主要从事标准化研究工作。

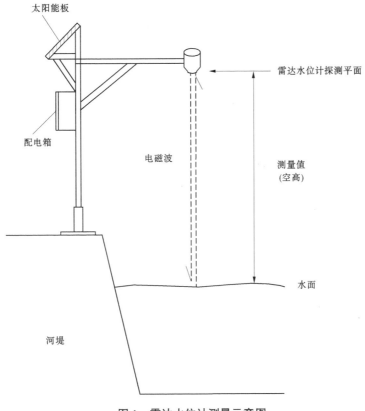

图 1　雷达水位计测量示意图

2.2　应用特点

雷达水位计产品的主要特点表现如下：

（1）投资少、见效快、安装使用方便。

（2）所有测量部件均采用一体化设计，测量时无机械磨损。

（3）不受水体的密度、浓度等物理特性影响，灵活方便，不易被洪水冲毁，使用寿命长，易维护。

（4）抗干扰能力强，不受风、雾影响。

（5）控制条件好时，可无人值守连续在线测量。

（6）测量范围大，精度高，性能稳定。

（7）抗腐蚀能力强，能适应腐蚀性很强的环境。

（8）功耗低，可利用太阳能供电，无须建水位井等。

2.3　应用场景

雷达水位计作为高科技新型水位测量仪器，自从国外引进到国内自主生产以来，在水利、海洋、气象、农林、环保等涉水行业或领域得到广泛应用，主要用于江、河、湖泊、明渠、城市供水、环保污水、农业灌溉、储水池（罐）等水位监测。

3　标准主要内容和创新点

3.1　主要内容

标准共包括14章、3项资料性附录、1项参考文献，主要内容包括范围，规范性引用文件，术语和定义，符号、代号、缩略语，一般规定，工作原理，分类和组成，基本参数，技术要求，数据采集与传输要求，试验方法，检验规则，标志和使用说明书，包装、运输、贮存，安装调试，运行维护，考核与验收。部分关键技术指标与《水文仪器基本参数及通用技术条件》（GB/T 15966—2017）的对比见表1。

表1　国家标准与团体标准技术内容对比

项目名称	技术内容简介		说明
	GB/T 15966—2017	T/CHES 45—2020	
分辨力	1.0 mm，10.0 mm，对应所有量程	3 m 量程及以下，不大于 0.1 mm；30 m 量程及以下，不大于 1.0 mm；70 m 量程及以上，不大于 10 mm	对雷达水位计所能观测水位的最小变化量性能方面，团体标准的要求比国家标准要高，且适用性更好
盲区	不大于 0.8 m，对应所有量程	3 m 量程及以下，不大于 0.15 m；10 m 量程，不大于 0.3 m；30 m 量程，不大于 0.5 m；70 m 量程及以上，不大于全量程的 1%	团体标准优于国家标准
测量准确度	最大允许误差分为 3 级，1 级为 ±0.3 cm；2 级为 ±1.0 cm；3 级为 ±2.0 cm。对应的量程为 10 m 及以下，超过 10 m 从其产品标准规定	最大允许误差分为 4 级，3 m 量程及以下为 ±0.3 cm；10 m 量程为 ±1.0 cm；30 m 量程为 ±2.0 cm；70 m 量程及以上为全量程的 0.1%	在指标优化设计上，团体标准优于国家标准，可操作性更强
功耗	未做量化规定，仅做出了"有功耗的水文仪器应明确其工作功耗，对于长期工作的低功耗仪器，应明确其静态功耗"的定性规定	对 3 m 量程及以下、10 m 量程、30 m 量程、70 m 量程及以上，做出了明确的量化规定	相比国家标准，团体标准在这一项指标上做出量化规定，有利于产品技术的提升发展

3.2　创新点

3.2.1　首项国内外雷达水位计专用技术标准

在标准编写过程中，创造性地开展以标准为主体的科技查新工作，确保标准的技术先进性。经江苏省科技查新咨询中心（国家一级科技查新咨询单位）对雷达水位计的标准进行查新（查新报告编号：201932B2513172），结论为：国内已有雷达水位计在水情监测系统中应用的报道，国内已有研究雷达水位计在大量程大变率条件下提高分辨力、精度和稳定性的优化算法及芯片设计方法的报道，国外已有利用雷达遥感数据监测中非基伍湖水位的报道，但相关报道中未述及研究雷达水位计标准，使其能反映当前雷达水位计应用技术水平，统一规范雷达水位计市场应用，促进雷达水位计产品的应用和技术推广，并规范雷达水位计量程、盲区、测量误差、重复性、功耗（静态、工作）、防雷、抗干扰等关键技术指标。该标准为雷达水位计产品国内外首个专用技术标准，解决了目前雷达水位计产品市场发展无专用规范性标准可依的问题。

3.2.2　首创产品标准综合性编写方法

该标准在编制时，全面考虑了生产方和使用方的需求，以《标准编写规则 第 10 部分：产品标准》编写规则（GB/T 20001.10）为主体，增加了《标准编写规则 第 5 部分：规范标准》（GB/T 20001.5）编写规则、《标准编写规则 第 6 部分：规程标准》（GB/T 20001.6）编写规则的相关编写要求，与传统产品标准相比，变革了传统产品标准技术架框的编写模式，从团体标准的技术创新性、服务市场、补充政府型技术标准供给的角度出发，融入了更多的市场要求因素，较好地满足了产品技术和经济市场发展需求，体现了团体标准融合市场需求的创新特性。

3.2.3 标准技术发展的前瞻性

该标准在起草时,充分考虑了团体标准的市场化特点以及未来应用实施的功能定位,在组建起草单位时,邀请了国内知名相关高等院校、科研院所、生产企业、用户单位、检测机构等单位参与标准制定,整理收集了雷达水位计产品在研制生产、质量监督、行业管理、应用管理等全生命周期各个环节的最新成熟成果,确保标准技术内容的科学性、先进性和实用性,极具自主创新技术的特性,也为未来雷达水位计技术发展做了前瞻性引领。

3.2.4 国际化引导

标准在制定过程中,在整理分析国内外雷达水位计的相关技术文献资料的基础上,结合我国自主知识产权雷达水位计技术发展现状,为促进雷达水位计技术水平发展和应用推广,让国产化雷达水位计进军国际舞台,同步对标准进行了英文翻译,首次尝试探索我国水文仪器产品技术标准向国际标准转化的路径和模式。

4 国内外产品测量误差对比分析

4.1 标准规定的测量误差

表2是《雷达水位计》(T/CHES 45—2020)中规定的最大允许误差值。

表2 雷达水位计最大允许误差

序号	量程/m	测量误差
1	≤3	−3~3 mm
2	10	−10~10 mm
3	30	−20~20 mm
4	≥70	−0.1%FS~0.1%FS

注:FS为满量程。

4.2 分析样本和测试条件

比对样本情况:目前国产水位计产品约占国内市场份额的80%,此次随机抽取了国内15家企业生产的雷达水位计产品。国内进口产品选取约占60%的市场进口份额的知名品牌雷达水位计产品。

测量条件:在10 m量程下,每台产品测试点不低于40点。

4.3 测量结果分析

(1)15家国产化雷达水位计产品总计测量次数604次,测量过程数据示意图及分布见图2,测量误差分布统计见图3。

(2)进口典型雷达水位计测量误差分布见图4。

(3)结果简述。从国内外典型产品测量误差分析对比情况来看,10 m量程下,国产化雷达水位计产品最大允许误差可控制在5 mm以下,误差分布柱图显示产品在测量全过程中误差稳定;进口产品基本在5 mm以上,测量过程显示误差动态起伏较大。

5 国产雷达水位计应用案例

5.1 案例一

某雷达水位计生产企业是《雷达水位计》(T/CHES 45—2020)主要起草单位之一,所研制生产的产品具备自主知识产权。产品特点:零点回波补偿功能,虚假回波存储功能,回波编辑处理功能,时变增益功能,测角功能、超低功耗、太阳能供电、波束角小、测量精度高、防雷等确保仪表不受泥沙、干枯无水、温度等外界影响,在复杂严苛环境下能稳定测量。产品在灌区信息化、水位测站、河

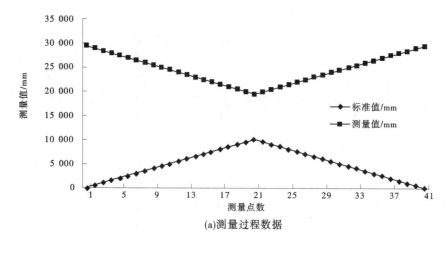

(a)测量过程数据

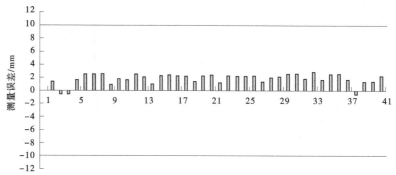

(b)测量误差分布

注：测量取点数41个，最大允许误差大于10 mm的数据0个。

图2　国产雷达水位计测量误差过程示意图及分布

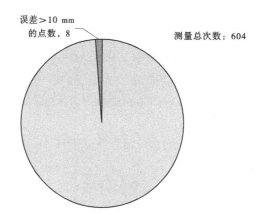

注：误差＞10 mm的次数为8次，所占比例：1.32%。

图3　国产雷达水位计测量误差统计

流、山洪预警、污水管网等众多领域进行水位监测。在江苏、浙江、云南、甘肃、新疆等多地多场景中使用，见图5。

应用成效：通过产品的实施，及时获取在不同应用场景下水位监测的信息资料，实时了解和掌握用户现场使用产品的需求，形成产品现场使用的技术数据客观分析资料和用户使用需求资料，作为雷达水位计产品技术标准应用数据重要来源之一。在《雷达水位计》（T/CHES 45—2020）团体标准发布后，依据标准对产品质量进行控制并进一步提升产品技术水平，同时在标准中也很好地反映了用户的使用要求，使产品在研制、生产、检测和使用等全生命周期内，得到良性循环、螺旋上升式发展。

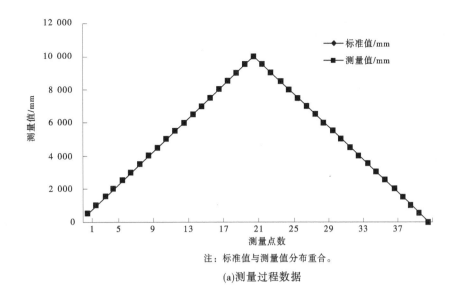

注：标准值与测量值分布重合。

(a)测量过程数据

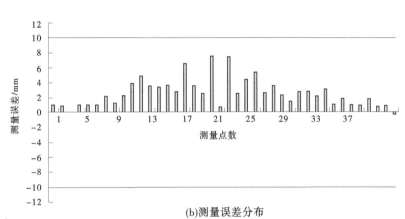

(b)测量误差分布

图 4 进口雷达水位计测量误差分布

5.2 案例二

国内知名某研究院是雷达水位计产品科研生产单位，是《雷达水位计》（T/CHES 45—2020）主要起草单位之一，所研制生产的产品具备自主知识产权，主要在广东、海南、贵州等多个省份进行了规模应用，在山洪灾害项目、水库动态监管项目、水资源监控项目、灌区信息化、城市内涝以及中小河流监测等项目中，进行河道、渠道、水库、水源地、排污口以及城市内涝等水位测量。

应用成效：产品安装简单、维护便洁、测量精度高，大大节约了人力、物力成本，也节约了国土资源空间，对生态环境的影响小，社会、生态环境等综合效益较高。经不完全统计，近两年来，仅该院签立的雷达水位计相关合同额超过 200 多万元。使用国产化雷达水位计，节省设备投入经费超过1 500 多万元。《雷达水位计》（T/CHES 45—2020）标准在各类水位监测项目的规划、设计、招标投标等工作中得到引用推广，成为该院水位测量技术研究，产品研发、使用和检测的重要技术依据。

6 结语

综上所述，《雷达水位计》（T/CHES 45—2020）应用实施后，给产品经济和技术市场带来了持续良性发展的变化：

（1）标准的发布实施，规范了雷达水位计产品技术和经济市场秩序，为应用雷达水位计的各方提供了技术标准支撑服务。

➤浙江桐庐县水文"5+1"项目
➤应用：河道水位监测

➤云南水资源能力监控项目
➤应用：雨水水位监测

➤连云港水库
➤应用：水库水位监测

甘肃平凉崇信县山洪项目

➤新疆生产建设兵团塔里木灌区
➤应用：水位监测

图5　国产雷达水位计多场景应用

（2）我国自主研发并实现规模化生产的雷达水位计，其技术已达到国际先进水平。率先发布的产品技术标准从起点上达到国际领先，率先掌握了技术市场话语权，使雷达水位计技术标准向国际化转变成为可能。

（3）国产化雷达水位计大幅降低了进口产品的经济成本，使产品实现国内规模化推广应用甚至进入国际市场成为可能。

参考文献

［1］中国水利协会．雷达水位计：T/CHES 45—2020［S］．北京：中国标准出版社，2021．

［2］中华人民共和国水利部．水文仪器基本参数及通用技术条件：GB/T 15966—2017［S］．北京：中国标准出版社，2017．

［3］王军成．气象水文海洋观测技术与仪器发展报告 2016［M］．北京：海洋出版社，2017．

浅析数字孪生流域标准体系建设

李鑫雨　崔　倩　李家欢

（水利部信息中心，北京　100053）

摘　要： 数字孪生流域应用的技术新、涉及业务面广，需要建立健全数字孪生流域标准体系，夯实数字孪生流域建设基础，避免造成资源的浪费，从技术上和规范制度上保障数字孪生流域建设成果广泛应用。本文在分析数字孪生流域标准体系建设必要性的基础上，结合发展现状，梳理了目前数字孪生流域标准体系建设存在的问题，阐述了以基础通用性标准、基础设施建设标准、平台建设标准、业务应用和安全保障建设标准为核心的数字孪生流域标准体系框架，并结合数字孪生流域建设实际，为下一步数字孪生流域标准体系建设提出建议。

关键词： 数字孪生流域；标准；体系

1　引言

党中央"十四五"规划建议提出要加强数字社会、数字政府建设，提升公共服务、社会治理等数字化智能化水平[1]。国家"十四五"规划纲要明确提出，构建智慧水利体系，以流域为单元提升水情测报和智能调度能力[2]。2022年3月，水利部召开深入贯彻落实习近平总书记"3·14"重要讲话精神会议，李国英部长强调要深入实施国家"江河战略"，推进流域统一规划、统一治理、统一调度、统一管理，开展数字孪生流域建设，实施数字孪生水利工程建设[3]。数字孪生流域应用的技术新、涉及业务面广，需要坚持全国一盘棋，统筹流域区域建设任务，通过系统规划，统一领导、部署、技术要求、建设标准，保障数字孪生流域建设有章可循，避免不同水利应用之间基础设施和数据资源的重复建设，降低成本，提高效率，技术上和规范制度上保障数字孪生流域建设成果的共建共享共用。因此，在全面梳理检视现有水利标准体系和业务需求的基础上，梳理完善数字孪生流域标准体系建设十分必要，主要体现在以下几个方面：

一是标准体系是数字孪生流域有序建设的基础。数字孪生流域建设需要通过统一技术标准要求、业务要求和管理要求等来夯实数字孪生流域基础，保障数字孪生流域建设在全国范围内有序开展，避免盲目和重复建设。

二是标准体系是数字孪生流域应用系统开发的前提。数字孪生流域标准体系的建设可从在根本上解决已有的水利业务系统存在系统规模、开发标准、管理水平不一等问题，实现信息系统的整合利用，最大程度地发挥出水利信息化应有的成效。

三是标准体系是数字孪生流域实现信息资源互联互通的根本。数据和资源共享首先需要确定数据共享的标准，确保数据可追踪、可溯源、及时更新、高效利用，最终实现各类数据资源的集中管理与服务，支撑水利"2+N"业务应用。

2　数字孪生流域标准体系的现状和问题

2.1　数字孪生流域标准体系现状

2021年发布的《水利技术标准体系表》按专业门类将水利行业相关标准分为9大类，其中一类

基金项目： 重点研发课题——基于天空地协同观测的数字孪生流域平台构建与应用示范（2021YFB3900605）。
作者简介： 李鑫雨（1995—），男，工程师，主要从事水利信息化研究工作。

为水利信息化。水利信息化标准体系共包括 34 项标准,其中通用类标准 28 项、设计类标准 1 项、运行维护类标准 3 项、质量与安全类标准 2 项,已颁布标准 27 项、修订技术标准 2 项、拟编标准 5 项。目前,已颁布的 27 项标准和修订 2 项技术标准已经在水利 "2+N" 业务中得到一定的应用,取得了初步成效。但是数字孪生流域的相关标准体系建设尚处于初步探索阶段。

目前,世界各国也愈发重视数字孪生领域的标准体系建设。2015 年起,国际标准化组织(ISO)、国际电工委员会(IEC)、国际电信联盟(ITU)等国际标准化组织就已经着手组建数字孪生相关工作团队,并以智能制造和智慧城市作为数字孪生标准体系建设的切入点。同时,随着《智能制造虚拟工厂信息模型》(GB/T 40654—2021)、《智能制造 虚拟工厂参考架构》(GB/T 40648—2021)等标准的相继颁布,国内数字孪生相关领域的标准体系空白也在逐步被填补。

推动水利高质量发展是当前和今后一个时期智慧水利发展的根本要求,但是现有国家标准体系和水利信息化标准体系远不能满足数字孪生流域建设的需求,尽管部分单位进行了相关标准体系编制的尝试,但目前数字孪生流域标准体系建设总体上尚处于分散起步阶段。

2.2 数字孪生流域标准体系目前存在的问题

2.2.1 通用术语定义不明确

数字孪生流域建设目前仍在相关技术术语、适用准则参考等方面存在不明确的问题,导致水利业务应用的建设者、使用者、管理者仍存在基于自身经验对数字孪生流域产生不同的理解与认识,从而造成数字孪生流域在设计、研究、建设、应用、共享等过程中存在交互困难等问题。

2.2.2 数据资源难以统一利用

由传统水利基础及业务数据、遥感影像、视频、图片、网络舆情数据等构成的各类水利信息资源约有 60 余类、1 500 余项,数据总量达 3.3 PB。数据类型包括文件、矢量、栅格、格网等结构化、半结构化和非结构化数据,数据格式、标准多样,更新机制不一,属性分类体系差异较大,同时面临水利数据类型及数据量的爆发增长,亟须解决水利数据由于在不同业务系统、环节分类体系不一致、数据种类统计标准、口径不一等导致的难以统一利用的问题。

2.2.3 监测感知技术标准不明确

《数字孪生流域建设技术大纲》在传统水利监测站网的基础上,根据数字孪生流域建设的需要,通过对监测站点、范围、系统、频次等方面的优化,提出了新型水利感知网。但是,目前仍缺少对水利感知监测仪器和设备执行指定监测项目、输出监测结果和仪器状态信息等的技术要求和标准,对于各类监测站点的数据采集方式、范围、频次的要求仍比较模糊。

2.2.4 缺乏分类模型开发技术标准

目前,基于微服务体系架构进行水利专业模型、智能分析模型、可视化模型的组件化开发,但仍缺乏数字孪生流域模型平台相关模型开发、调试、测试、服务等技术标准,极易导致数据、模型、知识、应用之间的协同问题,造成资源的重复建设和浪费。

2.2.5 知识平台技术标准体系尚未建设

知识平台是数字孪生流域重要组成部分,主要包括水利知识和水利知识引擎。但目前尚未有关于水利知识图谱的技术框架、构建流程、服务方式和应用场景等内容的技术规范。

2.2.6 数据共享、服务和安全保障标准体系仍需完善

目前,已经有一部分标准聚焦于数据的共享和安全保障,但 "十四五" 智慧水利为数字孪生流域建设提出了新的需求和更高的要求,需要在现有数据共享、服务和安全保障体系的基础上,结合 "2+N" 业务应用开展 "四预" 建设的建设目标、建设内容、技术要求等更新完善工作。

3 数字孪生流域标准体系建设框架

3.1 数字孪生流域体系架构

数字孪生流域是智慧水利建设的核心与关键,建设内容主要包括数字孪生平台、信息化基础设

施、水利智能业务应用、网络安全体系等[4]。数字孪生平台的建设主要包括数据底板、模型平台和知识平台，其中数据底板主要包括数据资源、数据引擎和数据模型，模型平台主要包括水利专业模型、智能识别模型、可视化模型和模拟仿真引擎；知识平台主要包括水利知识和水利知识引擎。数字孪生流域按照"需求牵引，应用至上；顶层设计，分步建设；流域统筹，协同建设；统一标准，有序集成整合资源，集约共享；更新迭代，安全可控"的原则进行建设。其中"统一标准，有序集成"就是遵循水利部印发的管理和技术文件及有关行业标准，围绕开展水利治理管理活动和建设数字孪生流域实际需要，推进数字孪生流域建设成果有序共享，确保各方建设成果能够集成为有机整体。

数字孪生流域标准体系建设根据《数字孪生流域建设技术大纲》中明确的建设内容和要求可分为数字孪生流域基础通用性标准、基础设施建设标准、平台建设标准、业务应用和安全保障建设标准四大类。

3.2　数字孪生流域基础通用性标准

数字孪生流域基础通用性标准主要用于规范在数字孪生流域建设过程中的常用专业术语及其定义、适用准则等。专业术语及其定义规定数字孪生流域有关概念，并且对其缩略语进行统一。适用准则明确数字孪生流域的适应性，通过对功能、性能、安全、共享、服务等方面的判断，明确数字孪生流域的适用范围，辅助相关项目的审批立项等。

3.3　数字孪生流域基础设施建设标准

数字孪生流域是对物理流域全要素和水利治理管理活动全过程的数字化映射[5]。数字孪生流域基础设施建设标准主要是对各类监测仪器和设备执行决策、相互协同等进行规范。主要包括数字孪生流域中物理流域相关监测信息的获取和输出、指令的接收和执行、设备间的协同合作，以及设备的属性和状态等。

3.4　数字孪生流域平台建设标准

数字孪生流域平台建设标准根据《数字孪生流域建设技术大纲》中提出的建设内容可以划分为数据底板、模型平台、知识平台三个分项标准的建设。其中，数据底板建设标准主要包括水利对象数据的分类、传输、存储、治理、使用等，并明确规定水利对象数据尤其是水利监测数据的库表结构及标识符等；模型平台建设标准主要包括对水利专业模型、智能识别模型和可视化模型的开发、调试、测试、服务等技术标准，以及模拟仿真引擎对水利数据资源、模型计算、业务场景可视化表达要求；知识平台建设标准明确水利知识图谱的技术框架、服务流程和应用场景等内容，进一步规范水利知识图谱的建设与服务任务。

3.5　数字孪生流域业务应用和安全保障建设标准

数字孪生流域主要以发布服务的方式支撑流域防洪"四预"的实现。其业务应用标准主要包括数字孪生流域的业务应用服务开发与运行标准等，对数字孪生流域业务应用服务开发环境、流程、封装、发布等进行规范，同时对数字孪生流域发布的服务进行部署、运行和管理调度进行规范。数字孪生流域安全保障标准主要用于规范相关数据的网络安全风险识别和漏洞处理、控制用户的认证方式和权限分配、保障数字孪生流域建设的合理性和合规性等。

4　结语

目前数字孪生流域建设的全产业链条尚未形成，对标准体系建设的需求迫切，亟须开展一系列标准的编制工作，初步构建数字孪生流域标准体系框架。

一是建立健全标准体制机制。数字孪生流域标准体系建设是一项时间紧、任务重的系统工程，需要提高政治站位，高位推动，建立健全体制机制、创新工作机制，确保数字孪生流域标准的编制工作有序进行。

二是充分利用和结合现行标准。基于目前已有的水利信息化相关标准和通用准则，进行数字孪生流域领域的扩展更新，缓解目前对数字孪生流域标准的迫切需求。

三是制定短中长期标准编制规划。按照《数字孪生流域建设技术大纲》《"十四五"数字孪生流域建设总体方案》等文件对于数字孪生流域建设的规划,按照"急用先行、分布实施"的原则,分年度、分任务启动数字孪生流域相关标准的编制工作,逐步构建数字孪生流域标准体系。

数字孪生流域标准体系建设处于起步并且快速发展的阶段,需要在借鉴制造业、电力、交通、气象等行业先进经验的基础上,在水利主管部门的高位推动下,各企事业单位、高校、科研院所协同合作,结合水利"2+N"业务需求,按照数字孪生流域总体建设要求,系统推进数字孪生流域基础通用性标准、基础设施建设标准、平台建设标准、业务应用和安全保障标准等的建设工作,为数字孪生流域建设提供技术上和规范制度上的保障。

参考文献

[1] 中共中央关于制定国民经济和社会发展第十四个五年规划和二〇三五年远景目标的建议[N]. 人民日报,2020-11-03(1).

[2] 十三届全国人大四次会议,全国政协十三届四次会议. 中华人民共和国国民经济和社会发展第十四个五年规划和2035年远景目标纲要[N]. 人民日报,2021-03-13(1).

[3] 中华人民共和国水利部. 水利部召开深入贯彻落实习近平总书记"3·14"重要讲话精神会议. [EB/OL]. (2022-03-15)[2022-10-25]. http://cn.chinadaily.com.cn/a/202203/15/WS62303287a3101c3ee7acbb0f.html?ivk_sa=1023197a.

[4] 谢文君,李家欢,李鑫雨,等.《数字孪生流域建设技术大纲(试行)》解析[J]. 水利信息化,2022(4):6-12.

[5] 李国英. 建设数字孪生流域 推动新阶段水利高质量发展[N]. 学习时报,2022-06-29(1).

浅析水利标准现状、存在问题及建议

王兴国　武秀侠　周静雯　张淑华　赵　晖　董长娟　李建国

（中国水利学会，北京　100053）

摘　要：本文主要以水利标准化管理视角，从水利标准体系、制修订情况以及现行有效标准情况等三个方面简要介绍了水利标准现状，分析现行体系、现行有效标准及在编标准之间存在的问题并给出建议，以期为水利标准化管理工作提供参考。

关键词：水利标准；现状；问题；建议

标准是经济活动和社会发展的技术支撑，是国家基础性制度的重要方面[1]。经过多年发展，水利标准数量、质量以及体系日趋完善，在支撑水利事业发展方面发挥了越来越重要的作用。随着"节水优先、空间均衡、系统治理、两手发力"治水思路的深入贯彻落实，水利高质量发展对标准的需求越来越迫切，然而，现行水利标准尚不能有效满足新阶段水利高质量发展需求，基于此，本文从水利标准体系、制修订情况以及现行有效标准情况等三个方面对水利标准现状进行分析并提出建议。

1　水利标准现状

1.1　水利标准体系

标准体系是一定范围内的标准按其内在联系形成的有机整体。标准体系表是这一有机整体的具体表现。水利部高度重视标准体系建设，从中华人民共和国成立至今，共发布 1988 版、1994 版、2001 版、2008 版、2014 版和 2021 版共 6 版《水利技术标准体系表》（简称《体系表》）。历次版本《体系表》收录标准数量变化见图 1。《体系表》作为未来一段时间内水利部开展水利标准制修订工作的总体规划，根据新形势、新要求，实行动态管理，适时进行修订与调整。

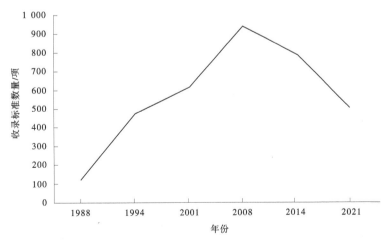

图 1　历次版本《体系表》收录标准数量

现行《体系表》发布于 2021 年 2 月 24 日，由专业门类、功能序列构成，共收录水利技术标准 504 项。重点删除了上一版《体系表》中过时、老旧且不适应新形势、新要求的标准，新增了水利高

作者简介：王兴国（1991—），男，工程师，主要从事水利标准化管理方面的工作。

质量发展亟须制定的标准，并将 21 项原国务院南水北调办批准发布的南水北调工程专项标准、13 项计量检定规程、112 项标准物质以附件形式列入《体系表》。

按专业门类划分，水利标准可分为水文、水资源、水生态水环境、水利水电工程、水土保持、农村水利、水灾害防御、水利信息化等领域。其中，水利水电工程领域标准数量居多，共 250 项，占 49.6%；水文、水资源均 47 项，各占 9.3%；水生态水环境 37 项，占 7.3%；水利信息化 34 项，占 6.7%；水灾害防御 30 项，占 6%；农村水利 27 项，占 5.4%；水土保持 23 项，占 4.6%；水利政务、水利统计、水文化等其他 9 项，占 1.8%。

按功能序列划分，水利标准可分为通用、规划、勘测、设计、施工与安装、监理与验收、监测预测、运行维护、材料与试验、仪器与设备、质量与安全、计量、监督与评价、节约用水等 14 类。其中，设计类标准数量最多，为 95 项，占 18.8%。勘测、计量类标准数量较少，分别为 14 项和 18 项，占 2.7% 和 3.6%。

1.2 水利标准制修订情况

为进一步优化标准制修订程序，规范和加强水利标准化工作，2022 年 7 月 13 日水利部修订印发《水利标准化工作管理办法》（水国科〔2022〕297 号）（简称《管理办法》）。《管理办法》第二十五条规定："编制水利技术标准的程序可分为起草、征求意见、审查和报批四个阶段"。

为助推新阶段水利高质量发展，满足保障国家水安全，提升水旱灾害防御能力、水资源集约节约利用能力、水资源优化配置能力、大江大河大湖生态保护治理能力对标准的技术需求，近两年，水利标准主管部门依据 2021 年版《体系表》，开展水旱灾害防御、国家水网建设、复苏河湖生态环境、维护河湖健康生命、智慧水利建设、水资源集约节约利用等领域标准制修订工作。目前，在编标准有 130 项，其中起草阶段 42 项、征求意见阶段 25 项、审查阶段 57 项、报批阶段 6 项。从各阶段在编标准数量分布看，起草阶段与审查阶段在编标准数量较多，征求意见阶段和报批阶段在编标准数量较少。

1.3 现行有效标准情况

截至目前，现行有效水利标准共 803 项（国家标准 184 项、行业标准 619 项）。其中，纳入《体系表》内标准 432 项、未纳入《体系表》内标准 371 项，未纳入《体系表》内标准中有 187 项需并入《体系表》内相关标准中。

现行有效水利标准涉及水文、水资源、水生态水环境、水利水电工程、水土保持、农村水利、水灾害防御以及水利信息化等专业，基本涵盖了现代水利建设的主要技术领域[2]。从发布年份分布看，现行有效水利标准数量分布主要为：1993—1996 年的有 22 项，1998—2002 年的有 15 项，2003—2007 年的有 99 项，2008—2012 年的有 235 项，2013—2017 年的有 285 项，2018—2022 年 9 月的有 147 项。其中，2012 年及以后发布标准数量占总数的 62%，标准数量发布年份分布见图 2。

2 存在的问题

2.1 现行体系与现行有效标准不一致

现行有效水利标准共 803 项，《体系表》内标准 504 项，两者数据不一致。一方面，给标准管理者增加管理难度，两类标准要长期分别管理；另一方面，给用户带来困惑，不能有效区分现行有效标准和《体系表》内标准的关系。

2.2 标龄过长、标准较多

2012 年以前发布的水利标准共 306 项，占现行有效标准总数的 38%，标龄已超过 10 年。标龄过长的标准存在标准内容老化、技术水平落后、适用性不强等问题[3]，在体现国家标准化发展相关政策和推动新阶段水利高质量发展部署要求上不够充分。党的十八大以来，水利事业发生重大变化，水利标准技术内容应及时更新。

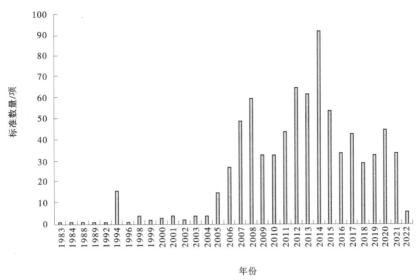

图 2　现行有效水利技术标准数量发布年份分布

2.3　重点领域标准存在缺失

现行有效标准虽然基本涵盖了现代水利建设的主要技术领域[2]，但与新阶段水利高质量发展对水利标准的需求存在一定差距，与支撑服务全面提升国家水安全保障能力的要求还存在一定差距。例如，水利标准在生态流量、中小型病险水库除险加固等重点领域支撑力度还不够，需加快相关标准制定。

2.4　在编标准编制进度较缓慢

目前，在编标准中存在较多立项 2 年以上的标准，仍处在编制过程而未完成发布。近年来，由于受新冠疫情、标准本身编制难度等方面的影响，相关工作的开展被迫后延，除少数在编标准外，大部分在编标准的两个编制阶段之间的时间间隔较长，未能按照计划时间开展编制工作。整体而言，标准编制工作进度较为缓慢。

3　建议

深入贯彻习近平总书记"节水优先、空间均衡、系统治理、两手发力"治水思路和关于治水重要讲话指示批示精神，认真落实《国家标准化发展纲要》是水利标准化工作的必然要求。针对前述问题，现提出相关建议如下。

3.1　健全适应新阶段水利高质量发展需要的标准体系

围绕推动新阶段水利高质量发展六条实施路径，立足各方面能力提升和标准实际应用，聚焦生态流量、中小型病险水库除险加固等重点领域，开展相关标准编制工作，并适时纳入体系，动态调整《体系表》，及时补充完善当前推动高质量发展亟须的标准，以此健全完善水利标准体系。

3.2　开展体系外现行有效水利标准清理工作

以 2021 年版《体系表》为基础，围绕助推新阶段水利高质量发展要求，对体系外现行有效水利标准进行梳理论证，逐步进行废止、合并或转化为规范性文件和团体标准。其中，标准内容过时或已不再使用的标准直接废止，管理性质内容的标准转为规范性文件，属于产品及服务等市场性较强的标准转为团体标准。对于需并入《体系表》内其他标准的标准，在今后的标准制修订时，逐步完成合并工作。

3.3　加快老旧标准修订工作

开展水利标准制修订工作应着眼满足保障国家水安全，提升水旱灾害防御能力、水资源集约节约利用能力、水资源优化配置能力、大江大河大湖生态保护治理能力对标准的需求，结合标准复审结论，及时修订老旧标准，特别是 2012 年以前发布实施的水利标准。每年新安排标准制修订项目时，在满足水利重点领域新制定标准基本需要的基础上，向开展老旧标准修订倾斜。同时，充分调动标准编制单位的积极性，主动承担老旧标准修订工作。

3.4 加强在编标准编制进度管理工作

加强对在编标准的各个环节梳理，细化管理要求，加大标准过程管理各重点环节的管理力度。通过健全标准月度统计、预警制度、督办制度、严重滞后项目约谈制度，及时将梳理结果反馈至标准编制相关单位。特别是对于编制进度严重滞后的标准，加强与相关单位做好沟通协调。

参考文献

[1] 杜威，吴静．中国水利标准国际化对策研究 [J]．水利技术监督，2022（9）：5-6，44.

[2] 于爱华，李锦秀．水利技术标准的作用及影响因素分析 [J]．水利技术监督，2009（6）：4-6，32.

[3] 韩景超，王正发．我国水利技术标准体系现状研究及思考 [J]．中国水利，2019（13）：39-41，58.

运行维护标准化助力水利信息化高质量发展

殷　悦　李鑫雨

（水利部信息中心，北京　100053）

摘　要： 水利行业事关国计民生，水利信息化运行维护具有时效性、专业性要求高，容错率低的特点，为保障信息系统长效发挥作用，巩固和提高水利信息化运行维护的标准化水平势在必行。运用戴明循环分析运行维护的工作机制、运维队伍、经费保障，通过标准化—实施—检查—再标准化流程，不断提升水利信息化运行维护工作水平，为水利业务工作提供高效稳定支撑。

关键词： 信息化运行维护；运行维护标准化；戴明循环；工作机制；运维队伍；经费保障

1　引言

随着智慧水利进程的加快，数字孪生、物联网、大数据、人工智能、5G 等新一代信息技术与水利业务进一步深度融合，水利信息化支撑水利业务的作用更加凸显，也对信息化运行维护工作提出了更高要求。水利行业事关国计民生，水利信息化运行维护具有时效性、专业性要求高，容错率低的特点，为保障信息系统长效发挥作用，巩固和提高水利信息化运行维护的标准化水平势在必行。

水利部历来高度重视信息化运行维护标准化，为解决水利信息系统运行维护长期投入不足，"申报部门没有依据，审批部门没有标准"等问题，于 2009 年颁布《水利信息系统运行维护定额标准》（以下简称《定额标准》）[1]，2015 年批准《水利信息系统运行维护规范》（SL 715—2015）为水利行业标准。信息化运行维护具有长期性、延续性，其标准也非一成不变，而是需要在工作的各个环节中持续改进。本文旨在利用戴明循环模型，从工作机制、运维队伍、经费保障三大方面，计划、实施、检查、处置四个阶段提出运行维护标准化的方向与方法，为水利信息化高质量发展保驾护航。

2　水利信息化运行维护范围与现状

2.1　水利信息化运行维护范围

按照维护对象划分，水利信息化运行维护可分为基础运行环境、应用系统及数据服务三部分。

基础运行环境的运行维护主要包括通信网络设备、服务器及存储设备、安全设备、数据库中间件等构成信息系统运行环境的基础软硬件，以及与之相关的机房环境、温湿度监测设备、空调设备、消防设备等。

应用系统的运行维护主要包括政务系统及业务系统，政务系统支撑机关及各级单位的日常工作，如综合办公、人事系统、财务系统、监督检查系统等；业务系统支撑水利业务运行，如水资源、地下水、水旱灾害防御系统等。

水利数据的运行维护主要包括水利基础数据、实时监测数据、业务管理数据、地理空间数据及跨行业共享数据等。

2.2　工作机制现状

信息化运行维护工作涉及面广，工作内容琐碎繁杂，以工作机制划分主要分为被动式和主动式。

作者简介：殷悦（1992—），女，工程师，主要从事信息化运行维护工作。

被动式运维包括应急响应、响应式维护、技术支持、远程及现场咨询等，主要在信息系统出现故障时进行排查修复，也是传统信息化运行维护的范畴。

主动式运维包括监控巡检、例行维护、威胁及告警感知等，对尚未发生的问题隐患进行溯源与消灭，对可能影响系统运行效率的问题进行优化，是运维工作智能化、精细化的方向，也是信息化运行维护高质量发展的关键。

2.3 运维队伍现状

目前，大部分水利信息化部门运行维护采用的多为混合模式，即由信息部门人员与运维外包人员协同完成运维工作。此举有效地解决了在编人员不足、运维工作量与人员力量不匹配的问题，也存在显著的风险：外包人员往往流动性较大，不利于运维工作的长期稳定；外包人员能力素质良莠不齐，不利于运维工作的高效开展；外包人员背景繁杂，不利于运维工作安全保密的保障。

2.4 经费保障现状

随着物联网、大数据、云计算等新技术近年迅速发展，网络安全要求的逐步提高，2009 版的《定额标准》已不能满足最新运行维护的需要。2019 年开始，水利部启动标准修订工作，但目前的经费申报及批复依据仍然是 2009 版的《定额标准》，造成了实际工作与经费保障不完全匹配的现状。

3 戴明循环与标准化

3.1 戴明循环

戴明循环又称 PDCA 循环，最初在 20 世纪 20 年代由"统计质量控制之父"之称的著名统计学家沃特引入了"计划—执行—检查"（Plan-Do-See）的雏形，随后由戴明将 PDS 循环进一步完善，发展成为"计划—执行—检查—处置"（Plan-Do-Check-Act）的模型[2]。

戴明循环是一个持续改进模型，它包括持续改进与不断学习的四个循环反复的步骤，因此也被称为戴明轮，与中国古典思想中"循序渐进、一元复始"的思想有异曲同工之妙。

3.2 戴明循环与水利信息化运行维护标准化

水利信息化运行维护是一项长期延续性的工作，使用戴明循环改进运行维护工作，在工作机制建设、人员队伍建设、资金保障使用三个方面实现逐步标准化，提高运维工作效率和应对变化的能力，保障水利信息化运行维护始终提供高水平的保障。

典型的戴明循环包含 4 个步骤：Plan 计划、Do 执行、Check 检查、Action 处置（见图 1）。每转动一次 PDCA 循环，就是标准化—执行—检查—再标准化的过程，面对的问题、隐患随之减少，水利信息化运行维护的水平就越来越高。

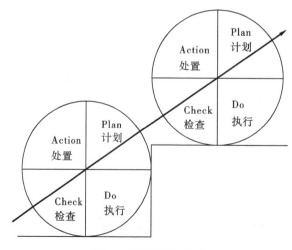

图 1 戴明循环示意图

4 运行维护标准化思考

4.1 工作机制标准化

（1）计划阶段。明确运行维护对象及对应工作目标、绩效指标，并根据目标合理分解运维工作。对常规、重复性的工作制定规章制度，如机房管理、设备管理、安全管理、资料管理等，保障运维工作的一贯性；对突发、应急性的工作制订工作预案，并定期进行演练，保障运维工作的稳定性。对于新增加的运行维护对象，应在建设阶段统筹考虑后续的运行维护工作，使其符合当前运行维护标准化要求。

（2）实施阶段。树立规则意识，严格规范运行维护工作流程，利用堡垒机、运行维护保障平台等工具进行审批审计，确保流程可控可追溯，减少运维工作的随意性和盲目性；常见及重复的运行维护问题应形成知识库，在实现标准化的同时提高工作效率。

（3）检查阶段。建立工作月例会制度，定期回顾绩效指标达成情况，并分析指标与实际值偏离原因；对于取得一定成效的工作应及时形成成果，对于未能达到既定目标的工作应总结问题并提出解决措施。

（4）处置阶段。根据前三个阶段的实际情况及时优化运维制度及应急预案，即工作机制的再标准化。此外，在运维过程中发现的系统功能及性能优化方向也可及时提出建议。

4.2 运维队伍标准化

（1）计划阶段。针对目前大量采用的混合运维模式，在运行维护工作之初即应通过工作资质、工作经历等对外包人员的能力素质有针对性地提出要求。对涉密性质的工作应尽量采用自有人员进行运行维护，如必须采用外包人员，应对其身份背景进行审查。

（2）实施阶段。制定标准化对外服务流程，从接线用语、响应时效、服务态度等方面规范运行维护工作，做到千人一面；制定标准化内部协作流程，对于多人经手、多人协作的工作规范记录和交接，做到全程留痕。

（3）检查阶段。应针对外包运维公司的各个维护岗位建立绩效考核机制，实行岗位责任制，定人、定岗、定责、定权[3]。制定标准化对外服务反馈机制，请服务对象针对服务满意度做出评价，一事一单，并及时进行汇总。制定标准化对内评分制度，从考勤情况、工作效果、文档质量等维度公正打分，并设定奖惩措施。

（4）处置阶段。根据前三个阶段的实际情况，从技术能力和服务态度两方面进行再标准化。加强人员队伍的技术培训力度，对常见技术问题有针对性地进行集中培训，不断提高团队整体能力素质；加强人员队伍的思想教育力度，定期组织理论学习和谈心谈话，持续端正团队服务态度。

4.3 经费保障标准化

（1）计划阶段。运行维护项目具有延续性，每年申请运行经费时原则上按照现行《定额标准》测算。对于《定额标准》暂未包含或确已发生大幅变化的维护内容，可参考现行市场价格进行测算，并记录相关依据。

（2）实施阶段。根据项目申报书制定具体运行维护实施方案，确定各类工作经费的支出时间、采购类型、付款条件。采购服务原则上应尽量采用公开招标的方式，并对相似的工作内容进行合并；如需采用直接委托的方式，应通过集体决策并书面记录，确保运行维护经费合理有序支出。

（3）检查阶段。定期回顾经费实际支出情况，分析出现偏差原因，并给出合理化建议；统筹招标产生的结余资金，保证支出合理合规；复核各项支付条件，重点关注超前支付和超期支付情况。

（4）处置阶段。参照前三个阶段的实际情况，优化下一个运行维护周期的经费测算及申报，将宝贵的运维经费用在刀刃上；密切关注正在进行的定额修订工作，通过合理方式反馈对运维经费定额的意见建议。

5 结语

信息系统的建成只是第一步，要使信息化手段长期高效发挥作用，运行维护工作的一致性和稳定性至关重要。以戴明循环为方法论推进工作机制、运维队伍、经费保障不断标准化，保障运行维护工作长期处于高水平，为水利信息化高质量发展奠定基础。

参考文献

［1］中华人民共和国水利部．水利信息系统运行维护定额标准（试行）［M］．北京：中国水利水电出版社，2009．

［2］Mary Watson. The Deming Management Method ［M］. New York：DODD，MEAD&COMPANY，1986.

［3］中华人民共和国水利部．水利信息系统运行维护规范：SL 715—2015［S］．北京：中国水利水电出版社，2015．

国内、国际水文标准体系比对研究

周　赛[1,2]　李聂贵[1,3]

(1. 水利部南京水利水文自动化研究所，江苏南京　210012；
2. 江苏南水科技有限公司，江苏南京　210012；
3. 河海大学，江苏南京　210024)

摘　要：通过收集调研国内水利水文技术标准和国际（国外）典型国家相关水文技术标准制修订情况，跟踪比对分析国内、国际水文标准的发展现状、标准管理体制、水文标准体系等方面，实时准确掌握国际（国外）典型国家标准发展动态，归纳总结国内外水文相关标准的发展趋势、优势与不足，为我国水文标准制修订、水文标准国际化发展提供信息平台和技术支撑，深化对比分析水文标准，推动我国优势标准"走出去"，推进标准国际化，切实提高水利技术标准质量，服务新阶段水利高质量发展。

关键词：水文标准；比对；国际化；体系

1　我国水文标准发展现状

水文是经济社会发展和国民经济建设的基础工作，水文标准是做好水文工作基本保障，水文标准和水文科技进步互相促进、共同发展。

1956 年我国发布了第一部水文技术标准《水文测验暂行规范》。1959 年和 1972 年，根据我国水文工作的发展和需要，对水文技术标准进行了两次大的补充和修改，到 1980 年前后，建立了比较完善的水文标准系列[1]。1983 年原水电部水文局做出修改水文测验规范的决定，这是我国水利系统参加有关国际标准化组织后，第一次全面借鉴国际标准，对各类水文标准进行大范围采标和修订[2]。目前最新一版的水利技术标准体系于 2021 年发布，该版《水利技术标准体系表》"水文"专业门类中的标准有 47 项，另作为附件纳入《水利技术标准体系表》的计量检定规程 13 项，共计 60 项。

2　国际（国外）水文标准发展现状

与水文相关的国际组织主要有两个：国际标准化组织（ISO）、世界气象组织（WMO）。

2.1　国际水文标准发展现状

截至 2021 年底，国际标准化组织水文测验技术委员会（ISO/TC 113）现行有效标准 65 项（其中，2021 年更新发布 5 项），在编标准 7 项（其中，4 项正在修订、3 项正在新制定）。2019—2021年，ISO/TC 113 标准一直处于更新状态，部分标准进行了修订，并补充制定了部分国际通用的水文测验标准，更新后的标准中，有 8 项标准因被新标准替代或直接废止而失效。2019—2021 年，ISO/TC 113 新增发布的标准共计 9 项。

此外，国际标准化组织水质技术委员会（ISO/TC 147）现行有效标准 324 项（其中，2021 年更新发布 9 项）。世界气象组织（WMO）发布的与水文密切相关的现行有效标准共有 119 项。

作者简介：周赛（1987—），女，工程师，主要从事水文测验、标准化等领域工作。

2.2 国外典型国家水文标准

美国、英国、日本、俄罗斯、韩国等是世界上水文技术水平较高的国家。

美国的水文标准既有国内标准，也有国际标准和欧洲标准化委员会标准，还有加拿大、德国等国家的标准。美国国家标准学会（ANSI）是美国唯一负责指定标准制订组织并批准其标准作为"美国国家标准"的机构。另外，联邦机构可以制定自愿性标准，也可以和 ANSI 共同制定国家标准。

英国标准学会（BSI）是英国的国家标准机构（NSB），是世界上首个国家标准机构，是英国政府承认并支持的非营利性民间团体（1929 年获英国"皇家宪章"的认可）。

日本标准依层次分为国家标准、团体标准和公司标准，在日本的标准体系中，国家级标准是主体，其中以日本工业标准 JIS 最权威。JIS 由日本工业标准协会（JISC）制定，JISC 属于官民合办性质的组织，由日本企业界、公协会及学研界代表组成。

3 国内与国际（国外）水文标准比对分析

3.1 标准管理体制及语言表达等差异分析

标准化管理在标准发展和标准体系建设中发挥着极为关键的作用，通过与国际组织、典型国家的水文标准管理体制比对分析，对于我国吸收借鉴先进国家在水文技术标准管理方面的成功经验，促进我国水文标准国际化发展具有重要意义。

以国际组织、美国、俄罗斯等为例，在管理体制上，与我国和相关机构进行了对比，见表1。

表 1 我国与国际组织、典型国家水文标准管理体制对比

国别	标准类别	制定机构	批准、发布机构	备注
中国	国家标准	国务院标准化行政主管部门或标准化专业团体、技术归口单位	国务院标准化行政主管部门	分为强制性标准和推荐性标准两种
	行业标准	国务院有关行业行政主管部门或标准化专业团体、技术归口单位	国务院有关行业行政主管部门	分为强制性标准和推荐性标准两种
ISO	国际标准	国际标准化组织	国际标准化组织	推荐性标准
WMO	国际标准	世界气象组织	世界气象组织	"标准规范和程序"为强制性标准，"推荐规范和程序"为推荐性标准
美国	国家标准	联邦、州政府有关部门或标准化专业团体	美国国家标准学会（ANSI）	由 ANSI 对部分政府标准和专业标准进行审查和认可，成为国家标准
	专业标准	标准化专业团体	标准化专业团体	如美国试验与材料协会
	企业标准	企业	企业	
俄罗斯	国家标准	全国专业标准化技术委员会	俄罗斯标准化计量认证委员会	包括按规定程序采用的国际标准，分为强制性标准和自愿性标准两种
	行业标准	全国专业标准化技术委员会	俄罗斯标准化计量认证委员会	分为强制性标准和自愿性标准两种
	企业标准	企业	企业	

3.2　标准语言表达差异分析

WMO 将规范和程序分为两类，分别是"标准规范和程序"与"推荐规范和程序"，其要求类似于中国的强制性标准和推荐性标准。"标准的"规范和程序是各会员都必须遵循或执行的规范和程序，因此它具有技术决议中的必要条件的地位，在英语文本中使用术语 shall（须）以示区别。"推荐的"规范和程序是希望各会员遵守或执行的规范和程序，因此具有向各会员推荐的地位，在英语文本中使用术语 should（应当）以示区别（大会决议另行规定的除外）。我国水文技术标准原先采用强制性条文的模式散布在各个标准中，现逐渐改革为全文强制性标准，强制性标准和推荐性标准在表述上一般采用"必须""不得""应""宜""可"等特征词加以区分。

此外，标准排版中采用下列格式：标准规范和程序用半粗体宋体字印刷。推荐规范和程序用普通宋体字印刷（定义用略大号字体）。注释用小号普通宋体字印刷，注释文字前有"注"字样。我国水文技术标准在出版的印刷字体字号在一定程度上（非等同）采用 ISO/IEC 的标准规定执行，按照《标准化工作导则 第 1 部分：标准化文件的结构和起草规则》（GB/T 1.1—2020）等对各级文字排版进行统一规定，对于强制性条款则采用黑体字加粗的方式进行区分标注。

4　国内与国际（国外）水文标准体系分析

4.1　国内水文标准体系

水文标准体系是水利技术标准体系中的重要组成部分。水利行业标准是政府（水利部）主导制定的标准，水文标准体系架构的构建、标准编制与实施主要依靠水利部水文局相关业务及管理需求而提出建立[3]。

水利部于 1988 版、1994 版、2001 版、2008 版、2014 版和 2021 版先后制定发布了六版水利技术标准体系。其中，1988 版和 1994 版水利技术标准体系是一维多层架构，2001 版和 2008 版为三维架构，2014 版水利技术标准体系为二维架构，新修订发布的 2021 版水利技术标准体系沿用二维架构，总架构如图 1 所示。

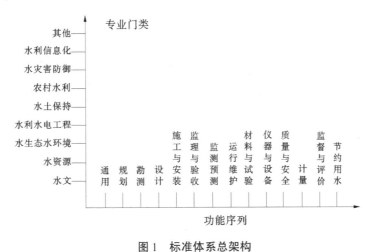

图 1　标准体系总架构

目前，水利标准体系框架比较成熟，采用的二维框架中，一维以专业为主，另一维以功能为主，形成齐全的水利技术标准体系框架。我国水文标准没有专门编制框架体系，但在水利标准总框架中涵盖。现行 2021 版标准体系中，水文标准框架如图 2 所示。

4.2　与水文相关的国际标准化组织

国际标准化组织（ISO）没有明确的标准体系概念，ISO 技术委员会 TC 和分技术委员会 SC 是按照专业、产品类型等相结合的方式进行顺序分类设置的。以水文测验技术委员会（ISO/TC 113）为例，ISO 标准框架如图 3 所示。

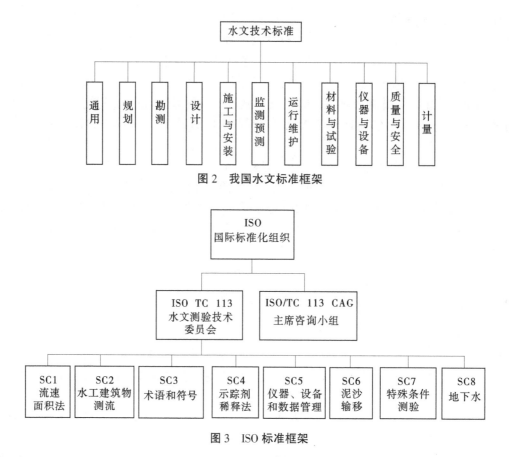

图 2 我国水文标准框架

图 3 ISO 标准框架

世界气象组织（WMO）标准（文件）体系架构由基本文件及技术规则等系列组成，其框架如图 4 所示。

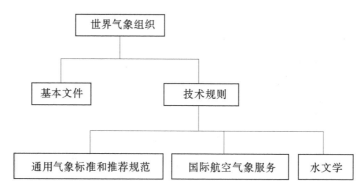

图 4 WMO 标准文件框架

4.3 国外典型国家的水文标准体系

美国的标准体系是高度分散型，包括三个构成要素，即联邦政府专用标准、国家标准、专业团体标准。政府专用标准代表的是国家意志，属于技术法规的范畴；国家标准和专业标准是产生于民间组织的自愿性标准。美国国家标准的制定组织必须是美国国家标准学会（ANSI）认可成员标准制定组织（SDO），只有 SDO 制定的标准，才有可能被 ANSI 确认为美国国家标准。标准体系架构如图 5 所示。

英国标准学会（BSI）是英国的国家标准机构（NSB），政府采用签署备忘录的形式承认 BSI 的国家标准机构地位。对外，在国际标准化组织中，BSI 代表英国，是国际标准组织秘书处五大所在地之一；对内，代表英国国家标准机构，通过与股东协作，制定标准和应用创新的标准化解决方案，满足

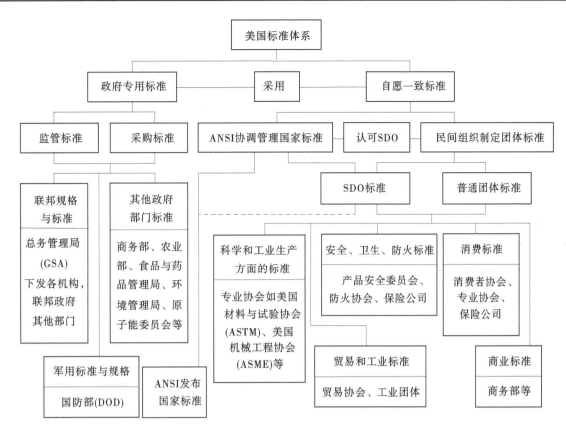

图 5 美国标准体系架构

企业和社会需求。

日本标准体系包括国家级标准、专业团体标准、企业标准。国家级标准中包括日本工业标准（JIS）和日本农林标准（JAS）。在日本标准体系中，国家标准是主体，其中又以 JIS 为核心。标准体系构成如图 6 所示。

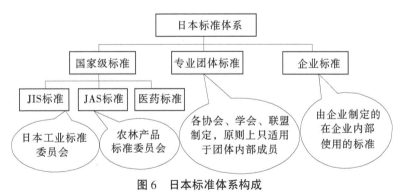

图 6 日本标准体系构成

5 国内与国际（国外）水文标准内容比对分析

以我国水文标准体系中各项已颁标准为基准，重点对 ISO/TC 113 中有关水文测验国际标准以及其他典型国家水文标准框架进行剖析。

我国的水文标准体系以我国国情为出发点，覆盖了水利水文行业发展的各个领域，涉猎范围相对较广。ISO/TC 113 和 ISO/TC 147 的标准是根据其自身功能定位，限定在水文测验和水质监测有关领域，在该领域相对较全面，能够给我国水文测验和水质监测标准的发展提供借鉴或指导。俄罗斯等其他国家的水文标准是以水质监测类水环境标准为主，水文测验标准多数是直接参照国际标准，其对国际标准采用程度较高。因此，尽管我国水文技术标准相对比较健全，但与俄罗斯、美国相比，尚存不足。与美国相比，美国广泛引用了 ISO 和欧洲标准，既方便与国际接轨，又大量减少了制定规范的人力和经费。例如，标准号 EN ISO 772（水文测验-名词和符号）、EN ISO 4375（水文测验-测站缆道系统）、EN ISO 6817（电子流速仪管道测流）等水文标准都是直接引用的国际标准。美国广泛引用了 ISO/TC 113 标准的经验可供我国借鉴。在仪器方面，美国有技术力量很强的水文仪器设备公司（如 Sutron、LinkQuest 等公司），这些公司长期从事水文专业仪器研发并与政府密切合作，对其投入较高的水文经费，大量采用高新技术，生产质量可靠、技术先进、性能稳定的仪器设备，也值得我国学习。

6 结语

通过跟踪比对分析国内、国际组织、国外典型国家水文标准的发展现状、标准管理体制、水文标准体系架构及技术内容等方面可以发现：

（1）我国水文技术标准制修订更新率远低于国际标准化组织，且有关水文现代化建设中的新技术、新方法尚未能及时转化为技术标准。

（2）在标准体系建设方面，ISO 国际标准组织、美国等发达国家基本上是以水资源开发利用和水灾害防治技术实施流程为主线，以技术法规制定的目标和性能要求为引导，政府、社团等标准为支撑，采用开放式的公平竞争。我国以国家标准委为龙头，按专业或流程逐级分解，各行业有关部委根据本行业专业特点和工作所需，建立不同的标准体系构架。体系完备是优势，但容易出现编制的标准过细，存在交叉重复现象。

（3）在标准专业分类方面，ISO 标准分类是按照技术和产品类型进行分类，国内水文标准基本是按照管理的专业和功能进行划分的。国内水文标准涵盖了国际水文测验技术委员会 ISO/TC 113、水质技术委员会 ISO/TC 147 以及世界气象组织 WMO 体系中的蒸发、降雨、土壤墒情监测等专业标准。

（4）我国水文标准体系虽然相对较为完善，与国际（国外）标准相比，部分标准仍存在定位不明确，相关标准技术内容交叉、矛盾等问题。同时，现行水文标准体系主要以"补短板"标准为主，"强监管"标准数量不足，因此可"引进来"国际先进标准，切实提高水利技术标准质量。因此，建议优化现有国内水文标准体系，提炼信息传输、工程建设与运行、监测仪器产品及监测方法等方面优势标准，推动我国标准"走出去"。通过标准的比对分析，为准确掌握国际标准动向、建立完善的国际标准跟踪机制提供信息平台和技术支撑，服务水利高质量发展。

参考文献

[1] 秦福兴，章树安. 水文技术标准的现状分析与展望 [J]. 水文，2008，28（1）：73-76.

[2] 韩友平，段文超，周陈超. 水文测验技术标准适应性研究成果与应用 [J]. 水文，2011（S1）：12-14.

[3] 王玉民，李贵宝，李叙勇. 水文标准剖析与标准体系完善建议 [J]. 中国水利，2010（21）：54-56.

珠江流域不同省（区）学校用水定额标准差异分析

刘　晋[1,2,3]　张　康[1,2,3]　穆贵玲[1,2,3]

（1. 珠江水利委员会珠江水利科学研究院，广东广州　510611；
2. 水利部粤港澳大湾区水安全保障重点实验室，广东广州　510611；
3. 粤港澳大湾区涉水事务标准协同研究中心，广东广州　510611）

摘　要：用水定额是我国水资源管理和节水管理的基础性标准，是衡量单个行业或产品的用水水平的重要标尺。但由于用水定额标准一般由各省级行政区自行制定本行政区地方标准或法规等，省际标准间容易出现差异，因此有必要分析不同行业用水定额的差异性，为流域水资源统一管理提供技术参考。本文以珠江流域广东、广西、云南、贵州、海南 5 省（区）学校用水定额标准为例，对比分析用水定额标准在定义、数值及计算方法方面的差异，提出差异协调对策与建议，可为标准的进一步修订完善提供参考和借鉴。

关键词：用水定额；地方标准；学校；差异

1　引言

《中华人民共和国水法》第四十七条明确规定"国家对用水实行总量控制和定额管理相结合的制度"。其中，用水定额主要应用于规划编制、建设项目水资源论证、取水许可审批、计划用水管理、节水水平评估、节水载体创建、超定额累进加价制度等水资源管理和节水管理工作。为贯彻落实《中华人民共和国水法》和《国务院关于实行最严格水资源管理制度的意见》（国发〔2012〕3 号），建立健全用水定额体系，严格用水定额管理，水利部于 2013 年 6 月印发《水利部关于严格用水定额管理的通知》（水资源〔2013〕268 号），明确要求各省级行政区人民政府根据用水效率控制线确定的目标，组织修订本行政区域内各行业用水定额。

各省级行政区一般以地方标准或地方部门规章等形式发布用水定额。截至 2017 年 1 月，西藏自治区首次发布用水定额以来，我国 31 个省级行政区已发布了本行政区的用水定额[1]；另外，为健全国家用水定额标准体系，自 2012 年起至 2022 年 9 月，国家质量监督检验检疫总局（现国家市场监督管理总局）和国家标准化管理委员会陆续发布 64 项取水定额国家标准（GB/T 18916），水利部自 2019 年以来以部门文件规章的形式陆续发布 105 项用水定额，其中农业 14 项、工业 70 项、建筑业 3 项和服务业 18 项，基本建立了全面系统的用水定额体系。

因各省级用水定额标准发布大多早于国家用水定额标准体系发布时间，使得各省级用水定额标准与国家标准体系之间尚存在不统一、不一致等差异，尤其是省际之间特别是相邻省区部分行业用水定额仍存在差异较大的情况，如节水型高校建设标准采用各省级用水定额地方标准进行判定得分，而高校用水定额标准差异明显，相似气候区的云南和贵州省定额分别为 120 L/（人·d）和 205 L/（人·d），相差超 70%，省际用水定额差异过大不利于公平公正开展省级行政区节水考核工作，且用水定额作为规划编制及水量分配的重要依据，在进行流域规划或水量分配工作时，还会因定额差异影响用水

基金项目：广西重点研发计划项目（编号：902229136010）；国家重点研发计划（编号：2017YFC0405900）。

作者简介：刘晋（1984—），男，高级工程师，主要从事水资源规划与管理方面的研究工作。

通信作者：张康（1981—），男，正高级工程师，主要从事节约用水管理方面的研究工作。

量，使得协调难度加大。

为强化用水定额管理，切实规范用水定额发布和修订，并为用水定额监督管理提供技术支撑，促进流域节水标准体系完善协调，开展省际用水定额差异性分析与对策研究十分必要。考虑学校数量众多，用水人员和用水规模集中，是服务业领域的用水大户。随着经济社会发展和人民生活水平的提高，用水量也相应增加，本研究拟对珠江流域广东、广西、云南、贵州、海南5省（区）学校用水定额标准进行分析，对比不同省（区）标准差异，提出修订完善及管理建议，为落实流域水资源统一管理提供技术参考。

2 珠江流域5省（区）用水定额制修订现状

截至2022年9月，珠江流域5省（区）均已制订并发布用水定额地方标准，部分省（区）已完成用水定额地方标准的修订工作，珠江流域省（区）用水定额修订及发布情况见表1。

表1 珠江流域5省（区）用水定额修订及发布情况

省（区）	定额名称	发布形式	发布时间（年-月-日）	修订情况	行业
广东省	《用水定额 第1部分：农业》（DB44/T 1461.1—2021）[2]	地标	2021-03-06	对《广东省用水定额》（DB44/T 1461—2014）进行了修订	农业
	《用水定额 第2部分：工业》（DB44/T 1461.2—2021）[3]	地标	2021-03-06		工业
	《用水定额 第3部分：生活》（DB44/T 1461.3—2021）[4]	地标	2021-03-06		生活和建筑业
海南省	《海南省用水定额》（DB46/T 449—2021）[5]	地标	2021-12-14	对《海南省用水定额》（DB46/T 499—2017）进行了修订	农业、工业、建筑业和生活
广西壮族自治区	《工业行业主要产品用水定额》（DB45/T 678—2017）[6]	地标	2017-12-30	在《工业行业主要产品用水定额》（DB45/T 678—2010）基础上修订	工业
	《城镇生活用水定额》（DB45/T 679—2017）[7]	地标	2017-12-30	在《城镇生活用水定额》（DB45/T 679—2010）基础上修订	建筑业和城镇生活
	《农林牧渔业及农村居民生活用水定额》（DB45/T 804—2019）[8]	地标	2019-12-25	在《农林牧渔业及农村居民生活用水定额》（DB45/T 804—2012）基础上修订	农业和农村生活
云南省	《用水定额》（DB53/T 168—2019）[9]	地标	2019-03-01	在2006年基础上，2013年修订，2019年第二次修订	农业、工业、建筑业和生活
贵州省	《用水定额》（DB52/T 725—2019）[10]	地标	2019-12-31	在《贵州省行业用水定额》（DB52/T 725—2011）、《贵州省行业用水定额》（DB52/T 725—2018）基础上修订	农业、工业、建筑业和生活

3 珠江流域5省（区）学校用水定额标准差异对比

3.1 珠江流域5省（区）学校用水定额标准基本情况

根据《国民经济行业分类》（GB/T 4754—2017），学校用水属服务业用水中教育行业用水类别，其在城市公共生活用水中占有主要地位。广东、广西、云南、贵州、海南5省（区）用水定额地方标准中均制定了学校用水定额，具体类别又细分为学前教育、初等教育、中等教育、高等教育、其他教育等，分别对应幼儿园、小学、中学（初中、高中、中等专业职业学校）、大学（高等院校）、其他培训学校等，定额单位一般为 $m^3/$（人·a）或 L/（人·d），二者单位可按天数进行折算。学校用水定额标准按通用值和先进值二级制定，其中通用值用于现有单位的日常用水管理和节水考核，先进值用于新建（改建、扩建）项目的水资源论证、取水许可审批和现有单位节水载体创建及节水评估考核。由于学校类别差别较大，各省（区）也并未制定全部类别的各种学校用水定额，因此为方便比较，选择初等、中等、高等3类教育行业学校用水定额通用值进行分析。珠江流域5省（区）学校用水定额标准与城镇居民生活用水情况见表2。

表2 珠江流域5省（区）学校用水定额标准与城镇居民生活用水情况

行业代码	行业名称	类别	用水类型	定额单位	广东	广西	海南	贵州	云南	平均	水利部学校定额
832	初等教育	小学	无住宿	L/（人·d）	41.10	70	49.32	27.40	35	44.56	49.32
		小学	有住宿	L/（人·d）	—	—	49.32	49.32	120	72.88	
833	中等教育	中学、中等专业学校、技工学校	有住宿	L/（人·d）	79.45	90	71.23	71.23	120	86.38	71.23
		中学、中等专业学校、技工学校	无住宿	L/（人·d）	63.01	90	71.23	41.10	50	63.07	
834	高等教育	高等院校	有住宿	L/（人·d）	219.18	160	232.88	205.48	120	187.51	232.88
		高等院校	无住宿	L/（人·d）					50	50	
城镇居民生活用水水平*				L/（人·d）	171	153	164	108	116	142.4	—

注：＊城镇居民生活用水水平数据源自《2020年中国水资源公报》。

从各省学校用水定额标准（见表2）来看，学校用水定额各省（区）主要按有无住宿分为2类，其中高等教育主要为有住宿（云南省专门制定了无住宿高等教育用水定额），初等教育以无住宿为主（其中云南、贵州省专门制定了有住宿初等教育用水定额，广东、海南和广西为基于标准人数的综合定额），中等教育则5省（区）都分有住宿和无住宿分别制定了学校用水定额。5省（区）学校用水定额的差别主要体现在定额值大小不同和对标准人数的定义两个方面，以下先就居民生活用水地区差异进行分析，在此基础上就标准的两个方面差异分别展开分析。

3.2 生活用水与定额标准差异影响分析

从表2各省（区）城镇居民生活用水水平来看，生活用水量从大到小依次是广东、海南、广西、云南、贵州，其中广东和海南生活用水明显高于其他省（区），贵州、云南生活用水量相对较小，广东与贵州距平均偏离程度最大；而从用水量较大的高校用水定额标准排序来看，从大到小依次为海南、广东、贵州、广西、云南，高校用水定额标准中依然是海南和广东高于其他省（区），这与5省（区）生活用水特点基本一致，但定额标准相对偏小的省份则为云南和广西，贵州偏大，这与5省（区）生活用水特点则不完全相符。城镇居民生活用水与高校用水定额标准间的关系如图1所示。

从图1可以看出，5省（区）高校用水定额标准全部大于城镇居民生活用水水平，但二者相关关系不明显，其主要影响为贵州省高校用水定额标准与城镇居民生活用水偏离最大，其次为海南和广东，3省偏离程度（高校用水定额标准与城镇居民生活用水比值）分别达1.9、1.42和1.28，云南、广西则相对接近，偏离程度仅1.03和1.05。若贵州省高校用水定额标准与城镇居民生活用水偏离程度控制在1.1以内（高校用水定额标准调减42%，见图1），则5省（区）高校用水定额标准与城镇居民生活用水相关关系将变得十分明显，相关关系可达0.93。由此可见，贵州省高校用水定额标准可能制定偏宽松。

3.3 定额标准值差异分析
3.3.1 5省（区）平均值对比分析

5省（区）学校标准用水定额值的比较见图2及表2。

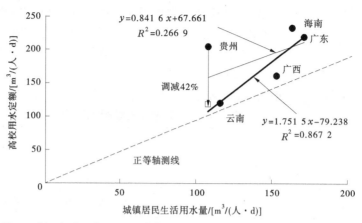

图 1　珠江流域 5 省（区）城镇居民生活用水与高校用水定额标准关系

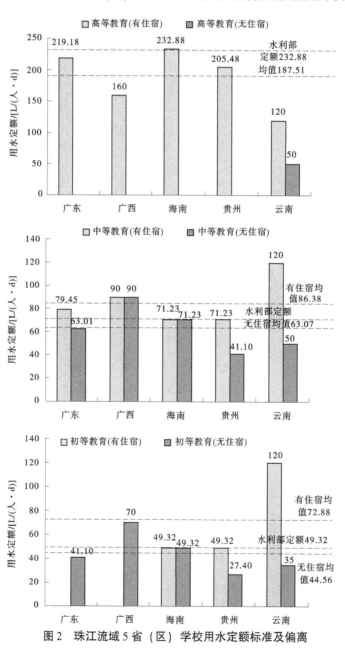

图 2　珠江流域 5 省（区）学校用水定额标准及偏离

5 省（区）有住宿高等教育学校用水定额平均值为 187.51 L/（人·d），其中广东、海南和贵州省大于平均值，分别偏离平均值 17%、24% 和 10%，广西、云南小于平均值，分别偏离平均值 15% 和 36%。

5 省（区）有住宿中等教育学校用水定额平均值为 86.38 L/（人·d），其中广西、云南大于平均值，分别偏离平均值 4% 和 39%；广东、海南和贵州小于平均值，分别偏离平均值 8%、18% 和 18%。无住宿中等教育学校用水定额平均值为 63.07 L/（人·d），其中广西、海南大于平均值，分别偏离平均值 43% 和 13%，广东、贵州和云南小于平均值，分别偏离平均值 0，35%、21%。

初等教育仅贵州、云南明确制定的有住宿用水定额，均制定了无住宿初等教育用水定额，因此为方便比较，这里仅对无住宿初等教育用水定额进行对比分析。5 省（区）初等教育学校用水定额平均值为 44.56 L/（人·d），其中广西、海南大于平均值，分别偏离平均值 57%、11%；广东、贵州和云南小于平均值，分别偏离平均值 8%，39% 和 21%。

综上，5 省（区）学校用水定额标准与 5 省（区）平均值的偏离情况见表 3。

表 3 珠江流域 5 省（区）学校用水定额标准与平均值偏离情况

学校类别	分类	广东	广西	海南	云南	贵州
初等教育	无住宿	小	大	小	大	大
中等教育	有住宿	小	小	小	大	小
	无住宿	无偏	大	小	大	大
高等教育	有住宿	小	小	大	大	小

注：偏离超 20% 为大，反之则为小。

从表 3 可以看出，总体而言，云南省学校用水定额标准与平均值偏离相对较大，广东、海南则偏离相对较小。

3.3.2 5 省（区）用水定额标准与水利部用水定额的对比分析

2019 年 10 月 21 日，水利部印发宾馆、学校、机关三项服务业用水定额（水节约〔2019〕284号），其中对学校用水做出明确规定，学校是指有计划、有组织地对受教育者进行系统的教育活动的组织机构，学校用水量是指在一定时期内（年），学校取自任何常规水源并被其第一次利用的水量的总和，学校用水定额是指在一定时期，不同的节约用水条件下，按学校标准人数核算的人均用水量。

从表 2 和图 1 可以看出，5 省（区）高等教育学校用水定额值均符合水利部用水定额，其中海南与水利部高等教育用水定额值一致，其余 4 省（区）小于标准值，广东、贵州偏离水利部标准值较小，分别为 6% 和 12%，广西、云南偏离水利部标准值较大，分别偏离 31% 和 48%。

对于有住宿中等教育学校用水定额，海南、贵州 2 省定额标准值与水利部用水定额一致，广东、广西和云南则较水利部用水定额偏大，分别偏大 12%、26% 和 68%；无住宿中等教育学校用水定额中，海南与水利部用水定额一致，广西则较水利部用水定额偏大 26%，广东、贵州和云南分别较水利部用水定额偏小 12%、42% 和 30%。

初等教育学校用水定额中，海南与水利部用水定额一致，广西则较水利部用水定额偏大 42%，广东、贵州和云南分别较水利部用水定额偏小 17%、44% 和 29%。

综上，5 省（区）学校用水定额标准值与水利部用水定额的偏离情况见表 4。

表4 珠江流域5省（区）学校用水定额标准与水利部用水定额偏离情况

学校类别	分类	广东	广西	海南	云南	贵州
初等教育	无住宿	小	大	小	大	大
中等教育	有住宿	小	大	小	大	小
	无住宿	小	大	小	大	大
高等教育	有住宿	小	大	小	大	小

注：偏离超20%为大，反之则为小。

由表4可以看出，广西和云南用水定额标准与水利部用水定额偏离较大，广东、海南则偏离较小。

3.4 定额标准人数计算方式差异分析

由于学校用水定额的计量单位采用 $m^3/$（人·a）或 L/（人·d），均与人数计算相关，其中水利部用水定额中对标准人数计算方法进行了详细说明，对于初等教育和中等教育采用相同的标准人数计算方法，见表5；而高等教育则略有不同。

表5 珠江流域5省（区）学校用水定额标准人数计算方式

类别	初等教育	中等教育	高等教育
水利部	标准人数=无住宿人数+2×有住宿人数+教职工人数		标准人数=招生人数+留学生人数+0.5×教职工人数
广东	标准人数=在校人数	（有住宿）标准人数=无住宿人数+2×有住宿人数+教职工人数；（无住宿）标准人数=在校人数	标准人数=走读生人数（非住宿生）+教职工人数+2×住宿生人数（含留学生人数）
广西	标准人数=无住宿人数+2×有住宿人数+教职工人数		标准人数=住宿生人数+0.2×（教职工人数+无住宿人数）+2.5×留学生人数
海南	标准人数=无住宿人数+2×有住宿人数+教职工人数		标准人数=招生人数+留学生人数+0.5×教职工人数
云南	标准人数=在校人数		
贵州	标准人数=在校人数		

注：初、中等教育学校人数分别采用非住宿生人数、住宿生人数和教职工人数进行计算标准人数，教职工人数为在编在岗教职工和工作时间超过半年的非在编人员；高等教育学校人数考虑学生人数为全日制统招生人数、留学生人数，教职工人数为在编在岗教职工和工作时间超过半年的非在编人员。

对比5省（区）学校用水定额人数核算方式，其中云南、贵州未明确人数计算方式，以在校人数进行统计；广东、广西、海南均定义了采用标准人数进行计数，海南的采用与水利部用水定额相同计算方法计算标准人数，广东的有住宿中等教育与水利部用水定额标准人数计算方法相同，广西初等教育和中等教育与水利部用水定额标准人数计算方法相同，广东无住宿中等教育、高等教育和广西高等教育标准人数计算方法则与水利部用水定额中标准人数计算方法不同。

为分析研究标准人数对定额值及用水量的影响，假定采用相同的学校规模极端条件下的各类学生及教职工人数进行分析，拟定学校有住宿生人数为1 000人（无住宿学校不含此项），无住宿生人数为1 000人，教职工人数分别采用师生比1∶2和1∶100，即500人和10人，留学生人数分别采用比例为 0 和 10%，即 0 人和 100 人（仅高等教育学校有此项），则 5 省（区）采用定额计算各类学校年用水量情况见表 6~表 8。

由表 6~表 8 可以看出，相同规模学校情况下，5 省（区）标准人数计算结果不尽相同，其中初等教育广西、海南与水利部用水定额计算标准人数相同，广东、云南、贵州为在校人数，即包含有住宿生人数、无住宿生人数和教职工人数，相较水利部用水定额标准人数偏少。5 省（区）中等教育无住宿学校计算标准人数与水利部用水定额一致，但有住宿中等教育学校标准人数中云南、贵州与水利部用水定额不一致，相较水利部标准人数偏少；广东、海南、广西标准人数与水利部用水定额完全一致。高等教育则有较大偏差，仅海南与水利部用水定额完全一致，贵州、云南在校标准人数相较水利部标准人数偏多，广西偏少，广东偏多。

另外，同等规模学校 5 省（区）与用水定额计算年用水量不尽相同，其中海南省各类学校与水利部用水定额计算结果相同；广西高等教育学校用水量小于水利部用水定额计算结果，初等教育和中等教育学校用水量计算结果大于水利部用水定额计算结果，主要原因为其定额标准值大于水利部用水定额（标准人数计算一致）；云南、贵州初等、中等学校用水量计算结果均远小于或等于水利部用水定额计算结果，而高等学校用水云南教职工人数偏少时，用水量显著少于水利部用水定额计算结果，贵州教职工人数增加时会出现用水量超水利部用水定额情况；广东除高等教育和中等教育（有住宿）学校用水量计算结果远大于水利部用水定额和其他 4 省（区）计算结果外，中等教育（无住宿）和初等教育用水量结果符合水利部用水定额。

表 6　极端条件下 5 省（区）初等教育学校年用水量对比情况

初等教育	有住宿人数/人	1 000	0	1 000	1 000	0	1 000
	无住宿人数/人	1 000	1 000	0	1 000	1 000	0
	教职工人数/人	500	500	500	10	10	10
水利部	标准人数/人	3 500	1 500	2 500	3 010	1 010	2 010
	年用水量/m³	63 000	27 000	45 000	54 180	18 180	36 180
广东	标准人数/人	2 500	1 500	1 500	2 010	1 010	1 010
	年用水量/m³	<u>37 500</u>	22 500	<u>22 500</u>	<u>30 150</u>	15 150	<u>15 150</u>
广西	标准人数/人	3 500	1 500	2 500	3 010	1 010	2 010
	年用水量/m³	**63 875**	**27 375**	**45 625**	**54 932.5**	**18 432.5**	**36 682.5**
海南	标准人数/人	3 500	1 500	2 500	3 010	1 010	2 010
	年用水量/m³	*63 000*	*27 000*	*45 000*	*54 180*	*18 180*	*36 180*
云南	标准人数/人	2 500	1 500	1 500	2 010	1 010	1 010
	年用水量/m³	<u>45 000</u>	*27 000*	<u>27 000</u>	<u>36 180</u>	*18 180*	<u>18 180</u>
贵州	标准人数/人	2 500	1 500	1 500	2 010	1 010	1 010
	年用水量/m³	<u>45 000</u>	*27 000*	<u>27 000</u>	<u>36 180</u>	*18 180*	<u>18 180</u>

注：粗字体表示超水利部用水定额；斜体字表示与水利用水定额相同；下划线字体表示小于水利部用水定额 20% 以上。

表7　极端条件下5省（区）中等教育学校年用水量对比情况

中等教育	有住宿人数/人	1 000	0	1 000	1 000	0	1 000
	无住宿人数/人	1 000	1 000	0	1 000	1 000	0
	教职工人数/人	500	500	500	10	10	10
水利部	有宿舍标准人数/人	3 500	1 500	2 500	1 010	1 010	2 010
	有住宿年用水量/m³	91 000	39 000	65 000	26 260	26 260	52 260
	无住宿标准人数/人	1 500	1 500	500	1 010	1 010	10
	无住宿年用水量/m³	39 000	39 000	13 000	26 260	26 260	260
广东	有宿舍标准人数/人	3 500	1 500	2 500	1 010	1 010	2 010
	有住宿年用水量/m³	**101 500**	**43 500**	**72 500**	**29 290**	**29 290**	**58 290**
	无住宿标准人数/人	1 500	1 500	500	1 010	1 010	10
	无住宿年用水量/m³	34 500	34 500	11 500	23 230	23 230	230
广西	有宿舍标准人数/人	3 500	1 500	2 500	1 010	1 010	2 010
	有住宿年用水量/m³	**114 975**	**49 275**	**82 125**	**33 178.5**	**33 178.5**	**66 028.5**
	无住宿标准人数/人	1 500	1 500	500	1 010	1 010	10
	无住宿年用水量/m³	**49 275**	**49 275**	**16 425**	**33 178.5**	**33 178.5**	**328.5**
海南	有宿舍标准人数/人	3 500	1 500	2 500	1 010	1 010	2 010
	有住宿年用水量/m³	*91 000*	*39 000*	*65 000*	*26 260*	*26 260*	*52 260*
	无住宿标准人数/人	1 500	1 500	500	1 010	1 010	10
	无住宿年用水量/m³	*39 000*	*39 000*	*13 000*	*26 260*	*26 260*	*260*
云南	有宿舍标准人数/人	2 500	1 500	1 500	1 010	1 010	1 010
	有住宿年用水量/m³	<u>65 000</u>	*39 000*	<u>39 000</u>	*26 260*	*26 260*	*26 260*
	无住宿标准人数/人	1 500	1 500	500	1 010	1 010	10
	无住宿年用水量/m³	<u>27 000</u>	<u>27 000</u>	<u>9 000</u>	*18 180*	*18 180*	<u>180</u>
贵州	有宿舍标准人数/人	2 500	1 500	1 500	1 010	1 010	1 010
	有住宿年用水量/m³	<u>65 000</u>	*39 000*	<u>39 000</u>	*26 260*	*26 260*	<u>20 260</u>
	无住宿标准人数/人	1 500	1 500	500	1 010	1 010	10
	无住宿年用水量/m³	<u>22 500</u>	<u>22 500</u>	<u>7 500</u>	<u>15 150</u>	<u>15 150</u>	<u>150</u>

注：粗字体表示超水利部用水定额；斜体字表示与水利用水定额相同；下划线字体表示小于水利部用水定额20%以上。

表 8　极端条件下 5 省（区）高等教育学校年用水量对比情况

高等教育	有住宿人数/人	1 000	0	1 000	1 000	0	1 000	1 000	1 000	0	1 000	1 000	0
	无住宿人数/人	1 000	1 000	0	1 000	1 000	0	1 000	0	1 000	1 000	0	1 000
	教职工人数/人	500	500	500	10	10	10	500	500	500	10	10	10
	留学生人数/人	0	0	0	0	0	0	200	100	100	200	100	100
水利部	标准人数/人	2 250	1 250	1 250	2 005	1 005	1 005	2 450	1 350	1 350	2 205	1 105	1 105
	年用水量/m³	191 250	106 250	106 250	170 425	85 425	85 425	208 250	114 750	114 750	187 425	93 925	93 925
广东	标准人数/人	3 500	1 500	2 500	3 010	1 010	2 010	3 900	2 700	2 700	3 410	2 210	1 210
	年用水量/m³	**280 000**	**120 000**	**200 000**	**240 800**	**80 800**	**160 800**	**312 000**	**216 000**	**216 000**	**272 800**	**176 800**	**96 800**
广西	标准人数/人	1 300	300	1 100	1 202	202	1 002	1 800	1 350	1 350	1 702	1 252	452
	年用水量/m³	<u>75 920</u>	<u>17 520</u>	<u>64 240</u>	<u>70 197</u>	11 797	58 517	105 120	78 840	78 840	<u>99 397</u>	<u>73 117</u>	<u>26 397</u>
海南	标准人数/人	2 250	1 250	1 250	2 005	1 005	1 005	2 450	1 350	1 350	2 205	1 105	1 105
	年用水量/m³	*191 250*	*106 250*	*106 250*	*170 425*	*85 425*	*85 425*	*208 250*	*114 750*	*114 750*	*187 425*	*93 925*	*93 925*
云南	标准人数/人	2 500	1 500	1 500	2 010	1 010	1 010	2 700	1 600	1 600	2 210	1 110	1 110
	年用水量/m³	150 000	90 000	90 000	120 600	<u>60 600</u>	<u>60 600</u>	162 000	96 000	96 000	<u>132 600</u>	<u>66 600</u>	<u>66 600</u>
贵州	标准人数/人	2 500	1 500	1 500	2 010	1 010	1 010	2 700	1 600	1 600	2 210	1 110	1 110
	年用水量/m³	187 500	**112 500**	**112 500**	150 750	75 750	75 750	202 500	**120 000**	**120 000**	165 750	83 250	83 250

注：粗字体表示超水利部用水定额；斜体字表示与水利用水定额相同；下划线字体表示小于水利部用水定额 20% 以上。

4　结论与对策

综上，目前 5 省（区）高校用水定额标准与城镇居民生活用水水平尚无明显关系，主要体现为贵州高校用水定额标准可能存在偏宽松情况，假定贵州高校用水定额标准调减与城镇居民生活用水水平偏离程度控制到 1.1，则 5 省（区）高校用水定额标准与城镇居民生活用水高度相关，相关系数为 0.93。从 5 省（区）学校用水定额标准值分析来看，广东高等教育用水定额较水利部用水定额偏宽松，广西初等教育和中等教育用水定额较水利部用水定额偏宽松，云南有住宿初等教育和中等教育用水定额值较水利部用水定额偏宽松。以上不符合水利部学校用水定额应协调修订外，其余学校用水定额还应进一步分析。

针对 5 省（区）学校用水定额地方标准差异，主要建议有：

（1）协调方式主要通过用水定额评估、行政沟通、定额征求意见审查、定额监督等进行，使用水定额省际差异处于合理的差异范围，同时结合实际用水情况尽量向符合水利部用水定额靠拢。

（2）通过调研、水平衡测试等进一步扩大样本，分析行业用水户实际用水水平，对比用水定额的符合性，并结合实际用水水平协调省际用水定额差异。

参考文献

［1］张继群. 落实国家节水行动 强化用水定额管理［J］. 中国水利，2018（6）：21-23.

［2］广东省水利厅. 用水定额 第1部分：农业：DB44/T 1461.1—2021［S］. 广州：华南理工大学出版社，2021.

［3］广东省水利厅. 用水定额 第2部分：工业：DB44/T 1461.2—2021［S］. 广州：华南理工大学出版社，2021.

［4］广东省水利厅. 用水定额 第3部分：生活：DB44/T 1461.3—2021［S］. 广州：华南理工大学出版社，2021.

［5］海南省水利厅. 海南省用水定额：DB46/T 449—2021［S］.2022.

［6］广西壮族自治区水利厅. 工业行业主要产品用水定额：DB45/T 678—2017［S］.

［7］广西壮族自治区水利厅. 城镇生活用水定额：DB45/T 679—2017［S］.

［8］广西壮族自治区水利厅. 农林牧渔业及农村居民生活用水定额：DB45/T 804—2019［S］.

［9］云南省水利厅. 用水定额：DB53/T 168—2019［S］.

［10］贵州省水利厅. 用水定额：DB52/T 725—2019［S］.

建立长江流域河湖生态流量监督管理标准体系探讨

成 波 王俊洲 朱秀迪 李志军

（长江水资源保护科学研究所，湖北武汉 430051）

摘 要： 为适应生态文明建设、《中华人民共和国长江保护法》落地和河湖生态流量管理的要求，亟须建立长江流域河湖生态流量监督管理标准体系。在阐述河湖生态流量监督管理标准体系建设必要性和相关标准发展现状的基础上，本文从生态流量管控目标的确定、生态流量保障措施的实施、生态流量监测监控的建设、生态流量保障程度的考核以及生态流量监督管理质量的评价等方面出发，探讨了河湖生态流量监督管理标准体系建设，为长江流域河湖生态流量的监督管理提供了解决思路。

关键词： 生态流量；监督管理；标准体系；长江流域

1 引言

党的十八大以来，习近平总书记高度重视长江流域生态环境的治理与保护，先后在重庆、武汉、南京主持召开推动长江经济带发展座谈会，强调要把修复长江生态环境摆在压倒性位置，共抓大保护、不搞大开发，让母亲河永葆生机活力[1-3]。生态流量是维系河湖生态健康的基本要素，河湖生态流量保障程度是衡量生态文明建设水平、绿水青山恢复效果、人水和谐共生程度的重要标志[4]。

2021 年 3 月开始实施的《中华人民共和国长江保护法》中，规定了"国家加强长江流域生态用水保障"，明确进一步强化流域生态流量监督管理。2020 年、2021 年和 2022 年，水利部相继印发了《第一批重点河湖生态流量保障目标》《第二批重点河湖生态流量保障目标》《第三批重点河湖生态流量保障目标》《第四批重点河湖生态流量保障目标》，切实加强河湖生态流量水量管理和保障重点河湖生态流量。水利部办公厅印发了《"十四五"时期复苏河湖生态环境实施方案》，要求"提升河湖生态流量监管能力"以及"强化河湖生态流量保障监督"。同时，水利部和生态环境部联合印发了《关于加强长江经济带小水电站生态流量监管的通知》《关于进一步加强小水电站生态流量监督检查工作的通知》，以及水利部、发展和改革委员会、自然资源部、生态环境部、农业农村部、能源局、林业和草原局联合印发了《关于进一步做好小水电分类整改工作的意见》，均强调要加强小水电站生态流量监督，推动小水电站全面落实生态流量，促进小水电绿色发展。加强生态流量监督管理，保障河湖生态流量，对保护和改善长江流域生态环境具有重要意义，是关系到建设安澜绿色和谐美丽长江的重大战略问题[5]。为适应新阶段水利高质量发展的要求，规范长江流域河湖生态流量的监督管理，依据国家和水利行业相关政策法规，亟须建立和完善长江流域河湖生态流量监督管理标准体系，使生态流量管控目标确定、保障措施实施、监测监控建设、保障程度考核都有统一可遵循的准则。

2 河湖生态流量监督管理标准体系建设意义及必要性

标准化是一项基础工作，也是科学管理的重要组成部分[7]，河湖生态流量的监督管理离不开标准化的指导。制定和开展长江流域河湖生态流量监督管理标准体系是推进生态文明建设的重要举措、

作者简介： 成波（1989—），男，高级工程师，主要从事水资源利用、生态环境保护领域的工作。

助力长江保护法落地的有力支撑和贯彻河湖生态流量管理的内在要求。

2.1 推进生态文明建设的重要举措

党的十八大以来,以习近平为核心的党中央高度重视生态文明建设工作,提出"绿水青山就是金山银山""山水林田湖草是生命共同体"等重要生态文明思想,把江河湖泊保护摆在重要位置[6]。河湖生态流量的保障与"绿水青山""山水林田湖草"的可持续发展密不可分,事关河湖健康及其生态服务功能的发挥。生态流量涉及河湖所在地的气候地形地貌条件、区域经济社会发展阶段和经济结构、河湖管理要求、水库水电站建设运行情况、社会管理执行力等方面,因而保障生态流量是一个需要多机构协作且带有综合复杂性的任务,其中生态流量的监督管理是保障生态流量的关键环节之一。因此,进一步重视长江流域河湖生态流量保障,加强生态流量监督管理对于维护长江健康水生态系统、助力长江经济带绿色发展、推进生态文明建设尤为迫切和重要。

2.2 助力长江保护法落地的有力支撑

2021年3月开始实施的《中华人民共和国长江保护法》是我国第一部流域专门法律,开创了国家对流域进行单独立法的先河,是我国生态环境法体系建设的标志性成果。《中华人民共和国长江保护法》第七条指出:"国务院生态环境、自然资源、水行政、农业农村和标准化等有关主管部门按照职责分工,建立健全长江流域水环境质量和污染物排放、生态环境修复、水资源节约集约利用、生态流量、生物多样性保护、水产养殖、防灾减灾等标准体系",明确了抓好长江流域生态环境保护的关键在于建立健全各项工作的标准体系。第三十一条指出"长江干流、重要支流和重要湖泊上游的水利水电、航运枢纽等工程应当将生态用水调度纳入日常运行调度规程,建立常规生态调度机制,保证河湖生态流量;其下泄流量不符合生态流量泄放要求的,由县级以上人民政府水行政主管部门提出整改措施并监督实施",在我国法律中首次明确了针对河湖生态流量的条款规定,包括提出生态流量管控指标、将生态水量纳入年度水量调度计划、将生态用水调度纳入工程日常运行调度规程,同时明确了相关法律责任,为生态流量管理提供了法律支撑。现阶段尚未出台能够满足《中华人民共和国长江保护法》生态流量管控要求的标准规范,因此为了有力支撑《中华人民共和国长江保护法》的落地执行,长江流域河湖生态流量监督管理标准体系的建立健全工作亟待开展。

2.3 贯彻河湖生态流量管理的内在要求

早在2012年,国务院批复的《长江流域综合规划(2012—2030年)》(国函〔2012〕220号)中确定了长江流域主要节点生态环境需水并建立了相应的控制断面生态基流指标体系。2015年,《水污染防治行动计划》首次提出在黄河、淮河流域开展生态流量确定工作试点。2018年,《关于做好跨省江河流域水量调度管理工作的意见》明确要求严格流域用水总量和重要断面水量下泄控制,保障河湖基本生态用水。在此基础上,水利部印发了关于做好河湖生态流量确定和保障工作的指导意见,提出生态流量管理重点河湖名录,明确河湖生态流量目标、责任主体和主要任务、保障措施。目前,水利部已于2020年、2021年和2022年相继印发第一批、第二批、第三批和第四批重点河湖生态流量保障目标,切实保障重点河湖生态流量。此外,水利部印发《母亲河复苏行动方案(2022—2025年)》,强调要加强水资源节约保护和优化配置,推进江河流域水资源统一调度,强化河湖生态流量水量管理,复苏河湖生态环境,维护河湖健康生命,让母亲河永葆生机活力,实现人水和谐共生。通过标准化,可以对生态流量管控目标确定、保障措施实施、监测监控建设、保障程度考核全过程进行规范,建立适合生态流量监督管理的标准体系,也是贯彻河湖生态流量管理的内在要求。

3 国内河湖生态流量相关标准发展现状

在环境影响评价方面,《环境影响评价技术导则 水利水电工程》(HJ/T 88—2003)指出,工程运行造成下游水资源特别是生态用水减少时,应提出减免和补偿措施;《水电水利建设项目河道生态用水、低温水和过鱼设施环境影响评价技术指南(试行)》(环评函〔2006〕4号)给出了河道生态用水量环境影响评价技术指南,包括维持水生生态系统稳定所需水量计算在内的各种方法;《水利建设项目环境影响后评价导则》（SL/Z 705—2015）要求评价建设项目生态环境水量下泄保障和管理措施的执行情况及实施效果；《环境影响评价技术导则 地表水环境》（HJ 2.3—2018）指出，水文要素影响型建设项目应满足生态流量的相关要求。在水资源论证方面，《水利水电建设项目水资源论证导则》（SL 525—2011）、《建设项目水资源论证导则》（GB/T 35580—2017）均指出，建设项目应满足河道内最小流量或水量以及湖（库）最小水深的要求。在生态流量推荐和计算方面，原国家环境保护总局、国家能源局、水利部分别印发了《水电水利建设项目河道生态用水、低温水和过鱼设施环境影响评价技术指南（试行）》（环评函〔2006〕4号）、《水电工程生态流量计算规范》（NB/T 35091—2016）、《河湖生态环境需水计算规范》（SL/T 712—2021）。此外，《水电工程生态流量实时监测系统技术规范》（NB/T 10385—2020）规范了水电工程生态流量实时监测系统的技术要求。

综上所述，国内现行生态流量相关标准规范主要针对生态流量的内涵、计算方法和生态流量推荐标准等方面建立了标准化体系，但《中华人民共和国长江保护法》以及生态流量监管相关部门规章针对长江流域生态流量保障实施、监督管控提出了新要求，在这方面现行标准还存在空白，因而长江流域河湖生态流量监督管理技术标准的制定亟待开展。

4 建立和完善河湖生态流量监督管理标准体系的建议

梳理长江流域各区域的生态流量管控目标，制定生态流量保障措施的实施细则，提出生态流量监测监控的建设要求，明确生态流量保障程度的考核方式，并建立生态流量监督管理质量评价方法，旨在提供规范化、标准化的监督管理。

4.1 总体要求

全面贯彻习近平总书记生态文明思想，坚持"生态优先、统筹兼顾、分级分类、严格监管"的原则，以维护流域河湖生态健康，保障生态用水安全为目标，科学确定生态流量，严格生态流量管理，强化生态流量监督考核，加快建立目标合理、责任明确、保障有力、监管有效的河湖生态流量监督和管理体系，切实保障河湖生态流量，不断改善河湖生态环境。

4.2 总体思路

在分析现有法律法规、政策文件、标准规范等对河湖生态流量管理要求和流域综合规划、水资源规划、水量分配方案等流域层面及地方层面已有工作成果的基础上，按照分级分类原则，从生态流量管控目标的确定、生态流量保障措施的实施、生态流量监测监控的建设、生态流量保障程度的考核等四个方面，对长江流域跨省河流及重要湖泊、地方重点河流及湖泊和一般河流及湖泊，提出河湖生态流量监督管理的有关要求，并制定长江流域河湖生态流量监督管理质量评价指标体系，形成生态流量监督管理质量评价方法，旨在提供规范化、标准化的监督管理，如图1所示。

4.3 标准体系的主要内容

4.3.1 生态流量管控目标的确定要求

结合已批复的长江流域综合规划、水资源保护规划、水量分配方案、取水许可、环评批复、调度方案、技术报告等已有成果，以及近年来水利部、流域机构及相关省（自治区、直辖市）级主管部门确定的重要河湖生态流量保障工作成果，确定河湖生态流量管控目标，保障河湖基本生态用水。

此外，河湖生态流量管控目标并不是一成不变的，它具有阶段性的、动态的特征，在生态流量保障程度反馈的基础上进行调整，形成一种适应性管理机制，推进生态流量与经济社会发展用水的协同协调管理[8]。

4.3.2 生态流量保障措施的实施要求

流域管理机构或地方各级水行政主管部门应把保障生态流量目标作为硬约束，合理配置水资源，科学制订江河流域水量调度方案和调度计划。对控制断面流量（水量、水位）及其过程影响较大的水库、水电站、闸坝、取水口等，应纳入调度考虑对象。有关工程管理单位，应在保障生态流量泄放的前提下，执行有关调度指令。对于因过量取水对河湖生态造成严重影响，导致生态流量未达到目标

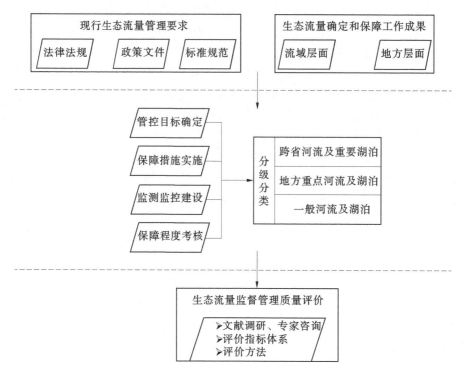

图 1 河湖生态流量监督管理标准体系建设的技术框架

要求的, 流域管理机构或地方水行政主管部门应采取限制取水、加大水量下泄等措施, 确保达到生态流量管控目标。

改善水工程生态流量泄放条件。新建、改建和扩建水工程, 应按照水利等相关部门审批文件规定, 落实生态流量泄放条件。已建水工程不满足生态流量泄放要求的, 应根据条件, 经科学论证, 改进调度或增设必要的泄放设施。

4.3.3 生态流量监测监控的建设要求

通过流量 (水位) 在线测量装置, 有效监管河湖生态流量保障情况。按照跨省河流及重要湖泊、地方 (省级、市级、县级) 重点河流及湖泊、一般河流及湖泊三大类, 分级分类实行生态流量监测监控。其中, 跨省河流及重要湖泊和地方 (省级、市级、县级) 重点河流及湖泊依托现有水文站或水工程流量泄放监测设施以及建设生态流量监测设施开展生态流量监测, 一般河流及湖泊可采用不定时的巡测方式进行生态流量监测。

根据《水情信息编码》(SL 330—2011)、《水文测量规范》(SL 58—2014)、《水利部办公厅关于印发小水电站生态流量监管平台技术指导意见的通知》(办水电函〔2019〕1378 号)、《水电工程生态流量实时监测系统技术规范》(NB/T 10385—2020) 等文件的相关要求, 重点对生态流量监测设备、监测数据接入、信息报送、信息共享等进行分析。

4.3.4 生态流量保障程度的考核要求

依据《长江水利委员会河湖生态流量监督管理办法 (试行)》, 并参考《2020 年度实行最严格水资源管理制度考核生态流量 (水量) 保障目标落实评价技术要求 (试行)》、《2019 年重点河湖生态流量 (水量) 保障实施方案编制及有关技术要求》等相关技术文件, 按照由长江水利委员会组织制定生态流量保障目标的跨省河流及重要湖泊、地方重点河流及湖泊、一般河流及湖泊三大类, 分别提出生态流量保障程度考核要求。考核要求中, 综合考虑评估时段内的来水条件、监测与生态调度实际情况等, 宜分别评估生态基流、敏感生态流量、基本生态流量、目标生态流量的满足程度[9]。明确不纳入考核评价的具体情况 (如地震、突发水污染事故及其他不可抗力因素等)。

4.3.5 生态流量监督管理质量评价

从生态流量管控目标的确定、生态流量保障措施的实施、生态流量监测监控的建设、生态流量保障程度的评价等四个方面，通过文献调研、专家咨询等方法制定长江流域河湖生态流量监督管理质量评价指标体系，形成生态流量监督管理质量评价方法，旨在提供规范化、标准化的监督管理。

5　结语

长江流域河湖生态流量监督管理标准体系的建立和完善是推进生态文明建设的重要举措，是助力长江保护法落地的有力支撑，也是贯彻河湖生态流量管理的内在要求。本文从长江流域生态流量管控目标的确定、生态流量保障措施的实施、生态流量监测监控的建设、生态流量保障程度的考核，以及生态流量监督管理质量的评价等方面出发，探讨了河湖生态流量监督管理标准体系建设的总体要求、总体思路和主要内容，旨在提供规范化、标准化的监督管理。

参考文献

[1] 习近平. 生态优先绿色发展 让母亲河永葆生机活力 [J]. 杭州，2016（2）：6.

[2] 习近平. 在深入推动长江经济带发展座谈会上的讲话 [J]. 奋斗，2019（17）：4-14.

[3] 马建华. 深入学习贯彻习近平总书记南京座谈会讲话精神 扎实做好长江经济带发展水利支撑保障工作 [N]. 人民长江报，2021-01-23（001）.

[4] 孙翀，王猛，张建永，等. 我国重要河湖生态流量保障现状及问题分析 [J]. 水利规划与设计，2021（3）：4-7，28.

[5] 成波，王培，李志军，等. 长江流域生态流量管理服务平台建设探讨 [J]. 长江技术经济，2022，6（1）：9-14.

[6] 成波，杨梦斐，杨寅群，等. 长江流域生态流量监督管理探索与实践 [J]. 人民长江，2020，51（9）：51-55，188.

[7] 王国强. 建立水利水电工程移民信息化标准体系的探讨 [J]. 水力发电，2020，46（3）：9-12.

[8] 连煜. 生态流量与河流生态适应性管理研究 [J]. 中国水利，2020（15）：33-34.

[9] 南京水利科学研究院.《长江流域及以南区域河湖生态流量 确定和保障技术规范》（征求意见稿）[S].（2022-06-21）[2022-11-10]. http：//gi kj. mwr. gov. cn/jsjd1/tzgg_ 3/202206/t 20220629_ 1582388. html.

生态水利工程学

引江补汉工程汉江减水段综合治理方案研究

肖庆华　尹政兴

（长江勘测规划设计研究有限责任公司，湖北武汉　430011）

摘　要：虽然南水北调中线一期工程取得了巨大的经济效益、社会效益和生态效益，但是随着汉江流域来水的减少和流域内外用水需求的增加，汉江流域水资源供需矛盾将愈加突出，迫切需要实施引江补汉工程。引江补汉工程从三峡大坝上游 7 km 的龙潭溪取水，由丹江口水库坝下 5 km 左右的安乐河口入汉江，在丹江口坝下河段将出现减水河段，工程将对丹江口坝下减水河段航道条件和水生态产生不利影响。本文通过建立二维水沙数学模型进行了引江补汉工程补水对工程河段的影响研究，在确定影响的基础上，从补水出流衔接、航道整治两个方面开展研究，最后确定减水段综合治理方案。

关键词：南水北调中线；引江补汉工程；减水段；综合治理

1　引言

南水北调工程是缓解我国北方地区水资源严重短缺局面的重大战略性基础设施，事关战略全局、事关长远发展、事关人民福祉。南水北调中线一期工程通水后，显著改善了受水区的水资源条件和供水保障程度，并为受水区地下水压采、修复和生态环境保护创造了有利条件[1]；同时，促进了水源区汉江上游生态修复，提高了汉江中下游防洪能力，取得了巨大的经济效益、社会效益和生态效益。然而，随着京津冀协同发展国家战略和雄安新区建设、中原城市群建设的推进，以及城乡供水一体化的实施，中线实际供水范围将不断扩大，北方受水区受制于水资源禀赋，要实现人与自然和谐共存，社会经济与生态环境协调发展，增加中线北调水量势在必行[2]。同时，近年来汉江流域连续枯水年呈增加趋势，汉江来水减少导致中线一期工程可调水量存在较大缺口，因此随着流域来水的减少和流域内外用水需求的增加，汉江流域水资源供需矛盾将愈加突出[3]。为应对北方受水区用水需求进一步增长、供水稳定性进一步提高等新要求，保障北方受水区供水安全，以及增强汉江枯水年水资源调配能力、缓解汉江流域用水压力，迫切需要实施中线后续水源工程，即引江补汉工程[2]。

引江补汉工程推荐采用龙潭溪自流引水方案，从三峡大坝上游 7 km 的龙潭溪取水，由丹江口水库坝下 5 km 左右的安乐河口入汉江。引江补汉工程主要在枯水期向汉江补水，工程调水入汉江后，丹江口水库枯水期下泄流量可相应减少，这样丹江口坝下河段将出现减水河段。引江补汉工程的实施将对丹江口坝下减水河段航道条件和水生态产生不利影响：一方面，丹江口水库枯水下泄流量减小将导致坝下水位下降，对丹江口坝下引航道水位保障及坝下减水段航道尺度产生影响，同时，补水与主河道汇流可能出现局部不良流态危及通航安全，补水还可能导致局部河势及洲滩格局调整，对航道稳定产生不利影响；另一方面，引江补汉工程导致枯水期减水段水位下降、水域面积缩小，将对两岸滨水景观、生态环境产生影响，地方政府要求抑制丹江口坝下减水段水位下降，基本恢复工程影响河段水面线，保障生态、滨水景观所受影响可控。鉴于引江补汉工程实施对汉江出口河段可能造成的不利影响以及交通部门、地方政府的相关诉求，开展汉江出口河段（丹江口下游近坝段）综合治理工程研究是非常必要的。

作者简介：肖庆华，男，高级工程师，主要从事水运工程研究工作。

本文首先通过建立二维水沙数学模型进行引江补汉工程补水对工程河段的影响研究，在此基础上从补水出流衔接方案、航道整治方案两个方面进行研究，通过不同方案组合研究，最后确定引江补汉工程汉江减水段综合治理方案。

2 数学模型

2.1 研究河道概况

本文研究河段上迄丹江口枢纽，下至王甫洲枢纽电站，模拟河段全长约35 km（研究河段河势见图1），河流总体由西北流向东南。丹江口—王甫洲区间，地处南阳盆地边缘，多为丘岗坡地，植被较差。区间无大支流汇入，仅有十余条小河沟，集水面积21~157 km² 不等，其中最大的为孟桥川。该河段有羊皮滩、刘家洲、宋家洲、鲍家洲、王甫洲等较大的洲滩，其中鲍家洲和王甫洲是江心洲，伴有分汊河型。水流出丹江口大坝后，受右岸羊皮滩阻流作用，深泓傍河道左岸下行至安乐河附近，开始向右岸过渡，下行至沈家湾开始向左岸过渡，沈家湾—付家寨为深泓由右向左的过渡段，继续下行，受鲍家洲分流作用，水流分为两股分别进入鲍家洲左右汊下行，过了老河口水位站后进入王甫洲，水流分为左右汊两股。

图1 工程河段河势

2.2 数学模型验证

2.2.1 水位验证

丹江口—王甫洲河段在低枯水、枯水、中水和洪水共四个流量级下的水位验证情况见表1。由表1可知，不同流量级下，模型计算水位与实测水位的误差在0.07 m以内，计算水位与实测水位符合较好，满足《内河航道与港口水流泥沙模拟技术规程》（JTJ/T 232—98）要求。

表1 低枯水流量下水位验证计算　　　　　　　　　　　　　　　　　　单位：m

流量/（m³/s）	王家营（三）			黄家港（二）		
	水文分析值	计算值	差值	水文分析值	计算值	差值
490	86.89	86.87	-0.02	86.61	86.57	-0.04
1 610	88.14	88.19	0.05	87.57	87.56	-0.01
6 540	91.99	92.05	0.06	91.23	91.18	-0.05
12 900	93.65	93.69	0.04	92.73	92.72	-0.01

2.2.2 流速验证

图2为丹江口至王甫洲枢纽河段2020年3月计算与实测断面流速比较。从图2中可以看出，模型计算的各断面流速分布规律与实测基本一致，并且计算与实测流速的差异大多在0.1 m/s以内，个别点由于山区河流局部地形原因流速差异在0.2 m/s，流速总体验证结果较好。

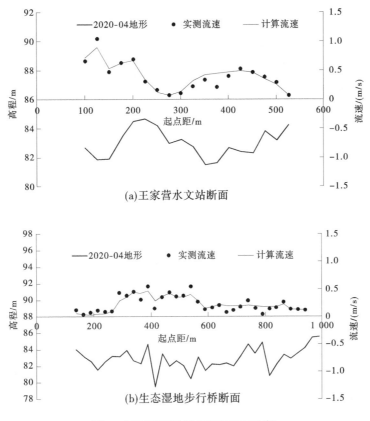

图 2 不同断面计算与实测流速比较

3 综合治理方案研究

3.1 引江补汉工程影响研究

为研究引江补汉工程对汉江的影响,本文建立了丹江口枢纽至王甫洲枢纽长河段二维水沙数学模型。根据引江补汉工程工可确定的调水规模为 170~212 m³/s,引江补汉工程设计以黄家港断面流量不小于 490 m³/s 作为控制,丹江口下泄流量为 278~320 m³/s。考虑航运较不利条件,下边界王甫洲枢纽坝前水位以死水位 85.57 m(85 国家高程)进行控制,安乐河补水按自由出流考虑(不考虑其他工程措施)。

3.1.1 工程对水位影响分析

引江补汉工程实施后,丹江口至黄家港段沿程水位有不同程度的下降,且调补水规模越大、越靠近丹江口坝址,水位降幅越大,黄家港以下河段水位基本不变,其中丹江口升船机下游引航道口门处水位降幅最大,水位由工程调水前的 86.64 m 降至 86.45 m。

3.1.2 工程对水流影响分析

引江补汉工程实施后,羊皮滩右汊安乐河口以上段流速小幅增加 0.1~0.5 m/s,安乐河口以下段流速显著增加,最大增加 2.5 m/s 左右;主河道内丹江口枢纽至羊皮滩尾减水段流速较工程前整体减小,其中航道内流速减小约 0.3 m/s;羊皮滩尾至汉江公路桥汇流段由于出水贴右岸下行,右侧沿岸带存在流速增加带,流速增加 0~0.5 m/s。

3.1.3 工程对河床冲淤的影响分析

引江补汉工程实施后,冲淤变化较大区主要集中在安乐河出口—均州大桥一带,其中由于安乐河集中出流,直接导致安乐河出口及羊皮滩尾部低滩冲刷,最大冲刷幅度 1.5 m;安乐河集中出流后,约 85% 的水流由羊皮滩下口汇入主流,出流贴右岸下行,一定程度上加剧该段右岸侧深槽的冲刷,相比于工程前该段冲刷幅度增加 0.2 m 左右。

3.2 补水出流衔接方案研究

根据工程影响研究结论引江补汉工程汉江出口段初步拟定了三种出流方案进行分析和比选，出流方案设计见表 2。

表 2   工程出流衔接方案设计

序号	出流方案	计算工况	备注
1	羊皮滩下口出流	出流 100%	右汉出口河道疏挖
2	羊皮滩上口出流	出流 100%	在右汉下口设置潜坝
		上口出流 80%，下口出流 20%	在右汉下口设置溢流坝
3	沧浪洲口出流	沧浪洲口出流 100%	在右汉上、下口设置潜坝
		沧浪洲口出流 80%，下口出流 20%	在右汉上口设置潜坝、下口设置溢流坝

由图 3 可见，采用羊皮滩上口或沧浪洲口出流方案时，大部分水流从羊皮滩上口或上游汇入汉江，相比羊皮滩下口分流方案沿程水位有明显抬高，且汇流口越往上游，水位抬升的范围与幅度相对越大。此外，沧浪洲口出流方案与羊皮滩上口出流方案相比，水位高 5~7 cm，水位抬升效果更显著，出口汇流段水流更为平顺，对航道水流流向影响较小，且不会产生步行桥桥墩冲刷的不利影响。

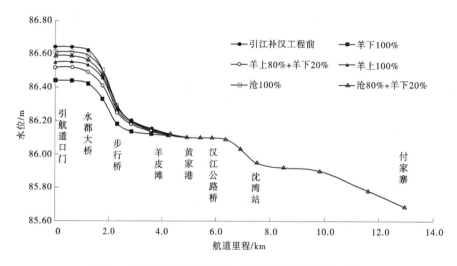

图 3   不同出流方案下丹江口坝下河段水位沿程分布

若仅从缩短减水段长度的角度考虑，则工程出流口越上延越好。但考虑到水都大桥以上出流对航道影响较大，较优的出流口建议选在沧浪洲一侧，且从出流平衡的角度，最终推荐采用沧浪洲出流 80%+羊皮滩下口 20% 的方案。

3.3 航道治理方案研究

虽然出水口上延可缩短减水段长度、抬升水位，但受出水口布置限制仍然难以消除减水影响。为了进一步恢复引江补汉工程前水位、实现航道建设尺度，还需采取航道整治工程、航槽疏挖等措施。一方面，通过隔流堤拦截斜向漫滩水流，保证丹江口下泄主流归入航槽，在出水口下游布置 2 道护底带进一步壅高水位的同时，将部分补水引导进入左侧航槽；另一方面，通过疏浚实现航道建设尺度。

由表 3 可知，工程调水前丹江口下泄流量 490 m³/s 时，主流经水都大桥而下进入河道展宽段，约 318 m³/s 流量（65%）留在隔流堤内侧航道，剩余 172 m³/s 流量（35%）进入外侧宽浅河道内；工程调水 212 m³/s 后，丹江口下泄流量减小为 278 m³/s，进入隔流堤内侧航道流量仅 200 m³/s，流量的减小会直接导致水位下降；航道治理方案实施后，隔流堤将丹江口下泄流量归顺入航槽，同时右岸沧浪洲明渠补水，综合作用下，隔流堤内侧航槽内流量增加至 310 m³/s，基本恢复至引江补汉工程实施前。

表 3   工程实施前后航槽内流量变化

序号	工况	丹江口下泄流量/（m³/s）	隔流堤左侧航槽内流量/（m³/s）
1	工程调水前	490	318
2	工程调水后	278	200
3	工程调水后+航道治理方案	278	310

综上所述，在沧浪洲出流衔接方案的基础上，实施疏浚、隔流堤等航道治理措施，并加上沧浪洲口的护底加糙工程，则可实现水位恢复和航道畅通的双重目标。

3.4   综合治理方案

基于引江补汉工程影响研究、补水出流衔接方案和航道治理方案研究，提出了引江补汉工程汉江影响段综合治理方案（见图 4）：① 开挖羊皮滩右汊河槽，在沧浪洲开挖明渠；羊皮滩右汊下出口设置溢流坝，控制沧浪洲明渠出流 80%，右汊下口出流 20%；② 依托步行桥河心岛沿水流方向修建隔流堤，在沧浪洲出水口下沿布置 2 道护底，引航道口门、步行桥附近航槽内进行疏浚；③ 修整羊皮滩左缘及尾部滩形；对其局部岸线进行护岸加固。

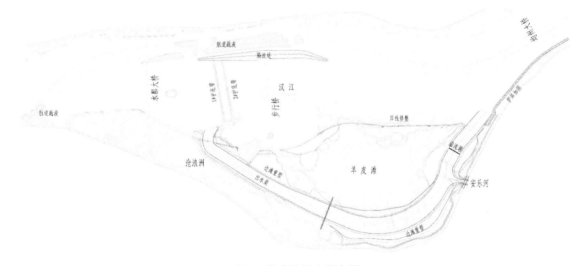

图 4   综合治理方案布置

4   结语

（1）引江补汉工程对汉江减水段的影响范围主要为丹江口枢纽至均州大桥段。工程实施将导致该段的主要影响为：沿程水位下降，最大降幅达 0.19 m；航道条件恶化，局部航道水深和航宽不足；均州大桥附近右岸侧深槽冲刷，不利于均州大桥桥区通航和河势稳定。

（2）本文研究了羊皮滩下口出流、羊皮滩上口出流和沧浪洲明渠出流三种出流衔接方案，研究表明引江补汉工程出流位置越往上且分流比例越大，丹江口坝下水位下降幅度就越小；此外，羊皮滩下口出流比例越小，对滩槽稳定和航道条件的不利影响就越小。经综合分析，最终推荐采用沧浪洲出流 80%+羊皮滩下口 20%的方案。

（3）本文从疏浚、航道整治结合沧浪洲明渠出流衔接方案分别进行了研究，研究表明在疏浚、隔潜堤、护底加糙等航道治理措施的基础上，配合引江补汉补水衔接工程，可实现水位恢复和航道畅通的双重目标。

（4）综合治理方案实施后，枯水期水位抬升效果显著，沿程水位能恢复至引江补汉工程前，保障两岸滨水景观和生态、引航道口门水位不受引江补汉工程影响，同时解决了引航道口门浅区和步行桥浅区通航尺度不足的问题。

参考文献

［1］韩江波，陈雯. 南水北调中线工程驱动受水区高质量发展的基本效应［J］. 水利建设与管理，2022，42（4）：7-15.

［2］刘诗平，李思远. 推进南水北调后续工程高质量发展［N］. 新华每日电讯，2022-07-08.

［3］窦明，于璐，杨好周，等. 中线调水对汉江下游水资源可利用量影响研究［J］. 中国农村水利水电，2016（3）：34-37，42.

浅谈霍山县黑石渡水利枢纽拦河坝坝型选择

许正松　张钧堂　王可可　李梦雅

（中水淮河规划设计研究有限公司，安徽合肥　230006）

摘　要：本文以霍山县黑石渡水利枢纽工程为例，阐述了常用拦蓄水建筑物的形式及优缺点，通过技术经济比选，重点分析了橡胶坝和液压升降坝两种坝型，从结构布置、运行管理、景观效果及安全可靠性等方面，选出适用于本工程的最佳方案。

关键词：钢坝闸；气盾坝；橡胶坝；液压升降坝

1　工程概况

霍山县东淠河黑石渡水利枢纽工程位于霍山县黑石渡镇东北侧，淮河支流东淠河干流上佛子岭水库坝下约10.3 km处，是一项通过拦蓄河道径流形成水面，实现改善水生态环境、补给城镇用水为主，结合发电及旅游等综合利用工程。枢纽工程主要由拦河坝、调节闸和电站等组成。

工程坝址处河道宽约670 m，正常蓄水位71.50 m，蓄水量1 011万 m^3，水面面积约231万 m^2，设计洪水标准为20年一遇，相应洪水位为72.88 m，洪水洪峰流量为3 760 m^3/s，主要建筑物为3级，次要建筑物为4级。校核洪水标准为50年一遇，相应洪水位为73.92 m，洪水洪峰流量为5 490 m^3/s。

2　坝型初选

目前，城市河道水环境治理拦蓄工程水工建筑物主要有常规水闸（平板闸门、弧形闸门）、钢坝闸、气盾坝、橡胶坝及液压升降坝等多种形式，各种蓄水形式有各自的优缺点和适用性。

2.1　常规水闸

常规水闸是水利工程中应用广泛、技术成熟的水工建筑物，一般由闸室、两岸连接段和上、下游连接段所组成（见图1）。

优点：具有连接两岸交通功能；结构形式较常规，坚固耐久，结构安全性好，技术成熟，施工方便；可根据需要选用合适的跨度，控制运用灵活方便，安全可靠，耐久性强，可分挡开启闸门灵活控制闸上水位或进行冲砂防淤。

缺点：常规节制闸单孔跨度小，闸墩众多，阻水面积较大，容易壅高闸上水位，对河道行洪有一定影响；钢筋混凝土方量大，永久性建筑物一次性投资较大；运行费用高。

2.2　钢坝闸

钢坝闸是近几年开发的新型挡水建筑物（见图2），多采用下置的可转动铰支座和液压系统来达到升降闸门的目的，适应上下游水位差较小但水深较大的河道[1]。

优点：门体为钢结构，耐磨损，不影响行洪及通航，运用灵活。

缺点：体形庞大，钢材消耗量较大，投资昂贵；液压系统布置复杂，上下游水位差较大，大跨度闸门的刚度要求较高[1]；受启闭控制系统影响，单跨闸门宽度不能过大，相对于其他景观闸型投资高。

作者简介：许正松（1981—），男，高级工程师，主要从事水工结构设计和水利工程施工研究工作。

图 1　常规水闸

图 2　钢坝闸

2.3　气盾坝

气盾坝由盾板、气袋、埋件、充排系统组成（见图 3），气盾坝通过对气囊的充排气，实现升降。

图 3　气盾坝

优点：坝体自身安全性能较高（由于盾板的保护，气囊不再惧怕漂浮物穿刺、划伤等问题）；结构简单、施工安装工期短，维修方便。投资少，运行费用低。

缺点：在溢流状态下易振动磨损气囊。气囊充气不均匀易导致坝面板之间不同步，稳定性差，面板之间漏水。存在门顶溢流不均问题，景观效果略差。气囊寿命较短，气盾坝寿命约 30 年。挡水高度不能调节，单跨坝体需同时启闭，并且气囊充气时间较长，调度运行不够灵活。

2.4 橡胶坝

充水式橡胶坝是利用橡胶坝袋充水形成柔性挡水坝体的蓄水建筑物（见图4），适宜修建在宽浅河道或水库溢洪道上[1]。

图4 橡胶坝

优点：过坝流态相对平顺稳定，跨度大，中间隔墩阻水面积小，对河道行洪影响较小，较易与周围景点和环境相协调，适宜挡水高度一般不超过5 m，工程一次性投资少，施工方便，施工期短，运行维修方便，抗震能力强，景观效果好[2]。

缺点：橡胶坝运行管理较复杂，安全可靠性稍差，起塌坝时间长，调度灵活性稍差，且不具备连接两岸交通的功能；橡胶坝袋容易受到河流中尖利和有尖角物体冲撞和穿刺而损坏，使用寿命短（10~15年更换一次坝袋），特别是东溪河道比降大，行洪时河道硬质的推移质含量大，坝袋更换会更频繁，坝袋耐久性稍差，易老化[2]；坝袋容易遭人为破坏，安全性稍差，维修养护要求高，每次行洪后都要及时检查，后期投资稍大，管理费用稍高。

2.5 液压升降坝

液压升降坝是一种低水头新型活动坝（见图5），随着技术发展最大坝高可达5 m，广泛应用于中小河流治理中的拦蓄水工程[3]。主要工作原理是利用液压系统作为升降动力来控制活动门体，以达到升坝时拦蓄水，降坝时冲砂、泄洪的目的[4]。

图5 液压升降坝

液压升降坝主要优点包括：力学结构简单、科学，结构坚固可靠，抗洪水冲击的能力强；景观效果好，坝面可喷涂色彩、文字、图案等，上游来水时，可形成瀑布景观，可供游人观赏；坝体间无须建支墩，平板放倒后平铺河床基础，不阻水，冲砂排淤效果好；降坝速度快，泄流能力强，特别适合于多砂、多石、多树、洪水陡涨陡落的山区河流。自动化程度高，容易实现自动化管理。

缺点：管路较多、维修相对困难。闸门数量较大，易出现闸门不同步现象，两扇门体间容易受漂浮物卡阻。

东淠河属于山丘区河道，河道比降比较大，行洪时水流速度较快，挟沙和冲刷能力强。同时为了改善东淠河霍山段城区生态环境，改善城市面貌，因此工程拦河坝的坝体选型对景观效果、工程安全可靠性、耐久性、运行维护方便等方面提出了更高的要求。

常规水闸应用广泛、技术成熟，但其景观效果较差和土建投资较大，从景观效果来看不适合本工程。钢坝闸耐磨损、抗冲击能力强，但门体耗钢量巨大投资昂贵不经济。气盾坝与液压升降坝类似，只是启闭闸门的动力不同，但气盾坝气囊寿命较短，且气囊充气时间较长，调度运行不如液压坝灵活。橡胶坝坝袋为橡胶合成材料，易老化损坏、耐久性相对较差但是橡胶坝相比较其他坝型投资最低，经济更好，本坝址上下游梁家滩枢纽和高桥湾枢纽的拦河坝坝型均为橡胶坝。

考虑本工程的景观效果、投资、东淠河水文泥沙特性以及对于山丘区河道的适用性等特性，重点对橡胶坝及液压升降坝两个方案进行技术经济比选。

3 坝型比选

3.1 橡胶坝方案

橡胶坝由高强度、耐水性较好的锦纶帆布做拉力骨架与耐老化的合成橡胶构成，固定在混凝土基础底板上，形成密封袋状，用水或者气压力充胀形成挡水坝[5]（见图6）。橡胶坝的构造主要有坝袋、锚固部分、控制部分、基础部分和泵房。橡胶坝适用于低水头、大跨度的闸坝工程，已被广泛应用于灌溉、发电、防洪、城市景观、美化工程[6]。充水式橡胶坝是利用橡胶坝袋充水形成柔性挡水坝体的蓄水建筑物，适宜修建在宽浅河道或水库溢洪道上[1]。

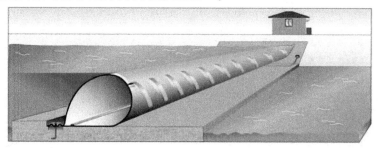

图6 充水式橡胶坝工作原理

3.2 液压升降坝方案

液压升降坝主要由挡水面板（弧线或直线）、支撑杆、液压杆、液压缸及液压泵站组成[3]（见图7）。主要工作原理是利用液压系统作为升降动力来控制活动门体，以达到升坝时拦蓄水，降坝时冲砂、泄洪的目的。其运行条件与水闸类似，用于防洪、引水、供水、灌溉、发电、航运、挡潮以及城市园林美化等现代水利工程中[4]。

液压升降坝支撑结构可分为滑杆式支撑、马勒里支撑、折叠式支撑等。滑杆式支撑是液压坝早期的支撑方式，容易受泥沙、杂物的影响而脱离滑行轨道，造成卡阻而无法降坝，且断电情况下不能降坝，存在一定的安全隐患，滑杆式支撑现在使用的越来越少[7]。马勒里支撑是继滑杆式支撑之后出现的，其特点是省力、管路少、检修方便，能够实现无电降坝；缺点是液压缸长期负载、影响使用寿命，背部开放式结构容易淤积泥沙，支撑角度不合理、不适用水位较高的拦水坝[7]。折叠式支撑是近几年出现的一种液压坝结构，其特点是受力合理、支撑稳定、运行灵活，不易卡阻，支撑状态下液压缸无负载，能实现无电降坝[7]。覆盖式折叠支撑是近两年出现的一种新型的液压坝闸门结构形式，

图 7 液压升降坝

是在折叠式支撑的基础上加以优化而成的，其不但具备了折叠式支撑的全部特点，还具有防沙冲沙功能，保护液压缸不受泥沙和水上漂浮物冲击，防止泥沙在坝底淤积[7]。

3.3 经济技术比选

液压升降坝与橡胶坝主要区别在于坝体构造、原理及运行管理等方面。下面就两种方案的安全可靠性、耐久性、运行管理灵活性、景观效果、工程投资等方面进行综合比较。两种坝型方案技术经济比选见表1。

两种方案均能满足营造城区水景观的需求，虽然液压升降坝方案工程投资稍高于橡胶坝方案，但液压升降坝在安全耐久性、运行管理灵活性、行洪能力等方面优势明显。每种闸型都有其优点和缺点，目前佛子岭水库以下东淠河干流拦河坝形式都是橡胶坝方案，结合本工程特点及东淠河河道特性，并考虑景观坝形式多样性及液压升降坝技术的突破，经综合分析比较，推荐使用覆盖式折叠支撑系统液压升降坝作为黑石渡枢纽工程拦河坝坝型方案。

表 1 坝型方案技术经济比选

方案	充水式橡胶坝	液压升降坝
结构布置	坝高 5.0 m，共 6 跨，单跨 70 m，总净宽 420 m	坝高 5.0 m，共 6 跨，单跨 70 m，总净宽 420 m
构造组成	由土建结构、坝袋及锚固系统、充排水系统等组成	由土建结构、闸门门体、液压启闭设备及液压泵房、控制系统等组成
运行控制	坝袋充水（气）后蓄水，上游少量来水通过坝顶溢流，稍大洪水坍坝泄流	立门蓄水，转动闸门调节流量，门顶溢流过水，卧门行洪，后期维护费用少
维护管理	坝袋、锚固件及充排系统均需定期养护维修，坝袋使用寿命短，易受到推移质磨损破坏或漂浮物撞击破坏，后期维护费用大	管理方式与普通水闸基本相似，可通过计算机监控系统实现控制
运行可靠性	1. 橡胶坝结构为柔性结构，对基础沉降敏感度低，抗震性能好。 2. 橡胶坝必须配备排水系统，本项目排水时间为 2.5 h，汛期行洪运行可靠性降低	1. 液压坝采用多扇拼装结构，对地基沉降适应性低于橡胶坝，易出现溢流不均现象。 2. 液压升降坝备无动力降坝功能，泄洪更加安全可靠

续表 1

方案	充水式橡胶坝	液压升降坝
结构安全及耐久性	1. 设计寿命可使用 15~20 年。 2. 坝袋容易受到河流中尖利和有尖角物体的冲撞和穿刺而损坏，使用寿命短，坝袋更换周期在 5~10 年。 3. 东溧河河道比降较大，行洪时河道推移质含量大，坝袋耐久性稍差，易磨损	1. 液压升降坝使用寿命长，钢面板使用寿命超过 30 年。 2. 本工程共计 60 扇面板，120 个液压缸，部件较多，易损坏。 3. 力学结构简单、科学，结构坚固可靠，抗洪水冲击的能力强
运行灵活性	橡胶坝单跨坝袋一般较大，调节灵活性较差，塌坝充坝时间较长	能够实现单扇或多扇门体的启闭，并且通过控制油缸压力，调节液压支臂伸缩长度，实现任意高度挡水。启闭速度块，洪水季节可选择一次性塌坝，几分钟内开启全部闸门
景观效果	1. 溢流时，可形成人工瀑布，景观效果较差； 2. 坝袋顶部易沉积泥沙，影响景观效果	门顶溢流过水可形成瀑布景观效果，液压杆、支撑杆等裸露在外，影响美观，但通过增设背板遮盖油缸和连杆，外形也更美观
行洪能力	1. 行洪坝袋塌坝，紧贴底板，阻水小，对河道行洪影响较小。 2. 橡胶坝的升降坝袋速度较慢，应对紧急行洪状态反应较慢	1. 行洪挡水面板紧贴底板，阻水小，对河道行洪影响较小。 2. 液压升降坝降坝袋速度快，应对紧急行洪状态优势明显
可比投资	1.43 亿元	1.75 亿元

4 结论

城市河道上修建拦河坝，不但起到调节水位高低的作用，满足城市防洪灌溉的要求，而且要满足城市水生态、水景观及水资源利用的要求，成为城市景观的一个组成部分。因此，拦河坝的形式选择应结合河道的特点、地形地质、坝高、运行管理、周边环境及景观效果等，综合比选，采取经济上可行、技术上安全可靠的方案。

参考文献

[1] 张跃飞，王鑫，常贵，等. 溧河某城区拦河坝设计方案比选 [J]. 治淮，2016 (6)：28-29.

[2] 唐虎. 高原城市河流生态景观坝选型研究 [J]. 水电站设计，2020，36 (1)：8-10，18.

[3] 饶和平，朱水生，唐湘茜. 液压升降坝与传统活动坝比较研究 [J]. 水利水电快报，2015，36 (12)：23-26.

[4] 袁红根. 液压卧倒闸坝的设计与应用——以宜春市盛源闸坝工程为例 [D]. 2016.

[5] 钟恒昌，赵永刚，孙明霞，等. 淮干行蓄洪区启动方式探讨 [C] //第十六届海峡两岸水利科技交流研讨会. 2012：296-300.

[6] 杨春普. 橡胶坝调节能力的研究 [J]. 东北水利水电，2017，35 (1)：1-2.

[7] 张丽娟. 定远县马桥河液压升降坝选型及应用效果分析 [J]. 江淮水利科技，2020 (6)：22-24.

基于水量-水质耦合模型的汤逊湖水质可达性研究

邵军荣　黄晓敏　崔佳鑫　马方凯

（长江勘测规划设计研究有限责任公司，湖北武汉　430010）

摘　要： 我国湖泊富营养化问题高居研究热点，相关研究广泛而深入，但是基于湖泊"个性化"问题及需求的目标可达性研究少见。以亚洲最大城市内湖汤逊湖为例，建立二维水量-水质耦合模型，并对水动力参数和水质参数进行率定和验证，确保模型可用于汤逊湖水量-水质时空序列研究。在此基础上分别考虑不同污染负荷削减水平和水系连通条件等改善手段组合下的4种情景，分析不同季节、不同湖区水质目标可达性，为汤逊湖水环境改善提供参考。

关键词： 汤逊湖；水量-水质耦合模型；率定和验证；水质可达性

1　引言

我国湖泊和水库富营养化水平较高，不利于水生态环境的可持续发展[1-2]。水量-水质模型能够在缺乏原位水质监测数据时，模拟水质指标的时空连续变化过程，对水质指标的变化进行预报和预警，对水质改善和水环境提升具有重要意义[3]。应用水量-水质模型作为一种定量研究工具，在评估自然湿地水质净化功能及其阈值方面具有较好的效果[4]。关于湖泊水量-水质的相关研究包括模型研究[5]、生态补水量研究[6]、水质评价研究[7]、水质-水量相关性研究[7]、水量-水质-水效联合调控模型研究[8]等。但是基于湖泊"个性化"问题及需求的目标可达性研究少见。

以亚洲最大城市内湖汤逊湖为例，采用MIKE21建立二维水动力-水质耦合模型。通过对水动力参数糙率和水质参数纵向和横向扩散系数、COD衰减速率、NH₃-N衰减速率、TN衰减速率、TP衰减速率等率定和验证，确保水量-水质模型可用于汤逊湖时空序列研究。在此基础上以2021年和2025年为水平年，分别考虑不同污染负荷削减水平和水系连通条件下的4种情景，分析不同季节、不同湖区水质目标可达性。

2　水量-水质耦合模型构建

2.1　模拟范围

汤逊湖位于武汉市东南部，地处北纬30°30″~30°22″，东经114°15″~114°35″，是亚洲最大的城市内湖，水域面积47.62 km²，流域面积240.48 km²，涉及洪山区、东湖高新区、江夏区3个行政区，以江夏大道为界，西部为外汤逊湖，东部为内汤逊湖。本次模拟范围为汤逊湖蓝线内水域，总水域面积47.6 km²，包括外汤主湖、沙嘴湖、大桥湖、麻雀湖、内汤主湖、红旗湖、杨桥湖、中洲湖8个子湖。

2.2　模型选择

汤逊湖是典型的城市浅水湖泊，风是湖泊水流运动的主要动力，其次是环湖河道进出水量形成的吞吐流，湖流运动形成以风生流为主、吞吐流为辅的混合流动特性。MIKE21软件主要应用于港口、河流、湖泊、河口及海岸水动力、泥沙及水质的模拟研究，其二维水动力水质模型能较好地反映污染物排放与水质响应的关系[9]，因此作为本次研究的模型。

作者简介：邵军荣（1985—），男，高级工程师，主要从事水环境综合治理方面的研究工作。

2.3 模型参数

2.3.1 网格划分

湖泊水下地形采用 2019 年 7 月实测 1：2 000 实测水下地形。湖泊水下地形复杂，为了同时考虑计算量和计算精度，网格划分时，按蓝线的水域面积划分，枯水期的部分区域按照露滩部分处理。划分网格时，采用非结构三角形网格可以更好地贴合湖泊边界。外汤主湖和内汤主湖采用边长 500 m 的三角形网格，贴岸区域采用边长 100 m 的三角形网格，共计划分网格 2 587 个。湖泊模型边界、水下地形及计算网格如图 1 和图 2 所示。

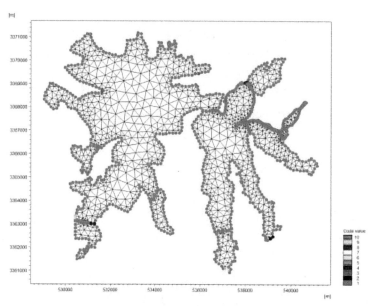

图 1　数值模型模拟范围及网格划分

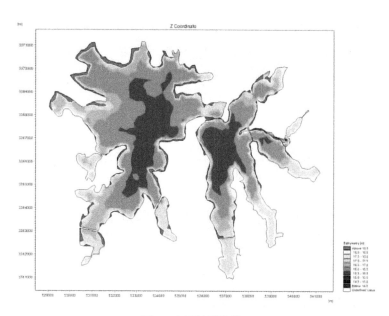

图 2　水下地形差值

2.3.2 计算条件

湖泊的水循环过程可分为入流和出流过程，其中汤逊湖现状入流主要靠天然降雨汇流、流域内生活与工业废水等；出流主要指水体蒸发、闸（泵）排水。湖泊水流受风力和汇水渠的入流驱动。

（1）降雨径流。本次数模采用 2012 年降雨资料，制作降雨日序列文件。年降水量为 1 392.3 mm。综合考虑汤逊湖地区的下垫面条件，根据城镇和农村区域的径流系数分别取值 0.6 和 0.5。

（2）蒸发。根据汤逊湖流域的蒸发资料，1974 年的蒸发量为 1 718.2 mm。参考《长江流域水文资料》，蒸发统计采用 $\phi 60$ 的蒸发皿，通过该系数折算，实际蒸发量为 1 039.92 mm，折算后日蒸发量 2.84 mm。

（3）风速风向。汤逊湖水系属亚热带大陆性季风气候，年内主导风向为东南风，年平均风力 2~3 级，多年平均风速 2.5~2.9 m/s。

（4）出流。东港是汤逊湖流域主要的排水出口，经过青菱河与巡司河排入长江。

（5）湖底糙率。糙率是主要衡量边壁形状不规则性和河床表面粗糙程度的一个综合性系数，根据有关的水力学手册加以选取。本模型计算中，根据汤逊湖不同区域深浅将曼宁系数 M 取值为 32~50，如图 3 所示。

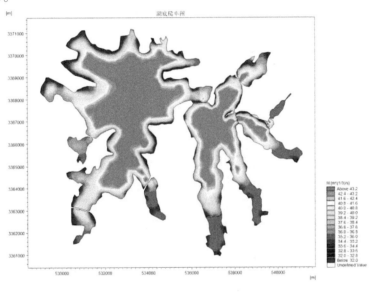

图 3　湖底糙率

（6）初始条件。湖泊基本参数：湖体面积为 47.64 km²（水面面积），常水位为 18.4 m。初始浓度场：模型初始值根据《汤逊湖水环境提升攻坚 2019 年 1 月检测考核情况的通报》结果给定，选取 COD、NH_3-N、TP 和 TN 为指标对象，各评价指标初始值确定为 COD 为 40 mg/L、NH_3-N 为 2 mg/L、TP 为 0.08 mg/L、TN 为 3 mg/L。

（7）边界条件。入湖港渠水量边界根据降雨和下垫面土地利用类型，采用 SCS-CN 模型进行计算。入湖港渠水质边界根据 2019 年《汤逊湖水环境提升攻坚检测考核情况的通报》中水质检测数据给定。

（8）污染物输入条件。污染物的输入主要通过陆域点源、面源及湖面降水和内源汇入。点源污染包括湖周 52 处分散式排口、1 处污水处理厂排口。面源污染概化到雨污混流排口，降尘和内源污染在模型中以降水的形式伴随入湖。模型中排污口位置分布情况见图 4。

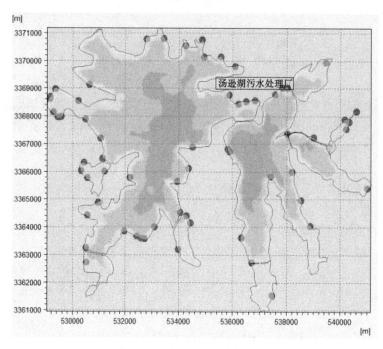

图 4　汤逊湖水域污染源分布

3　结果与讨论

3.1　模型验证

3.1.1　水动力结果分析

　　湖泊水动力学研究成果表明：在湖泊的深水区，沿水深方向的平均流速方向与风向相反，在浅水区则与风向相同。图 5 和图 6 分别为由模型计算得到的汤逊湖 2012 年 6 月 15 日（SE 风向）和 2012 年 12 月 15 日（NE 风向）的流场验证图。根据查验模型水动力计算结果，可以看出汤逊湖水域流场分布与风场关系符合以上结论，说明建立的水动力学模型能较好地模拟湖泊的流场。

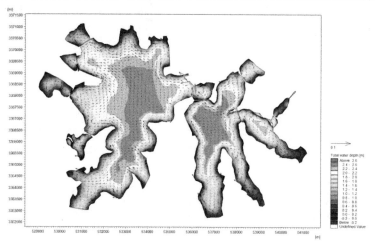

图 5　2012 年 6 月 15 日流场验证图（风速：2.3 m/s，风向：135°）

3.1.2　水质率定验证结果与分析

　　以水动力模型计算得到的湖泊流场作为计算湖泊水体污染物浓度场的基础，再考虑年污染负荷输入量，利用水质模型进行水质模拟计算。本次收集到外汤逊湖湖心 2012 年 1—12 月汤逊湖水质监测资料，对模型水动力和水质参数进行率定，得到汤逊湖的模型参数。监测点位置如图 7 所示，监测值见表 1。

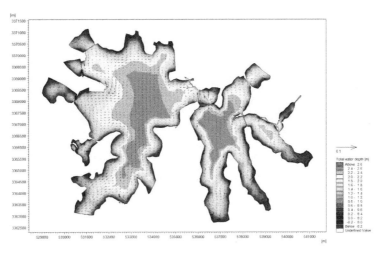

图6 2012年12月15日流场验证图（风速：1.6 m/s，风向：45°）

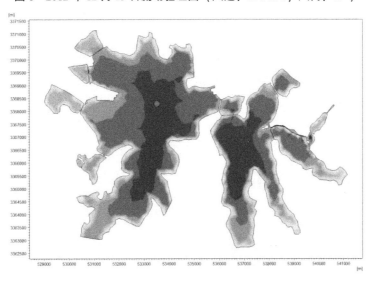

图7 水质监测点位

表1 汤逊湖水质监测值

监测点位置	月份	监测值/（mg/L）			
		COD	NH$_3$-N	TP	TN
外汤逊湖心	1	34	2.1	0.14	2.52
	2	27	2.72	0.14	3.26
	3	34.8	3.81	0.26	4.57
	4	32.4	2.91	0.11	3.49
	5	23.2	1.84	0.17	2.21
	6	24	1.11	0.12	1.33
	7	51.6	1	0.37	1.20
	8	42.4	1.84	0.48	2.21
	9	33	1	0.30	1.20
	10	45	1	0.19	1.20
	11	33.4	1.08	0.19	1.30
	12	28.4	1	0.18	1.20

图8～图11为外汤逊湖心水质率定验证结果，由图可知，由于水质受温度等多种因素干扰，而数值模拟无法考虑所有因素影响，故造成个别月份模拟值与实测浓度相差较大，但水质模拟结果总体符

合监测值变化趋势。

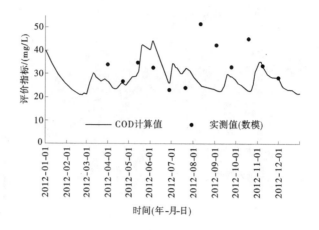

图 8　外汤逊湖心 COD 率定结果

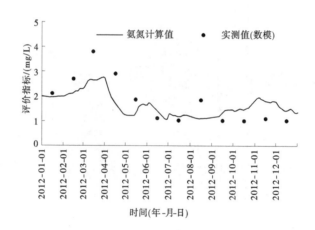

图 9　外汤逊湖心 NH_3-N 率定结果

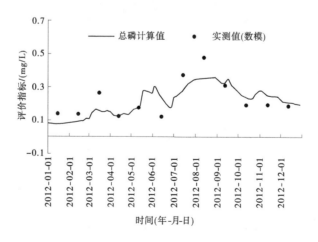

图 10　外汤逊湖心 TP 率定结果

统计可知（见表 2），外汤 COD 实测值与模拟值平均误差为 28%，外汤 NH_3-N 实测值与模拟值平均误差为 34%，外汤 TN 实测值与模拟值平均误差为 21%，TP 实测值与模拟值平均误差为 31%。

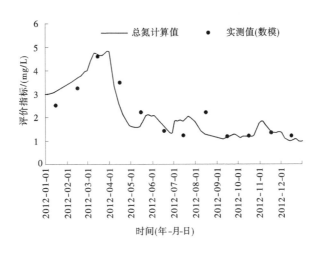

图 11　外汤逊湖心 TN 率定结果

这些误差均在允许范围内，证明模型可以良好地模拟汤逊湖内各污染物浓度变化。模拟计算结果基本上能反映实际湖泊水体指标的变化特征，建立的水质模型具有良好的模拟精度，确定的纵向和横向扩散系数、四种污染物衰减速率合理可信，建立的汤逊湖水环境模型可以用于汤逊湖水量和水质数值模拟计算。汤逊湖水系水动力和水质参数率定成果见表 3。

表 2　2018 年外汤逊湖心 TN、TP 模拟与实测值分析成果

月份	COD/（mg/L）			NH₃-N/（mg/L）			TP/（mg/L）			TN/（mg/L）		
	实测值	模拟值	相对误差/%	实测值	模拟值	相对误差/%	实测值	模拟值	相对误差/%	实测值	模拟值	相对误差/%
1	34.0	31.71	7	2.1	1.95	7	0.141	0.07	48	2.5	3.11	23
2	27.0	21.77	19	2.72	2.14	21	0.135	0.09	33	3.3	3.67	12
3	34.8	28.32	19	3.81	2.65	30	0.263	0.16	41	4.6	4.73	3
4	32.4	24.09	26	2.91	1.70	42	0.110	0.13	14	3.5	2.51	28
5	23.2	31.94	38	1.84	1.27	31	0.171	0.19	13	2.2	1.75	21
6	24.0	34.71	45	1.11	1.39	25	0.120	0.23	92	1.3	1.73	30
7	51.6	30.16	42	1.00	1.19	19	0.370	0.29	23	1.2	1.68	40
8	42.4	24.61	42	1.84	1.11	40	0.480	0.35	26	2.2	1.21	45
9	33.0	26.85	19	1.00	1.34	34	0.303	0.33	9	1.2	1.28	7
10	45.0	23.40	48	1.00	1.46	46	0.190	0.24	25	1.2	1.12	7
11	33.4	29.66	11	1.08	1.80	67	0.191	0.25	30	1.3	1.49	15
12	28.4	23.23	18	1.00	1.42	42	0.180	0.21	15	1.2	1.02	15

表 3 汤逊湖水系水动力和水质参数率定成果

月份	纵向和横向扩散系数/（m²/s）	COD 衰减速率/d⁻¹	NH₃-N 衰减速率/d⁻¹	TN 衰减速率/d⁻¹	TP 衰减速率/d⁻¹
1	1	0.017	0.01	0.01	0.017
2	1	0.017	0.01	0.01	0.017
3	1	0.017	0.01	0.01	0.017
4	1	0.017	0.02	0.02	0.017
5	1	0.017	0.02	0.02	0.02
6	1	0.017	0.02	0.02	0.02
7	1	0.017	0.02	0.02	0.02
8	1	0.017	0.015	0.015	0.02
9	1	0.017	0.015	0.015	0.02
10	1	0.017	0.015	0.015	0.02
11	1	0.017	0.015	0.015	0.017
12	1	0.017	0.015	0.015	0.017

3.2 汤逊湖水质可达性分析

3.2.1 计算情景

以 2021 年和 2025 年为特征水平年，分别考虑不同污染负荷削减水平和水系连通条件，设定以下 4 种情景，分析不同季节、不同湖区水质目标可达性（见表 4）。

表 4 汤逊湖水质模拟情景

编号	水平年	模拟情景	模拟内容	引水活水/（m³/s）
情景 1	近期（2021 年）	外源削减+内水系连通	模拟各湖泊在近期（2021 年）外源削减（点源、面源）、水系内连通下，各湖泊水质变化过程	0
情景 2	近期（2021 年）	外源削减+内源控制+内水系连通	模拟各湖泊在近期（2021 年）外源削减（点源、面源）、内源控制、内水系连通下，各湖泊水质变化过程	0
情景 3	近期（2021 年）	外源削减+内源控制+引水活水+内水系连通	模拟各湖泊在近期（2021 年）外源削减（点源、面源）、内源控制、引水活水、内水系连通下，各湖泊水质变化过程	10
情景 4	远期（2025 年）	外源削减+内源控制+引水活水+内水系连通	模拟各湖泊在远期（2025 年）外源削减（点源、面源）、内源控制、引水活水、内水系连通下，各湖泊水质变化过程	40

注：在严格的外源削减情景下，入湖支流（除东坝港）水质近期和远期水质达 V 类。东坝港（引水通道）水质近期和远期均为 Ⅲ 类。

3.2.2 不同季节水质分析

不同季节水质见表 5。情景 1 近期（2021 年）外源削减、内水系连通下，全湖 COD、NH₃-N、TP 和 TN 达 V 类水质面积比例分别为 98%、100%、91%、86%，部分湖湾在内源污染物作用下仍为劣 V 类水质。因此，仅在外源削减措施下，汤逊湖 TP 和 TN 水质仍较差，子湖水质均不达标，有必要实施内源削减及引水活水。情景 2 近期（2021 年）外源削减、内源控制、内水系连通下，全湖 COD、NH$_3$-N、TP 和 TN 达Ⅳ类水质面积比例分别为 99%、100%、93%、89%。因此，在污染源削减、不实施引水时，湖湾 TP 和 TN 仍然较差，应增加引水措施。情景 3 近期（2021 年）外源削减、内源控制、引水活水、内水系连通下，全湖 COD 和 NH$_3$-N 可达Ⅴ类水质，TP 和 TN 达Ⅴ类水质面积比例分别为 98% 和 97%。情景 3 较情景 1 和情景 2 水环境措施更系统，水质改善效果更明显，近期推荐该情景方案。情景 4 远期（2025 年）外源削减、内源控制、引水活水、内水系连通下，在远期污染负荷进一步削减、引水量增大后，全湖 COD 和 NH$_3$-N 可达Ⅴ类水质，TP 和 TN 达Ⅴ类水质面积比例分别为 99% 和 98%。情景 4 为系统治理方案，在污染负荷进一步削减、引水量增大条件下，水质进一步得到改善，远期推荐该情景方案。

表 5　不同季节水质分析

编号	季节	水质类别	COD	NH$_3$-N	TP	TN
情景 1	旱季	Ⅴ	98%	100%	92%	90%
	雨季	Ⅴ	97%	99%	90%	82%
	平均值	Ⅴ	98%	100%	91%	86%
情景 2	旱季	Ⅴ	99%	100%	93%	91%
	雨季	Ⅴ	98%	99%	92%	87%
	平均值	Ⅴ	99%	100%	93%	89%
情景 3	旱季	Ⅴ	100%	100%	98%	97%
	雨季	Ⅴ	100%	100%	97%	96%
	平均值	Ⅴ	100%	100%	98%	97%
情景 4	旱季	Ⅴ	100%	100%	99%	98%
	雨季	Ⅴ	100%	100%	98%	97%
	平均值	Ⅴ	100%	100%	99%	98%

3.2.3　湖区水质分析

重点湖心全年水质达标率见表 6。情景 1 仅进行内源削减措施下，内汤主湖和外汤主湖可达到Ⅴ类标准，但红旗湖 TP 和 TN 达Ⅴ类水质天数分别只有 53% 和 67%，水质达标率较低。情景 2 条件下，红旗湖 TP 仍有 3% 天数不达标、TN 仍有 4% 天数不达标。情景 3 为近期水环境治理推荐情景，内汤主湖和外汤主湖均可达Ⅴ类水质，其他各子湖也基本可达Ⅴ类水质，满足水功能区年达标 80% 以上的要求。近期 2021 年水质目标可达。情景 4 为远期水环境治理推荐情景，外汤主湖和内汤主湖全部水质指标均可达到Ⅳ类，子湖 COD 和 NH$_3$-N 可达Ⅴ类水质，子湖 TP 和 TN 达Ⅴ类水质面积比例分别为 99% 和 98%，满足水功能区年达标 80% 以上的要求。远期 2025 年水质目标可达。

表 6　湖区水质达标分析

编号	水质类别	湖区	COD	NH$_3$-N	TP	TN
情景 1	Ⅴ	外汤主湖	100%	100%	100%	100%
		内汤主湖	100%	100%	100%	100%
		大桥湖	100%	100%	100%	92%
		红旗湖	100%	100%	53%	67%

续表 6

编号	水质类别	湖区	COD	NH₃-N	TP	TN
情景 2	V	外汤主湖	100%	100%	100%	100%
		内汤主湖	100%	100%	100%	100%
		大桥湖	100%	100%	100%	100%
		红旗湖	100%	100%	97%	96%
情景 3	V	外汤主湖	100%	100%	100%	100%
		内汤主湖	100%	100%	100%	100%
		大桥湖	100%	100%	100%	100%
		红旗湖	100%	100%	96%	97%
		沙嘴湖	100%	100%	100%	98%
		杨桥湖	100%	100%	100%	100%
		麻雀湖	100%	100%	100%	100%
		中洲湖	100%	100%	100%	100%
情景 4	IV	外汤主湖	100%	100%	100%	100%
		内汤主湖	100%	100%	100%	100%
	V	大桥湖	100%	100%	100%	100%
		红旗湖	100%	100%	99%	99%
		沙嘴湖	100%	100%	100%	99%
		杨桥湖	100%	100%	100%	100%
		麻雀湖	100%	100%	100%	100%
		中洲湖	100%	100%	100%	100%

4 结论

（1）现状汤逊湖水质整体不达标，水体无富余水环境容量，已无力承担额外的污染负荷输入。为实现 2021 年主湖水质达到 V 类，子湖水质主要指标达到 V 类，2025 年主湖水质达到 IV 类，子湖水质达到 V 类的目标要求，需对污染负荷进行削减。在城镇污水系统提质增效、城市面源污染控制、农村环境综合整治、内源污染防治、水网构建与引水活水等综合措施基础上，并考虑生态措施，入湖污染负荷满足水环境容量要求，总量控制目标可达。

（2）根据多情景模拟计算结果，仅采用外源削减（情景 1）或者外源削减和内源控制（情景 2）各子湖难以达到水质目标要求，必须辅以引水活水。

（3）增加引水量，可显著改善汤逊湖尤其是外汤主湖和内汤主湖水动力，促进污染物扩散降解，保障湖泊水质达标。

（4）雨季由于面源冲刷作用，水质较旱季稍差，应加强面源污染控制，保障雨季水质达标。

（5）近期（2021 年）外源削减、内源控制、引水活水、内水系连通下，内汤主湖和外汤主湖均可达 V 类水质，其他各子湖主要指标也基本可达 V 类水质，满足水功能区年达标 80% 以上的要求。近期 2021 年水质目标可达。

（6）远期（2025 年）外源削减、内源控制、引水活水、内水系连通下，外汤主湖和内汤主湖全部水质指标均可达到 IV 类，子湖 COD 和 NH₃-N 可达 V 类水质，子湖 TP 和 TN 达 V 类水质面积比例分别为99%和98%，满足水功能区年达标80%以上的要求。远期2025年水质目标可达。

（7）汤逊湖水质达标后，可通过入湖污染缓冲净化、生境营造、水生植被恢复等生态修复措施进一步改善和维护水质，确保汤逊湖水质稳定达标。

参考文献

［1］邵军荣，吴时强，孙坚，等．微囊藻垂直运动数值模拟［J］．河海大学学报（自然科学版），2012，40（3）：252-257．

［2］吴时强，戴江玉，石莎．引水工程湖泊水生态效应评估研究进展［J］．南昌工程学院学报，2018，37（6）：14-26．

［3］罗兰，张艳军，董文逊，等．适用于我国水环境管理的5X综合水量水质模型［J］．中国农村水利水电，2022：1-20．

［4］李红艳，章光新，孙广志．基于水量-水质耦合模型的扎龙湿地水质净化功能模拟与评估［J］．中国科学：技术科学，2012，42（10）：1163-1171．

［5］王文杰，安莉娜．基于WASP5氮原理的二维水量水质耦合模型及应用［J］．长江科学院院报，2011，28（1）：16-20．

［6］王世强，石伟，欧阳虹，等．基于水量-水质模型的星海湖生态补水量研究［J］．甘肃农业大学学报，2020，55（5）：180-186．

［7］李子晨，陈俊旭，赵筱青，等．星云湖岩溶断陷盆地湖泊水量水质演变及其相关性分析［J］．水电能源科学，2021，39（5）：60，75-78．

［8］裴源生，许继军，肖伟华，等．基于二元水循环的水量-水质-水效联合调控模型开发与应用［J］．水利学报，2020，51（12）：1473-1485．

［9］宫雪亮，孙蓉，芦昌兴，等．基于MIKE21的南四湖上级湖水量水质响应模拟研究［J］．中国农村水利水电，2019（1）：70-76，82．

乌梁素海生态补水可持续运行的关键问题

靳晓辉[1] 樊玉苗[1] 王会永[2] 王辉辉[1] 杨 蕾[1]

（1. 黄河水利委员会黄河水利科学研究院，河南郑州 450003；
2. 内蒙古河套灌区水利发展中心，内蒙古巴彦淖尔 015000）

摘 要： 乌梁素海是黄河流域最大的湖泊湿地，被誉为黄河生态安全的"自然之肾"，其生态环境保护对维系我国北方生态屏障安全、保障黄河水质和度汛安全、促进地区经济发展具有重要作用。本文梳理了近些年乌梁素海生态补水情况及补水路径动态，针对乌梁素海生态补水特征，从水资源高效利用、长效保障机制、生态效果评估三个方面分析了乌梁素海生态补水可持续运行面临的挑战与任务，为合理推进乌梁素海生态补水，支撑乌梁素海山水林田湖草沙系统保护和修复提供参考。

关键词： 乌梁素海；生态补水；可持续运行；关键问题

1 研究背景

乌梁素海位于我国内蒙古自治区巴彦淖尔市乌拉特前旗境内，由黄河改道而成，是黄河流域最大的功能性湿地、中国第八大淡水湖，承担着调节黄河水量、保护生物多样性、改善区域气候等重要功能，是黄河流域重要的自然"净化区"和生物"种源库"，被誉为黄河生态安全的"自然之肾"，2002年被国际湿地公约组织正式列入国际重要湿地名录。乌梁素海南部紧邻黄河，北部为连绵的阴山山脉，西部跨过河套平原为浩瀚的乌兰布和沙漠，东部为乌拉山国家森林公园，与周边环境组成了相互依存的山水林田湖草沙共同体[1]，在保护黄河和我国北方生态安全方面发挥着重要作用。

乌梁素海也是我国三个特大型灌区之一——河套灌区的主要排水承泄区，河套灌区引黄灌溉排水是乌梁素海的主要水源，接纳了河套灌区90%以上的农田排水[2]。近些年来，在干旱半干旱地区强烈蒸散发作用的背景下，以及人类活动如围湖造田、养殖、面源污染等影响下[3]，乌梁素海出现了生态水位难以维持、生物多样性减少、湖区水体污染持续较重等生态问题[4-6]，引起了国家的高度重视。

面对乌梁素海日益严重的生态问题，自2004年以来，每年在黄河凌汛期、生育期灌溉间隙期和非生育期灌溉（秋浇）后期对乌梁素海进行生态补水。据统计数据，2008—2021年间向乌梁素海累计补水情况如图1所示[7]。尤其是2018年以来，水利部黄河水利委员会联合内蒙古自治区水利厅积极实施引黄河水向乌梁素海应急生态补水工作，连续四年有计划地向乌梁素海实施应急生态补水24.32亿 m³，持续助力乌梁素海水生态综合治理。在各方的共同努力下，乌梁素海水面面积逐步改善，水质持续稳定提升，生态功能逐步恢复[8]。2018年实施应急生态补水以来，湖面面积基本维持在293 km²，相比实施应急生态补水前的2017年提高了31.1%。

2 乌梁素海生态补水路径

乌梁素海生态补水主要由河套灌区渠首三盛公水利枢纽引水，经过总干渠、分干渠、总排干输送

基金项目： 中央级公益性科研院所基本科研业务费专项资金项目（HKY-JBYW-2020-13）。
作者简介： 靳晓辉（1987—），男，高级工程师，主要从事生态水文方面的研究工作。
通信作者： 樊玉苗（1990—），女，工程师，主要从事灌区高效用水方面的研究工作。

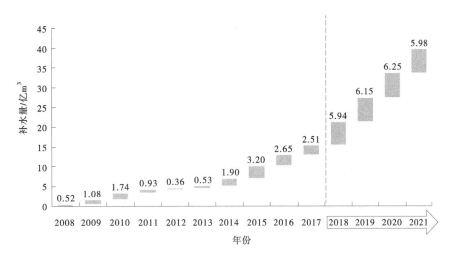

图 1   乌梁素海历年生态补水水量（2008—2021 年）

进入乌梁素海，按照不同的补水时段，补水路径有所差异。

（1）凌汛期补水（2 月下旬至 3 月）。

凌汛期主要由丰济渠、义和渠两条渠道集中补水，黄济渠、永济渠（西乐渠、正稍渠）、沙河渠、长塔渠（长济渠、塔布渠）配合补水（见图 2）。2019 年补水时间为 2 月 24 日至 3 月 25 日，共补水 1.81 亿 m³。2020 年补水时间为 2 月 16 日至 3 月 22 日，共补水 2.0 亿 m³。

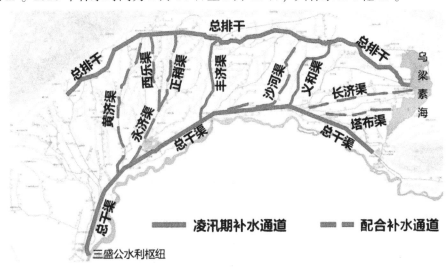

图 2   乌梁素海凌汛期补水路径

（2）灌溉间歇期补水（5 月下旬至 10 月）。

灌溉间歇期主要由义和渠从最北端实施补水，由黄济渠、义和渠、长塔渠（长济渠、塔布渠）进行应急生态补水（见图 3）。2019 年补水时间为 5 月下旬至 9 月底，共补水 3.0 亿 m³。2020 年补水时间为 5 月下旬至 10 月 18 日，共补水 3.52 亿 m³。

（3）非生育期灌溉（秋浇）后期补水（11 月）。

秋浇后期以丰济渠、沙河渠、义和渠为主，黄济渠、永济渠（西乐渠、正稍渠）配合实施生态补水（见图 4）。2019 年补水时间为 10 月 1 日至 11 月 22 日，共补水 1.34 亿 m³。2020 年补水时间为 11 月 7 日至 11 月 20 日，共补水 0.73 亿 m³。

以上三个时期的补水路径主要依据引水工程、渠道状况等决定。凌汛期补水引水工程除渠首三盛公水利枢纽外，还包括总干渠第三泄水闸。凌汛补水期间首先通过第三泄水闸引水入总干渠，并通过下游第四泄水闸向义和渠输送生态补水，待三盛公水利枢纽开始引水后逐步关闭第三泄水闸，因此凌

图 3　乌梁素海灌溉间歇期补水路径

图 4　乌梁素海秋浇后期补水路径

汛期补水通道主要以义和渠、丰济渠为主。值得指出的是，凌汛期除补水通道不同外，其在补水功能上具有黄河分凌防汛和生态补水的双重目标。灌溉间歇期补水是在满足灌区农业用水需求的前提下，错峰安排各补水渠道向乌梁素海实施生态补水，补水通道的确定主要依据各干渠的农业灌溉任务和工程状况。非生育期灌溉后期补水利用秋浇用水低谷时期引黄河水进行生态补水，其补水通道的选取也主要依据各干渠的秋浇任务和工程状况确定。

3　乌梁素海生态补水可持续运行的挑战与任务

通过持续稳定地为乌梁素海补充生态水量，有力推进了乌梁素海及周边区域山水林田湖草沙系统的保护和修复，为筑牢我国北方生态安全保护屏障提供了有力支撑。但同时在水资源供需矛盾日益突出的约束下，乌梁素海生态补水可持续运行面临着不同方面的挑战。

3.1　生态补水与水资源高效利用

2017 年之前，由于没有专项生态补水指标，灌区只能挤占和利用结余的农业用水指标向乌梁素海补水，2018 年以来，按照水利部黄河水利委员会和内蒙古自治区水利厅下达的年度补水计划，开始实施大规模生态补水，虽有力保障了补水指标，但由于对补水过程缺乏系统认识及灌区引用排水的限制，对水资源利用效率的考虑不多。在未来水资源日益短缺的背景下，通过对生态补水时段、水量的综合调控，提高水资源利用效率，在保障乌梁素海生态环境日益向好的前提下，减少补水量是下一步需要解决的问题。

基于水资源高效利用的乌梁素海生态补水综合调控具体需要解决的问题如下：

（1）乌梁素海内在的补水需求与外部条件的冲突。乌梁素海生态环境具有其自身的变化规律[9]及其内在的补水需求[10]（补水时段、补水量），目前乌梁素海生态补水多依据黄河来水情况开展，属于以供定补模式，在一定程度上造成水资源浪费，通过对各方面的综合分析与调控，实现以供定补到以需定补的转变是乌梁素海生态补水未来需努力的方向。如根据乌梁素海水量、水质实时情况及其变化规律确定乌梁素海补水需求，并考虑黄河来水、补水通道的输送时间、损失水量、外源污染情况等，构建科学合理的生态补水调度决策模型，进而将目前相对粗放的生态补水调度（依据黄河来水情况确定生态补水时段、水量）转变为精细化的引黄补水调控（依据乌梁素海需求确定生态补水时段、水量）。

（2）生态补水与灌区农田排水的冲突。灌区农田排水是乌梁素海重要的补给水源，自2018年实施乌梁素海应急生态补水以来，灌区灌溉期（4—11月）向乌梁素海输送大量生态水量，年均向乌梁素海补水约4.2亿 m³，而此阶段同时也是农田排水高峰期，汇入总排干沟的农田排水与生态补水使总排干沟部分时段高水位运行，造成灌区排水不畅，一方面减少了补给乌梁素海的灌区农田排水量，另一方面具有引发灌区盐渍化问题加重的潜在威胁。

3.2 生态补水的长效保障机制

乌梁素海生态补水始于2004年，大规模补水由2018年开始，至今已有4年时间。目前生态补水计划制订、联合调度、组织保障等工作的开展相对稳定，但长久看来，乌梁素海生态补水的长效保障机制尚未完善，对乌梁素海生态补水的可持续性存在潜在威胁，主要体现在以下两个方面：

一是生态补水造成水利工程破坏的维修养护机制未形成。一方面，河套灌区水利工程多建于20世纪60、70年代，设计及建设标准相对较低且初始功能主要用于灌溉和排水，不具备分凌引水能力，乌梁素海分凌补水时渠道内积冰易造成工程冻胀、冲刷、滑塌、淤积等现象；另一方面，灌区每年需安排一定时间对各级灌排渠（沟）道和配套建筑物进行岁修养护，但2018年以来，常年不间断向乌梁素海补水挤占了工程检修维护时间，给灌区水利工程安全运行带来隐患。

二是生态补水造成灌区管理成本增加的补偿机制未形成。乌梁素海生态补水增加了灌区渠（沟）的运行时间，势必造成灌区管理成本的增加，尤其在凌汛期补水阶段，补水前需对总干渠各枢纽和各补水渠道进水闸进行融冰除冰，补水过程中为防止险情出现，需组织大量管理人员、机械设备进行巡堤检查，额外增加了灌区运行经费和应急抢险修复等费用。如2019年，为保证凌汛期补水任务，灌区在融冰除冰、防汛抢险、工程维护、调度管理等方面投入人员600余人，挖掘机机械等50余台套，破冰、捞冰、运冰等工具330余件，累计投入资金5 180万元。

3.3 生态补水的效果评估

生态补水效果评估是制订补水计划及调度方案的基础[11]，由于乌梁素海所处地理位置特殊，既是黄河改道形成的河迹湖，又是河套灌区排水的主要承泄区，水资源、水环境、水生态相互交融，三水融合作用过程及关联要素复杂多变，加之灌区发展的影响，造成乌梁素海生态效果评估的难度较大，主要体现在以下两个方面：

一是乌梁素海生态补水数据层尚未形成系统。目前，乌梁素海生态监测数据主要包括环保部门和灌区自有的水质监测，二者尚未形成共享机制，根据内蒙古自治区生态环境厅公布的《内蒙古国控重点流域水质月报》，乌梁素海对外公开监测数据有进口区（西大滩）、湖心和出口区（河口）3个国控断面。灌区自有监测数据多用于灌区补水通道水资源调配管理，对水质、地下水、生物多样性、渠道破损等生态环境及社会经济方面的考虑不多。乌梁素海生态补水的影响涉及水资源、水环境、水生态及社会经济等多个方面，只有收集、建立系统的监测数据库，才能进行科学合理的生态补水效果评估，为生态补水效益的持续发挥提供支撑。

二是乌梁素海生态补水效果评估涉及面广、过程复杂。具体体现在：①内外源污染持续存在。乌梁素海接纳的外源污染类型包括点源污染和面源污染，点源污染为城市污水处理厂中水排放，每年近 4 000 万 m³ 中水排入乌梁素海；面源污染为灌区化肥、农药的粗放使用，造成排水水质污染，据统计，乌梁素海周边农业面源污染物总量占入湖污染物总量的 56%。内源污染主要来自乌梁素海湖底 50~60 cm 厚的底泥，含有大量有机质，水体扰动造成湖体水质循环性持续污染。这些动态的、不易控的内外源污染源的存在，对分析生态补水对乌梁素海水质改善效果产生干扰。②补水路径复杂，沿程水量损失，排水与补水作用难以剥离。乌梁素海生态补水由灌区水源经过总干渠、分干渠、总排干输送进入乌梁素海，补水通道长、线路多，造成沿程水量渗漏损失；另外在灌区农田排水高峰期，各级排水沟道的农田排水与生态补水一起排入乌梁素海，造成了难以拆分生态补水对乌梁素海水量的补充效果。③补水效果存在滞后性。水生态的改善受到外部气候等自然条件和内部人类活动多个因素的影响[12]，且生态环境的恢复具有一定的时间滞后性，为乌梁素海补水的生态改善效果界定带来一定的困难。

4 结论

近年来，随着乌梁素海生态水量的有效补充及综合治理力度的加大，其水质状况持续改善，生态功能逐步恢复。通过分析乌梁素海生态补水当前在水资源高效利用、长效保障机制、生态效果评估三方面的挑战，明确了未来乌梁素海生态补水的任务方向：

（1）强化乌梁素海生态补水优化调控。统筹乌梁素海补水需求与水资源、水环境、水生态及社会经济等因素，优化乌梁素海生态补水调控过程与水资源配置，制定不同情景下乌梁素海生态补水调度预案，为生态补水具体实施提供决策支持。

（2）构建乌梁素海生态补水常态化运行机制。评估乌梁素海生态补水对河套灌区渠（沟）系及沿线建筑物等水利工程的影响，以及对灌区日常调度、运行维护等方面的压力，通过多方资金筹措建立凌汛期生态补水通道维修养护专项资金，从财政补贴、受益用水户、水价补偿等方面探索乌梁素海生态补水常态化运行机制。

（3）开展乌梁素海生态补水效果评估。通过收集、跟踪监测乌梁素海水量、水质、水生态、第三方影响等方面资料，建立系统完整的乌梁素海生态补水监测数据库，构建乌梁素海生态补水评估体系及模型，对乌梁素海生态补水效果进行科学合理评估，为生态补水实施计划等宏观政策的制定提供参考。

参考文献

[1] 田野，冯启源，唐明方，等. 基于生态系统评价的山水林田湖草生态保护与修复体系构建研究——以乌梁素海流域为例 [J]. 生态学报，2019，39（23）：8826-8836.

[2] 张文鸽，毕彦杰，何宏谋，等. 面向山-水-林-田-湖-草各系统均衡的河套地区水资源合理配置研究 [J]. 应用基础与工程科学学报，2020，28（3）：703-716.

[3] Kerschbaumer L, Köbbing J F, Ott K, et al. Development scenarios on Hetao irrigation area (China)：a qualitative analysis from social, economic and ecological perspectives [J]. Environmental Earth Sciences, 2015, 73（2）：815-834.

[4] 周茜. 2013—2020 年乌梁素海水环境指标变化特征及趋势分析 [D]. 呼和浩特：内蒙古农业大学，2021.

[5] 张琦. 基于 WPI 指数的乌梁素海水质时空变化及其与浮游植物相关性研究 [D]. 呼和浩特：内蒙古大学，2019.

[6] Ding L, Liu D W, Wang L X. The land use and land cover change analysis of Wuliangsu Lake [C]. Advanced Materials Research, 2014, 955：3730-3734.

[7] 关丽罡，赵天祺，崔晓东. 内蒙古乌梁素海水质改善措施及成效 [J]. 水科学与工程技术，2021（5）：10-13.

[8] 蒋鑫艳. 乌梁素海近年来水环境治理效果及其变化特征分析 [D]. 呼和浩特：内蒙古农业大学，2019.

[9] 史锐，毛若愚，张梦，等. 乌梁素海流域地表水中全氟化合物分布、来源及其生态风险 [J]. 环境科学，2021，42（2）：663-672.

[10] 巩琳琳, 黄强, 薛小杰, 等. 基于生态保护目标的乌梁素海生态需水研究 [J]. 水力发电学报, 2012, 31 (6): 83-88.

[11] 郭子良, 王大安, 刘丽, 等. 中国湿地生态补水发展现状及其生态效应研究进展 [J/OL]. 世界林业研究, 2022, https: //kns. cnki. net/kcms/detail/11. 2080. S. 20220420. 1154. 002. html.

[12] 唐彩红, 陈东明, 易雨君, 等. 生态补水对白洋淀湿地植被格局的影响 [J]. 湖泊科学, 2022, 34 (4): 1197-1207.

东平湖滞洪区水生态系统综合治理技术探讨

郑 浩[1] 刘振华[2]

(1. 河南立信工程管理有限公司，河南郑州 450003；
2. 东平湖管理局梁山黄河河务局，山东济宁 272000)

摘 要：南水北调东线、京杭运河工程实施前，根据东平湖湿地资源的现状和实际，制订东平湖湿地健康恢复技术方案，开展健康湿地"绿脊"工程，推进东平湖水生态系统治理与保护及健康发展。加强河流缓冲区域治理与保护，采用生物–生态修复技术组建人工复合生态系统，消除湖区富营养化，加强工程措施进行东平湖治理及保护。

关键词：东平湖滞洪区；水生态；综合治理；生态修复；护坡

1 引言

南水北调东线调水工程规划从江苏省扬州附近的长江干流引水，基本利用京杭大运河以及与其平行的河道输水，连通洪泽湖、骆马湖、南四湖、东平湖调蓄江水，经泵站逐级提水进入东平湖后，过东平湖后分两路输水，一路在位山附近穿过黄河，向黄河以北供水；另一路向东，通过济平干渠到济南，再输水到胶东地区。

东平湖滞洪区是黄河下游的重要分滞洪工程，位于山东省梁山县、东平县和汶上县境内。东平湖处在黄河由宽河道进入窄河道的转折点，原是黄河、汉河洪水汇集而成的天然湖泊，遇黄河大洪水时，起到自然滞洪作用。1951年正式开辟为滞洪区，采取有计划的自然分滞洪。1958年修建了围坝，成为河湖分家并有效控制的东平湖水库。1963年改为单一滞洪运用的滞洪区，其主要作用是削减黄河洪峰，调蓄黄河、汶河洪水，控制黄河艾山站下泄流量不超过 10 000 m³/s。

二级湖堤把东平湖滞洪区分隔为新湖区和老湖区，二级湖堤上共有4座涵闸，分别为：桩号3+910的宋金河排灌闸、桩号15+096八里湾闸、桩号21+863刘口排灌站、桩号25+948.5的辘轳吊排灌闸。

东平湖滞洪区的运用原则是：东平湖分滞黄河、汶河洪水时，应充分发挥老湖的调蓄能力，尽量不用新湖。当老湖库容不能满足分滞洪要求，需新老湖并用时，应先用新湖分滞黄河洪水，以减少老湖的淤积。

东平湖现有总面积为 627 km²，以二级湖堤为界分为新、老两个湖区，新湖（二级湖）区面积418 km²、老湖（一级湖）区面积209 km²，总库容40亿 m³。老湖区常年有水，新湖区平时无水。老湖多年平均水深在 1~2 m，水面面积124 km²，相应蓄水量1.3亿 m³。

现已形成以东平湖为中心，黄河、汶河、京杭大运河、南水北调东线、胶东输水干线五条水路的辐射状水系，除汶河来水全部进入东平湖老湖外，其余东平湖水均可自流进入上述水系，南水北调东线调水工程实施后，东平湖水库由原来单一的蓄滞洪功能转变为以防洪运用为主，兼顾调水调蓄、旅游等功能。东平湖滞洪区水系分布见图1。

2 东平湖水质降低原因

南水北调东线、京杭运河连通前，东平湖水质有所降低的主要原因：一是来水污染，东平湖水域

作者简介：郑浩（1984—），男，高级工程师，主要从事水利工程建设与管理工作。

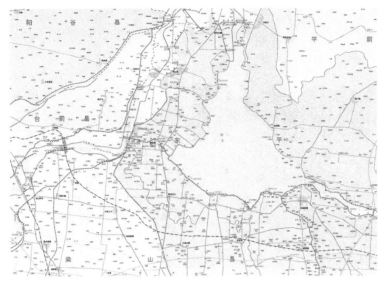

图 1　东平湖滞洪区水系分布

接纳周围主要河流的来水，这些河流系湖内河段，水位高时，河流与东平湖属于湖河一体，所以流域内所有工业废水和生活污水直接入东平湖，无自然降解过程，对湖体污染较重。二是东平湖成为生活污水和工业废水的受纳体，由于缺乏污水处理设施，沿湖城镇日常生活污水含有大量的工业化学物质、碳水化合物、动植物脂肪等，这些废水消耗水中的溶解氧，使耗氧的营养物质增高，增加了东平湖水的污染负荷。三是面源污染控制较差，一方面，由于农业灌溉回归水进湖，带入一定量的农药和化肥，使水体受到污染；另一方面，东平湖周边，畜禽养殖和渔业养殖逐年增多，这些畜禽的粪便和渔业饲料大都未经处理就排入河流和水体，最后流入湖内，也给水体造成了严重污染，破坏了生态环境。

3　东平湖水生态系统治理实践

南水北调东线、京杭运河工程实施前，根据东平湖湿地的现状和实际，制订东平湖湿地健康恢复技术方案，开展健康湿地"绿脊"工程，推进东平湖水生态系统治理与保护及健康发展。

3.1　加强生态修复，建立人工复合生态系统

在富营养化区域实施底泥返田种植树木、人工种植莲藕和菱角等水生经济植物，采用东平湖水生植物群落多样性修复技术，形成以挺水植物为主、沉水植物为辅，结合少量漂浮植物的全系列生态系统修复模式。目前，老湖内的水生植物主要有沉水性水生植物的轮叶黑藻；挺水性水生植物芦苇、蒲草；浮叶性水生植物菱角、芡实；漂浮性水生植物水葫芦。生物生长需要适宜的环境及水深，除芦苇、水葫芦外，其他几种植物防风浪的能力较差。而芦苇在水深小于 0.5 m 的地方容易生长，适宜的位置在二级湖堤的两端，即大汶河入湖口和黄河泄洪进口处，该两处种植水生植物必须严格控制其生长、繁殖，否则将会影响黄河、汶河洪水进入老湖。

在低水位区域采用生态浮岛净化区域内污染水体。在浅滩区域，将底质、流速、水深、营养元素、水生植物等因素调整到底栖动物能够接受的范围内，实现底栖动物的恢复。生态浮岛见图 2，挺水性水生植物见图 3。

3.2　采用水面割草船清理水面漂浮杂草

采用全自动水草收割船用于芦苇、水葫芦和水面漂浮残余杂物的清理，是水草、水葫芦收割、运输设备。割草船是一种集割草、聚拢、打捞、滤水、输送、卸载等于一体的现代化水草、水葫芦收割设备。该设备采用双侧明轮驱动，包括传输带、摆臂、滚耙、破裂摧毁机等结构。舱前滚耙能切割大片的水葫芦等杂物，经传输带传送至中舱位置的破裂摧毁机粉碎，进入后舱储存。对水草、浮萍的所有收集动作只需在驾驶室内通过控制台上的按钮就能轻松完成，简单便捷，收集范围广，既能清扫漂

图 2　生态浮岛

图 3　挺水性水生植物

浮垃圾，又能收集绿萍、切割收集水草。

全自动割草船装载量大，且在水域能够原地回转，大大减少了低头距离，并加装夜间作业照明系统，能配合紧急任务的夜间作业要求，仅需一人操作。

全自动水草收割船清理水面杂草见图 4、图 5。

图 4　全自动水草收割船清理水面杂草（一）

图 5　全自动水草收割船清理水面杂草（二）

3.3　采用絮凝材料解决重金属富集问题

黄河流域上游工业、农业、城市的各类重金属污染物在水中富集并随黄河水进入湿地内，河水水质的好坏影响着东平湖湿地的生态安全。为缓解湿地局部的重金属富集，积极应对黄河上游和自然保护区内部可能发生的突发污染事件，维持湿地自然保护区的生态环境，结合水质特点的分析，以降低水中的铬和镉金属以及化学类污染物的含量和矿化度为目的，开发适用于湿地水质改善的絮凝材料及配套的应用工艺。现场投放絮凝剂见图 6。

图 6　现场投放絮凝剂

3.4　加强工程措施进行东平湖治理

已实施工程措施主要包括：二级湖堤堤身截渗墙加固工程，老湖区庞口闸、王台闸、八里湾排灌闸等涵闸改建和加固处理工程，闸前清淤、湖区航道底泥疏浚、柳长河输水干渠开挖疏浚工程等进水渠护坡；穿黄枢纽段工程：湖内引河、引渠的疏浚开挖、玉斑堤至子路堤之间的南干渠开挖。

东平湖蓄滞洪区防洪工程建设已全部完成，建设范围为东平湖围坝及戴村坝以下大汶河河段，主要建设内容为堤防加固、堤防护坡改建、堤顶防汛路硬化、河道整治工程改建加固、穿堤建筑物改建加固等。具体内容包括：围坝护堤固脚，青龙堤缺口堵复，玉斑堤山体结合部截渗加固，大汶河堤防加高帮宽、堤顶整修，护岸加固，出湖闸前河道开挖疏浚；险工改建、坝岸、控导加固；拆除重建排涝站（水闸）、穿堤涵洞、废弃穿堤建筑物拆除堵复；陈山口出湖闸交通桥改建，清河门出湖闸启闭机及闸门改建。具体生态护坡护岸实施情况如下。

3.4.1 栅栏板护坡

二级湖堤高度和护坡强度不足，不适应老湖防风浪要求。由于老湖区湖面开阔，南北狭长，夏秋季节极易突起大风，二级湖堤前风力吹程长达 20 多 km，风急浪高，对其形成猛烈的波浪冲击。如果蓄水运用达到设计水位时遇到七级以上大风，风浪将会漫越堤顶，对防洪安全构成很大威胁，在 2001 年和 2003 年的防汛过程中都曾遇到这样的情况。为达到防浪要求，按照 46.0 m 设计防洪水位要求加高加固二级湖堤，提高二级湖堤的防风浪能力。东平湖二级湖堤对减少新湖区的淹没损失发挥了很大作用，对保障东平湖正常分二级运用至关重要，同时影响着南水北调东线工程正常运行。东平湖老湖设计运用水位为 44.79 m，存在堤顶超高不足、护坡厚度不足等影响防风浪安全的问题，将原浆砌石护坡更换为栅栏板护坡，栅栏板内空腔为梯形断面，孔隙率约 37%。

栅栏板护坡混凝土浇筑施工场景见图 7，单幅栅栏板护坡成型后场景见图 8。

图 7　栅栏板护坡混凝土浇筑施工场景

图 8　单幅栅栏板护坡成型后场景

3.4.2 土工模袋护坡

土工模袋是一种特制的双层合成纤维织物，模袋具有较高的抗拉强度及耐酸、耐碱、抗腐蚀等优点。土工模袋护坡具有较好的整体性和柔性，能防止其下部土壤被水流带走，其上部粗糙能够有效抵御水流的冲刷。土工模袋护坡施工简便，机械化程度高，管理维修费用少。八里湾泵站及京杭运河入湖口位置，湖水冲蚀严重，采用土工模袋护坡。土工模袋护坡场景见图9，京杭运河入湖口土工模袋护坡施工见图10。

图9　土工模袋护坡场景

图10　京杭运河入湖口土工模袋护坡施工

3.4.3 植草预制混凝土空心联锁块

植草预制混凝土空心联锁块护坡是以人工预制混凝土砌块作为护面层的一种铺砌式保护结构，属散体护坡，但规则的块型和一定的铺砌方式，使相邻砌块可以相互作用共同抵御波浪和水流的作用。结构上，砌块护坡介于散体护坡（抛石）和整体护坡（现浇混凝土）之间，因而有一定的柔性。在相同波浪要素条件下，混凝土砌块厚度小于砌石护坡。砌块的边壁可抵抗河岸动力的冲刷作用，利用砌块空心孔洞内的土壤为湖岸带生物提供生存空间，并满足水土相互涵养的需求。植草预制混凝土空心联锁块护坡施工场景见图11，植草预制混凝土空心联锁块护坡成型后场景图12。

3.4.4 雷诺护垫护坡

雷诺护垫护坡下部用拆除的原浆砌石护坡可利用石料填充雷诺护垫，雷诺护垫厚度为0.3 m，内填充厚7 cm以上的石料。护垫采用镀高尔凡钢丝编制，单个护垫尺寸6 m×2 m×0.3 m，根据实际坡

图 11 植草预制混凝土空心联锁块护坡施工场景

图 12 植草预制混凝土空心联锁块护坡成型后场景

长可适当增减，护垫下依次设 0.1 m 厚的碎石垫层和 300 g/m² 的土工布一层，联锁块开孔率约为 25%，孔内填厚 0.1 m 的种植土并植草防护。优先选用地层深 80 cm 以上的开挖土作为种植土覆土，土壤肥沃、质地疏松、排水透气性好，

雷诺护垫上接预制混凝土联锁块护坡，厚 0.16 m，采用 C25 混凝土预制，抗冻等级为 F150。下依次设 0.1 m 厚的碎石垫层和 300 g/m² 的土工布一层，联锁块孔内填土并植草防护；预制混凝土联锁块护坡坡顶和坡底各设一道 C25 现浇混凝土横梁，位于斜坡坡面上的横梁尺寸 0.3 m×0.3 m（宽×高），坡顶处的横梁兼作混凝土压顶，压顶尺寸 0.5 m×0.3 m（宽×高），抗冻等级为 F150。围坝原石护坡顶高程（约 44.72 m）处有宽约 1 m 的平台，结合现状地形为减少回填贴坡土量，保留该处平台，平台宽 1 m，两侧设置混凝土横梁，横梁间铺设预制混凝土联锁块。各堤段混凝土横梁、压顶和浆砌石固脚每间隔 10 m 间距设置变形缝，缝宽 2 cm，缝内填充聚苯乙烯闭孔泡沫板。雷诺护垫护坡横断面见图 13，雷诺护垫护坡土方开挖施工见图 14，雷诺护垫护坡施工见图 15。

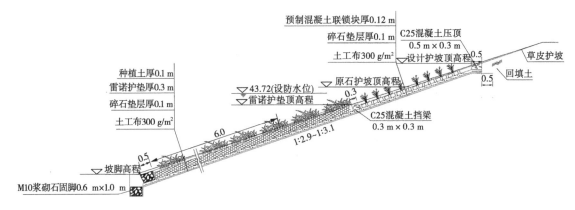

图 13　雷诺护垫护坡横断面图

图 14　雷诺护垫护坡土方开挖施工

图 15　雷诺护垫护坡施工

4 结语

南水北调东线、京杭运河工程实施前，根据东平湖湿地资源的现状和实际，制订东平湖湿地健康恢复技术方案，开展健康湿地"绿脊"工程，推进东平湖水生态系统治理与保护及健康发展。加强河流缓冲区域治理与保护，采用生物–生态修复技术，组建人工复合生态系统，消除湖区富营养化，加强工程措施进行东平湖治理及保护。

东平湖水生态监测常态化，有待于采用信息技术、系统科学等研究方法，利用"数字黄河"技术措施，以优化内部结构、利用边界条件为主攻方向，以完善运用功能为目标，统筹解决"以防洪为主，兼顾蓄水兴利、水生态系统"的水库综合治理开发和多功能运用中存在的矛盾，防蓄结合，统筹兼顾，既能保证黄河的防洪安全，又能充分发挥洪水资源利用、水生态系统健康发展的作用。

参考文献

［1］吴伟伟.昌源河现代生态灌区建设实践与谋划［J］.水利建设与管理，2020，40（8）.

［2］杨潇，朱积有.蜂巢约束系统生态护坡技术的工程应用［J］.水利建设与管理，2019，39（10）.

［3］耿明全，姚秀芝.黄河下游宽河道生态保护与高质量发展问题探讨［J］.水利建设与管理，2019，39（12）.

［4］罗新宜.基于低碳理念的水利工程生态移民负面效益分析［J］.水利建设与管理，2019，39（8）.

后靠移民安置点水环境条件下典型
地质灾害问题与对策

李良东[1,2]　郭　飞[1,2]

（1. 黄河勘测规划设计研究院有限公司，河南郑州　450003；
2. 水利部黄河流域水治理与水安全重点实验室，河南郑州　450003）

摘　要：水库移民后靠安置点会面临水库库岸坍塌、滑坡、崩塌等典型地质灾害问题，针对这些地质灾害问题，要在全面工程地质勘察以及科学评价的基础上，分门别类，区别对待，制订科学的应对方案，通过整体搬迁、边坡加固、安全监测、群防群治等途径，保证后靠移民点村民生命和财产的安全。

关键词：水库；工程移民；后靠安置点；塌岸；地质灾害

1　引言

在水利水电工程建设中，往往需要库区移民搬迁安置，其中，很多情况下采取后靠安置的办法解决库区移民搬迁问题。由于水库蓄水以及库水位升降变动等地质环境条件的变化，后靠移民点随之会产生水库库岸坍塌、滑坡、崩塌等典型地质灾害问题，给移民生活和生产带来危害，因此研究后靠移民点典型地质灾害问题并采取相应的工程处理措施，保证后靠移民点居住移民的正常生活、生产是非常重要的工作。

2　水库后靠移民点典型地质灾害问题

2.1　库岸坍塌

水库蓄水初期或者水库建成投入运用后，水库回水使库区沿岸地区的环境地质条件发生改变，特别是在水库上、下游水面比较开阔的沿岸地区，水位的升高造成河流局部侵蚀基准面和地下水位的抬高，原来处于干燥状态的土石体遭受库水的浸湿或浸泡，并引起地表水、地下水径流条件的明显变化，波浪成为地表水流改造岸坡的主要外在动力。对于抗冲刷能力较弱的疏松土质体的岸坡，在一个不太长的时期里会以底部淘蚀悬空、上部剥落、崩塌、错落、滑塌等形式破坏，造成库区内库岸和坝址下游河岸岸线节节后退，塌落的土体部分堆积于水下形成浅滩。疏松的土体库岸在库水作用下，岸壁逐渐后退和浅滩逐渐扩大，到一定程度后稳定下来，形成新的一定时段内相对稳定的岸坡。我国黄河流域修建的各类水库，黄土岸坡水库塌岸是常见的问题。库岸内塌落下来的土体淤积于水库之中，减少了水库的有效库容，影响了水库效益的发挥，陕西、甘肃等黄土地区各类水库也常常因为水库塌岸逐渐淤满库容而失去水库拦洪蓄水的作用。此外，水库塌岸使得岸边的村庄、道路、厂房等和大量农田遭受毁坏，同时，对于建库初期搬迁后靠的工程移民的生产、生活造成危害，库岸坍塌是后靠移民点经常遇到的一种典型的地质灾害问题。

2.2　库岸边坡滑坡

后靠移民点往往临库依坡而建，对于土质岸坡、基岩岸坡，如果岸坡存在潜在的滑动面或者存在

基金项目：水利部黄河流域水治理与水安全重点实验室资助项目（2021031）。

作者简介：李良东（1991—），男，博士，工程师，主要从事库区地质灾害防治及移民安置规划科研工作。

不利于稳定的地质结构面以及坡体表部松散堆积层与基岩面，在库水、雨水的作用下，岸坡坡脚受库水淘蚀，坡体表部受地表水冲刷和坡体内部地下水径流冲蚀，库岸边坡会逐渐失去稳定性，沿着潜在的滑动面或者坡体表部松散堆积层与基岩面而产生滑坡。边坡整体稳定性是移民后靠点选址、建设和投入使用中非常重要的问题，后靠移民点一定要注意避开库岸滑坡这类重大地质灾害潜在发生地带，三峡水库移民搬迁安置工作中，巴东某移民新城建在了滑坡体上，从1979年至1985年前后3次迁城选址，两次建城，造成投资浪费。黄河小浪底水库后靠移民点个别地带由于库水位升降变化，库岸岸坡水文地质条件发生改变，库岸边坡发生变形，后靠移民点村民房屋出现了墙体裂缝、建筑物不均匀沉降等现象，给后靠移民生活带来了影响。

2.3 库岸黄土边坡崩塌

黄土边坡崩塌是一种常见的黄土地区环境地质问题，是指黄土斜坡在自然因素或者人类活动因素影响下所发生的黄土地质灾害，库岸黄土边坡崩塌主要有两种类型：一是黄土岸坡靠近库水，库水淘蚀坡脚而引起的崩塌，这类崩塌也是水库塌岸的一种具体类型，它具有塌岸长度大、崩塌土体体积大的特点。二是黄土岸坡远离库水，岸坡不受库水影响，此类黄土崩塌的单个崩塌体规模都不大，一般体积在数百方、数千方至数万方不等，常常堆落在黄土边坡坡脚或者黄土路面靠近坡体一侧。通过我们对郑州黄河国家地质公园博物馆区附近村民点、移民点以及河南西部山区大的冲沟内的后靠移民点的实地调查，黄土边坡崩塌现象十分发育，是后靠移民点常见的典型地质灾害问题。虽然，这类地质灾害对移民后靠点村民的生活和生产不会带来大的影响，但是，它会对移民的农业生产和出行带来不便。

3 水库后靠移民点典型地质灾害问题分析

塌岸机制分析，小浪底水库塌岸主要是黄土塌岸，黄土塌岸所表现出来的形态可分为剥落、崩塌、座落和滑塌四种基本类型。其发生、发展过程，大致可分为4个阶段：①库岸土体性质的弱化；②岸壁的坍塌和库岸线后退；③坍塌物质的搬运和堆积；④浅滩的形成和发展。以上过程随着库水位的频繁变化，呈反复性和累进性地进行，见图1。

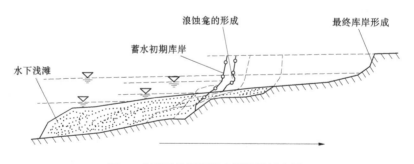

图1 土质岸坡塌岸及库岸再造示意图

因此，塌岸的发生机制可概括为：水库蓄水到一定高度时，库岸上部由于浸水和岸边张裂隙发育而开始塌落；由于风及波浪淘蚀作用使库水位高程附近的岸坡出现浪蚀龛以及塌落物在水下斜坡初步形成浅滩的雏形；由于水库放水而形成水位消落到低水位时使水下浅滩在较缓斜坡处形成；水库蓄水再次到高水位时继续淘蚀库岸，使岸壁后退，并到第二次消落水位时使浅滩继续扩大；由于水库高低水位不断轮回使库岸不断改造，直到水下浅滩及斜坡形成稳定坡角，此时库岸边坡稳定，浅滩扩大终止。

库岸边坡滑坡机制分析，滑坡是斜坡岩土体沿着贯通的剪切破坏面所发生的滑移地质现象，从力学计算方面来说，滑坡的机制其实质是某一滑移面上剪应力超过了该面的抗剪强度所致。库岸边坡发生滑坡往往取决于两大条件：一是库岸边坡地质条件与地貌条件，二是库岸边坡内外动力作用的影响。前者主要与岸坡岩土类型、地质构造条件、地形地貌条件、水文地质条件等有关，各类结构松散，抗剪强度和抗风化能力较低的岩、土体都有可能构成滑坡体，组成斜坡的岩、土体在被各种构造面切割分离成不连续状态时，有可能形成潜在滑动面，一般在水库、河沟且具备一定坡度的斜坡都是易发生滑坡的地貌部位。地下水活动在滑坡形成中起着对滑面（带）的软化作用和降低强度的作用。后者是外因，起着滑坡诱发的作用，例如地震、降雨、地表水的冲刷、浸泡等，其中，库水等地表水体对库岸斜坡坡脚的不断冲刷、水库蓄水泄洪库水水位升降变动等都可诱发滑坡。

库岸黄土边坡崩塌机制分析，黄土是一种特殊性土，它具有大孔隙比、低液性、低压缩性、垂直裂隙深大、抗冲刷能力弱等特点，靠近库水的黄土岸坡，库水淘蚀坡脚会引起岸坡上部悬空产生塌岸式崩塌，这类黄土岸坡崩塌机制与土质岸坡塌岸一样。远离库水且不受库水影响的黄土岸坡，由于黄土中普遍发育有垂直裂隙、孔洞、洞穴等，黄土垂直裂隙等在雨水冲刷、入渗作用下，土的抗剪强度降低，黄土成块状向具有临空面方向而产生快速掉落坍塌，形成具有一定体积的散落崩塌体。

4 水库后靠移民点典型地质灾害问题对策

工程移民问题涉及面广，具有高度的复杂性，它不仅是一个工程问题、经济问题和资源问题，更是一个社会问题和政治问题。因此，对于移民问题必须认真对待。针对具体的水库后靠移民点，全面开展水库后靠移民点地质灾害问题勘察，查清水库后靠移民点环境地质条件，分析水库后靠移民点已有的和潜在的未来可能发生的地质灾害问题，通过计算定量评价水库后靠移民点地质灾害问题，评估地质灾害的规模和影响，实事求是，分门别类，区别处理，确保人民群众的生命和财产安全，尽可能保护土地，制订科学的方案，人员迁出避险与工程措施治理相结合，妥善处理。针对水库后靠移民点典型地质灾害问题，一般采取移民二次搬迁、工程措施治理、安全监测、群宣群防等对策。

移民二次搬迁，针对现状和未来地质灾害问题多、地质灾害规模大、地质灾害威胁大、无法实施工程措施治理地质灾害的水库后靠移民点，应该采取整体搬迁的方针，一次性解决移民搬迁与安置问题。移民二次搬迁与安置方式要多样性，可以采取集中建设移民新村城镇化集中安置、拨付土地传统农业化生产安置、水-山-林新经济的当地特色产业安置、移民一次性经济补偿自谋职业性安置、建设合资参股公司生态旅游、生态养老等专业化性质的公司安置等多种模式。

工程措施治理，在确保人民群众生命和财产安全的前提下，本着尽可能保护土地、耕地的原则，对于地质灾害可以通过工程措施治理的水库后靠移民点，要通过岸坡加固、防冲、防浪、防滑坡、防坍塌等工程措施进行处理，一方面确保了后靠移民点库岸边坡的稳定和安全，另一方面保护了土地、耕地，保证水库后靠移民点村民安居乐业，促进农业生产，促进当地社会经济发展。在此，需要强调的是，要把实施工程处理措施与扶贫工作结合起来，对于水库后靠移民点要开展加固边坡、修建道路、疏通水源、建立通信系统、传授高质量农业生产技术等工作，扶贫帮困，实现共同富裕。

安全监测，对于未来一定组合条件下有可能产生地质灾害的水库后靠移民点，要制订科学的安全监测方案，认真开展地质灾害监测工作，时刻监控地质灾害发生的前兆问题，及时预警预报大的地质灾害，在一旦出现大的地质灾害时，为水库后靠移民点的村民及时转移和采取应对措施提供基本条件，运用现代科技手段，保障人民群众的生命和财产的安全。

群防群治，通过群防群治工作，发动村民，建立全面而系统的防灾预警预防体系。要针对水库后靠点村民大力开展地质灾害知识宣传，普及地质灾害知识，让人民群众掌握地质灾害发生的规律，了解地质灾害发生的条件、特点、危害等，增强预防地质灾害和防范地质灾害的理论素养，提高抵御地质灾害的能力，同时，要制订防灾预案并定期开展逃生演练，在地质灾害发生时，也能够做到保障人民群众生命安全。

5 结论与建议

移民后靠安置是水利工程移民安置常见的就地安置方式，具有不改变村民生产、生活方式、缓解用地紧张和保护土地资源的特点，但是，随着水利工程的建成投入运营，环境地质条件会发生改变，从而引发次生地质灾害，这种安置模式有可能出现库岸坍塌、滑坡、黄土边坡崩塌等地质灾害问题，必须引起高度重视，建议针对有可能产生地质灾害的后靠安置移民点，开展相应的工程地质勘察，按照"应搬迁则搬迁、需加固则加固"的原则，提出适宜的处置方案，同时，加强地质灾害监测，并加大群防群治工作力度，确保后靠移民点村民生命和财产的安全。

参考文献

[1] 李金柱，卞学军．双龙湖水库滑坡塌岸预测与防治 [J]．资源环境与工程，2020，34（1）：68-70.

[2] 江鸿彬．初论地质灾害监测预警体系建设 [J]．资源环境与工程，2021，35（4）：526-527.

[3] 李良东，刘超，于新政．郑州国家地质公园博物馆区黄土特征及规划旅游线路相关问题 [J]．河南地球科学通报，2016，1（1）：258-263.

[4] 李琳，刘东．山地农村居民点竖向规划研究与实践——以云南省禄劝县新村移民安置点为例 [J]．人民长江，2021，52（3）：209-213.

[5] 王跃敏，唐敬华，凌建明．水库塌岸预测方法研究 [J]．岩土工程学报，2000，22（5）：569-571.

[6] 徐峰，苗栋，罗延婷．黄河小浪底库区柳树滩土质岸坡塌岸预测 [J]．河北地质大学学报，2019，42（3）：65-67.

[7] 陆兆溱．工程地质学 [M]．北京：中国水利水电出版社，2015.

[8] 张永兴，许明．岩石力学 [M]．3 版．北京：中国建筑工业出版社，2015：236-252.

[9] 韦贞景．水库移民安置点工程地质勘察应注意的几个问题 [J]．广西水利水电，2002，4（15）：50-52.

[10] 朱维申，赵成龙，周浩，等．当前岩石力学研究中若干关键问题的思考与认识 [J]．岩石力学与工程学报，2015，34（4）：649-656.

关于三峡工程综合运行管理的战略思考

李姗泽　王雨春　包宇飞　温　洁

（流域水循环模拟与调控国家重点实验室 中国水利水电科学研究院，北京　100038）

摘　要： 三峡工程的兴建为中华民族实现了治理长江水患的百年梦想。三峡工程是一项功在当代、利在千秋的民生工程，在防洪、发电、航运、水资源综合利用等方面发挥了巨大的综合效益。新时期水利改革发展为三峡工程的运行管理赋予了新的时代使命和发展方向。要面向生态文明战略需求，优化三峡工程运行管理，确保三峡枢纽安全平稳运行，发挥工程综合效益，促进长江经济带发展，服务于"两个一百年"目标和中华民族的永续发展。

关键词： 三峡水库；运行；管理；可持续；系统

三峡工程是一项功在当代、利在千秋的民生工程。随着我国社会主义建设全面进入新的发展阶段，推动长江经济带发展、长江大保护等国家战略对三峡工程赋予了新的历史使命和责任，提出了新的要求。新时期水利行业发展改革为三峡工程运行管理提供了明确的工作发展方向，严格贯彻长江经济带共抓大保护、不搞大开发理念，遵照安全、科学、创新、绿色、高效的三峡工程运行目标，进一步加强科学管理，优化调度，以充分发挥国之重器对长江流域水安全保障的关键作用。

1　三峡工程发挥了巨大的综合效益

2003 年三峡工程进入 135~139 m 围堰发电期，2006 年比初步设计进度提前一年进入 156 m 初期运行期。经国务院三峡工程建设委员会批准，2008 年汛末开始实施正常蓄水位 175 m 试验性蓄水。自 2010 年以来三峡工程连续多年实现 175 m 蓄水目标，三峡工程开始全面发挥防洪、发电、航运、供水等巨大综合效益。

在长江流域防洪方面，有效拦蓄了上游洪水，保证了长江中下游地区的安全，改善了长江中下游的生态环境。自三峡工程蓄水至 2021 年底，已累计拦洪超过 246 亿 m^3。2021 年汛期，长江流域共发生 1 次编号洪水，最大洪峰达到 55 000 m^3/s。三峡水库拦洪错峰，最大削峰率超 50%，极大地减轻了长江中下游的防洪压力。

在生态调度方面，增强了三峡工程对长江的生态调控，枯水期三峡水库有超过 221 亿 m^3 库容可释放，持续为坝下地区补水，提高坝下游长江水位与平均流量，有效地缓解了枯水季节长江中下游地区生产生活用水紧张的局面，改善了航运及水生态条件，增加了水环境容量。

在鱼类及水生态保护方面，积极开展增殖放流、退化生境修复、生态流量调度等工作，促进长江水生态系统的良性发展，取得良好生态效益。根据 2011—2018 年监测结果，生态调度期间，宜昌、沙市等江段四大家鱼累计鱼卵量超过 38 亿颗，缓解了渔业资源受影响程度，从 2011 年的 4 570 t 上升到 2018 年的 7 842 t，上游渔业功能增强，对长江上游水生生物多样性保护具有积极作用。

在清洁能源生产方面，三峡工程建设后，2012 年 32 台 700 MW 机组及 2 台 50 MW 机组全部投

基金项目： 国家重点研发计划（2021YFC3201002）；国家自然科学基金项目（51809287）；三峡工程后续工作（2136902）。

作者简介： 李姗泽（1988—），女，高级工程师，博士，主要从事流域生态保护和修复方面的研究工作。

通信作者： 王雨春（1968—），男，正高级工程师，博士，主要从事生物地球化学方面的研究工作。

产，截至 2021 年 12 月 31 日 24 时，三峡电站 2021 年累计发电量 1 036.49 亿 kW·h，又一次突破千亿千瓦时的大关。这些清洁电力相当于节约标准煤 3 175.8 万 t，减排二氧化碳、二氧化硫、氮氧化合物排放分别约为 8 685.8 万 t、1.94 万 t 和 2.02 万 t，为我国实现"双碳"目标做出了积极贡献。

2 新时代三峡工程的战略布局

三峡工程已高质量完成建设阶段任务，步入正常运行长效发挥综合效益的运行时期。新发展形势下，面向生态文明建设和推动长江经济带发展的国家战略需求，优化三峡工程运行管理，推进法制化建设，强化中央水行政主管部门对重大水利工程运行管理的"中心地位"，做好顶层设计、宏观规划及综合监督管理，切实发挥三峡工程运行管理在"确保枢纽安全和综合效益发挥、保障长江安澜和调控长江生态、引领库区高质量发展和长江生态环境保护方面"的三个作用。

2.1 新时代三峡工程的战略目标

按照安全、科学、创新、绿色、高效的三峡工程运行目标要求和促进长江经济带的发展理念，优化工程调度，拓展综合效益；健全三峡工程安全运行长效机制，推进法制化建设；强化监督管理，提升科学管理水平；保障工程运行安全、防洪安全、供水安全、生态安全、航运安全，充分发挥大国重器对保障长江流域水安全战略的关键作用，促进"两个一百年"的目标实现，服务于中华民族的永续发展。

2.2 新时代三峡工程面临的主要任务

围绕保障长江水安全的战略需求，聚焦三峡库区及中下游重要影响区管理的突出问题，重点确保枢纽工程安全运行、拓展三峡工程综合效益、保障库区水环境和水生态安全、维护长江中下游生态健康、促进三峡移民安稳致富和库区高质量发展等方面，主要任务如下：

加强三峡工程运行管理机制建设，确保工程安全平稳运行。适应国家管理体制改革，落实正常运行期的权威管理体制，指导监督三峡工程维护和运行管理，确保三峡工程运行安全。

优化三峡工程运行调度，拓展综合效益。面向长江经济带的发展需求，修编三峡工程运行调度规程并监督实施，统筹兼顾各方利益，实现防洪、发电、航运、供水、生态等效益充分发挥。

继续强化三峡水库生态环境保护，确保库区水质安全。针对性采取措施弥补三峡水库管理中的监测体系、应急处理、执法监督能力等方面的不足，实施三峡消落区、生态屏障带和支流水生态修复，保障国家战略淡水资源库水质安全。

3 优化三峡工程运行管理的对策及有效措施

3.1 优化三峡工程运行管理的对策

贯彻习近平总书记以人民为中心的发展思想和"当前和今后相当长一个时期，要把修复长江生态环境摆在压倒性位置，共抓大保护，不搞大开发"的重要指示，坚持以问题为导向，结合三峡工程运行管理工作实际和三峡工程后续工作规划实施，从国家战略、管理实施、库区高质量发展、重大生态问题基础研究以及新技术应用层面，涵盖移民安稳致富、经济社会发展、生态环境建设与保护、地质灾害防治、长江中下游重点影响区处理等方面内容，提出优化三峡工程运行管理保障长江流域水安全的建设性对策。

3.1.1 紧密围绕国家战略需求做好顶层设计

加强三峡工程运行管理的顶层设计，扎实推进实施三峡工程后续工作规划，动态监控和效果评估，促进库区经济社会实现高质量发展目标，引导库区绿色高效发展，培养特色生态产品，确保移民安稳致富。

协调综合利用需求、上下游需求、江湖关系，开展以三峡工程为核心的长江流域水库群在防洪、发电、航运、供水、水生态、水环境等需求分析，发挥三峡工程在促进生态良性、防洪安澜、水资源配置、绿色能源及黄金水道等方面的功能。

实施库区生态屏障带山水林田湖草的系统治理，减少流域入库污染，防控支流水华与突发性水污染风险，切实保障三峡水库国家战略淡水资源库水质安全。

3.1.2 "注重质量"切实提高三峡工程运行的监督管理能力

强化协调管理能力，提升三峡工程对长江"黄金水道"立体交通战略、国家南水北调水源安全、区域协同发展等方面重大战略的保障能力，充分发挥三峡工程运行管理在保安全、保功能、发挥和支撑国家发展战略方面的作用，统筹考虑三峡工程综合效益的充分发挥，重点加强三峡工程运行安全、调度防洪冲沙、电力输出、船闸通行、下游补水、生态调度等的指导和监督管理。

进一步完善三峡工程运行安全监测预警体系，提升信息化、智能化的三峡工程综合管理服务平台的技术水平和支持能力，加强三峡工程运行管理法制建设，依法依规保护三峡水库岸线、库容，切实加强三峡水库消落区的监督管理。

3.2 优化三峡工程运行管理的有效措施

随着三峡工程建设、试验性蓄水、竣工验收工作任务的完成，工程运行管理的职能和战略定位发生新的变化。新发展理念下优化三峡工程运行管理，拟重点开展的工作：

（1）健全三峡工程管理机制，确保三峡水利枢纽工程运行安全、三峡库区管理有序。以安全、生态、和谐的三峡工程运行管理目标，进一步健全工程运行管理机制，明确中央政府和地方政府、企业、各相关部门的管理权限和职责，加强中央管理权威，组织提出三峡工程运行的有关政策建议，指导监督三峡工程运行安全工作。同时，为适应正常运行期三峡工程运行管理需求的变化，研究相关法律法规，结合河湖长制管理规定，推进管理工作的法制化建设，确保三峡水库的安全运行，促进水库可持续利用和库区经济社会可持续发展。

（2）持续优化三峡工程调度方案，确保长江安澜，拓展综合效益。在已批复实施的相关防洪调度方案基础上，总结工程运用的经验，进一步加强三峡工程防洪调度方式、上游水库群联合调度技术等方面的研究，应用地理信息系统、遥感等技术，不断延长水文预报的预见期，提高预报精度，强化水库现场调度管理，编制并协调科学度汛方案，开展防汛检查及防汛演练，加强大坝安全监测及突发事件应急处置等，确保三峡工程防洪效益的最优化。充分发挥以三峡水库为核心的水库群联合调度优势，保障流域防洪安全、供水安全和生态安全。

（3）切实加强三峡库区生态环境保护与综合治理，保障国家战略淡水资源库水质安全。改善三峡库区生态环境、保护生态安全，是三峡工程运行管理的重要任务，突出工作重点，落实配套政策措施，加强生态屏障带及清洁小流域建设、修复和保护消落区生态环境、提升支流水环境承载力，开展长期监测、阶段评估，促进库区生态环境绿色永续发展。

（4）保护三峡水库水质，提升三峡工程水资源配置能力，拓展工程供水效益。三峡水库是我国重要的淡水资源储备库，一方面要加强库区生态环境保护，在上游干流和嘉陵江、乌江入库水质达到Ⅱ类情况下，确保库区干流总体水质保持Ⅱ类标准；另一方面，开展三峡水库对长江中下游枯水期调度方式和实施方案、三峡水库向南水北调供水方案及调水影响、水源保护工程措施、水资源配置调度工程技术的研究，为提升三峡工程的供水效益提供支撑。

（5）聚焦长江中下游影响的重大问题，加强水生态修复与环境保护，维护长江生态健康。长江拥有独特的生态系统，针对长江中下游影响区（中下游干流、洞庭湖、鄱阳湖以及河口区等水域）突出问题，加强观测研究，持续开展深入研究，处理好中下游生态流量和河道冲刷、江河关系变化、鱼类资源保护、重要湖泊湿地栖息地保护等方面的关系，促进长江水生态的全面改善。

4 结语

兴建三峡工程、治理长江水患是中华民族的百年梦想。在中国共产党的领导下，已经将梦想变为现实。三峡工程持续在防洪、发电、航运、水资源综合利用等方面发挥了巨大的综合效益。三峡后续工作的实施更是促进了库区经济发展和移民稳定，生态环境状况持续向好，地质灾害得到有效防治，针对长江中下游的相关问题开展科学研究并逐步得到妥善处理。然而，三峡工程运行管理任重道远，要从创新、协调、绿色、开放、共享五个维度梳理三峡工程运行管理的发展思路、发展方向和着力点，要着眼"大时空、大系统、大担当、大安全"，面向生态文明战略提出优化三峡工程运行管理的布局、对策和手段，确保三峡枢纽安全平稳运行，拓展工程综合效益，更好地推动长江经济带发展，实现"两个一百年"目标，服务于中华民族的永续发展。

参考文献

［1］中共中央 国务院关于印发《生态文明体制改革总体方案》的通知［Z］.2015.

［2］卢纯.百年三峡 治水楷模 工程典范 大国重器——三峡工程的百年历程、伟大成就、巨大效益和经验启示［J］.人民长江，2019，50（11）：1-17.

［3］胡春宏，张双虎.论长江开发与保护策略［J］.人民长江，2020，51（1）：1-5.

［4］张云昌.建设环境友好型水利工程需要关注的九个水生态问题［J］.中国水利，2019（13）：18-19，23.

［5］杨轶，徐浩.践行水利改革发展总基调 强化三峡工程运行监督管理——访水利部三峡工程管理司司长罗元华［J］.中国水利，2019（24）：35-37.

［6］杨轶，王娟.大力促进三峡移民安稳致富和三峡工程持续发挥综合效益——访水利部三峡工程管理司司长罗元华［J］.中国水利，2018（24）：33-34.

［7］许凯，樊连生.探析三峡后续工作规划实施的监督管理［J］.水利发展研究，2020，20（1）：36-38.

［8］樊启祥，张曙光，胡兴娥，等.长江三峡工程助力长江经济带可持续发展［J］.人民长江，2018，49（23）：1-9，20.

［9］张云昌，任实，张雅文，等.水工程管理的理论和实践——以三峡工程为例［J］.三峡生态环境监测，2022，7（2）：1-10.

［10］郭崇炎，张业刚.三峡水库综合管理研究［J］.水利水电技术（中英文），2022，53（S1）：90-94.

［11］罗元华.聚焦高质量发展 科学谋划"十四五"三峡工程管理工作［J］.水利发展研究，2021，21（7）：43-46.

［12］罗元华.奋力续写三峡工程管理"大文章"全力保障"大国重器"运行安全［J］.中国水利，2021（10）：1-3.

［13］李国英.主持召开水利部部务会议 审议黄河流域生态保护和高质量发展水安全保障规划、加强三峡工程运行安全管理的指导意见和关于创新小型水库管护机制的意见［J］.中国水利，2021（16）：7.

［14］李国英.全面提升水利科技创新能力 引领推动新阶段水利高质量发展［J］.中国水利，2022（10）：1-3.

河道生态治理及工程运用中的相关问题探讨

鲁小兵[1]　张海发[2]

(1. 水利部珠江水利委员会技术咨询（广州）有限公司，广东广州　510000；
2. 水利部珠江水利委员会珠江水利综合技术中心，广东广州　510000)

摘　要：随着人类生态系统保护意识的增强，河道生态治理的呼声也越来越高，尤其是在工程运用中越来越提倡生态治理，并取得了一定的效果，但也碰到了许多问题。主要是对生态治理的认知上存在一定的偏差，有伪生态治理，也有过度生态治理，在工程实际运用中，一味追求生态而忽略了河岸的安全性问题等。本文根据笔者近年来河道生态治理的实践经验，对碰到的相关问题进行探讨，为今后的河道生态治理提供一定的借鉴。

关键词：生态治理；伪生态；过度生态；水生态修复

1　概述

随着人类生态系统保护意识的增强，生态治理技术在水利工程中已经得到越来越广泛的运用。我国近年来对生态环保事业的重视以及水利事业投资力度不断加大，各种生态措施被越来越多地应用于河道治理当中，尤其是在中小河流生态修复方面的应用更加广泛。根据河道治理的实践经验，生态治理适用于大部分中小河流，且效果较好，但生态治理也要分情况、分地域，生态治理与局部硬化不相矛盾，但生态治理应该避免伪生态和过度生态。

2　河道生态治理及常见问题

2.1　河道生态治理

河道生态治理是在满足防洪、排涝及引水等河道基本功能的基础上，通过人工修复措施促进河道水生态系统恢复，构建健康、完整、稳定的河道水生态系统的活动。生态建设是融现代水利工程学、环境科学、生物科学、生态学、美学等学科为一体的水利工程。健康的河道生态治理能体现人类建设活动与自然环境的和谐统一，既能达到保护河岸的目的，又能保证河道生态环境不发生大的变化。对于河道生态，最明显的一个特征就是"可呼吸"，水体、水生动植物和岸坡是连通的，不被完全阻断的，生态河道案例如图1所示。

2.2　伪生态治理

随着生态治理的推崇，有一些河道治理为追求所谓的"生态"效果，开始采取伪生态治理措施，在硬质护岸的基础上贴上卵石，在渠化治理的河道边种植物，以便冠以生态治理之名，这种做法是不可取的，这种伪生态治理也是很容易被识别的，水利工程治理应尽量避免这种伪生态治理。渠化、伪生态治理案例如图2、图3所示。

2.3　过度生态治理

中小河流面广线长，河道途经城镇、村庄、农田、荒野、山崖等位置，对于不同的河段，根据人们的物质文化追求和实际用途，应分段设置岸坡类型，而不是一味地追求生态。例如在偏远山区的小村庄，随处可见的即为生态，最不缺乏的就是生态，而在村庄段位置，人们为了平时的生产生活需

作者简介：鲁小兵（1979—），男，高级工程师，总工程师，主要从事水利工程设计咨询方面的工作。

图 1 生态河道

图 2 渠化治理河道

图 3 伪生态治理

要，往往希望能设置一些"非生态"的硬质护岸、洗衣平台、洗车槽等，在这种情况下，我们还要为了追求生态去设置一些柔性护岸措施，就违背了造福群众的初衷。再如城镇段，由于土地资源稀缺而往往采用硬质直立护岸，这种地段的防洪任务往往大于生态任务，在城区防洪重点段也不宜过度追求生态。

3 河道生态治理相关工程措施

3.1 河道生态治理典型断面形式的选取

河道治理工程采用堤岸断面形式较多，有直立式、斜坡式、复合式，随着生态景观建设的加强，斜坡式和复合式堤岸被较多应用。尤其是复合式断面，河道上、下部采用不同的断面坡度，下部注重防洪，上部满足生态及景观要求，还在变坡处设置便道，可根据不同的地形、地势，考虑上下部不同坡度，加强河道的生态景观效果。

在选取治理断面形式时，不能只考虑生态，还应考虑河道防洪安全，只有安全与生态并重，才能保障人类活动与自然生态的和谐统一。各种典型断面形式及工程实例见图4。

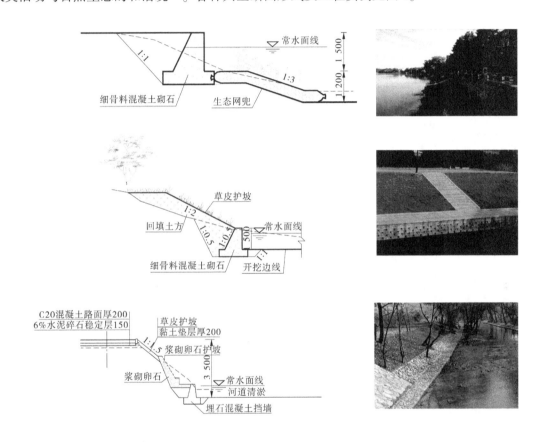

图4 生态堤岸典型断面及工程实例

3.2 生态建设材料的选择及应用

从所用材料来说，传统堤岸工程主要采取块石、砌石、混凝土等，生态型堤岸一般采用天然石、木材、植物、多孔渗透性混凝土及土工材料等，各种生态材料的主要特性见表1。

河道生态治理时，建设材料的选取应遵循因地制宜的原则，同时要考虑河道的实际情况，同一段河道还要根据河势，选择合适的材料，不能一概而论。

3.3 水生态修复措施

河道生态治理往往还有一项重要任务，那就是水生态修复。常见的水生态修复措施主要有补水工程、植物措施、动物措施、曝气措施及细菌措施等。

补水工程主要通过向河道补水、调水，以保证河道生态需水；植物措施主要是在河岸边、河道内种植适合的陆生和水生植物，形成良好的植物生境；动物措施主要是在河道内放养鱼虾、水底爬螺等动物，平衡河道生态；曝气措施除向水中输送氧气外，还有加速将水中可挥发的物质带出水面的作用；人们肉眼看不到的细菌、真菌、放线菌、土壤原生动物等，生物种群的生存和繁衍，无时无刻地将水中的有机物质分解成无机物质和水，它们需要充足的氧气，所以应尽量用各种方法和手段进行曝氧，通过增加水体中氧气的方法来促使好氧细菌的生长繁殖。

表 1　各种生态材料的主要特性

材料名称	结构形式	对材料要求	适用范围	优点	缺点
植物草皮草籽	缓坡式护岸	生态适应性、生态功能优先、乡土植物为主、抗逆性、经济适用性为原则	设计流速小于 2 m/s 的顺直河段，冲刷不太严重、岸坡为缓坡的河段	经济成本最低，采用自然的植被、原石等材料替代混凝土	护坡易被雨水冲刷成沟；河岸较陡、行洪流速超过 3 m/s 的坡面和重点河段不适宜
框格或拱圈草皮	斜坡式护岸；框格形状做出多样造型	用混凝土、浆砌块（片）石等材料，在边坡上形成骨架，框格或拱圈内种植草皮	有一定抗冲要求的土质边坡	防冲能力较草皮护坡强，具有一定的景观效果	造价较草皮护坡高，施工相对烦琐
生态格网	格宾笼、格宾垫等	填充材料可采用天然块石、卵石、废旧混凝土块或者其他特定生态功能的产品等	适用于自然边坡大于 1∶1.5；格宾垫适用于河岸护坡，也可用于河堤迎、背水侧护坡，但应铺设于稳定的边坡之上	较强的抗冲刷和抗风浪袭击能力；透气性好，可水下施工；整体性好，适应变形能力强	石笼的铺设高度、流速和水流腐蚀等都会影响到石笼结构的稳定性，可能会造成格网破裂、石笼结构失稳等
生态联锁块生态砌块	生态联锁块护坡生态砌块挡墙	常水位以下挡墙砌块内回填块石，常水位以上挡墙砌块内回填碎石土；生态联锁块在斜坡护岸上铺砌	适用于有一定抗冲要求和景观要求的土质岸坡	利于生物生长，具有净化及生态护岸的优势；充分保证河岸与河流水体之间的水分交换；抗冲能力较强	造价较高，在水流的反复作用下容易引起失稳、结构破坏等
生态袋	一定坡度的护坡	生态袋是由聚丙烯（PP）或者聚酯纤维（PET）为原材料制成的双面熨烫针刺无纺布加工而成的袋子，需满足国家及行业专业标准；生态袋里面装土，用扎带或扎线包扎好	适用于有一定抗冲要求和景观要求的土质岸坡，当边坡高于 3.0 m 时，可采用"错台分级"的应用方式，分级高度不宜大于 2.0 m	通过植被，起到绿化美化环境的作用；可以起到护坡的作用	袋体老化后，护坡抗冲能力降低，价格偏高

4　河道水生态与水文化、水景观结合建设研究

河道水生态与水文化、水景观建设旨在通过河道综合治理，恢复和创建河流生态廊道功能，维持河道生态平衡。在河流水岸景观建设中融入当地文化，建设当地特色的文化河流景观，通过人们的亲水活动，提高公众的人文素养，推进文化传播。

传统的河道治理工程（表现为河道的硬化、渠化、直线化）对河道地貌形态及生态系统都造成了较为严重的破坏，破坏了河道廊道的生态功能，改变了动植物栖息地环境的多样化，阻碍了河流与陆地动植物的交流；并导致水环境恶化，水质下降、生物种类锐减、种类单一。传统河道水岸工程建设（大量使用混凝土、直立式坡岸）隔断了人与河流的天然联系，导致人们难以亲近河流；而亲水性是人们与生俱来的一种特性，通过融入水景中，接受大自然的熏陶，解除来自精神和肉体的各种烦恼。由于原有的生态环境被严重破坏，河流水质严重下降，人们的亲水意愿也下降。河道硬化、渠化、直线化的传统治理方式对河道生态系统和水景观均造成了较为严重的破坏，妨碍了人们的亲水活动，隔断了文化的传承。

在新型河道治理过程中，应注重河道水生态与水文化、水景观结合建设。河道生态系统恢复与构建、水环境治理是生态系统恢复的重要基础工作。景观生态建设是以现代景观生态学为理论基础和依据，通过一系列景观生态设计手法营建具备生态功能、美学功能和游憩功能的良好的景观格局，在满足人们休闲游憩活动的同时，实现人与自然的和谐相处以及人类社会的可持续发展，从而提高人居环境质量的景观建设方式。景观生态建设强调人与整个自然界的相互依存关系和相互作用，维护人类与地球生态系统的和谐关系，其最直接的目的是自然资源的永续利用以及自然与人居环境的可持续发展，最根本目的是人类社会的可持续发展。在生态和景观建设过程中，可以结合当地文化特色，建设方案基于当地传统文化、注重文化传承，如从方言与艺术、聚落、庙宇与祠堂、民居、民俗、人才与科技、水街景观等多方面文化元素综合考虑，结合文化主题挖掘及表达文化景观建设方法。

5　结论与展望

人们现在越来越重视河道生态治理，意识到生态的重要性，但是对于生态的概念理解却还存在较大的偏差，甚至出现了伪生态、过度生态等极端现象，这需要一个过程，在不断的探索和实践中，逐步纠偏。河道生态治理采用的措施要根据实际情况分析确定，且要保证河道防洪安全，体现人与自然和谐统一。

河道生态治理是人们对美好生活追求的体现，生态治理还可与水景观和水文化相结合，展现人水和谐。在河道生态治理方面，我们与国际先进水平相比，仍处于初级阶段，但随着越来越多的研究和实践，河道生态治理的技术将越来越完善。

参考文献

[1] 广东省中小河流治理工程设计指南 [M]. 北京：中国水利水电出版社，2016.
[2] 广东省中小河流河道综合整治研究 [M]. 北京：中国水利水电出版社，2019.
[3] 鲁小兵. 山区河流生态治理在七拱河流域的尝试 [J]. 广东水利水电，2016（5）：49-51.
[4] 么震东，鲁小兵. 山区中小河流治理的典型工程措施探讨 [J]. 中国农村水利水电，2017（1）：156-158.

一种复合式生态堤防结构在生态水利工程的应用

张海发[1]　鲁小兵[2]

（1. 水利部珠江水利委员会珠江水利综合技术中心，广东广州　510610；

2. 水利部珠江水利委员会技术咨询（广州）有限公司，广东广州　510610）

摘　要：为解决城镇河道两岸堤防用地困难，不具有生态特性等问题，在常用直立式混凝土挡墙的基础上，通过在近堤处河床铺设固土框，在挡墙脚、墙面正常水位上部增加花槽，在上部斜坡表面采取台阶式种植槽，种植适宜的植物等措施，可有效解决生态问题，同时还可有效解决落水人员难以攀附墙面自救问题。工程实例表明，这种复合式生态堤防结构技术安全可靠，可形成人水和谐共处的生态景观。

关键词：复合式；生态堤防；生态特性；生态水利；生态景观

1　引言

城市自古以来就是依水系而建的，水系给城市增添了灵性，使城市秀美，城镇河道两岸堤防常用直立式混凝土挡墙，这样可大幅节省土地。这类挡墙技术成熟，安全可靠，经久耐用，但墙面光滑陡立，不具有生态特性，且落水人员难以攀附墙面自救，为此我们提出一种复合式生态堤防结构用于解决上述问题。这种生态堤防结构横断面形式为：下部为直立式混凝土挡墙，上部接斜坡。同时，在近堤处河床铺设固土框，在挡墙脚、墙面正常水位上部增加花槽，在斜坡表面采用台阶式种植槽，种植适宜的植物，可在河道堤防表面形成生态美景，该技术已获实用新型专利：一种复合式生态堤防结构（专利号 ZL202220054275.3）[1]。

2　基本原理

2.1　设计思路

本复合式生态堤防结构横断面形式包括下部的混凝土挡墙和上部的斜坡，如图1所示。近堤处河床面上铺设固土框，挡墙脚和墙面正常水位上部分别设置花槽。上部斜坡表面设置台阶式种植槽。固土框为钢筋混凝土结构，平面上为矩形无底的空腔，框内可容纳泥沙淤积，适宜种植沉水类植物。挡墙脚花槽由槽壁和挡墙墙面围成，可容纳泥沙淤积，槽内种植沉水类或挺水类植物。墙面正常水位以上设置花槽，并固定于支架上，支架通过锚筋锚固于挡墙面上，槽内种植陆生植物。斜坡表面设置数排格宾石笼矮墙，呈台阶式，台阶内形成种植槽，种植陆生植物。墙面花槽及台阶式种植槽内均可布设浇筑管道。

本生态堤防结构形式以传统混凝土及浆砌石挡墙为基础，通过在墙面上设置数排生态槽，赋予传统混凝土及浆砌石挡墙以生态特性。同时，适当的槽距可方便不幸落水者攀爬上岸自救。生态槽的实施可采取整体式、先阶梯后槽壁式，也可采用装配式的生态技术。

为减小挡墙断面，将本生态堤防挡墙直立式墙背改为仰斜式，可减少边坡开挖回填量，也节省混凝土用量，从而降低工程造价[2-3]（见图2）。

作者简介：张海发（1976—），男，高级工程师，主要从事水利工程勘察与生态水利工程方面的研究工作。

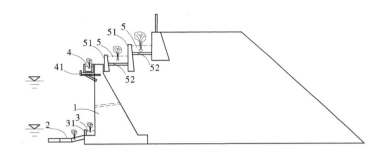

1—挡墙；2—固土框；3—挡墙脚花槽；31—槽壁；4—挡墙面花槽；41—支架；
5—台阶式种植槽；51—格宾石笼矮墙；52—碎石粗砂层。

图 1　堤防结构横断面形式

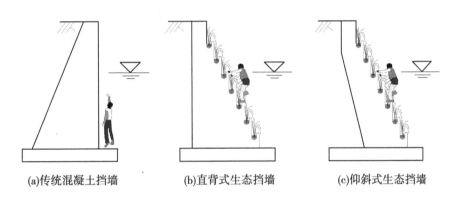

(a)传统混凝土挡墙　　　(b)直背式生态挡墙　　　(c)仰斜式生态挡墙

图 2　挡墙形式

2.2　主要设计参数

矩形固土框长 1 m，宽 0.5 m，框壁厚 0.08 m，框壁高 0.2~0.3 m，相邻固土框通过绳索相连。挡墙脚花槽宽 0.5~1.0 m，槽壁高 0.4~0.6 m，槽壁厚 0.1~0.2 m，槽内每隔 5~10 m 设置横向隔板。墙面花槽由混凝土、钢板或工程塑料制成，槽深 0.4~0.5 m，槽宽 0.4~0.5 m，单个花槽的长度为 0.8~1.3 m，底部设置有排水孔。斜坡上的格宾石笼矮墙高 0.8~1.2 m，厚 0.2 m，相邻矮墙顶之间的高差为 0.6~0.8 m。台阶式种植槽深 0.4~0.6 m，宽 0.8~1.2 m，槽底用厚 0.1~0.15 m 的碎石和粗砂压实。

本生态堤防挡墙影响工程造价及生态性能的主要设计参数有：挡墙临水侧背水侧综合坡比、上下相邻两排种植槽的间距、种植槽壁厚、槽深、槽宽[4]。上下相邻两排种植槽的垂直间距主要考虑方便落水者攀爬上岸，以及种植槽内植物高度可覆盖槽壁。种植槽壁厚度主要考虑抗水流冲击能力等以保证槽壁自身结构的稳定性。种植槽净深与净宽主要考虑植物生长需要的土层厚度，草本花卉为 30 cm，小灌木为 45 cm[5]。若条件允许，应尽量放缓临水侧综合坡比，减小上下相邻两排种植槽的间距，加大槽宽，力求在挡墙面上形成全覆盖的生态美景，并方便不幸落水者自救。

2.3　设计效果

与现有技术相比，本复合式生态堤防结构的效果主要有以下几项：

（1）下部为直立式的混凝土挡墙，抗水流冲刷能力强。与梯形断面相比，节省了土地。

（2）固土框可收纳泥沙，保护河床，为沉水类植物生长提供条件。

（3）挡墙脚花槽可降低局部水流流速，为鱼类等水生动物生存繁殖提供场所。同时，可接收泥沙沉积，为植物生长创造有利条件。

（4）挡墙上部花槽位于设计洪水位以上，可避免水流的冲击。固定于挡墙面上花槽，还可为落水人员提供攀附条件。

（5）斜坡上台阶式种植槽，有利于落水人员攀爬上岸。

（6）固土框、花槽、台阶式种植槽等种植适宜的植物后，可在堤防临水侧形成全覆盖的生态景观。

3 实例分析

某城市新建河道堤防，现状河道为一天然无序河涌，河涌大部分处于丘陵地区，工程主要任务是以防洪、排涝为主，兼顾改善水环境、水生态、美化城市环境等。河道两岸为村庄、学校，全长4.51 km，现状河宽 8~20 m，流域面积 6.04 km²。多年平均降雨量为 1 670 m，多年平均气温为 21.8 ℃。现状河线迂回曲折，漫滩杂乱，综合平均坡降 28‰，20 年一遇设计洪水流量为 21.98 m³/s。区域地质构造相对稳定。河道两岸地层主要为人工填土、淤泥质粉质黏土、粉质黏土、中粗砂等。

3.1 方案比选

本工程两岸人口密集，河道治理工程用地空间受限。工程上可选择的方案有混凝土挡墙、浆砌石挡墙、混凝土预制块挡墙、格宾石笼挡墙等，且具有很好的抗冲刷性能。传统的混凝土挡墙、浆砌石挡墙具有技术成熟、安全可靠、经济适用等优点，但属于刚性支护、外表硬化、直立，缺乏生态特性等[6-7]，混凝土预制块挡墙、格宾石笼挡墙是新型生态挡墙形式，具有生态特性，但其耐久性和安全性仍需进一步检验[8-10]。格宾石笼挡墙，当表层金属网破损后，就成为一堆块石散体，无法满足工程的要求。混凝土预制块挡墙较为单薄，一般应用于高度在 5 m 以下、河段较为顺直的堤防边坡[11]。

经方案比选，两岸堤防采用本次提出的复合式生态堤防结构形式。该生态技术既具有安全可靠性，又具有生态特性，还为不幸落水人员提供攀援条件，如图 3 所示。

3.2 方案设计

新建河道堤防设计堤防高度为 6.3 m，堤防下部采用直立式混凝土挡墙，墙高 4.5 m，上接土质斜坡。近堤脚的河床处，铺设固土框，向河道中心方向长度为 3 m。矩形固土框长 1 m，宽 0.5 m，框壁厚 0.08 m，框壁高 0.2 m。相邻固土框通过绳索相连。在挡墙脚，砌筑花槽的槽壁，挡墙脚花槽宽 0.6 m，槽壁高 0.5 m，槽壁厚 0.15 m，槽内每隔 10 m 设置横向隔板。墙面花槽由钢板制成，钢板厚 8 mm，花槽深 0.4 m，槽宽 0.5 m，单个花槽的长度为 1.0 m，底部设置有排水孔。在墙面花槽内均布设浇筑管道，直径 0.05 m。

斜坡上的格宾石笼矮墙高 0.8 m，厚 0.2 m，设 2 排。相邻矮墙顶之间的高差为 0.6 m。相邻矮墙之间形成台阶式种植槽，深 0.4 m，宽 0.8 m，槽底用厚 0.15 m 的碎石和粗砂压实。

植物设计应满足生态服务和美化环境等功能，应根据周围环境功能的差异，在充分梳理使用需求的前提下，提升总体栽植品质。植物设计充分尊重现有的地形地貌特征，植物应用与城市景观风格协调，建造可延续和可持续的生态绿廊，创造宜人自然的景观，为城市人们提供游览、休息的公共休闲空间。并通过植物光合、蒸腾等功能调节小气候，改善生态环境。同时，依靠科学的配置，建立具备合理时间结构、空间结构的人工植物群落，提升场地的游赏乐趣。同时需要紧扣设计主题思想，打造不同意境的植物景观，合理运用乡土植物季向特征构造四季变化的景象；利用植被的观赏特性，营造色彩、层次、空间丰富的植物景观。在绿化设计中，先把场地整体分为两个区域，分别是河涌内绿化和河涌沿岸绿化，绿化内绿化效果定为自然生态，野趣盎然，河涌沿岸绿化采用列植乔木搭配灌木球，搭配大面积草地，形成疏林草地式的绿化景观空间。

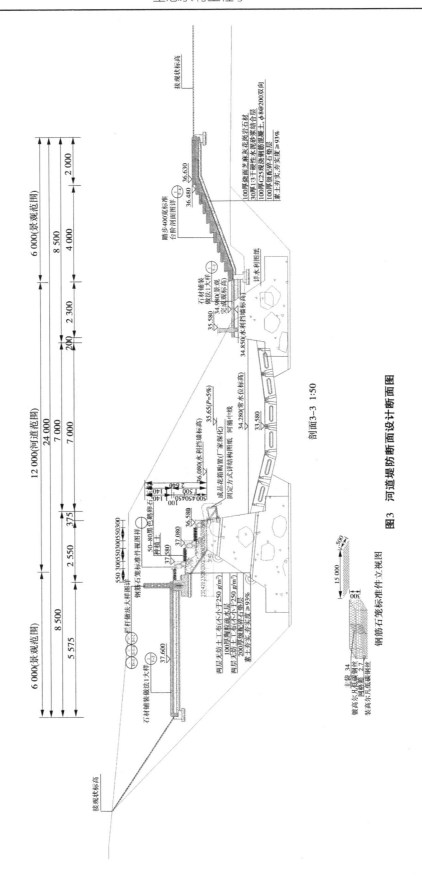

图3　河道堤防断面设计断面图

在植物选择上，河涌内绿化以水生美人蕉、黄花鸢尾、千屈菜、梭鱼草等开花水生植物营造生态自然的水体景观；河涌沿岸绿化以乡土树种麻楝为骨架树种，沿河涌列植，搭配红花风铃木、宫粉紫荆等开花乔木，营造一个适于当地气候特点的绿色生态走廊。在固土框内种植金鱼藻和轮叶黑藻等类植物。在挡墙脚花槽内种植水生美人蕉、水葱、梭鱼草等植物。在挡墙面花槽种植美人蕉、花叶芦竹和千屈菜等植物。在台阶式种植槽种植蜘蛛兰、蒲苇和大花芦莉等植物。

3.3 实施效果

根据当地自然地理、气候、河道水文条件，选配适宜的景观植物，并布置自动浇灌系统。治理工程完工后，形成美化生态环境、方便落水者攀爬上岸、提供动物生存空间等多种功能的生态挡墙，促进了人水和谐共生，如图4所示。

图4　河道治理工程竣工后的生态效果

4　结论

（1）本生态堤防结构形式以传统混凝土及浆砌石挡墙为基础，通过在墙面上设置数排生态槽，种植适宜的植物，可在河道堤防表面形成生态美景，具有生态特性。

（2）下部为直立式的混凝土挡墙，抗水流冲刷能力强，与梯形断面相比，节省了土地；固土框可收纳泥沙，保护河床，为沉水类植物生长提供条件；挡墙脚花槽可降低局部水流流速，为鱼类等水生动物生存繁殖提供场所，同时，可接收泥沙沉积，为植物生长创造有利条件。挡墙上部花槽位于设计洪水位以上，固定于挡墙面上花槽，可为落水人员提供攀附条件，同时斜坡上台阶式种植槽，有利于落水人员攀爬上岸。

（3）工程应用表明，本生态堤防结构技术安全可靠，可形成人水和谐共处的生态景观。

参考文献

[1] 张海发，牛冰，曾祥云，等. 一种复合式生态堤防结构：ZL202220054275.3 [P]. 2022-06-28.

[2] 刘建学. 仰斜式挡土墙的优越性 [J]. 河北水利水电技术，2002 (3)：36-37.

[3] 袁以美，叶合欣，陈建生，等. 仰斜式挡墙植生方法及工程应用 [J]. 人民珠江，2019，40 (10)：39-42.

[4] 袁以美，陈建生. 一种新型挡墙生态种植槽参数确定方法及造价分析 [J]. 人民珠江，2019，40 (5)：8-11，17.

[5] 园林绿化工程施工及验收规范：CJJ 82—2012 [S]. 北京：中国建筑工业出版社，2013.

［6］袁以美，叶合欣，陈建生. 生态管理视角下一种新型挡土墙的设计及应用［J］. 人民珠江，2018，39（9）：43-46.

［7］袁以美. 河道生态挡墙研究与应用综述［J］. 广东水利水电，2019（11）：67-70.

［8］杨浩. 格宾挡墙发展综述［J］. 探矿工程（岩土钻掘工程），2016，43（10）：96-99.

［9］臧群群，邓远新. 自嵌式植生挡墙在广州市海珠区调水补水工程中的应用［J］. 广东水利水电，2011（6）：33-35.

［10］王勇，云超. 自嵌式植生挡墙在栗水河治理中的应用［J］. 江西水利科技，2016（2）：120-124.

［11］袁以美，何民辉. 植绿生态挡墙在太平河堤防加固工程中的应用［J］. 广东水利水电，2020（7）：33-36.

永定河流域地表径流演变情势及原因分析

徐　鹤[1]　缪萍萍[1]　王立明[1]　顾宏霞[2]

(1. 水利部海河水利委员会水资源保护科学研究所，天津　300170；
2. 天津市碧波环境资源开发有限公司，天津　300102)

摘　要：永定河是京津冀地区重要的水源涵养区、生态屏障和生态廊道，是海河流域主要水系之一。随着下垫面的变化，流域地表径流量发生变化。采用 M-K 检验法、累积距平法对流域降水量和天然径流量演变进行了分析；采用 Pearson 相关性检验法和径流系数变化分析了降水径流关系演变趋势。结果表明，将 1980 年作为时间划分点，随着人类活动对下垫面的影响，1980 年之后地表径流量呈减少趋势，且径流系数也有所减少；降水径流变化趋势不完全一致，降水量 2012 年后为增加趋势，但地表径流是减少趋势。

关键词：地表径流演变；相关性分析；永定河

永定河水系是海河流域主要水系之一，由桑干河、洋河、永定河及永定新河等重要干支流组成。随着流域内水利工程的大力修建，对水资源开发程度的加深，流域自然水文情势发生了重大改变，特别是地表径流量的变化。径流量是河流生态系统的健康保障，为水生生物提供了栖息地，也是能量、物质和生物流动的通路，径流的空间和时间特征影响到大量河流物种的微型和大型分布模式。通过研究永定河地表径流变化特征，分析其变化原因，可为河流生态调度、河流生态复苏提供科学依据。

1　研究区概况

永定河流域发源于内蒙古高原的南缘和山西高原的北部，东邻潮白、北运河系，西临黄河流域，南为大清河系，北为内陆河，地跨内蒙古、山西、河北、北京、天津等 5 个省（自治区、直辖市），面积 4.70 万 km^2。

永定河上游有桑干河、洋河两大支流（见图 1），于河北省张家口怀来县朱官屯汇合后称永定河，在官厅水库纳妫水河，经官厅山峡于三家店进入平原。三家店以下，两岸均靠堤防约束，卢沟桥至梁各庄段为地上河，梁各庄以下进入永定河泛区。永定河泛区下口屈家店以下为永定新河，在大张庄以下纳龙凤河、金钟河、潮白新河和蓟运河，于北塘入海。

桑干河是永定河主源，全长 390 km，流域面积 2.48 万 km^2，洋河全长 101 km，流域面积约 1.55 万 km^2，永定河自河北省张家口怀来县朱官屯至天津市屈家店，长 307 km。永定新河自天津市屈家店下至入海口，全长 62 km。

三家店以上山区面积 4.51 万 km^2，占流域总面积的 95.8%，分为永定河册田水库以上和永定河册田水库至三家店区间两个水资源三级区，是流域社会经济用水的主要范围。

2　分析方法

降水量和天然径流量的变化趋势分析采用 Mann-Kendall（M-K）非参数统计检验法和累积距平

基金项目：京津冀协同发展"六河五湖"综合治理与复苏河湖生态环境关键技术研究（SKR-2022033）；水体污染控制与治理科技重大专项（2018ZX07101005）；下垫面变化条件下洋河流域生态水量配置与调度研究（2020-28）。

作者简介：徐鹤（1984—），女，高级工程师，研究方向为水资源保护与水生态修复。

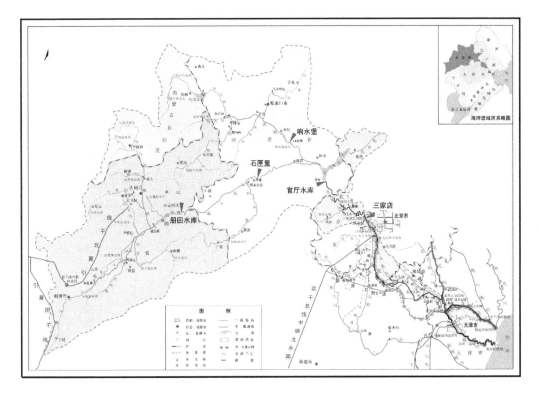

图1 永定河流域河系分布示意图

法，分析其增减趋势和转折变化年份情况；利用 Pearson 相关性检验法和降水径流系数，分析降水量和天然径流量的关系，从而梳理流域地表径流演变特征及影响因素。

2.1 M-K 检验法

M-K 的检验方法是一种时间序列趋势检验的非参数方法。其优点是不需要样本遵从一定的分布，也不受少数异常值的干扰，更适用于类型变量和顺序变量，计算也比较简便。该法是世界气象组织推荐的非参数检验方法，已广泛应用于分析降水、径流和气温等要素时间序列的变化情况。

设一平稳序列为 x_t（$t=1, 2, \cdots, n$ 为序列长度），定义统计量 S 为：

$$S = \sum_{i=2}^{n} \sum_{j=1}^{i-1} \mathrm{sign}(x_i - x_j) \tag{1}$$

式中：$\mathrm{sign}(\theta)$ 为符号函数，

$$\mathrm{sign}(\theta) = \begin{cases} 1 & \text{if } \theta > 0 \\ 0 & \text{if } \theta = 0 \\ -1 & \text{if } \theta < 0 \end{cases} \tag{2}$$

当 $n \geq 10$ 时，统计量 S 近似服从正态分布，其正态分布的检验统计量 Z 用下式计算：

$$Z = \begin{cases} \dfrac{S-1}{\sqrt{\dfrac{n(n-1)(2n+5)}{18}}} & \text{if } S > 0 \\[4mm] 0 & \text{if } S = 0 \\[4mm] \dfrac{S+1}{\sqrt{\dfrac{n(n-1)(2n+5)}{18}}} & \text{if } S < 0 \end{cases} \tag{3}$$

Z 为正值，表示增加趋势；Z 为负值，表示减少趋势；当 Z 的绝对值大于或等于 1.28、1.64、2.32 时，表示分别通过了信度 90%、95%、99% 的显著性检验。

2.2 累积距平法

累积距平是一种常用的、由曲线直观判断变化趋势的方法，可以初步判断研究时段内指标的突变情况。对于序列 x，其某一时刻 t 的累积距平表示为：

$$\bar{x}_t = \sum_{i=1}^{t} (x_i - \bar{x}) \tag{4}$$

$$\bar{x} = \frac{1}{n} \sum_{i=1}^{n} x_i \tag{5}$$

式中：$\bar{x}$ 为 n 年的指标平均值。

将 n 个时刻的累积距平值全部算出，即可绘出累积距平曲线进行趋势分析。$\bar{x}_t$ 的正负值可能出现突变。通常在分析时对每一序列只提取 1~3 个最强信号，且规定不从首位各四年处提取。

2.3 Pearson 相关性检验法

Pearson 相关系数又称为 Pearson 积矩相关系数，是一种统计学参数，一般用来定量的衡量变量之间的相关关系，其计算公式为

$$r = \frac{\sum XY - \dfrac{\sum X \sum Y}{N}}{\sqrt{\left(\sum X^2 - \dfrac{(\sum X)^2}{N}\right)\left(\sum Y^2 - \dfrac{(\sum Y)^2}{N}\right)}} \tag{6}$$

式中：变量 X 是所有点的 x 坐标的集合；变量 Y 是所有点的 y 坐标的集合；N 表示点的总个数。Pearson 相关系数的绝对值越大，反映变量之间的相关性越强。当相关系数越接近于 1 或 −1，表示相关度越强；当相关系数越接近于 0，表示相关度越弱。当相关系数大于 0 时，表示为正相关；当相关系数小于 0 时，表示为负相关。通常情况下可以通过相关系数的绝对值取值范围判断变量的相关强度，相关系数和相关强度的关系列于表 1。

表 1 相关系数和相关强度的关系

相关系数绝对值	[0, 0.2]	(0.2, 0.4]	(0.4, 0.6]	(0.6, 0.8]	(0.8, 1.0]
相关强度	弱相关或无相关	弱相关	中等相关	强相关	极强相关

2.4 径流系数

径流系数 α 是一定汇水面积内总径流量（毫米）与降水量（毫米）的比值，是任意时段内的径流深度 Y 与造成该时段径流所对应的降水深度 X 的比值。径流系数说明在降水量中有多少水变成了径流，它综合反映了流域内自然地理要素对径流的影响。其计算公式为 $\alpha = Y/X$。而其余部分水量则损耗于植物截留、填洼、入渗和蒸发。

3 数据来源

收集了册田水库以上和册田水库至三家店区间两个水资源三级区 1956—2020 年年降水量，收集了 1956—2020 年桑干河册田水库和石匣里、洋河响水堡、永定河官厅水库和三家店等 5 个断面的年天然径流量和实测径流量，数据在海河流域第三次水资源调查评价（1956—2016 年）基础上，将系列延长至 2020 年。

4 结果与讨论

4.1 降水演变趋势

册田水库以上和册田水库至三家店区间 1956—2020 年的降水量最大值均出现在 1959 年，最小值均出现在 1965 年。其中，册田水库以上多年平均降水量 403.6 mm，年降水量最大为 644.5 mm，最

小为 238.2 mm，极值比为 2.7；册田水库至三家店区间多年平均降水量 419.9 mm，年降水量最大为 588.5 mm，最小为 274.9 mm，极值比为 2.1；三家店以上多年平均降水量 413.2 mm，年降水量最大为 612.6 mm，最小为 259.5 mm，极值比为 2.4。

M–K 检验结果表明，册田水库以上、册田水库至三家店区间和三家店以上 Z 值分别为 1.13、0.58 和 0.27，即降水量无显著变化趋势。

根据累积距平曲线（见图 2）来看，三条曲线波动趋势一致。均在 1979 年和 1996 年有 2 处明显减少的拐点，2012 年为降水量增加拐点，即 1956—1979 年降水量波动增加，1980—2011 年降水量减少，期间 1994—1996 年有个明显增加过程，2012 年以后降水量增加。

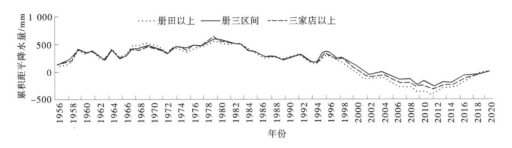

图 2　降水量累积距平曲线

将降水量分为 1956—1980 年、1981—2010 年和 2011—2020 年三个时段，其中 1981—2010 年降水量较其他两个时段少 50 mm 左右。降水量统计情况见表 2。

表 2　永定河山区分时段年均降水量统计　　　　　　　　　　　　　　单位：mm

时段	册田水库以上	册田水库至三家店区间	三家店以上
1956—1980 年	424.1	443.3	435.4
1981—2010 年	374.6	395.0	386.6
2011—2020 年	439.2	436.2	437.7

4.2　天然径流量演变趋势

石匣里、册田水库和响水堡天然径流量呈显著减少趋势，Z 值分别为 -1.81、-1.34 和 -1.75，均通过可信度 90% 的显著性检验。官厅水库和三家店断面天然径流也呈减少趋势，但 Z 值分别为 -1.04 和 -0.96，未达到可信度 90% 的显著性检验。

根据累积距平曲线来看（见图 3），响水堡和石匣里断面的天然径流量在 1983 年有明显减少的拐点，表明，1956—1983 年，径流量呈增加趋势，而 1983 年之后，径流量开始减少，期间 1994—1997 年较平稳，变化不大；册田水库 1983—1997 年出现两次径流量减少拐点，1993 年出现径流量增加拐点，由图 3 可见，1956—1970 年径流量呈波动增加趋势，1971—1983 年径流量呈增减波动，变化不大，而 1984—1993 年呈波动减少，1994—1997 年显著增加，之后径流量持续减少；官厅水库和三家店断面的径流量 1970 年和 1983 年有两次明显的减少拐点，在 1977 年有一处明显的增加拐点，由图 3 可见，1956—1970 年径流量呈波动增加趋势，与册田水库径流量变化趋势一致，1971—1977 年径流量波动减少，而后至 1983 年期间径流量再次增加，1983 年之后，径流量明显减少，与响水堡和石匣里断面径流量变化趋势一致。

将天然径流量分为 1956—1980 年和 1981—2020 年两个时段，分别统计各断面年均径流量情况（见表 3）。结果表明，各断面径流量明显减少，其中，响水堡减少比例最大，达 56.8%，官厅水库减少比例最小，为 22.6%，三家店减少 29.9%。

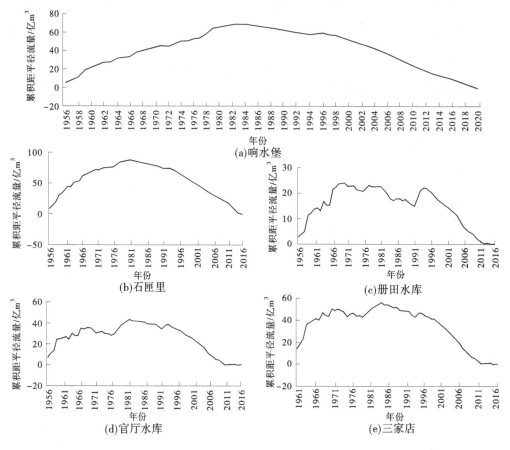

图3 典型断面天然径流量累积距平曲线

表3 永定河山区分时段天然径流量统计

单位：亿 m³

年段	响水堡	册田水库	石匣里	官厅水库	三家店
A：1956—1980 年	7.5	5.9	10.9	10.5	11.2
B：1981—2020 年	3.2	4.4	5.4	8.2	7.8
B 比 A 减少比例/%	56.8	24.9	50.4	22.6	29.9

4.3 降水-径流关系演变趋势

从 M-K 检验结果看，册田水库以上区域降水量变化趋势 Z 值为正，表明增加趋势，且接近 90%置信区间，而区域内石匣里和册田水库断面径流量变化趋势 Z 值为负值，表明减少趋势，且达到 90%置信区间，总体上，1956—2020 年系列降水量和径流量的增减趋势不一致。

从累积距平曲线来看，在 1980 年之前，降水量和径流量都以增加为主，1981—2010 年，降水量以减少为主，径流量增减趋势多次变化；2011 年以后，降水量呈增加趋势，而各重要断面径流量以减少为主。

利用 spss 软件对三家店降水量和天然径流量进行 Pearson 相关性分析。结果表明，1956—1980 年相关系数为 0.749，1981—2020 年相关系数为 0.547，降水和径流相关性有所减弱，由"强相关"转为"中等相关"。

对三家店降水量和径流深做降水-径流关系分析，1956—1980 年和 1981—2020 年径流系数平均值分别为 0.056 和 0.044，分段绘制关系曲线，由图 4 可见，前者比后者斜率值大，说明降水转为径流比例大于后者。

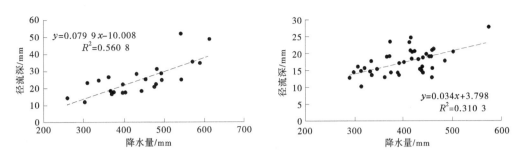

图 4 1956—1980 年和 1981—2020 年降水-径流曲线

5 结论

本次研究采用了 M-K 检验法、累积距平法对永定河流域 1956—2020 系列年的降水量和天然径流量进行了演变情势分析，结果表明，整体上降水量无明显变化趋势，上游山区径流量呈显著减少趋势。其中，降水量和径流量在 1980 年之前变化一致，呈波动上升趋势，1981—2010 年，降水量减少，且年均降水量较 1980 年之前少 50 mm 左右，径流量呈减少趋势，但部分断面波动较大；2012 年以后，降水量呈明显增加趋势，径流量仍呈减少趋势；表明，降水量对径流量的影响减弱，受人类对下垫面条件改变的影响增强。

采用 Pearson 相关性分析法对三家店降水量和天然径流量相关性进行了分析，1981 年以后，降水和径流相关性有所减弱，由 1980 年之前的"强相关"转为"中等相关"。采用线性回归法分别对三家店 1980 年之前和 1981 年之后的径流系数进行了分析，结果表明，径流系数有所减少，减少21.4%。进一步说明，径流量与降水量的关系近年有所减弱，近年径流量减少主要受下垫面条件改变的影响。

参考文献

[1] 王宁，王文圣，余思怡. 变化环境下岷江黑水河流域径流演变特征分析 [J]. 人民珠江，2020，43（4）：115-121.

[2] 郑艳军. 漳河观台水文站径流量演变趋势及突变分析 [J]. 海河水利，2022（1）：74-80.

[3] 韩非，陈影影，于世永，等.1954—2018 年东平湖水位变化特征及驱动因素分析 [J]. 水资源与水工程学报，2020，31（3）：102-109.

[4] 刘永国. 清源河流域径流长期演变规律及趋势分析 [J]. 水资源开发与管理，2022，8（2）：25-29.

[5] 彭戣，贾仰文，牛存稳，等. 永定河三家店以上流域径流减少归因分析 [J]. 水利水运工程学报，2022（1）：67-76.

[6] 王艺璇，沈彦军，高雅，等. 永定河上游环境变化和水资源演变研究进展 [J]. 南水北调与水利科技，2021，19（4）：656-668.

多举措并行　共建绿色流域

倪　洁　吴文强　徐东昱　万晓红　高　博

（中国水利水电科学研究院，北京　100038）

摘　要：绿色流域建设既是国家生态文明建设的战略需求，又是"十六字"治水思路的创新实践，新阶段水利高质量发展的重要路径之一。绿色流域建设坚持生态优先、绿色发展、系统治理，协同推进、试点先行、稳步推进的基本原则。通过生态流量管理，水质目标管理、水生态修复、智慧流域建设等举措，建设环境公平、生态平衡的绿色流域、清洁流域。

关键词：绿色流域；生态流量；水质目标管理；生态修复；智慧流域

水资源是事关国计民生的基础性自然资源和战略性经济资源，水生态环境安全问题事关我国经济社会发展稳定和人民健康福祉。流域作为自然界中水资源的空间载体，承载着人类各项经济社会活动，孕育出丰富多样的人类文明。习近平总书记多次实地考察长江、黄河流域生态保护和经济社会发展情况，先后三次主持召开长江经济带发展座谈会，强调"共抓大保护、不搞大开发"。两次主持召开黄河流域生态保护和高质量发展座谈会，将黄河流域生态保护和高质量发展上升为重大国家战略，要求"共同抓好大保护，协同推进大治理，让黄河成为造福人民的幸福河"。确立的国家"江河战略"，为以流域为单元强化治理和保护提供了根本遵循和科学指南。

1　绿色流域建设的意义

1.1　国家生态文明建设的战略需求

党的十八大以来，以习近平同志为核心的党中央高度重视生态文明建设，形成了习近平生态文明思想，把生态文明建设摆在实现中华民族伟大复兴中国梦的突出位置。绿水青山就是金山银山的生态理念深入人心，人民群众对青山、碧水等美好生态环境追求日益强烈，因此深入推进水环境综合治理、加强绿色流域建设，推动绿色低碳循环发展，是新形势下生态文明建设向高质量发展的必然方向。

1.2　"十六字"治水思路的创新实践

习近平总书记提出的"节水优先、空间均衡、系统治理、两手发力"治水思路，指导治水工作实现了历史性转变。重要湖泊流域加快形成节水型生产生活方式，建立水资源承载力分区管控体系。统筹山水林田湖草沙一体化保护和系统修复，以河流为骨干，以分水岭为边界，以流域为单元，坚持山水林田湖草沙综合治理、系统治理、源头治理，加强协同配合，推动上下游、江河湖库、左右岸、干支流协同治理，整体推进流域和区域生态环境改善。两手发力方面，流域的规划项目由地方负责推进实施，资金来源由中央和地方政府投资、企业自筹和社会融资共同解决。

1.3　新阶段水利高质量发展的重要路径

对标习近平总书记重要讲话精神，新阶段水利工作明确了推动高质量发展主题。完善流域防洪工程体系，以流域为单元，构建主要由河道及堤防、水库、蓄滞洪区组成的现代化防洪工程体系，提高

作者简介：倪洁（1986—），女，工程师，硕士，主要从事水环境治理研究工作。

通信作者：吴文强（1977—），男，高级工程师，主要从事水环境治理研究工作。

标准、优化布局，全面提升防洪减灾能力。复苏河湖生态环境以提升流域水生态系统质量和稳定性为目标，强化流域治理管理，强化河湖生态流量保障与水资源统一规划、统一治理、统一调度、统一管理。

2 绿色流域建设的基本原则

牢固树立绿水青山就是金山银山的理念，坚持生态优先、绿色发展，以改善水环境质量为目标，建设环境公平、生态平衡的绿色流域、清洁流域。

生态优先、绿色发展。坚持绿色发展理念，尊重流域治理规律，尊重湖泊生态系统完整性和流域系统性，注重保护与发展的协同性、联动性、整体性，从过度干预、过度利用向节约优先、自然恢复、休养生息转变，以水定城、以水定地、以水定人、以水定产，促进经济社会发展与水资源水环境承载能力相协调，以高水平保护引导推动高质量发展。

系统治理，协同推进。坚持山水林田湖草沙生命共同体理念，从流域生态系统整体性出发，以小流域综合治理为抓手，强化山水林田湖草沙等各种生态要素的系统治理、综合治理，以河湖为统领，统筹水环境、水生态、水资源，推动流域上中下游地区的协同治理，统筹推进流域生态环境保护和高质量发展。

试点先行、稳步推进。紧密结合推进落实区域重大战略和区域协调发展战略需要，选取一批具有典型性、代表性的试点流域，以改善流域水环境质量和经济社会高质量发展为目标，以政策协同、模式创新和体制机制改革为重点，探索流域治理与发展新模式。以流域水环境综合治理与可持续发展试点为抓手，鼓励有条件的流域和地区先行先试，力争在若干难点和关键环节率先实现突破，带动水资源节约、水环境综合治理、水生态保护修复各项工作整体推进，创新水环境综合治理方式[1]。

3 绿色流域建设的重要举措

3.1 流域生态流量管理

河流生态流量是维系江河湖泊生态系统的基本要素，是水权分配、水资源配置、水资源调度、水资源开发控制强度的重要指标和统筹"三生"用水的重要基础，事关生态文明建设和水利改革发展的全局。2020年水利部制定印发《水利部关于做好河湖生态流量确定和保障工作的指导意见》[2]，明确了河湖生态流量目标确定和保障的总体要求、目标任务、管理措施和保障措施，组织制订了全国重点河湖生态流量确定的工作方案。强化生态流量保障日常监督管理，采用信息化等手段，加强生态流量保障情况监督检查。推进科技支撑，完善流域生态流量监管平台，深入开展生态流量确定方法、监管措施、监测预警、风险防控、效果评价等方面的科学研究，健全河湖生态流量确定和保障的技术体系。水库的修建增加了河道内生态基流的保障能力和流量水平。面向我国新时期全面推进生态流量管理的需求，加大流域水资源统一调度管理，合理配置水资源，科学制订江河流域水量调度方案和调度计划。按照"确有需要、急用先行"的原则，截至2022年4月，已经在黄河、黑河、乌江、汉江、永定河、韩江、东江、沂河、沭河、大凌河与西辽河等32条跨省江河流域开展了水资源统一调度，保障了重点河段水生态安全和重要断面下泄流量与生态流量。通过引黄入冀补淀工程向白洋淀补水2.47亿 m^3，复苏白洋淀生态环境，有力支撑了华北地区地下水超采综合治理和雄安新区建设[3]。地下水超采治理中，为实现地下水的采补平衡，避免地下水水位持续下降，并结合丰水年份的自然补给和生态补水等措施，将地下水水位恢复至适宜水位[4]，以保证流域生态流量。

3.2 流域水质目标管理

引进国际先进的流域管理方法与实践，建立适应我国水资源保护与水环境管理要求的流域水质目标管理技术体系。以流域为管理单元，以水质目标为基础，以流域水生态系统健康为最终目的，依据"分类、分区、分级、分期"的流域水污染防治原则，构建将污染负荷削减和流域水质、水生态安全有机结合在一起的水环境容量总量控制技术，形成以此为技术支撑的流域水质目标管理[5]。充分考虑各流域区域差异，即根据流域所处自然环境状况及其自净能力大小，将污染物负荷总量控制在区域自然环境所能承载的能力范围之内，突破了单一流域水质管理的局限性，将整个流域的水质目标作为最终达标的标准，实现干支流协同、左右岸统筹、上下游综合治理的流域水质管理目标。建立以TMDL（Total Maximum Daily Load，最大日污染负荷）为基础的水质总量排污计划下的流域排污权初始分配制度，结合我国实际情况综合考虑按需分配、地区人口、经济总量、排污绩效等进行排污权初始分配，遵循公平与高效的基本原则，并在此基础上提出排污权交易管理办法[6]。在排污权交易管理方面，完善相关法律法规，明确排污权的私权及有偿使用；完善排污权初始分配模式，充分发挥市场机制运行的有效性，减少政府对排污权交易的过分干涉；合理设置政府机构权限，采用垂直管理体系实现责任分配，实现权责统一，政府在分配中起到服务、引导、简单的作用。加强整个分配环节的监督管理，构建公平、科学、合理、高效的污染物排放交易制度[7]。

3.3 流域水生态修复

坚持山水林田湖草沙生命共同体理念，从流域生态系统整体性出发，以小流域综合治理为抓手，积极推进水生态保护修复，加强重点河湖系统治理。

（1）强化水源涵养功能，认真做好饮用水水源保护。制定流域饮用水水源地名录，加强饮用水水源地名录准入和退出管理，开展饮用水水源地水质监督性监测与保护评估，加大江河源头区、水源涵养区等水生态保护修复和综合治理力度。

（2）实施重大生态保护修复工程。通过河湖生态补水、地下水超采综合治理、河湖治理等水生态保护修复工程，统筹推进堤防建设、河道整治、滩区治理，构建河湖绿色生态廊道，恢复水生态系统。

（3）加强河湖生态监测与评价，加快提升水生态环境监测能力和水平，开展湖库底泥清淤处置及水生态修复科技创新研究。

（4）提升水土保持监测评价能力。建立流域信息监测机制，实现对国家重点防治区水土流失动态监测和安全风险预警[8]。

3.4 智慧流域建设

构建智慧流域体系，以流域为单元提升水情测报和智能调度能力。运用卫星遥感、无人机、人工智能、大数据、云计算等技术手段，强化对水文、气象、地灾、雨情、凌情、旱情等状况的动态监测和科学分析，搭建综合数字化平台，实现数据资源跨地区跨部门互通共享，建设数字孪生流域——"智慧流域"平台，实现预报、预警、预演、预案功能。通过在数字孪生流域中对规划各要素进行预演分析，全面、快速比对不同规划方案的目标、效果和影响，确定最优规划方案，实现流域的统一规划。通过在数字孪生流域中预演治理工程布局及建设方案，评估治理工程与规划方案的符合性，分析治理工程对周边环境和流域的整体影响，辅助确定治理工程布局、规模标准、运行方式、实施优先序等，实现流域的统一治理。通过在数字孪生流域中综合分析比对各要素，预演防洪、供水、发电、航运、生态等调度过程，动态调整优化调度方案，实现统一调度。通过数字孪生流域动态掌握河湖全貌，实现权威存证、精准定位、影响分析，更好支撑上下游、左右岸、干支流联防联控联治，实现统一管理[9]。

4 总结

以"生态优先、绿色发展；系统治理，协同推进；试点先行、稳步推进"为主要原则，构建"水清岸绿、生态友好、低碳循环"的绿色流域；强化科技和人才支撑，强化流域治理管理，全力守护流域水生态系统健康，让流域水量丰起来，水质好起来，水生态环境呈现多元之美。通过科技创新，推进流域水治理的现代化，让长江、黄河等重点流域永远润泽华夏、造福人民。

参考文献

［1］国家发展和改革委员会．"十四五"重点流域水环境综合治理规划［R］．2021.

［2］中华人民共和国水利部．水利部关于做好河湖生态流量确定和保障工作的指导意见［R］．2020.

［3］朱程清．强化流域水资源统一调度 助力复苏河湖生态环境［J］．中国水利，2022（7）：9-10.

［4］王浩，胡鹏．基于二元视角的河湖生态环境复苏与生态流量保障路径［J］．中国水利，2022（7）：11-15.

［5］韩文辉，党晋华，赵颖，等．流域水质目标管理技术研究概述［J］．环境与可持续发展，2020，45（5）：133-137.

［6］杜慧慧，卢俊平，赵琳琳．海南省排污权初始分配模型的研究［J］．灌溉排水学报，2020，39（S2）：119-122.

［7］张霞菲，曾娜．我国排污权初始分配法律问题研究［J］．法制与社会，2021（9）：16-17.

［8］长江水利网．复苏河湖生态环境 强化流域治理管理 维护长江生态系统健康［EB/OL］．http：//www.cjw.gov.cn/hdpt/cjft/61003.html，2022-03-22.

［9］李国英．建设数字孪生流域 推动新阶段水利高质量发展［N］．学习时报，2022-07-06.

水质强化型近自然生态湿地工程设计初探

王文华　席力蒙　郭英卓　邬　龙　李建生　孙秋慧　董怡然

（中水北方勘测设计研究有限责任公司，天津　300222）

摘　要：以江苏省某河口生态湿地为例，从设计理念、功能定位、湿地工艺设计、湿地竖向设计和湿地植物配置等方面介绍了近自然湿地的设计方案。该湿地采用前置沉淀生态塘、多级表流湿地和水生植物净化塘为主体的近自然净化工艺，为提升近自然湿地水质净化效果，创造性地采用了微纳米曝气生物接触氧化、复合纤维浮动湿地和复合基质生态岛等强化处理技术，以期为同类近自然湿地设计提供借鉴和参考。

关键词：近自然湿地；微纳米曝气；生物接触氧化；复合纤维浮动湿地；复合基质生态岛

近自然生态湿地基于自然净化机制，模拟自然水体净化过程，综合物理化学、微生物、动植物对污染物的去除作用，在满足一定水质净化功能的前提下，兼顾生态修复和景观美学功能，在河湖治理和生态复苏方面应用前景广阔。但由于其主要通过湿地植物的吸收作用净化水质，受季节影响较大，特别是当湿地来水水质较差时，单独依靠近自然湿地处理无法保障污染物削减效果，在近自然湿地设计时需考虑水质强化处理措施。本文以江苏省某河口生态湿地工程为例，论述了近自然湿地设计方案，为提高湿地水质净化效果，创造性地采用了微纳米曝气生物接触氧化、复合纤维浮动湿地和复合基质生态岛等水质强化处理技术。

1　工程基本情况

江苏省某县某河道先后流经中心城区和农业种植区，承担着该县主城区的排涝任务，沿线承接了数条支流、城镇污水处理厂尾水、鱼塘排水、农田排灌支沟支渠等水体，水质常年为劣Ⅴ类，主要超标污染物为氨氮和TP。其中，氨氮平均浓度超出Ⅳ类水指标2.8倍，TP常年处在Ⅴ类~劣Ⅴ类，且水质呈现季节性差异，水质汛期较差，冬季较好。该河流受纳水体水功能区水质管理要求为《地表水环境质量标准》（GB 3838—2002）Ⅲ类水。为提升该河流排入受纳水体前水质，改善区域生态环境，在河口处建设生态湿地，工程选址位于受纳水体右岸滩地内，湿地处理水量15万 m^3/d，湿地建设长度约4.49 km，面积约572.7亩。

2　湿地总体设计

2.1　设计理念

滩地是河道生态系统的重要组成部分，在河流发挥栖息地、过滤功能、通道作用、源汇功能时发挥着重要作用。随着社会经济的快速发展，城市化建设进程不断加快，土地资源变得更加紧缺。利用滩地建设生态湿地可以缓解城镇用地条件进展难题，发挥生态湿地对低污染水体的净化功能，同时提升和改善滩地生态环境，提高生态系统生物多样性，营造优美的湿地滨水景观，为周边居民提供休闲游览场所。设计时遵循以下理念：

作者简介：王文华（1985—），男，高级工程师，主要从事河湖水生态治理与修复工作。
通信作者：郭英卓（1968—），男，正高级工程师，中水北方水生态院副院长、总工程师，主要从事河湖水生态治理与修复工作。

（1）生态湿地坚持生态优先、绿色发展理念，基于自然净化机制，模拟自然水体净化过程，综合物理化学、微生物、动植物对污染物的去除作用，在满足一定水质净化功能的前提下，兼顾生态修复和景观美学功能。

（2）在生态湿地设计时，与周边生态工程建设和周边地形相结合，充分利用现状地形、保留现状树木，营造动植物生境，种植根系发达植物以达到生物保护、固岸护坡的功能。水生和陆生植物配置上，坚持选择本土物种，避免外来物种入侵。

（3）为提高生态湿地水质净化能力，积极稳妥地引进和采用了先进的水质强化处理技术、设备和材料，力求湿地运行稳妥可靠、便于管理及维护、经济合理，减少工程投资及日常运行费用。

2.2 工艺设计

湿地采用前置沉淀生态塘+表流湿地+生态塘+表流湿地+水生植物塘的组合工艺（见图1）。考虑到上游来水汛期雨水含有大量泥沙，在主体工艺之前设置以前置沉淀生态塘为核心处理单元的预处理措施，有效沉淀进水中的泥沙，以提高核心处理单元的处理效果及减少堵塞风险。

图1 河口生态湿地工艺流程

结合现状地形条件，在表流湿地间布设生态塘，通过营造水深和溶解氧逐级交替变化环境，反复形成好氧、缺氧、厌氧、好养环境，有利于微生物进行氨化、硝化、反硝化，通过微生物降解、植物吸收等方式综合净化水质。生态库塘作为景观性湿地，可以增加观赏性和亲水性，同时对污染物具有一定去除能力，达到削减污染物和打造生态景观的双重目的。

表流湿地出水再通过末端的水生植物塘处理措施对水质进行再次提升，根据水质净化和湿地生态恢复需求，结合现有地形高程，综合考虑鸟类、鱼类栖息需求的情况下，结合现场的地势条件并对现有地形进行一定的改造，形成不同的水深条件，通过不同种类植物（挺水植物、浮叶植物、沉水植物）搭配，结合增殖放流鱼类、贝类等水生态强化措施，构建一个种类多样，食物链复杂的水生态系统。

2.3 竖向设计

河道节制闸闸顶高程为15.5 m（废黄河高程系统，下同），设计灌溉水位为8.0 m，现常水位为8.0~8.8 m，湿地运行时关闭节制闸壅高水面到10.0 m以上，上游来水通过新建涵闸经原涵洞进入湿地（见图2）。受纳水体水位一般为8.0~8.5 m，湿地最末端水生植物塘设计水位为8.8 m，湿地出水通过涵闸排入旁边排水渠最终汇入受纳水体。湿地始末端水位差为1.3 m，纵坡比为0.03%，采用生态溢流堰控制各处理单位水位并进行跌水富氧。

生态湿地主体单元包括前置沉淀生态塘、多级表流湿地和水生植物塘，前置沉淀生态塘包括沉淀塘和氧化塘两个主要塘体，其中沉淀塘水位10.0 m，最大水深2.5 m；氧化塘水位10.0 m，最大水深2.0 m；表流湿地分为多级，表流湿地间设置有生态塘，以形成深潭和浅滩效果，为水生动物生存创造条件，表流湿地最大水深为0.5 m，生态塘最大水深为1.0 m；水生植物塘位于湿地末端，水位8.8 m，最大水深2.5 m。

2.4 湿地植物配置

湿地植物以乡土植物为主，考虑本工程位于郊野，选择速生、易成活、后期养护简便的植物品种。植物种植规格按照生态恢复设计原则，选择适合生长的规格，并预留植物生长空间。在选择适合水岸、水际及水体栽植的植物品种时，综合考虑花期、观赏特性及植物造景特点和季相变化，形成多种群落的组合配置。

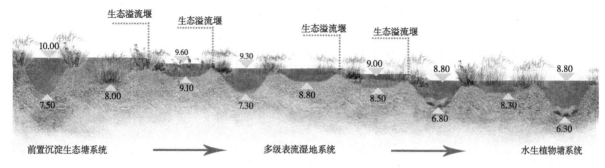

图 2　河口生态湿地竖向设计示意图

岸上种植区选取适宜岸坡栽种的乔灌木，形成复层群落组合，在满足生态效益的同时增强植物观赏性，在湿地周围形成易于辨识的植物空间特色。湿生种植区通过微地形塑造形成缓坡，选择攀缘木本、矮地被、矮灌木等易于养护的固土湿生护坡植物。水生植物种植区考虑植物的净化功能和观赏特性，湿生、挺水、浮叶、沉水植物结合布置。

2.5　水利附属工程设计

2.5.1　生态隔埝设计

为保证湿地运行水位，防止汛期时受纳水体倒灌淹没湿地主体单元，同时考虑受纳水体行洪功能，在湿地与主河槽之间设置顶宽不小于 5 m 的隔堤，隔埝顶高程与受纳水体五年一遇洪水位相当。采用土堤防护形式，坡顶及湿地侧常水位以上撒播草籽，湿地侧水面线 0~0.5 m 区域种植挺水植物。

2.5.2　生态溢流堰设计

根据湿地结构布置需要以及跌水富氧的需求，新建生态溢流堰。溢流堰选址综合考虑湿地现状地形地貌特点和亲水节条件，以及湿地工艺跌水富氧要求等因素，长度依河床地貌形态而变化，溢流堰主体结构为自然山石，根据不同功能需求，堰顶设置景观叠石或汀步。溢流堰均采用宽顶堰样式，堰底宽约 20.0 m，堰顶宽度为 2 m 左右，基础埋深 2.0 m。

3　水质强化处理工艺

由于湿地上游来水中氨氮和总磷含量较高，以生态塘和表流湿地为主体的近自然湿地净化工艺对污染物的削减能力有限，本工程在湿地工艺设计创新地采取了微纳米曝气生物接触氧化系统、复合纤维浮动湿地和复合基质生态岛等湿地强化处理技术。

3.1　微纳米曝气生物接触氧化系统

湿地上游来水中氨氮含量较高，平均值超地表 V 类水标准 1.15 倍，本工程创新地将人工增氧与污水处理领域的生物接触氧化技术进行了有机耦合，该系统包括微纳米曝气机、微管输气布气系统、生物填料和控制系统（见图3）。微管曝气铺设在底部进行曝气，气流竖向推动，气泡纵向上升带动水体内循环，促使溶解氧均匀分布。底部或结合生态浮床布置仿生水草、生物绳等生物载体填料，利用填料比表面积大、生物易附着等优点，可以在生物载体表面附着生长生物膜，主要由硝化细菌等微生物及胞外多聚物组成，生物膜具有特殊的生物层结构、复杂的生物群落以及较长的食物链，这为微纳米曝气生物接触氧化净水技术带来了高效净化的优势。有效降低水体中氨氮和COD，提高水体水质，丰富水体生态景观。

在湿地入口涵洞前和前置沉淀生态塘系统的好氧塘设置微纳米曝气生物接触氧化系统，微纳米曝气生物接触氧化系统包括微纳米曝气和生物接触氧化系统两部分，利用一体化微纳米曝气机和生物填料进行有效的组合，可以实现水体快速增氧，激活微生物膜的形成，能快速去除水体中氨氮、COD和总磷等污染物。主气路管采用 DN32 的 PE 管，支气路管（微孔纳米曝气管）采用 $\phi10\times6.5$ 的 PE 管。同时，在微纳米曝气头上方布设生态浮床，生态浮床下端悬挂生物绳填料，生态浮床上种植黄菖

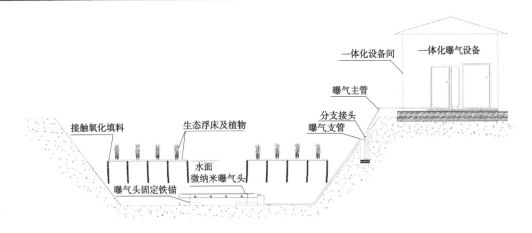

图3 微纳米曝气生物接触氧化系统典型设计

蒲、鸢尾、千屈菜和美人蕉等水生植物。

3.2 复合纤维浮动湿地

湿地前端的沉淀塘要发挥蓄滞沉沙等作用，不适宜进行水生植物种植，导致湿地生物多样性降低、景观性变差。本工程借鉴人工湿地原理在沉淀塘内搭建了类似人工湿地结构的复合纤维浮动湿地（见图4、图5），布设于湿地前端的沉淀塘和湿地末端的水生植物塘，种植黄菖蒲、水生鸢尾和水生美人蕉等挺水植物，外轮廓混播草皮。

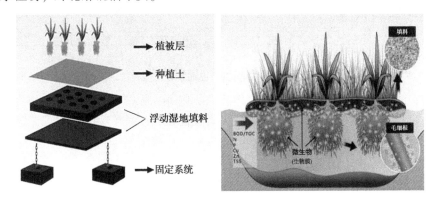

图4 复合纤维浮动湿地结构示意图

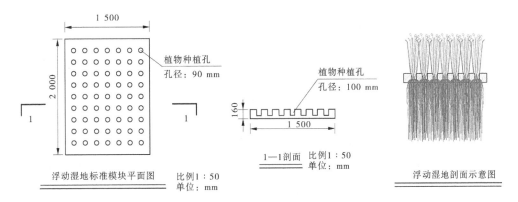

图5 复合纤维浮动湿地典型设计

浮动湿地的布设大大增加了所布设水域的微生物总量，促进了以微生物为食的底栖动物、鱼类等的数量，并以浮动湿地植物完善水生态系统，通过水域中植物量与鱼类增加，促进昆虫、鸟类、两栖动物栖息与生长，形成立体的生境平台。同时，基质、微生物与植物形成的净化系统，可促进实现植物、载体填料、微生物、大气、生态系统的各环节与水交互作用,通过物理、化学和生物的共同作用,实现对水体污染物的去除,使水质得到净化并起到生态修复作用,是水体中的"可移动净化生境平台"。

3.3　复合基质生态岛

沸石、火山岩、陶粒等功能性填料在潜流湿地水质净化过程中发挥着重要作用,直接用于表流湿地水质强化存在水力停留时间短、净化效果差、影响湿地景观效果等缺陷。本工程借鉴河床生物膜净化河水的原理,提出了复合基质生态岛水质强化新技术(见图6)。复合基质生态岛水下填充功能性填料,水上覆土种植挺水植物,利用填料的吸附、过滤、植物种植层的吸收作用、填料上附着生物膜的微生物降解等作用净化水质。本工程复合基质生态岛布设于表流湿地的前端,内部填充有功能性填料,填料充填高度为 30～40 cm,填料粒径 80～100 mm。生态岛上种植植物,可为鸟类提供栖息环境。

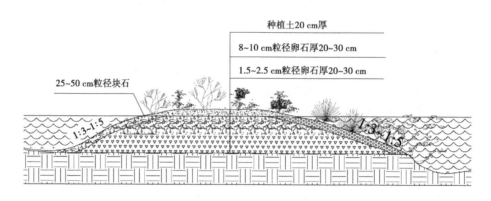

种植土20 cm厚
8~10 cm粒径卵石厚20~30 cm
1.5~2.5 cm粒径卵石厚20~30 cm
25~50 cm粒径块石

图6　复合基质生态岛典型断面

本工程选择的功能性填料为沸石,具有比表面积大、内部孔隙结构发达的特点,其阳离子含量充足,有机质丰富,填料表面和内部孔隙形成了一个大的表面积,使微生物能够附着,增强了水力传导和污染物的去除,对水体中的悬浮物、氮磷等具有较好的过滤和吸附作用,利于生物膜快速形成,可有效提高湿地冬季的处理效率。

4　结论

河口生态湿地的主要功能为净化水质、改善区域生态环境,营造优美的湿地滨水景观。湿地采用前置沉淀生态塘、多级表流湿地和水生植物净化塘为主的近自然净化工艺。为提升表流湿地和生态塘对污染物的去除效率,在湿地工程设计时采取了微纳米曝气生物接触氧化、浮动湿地和复合基质生态岛等强化措施,目前项目主体工程已施工完成,该工程由专业 SPV 公司负责湿地的运行维护,后期将结合运维管理,通过湿地进出水水质监测,考察近自然湿地及其强化处理措施对污染物的净化效果。

参考文献

[1] 董哲仁. 生态水利工程学 [M]. 北京:水利水电出版社,2019.

[2] 战楠,黄炳彬,李光远,等. 仿自然人工湿地系统构建模式与效果初探 [J]. 湿地科学与管理,2020,16(3):4-8.

[3] 倪盈,邵海波,韩子乾,等. 浮动湿地对再生水受纳的景观水体水质净化作用研究 [J]. 水利规划与设计,2016(7):55-58.

[4] 污水自然处理工程技术规程:CJJ/T 54—2017 [S]. 北京:中国建筑工业出版社,2017.

[5] 河湖生态系统保护与修复工程技术导则:SL/T 800—2020 [S]. 北京:中国水利水电出版社,2022.

"十四五"时期潮白河生态环境复苏补水方案研究

穆冬靖　齐　静

（水利部海河水利委员会科技咨询中心，天津　300170）

摘　要： 复苏河湖生态环境是推进新阶段水利高质量发展的重要路径之一。2021 年，水利部印发相关指导意见和实施方案，明确了"十四五"时期复苏河湖生态环境的目标和任务要求。本文以潮白河为例，开展跨省市河流重点河段的生态环境复苏补水方案研究，以期为华北地区重点河湖生态环境复苏行动方案的实施提供技术支撑。

关键词： 潮白河；生态环境；复苏；补水方案

1　引言

"十四五"是推进新阶段水利高质量发展的关键时期，水利部于 2021 年 12 月印发了《关于复苏河湖生态环境的指导意见》和《"十四五"时期复苏河湖生态环境实施方案》，提出"十四五"时期断流河流、萎缩干涸湖泊修复与地下水超采综合治理等目标和要求，明确开展华北地区河湖生态环境复苏行动，应围绕华北地区地下水超采综合治理这一根本目标，聚焦河湖生态补水与地下水回补，推进补水重点河湖集中贯通，统筹调配多种水源，实施河湖生态补水并尽可能向下游延伸，持续推进水生态水环境改善。本文以潮白河为例，结合河湖生态环境复苏的相关要求，开展跨省市河流重点河段的生态环境复苏补水方案研究，以期为华北地区重点河湖生态环境复苏行动方案的实施提供技术支撑。

2　河流基本情况

潮白河为海河北系四大河流之一，发源于燕山北部山区，流经河北、北京、天津三省（市），干流全长约 188.2 km，流域面积 19 655 km²。其上游由潮河、白河两大支流组成，于密云水库以下密云区城南河槽村汇合后称潮白河，至怀柔纳怀河后流入平原，河北省香河县吴村闸以下称为潮白新河，至天津市滨海新区宁车沽防潮闸汇入永定新河，向东流入渤海。本次潮白河生态环境复苏补水范围为潮白河密云水库以下河段，即密云水库至宁车沽防潮闸河段，总河长约 211.6 km。

潮白河上游具有供水和生态功能，兼顾水力发电，密云水库是北京市重要水源地；苏庄以下河段具有重要的行洪、排涝、生态功能，兼顾蓄水灌溉，部分河段流经城市，具有重要生态功能[1]。

3　水生态状况评价

3.1　河道断流状况

20 世纪 50 年代潮白河河道水量充沛，常年有水。由于密云上游来水衰减、城市用水增加，水资源尤其地下水资源过度开发等原因，自 1981 年起潮白河每年均发生断流，20 世纪 80 年代年均断流 247 d，90 年代年均断流 179 d，2000—2016 年以来年均断流 364 d，几乎全年断流，最长断流长度 122 km，河流生态功能退化严重。

作者简介： 穆冬靖（1987—），男，工程师，主要从事水资源规划、防洪规划等工作。

近年来，随着顺义引温济潮工程、南水北调中线工程及京密引水渠反向输水、南水北调回补工程建成，通过多种水源补充，潮白河全线断流状况得到一定缓解[2-4]，潮白河汇合口—河槽滚水坝、城北减河—苏庄橡胶坝段、白庙橡胶坝下游 0.7 km 以下河道实现了常年有水，牛栏山以上约 4.6 km 南水北调水回补期间间歇有水。运潮减河汇入口以下由于北运河再生水、雨洪水和蓟运河的雨洪水等跨流域调入，汇入口到里自沽闸河段常年蓄水，河道形成连续且较为宽阔的水面；里自沽闸—工农兵闸段由于上游里自沽节制闸的控制，虽然常年有水，但基本处于断流状态。

3.2 湖泊萎缩情况

中华人民共和国成立初期七里海湿地面积为 108 km²，由于划归农场垦田及开挖潮白新河河道等原因，到 1971 年面积缩减为 53.2 km²。1992 年，为有效保护古海岸遗迹资源及湿地生态环境，出于抢救性保护目的，建立了"天津古海岸与湿地国家级自然保护区"，保护区总面积约 975.9 km²。2009 年又对该保护区进行了范围调整，保护区总面积调整为 359.1 km²，其中核心区 44.85 km²（东七里海面积 16.66 km²，西七里海面积 28.19 km²）。

3.3 生物多样性情况

根据 2020 年全年潮白河水生态监测成果，潮白河有水河段累计共监测到鱼类 23 种，种群较大的有鲫、麦穗鱼等；调查到水鸟 26 种，种群较大的有黑翅长脚鹬、绿头鸭、骨顶鸡、白鹭等。20 世纪 80 年代潮白河有鱼类共 16 科 33 种，前后对比鱼类种类有所下降。

3.4 河流连通性状况

潮白河沿河建有大量拦河闸坝，闸坝常年闭闸蓄水，河流纵向连通性较差。此外，过去盗采砂石造成河道内外遗留了很多砂石坑，河道内砂坑使现状河底远低于规划河底，京承高速桥、大秦铁路桥、牛栏山橡胶坝、向阳闸等建筑物现状底高程远高于上下游砂坑河底，致使潮白河生态补水形成连续水面所需蓄水容积较大，河道连续性较差。

3.5 河道岸线侵占情况

河道滩地内存在围埝、坟茔、林木等历史遗留问题。河湖"清四乱"专项行动后，在河道管理范围内偶有临时乱堆、乱占现象，潮白新河禁养区内有水产养殖行为。

总体来看，潮白河河道生态用水被严重挤占，部分河段生态水量严重不足。目前潮白河的生态水源主要为再生水，潮白河生态水量得不到满足，景观水面均由闸坝拦蓄，水体不流动，水质较差。苏庄至运潮减河汇入口河段常年断流，部分河段干涸，无法维持河流生态健康，水生态系统受损，功能韧性严重不足。

4 复苏目标

"十四五"期间，以保障基本生态水量为基础，逐步恢复河流水面，提高潮白河生态系统质量，水生态状况持续改善，地下水水位逐步回升。到 2025 年，河湖生态功能基本恢复，空间管控能力进一步提高，形成清新亮丽、蓝绿交织、水波盈盈的河流生态廊道，推动潮白河成为京津冀地区协同共治、和谐共管、互惠共享的河道治理典范。

力争实现"十四五"期间，正常来水年份，潮白河河段年补水 4.5 亿~6.9 亿 m³，入渗水量 2.0 亿~3.0 亿 m³；潮白新河段年补水 4.1 亿~5.7 亿 m³，入渗水量 0.6 亿~0.9 亿 m³。密云水库至运潮减河汇入口河段实现贯通不少于两次，集中贯通补水 2.0 亿~2.5 亿 m³，结合区间外流域来水，实现贯通期间从密云水库至宁车沽防潮闸约 211.6 km 全线有水。

5 水源条件分析

从近年供水情况来看，潮白河流域以运潮减河汇入口为界基本形成上、下两种供水格局。汇入口以上区域以地下水源为主、地表水和非常规水协同调用，汇入口以下区域以外流域调入再生水为主、地下水和非常规水协同调用。未来在无外调水的情况下，运潮减河汇入口以上区域的供水格局很难发生较大变化，在保证合理开发地下水源的前提下，总供水能力提升空间有限；运潮减河汇入口以下区域外流域来水相对较多，且农业用水比例较高，节水潜力较大。潮白河生态补水水源主要分为本地上游来水、再生水与外流域来水，其中外流域来水为主要水源。

5.1 当地地表水

以1956—2016年径流系列进行水库可供水量分析，预计密云水库多年平均可供水量约为5.5亿m³。按照北京市供水3.5亿m³预留，多年平均条件下约有2.0亿m³下泄的能力。此外，雁栖河和怀柔水库根据上游来水相机补水。

5.2 再生水

2019年投入使用的密云新城再生水厂，设计日处理规模为6.5万m³/d，远期可扩建到10万m³/d，现状年可供水量约0.13亿m³。河北省与天津市沿线县（区）再生水沿途入河为生态水量的补充。

5.3 外流域来水

（1）潮白河上游2011年建成的引温济潮工程，引温榆河水经城北减河入潮白河，稳定运行后一、二期调水工程水处理规模为20万m³/d，扣除顺义区利用外，年均可向潮白河河道内调水0.45亿~0.5亿m³，现状能满足潮白河城北减河—苏庄橡胶坝河段蒸发渗漏用水。

（2）潮白河下游通过运潮减河、牛牧屯引河及青龙湾减河承接北京市雨洪与再生水，1980—2016年平均承接水量为5.3亿m³，水量较充足。

（3）通过引泃入潮承接蓟运河流域雨洪水，1980—2016年平均承接水量约为1.60亿m³，近年水量衰减较大，2001—2016年年均来水约0.57亿m³。此外南水北调中线水通过京密引水渠相机补水。

6 复苏补水方案

潮白河现状运潮减河汇入口以上河段局部断流（干涸），为本次补水重点考虑河段，河长约84.5km；运潮减河汇入口以下河段为常年有水河段，河长约127.1km。

6.1 年补水方案

正常来水年份，运潮减河汇入口以上河段年补水2.4亿~3.7亿m³，其中密云水库下泄2.0亿~2.5亿m³；密云新城再生水厂、引温济潮等再生水沿河年补水0.4亿~0.7亿m³，南水北调中线相机补水0~0.5亿m³。结合运潮减河汇入口以下北运河来水，实现潮白河河段年补水4.5亿~6.9亿m³，入渗水量2.0亿~3.0亿m³。潮白新河河段承接潮白河下泄水量及牛牧屯引河、青龙湾减河等来水，实现年补水4.1亿~5.7亿m³，入渗水量0.6亿~0.9亿m³。

6.2 集中贯通补水方案

根据上游来水及水库蓄水情况，在每年主汛期前的4—5月实施补水约30 d，择机进行集中贯通补水。由潮河、白河以及雁栖河、小中河和怀河向潮白河生态补水，从密云水库以70~90 m³/s下泄，南水北调中线相机补水，经潮河至河槽村潮白河汇合口；沿途密云新城再生水厂等再生水入河，并汇入温榆河引水，河槽村汇合口至运潮减河汇入口段实现填坑入渗并形成连通水面；运潮减河汇入口以下河段承接上游下泄水量和运潮减河、牛牧屯引河及青龙湾减河补水量，并与河北省、天津市本地再生水联合，实现潮白河至潮白新河全线有水。运潮减河汇入口以上补水量2.0亿~2.5亿m³，入渗水量为1.4亿~1.7亿m³。

集中贯通补水宜与年度补水相结合，协调好防洪安全与沿线用水关系，补水过程中可结合河段流量监测数据适时调整下泄流量。

"十四五"期间，正常来水条件下，密云下泄生态水量，并结合区间再生水与外调水，重点保障苏庄断面生态水量下泄要求。下游由于北运河正常年份来水较充足，赶水坝下泄水量2.1亿m³和宁车沽防潮闸下泄水量0.7亿m³基本能够得到满足，并通过潮白新河向七里海补水，满足维持河道内一定水面面积和入海的生态环境需水量。遇偏枯年份，当南水北调水量充足时可相机向河道内补水，共同保障下游生态需水量。

7 保障措施

7.1 加强组织领导

沿线县（区）人民政府要将生态环境复苏补水方案的实施作为推进生态文明建设、加强河湖生态保护和落实最严格水资源管理制度及河长制的重点工作，实行水资源管理行政首长负责制，成立领导小组，完善工作机制，抓好各项任务落实。

7.2 逐级分解任务

生态补水水量调度由水利部统一安排，流域机构负责实施过程中的监测与实施效果评估，相关省市要按年度编制潮白河生态补水实施方案，将任务层层分解落实。潮白河沿线各县（区）人民政府是潮白河生态环境复苏行动方案实施的责任主体，加强组织协调，明确实施主体，细化年度补水实施方案，确定目标任务、完成时限，明确责任领导和具体负责人，确保各项工作落实到位。

7.3 加强督导考核

强化监督管理和绩效考核，将生态流量（水量）目标保障纳入最严格水资源管理制度考核，加强对生态流量（水量）保障工作的监管。加强跨区域、跨部门联动机制建设，建立完善的"河道-地市-省市-流域" 4 级生态流量监测网络和监督管理体系。定期或不定期组织开展生态水位监督检查专项行动，对各控制断面的下泄水量、监测监控预警以及考核断面生态水位目标的满足情况等进行检查督查，对存在的问题提出整改要求，并督促落实。

7.4 加大投入力度

相关省市及沿线县（区）政府要切实落实主体责任，协调组织辖区内相关工作，加大河湖生态环境复苏工作的人力投入，提供可靠的队伍保障。统筹利用现有资金渠道，加强统筹安排力度，持续加大支持力度，探索采取以奖代补等方式创新投入机制，并建立资金安排与复苏成效挂钩机制，注重运用市场化方法，拓宽投融资渠道，撬动更多社会资金投入河湖生态环境复苏与地下水超采综合治理建设。

7.5 完善工作机制

结合全面推行河湖长制的需要，加强河湖管理保护的沟通协调、综合执法、督察督导、考核问责、激励等机制建设。建立跨界河流协同联合工作机制，建立跨流域、跨部门、跨区域的水资源统一调配制度，保障生态补水各项任务落到实处。建立部门联合执法机制和日常监督巡查制度，协调解决跨行政区、跨部门的河湖补水等重大问题。积极探索生态水量保障补偿机制，探索建立生态水量保障公众参与机制，提高生态环境复苏工作的公众参与及监督管理水平。

参考文献

[1] 水利部海河水利委员会. 海河流域综合规划（2012—2030 年）[R]. 天津：水利部海河水利委员会，2013.

[2] 刘文路，郝连桂，杨勇，等. 潮白河生态补水对地下水影响的模拟预测 [J]. 北京水务，2022，222（1）：35-38.

[3] 何亚平，李世君，李阳，等. 南水北调水对潮白河地区回补情况及水位影响分析 [J]. 北京水务，2019，206（3）：21-26.

[4] 刘洋. "引温济潮" 实现区域性水资源跨流域回补 [J]. 北京规划建设，2010，131（2）：71-74.

基于生态系统重建的郊野河流生态需水研究

缪萍萍[1]　徐　鹤[1]　王立明[1]　顾宏霞[2]

（1. 水利部海河水利委员会水资源保护科学研究所，天津　300170；

2. 天津市碧波环境资源开发有限公司，天津　300170）

摘　要：永定河是京津冀地区重要的生态屏障和生态廊道，《永定河综合治理与生态修复总体方案》将流动的河、绿色的河、清洁的河、安全的河作为生态环境修复目标。基于生态系统重建的理念，以永定河郊野段为例，在分析河流历史径流特性的基础上，分别从"流动""绿色""清洁"等生态环境复苏的重要因素开展河流生态需水研究，为将永定河建成安澜、富民、宜居、生态、文化的幸福河提供支撑。

关键词：生态系统重建；生态需水；郊野河流；永定河

1　引言

由于社会经济发展和全球气候变化的影响，我国河流生态系统面临来水逐渐减少，基本生态环境用水受到挤占，水环境恶化、生物多样性降低，河流生态功能日益衰退等生态环境问题。在水文气候条件及下垫面条件剧烈变化的条件下，重新构建与流域水资源条件、区域经济社会发展相适应的河流生态系统，在特定水资源承载力上恢复河流生态功能，是河流生态修复研究的热点。

永定河是京津冀地区重要的生态屏障和生态廊道，建设流动的河、绿色的河、清洁的河、安全的河是永定河绿色生态河流廊道的生态修复目标。根据河流生态功能定位，永定河划分为山区段、平原城市段、平原郊野段以及滨海段，其中永定河平原郊野段贯穿永定河泛区（梁各庄至屈家店）。郊野段 2005—2014 年的 10 年间河道基本全年干涸，常年干涸沙化，加上地表裸露、植被覆盖度低，成为永定河扬尘扬沙段，河流生态严重退化。该段河道规划以恢复河流自然特性为重点，开展湿地保护与恢复，建设沿河湿地和郊野公园，实施河道生态修复。因此，针对永定河平原郊野段（梁各庄—屈家店）河流生态特点，结合打造田园生态景观的生态修复需求，选择适宜的生态水量核算方法，分析郊野段河流生态需水量及需水过程是本文研究的重点。[1-3]

2　永定河郊野段基本情况

永定河郊野段自梁各庄至屈家店枢纽，全长 67 km，是永定河中下游缓洪沉沙场所。泛区内地形自西北向东南倾斜，微地形变化大，河道纵坡具有上下段较陡，中段较缓的特点，左右大堤堤距一般为 6~7 km，最宽处达 15 km，总面积 522.7 km²，区间左岸有永兴河、新龙河，右岸有中泓故道等沥水汇入，河系示意图见图 1。

永定河现有固安水文站，1975 年建站，控制流域面积 44 700 km²，固安位于郊野段上游，自建站至 2019 年期间，除 1977 年、1979—1980 年、1995—1996 年汛期有洪水记录外，其他年份基本无

基金项目：京津冀协同发展"六河五湖"综合治理与复苏河湖生态环境关键技术研究（SKR-2022033）；水体污染控制与治理科技重大专项（2018ZX07101005）；下垫面变化条件下洋河流域生态水量配置与调度研究（2020-28）。

作者简介：缪萍萍（1986—），女，高级工程师，主要从事水资源保护、水生态治理与修复工作。

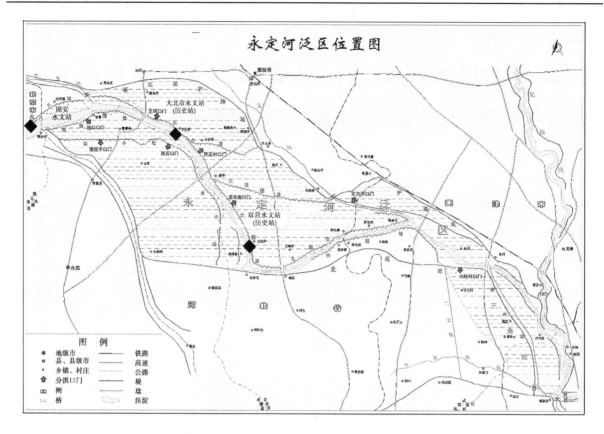

图 1　永定河郊野段河系及水文站示意图

径流量下泄入永定河郊野段。根据历史大北市水文站（1958 年 6 月建站，1981 年 6 月撤站）记载，在 1950—1972 年期间，自 1965 年开始汛期占全年径流量的 100%（除 1967 年占全年的 70%），1972 年最小，年径流量仅为 40 万 m³。根据历史双营水文站（1918 年 6 月 3 日建站，1939 年 7 月撤站）记载，1930 年 8 月 1—7 日日均流量为 0，明确记录河干；1931 年 5 月 24 日至 7 月 2 日日均流量为 0，明确记录河干；1935 年 5 月 30 日至 7 月 13 日日均流量为 0，明确记录河干；1936 年 5 月 2 日至 7 月 7 日日均流量为 0，明确记录河干。因此，永定河郊野段历史上为季节性河流。

永定河泛区内植被类型比较单一。由于过去无计划地开垦，天然植被早已绝迹，现主要有人工林（杨、柳、榆、槐、紫穗槐等）、经济林树种（苹果、梨、桃、杏、李、葡萄等）、农作物（小麦、玉米、棉花、花生、豆类、高粱和谷类及各种瓜类、蔬菜为主）和一些草本植物（蔓草、马齿苋、苦菜、沙蓬）。

根据径流分析及植被调查，永定河郊野段河道内长期干涸，河道沙化较为严重，且生态环境单调，已基本丧失自然河流特性。

3　功能定位及生态需水内涵

河流生态需水量的确定，首先要满足河流生态系统对水量的需求，其次是确保水质能保证生态系统处于健康状态。河流带生态系统由水生生态系统和陆地生态系统构成，属于典型的水陆交错带。水陆交错带的特点是水生生态系统与陆地生态系统之间的作用比较强烈，产生了复杂的景观异质性和边缘效应。它为不同生态位的物种提供了栖息地，具有丰富的生物多样性，为维持流域生态系统的稳定发展奠定了坚实的基础。因此，对河流带生态需水的研究，实质上就是对水生生态系统和与之密切相关的陆地生态系统需水问题的研究，陆地生态系统的研究范围则取决于保护目标和管理策略[4-5]。自然生态系统管理的集中策略包括恢复、改建、重建等（见图 2），根据永定河河道径流特性及植被特性，郊野段河流生态系统管理策略应属于"重建"策略。

《永定河综合治理与生态修复总体方案》（简称《总体方案》）按照"以流域为整体、区域为单元、山区保护、平原修复"的原则，提出在平原河段建设绿色生态走廊。从水量、水质和生境三个要素，明确了永定河平原段的生态功能定位，应恢复水体连通和景观环境功能。按照"流动的河"的目标和"平原河段维持水面"的思路，规划到2020年初步形成永定河绿色生态河流廊道，河流生态水量得到保障；到2025年，基本建成永定河绿色生态河流廊道。未来，随着自然修复步入良性循环、流域节水水平提高以及地下水位回升，永定河恢复成为"流动的河、绿色的河、清洁的河、安全的河"，再现河道清水长流、湖泊荡漾涟漪、沿岸绿树连绵、城乡山川相融的自然山水风貌，使人民群众"望得见山、看得见水、记得住乡愁"。

图 2　自然生态系统管理的集中策略

因此，郊野段生态需水近期应强调郊野段生态系统的重构，恢复水体连通功能，维持一定的生态水面；远期应结合永定河"流动的河、绿色的河、清洁的河"的恢复目标，随着河流生态系统自然修复，还应考虑恢复生物生存需求及自净功能需求。

4　生态需水计算

4.1　计算方法

永定河郊野段以恢复河流自然特性、维持生态水面为重点构建河流绿色生态河流廊道。按照《河湖生态环境需水计算规范》（SL/T 712—2021），从尊重生态系统自然规律、维系水生态系统的结构与功能的角度出发，采用生态环境功能法计算河流生态环境需水量。生态环境功能法根据河流保护目标所对应的生态环境功能，分别计算发挥水体连通、自净、栖息地保护等功能所需要的水量，取外包值作为河流生态环境需水量。

4.1.1　"流动的河"

"流动的河"功能主要是维持永定河郊野段水体连通功能，需满足河流溪流及河道内湿地生态水面的蒸发渗漏损失量。其中，蒸发需水量根据附近蒸发站逐月蒸发系数（扣除降水）计算。由于河道长期干涸，没有河流渗漏资料，下渗需水量采用基于物理机制的达西公式计算。

蒸发需水量计算公式如下：

$$W_{蒸发} = E \times A \tag{1}$$

下渗需水量计算公式如下：

$$W_{下渗} = -K_s \frac{\Delta H}{L} \times A \times T \tag{2}$$

式中：$W_{蒸发}$ 为蒸发需水量，m^3；$W_{下渗}$ 为下渗需水量，m^3；A 为生态水面面积，m^2；E 为蒸发系数，m/a，采用临近蒸发站逐月蒸发系数；K_s 为渗透系数，m/s，根据河道工程设计报告及相关水文地质成果选取；$\frac{\Delta H}{L}$ 为水力坡度，参考地质结构及地下水埋深选取；T 为时段，s。

4.1.2　"绿色的河"

"绿色的河"是指河岸带生境得到有效恢复，上下游河流生态通道基本贯通，河流湿地生态功能得到进一步增强，创造优美的河流生态环境，为生物营造良好的水流生态环境。因此，构建"绿色的河"生态需水量采用生物需求法进行计算，计算公式如下：

$$W_i = \max(W_{ij}) \tag{3}$$

式中：W_i 为水生生物第 i 月需水量，m^3；W_{ij} 为第 i 月第 j 种生物需水量，m^3。

现阶段由于河道长期干涸，郊野段无法确定河流廊道恢复后的生物种群。一般情况下，鱼类作为水生态系统中的顶级群落，是水生生态系统的重要组成部分，对其他类群的存在和丰度有着重要作用，同时鱼类对生存空间最为敏感，对区域水资源保护和水环境安全方面也有重要的指示作用。因此，将鱼类作为关键物种和指示生物。

综合相关鱼类生存空间研究成果并咨询鱼类专家，对于永定河郊野段重构的河流生态系统，鱼类需求的最小生存空间参数应满足水面宽率为 60%~70%，平均水深约 0.3 m，最大水深 0.6 m；适宜生存空间参数应满足 4—6 月平均适宜流速为 0.3 m/s。

4.1.3 "清洁的河"

永定河郊野段承担着河流及湿地的水体连通和景观功能，实现"清洁的河"的目标需要河流具备一定的自净功能。根据《总体方案》水源安排，实现全线贯通的主要水源为永定河山区当地径流、小红门再生水及沿桑干河入官厅水库的引黄水。永定河郊野段作为平原河道，河道设计坡降较小，水流速度较慢，如果下游闸门关闭，则形成静止或流动性差的封闭缓流水体，加上上游补水水源含再生水，河道更容易产生富营养化。

为满足河道"清洁的河"的目标，发挥水体自净功能，结合官厅水库及小红门再生水的水质情况，参照相关成果，为满足永定河郊野段景观水体水质要求，4 月中旬至 10 月中旬期间河道水体最低流速不低于 0.12 m/s。

自净需水量计算公式为：

$$W_{自净,i} = v_i \times A \tag{4}$$

式中：$W_{自净,i}$ 为维持景观水体自净功能第 i 月需水量，m^3；v_i 为第 i 月最低流速，m/s；A 为河道横断面面积，m^2。

4.2 计算结果

根据计算方法，结合河道规划设计生态水面及地质参数，永定河郊野段满足"流动的河"，实现水体连通功能，河流生态需水量为 0.22 亿 m^3，其中蒸发需水量 423 万 m^3，下渗需水量 1 780 万 m^3，河道水体连通功能年内生态需水过程见图 3。满足"绿色的河、清洁的河"，实现生物生存功能和水体自净功能，河流生态需水量 1.09 亿 m^3，河道生物生存功能及水体自净功能年内生态需水过程见图 4。

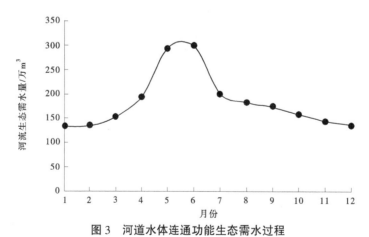

图 3　河道水体连通功能生态需水过程

5　讨论

综合考虑永定河现状水资源条件及通水初期河道补给地下水强烈，近期以连通功能需水量作为郊野段生态需水目标，即年生态需水量 2 203 万 m^3。

远期，待水源充足之后，不仅保障水体连通功能需求，所需水量为 0.22 亿 m^3；同时，考虑满足生物适宜生存空间和自净功能需求，4 月中旬至 10 月中旬最低流速不低于 0.12 m/s，生态水深 0.6 m，4—6 月适宜流速 0.3 m/s，所需的生态需水量 1.09 亿 m^3。因此，综合水体连通、生物生存和水

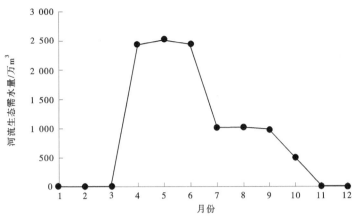

图 4 河道生物生存功能及水体自净功能生态需水过程

体自净功能，郊野段年生态需水量为 1.31 亿 m³。其中，考虑蒸发入渗的水体连通功能需水量 0.22 亿 m³ 为郊野段耗水量，在此基础上考虑生物生存功能和自净功能的需水量 1.09 亿 m³ 为郊野段下泄水量，可作为下游河道及永定新河河口生态需水的水源。

参考文献

［1］水利部海河水利委员会．永定河综合治理与生态修复总体方案［R］．天津，2016.
［2］缪萍萍，郭悦，徐鹤．非一致水文条件下的永定河生态需水研究［J］．海河水利，2021（6）：22-27.
［3］缪萍萍，王立明，张浩，等．以生态优先理念 加强永定河生态水量监管［J］．中国水利，2021（1）：34-35.
［4］孙东亚，董哲仁，赵进勇．河流生态修复的适应性管理方法［J］．水利水电技术，2007（2）：57-59.
［5］赵钟楠，张越，袁勇，等．基于生态系统的河流管理进展及对流域综合规划的启示［J］．水利规划与设计，2019（11）：1-3，23.

梅州市蕉岭县河流健康评价及保护对策研究

黄文达[1,2]　肖许沐[1,2]　杨凤娟[1,2]　饶伟民[1,2]

(1. 中水珠江规划勘测设计有限公司，广东广州　510611；

2. 水利部珠江水利委员会水生态工程中心，广东广州　510611)

摘　要：以蕉岭县石窟河、柚树河、乌土河、溪峰河、松源河、北礤河为对象，开展河流健康评价。基于"盆"、"水"、生物、社会服务功能 4 个准则层和 14 个关键指标及权重组成的健康评价指标体系，进行健康赋分和分级。结果表明，乌土河健康赋分（68.8 分）低于溪峰河（74.3 分），均为亚健康，评为三类河流；石窟河（79.8 分）、柚树河（77.2 分）、松源河（82.1 分）、北礤河（75.2 分）均为健康，评为二类河流。乌土河健康状态相对较差，应优先加强健康管护，兼顾其余 5 条河流，消除水质、河岸"四乱"等问题并加强维护和监管，有助于蕉岭县河流健康提档升级。

关键词：蕉岭县；河流健康；评价指标；保护对策

河湖健康评价采用多指标综合指数理论及方法，通过构建水生态多因子评价体系，从物理结构、水量、水质、生物和社会服务功能等方面对河湖健康状况进行综合评价[1-2]。河湖健康评价是强化落实河湖长制的重要技术手段[3]，是河湖长组织领导河湖管理保护工作的重要参考，是检验河湖长制"有名""有实"的重要手段。

梅州市蕉岭县地处山区，河流众多，管理任务艰巨，维护河流健康意义重大。为检验蕉岭县河道管理工作及河长制"有名""有实"情况，开展河流健康评价工作，有助于识别问题，剖析"病因"，研究对策，为蕉岭县河流保护与开发利用提供指导依据。

1　河流概况

蕉岭县境内集雨面积达 50 km^2 的河流有 10 条：石窟河、乐干河、乌土河、溪峰河、柚树河、石扇河、松源河、北礤河、南礤河、徐溪河，县境内河流分别属于不同水系。石窟河属梅江一级支流，其分支有乐干河、乌土河、溪峰河、柚树河、石扇河等；松源河水系包括北礤河和南礤河等。

本次选取了蕉岭县境内集雨面积较大的 6 条河流（石窟河、柚树河、乌土河、溪峰河、松源河、北礤河）为对象，于 2021 年开展为期一年的河流健康评价工作，河流主要信息见表 1。

表 1　蕉岭县河流健康评价对象信息

河流名称	河流级别	河长/km	集水面积/km^2
石窟河	干	55.29	728.2
柚树河	1	12.9	128.1
乌土河	1	23.86	129.67
溪峰河	1	25.18	78.19
松源河	干	77	99.1
北礤河	1	23	99.1

作者简介：黄文达（1987—），男，工程师，博士，主要从事水生态评价和水生态修复研究工作。

2 评价河段划分及断面布设

评价河段划分主要考虑自然变化趋势及人类活动对水环境的影响、电站大坝、支流汇入、采样可行性和方便性等因素[4]。蕉岭县6条评价河流流经的区域具有较明显的生态特征差异，据此划分了9个评价河段，并布设10个评价代表断面（见图1）。

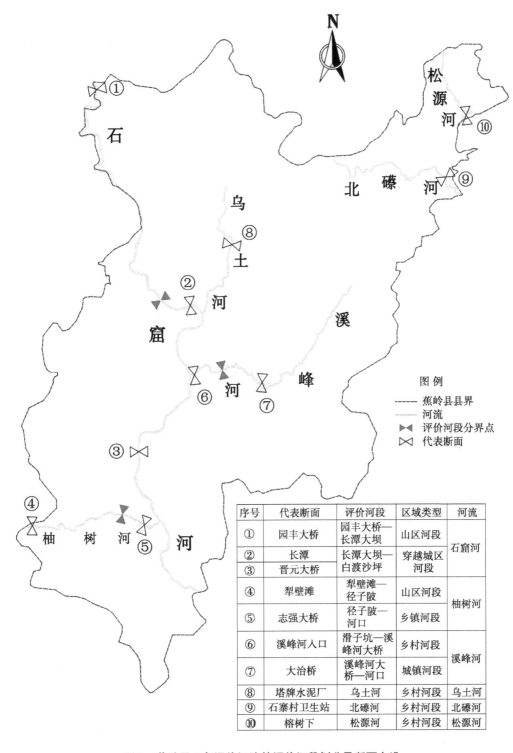

序号	代表断面	评价河段	区域类型	河流
①	园丰大桥	园丰大桥—长潭大坝	山区河段	石窟河
②	长潭	长潭大坝—白渡沙坪	穿越城区河段	
③	晋元大桥			
④	犁壁滩	犁壁滩—径子陂	山区河段	柚树河
⑤	志强大桥	径子陂—河口	乡镇河段	
⑥	溪峰河入口	滑子坑—溪峰河大桥	乡村河段	溪峰河
⑦	大治桥	溪峰河大桥—河口	城镇河段	
⑧	塔牌水泥厂	乌土河	乡村河段	乌土河
⑨	石寨村卫生站	北礤河	乡村河段	北礤河
⑩	榕树下	松源河	乡村河段	松源河

图1 蕉岭县6条评价河流的评价河段划分及断面布设

3 健康评价指标体系

3.1 指标选择及权重赋值

河流健康评价指标体系，应结合评价对象所处区域特征和河流本身具有的特征来建立[5]。为能够较为准确地表征河流健康状况，本研究参考了《河湖健康评价指南（试行）》，结合蕉岭县 6 条评价河流的实际情况进行了指标梳理和筛选并适当调整了权重，提出了由 1 个目标层、4 个准则层和 14 个指标层组成的河流健康评价指标体系（见表 2），采用分级指标评价方法，逐级加权，综合计算评分。

表 2 蕉岭县 6 条评价河流健康评价指标体系

目标层	准则层/权重		指标层	评价对象指标权重								
				石窟河		柚树河		乌土河	溪峰河		松源河	北礤河
				河段1	河段2	河段3	河段4		河段5	河段6		
蕉岭县河流健康评价	"盆"/0.2		河流纵向连通指数	0.25	0.25	0.25	0.25	0.25	0.25	0.25	0.25	0.25
			岸线自然状况	0.38	0.38	0.38	0.38	0.38	0.38	0.38	0.38	0.38
			违规开发利用水域岸线程度	0.38	0.38	0.38	0.38	0.38	0.38	0.38	0.38	0.38
	"水"/0.3	水量	生态流量满足程度	0.33	0.33	0.33	0.33	0.33	0.33	0.33	0.33	0.33
		水质	水质优劣程度	0.33	0.33	0.33	0.33	0.33	0.33	0.33	0.33	0.33
			水体自净能力	0.33	0.33	0.33	0.33	0.33	0.33	0.33	0.33	0.33
	生物/0.2		鱼类保有指数	0.67	0.67	0.67	0.33	0.67	0.67	0.67	0.67	0.67
			水生植物群落状况	0.33	0.33	0.33	0.67	0.33	0.33	0.33	0.33	0.33
	社会服务功能/0.3		防洪达标率	0.23	0.16	0.23	0.3	0.23	0.19	0.23	0.23	0.3
			供水水量保证程度	—	0.16	0.23	—	0.23	0.19	—	0.23	—
			河流集中式饮用水水源地水质达标率	—	0.16	—	—	—	—	—	—	—
			碧道建设综合效益	0.23	0.16	—	—	—	0.19	—	—	—
			流域水土保持率	0.23	0.16	0.23	0.3	0.23	0.19	0.23	0.23	0.3
			公众满意度	0.31	0.21	0.31	0.4	0.31	0.25	0.31	0.31	0.4

注：河段 1：园丰大桥—长潭大坝，河段 2：长潭大坝—白渡沙坪，河段 3：犁壁滩—径子陂，河段 4：径子陂—河口，河段 5：滑子坑—溪峰河大桥，河段 6：溪峰河大桥—河口；"—"表示不评价该指标。

3.2 健康分级

蕉岭县河流健康分级根据评价指标的健康赋分值确定，采用百分制。河流健康分为五类：一类河流（非常健康，$90 \leqslant$ 分值 $\leqslant 100$）、二类河流（健康，$75 \leqslant$ 分值 < 90）、三类河流（亚健康，$60 \leqslant$ 分值 < 75）、四类河流（不健康，$40 \leqslant$ 分值 < 60）、五类河流（劣态，分值 < 40）。

4 河流健康评价分析

4.1 "盆"—物理结构健康评价

蕉岭县 6 条评价河流"盆"准则层评分较低（39.9~68.4 分）（见图 2），属劣态-亚健康。其中，以北礤河评分最低，仅有 39.94 分，为劣态。表明蕉岭县 6 条评价河流普遍存在"盆"健康问题。

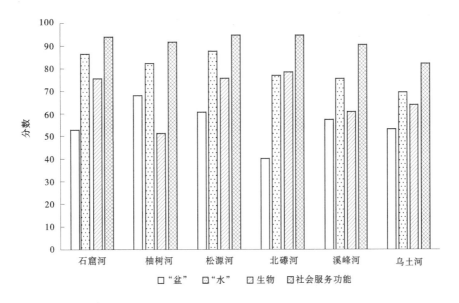

图 2　蕉岭县 6 条评价河流准则层健康赋分情况

从指标得分情况来看（见表 3），河流闸坝建设导致部分河段连通性极低，而且部分河段河岸带状况得分在 60 分以下，造成部分被阻隔河段物理结构状况得分较低。部分河段河岸带存在"四乱"问题，如园丰大桥、长潭、晋元大桥等断面人为干扰频繁，存在垃圾堆放、畜禽散养、农业耕种等问题。

表 3　蕉岭县 6 条评价河流指标健康赋分情况

评价指标	石窟河	柚树河	松源河	北礤河	溪峰河	乌土河
河流纵向连通指数	0	0	0	0	0	0
岸线自然状况	56.6	55.7	65.3	34.5	55.7	78.5
违规开发利用水域岸线程度	85.0	97.4	97.0	72.0	97.4	63.0
生态流量满足程度	80.0	80.0	100.0	100.0	80.0	80.0
水质优劣程度	85.6	60.0	75.0	40.0	60.0	40.0
水体自净能力	93.8	86.0	87.9	90.7	86.0	88.4
鱼类保有指数	80.8	44.4	78.4	75.2	44.4	60.8
水生生物群落状况	64.3	50.0	70.0	85.0	93.4	70.0
防洪达标率	99.0	100	100	100	100	79.6
供水水量保证程度	100	100	100	—	100	100
河流集中式饮用水水源地水质达标率	100	—	—	—	—	—
碧道建设综合效益	92.0	84.0	—	—	84.0	—
流域水土保持率	78.2	96.7	100	100	96.7	60.0
公众满意度	95.5	88.4	83.4	86.7	88.4	86.7

4.2 "水"—水质及水量健康评价

蕉岭县 6 条评价河流"水"准则层的评分在 69.5~87.6 分（见图 2），除乌土河属亚健康外，其余 5 条河均属健康。

溪峰河和柚树河水质优劣状况属亚健康，北礤河和乌土河水质优劣状况属不健康（见表 3），上述 4 条河流存在个别指标（TN、TP、BOD_5、COD_{Cr}）超标现象，石窟河和松源河均处于健康状态。乌土河水质较差可能与其河道缺水、流动性差有关，北礤河水质不佳可能为周围村庄生活污水所致。

由于按最小日均流量计算生态流量满足率所得数值过小，对于中小河流，日均流量差异大，按最小日均流量占同时段多年平均流量的百分比计算生态流量满足率不能较好反映流域生态流量满足程度的真实情况，故本次采用最小月均流量替代最小日均流量计算生态流量满足程度指标。因此，从生态流量满足程度评价结果来看（见表 3），采用最小月均流量计算生态流量满足程度，各河段均能达到健康状态（指标赋分> 80 分），但各河段生态流量满足程度仍有提升空间。

4.3 生物健康评价

蕉岭县 6 条评价河流生物准则层的赋分在 51.2~78.5 分（见图 2），状态为亚健康–健康。其中，北礤河、石窟河和松源河的赋分较高，柚树河、溪峰河和乌土河得分较低。

柚树河和乌土河同时存在鱼类丰富度较低和水生生物群落多样性较低的问题，主要与部分河段长时间缺水或断流有关。石窟河和松源河调查断面均存在河岸固化缺乏植被的情况，因此水生生物群落状况赋分较低。溪峰河鱼类保有指数赋分仅 44.4 分（见表 3），主要原因为：下游段为城镇河段，水面比石窟河小，但捕鱼等人为干扰较频繁。

4.4 社会服务功能健康评价

蕉岭县 6 条评价河流社会服务功能的赋分在 82.0~94.9 分（见图 2），整体分数较高，介于健康–非常健康，说明评价水体社会服务功能可持续较强。

蕉岭县 6 条评价河流的防洪达标率赋分均较高（79.6~100 分），除乌土河（79.6 分，健康）外（见表 3），其余 5 条河流均达到理想状态。这表明，乌土河仍存在堤防不达标问题，防洪达标率仍有提升空间。

石窟河、柚树河、松源河、溪峰河和乌土河供水保障程度均为 100 分（见表 3），均能达到理想状态。但是根据研究分析，各河流均存在生活生产用水挤占生态用水的情况，说明水资源调度还有待优化。

除石窟河分布有 1 个河流集中式饮用水水源地（长潭水库至蕉岭大桥河段）外，其余 5 条评价河流均无分布。该河流集中式饮用水水源地的水质达到 Ⅱ 类水质标准，达标率为 100%，该指标赋分为 100 分（见表 3）。

石窟河碧道建设综合效益为 92 分，对应等级为优秀，说明石窟河碧道建设综合效益较为理想，溪峰河碧道建设综合效益评分仅 84 分（见表 3），仍有较大提升空间。总的来说，石窟河与溪峰河碧道在水陆联动与彰显水文化特色、带动区域经济高质量发展等方面仍然较欠缺。

除乌土河流域水土保持率健康状态为亚健康状态，其余各评价河流流域水土保持率均为非常健康状态。石窟河、柚树河、北礤河、松源河及溪峰河区间汇水范围内水土流失面积较少，基本可以自然修复。

蕉岭县 6 条评价河流的公众满意度赋分依次为：石窟河（95.5 分）>柚树河（88.4 分）>松源河（83.4 分）>北礤河（86.7 分）>溪峰河（88.4 分）>乌土河（86.7 分），整体分数较高，表明公众对 6 条评价河流的水生态、水质、娱乐休闲、管理等多个方面较为满意。

4.5 河流健康综合评价

蕉岭县 6 条评价河流健康赋分介于 68.8~82.1 分，为亚健康–健康状态。评价结果表明，蕉岭县

6 条重要河流中，乌土河（68.8 分）健康状态最差，其次为溪峰河（74.3 分），2 者均处于亚健康状态，评定为三类河流；石窟河（79.8 分）、柚树河（77.2 分）、松源河（82.1 分）、北礤河（75.2 分）处于健康状态，评定为二类河流。

5 保护对策

5.1 "盆"保护对策

清理河岸"四乱"并加强巡管，保持河岸整洁；对固化挡墙护岸进行生态化改造，提高植被覆盖度，控制河岸侵蚀。有序推进小水电清理整改工作，对 6 条评价河流上的电站实行退出或整改，整改方向主要为生态流量核定、泄放设施改造、流量监测设施等方面；同时，研究可满足生态基流的电站运行调度规则，提升电站下游河段的生态水量，维护河流水生态安全。

5.2 "水"保护对策

在乌土河、北礤河、溪峰河等存在水质问题的河段，全面推进污染河段综合整治，系统实施上游养殖污染治理、清淤清障、生态修复等工程，加强河流保洁和管理，不断提升河流环境承载力。目前蕉岭县已印发《蕉岭县重点河流生态流量保障实施方案》，建议严格按照《蕉岭县水务局关于印发蕉岭县重要河流水库电站生态流量管控方案的通知》要求，尽快组织各水库、电站完善生态流量泄放设施与监测设施，从不同来水保证率调度规则、常规调度管理、应急调度方案与河道外用水管控要求几个方面加强生态流量管控，保障水库、电站生态流量达标泄放，逐步恢复河道健康。

5.3 生物保护对策

开展蕉岭县河流生物状况长期监测和健康评价工作，获取长序列水生态数据，以更真实和全面反映河流水生态状况。结合广东省禁渔制度，制定适合蕉岭县的渔业捕捞管理制度，保护河流生物多样性资源，为鱼类等提供栖息场所，形成良好的食物链。

5.4 社会服务功能保护对策

充分结合生态流量管控工作，科学编制水量调度方案，明确水量调度规则、编制运行方案并做好应急预案工作，统筹生产、生活、生态用水，在满足区域高质量发展供水需求的同时确保河流生态健康永续。充分结合蕉岭"长寿之乡"特色开展并稳步推进万里碧道建设，利用碧道建设带动沿线地带"三旧"改造、促进产业转型发展与空间品质提升。在系统研究和生态监测的基础上，通过加大水土保持力度，加强水源林保护，优化、调整森林林种结构，同时建设和完善水利工程体系，提高上游水资源调蓄能力，改善生态环境。

6 结论

（1）健康综合赋分依次为：松源河（82.1 分）>石窟河（79.8 分）>柚树河（77.2 分）>北礤河（75.2 分）>溪峰河（74.3 分）>乌土河（68.8 分）。乌土河健康状态最差，其次为溪峰河，均属亚健康状态，评为三类河流；石窟河、柚树河、松源河、北礤河均属健康状态，评为二类河流。

（2）河流纵向连通指数为 14 个评价指标中健康赋分最低（0 分），闸坝阻隔是蕉岭县 6 条评价河流普遍存在健康问题，建议有序推进小水电清理整改工作，以提升河流生态连通性。

（3）蕉岭县 6 条评价河流的生态流量满足程度、水体自净能力、防洪达标率、公众满意度，均保持在健康及以上水平。供水水量保证程度（参评河流：石窟河、柚树河、松源河、溪峰河、乌土河）、河流集中式饮用水水源地水质达标率（参评河流：石窟河）、碧道建设综合效益（参评河流：石窟河、柚树河、溪峰河），也可达到健康及以上水平。但部分评价河流的岸线自然状况、水质优劣程度、鱼类保有指数等指标还存在一定缺陷，应加强日常维护和监管，及时治理修复，消除影响健康的隐患。

参考文献

[1] 杨文慧，严忠民，吴建华．河流健康评价的研究进展［J］．河海大学学报（自然科学版），2005（6）：5-9．

[2] 吴阿娜，杨凯，车越，等．河流健康状况的表征及其评价［J］．水科学进展，2005（4）：602-608．

[3] 董哲仁．河流健康评估的原则和方法［J］．中国水利，2005（10）：17-19．

[4] 耿雷华，刘恒，钟华平，等．健康河流的评价指标和评价标准［J］．水利学报，2006（3）：253-258．

[5] 张晶，董哲仁，孙东亚，等．基于主导生态功能分区的河流健康评价全指标体系［J］．水利学报，2010，41（8）：883-892．

控制排水对棉田土壤氮素流失的试验研究

袁念念[1]　李亚龙[1]　谢亨旺[2]　刘凤丽[1]　熊玉江[1]　付浩龙[1]　付桃秀[2]

（1. 长江科学院，湖北武汉　430010；2. 江西省灌溉试验中心站，江西南昌　330200）

摘　要：为了研究控制排水对氮素流失的影响，2015 年在江西省灌溉试验站进行微区控制排水对照试验，设置 3 个不同控制排水水位对照处理，即 30 cm、50 cm、100 cm（自由排水），观测了不同土层土壤水分含量、降雨后排水量和排水氮素流失量，以及作物生长指标和产量。对试验数据进行分析得出，微区条件下控制排水水位为 30 cm 处理含水率在 20~40 cm、40~60 cm 土层较控制水位为 50 cm 的处理和自由排水处理大；控制排水处理减少排水量达 70%、硝氮流失量达 57%、氨氮流失量达 56%；但控制水位过高及降雨发生在作物对水分过量敏感期会降低作物产量，需根据生育阶段灵活调节。

关键词：控制排水；排水量；氮素流失量；产量

1　引言

农田过度排水造成田间氮素流失，污染周边承接水体不但会造成环境污染，也是一种浪费[1-2]。为了减少农田排水量，减轻农业面源污染，研究者们对农田排水和氮素流失规律进行了研究。张瑜芳等[3] 通过在上海青浦地区进行的田间试验研究了排水条件下氮肥运移、转化和流失，揭示了排水农田氮素运移规律，得出暗管排水硝氮流失量与排水量之间有良好的线性关系的结论。Wesstrom[4] 在瑞典南部进行的农田控制排水试验表明，控制地下排水强度可以减少农田氮素流失量。殷国玺[5-6] 等在江苏省句容市进行了地表控制排水试验研究，得出了地表控制排水可以减少农田排水量和氮素排放量的结论，并探讨了最优地表控制排水时间。

控制排水是一种新型农田排水管理措施，大量研究结果表明通过该措施可以减少农田排水量，从而减少氮素流失量[7-12]。本文通过在小尺度微区内精确控制田间排水水位前提下，采用控制排水不同水位对照试验，观测田间土壤分层含水率、氮素流失量等，探讨了微区条件下控制排水对土壤水氮影响规律。

2　材料与方法

2.1　试验地点介绍

通过前期准备工作及实地调研，试验选址在江西省灌溉试验中心站。江西省灌溉试验中心站占地面积 68.88 亩，位于南昌县向塘镇高田村；距南昌市中心 30 km，离南昌县城 10 km，位于江南最大引水灌区赣抚平原灌区二干渠中游右岸。站内建有 4.60 万 m² 的试验研究基地，有水田、旱作、果树、水质水环境、水产耗水量、生态沟、塘堰湿地等试验区。试验区位于经度 116°00′，纬度 28°26′，平均海拔高度 22 m 的赣抚平原灌区内，气候温和，雨量充沛，常年平均气温为 18.1 ℃，年平均降水

基金项目：国家自然科学基金（51409007，U2040213）；中央级公益性科研院所基本科研业务费资助项目（CKSF2021299/NY、CKSF2019251/NY）；江西省水利厅科技项目（202123YBKT22）。

作者简介：袁念念（1985—），女，高级工程师，主要从事农田面源污染研究工作。

量为 1 634.3 mm，为典型的亚热带湿润季风性气候。试验在旱作区标准测坑中进行，选择 6 个有底测坑开展控制排水和自由排水对照试验，每个测坑净面积为 4 m²（2 m×2 m），深度为 2.15 m，回填土壤深度约 1.8 m，底部铺设厚度为 0.3 m 的砂卵石反滤层。试验作物为棉花，供试品种为鄂抗棉 9 号，采用移栽方式。

2.2 试验设计

试验共设置 3 个处理，每个处理设置 2 个重复。试验设定一个因变量即控制水位，各处理施肥量和灌水量相同。试验设计见表 1。棉花生育期划分见表 2。

表 1 试验控制水位设计

控制水位/cm	30	50	100
重复	2	2	2

表 2 棉花生育期划分

生育期	发芽出苗期	苗期	蕾期	花铃期	吐絮期
起始时段（月-日）	05-05—05-07	05-08—06-08	06-09—07-14	07-15—08-25	08-26—11-10
天数/d	3	32	36	42	77

试验测坑布置及控制水位装置示意图见图 1 和图 2。测坑共有 2 个排水口，一个位于地表，一个位于地下，分别装有计量水表及阀门，地下排水出口处一端接水箱用于地下排水及取水样，一端接阀门和软管，软管长度根据设计控制水位而定。一般情况下保持地下排水阀门关闭，软管端阀门开启。当有降雨并发生排水时，软管水位迅速上升至控制水位，此时关闭软管阀门，打开地下阀门排水；排水一段时间后关上阀门，打开软管阀门，观察软管水位。反复几次，直至水位在控制水位附近。

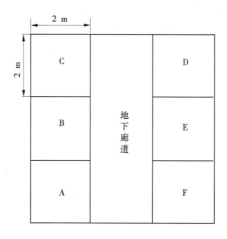

图 1 试验测坑平面布置

2.3 试验观测数据及观测方法

试验观测数据有分层土壤含水率，地表、地下排水量，排水中氮素含量，植株部分生理指标，产量等。棉花移栽后，6 月初开始观测土壤含水率。平均每 5 天观测一次，至 11 月中旬结束。降雨产生排水后，计量排水量，并测排水中氮素含量，本年份共测得 3 次产生排水后排水量和总氮、硝氮、氨氮流失量。各指标测定方法如下：

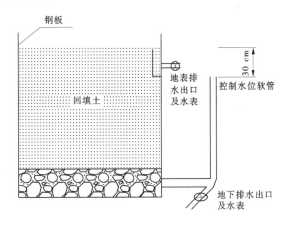

图 2　旱作测坑控制排水装置示意图

（1）地下水位每天观测。当长期无降雨时，井内观测不到地下水位，认为地下水位已经下降到土壤层以下。

（2）土壤含水率。每层土所取土样均采用烘干法测定质量含水率。

（3）土壤氮素。土样测定指标有全氮、硝氮、铵氮。全氮测定采用浓 H_2SO_4 消煮法；硝态氮的测定采用饱和硫酸钙浸提–紫外分光光度法，铵态氮的测定采用 2 mol/L KCl 浸提–纳氏试剂比色法[13]。

（4）排水量测定。降雨后，地表、地下排水量均由安装在田间排水出口处的水表测量。取水样时读取水表读数。

（5）氮素浓度测定。降雨产生排水后立即取样，一般排水初期 2~3 h 取样一次，后期氮素浓度较低时降低取样频率。排水中测定的氮素指标有硝氮、铵氮。全氮的测定采用碱性过硫酸钾消解–紫外分光光度法（GB 11894—89），硝态氮采用紫外分光光度法（HJ/T 346—2007），铵态氮采用纳氏试剂比色法（GB 7479—87）。

3　控制排水对土壤水分和氮素流失影响研究

3.1　微区控制排水条件下土壤含水率研究

从现阶段取得数据分析可知，三种处理土壤分层含水率在 20~40 cm、40~60 cm 两个土层深度处差别较大，表现为控制水位 30 cm 的处理土壤含水率较控制水位为 50 cm 的处理和自由排水处理高，而三种处理其他土层都没有明显区别（见图 3）。

3.2　微区控制排水对氮素流失影响研究

表 3 为 3 次降雨后排水硝氮和氨氮流失量统计。从表 3 中可以看出，控制水位为 30 cm 的处理较 100 cm 的自由排水处理排水量减少 39.4%~78.4%、总氮流失量减少 58%~61%、硝氮流失量减少 40.6%~56.8%、氨氮流失量减少 27.6%~39.4%；控制水位为 50 cm 的处理较 100 cm 的自由排水处理排水量减少 30%~39.4%、总氮流失量减少 57%~70.8%、硝氮流失量减少 52%~57%、氨氮流失量减少 30%~56%。7 月 21 日降雨后，自由排水处理排水量较控制排水处理大，但由于排水中各形态氮素浓度较低导致所测氮素流失量比控制排水处理还小。

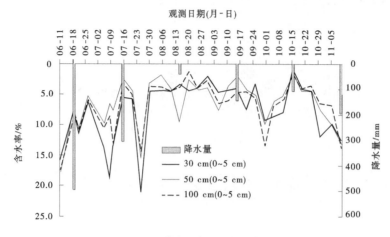

(a)三种处理表层土壤含水率

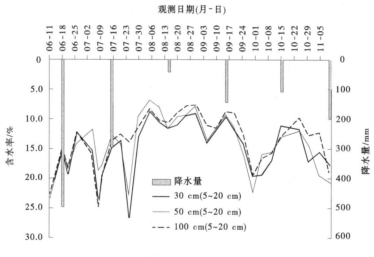

(b)三种处理5~20 cm土层土壤含水率

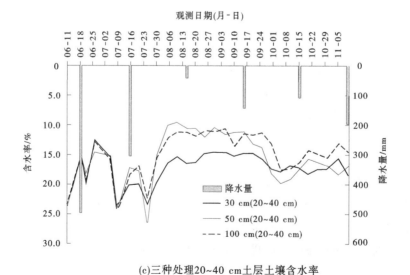

(c)三种处理20~40 cm土层土壤含水率

图3　2015年棉花生育期内3种不同处理0~100 cm土层土壤含水率

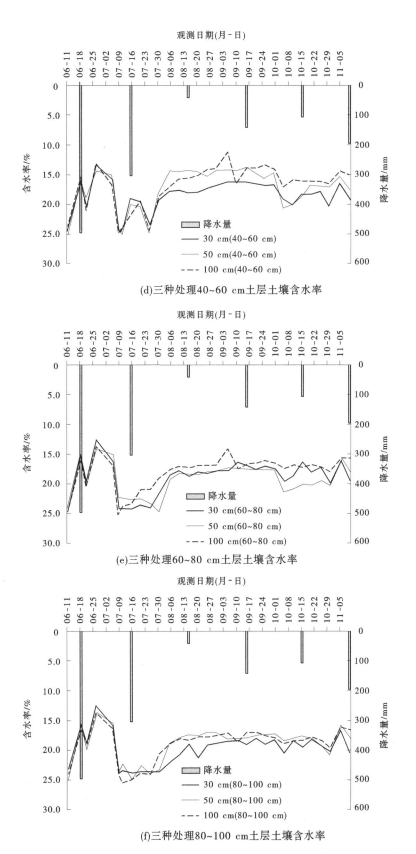

(d)三种处理40~60 cm土层土壤含水率

(e)三种处理60~80 cm土层土壤含水率

(f)三种处理80~100 cm土层土壤含水率

续图3

表 3　降雨后不同控制水位处理排水量及氮素流失量

日期	控制水位	排水量/L	总氮/mg	硝氮/mg	氨氮/mg	控制排水处理较自由排水减少百分比			
						排水量	总氮	硝氮	氨氮
6月15日	30 cm	4.1	93.9	102.3	1.9	60.2%	58.1%	56.8%	27.6%
	50 cm	6.2	96.3	112.1	1.1	39.8%	57.0%	52.6%	56.2%
	100 cm	10.3	224.1	236.7	2.6	—	—	—	—
6月22日	30 cm	22.3	359.4	437.5	5.6	39.4%	61.0%	40.6%	39.4%
	50 cm	25.6	269.1	315.5	6.4	30.4%	70.8%	57.2%	30.4%
	100 cm	36.8	921.8	736.7	9.2	—	—	—	—
7月21日	30 cm	9	114.4	124.4	0.4	78.4%	—	—	—
	50 cm	29.1	137.7	170.1	9.2	30.0%	—	—	—
	100 cm	41.6	44.1	55.9	160.3	—	—	—	—

3.3　微区条件下控制排水对棉花产量的影响研究

分别于蕾期和花铃期对测了植物主要生理指标，其值如表 4、表 5 所示。相比控制排水处理，自由排水处理各指标相对较好，且产量较高。江西地区降雨多发生在 6—7 月，在此期间棉花处于花蕾期，对水分过量的影响更敏感，在此期间控制水位不应过高，应保证排水，避免发生涝渍减产。

表 4　棉花生理指标测定

生育期	控制水位/cm	株高/cm	花朵数/个	棉桃数/个	叶面积指数
花铃期7月17日	30	77.5	16	—	1.44
	50	75	12	—	1.17
	110	92	27	—	2.32
花铃期8月12日	30	94.5	—	25	—
	50	89.2	—	21	—
	110	98.5	—	29	—

表 5　2015 年累计产量

控制水位/cm	30	50	100
质量/g	766.61	1 462.33	1 759.65

4　结论

通过进行为期一年的控制排水微区对照试验，得出以下结论：

（1）微区条件下，控制水位 30 cm 的处理土壤含水率在 20~40 cm、40~60 cm 较控制水位为 50 cm 的处理和自由排水处理高。

（2）微区条件下，控制排水措施可以减少排水量达 78%、硝氮流失量达 57%、氨氮流失量达 56%。

（3）全生育期内固定控制排水水位会影响作物产量，需要在不同的生育阶段进行调节。

（4）由于试验只进行了 1 年，所测数据可能具有一定偶然性，还需进一步开展试验，深入研究。

参考文献

［1］王少丽. 基于水环境保护的农田排水研究新进展［J］. 水利学报, 2010, 41（6）: 697-702.

［2］李明哲. 农田化肥施用污染现状与对策［J］. 河北农业科学, 2009, 13（5）: 65-67.

［3］张瑜芳, 张蔚榛, 沈荣开, 等. 排水农田中氮素转化运移和流失［M］. 武汉: 中国地质大学出版社, 1997.

［4］Wseetrom I, Messing I, Linner H, et al, Controlled drainage-effects on drain outflow and water quality［J］. Agricultural Water Management, 2001, 47（2）: 85-100.

［5］殷国玺, 张展羽, 郭相平, 等. 减少氮流失的田间地表控制排水措施研究［J］. 水利学报, 2006, 37（8）: 926-931.

［6］殷国玺, 张展羽, 郭相平, 等. 地表控制排水对氮质量浓度和排放量影响的试验研究［J］. 河海大学学报（自然科学版）, 2006, 34（1）: 21-23.

［7］Wesstrom I, Messing I, Linner H, et al, Controlled drainage-effects on drain outflow and water quality［J］. Agricultural Water Management, 2001, 47（2）: 85-100.

［8］Osmond D L, Gilliam J W, Evans. Riparian R O. Buffers and Controlled Drainage to Reduce Agricultural Nonpoint Source Pollution［C］. North Carolina Agricultural Research Service Technical Bulletin 318, North Carolina State University, Raleigh, NC. 2002.

［9］Lalonde V, Madramootoo C A, Trenholm L, et al. Effects of controlled drainage on nitrate concentrations in subsurface drain discharge［J］. Agric Water Manage, 1996, 29（2）: 187-199.

［10］Ingrid Wesstrom, Ingmar Messing, Harry Linner, et al. The effects of controlled drainage on subsurface outflow from level agricultural fields［J］. Hydrol Process, 2003, 17（8）: 1525-1538.

［11］Evans R O. Controlled versus conventional drainage effects on water quality［C］//In: Management of Irrigation and Drainage Systems, Park City, Utah. 21-23 July 1993, ASAE, St, Joseph, MI, pp. 511-518.

［12］Madramootoo C A, Dodds G T, Papadopoulos A. Agronomic and environmental benefits of water table management［J］. Irrig Drain Eng. , 1993, 119（6）: 1052-1064.

［13］鲍士旦. 土壤农化性质分析［M］. 北京: 中国农业出版社, 2013.

黄河干流若尔盖段生态护岸工程治理研究及应用

徐宗超

（黄河勘测规划设计研究院有限公司，河南郑州 450003）

摘　要： 本文以黄河干流若尔盖段两处护岸治理工程为例，通过对护岸功能、工程造价、生态保护、环境美化等各方面综合分析比较，结合以往类似工程经验，最终选取工程护岸形式为平顺式坡式生态护岸（格宾石笼护坡+抛石护脚）。实践证明，此种生态护岸形式具有柔性好、透水性好、植被易生长、易维修及造价低等特点，此工程作为黄河干流四川段永久性治理工程的先行段、示范段，在有效保护沿岸群众生命财产安全和促进生态保护的同时，为后续治理积累了经验、探索了路子、奠定了基础。

关键词： 黄河干流；生态；坡式护岸；格宾石笼；治理

1　工程概况

1.1　工程背景

黄河干流若尔盖县黄河第一湾风景区下游洛华村 3# 段和辖曼牧场 1# 段，逐年持续受河道塌岸侵蚀，损失了大量的牧地，牧民多次向县委、县政府、县人大等相关部门反映情况，强烈要求采取紧急措施予以治理，以保障村（牧）民的基本生活。另外，现状河湾演变趋势已与 S217 省道十分接近，且塌岸已经危及部分通信线路的安全。因此，采取工程措施防止唐克至辖曼镇段河岸侵蚀、垮塌，实施黄河干流若尔盖段治理工程是十分必要的。

1.2　工程任务

本工程的主要任务是保护黄河干流若尔盖段河岸，加固对应区右岸边坡，保护沿线生态环境及基础设施。按照黄河流域规划要求，在不侵占河道行洪断面的前提下，通过修建防护工程，强化河道行洪能力，减轻河势摆动、水流淘刷引起的滩地和高岸坍塌，保障若尔盖县唐克镇的九曲黄河第一湾风景区沿河设施的防洪安全；稳定河势，减少主流摆动范围；保护草场、湿地、道路及通信线路等基础设施不受河岸坍塌威胁，有效保障沿岸群众基本的生产、生活安全，促进当地经济社会可持续发展。

生态护岸是一种将植物引入其中的环境友好型护岸形式。和传统的工程护岸相比，生态护岸在维持工程结构安全性的同时，维护了良好的水域生态环境，因此得到越来越广泛的应用[1]。鉴于项目建设区涉及若尔盖国家湿地公园及黄河上游特有鱼类国家级种质资源保护区等生态敏感区，对护岸的结构形式及建成后对周边生态环境影响要求更高。

1.3　工程规模

本项目新建黄河干流若尔盖段护岸工程 5.06 km（其中洛华 3# 段防护长 2.82 km，辖曼 1# 段防护长 2.24 km），结合现状岸坎地势，布置动物饮水通道 1 处（洛华 3# 防护段，宽度 30 m，纵坡 1:7.5）。工程规模为小型，护岸均按 10 年一遇洪水标准设计。

作者简介：徐宗超（1984—），男，高级工程师，主要从事水利工程项目管理方面的工作。

2 护岸工程设计

2.1 护岸形式比选

根据风浪、水流作用、地质、地形情况、施工条件、运用要求等因素，防护工程可选择的形式有（见表1）：①坡式防护；②坝式防护；③墙式防护。[2]

表1 常用防护类型特性

防护类型	防护说明	适用性	缺点
坡式防护	是一种较常采用的防护形式，即顺岸坡及坡脚一定范围内覆盖抗冲材料，根据岸坡情况，采用不同材料对岸坡进行防护	这种防护形式对河床边界条件改变和对近岸水流条件的影响均较小	占地可能较多
坝式防护	修建丁坝、垛、顺坝将水流挑离堤岸，以防止水流、波浪或潮汐对堤岸边坡的冲刷	这种形式多用于游荡性河流的防护，对河势影响较大	体积较大，适用性受局限
墙式防护	顺堤岸修筑竖直陡坡式挡墙，这种形式多用于城区河流或海岸防护	对于城区等要求减少占地的段落可采用此形式	景观效果稍差

黄河干流四川段是川甘两省界河，河道治理应以减轻主流淘刷引起的滩地和高岸坍塌为主要目标，宜采用就岸防护的治理方案。针对本项目区粉细砂、粉质壤土、沙壤土层地质条件，地下水位较高等水流特征，为避免水边线附近坡脚冲蚀淘空导致上部土体失去支撑，应把保护坡脚不被冲淘作为防治重点。本工程采用坡式防护（格宾石笼护坡+抛石护脚），一方面可以充分利用地方石材达到控制投资及生态保护的需要；另一方面抛石护脚能够适应地基变形且有效保护坡脚不被冲刷，同时通过在格宾石笼上进行植草护坡能够达到工程与周边环境的有机融合，有效防治水土流失。2017年黄河干流甘肃已实施段采用同样坡式防护形式，治理效果良好，达到了防洪治理和生态保护的双重目的。

2.2 护岸材料比选

根据当地建材情况以及拟定的防护护坡形式，结合本区域已建工程经验，防护材料选用格宾网护坡、C30混凝土预制块、现浇C30混凝土、钢筋骨架铅丝石笼等4种材料（见表2）。

（1）格宾网护坡：柔韧性较好，能够很好适应变形、沉降；削坡要求相对较低，只要求坡面基本平整，可节省大量削坡费用；连续的工业化编制方式，使得产品的拼接和整体性好，抗冲刷、淘刷的能力强。施工工艺简单，对施工队伍技术水平要求相对较低，施工不受季节温度变化，冬季也可施工，后期维护费用较低，管理简便。格宾网覆土护坡具有很好的生态性，在格宾网上覆土种植适宜的植物，经过大自然的循环加工，形成适宜植物生长的富含营养土壤，实现区域植物自然循环的目的。[3]

（2）C30混凝土预制块护坡：材料为预制，质量保证，适应地基变形能力强，抗冻胀能力较强，生态环保，施工难度小，容易维修。

（3）C30混凝土板护坡：混凝土板抗冲和耐久性能较强，能充分利用当地材料，便于控制施工进度和质量，后期维护费用较低，管理简单，是最常见的护面材料。

（4）钢筋骨架铅丝石笼：钢筋骨架铅丝石笼具有施工方便、可就地取材、对地基条件要求低等优点。适用于水流顶冲的河段，以及具有河道窄、流速急、水深大、施工场地小、排水困难，施工费用高等不利因素。缺点是护面材料费用较高。因此，在地基承载力较低的地方且由于河水位较高施工难度大的区段应优先采用钢筋骨架铅丝石笼防护。而格宾石笼护坡既能回避上述不利因素，与贴坡式堤型相比，护面材料费用虽然高，但开挖量和回填工程量较小。

表 2　不同防护材料方案综合性能比较

项目	混凝土护坡板	浆砌石护坡	混凝土预制块护坡	格宾石笼护坡
整体性	整体性好，但易产生冻胀等不均匀沉降裂缝	块石间利用砂浆黏结，沿长度方向一般 6~10 m 设置沉降缝，不完整，整体性较差	预制块间靠相互咬合力维持，完整性较好	利用防腐处理的钢丝经机编六角网双绞合网制作成长方形箱体，箱体内填装石料，分层堆砌，各箱体用扎丝连接，整体性好，不受冻胀影响
刚性	刚性较好，地基沉降及外力作用下易产生裂缝或断裂	刚性较好，地基沉降及外力作用下易产生裂缝或断裂	本身为散体结构，无刚性	本身为散体结构，受箱体的限制，刚性较差
柔性	柔性较差，地基沉降及外力作用下易产生裂缝或断裂	柔性较差，地基沉降及外力作用下易产生裂缝或断裂	本身为散体结构，能适应地基变形	能够很好地适应地基变形，不易产生垮塌、断裂等破坏，柔性很好
透水性	透水性差	透水性差	透水性好	透水性好
生态效应	护坡表面全封闭，不具备植被生长条件	护坡表面全封闭，不具备植被生长条件	护坡表面空隙较大，植被易生长	护坡表面空隙较大，植被易生长
抗冲性	较强	强	较强	强
施工技术	要求有较高的施工技术水平	要求有一定的施工技术水平	要求有一定的施工技术水平	经现场指导后，即可投入工作，对施工技术要求较低
质量控制	不易控制	较易控制	较易控制	容易控制
材料供应	水泥需外运	当地建材，需少量水泥，需外运	需外运	当地建材，格宾网外运
后期管理	破损后，维修难	破损后，维修难	破损后，易维修	破损后，易维修
工程造价	较高	高	高	较低

防护工程的结构、材料应符合下列规定：①坚固耐久，抗冲刷、抗耐磨性能强；②适应河床变形能力强；③便于施工、易于修复和加固；④就地取材，经济合理。通过对以上几种防护结构、材料的比较，考虑到本工程位于高原地区、施工时间短、气温低、工程质量较难控制等现状情况，从施工难度、施工进度、工程造价、生态保护、环境美化等方面综合分析后，护坡材料初步推荐选用格宾石笼护坡、混凝土预制块护坡、混凝土板护坡 3 种进行方案比选。

2.3　护岸方案比选

防护方案初步推荐选用现浇 C30 混凝土护坡+抛石护脚、C30 六角混凝土预制块+抛石护根、格宾石笼护坡+抛石护脚、格宾石笼护坡+预制钢筋混凝土桩护根等 4 种方案进行技术经济比选（见表 3）。

表 3　不同防护方案综合性能比选

方案	现浇 C30 混凝土护坡+抛石护脚（方案一）	C30 生态混凝土预制块+抛石护脚（方案二）	格宾石笼护坡+抛石护脚（方案三）	格宾石笼护坡+预制钢筋混凝土桩护脚（方案四）
生态效应	护坡表面全封闭，不具备植被生长条件	护坡表面空隙较大，植被易生长	护坡表面空隙较大，植被易生长	护坡表面空隙较大，植被易生长
施工技术	要求有一定的施工技术水平	要求有一定的施工技术水平	经现场指导后，即可投入工作，对施工技术要求较低	要求有较高的施工技术水平
材料供应	水泥需外运，受天气制约大	混凝土预制块需外运	当地建材，格宾网需外运	格宾网、预制桩需外运
后期管理	损坏后，维修难	损坏后，易维修	损坏后，易维修	损坏后，维修难
工程投资	5 995.50 万元	11 997.06 万元	4 670.55 万元	16 865.64 万元

综合造价、经济、施工、生态等方面的因素对以上 4 种类型防护进行全方位比较。经比选，方案三（格宾石笼护坡+抛石护脚）能够很好地适应地基变形，不易产生垮塌、断裂等破坏，柔性很好；透水性好；护坡表面空隙较大，植被易生长；对施工技术要求较低；破损后，易维修，造价较低。施工操作技术简单，不用支模等复杂工序，透水性好，护坡表面空隙较大，植被易生长。结合本工程实际，本次防护结构、材料推荐选用格宾石笼护坡+抛石护脚。

3　生态护岸工程实施效果

生态护岸主体工程抛石护脚于 3 月 1 日开工，4 月 6 日完工，主体工程于 6 月 15 日前全部完工。生态护岸工程在经过第一年汛期后整体稳定，未发生明显变形，植草效果明显，与周边环境深度融合（见图 1）。

图 1　护岸治理前后对比

（1）本次应急处置工程抛石平台顶高程按照 5 年一遇施工水位，顶宽统一按 4.0 m，外坡 1:1.5。为更好地保护坡脚格宾石笼稳定，在抛石平台上部设置二次抛石台，顶宽 2.0 m，高度 0.5 m，外坡 1:6。根据计算分析整个护岸工程最大冲刷深度 4.42 m，抛石设计量为 14 万 m^3，实际抛石量约为 17 万 m^3（水下地形差异所致），抛石护脚稳定性可满足冲刷要求。

（2）格宾石笼作为边坡护坡结构，顶部高程采用 10 年一遇洪水加 0.5 m 超高。迎水坡坡比 1:2，格宾网石笼护坡厚 0.4 m。格宾石笼总安装约 2.5 万 m³，既可防止河岸遭水流、风浪侵袭而破坏，又实现了水体与地下土体间的自然对流交换功能，达到生态平衡。

（3）格宾石笼上部进行覆土植草，植草面积约 6 万 m²，根据现场整体观测，植被覆盖率达 80% 以上，远超水土保持要求的 18% 覆盖率的指标，完全与周边牧草场融为一体。

4 结论

黄河干流若尔盖段护岸工程采用格宾石笼护坡+抛石护脚的生态防护结构，同时因地制宜，在护坡顶部种植适宜高原气候特点的披碱草、高羊茅、老芒麦、早熟禾等植物，恢复和保护项目区内的植被，在有效治理防治责任范围内水土流失的同时，进一步优化项目区生态环境，促进工程建设和生态环境的协调发展，为后续治理积累了经验、探索了路子、奠定了基础。

参考文献

[1] 王一航，张金凤，张娜，等. 生态护岸在水利工程中的研究及应用进展 [J]. 水道港口，2020，41 (2)：210-217，230.

[2] 丁秀英，余晗硕，崔新风. 新疆叶尔羌河中游堤防护岸工程形式的选择 [J]. 黄河水利职业技术学院学报，2019，31 (3)：1-5.

[3] 贺霞霞. 格宾网覆土生态护坡技术在区域河道治理中的应用研究 [J]. 农业科技与信息，2021 (7)：17-18，20.

武汉上金湖恢复区浮游生物群落分布与环境因子关系

黄　胜[1,2]　冯立辉[1,2]　陈文峰[1,2]

(1. 中交第二航务工程局有限公司，湖北武汉　430040；
2. 长大桥梁建设施工技术交通行业重点实验室，湖北武汉　430040)

摘　要：为了解生态修复后不同沉水植物恢复区的环境因子对浮游动植物群落分布的影响，对上金湖四个不同恢复区的环境因子及浮游动植物开展了连续调查。结果表明，沉水植物恢复区 TN、NH_4^+-N、TP、DTP 和 COD_{Mn} 浓度显著降低，溶解氧（DO）显著增高（$P<0.05$）。调查区的浮游植物优势种群以蓝藻门的假鱼腥藻、微囊藻、席藻为主；浮游动物优势种群主要为轮虫，其中暗小异尾轮虫优势度最大。沉水植物恢复区的藻类丰度显著降低。PCoA 分析显示不同区域浮游生物的群落分布差异显著（$P<0.05$）。冗余分析结果表明 pH、TN、TP、COD_{Mn} 是影响浮游动植物群落分布的主要环境因子。研究结果明确了上金湖不同恢复区浮游生物及环境因子与沉水植物恢复密度的相关性，可为上金湖后续水生态修复提供数据支撑和决策依据。

关键词：富营养湖泊；浮游生物；环境因子；相关性分析；生态修复

浮游生物是湖泊生态系统物质能量循环的重要组成部分。浮游植物作为初级生产者，是物质能量循环的基础，因此在维持湖泊生态系统平衡和稳定方面具有重要的价值[1]。浮游植物一般生命周期较短，在适宜条件下生长、繁殖迅速，对水体环境因子变化响应敏感，受抑制时变化显著，因此浮游植物的优势种和丰度可以很好地表征水环境的变化趋势[2-4]。此外，浮游动物作为湖泊生态系统食物链中的重要消费者，在调节浮游植物种群丰度功能上起着关键性的作用，并对环境因子的变化同样敏感[5]。因此，关注浮游植物和浮游动物种群结构和丰度的变化对评价水体健康状况具有重要的意义[6]。

生态修复是改善富营养化和黑臭问题、提升湖泊自净能力的有效手段，沉水植物是减少营养因子[7-8]、控制藻类爆发[9]、改善水体透明度[10]、优化生物群落结构[11] 的关键措施。许多学者对生态修复工程前后[12-13]、不同水位条件[14] 等进行了相关研究，但针对同一湖区不同生态修复进程的浮游生物群落分布与环境因子之间的变化响应关注较少。

上金湖是金银湖湿地公园的门户，因接壤工业区和居民区，历史遗留原因污染相对较为严重，且部分截污管道年久失修，雨污混流情况严重。上金湖北面狭接金湖，无其他支流水系汇入，水动力较差，因此水体扩散能力弱。诸多原因导致其水质逐渐恶化。金银湖湿地公园是武汉市将东西湖区打造为国家级生态示范区的重要组成部分，因此上金湖生态修复是东西湖区治理黑臭水体的典型工程之一。本文于 2021 年 7 月开展了上金湖浮游生物及其环境因子调查，分析了不同修复区浮游生物群落结构及其与环境因子之间的变化响应，以期为上金湖黑臭水体治理、富营养化控制及水生态系统恢复提供基础数据和生态学依据。

1　材料与方法

1.1　研究区概况

上金湖位于武汉市东西湖区。水域面积 61.3 hm²，湖泊容积 226.68 万 m³，岸线长度约 7 km，最

作者简介：黄胜（1993—），男，工程师，硕士，主要从事水污染数值模拟的相关研究。

大长度 1 120 m，最大宽度 1 030 m，平均宽度 535 m，平均水深 1.2 m（0.47～2.2 m）。作为武汉市 47 个劣 V 类湖泊之一[15]，2019 年武汉市开展"三清"行动（清源、清管、清流），上金湖开始实施水生态修复工程。工程主要内容包括湖泊形态整治、污染源控制及水生态修复等。

1.2 样品采集与处理

本研究的主要内容为探究上金湖不同沉水植物恢复区域浮游生物与环境因子之间的关系。因此，共布设 4 个采样点（见图 1），分别为：采样点 A 空白对照区、采样点 B 污染来源区、采样点 C 沉水植被恢复 30% 的区域及采样点 D 沉水植物群落基本完成构建的区域（沉水植被覆盖度大于 70%）。采样点布设遵循相对不受干扰且具有代表性的原则。各区域之间具有生态围隔，进一步减弱各分区之间的水质交换。

图 1 上金湖不同采样点分布

本研究于 2021 年 7 月进行，其中环境因子及浮游植物采样 8 次，浮游动物采样 5 次。环境因子主要选择了水温（WT）、溶解氧（DO）、总氮（TN）、水体酸碱度（pH）、总磷（TP）、溶解性总磷（DTP）、氨氮（NH_4^+-N）和高锰酸盐指数（COD_{Mn}）等。水温现场测定，其余环境因子用水质采样器采集后置于 4 ℃ 保温箱并立即送至实验室进行检测分析。浮游生物参考文献［12］采用"∞"法进行采样并鉴定。

1.3 数据处理与分析

Mcnaughton 优势度（Y）、Shannon-Wiener 多样性指数（H'）和 Pielou 均匀度指数（J）分别用来计算分析浮游生物的优势物种和生物多样性，具体计算方法如下[16-17]：

Mcnaughton 优势度（Y）计算公式：

$$Y = (n_i/N)f_i \tag{1}$$

Shannon-Wiener 多样性指数（H'）计算公式：

$$H' = -\sum_{i=1}^{S}(n_i/N)\log_2(n_i/N) \tag{2}$$

Pielou 均匀度指数（J）计算公式：

$$J = H'/\log_2 S \tag{3}$$

式中：Y 为 Mcnaughton 优势度，本研究参考文献［12］取 $Y \geqslant 0.02$ 的水生生物物种为优势种；n_i、f_i

分别为 i 物种个体数和出现频率；N、S 为总个体数及物种总数。H' 和 J 的值可作为判别水体污染状况的依据[12,14]，具体指标见表1。

表1　多样性指数和均匀度指数污染判别标准

水体污染状况	Shannon-Wiener 指数（H'）	Pielou 指数（J）
清洁	>3	>0.8
轻污染	—	0.5~0.8
β-中污染	2~3	0.3~0.5
α-中污染	1~2	0.1~0.3
重污染	<1	<0.1

4 个采样点的环境因子、浮游生物数据使用 lg（x+1）方法进行标准化处理，并用 SPSS 软件进行独立性检验和相关性分析。PCoA、RDA 分析使用 R version 3.6.3 进行绘制。其余图采用 Origin2019 绘制。

2　结果与分析

2.1　上金湖不同恢复区水体理化指标

从 4 个研究区的环境因子以及相关性（见表2）可以看出：不同采样点的环境因子均存在不同程度的差异性，表明本研究选取的四个采样点的水体环境相对独立，生态围隔起到了一定的隔离缓冲效果，因此四个采样点可以作为不同生态恢复区的评价样点。此外，所有采样点的 pH 都呈现弱碱性，且与沉水植物恢复程度正相关，这是因为沉水植物光合作用过程会消耗水体中的 CO_2，改变了水体的碳酸平衡[18]。同样的，水体的溶解氧也因为沉水植物的光合作用呈现相同的趋势。沉水植物基本恢复区域的 D 采样点 TN（1.09 mg/L）、TP（0.11 mg/L）和 NH_4^+-N（0.67 mg/L）浓度显著低于其他区域（$P<0.05$ 或 $P<0.01$），各环境因子表现出最小的波动，表明沉水植物的恢复有效地改善了湖泊水体的水质状况，基本达到了Ⅳ类地表水标准（GB 3838—2002），且大大提高了水体生态系统的稳定性和抗逆性。

表2　不同恢复区环境因子均值及相关性

采样点	WT	pH	DO	TN	NH_4^+-N	TP	DTP	COD_{Mn}
A	30.79±1.91	7.59±0.64	5.41±3.13	2.25±0.85	1.17±0.25	0.19±0.11	0.04±0.02	6.73±2.80
B	31.21±2.05	7.58±0.47	7.17±1.02	1.62±0.57	0.96±0.42	0.13±0.14	0.06±0.07	3.66±1.71
C	31.59±1.68	8.51±0.42	8.79±3.13	2.76±1.19	1.40±0.47	0.33±0.05	0.05±0.01	9.00±1.92
D	30.87±1.10	8.88±0.67	8.17±1.21	1.09±0.33	0.67±0.35	0.11±0.03	0.04±0.02	4.90±0.58
A×B	*	—	—	* *	—	—	—	* *
A×C	*	* *	* *	—	*	*	—	* *
A×D	—	*	* *	* *	—	—	—
B×C	—	* *	—	* *	* *	* *	—	* *
B×D	—	* *	* *	—	*	—	—	—
C×D	*	—	—	* *	* *	* *	* *	* *

注："*"表示 $P<0.05$；"* *"表示 $P<0.01$，"—"表示 $P>0.05$；WT 单位为℃，pH 无量纲，其他环境因子单位为 mg/L。

2.2　浮游生物群落构成

2.2.1　浮游生物种类构成及丰度

本次研究中浮游植物共检测出 6 门 41 属，其中蓝藻门 8 种、绿藻门 20 种；硅藻门 6 种，裸藻门、隐藻门和甲藻门各检出 3、2、2 种。浮游动物共检测出 4 门 51 属，其中原生动物、轮虫、枝角类和桡足类分别为 10 种、26 种、5 种和 10 种。4 个采样点的浮游生物总体较为相似，浮游植物都以绿藻和蓝藻为主，浮游动物中以小型浮游动物为主，轮虫的占比相对较高（37.5%~54%），沉水植物恢复区的大型浮游动物枝角类和桡足类物种数表现出逐渐增加的趋势。各采样点检出的特有浮游植物种数主要以绿藻为主：A 1 种，C、D 各 2 种，另外，B 和 D 分别检出特有硅藻 1 种，D 区检出特有种角甲藻；浮游动物特有种检出数 A、B、C、D 四个采样区分别为 1、2、1、3 种。见图 2。

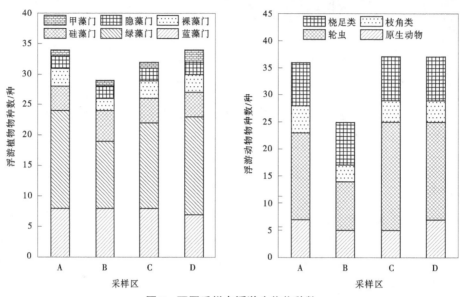

图 2 不同采样点浮游生物物种数

物种丰度上看（见图 3），所有采样区的浮游植物物种蓝藻门占绝对优势，浮游动物中轮虫占据较大优势。总体丰度上看，A 区和 C 区的浮游植物丰度显著高于 B 区和 D 区，C 区和 D 区的浮游动物丰度显著高于 A 区和 B 区。无论浮游植物还是浮游动物的物种数或是物种丰度，B 区都显著低于其他采样区域，表明浮游生物受环境因子的抑制作用较为显著。D 区浮游植物丰度较低，主要原因可能为沉水植物群落较为完整，生物多样性较高。丰富的沉水植物不仅在营养盐方面占据较大竞争优势，也可分泌多种化感物质，抑制藻类的生长。

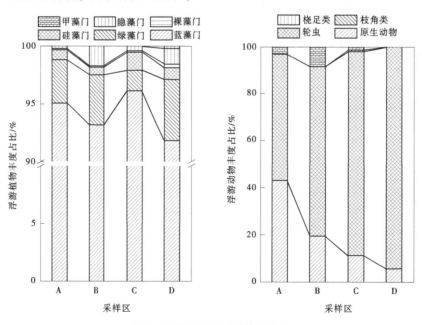

图 3 不同采样区浮游生物丰度

2.2.2 浮游生物优势种及多样性指数

浮游植物中，4 个采样点的优势种主要是蓝藻门（见表 3）。不同采样区域的优势种群存在不同程度的差异性。A 采样点有 4 种优势种，其中微囊藻优势度最高；B 采样点有 5 种优势种，优势度最大的为假鱼腥藻（*Pseudoanabaena* sp.）和微囊藻（*Microcystis*），特有优势种为席藻（*Phormidium*）；C 采样点优势种同为 5 种，优势度最大的为微囊藻（*Microcystis*）；D 采样点有 3 种优势种，也以微囊藻（*Microcystis*）为主要优势种，特有优势种平裂藻（*Merismopedia*）。

本次采样的浮游动物的优势种主要以轮虫为主，具体而言：A 采样点共有 8 种，其中原生动物优势种 2 种、轮虫优势种 5 种，桡足类优势种 1 种，优势度最高的为草履虫（*Hemiophrys* sp.）；B 采样点优势种共 4 种：原生动物 2 种、轮虫和桡足类各 1 种。C 采样点优势种共 9 种：原生动物 1 种、轮虫 8 种。B、C 两采样点优势度最高的都为暗小异尾轮虫（*Trichocerca pusilla*）；D 采样点优势种都为轮虫，有 5 种，其中优势度最高的是针簇多肢轮虫（*Polyarthra trigla*），详细数据见表 3。

表 3 各采样点浮游生物优势种及其优势度

项目	门类	代码	优势种	A	B	C	D
浮游植物	蓝藻门	P1	颤藻（*Oscillatoria*）	0.13	0.05	0.10	—
		P2	鱼腥藻（*Anabeana*）	—	—	0.04	0.10
		P3	平裂藻（*Merismopedia*）	—	—	—	0.04
		P4	微囊藻（*Microcystis*）	0.69	0.30	0.65	0.72
		P5	假鱼腥藻（*Pseudoanabaena* sp.）	0.03	0.31	0.03	—
		P6	席藻（*Phormidium*）	—	0.02	—	—
		P7	螺旋藻（*Spirulina*）	0.03	0.04	0.08	—
浮游动物	原生动物	Z1	侠盗虫（*Strobilidium* sp.）	—	0.02	—	—
		Z2	筒壳虫（*Tintinnidium* sp.）	—	0.03	0.05	—
		Z3	草履虫（*Paramecium* sp.）	0.16	—	—	—
		Z4	毛板壳虫（*Coleps hirtus*）	0.04	—	—	—
	轮虫	Z5	针簇多肢轮虫（*Polyarthra trigla*）	0.05	—	0.05	0.30
		Z6	暗小异尾轮虫（*Trichocerca pusilla*）	0.07	0.24	0.18	0.16
		Z7	田奈同尾轮虫（*Diurella dixon-nuttalli*）	0.08	—	0.15	0.12
		Z8	裂痕龟纹轮虫（*Anuraeopsis fissa*）	0.02	—	—	0.13
		Z9	简单前翼轮虫（*Proales simplex*）	—	—	0.05	—
		Z10	萼花臂尾轮虫（*Brachionus calyciflorus*）	—	—	0.05	—
		Z11	角突臂尾轮虫（*Brachionus angularis*）	0.03	—	0.10	—
		Z12	剪形臂尾轮虫（*Brachionus forficula*）	—	—	0.05	—
		Z13	泡轮虫（*Pompholyxophrys* sp.）	—	—	0.05	—
		Z14	圆筒异尾轮虫（*Trichocerca cylindrica*）	—	—	—	0.09
	桡足类	Z15	桡足幼体（*Copepodites*）	0.02	0.07	—	—

4 个采样点浮游生物多样性指数和均匀度指数如图 4 所示。Shannon-Wiener 指数反映了各浮游生物物种间分布丰富度，Pielou 指数则主要反映各浮游生物物种分布均匀度[19]。总体上看，A、C、D 采样点的浮游动物的 Shannon-Wiener 指数和 Pielou 指数评价要好于浮游植物的评价，而 B 采样点则

正好相反，主要是因为浮游植物种类丰度以蓝藻为主，而浮游动物物种的丰度分布相对较为均匀，B采样点整体环境因子状况较其他采样区差，物种丰度和多样性都显著低于其他采样区。具体来说，浮游植物 Shannon-Wiener 指数评价水体污染状况为 α-中污染到重污染，浮游动物 Shannon-Wiener 指数评价为 A、C、D 点介于 β-中污染到 α-中污染状况之间，B 采样点评价为重污染。浮游植物 Pielou 指数评价结果 β-中污染，A、C、D 评价为轻污染，而 B 采样点评价为重污染。与实际污染情况较为一致。

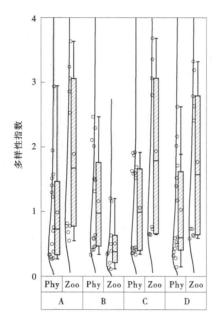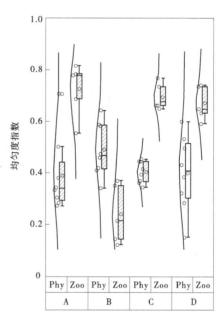

图 4　不同采样点浮游生物多样性指数和均匀度指数

2.3　浮游生物与环境因子冗余分析

Axis Lengths 可反映各 DCA 轴的梯度长度信息，若 DCA1>4.0 表明可能是单峰分布，需选择单峰模型（CCA）进行分析；若 DCA1<3.0 表明可能是线性分布，优选线性模型（RDA）进行分析。本研究浮游生物优势种去趋势分析中，浮游植物 DCA1 值为 3.22，浮游动物 DCA1 值为 2.38，因此都选择 RDA 模型进行分析，总体差异显著性采用蒙特卡洛置换检验 $P=0.001$。

浮游植物的优势种（P1~P7）与本次调查的环境因子 RDA 分析显示，排序轴 1 和轴 2 对浮游植物优势种的解释量分别为 33.29% 和 16.86%［见图 5（a）］。各采样点的分布与环境因子之间具有显著的差异性，D 采样点由于沉水植物群落基本稳定，受沉水植物的光合作用影响，与 pH、DO 相关性较好。B 采样点数据与环境因子（除温度外，可能与该点水深相对较浅有关）呈现负相关关系，与实际该点为水污染因子贡献区而不是受影响区一致。此外，颤藻（*Oscillatoria*）、螺旋藻（*Spirulina*）的物种丰度与 TN 的浓度变化呈现极显著相关；微囊藻（*Microcystis*）的物种丰度与 TP、COD_{Mn} 浓度呈现显著相关；假鱼腥藻（*Pseudoanabaena* sp.）的物种丰度则与 NH_4^+-N、DTP 的浓度变化显著相关；鱼腥藻（*Anabaena*）的丰度随着 DO 和 pH 的增加而升高，同时受 NH_4^+-N、DTP 等的抑制。

浮游动物优势种（Z1~Z15）与环境因子去趋势分析显示，排序轴 1 和轴 2 对浮游植物优势种的解释量分别为 36.42% 和 20.97%［见图 5（b）］。各采样点的浮游动物种群和丰度变化与本次调查的环境因子之间同样表现出显著的差异性。针簇多肢轮虫（*Polyarthra trigla*）、田奈同尾轮虫（*Diurella dixon-nuttalli*）、暗小异尾轮虫（*Trichocerca pusilla*）等浮游动物的种群丰度随着水质的改善而增加。筒壳虫（*Tintinnidium* sp.）、剪形臂尾轮虫（*Brachionus forficula*）等浮游动物种群丰度与 TN、TP 和 NH_4^+-N 等营养盐因子显著相关。此外，多数浮游动物的种群丰度都与沉水植物处于恢复期的 C 点显著相关，可以看出，随着水体生态修复进程的推进，水体水质的改善会促进浮游生物的生长和繁殖，但是当沉水植物群落稳定且处于优势生态位时，会抑制浮游植物的生长，浮游植物丰度的降低则影响浮游动物的种群丰度变化[12]。

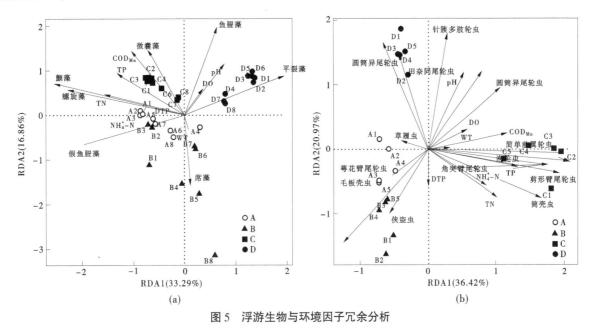

图5　浮游生物与环境因子冗余分析

3　浮游生物群落分布与环境因子分析

各采样点浮游植物种类主要为蓝藻门和绿藻门，浮游动物主要以小型浮游动物轮虫和原生动物为主。水生态恢复区的浮游生物种群数和丰度都较污染区高，且各门类的生物多样性逐渐增大。此外，本次研究时间为夏季，水体温度较高，因此狭冷性硅藻门物种检出少且丰度低，因此耐高温、水体适应性营养盐阈值较宽的蓝藻门占据着较高的生态宽位[20]。不同采样区浮游植物丰度的变化特别是蓝藻丰度的变化说明沉水植物群落的构建能够显著抑制蓝藻的繁殖，同时促进了大型的浮游动物如枝角类和桡足类群体的生长[12]。由于生态恢复工程实施前实行过大规模清鱼行动，给了浮游动物大量繁殖的条件，特别是轮虫和原生动物。

浮游植物和浮游动物种群相似性与差异性PCoA分析（见图6）表明，A采样点的浮游动植物种群和环境因子受到B采样点有一定的影响，但C和D采样点与B采样点呈现出极显著的差异性。一方面说明生态围隔起到了良好的物理隔离作用，另一方面也印证了沉水植物对改善水环境、优化浮游动植物群落结构具有重要的作用。沉水植物的存在对稳定群落分布起到了重要的作用，群落结构的稳定在一定程度上反映出了该区域生态因子对环境因子的抗冲击能力与调节能力，沉水植物可吸收营养盐，调节水体pH，提高水体溶解氧水平，并可为大型浮游动物提供栖息和庇护场所[21]。因此，沉水植物的恢复无论是改善水质还是提高生态群落结构的稳定性，都发挥着重要的作用，是湖泊水体改善的关键因素。但浮游动物群落结构中，大型浮游动物枝角类和桡足类相对缺乏，生物多样性相对较差，而枝角类和桡足类是控制藻类生长和繁殖的关键因素之一[14,22]，因此需持续关注水体大型浮游动物丰度，必要时可投放一定比例的大型浮游动物，建立更加完整的食物链与食物网，从而有效改善水体生物群落结构，促进水体环境改善。

4　结论

（1）对上金湖不同生态恢复区进行浮游生物调查，共检测出浮游植物6门41属，以蓝藻为优势种，绿藻种检出种类最多；浮游动物检测出4门51属，以轮虫为主要优势种，各采样区的代表优势种具有显著性差异。

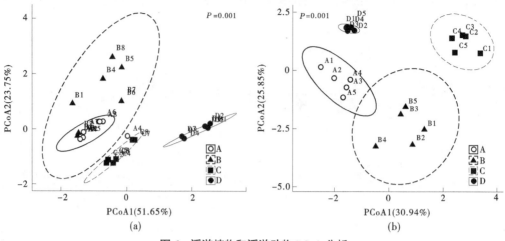

图 6　浮游植物和浮游动物 PCoA 分析

（2）RDA 冗余分析显示，影响浮游生物群落分布的主要环境因子基本一致，为 pH、TN、TP 和 COD_{Mn}。且沉水植物群落构建完成的区域水质明显改善，基本满足地表水Ⅳ类水要求，藻类的物种丰度也显著降低。

参考文献

［1］Lepist L, Holopainen A L, Vuoristo H. Type-specific and indicator taxa of phytoplankton as a quality criterion for assessing the ecological status of Finnish boreal lakes［J］. Limnologica, 2004, 34（3）：236-248.

［2］Marchetto A, Padedda B M, Marinani M, et al. A numerical index for evaluating phytoplankton response to changes in nutrient levels in deep Mediterranean reservoirs［J］. Journal of Limnology, 2009, 68（1）：106-121.

［3］Crossetti L, Bicudo C. Phytoplankton as a monitoring tool in a tropical urban shallow reservoir（Garcas Pond）: the assemblage index application［J］. Hydrobiologia, 2008, 610（1）：161-173.

［4］Reynolds C. Variability in the provision and function of mucilage in phytoplankton: facultative responses to the environment［J］. Hydrobiologia, 2007, 578（1）：37-45.

［5］杨柳, 章铭, 刘正文. 太湖春季浮游植物群落对不同形态氮的吸收［J］. 湖泊科学, 2011, 23（4）：605-611.

［6］洪松, 陈静生. 中国河流水生生物群落结构特征探讨［J］. 水生生物学报, 2002, 26（3）：295-305.

［7］Xia T, Zhu L, Liu Z N, et al. Construction of symbiotic system of filamentous algae and submerged plants and its application in wastewater purification［J］. Journal of Water Process Engineering, 2021, 43.

［8］Chao C X, Wang L G, Li Y, et al. Response of sediment and water microbial communities to submerged vegetations restoration in a shallow eutrophic lake［J］. Science of the Total Environment, 2021：801.

［9］Xu X, Zhou Y, Han R, et al. Eutrophication triggers the shift of nutrient absorption pathway of submerged macrophytes: Implications for the phytoremediation of eutrophic waters［J］. Journal of Environmental Management, 2019, 239：376-384.

［10］丁玲. 水体透明度模型及其在沉水植物恢复中的应用研究［D］. 南京：河海大学, 2006.

［11］苏小妹, 薛庆举, 万翔, 等. 小型湖泊修复区与未修复区对生态修复的响应与评价［J/OL］. 中国环境科学, 1-12.

［12］王雅雯, 李迎鹤, 张博, 等. 嘉兴南湖不同湖区浮游动植物群落结构特征与环境因子关系［J］. 环境科学, 2022, 43（6）：3106-3117.

［13］郭超, 李为, 李诗琦, 等. 城市新建湖泊浮游动物群落结构特征及其驱动因素——以南通紫琅湖为例［J/OL］. 生物资源：1-13.

［14］罗欢, 吴琼, 陈倩, 等. 生态修复后九曲湾水库浮游动物优势种演替及生态位特征分析［J］. 生态环境学报, 2021, 30（2）：320-330.

［15］武汉市生态环境局. 2019 年武汉市生态环境状况公报［EB/OL］.（2020-06-08）［2021-11-15］.

［16］孙军, 刘东艳. 多样性指数在海洋浮游植物研究中的应用［J］. 海洋学报, 2004, 26（1）：62-75.

［17］李瑶，陈敏，吴兴华．基于水质及生物多样性的污染评价方法探讨——以长江口南支水域为例［J］．人民长江，2021，52（12）：72-77，91.

［18］赵联芳，朱伟，莫妙兴．沉水植物对水体 pH 值的影响及其脱氮作用［J］．水资源保护，2008（6）：64-67.

［19］孙军，刘东艳．多样性指数在海洋浮游植物研究中的应用［J］．海洋学报，2004，26（1）：62-75.

［20］李娜，周绪申，孙博闻，等．白洋淀浮游植物群落的时空变化及其与环境因子的关系［J］．湖泊科学，2020，32（3）：772-783.

［21］Fu H, Özkan K, Yuan G X, et al. Abiotic and biotic drivers of temporal dynamics in the spatial heterogeneity of zooplankton communities across lakes in recovery from eutrophication［J］. Science of the Total Environment, 2021, 778.

［22］郭匮春，浮游动物与藻类水华控制［D］．武汉：中国科学院水生生物研究所，2007.

干旱区内陆河流域水土环境状态综合评价

徐存东[1,2,3]　胡小萌[1,3]　王　鑫[1,3]　刘子金[1,3]　赵志宏[1,3]　任子豪[1,3]　王　燕[1]

(1. 华北水利水电大学，河南郑州　450046；
2. 浙江省农村水利水电资源配置与调控关键技术重点实验室，浙江杭州　310018；
3. 河南省水工结构安全工程技术研究中心，河南郑州　450046)

摘　要：针对干旱区内陆河流域水土环境状态受多过程因素耦合影响难以定量描述的难题，选取甘肃省石羊河流域为研究区，基于水土环境系统多层次驱动因素建立评价指标体系，结合云理论和组合赋权法构建模型，对石羊河流域不同研究节点的水土环境状态进行定量化综合评价。结果表明：石羊河流域2010年、2014年及2018年的水土环境状态均处于"临界（Ⅲ）"—"较不安全（Ⅳ）"之间，整体水土环境状态呈良态演化趋势；研究区2010年、2014年、2018年评价云的熵与超熵分别为0.036 5、0.036 8、0.036 7和0.003 6、0.003 9、0.003 7，数值较小、He/En均小于1/3，说明云滴较为集中、雾化度较低，表明评估结果与流域实际水土环境状态相接近，能够客观揭示石羊河流域实际水土环境状态演化过程。

关键词：水土环境状态；石羊河；云模型；CM-AHP；组合赋权

我国西北干旱荒漠区水资源匮乏、光照强、土地资源丰富，高强度的人类扰动致使水土环境问题不断凸显。水土环境状态是实现区域水土资源可持续发展的重要评价指标[1]，干旱区内陆河流域水土环境状态受自然、人类等多因素耦合影响，由于流域自然环境本底较为脆弱，加之人类对生态资源的掠夺式开发，打破了原有水土环境的生态平衡，流域水土环境可持续发展面临严峻挑战[2-3]。因此，如何准确揭示多因素耦合影响下的干旱区内陆河流域水土环境状态及其演变态势，对于寻求干旱区内陆河流域水土环境与社会生产需求之间的平衡机制具有重要意义。

区域水土环境系统存在着复杂多变的生态水文过程与人类扰动响应过程，是一个具有模糊性和多层次驱动性的复杂结构单元。近些年，国内外相关学者对其进行了大量的研究，并取得了丰硕的成果。其中，GU等[4]结合地理信息系统和层次分析法，对千岛湖水土环境脆弱性变化进行了研究分析；Rehman等[5]基于层次分析法对印度巴吉拉提亚流域的站点特定参数进行权重赋值，利用多元回归法分析了由洪水诱发的水土环境脆弱性；Stampoulis等[6]利用微波辐射测量技术，明晰了缺水地区水文循环变化对水土环境的影响；任永泰等[7]基于灰色关联、组合赋权法和障碍度建立DPSIP评估模型，对黑龙江省水土环境状态进行了评估分析；张有贤等[8]为探明城市水环境状态，结合PSR模型和AHP-熵权法评估分析了兰州市水环境状态，并有针对性地提出改善措施。上述研究取得了大量有益成果，但总体来看，目前研究仍存在不足之处。目前研究多侧重于非干旱区，对于生态环境本底较为脆弱的干旱区研究较少；从研究方法来看，虽然对自然生态系统、人类活动随机干扰等因素影响下的水土环境状态进

基金项目：中原科技创新领军人才支持计划（204200510048）；河南省科技攻关项目（212102310273）；河南省高等学校重点科研项目计划（20A570006）；浙江省重大科技计划项目：《基于水质–水动力互馈耦合的平原河网水动力调控方法研究》（2021C03019）；浙江省基础公益研究计划项目（LZJWD22E090001）；甘肃省水利科研与计划项目"石羊河流域农业水土资源配置与区域生态环境协同优化研究"（2021-20）。

作者简介：徐存东（1972—）男，博士，教授，主要从事干旱区水土环境监测与评估方面的研究工作。

通信作者：胡小萌（2001—）女，硕士生，研究方向为干旱区水土环境监测与评估。

行了系统研究，但未充分考虑水土环境系统中存在的自然生态–社会经济耦合关系，忽略了多驱动因素的互馈响应关系，同时水环境、气候、土壤等因子均具有一定的随机性和模糊性，因此较难用一般方法对其水土环境状态进行评估。云模型[9-11]旨在处理不确定性问题，主要优势在于刻画模糊系统的随机性和不确定性，能够很好地规避描述水土环境诱发因子状态时产生的主观性和个人经验性的影响，通过云参数可定量描述流域水土环境状态。西北干旱地区本是生态环境敏感及脆弱的地区，人类活动及水环境状态等因素对水土环境的影响也更加显著。如何揭示多重扰动模糊系统中各要素互动关联的层次性和相互影响的不确定性，对准确评估水土环境实际状态具有重要的理论和现实意义。

鉴于此，本文以石羊河流域为研究区，分析水土环境系统多层次驱动因素建立评价指标体系，结合云理论和组合赋权法构建综合评价模型，对研究区 2010 年、2014 年、2018 年水土环境状态进行定量评估，以云图的形式对评价结果进行直观表达，分析石羊河流域不同研究节点的水土环境状态机制演变态势，以期为相似区域水土环境状态评估提供方法借鉴。

1 研究区与数据处理

1.1 研究区概况

石羊河流域地处甘肃省河西地区东部，乌鞘岭以西，祁连山北麓，东经 101°22′~104°16′，北纬 36°29′~39°27′，地理位置如图 1 所示。流域总面积为 4.16 万 km²，年均天然径流量为 13.619 亿 m³，区域降水量少、温差大，自然环境脆弱且气候较为敏感，是甘肃省内陆河流域中人口最密集、水资源对社会经济发展制约性最强的地区。受长期高强度人类扰动和水资源不合理利用的影响，流域内水土环境问题逐渐凸显，极大地制约了区域社会经济与生态环境的可持续协同发展。

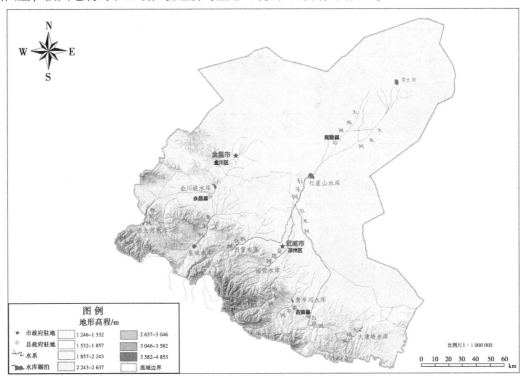

图 1　石羊河流域地理位置

1.2 评价指标体系构建

科学合理的评价指标体系是有效评估研究区水土环境状态的基础。依据《生态环境状况评价技术规范》（HJ 192—2015）和相关研究成果[1,12-13]，结合流域当地气候、社会经济和水文地质等特征，遵循科学性、可行性等指标选取原则，从区域气候、地表水、地下水、土壤及人类活动 5 个维度展开，构建石羊河流域水土环境状态评价指标体系。在评价指标体系中部分指标间的耦合影响关系为：灌溉水的使用在缓解流域水资源压力的同时，也促进了土地资源的进一步开发利用；灌溉水在入渗过程中会使地下水矿化度升高，进而对流域水环境质量造成负向驱动；质地较黏的土壤紧实度也较好，其保水保肥的能力也较好，能够充分反映出流域的土地资源质量和开发空间。结合石羊河流域自身水文地质条件、社会经济条件建立流域水土环境状态评语集 $D = \{I、II、III、IV、V\}$，分别用安全I、较安全II、临界III、较不安全IV、不安全V进行描述，如图2所示。参考《中华人民共和国地下水环境质量标准》（GB/T 14848—2017)、《地表水环境质量标准》（GB 3838—2002)、土壤分级标准等国家标准对各指标等级阈值进行合理划分，具体划分如表1所列。

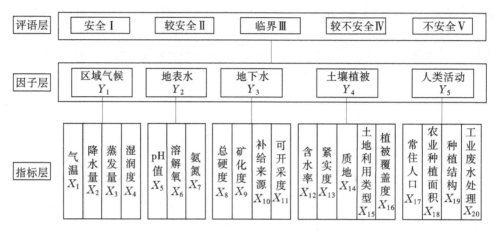

图2 水土环境状态综合评价指标体系

表1 指标等级划分

指标		等级划分				
		I	II	III	IV	V
X_1	（年均）气温/℃	20~25	15~20	10~15	5~10	<5
X_2	（年均）降水量/mm	>800	600~800	400~600	200~400	<200
X_3	（年均）蒸发量/mm	<1 000	1 000~1 500	1 500~2 000	2 000~2 500	>2 500
X_4	湿润度	潮湿	湿润	半湿润	半干旱	干旱
X_5	pH 值	7.3≤pH≤7.7	7.0≤pH<7.3 7.7<pH≤8.0	6.5≤pH<7.0 8.0<pH≤8.5	5.5≤pH<6.5 8.5<pH≤9.0	pH<5.5 pH>9.0
X_6	溶解氧/（mg/L）	≥7.5	7.5~6.0	6.0~5.0	5.0~3.0	3.0~2.0
X_7	氨氮/（mg/L）	≤0.15	0.15~0.50	0.50~1.00	1.00~1.50	1.50~2.00
X_8	总硬度/（mg/L）	≤150	≤300	≤450	≤650	>650
X_9	矿化度/（g/L）	0~0.50	0.50~1.00	1.00~3.00	3.00~10.00	>10.00
X_{10}	补给来源	大气降水补给	地表水补给	灌溉补给	专门性人工补给	凝结水补给
X_{11}	可开采度/精度	D	B	C	A	A
X_{12}	含水率/%	>20	15~20	12~15	5~12	<5
X_{13}	紧实度/（g/cm³）	0~1.00	1.00~1.25	1.25~1.35	1.35~1.45	>1.45

续表1

指标		等级划分				
		I	II	III	IV	V
X_{14}	质地	壤土	砂质壤土	砂土	砂质黏土	黏土
X_{15}	土地利用类型	荒草地	林地	耕地	旱地	戈壁
X_{16}	植被覆盖度/%	>60	45~60	30~45	10~30	<10
X_{17}	常住人口/万人	<16	16~18	18~20	20~25	>25
X_{18}	农业种植面积/万 hm^2	≤28	≤26	≤24	≤22	≤20
X_{19}	种植结构	节水作物种植占比大	经济作物种植占比大	夏禾作物种植占比大	秋禾作物种植占比大	耗水作物种植占比大
X_{20}	工业废水处理	全部三级处理	部分三级处理	二级处理	部分二级处理	一级处理

1.3 数据来源

本研究选取代表年为：2010 年流域基本完成《石羊河流域重点治理规划》治理目标，流域水域面积增长迅速、土壤侵蚀程度出现好转，农田有效灌溉面积 21.75 万 hm^2；2014 年流域重点治理规划目标完成 4 年，耕地和灌溉面积显著增加，农田有效灌溉面积为 29.73 万 hm^2；2018 年代表流域现状，流域植被覆盖度增加，大力实施节水技术提高了灌溉水利用率，生态用水量增加到 2.7%。石羊河流域气候、水资源、土壤和人类活动评价因子具体数据来源如表 2 所列。

表 2 数据来源

评价因子	数据获取	数据性质
区域气候	遥感反演+雨量监测设备	空间数据+长序列监测数据
地表水	空间监测点位布设+地表水水质理化性质分析提取	长序列监测数据
地下水	空间监测点位布设+地下水水质理化性质分析提取	长序列监测数据
土壤	《武威统计年鉴（2009—2019）》+空间采样点布设监测	长序列监测数据+经济社会数据
人类活动	《武威统计年鉴（2009—2019）》+空间采样点布设监测	经济社会数据

2 研究方法

指标权重确定是综合评价的关键，为使评价结果与实际情况相符合，本文使用 CM-AHP 主观赋权、因子分析法客观赋权[14]，利用最小二乘组合赋权法确定指标综合权重。

2.1 CM-AHP 模糊赋权

云模型是处理定性概念和定量描述的一种不确定转换模型，通过期望（Ex）、熵（En）、超熵（He）三个数字特征来表现其具体特性。其中，Ex 反映云滴群的重心、En 反映云滴的离散程度、He 反映云滴的厚度，三个云模型数字特征如图 3 所示。将云模型与传统 AHP 结合，以 Satty 标度准则为基础引入云理论，构建水土环境状态评价标度准则，如表 3 所列。

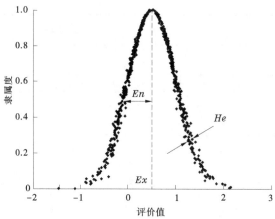

图 3　云模型的指标等级图及三个参数

表 3　评价指标云模型标度准则

两两比较	重要程度	标度云模型
X_i 比 X_j 重要	绝对	$C_4 (9, 0.33, 0.01)$
	强烈	$C_3 (7, 0.33, 0.01)$
	明显	$C_2 (5, 0.33, 0.01)$
	稍微	$C_1 (3, 0.33, 0.01)$
X_i 与 X_j 同等重要		$C_0 (1, 0, 0)$
X_i 不如 X_j 重要	稍微	$C_5 (1/3, 0.33/9, 0.01/9)$
	明显	$C_6 (1/5, 0.33/25, 0.01/25)$
	强烈	$C_7 (1/7, 0.33/49, 0.01/49)$
	绝对	$C_8 (1/9, 0.33/81, 0.01/81)$

结合表 3 及浮动云定义，构建指标判断矩阵，通过以下计算公式[7-8] 得到主观权重云模型。

$$Ex_i = \frac{Ex_i}{\sum_{i=1}^{n} Ex_i} = \frac{\left(\prod_{j=1}^{n} Ex_{ij}\right)^{1/n}}{\sum_{i=1}^{n} \left(\prod_{j=1}^{n} Ex_{ij}\right)^{1/n}} \tag{1}$$

$$En_i = \frac{En_i}{\sum_{i=1}^{n} En_i} = \frac{\left[\prod_{j=1}^{n} Ex_{ij} \sqrt{\sum_{j=1}^{n} \left(\frac{En_{ij}}{Ex_{ij}}\right)^2}\right]^{1/n}}{\sum_{i=1}^{n} \left[\prod_{j=1}^{n} Ex_{ij} \sqrt{\sum_{j=1}^{n} \left(\frac{En_{ij}}{Ex_{ij}}\right)^2}\right]^{1/n}} \tag{2}$$

$$He_i = \frac{He_i}{\sum_{i=1}^{n} He_i} = \frac{\left[\prod_{j=1}^{n} Ex_{ij} \sqrt{\sum_{j=1}^{n} (He_{ij}/Ex_{ij})^2}\right]^{1/n}}{\sum_{i=1}^{n} \left[\prod_{j=1}^{n} Ex_{ij} \sqrt{\sum_{j=1}^{n} (He_{ij}/Ex_{ij})^2}\right]^{1/n}} \tag{3}$$

式中：Ex_i 为中心值；En_i 为不确定度；He_i 为 En_i 的不确定度。

2.2　因子分析法

因子分析法通过指标内部相关性，将复杂相关性变量组合成主体综合因子，利用水土环境状态评价指标自身的信息化大小进行赋权。对指标标准化处理后得到相关矩阵 P，运用 SPSS 进行数据分析，依据特征值 λ_i 得出旋转后的主因子函数：

$$F = b_{i1}y_1 + b_{i2}y_2 + \cdots + b_{in}y_n \tag{4}$$

结合 λ_i 及主因子函数得出指标函数表达式：

$$F'_i = \sum_{i=1}^{t} \left(\frac{\lambda_i}{\sum\limits_{i=1}^{t} \lambda_i} \right) F = \sum_{i=1}^{n} b_i y_i \tag{5}$$

式中：b_i 为指标荷载系数，将其视为评价指标的客观权重 v_i。

2.3 最小二乘组合赋权法

运用最小二乘法[15] 将得到的主客观权重进行优化组合，得到指标在评价体系中的综合权重，$u = [u_1,\ u_2,\ \cdots,\ u_n]^T$，$v = [v_1,\ v_2,\ \cdots,\ v_n]^T$ 分别代表主客观权重，$w = [w_1,\ w_2,\ \cdots,\ w_n]^T$ 为综合权重，由最小二乘组合模型构造函数：

$$\min f(w) = \sum_{i=1}^{n} \sum_{j=1}^{m} \left\{ \left[(u_i - w_i)r_{ji} \right]^2 + \left[(v_j - w_j)r_{ji} \right]^2 \right\}$$

$$\text{s} \cdot \text{t} \cdot \sum_{i=1}^{n} w_i = 1 \quad (w_i \geqslant 0,\ i = 1,\ 2,\ \cdots,\ n) \tag{6}$$

构造拉格朗日函数，得到综合权重矩阵：

$$\begin{bmatrix} A & \mathrm{e} \\ \mathrm{e}^T & 0 \end{bmatrix} \times \begin{bmatrix} w \\ \lambda \end{bmatrix} = \begin{bmatrix} B \\ 1 \end{bmatrix} \tag{7}$$

水土环境状态评价指标综合权重：

$$w = A^{-1} \times \left(B + \frac{1 - \mathrm{e}^T A^{-1} B}{\mathrm{e}^T A^{-1} \mathrm{e}} \times \mathrm{e} \right) \tag{8}$$

其中

$$A = \begin{bmatrix} \sum\limits_{i=1}^{n} r_{1i}^2 & & \\ & \ddots & \\ & & \sum\limits_{i=1}^{n} r_{ni}^2 \end{bmatrix}$$

$$\mathrm{e} = (1,\ 1,\ \cdots,\ 1)^T,\ w = [w_1,\ w_2,\ \cdots,\ w_n]$$

$$B = \left[\frac{1}{2} \sum_{i=1}^{n} (u_1 + v_1)r_{1i}^2,\ \frac{1}{2} \sum_{i=1}^{n} (u_2 + v_2)r_{2i}^2,\ \cdots,\ \frac{1}{2} \sum_{i=1}^{n} (u_n + v_n)r_{ni}^2 \right] \tag{9}$$

2.4 构建等级云模型及确定水土环境状态

$[C_1,\ C_2]$ 是评定水土环境状态等级的两边界限定值，由表 1 标准化后得到，其自身具有模糊度，通过适量调整，由式（10）~式（12）得到评价指标边界正态云。

$$Ex_i = \frac{C_1 + C_2}{2} \tag{10}$$

$$\exp\left[-\frac{(C_2 - C_1)^2}{8(En)^2} \right] \approx 5,\ En_i = \frac{C_2 - C_1}{2.355} \tag{11}$$

$$He_i = S \cdot En_i \tag{12}$$

超熵 He 反映了云的离散度，$He = En/3$ 称为云的雾化点，若 $He > En/3$，则云滴相对离散，云会出现雾化，偏离正态。令熵 En 与超熵 He 呈线性相关，并用系数 S 控制云的雾化度，取 $S = 0.1$。

根据表 1 及专家打分结果，结合水土环境状态评价指标等级划分标准，得到评价矩阵 V，将评价矩

阵 V 和权重矩阵 W 相乘得到水土环境状态综合评价云模型。

3 水土环境状态综合评估

3.1 确定评价指标综合权重

构建评价体系层次判断矩阵，由式（1）~式（3）得到基于云参数的评价指标主观权重 u_i（Ex_i，En_i，He_i），如表 4 所列。

表 4 基于云参数的评价指标主观权重

云参数	u_1	u_2	u_3	u_4	u_5	u_6	u_7	u_8	u_9	u_{10}
Ex	0.040 5	0.193 9	0.018 9	0.090 5	0.013 5	0.033 3	0.082 1	0.082 1	0.033 3	0.013 5
En	0.041 6	0.188 6	0.018 4	0.092 9	0.013 5	0.035 5	0.082 1	0.082 1	0.035 5	0.013 5
He	0.041 5	0.189 0	0.018 3	0.092 7	0.012 4	0.043 3	0.075 4	0.081 7	0.035 9	0.013 5

云参数	u_{11}	u_{12}	u_{13}	u_{14}	u_{15}	u_{16}	u_{17}	u_{18}	u_{19}	u_{20}
Ex	0.082 3	0.030 7	0.003 0	0.006 4	0.014 3	0.157 4	0.036 8	0.015 3	0.015 3	0.036 8
En	0.083 8	0.030 3	0.003 0	0.006 7	0.014 9	0.153 0	0.037 2	0.015 2	0.015 2	0.037 2
He	0.083 9	0.030 2	0.002 9	0.006 6	0.014 9	0.153 0	0.037 2	0.015 2	0.015 2	0.037 2

利用 SPSS 分析评价指标相关性后，由式（4）、式（5）得到评价指标客观权重 v_i，如表 5 所列。

表 5 评价指标客观权重

v_1	v_2	v_3	v_4	v_5	v_6	v_7	v_8	v_9	v_{10}
0.028 1	0.064 3	0.027 7	0.051 9	0.010 8	0.041 8	0.082 1	0.072	0.021 7	0.074 1

v_{11}	v_{12}	v_{13}	v_{14}	v_{15}	v_{16}	v_{17}	v_{18}	v_{19}	v_{20}
0.073 5	0.091	0.057 8	0.009 2	0.045 5	0.052 4	0.036 9	0.070 9	0.014 9	0.073 0

由式（7）~式（9）得到石羊河流域水土环境状态评价体系综合权重 w，如表 6 所列。

表 6 评价指标综合权重

云参数	X_1	X_2	X_3	X_4	X_5	X_6	X_7	X_8	X_9	X_{10}
Ex	0.034 3	0.129 1	0.023 3	0.071 2	0.012 2	0.037 6	0.082 1	0.077 1	0.027 5	0.043 8
En	0.045 9	0.120 3	0.034 6	0.071 0	0.030 7	0.041 9	0.067 1	0.065 6	0.043 0	0.031 6
He	0.045 8	0.120 5	0.034 6	0.070 9	0.030 1	0.045 8	0.063 7	0.065 4	0.043 2	0.031 5

云参数	X_{11}	X_{12}	X_{13}	X_{14}	X_{15}	X_{16}	X_{17}	X_{18}	X_{19}	X_{20}
Ex	0.077 9	0.060 9	0.030 4	0.007 8	0.029 9	0.104 9	0.036 8	0.043 1	0.015 1	0.055 0
En	0.066 7	0.040 6	0.026 0	0.028 7	0.032 7	0.100 2	0.043 7	0.032 4	0.033 9	0.043 6
He	0.067 7	0.040 6	0.026 0	0.028 7	0.032 7	0.100 2	0.043 7	0.032 4	0.033 9	0.043 6

3.2 基于浮动云模型的水土环境状态评价

由指标等级和式（10）~式（12）得到流域水土环境状态等级云参数 Ex、En、He，如表 7 所列。

表7 等级浮动云

云参数	理想I	较安全II	临界III	较不安全IV	不安全V
Ex	0.960 0	0.880 0	0.795 0	0.705 0	0.615 0
En	0.034 0	0.034 0	0.038 2	0.038 2	0.038 2
He	0.003 4	0.003 4	0.003 8	0.003 8	0.003 8

利用MATLAB将等级云进行仿真显示,得到水土环境状态等级云图,如图4所示。

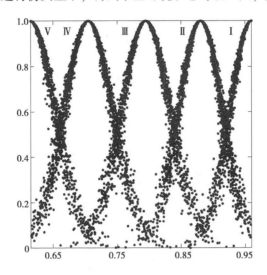

图4 水土环境状态等级云图

在水土环境状态评价指标等级划分标准与判断矩阵一致性检验的基础上,得到各指标评价云,如表8所列。

表8 指标评价云

云参数	X_1	X_2	X_3	X_4	X_5	X_6	X_7	X_8	X_9	X_{10}
Ex	0.795 0	0.705 0	0.880 0	0.795 0	0.795 0	0.880 0	0.615 0	0.880 0	0.705 0	0.705 0
En	0.038 2	0.038 2	0.034 0	0.038 2	0.038 2	0.034 0	0.038 2	0.034 0	0.038 2	0.038 2
He	0.003 8	0.003 8	0.003 4	0.003 8	0.003 8	0.003 4	0.003 8	0.003 4	0.003 8	0.003 8

云参数	X_{11}	X_{12}	X_{13}	X_{14}	X_{15}	X_{16}	X_{17}	X_{18}	X_{19}	X_{20}
Ex	0.705 0	0.795 0	0.880 0	0.880 0	0.880 0	0.795 0	0.880 0	0.705 0	0.880 0	0.880 0
En	0.038 2	0.038 2	0.034 0	0.034 0	0.034 0	0.038 2	0.034 0	0.038 2	0.034 0	0.034 0
He	0.003 8	0.003 8	0.003 4	0.003 4	0.003 4	0.003 8	0.003 4	0.003 8	0.003 4	0.003 4

评价矩阵V乘以权重矩阵W得到石羊河流域2018年水土环境状态综合评价云$R_3 =$(0.777 9,0.036 7,0.003 7)。依据以上模型得到流域2010年和2014年水土环境状态综合评价云$R_1 =$(0.719 3,0.036 5,0.003 6)、$R_2 =$(0.750 8,0.036 8,0.003 9),通过正向云发生器得到研究区水土环境状态综合评价云图,如图5所示。将各时期水土环境状态综合评价云图显示于同一等级云图中进行对比,如图6所示。

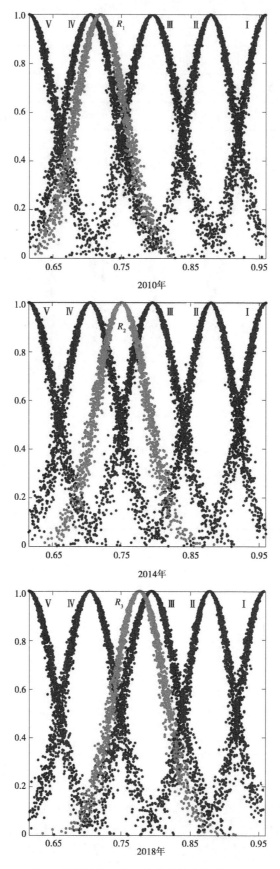

图 5　不同时期水土环境状态综合评价云图

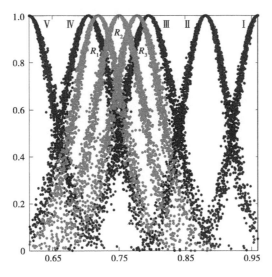

图6 水土环境状态综合评价云对比

由图6发现，研究区各时期的水土环境状态分别为：2010年由"临界（Ⅲ级）"趋近于"较不安全（Ⅳ级）"，2014年趋近于"临界（Ⅲ级）"-"较不安全（Ⅳ级）"，2018年由"较不安全（Ⅳ级）"趋近于"临界（Ⅲ级）"，整体呈良好演变态势。究其原因，流域建立了人工绿洲防护林网、祁连山水源涵养林区等，增强了流域整体植被覆盖度，进而提高了生态系统的自我修护能力；流域灌区大力实施温室喷灌、大田滴灌等节水技术、调整农业种植结构、增加生态用水量，提升了水资源的有效利用率，同时灌溉水下渗对流域地下水进行了补充，加之对区域地下水开采的减少，使得地下水位逐渐恢复、地下水环境得到了极大改善；通过建立湖区生态移民试点，减缓了人类活动对生态环境的扰动压力；对专业输水渠道河道进行清淤、疏浚，检修维护闸口启闭设施，更新改建支渠、斗渠、农井渠，保证环境脆弱区的调水顺利，有效缓解了流域下游的环境缺水矛盾。

结合上述分析和指标综合权值发现，流域植被覆盖度的提升、地下水开采的减少、灌溉工程的建设、节水灌溉技术的应用以及生态移动点的建立等是驱动流域水土环境改善的主要原因。为进一步改善石羊河流域水土环境状态，提出一些保护建议：对流域进行水土资源优化配置、提升流域生态水源涵养与补给能力、大力发展节水灌溉技术等措施；加强民勤县等地区戈壁、荒漠区区域的自然植被修复与种植工作；制定合适的生态修复政策，建立、健全适合石羊河流域的生态环境保护和管理体系，以促进流域生态环境修复改善措施的推行，进而保障流域水土环境可持续化改善和生态环境高质量发展。

4 讨论

研究结合云模型和组合赋权建立水土环境状态综合评估模型，对石羊河流域水土环境状态进行综合评价。由评价结果可知，2010—2018年石羊河流域水土环境状态呈良好态势演变，结合贾晶晶[16]、郭泽呈等[17]的研究成果发现，评价结果与流域实际水土环境状态呈现一致。文章基于多尺度、多因子耦合影响过程，围绕流域水资源特征、气候特征、土壤特征和人类活动等因子构建水土环境状态综合评价指标体系，补充了人类扰动等多层次因素对区域水土环境状态的影响，提高了评价指标体系的科学性，对揭示干旱区内陆河流域水土环境状态存在的不足进行了响应。利用最小二乘组合赋权法，削弱了评价指标权重的主观性、增强了客观性，提高了评价结果的可信性。引入云理论，克服了水土环境状态评价中主观性与不确定性的干扰，实现了水土环境状态定量数值与定性概念间的转化，客观揭示了研究区水土环境状态及演化趋势。

5 结论

（1）石羊河流域各时期水土环境状态均处于"临界（Ⅲ级）"-"较不安全（Ⅳ级）"，2010

年趋近于较不安全（Ⅳ级），2014 年趋近于临界（Ⅲ级）与较不安全（Ⅳ级）中间，2018 年趋近于临界（Ⅲ级），流域整体水土环境状态呈良性演化态势。

（2）石羊河流域 2010 年、2014 年、2018 年水土环境状态综合评价云分别为 R_1 =（0.719 3，0.036 5，0.003 6）、R_2 =（0.750 8，0.036 8，0.003 9）、R_3 =（0.777 9，0.036 7，0.003 7），其 He/En 均小于 1/3，表明云滴较为集中、可靠度高，说明评价结果与石羊河流域水土环境状态实际情况基本一致。

（3）本文基于云模型、组合赋权法构建了一套适用于干旱区内陆河流域的水土环境状态综合评估模型。将评价结果以云图的形式进行了直观表达，克服了传统评价方法在多因素耦合影响下水土环境状态评估中存在的模糊性和不确定性，使得评价结果具有更强的可靠性。可作为一种定量化评估干旱区内陆河流域水土环境状态的新思路。

参考文献

［1］徐钰德，刘子金，黄嵩，等．干旱区人工绿洲水土环境生态安全演变分析［J］．水利水电技术（中英文），2021，52（1）：105-115.

［2］Hua Y E，Yan M A，Dong L．Land Ecological Security Assessment for Bai Autonomous Prefecture of Dali Based Using PSR Model—with Data in 2009 as Case［J］．Energy Procedia，2011，5（none）：2172-2177.

［3］朱兴林．景电灌区水土环境脆弱性时空演变研究［D］．郑州：华北水利水电大学，2020.

［4］Qing Gu，Yao Zhang，Ligang Ma，et al．Assessment of Reservoir Water Quality Using Multivariate Statistical Techniques：A Case Study of Qiandao Lake，China［J］．Sustainability，2016，8（3）.

［5］Rehman S，Hasan M，Rai A K，et al．Assessing flood-induced ecological vulnerability and risk using GIS-based in situ measurements in Bhagirathi sub-basin，India［J］．Arabian Journal of Geosciences，2021，14（15）.

［6］Stampoulis D，Andreadis K M，Granger S L，et al．Assessing hydro-ecological vulnerability using microwave radiometric measurements from WindSat［J］．Remote Sensing of Environment，2016，184：58-72.

［7］任永泰，许东阳，成琨．基于 DPSIR 视角下的水土资源生态安全探析［J］．环境工程，2018，36（11）：172-178.

［8］张有贤，李二强，罗东霞，等．基于 AHP-熵权法的兰州市水环境安全模糊综合评价［J］．安全与环境学报，2020，20（2）：709-718.

［9］赵晨程，高玉琴，刘钺，等．基于云模型的生态河道建设评价［J］．水资源保护，2022，38（2）：183-189.

［10］孙朋，郭忠臣，刘娜，等．基于云模型的安徽省干湿指数时空分布特征研究［J］．农业机械学报，2020，51（4）：147-155.

［11］徐存东，王鑫，刘子金，等．基于云模型的干旱扬水灌区地下水环境状态综合评价［J］．水利水电技术（中英文），2021，52（12）：166-177.

［12］Bing Guo，Wenqian Zang，Wei Luo．Spatial-temporal shifts of ecological vulnerability of Karst Mountain ecosystem-impacts of global change and anthropogenic interference［J］．Science of the Total Environment，2020，741（prepublish）.

［13］Yang Haifeng，Zhai Guofang，Zhang Yan．Ecological vulnerability assessment and spatial pattern optimization of resource-based cities：A case study of Huaibei City，China［J］．Human and Ecological Risk Assessment：An International Journal，2020.

［14］黄莺，王轲，雷俊．基于优化赋权-云模型的地铁站消防安全评价［J］．消防科学与技术，2020，39（1）：110-114.

［15］高佳南，吴奉亮，李文福．基于最小二乘法的优化组合权重模型在矿井环境舒适度评价中的应用［J］．安全与环境工程，2020，27（5）：177-183.

［16］贾晶晶．基于 SRP 模型的石羊河流域生态脆弱性评价［D］．兰州：西北师范大学，2020.

［17］郭泽呈，魏伟，庞素菲，等．基于 SPCA 和遥感指数的干旱内陆河流域生态脆弱性时空演变及动因分析——以石羊河流域为例［J］．生态学报，2019，39（7）：2558-2572.

基于 MIKE21 水动力模型的鱼卵漂流数值模拟

曾庆慧　唐家璇　胡　鹏　杨泽凡

（中国水利水电科学研究院 流域水循环模拟与调控国家重点实验室，北京　100038）

摘　要： 鱼卵漂流数值模拟对于生态流量目标制定和保护产漂流性卵鱼类生物多样性等工作具有重要意义。本文基于 MIKE21 水动力模型，耦合拉格朗日粒子运动模块，将漂流性鱼卵安全漂流的水流雷诺数阈值作为判别条件引入模型，并设置不同的水流雷诺数判别条件情景进行鱼卵漂流模拟。结果表明，适用于实验河段鱼卵漂流模拟的水流雷诺数阈值在 $8.25×10^4 ~ 8.5×10^4$ 范围内，此时模型鱼卵通过率介于 53.0%~62.0%，与试验结果误差的绝对值小于 6%，模拟精度较高。

关键词： 鱼卵漂流；水动力模型；雷诺数；生态流量

1　研究背景

目前，鱼卵漂流数值模拟研究经历了从把鱼卵视为简单的粒子，仅关注地形、水动力条件对其漂流的影响[1]，到重视漂流性鱼卵的物理生物特性，如鱼卵比重、沉速以及在较长漂流时间内鱼卵发育后卵径、密度的动态变化对其漂流运动的影响[2-3]，以逐步提高模拟的精度。国内关于鱼卵漂流数值模拟的研究不算多见，现有研究如余康[4] 将平面二维浅水模型与三维粒子追踪技术有机结合，建立了考虑天然河道地形、水动力条件和鱼卵发育影响的河流鱼卵漂流模型，并模拟了荆江不同流量工况下的鱼卵的分布和孵化情况。Zeng 等[5] 利用 MIKE21 构建了金沙江中游鲁地拉库区三维水动力学模型，以 0.25 m/s 作为鱼卵安全漂流的临界条件，考虑漂流性鱼卵沉速，结合拉格朗日粒子追踪技术，对不同调度方案下漂流性鱼卵的漂流轨迹进行了模拟。本文将水流雷诺数作为临界条件引入模型，模拟不同水流雷诺数判别条件情景下实验河段的模型鱼卵通过率，并结合试验结果进行验证，以期筛选出适用的水流雷诺数阈值，进一步提高模拟的精度，可为鱼卵漂流数值模拟相关研究提供参考。

2　模型介绍

MIKE21 水动力模块（Hydrodynamic Module）是在对地形网格化处理的基础上，对涡黏系数、河床糙率等多种影响因素作用下流场要素的变化过程进行模拟，是 MIKE21 模型的核心模块，也是水质、ECO Lab 等模块的模拟基础，目前广泛应用于河流、湖泊、海岸的水动力状况模拟[6-7]。

拉格朗日粒子追踪模块是将传统的拉格朗日粒子运动模型与常用的基于过程的 ECO Lab 模块相结合，通过与水动力、水流扩散或水质模型的耦合，实现对介质、客体或个体的自主/被动行为和状态的模拟，例如鱼卵或幼苗的水平和垂向迁移运动、群体性游移运动、捕食或被捕食等，可以在 MIKE 软件的非结构模型（MIKE21 FM 和 MIKE3 FM）中运行。拉格朗日粒子追踪模块的设置主要包括状态变量、常量和作用力等。

基金项目： 国家自然科学基金（52009146，52122902）。
作者简介： 曾庆慧（1990—）女，博士，高级工程师，主要从事水利工程生态环境影响研究。
通信作者： 唐家璇（1997—），男，硕士，研究方向为生态水文学和生态水力学。

3　模型构建及参数设置

3.1　模型范围

本次模拟的模型计算范围位于北京市凉水河丰台区长度约 750 m 的试验河段（东经 116°34′，北纬 39°86′）。本次模拟采用三角形网格，基于实测的 21 组河岸边界经纬度坐标数据，利用 MIKE 模型自带的网格生成器（Mesh Generator）进行网格划分，将试验河段划分为 1 539 个网格，包含 944 个节点，模型计算区域网格划分见图 1。试验河段实测高程数据包括 21 个断面的 209 个原始数据，对高程数据进行处理后输入至模型中，基于划分后的网格进行地形插值，得到试验河段地形图，如图 2 所示。

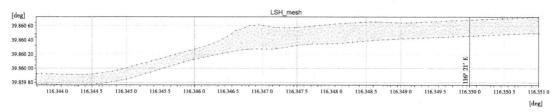

图 1　网格划分图

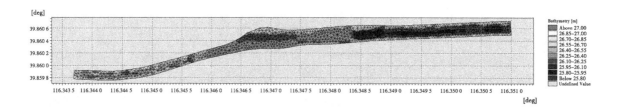

图 2　插值后地形图

3.2　边界条件

凉水河试验河段流向自西向东，将河段上游入口处定义为流量边界，下游模型鱼卵收集断面定义为水位边界。试验河段拐弯处有南护城河支流汇入，但受节制闸调控，试验期间节制闸始终关闭，无流量汇入，因此认为其为闭边界。此外，试验河段沿程分布有多处排污口，但试验期间未见有污水排入，应已弃用，因此也认为其为闭边界。由于凉水河试验河段在无强降水时主要补给为再生水，故日均流量变化不大，试验河段实测逐日流量和逐日水位采用实测数据。

3.3　参数设置

由于模拟时间较短，结合实际情况，本次模拟不考虑风场、降水、蒸发等因素，水动力模块重要参数设置如下。

3.3.1　时间步长

采用 2021 年 10 月 11 日至 10 月 27 日水位、流量数据开展水动力模拟，进行参数率定和验证，时间步长设为 600 s。采用 2021 年 10 月 28 日水位、流量数据进行鱼卵漂流模拟，为保证鱼卵漂流达到最终状态，单次鱼卵漂流模拟时间设为 1 h 40 min，时间步长为 30 s。

3.3.2　干湿水深

参考相关研究，本次模拟定义干水深为 0.005 m，即某点水深小于 0.005 m 时不参与水动力模拟计算；淹没水深为 0.05 m，即某点水深介于 0.005~0.05 m 时只参与水流连续性方程计算；湿水深为 0.1 m，即某点水深大于 0.1 m 时正常参与计算。

3.3.3　涡黏系数

涡黏系数将平均流场和雷诺应力通过涡黏度相结合以模拟湍流运动，可采用 Smagorins 实验公式估算，本次模拟涡黏系数的取值为 0.28 m²/s。

3.3.4 河床糙率

河床糙率是水动力数值模拟计算中十分重要的影响因素，与河床形态、床底植被条件等因素有关，由于试验河段长度较短，且河床形态等因素差异不大，参考相关研究文献和试验河段实际情况，经率定后取曼宁系数为 0.022，即河床糙率为 46。

3.4 拉格朗日粒子追踪模块设置

3.4.1 作用力设置

由于凉水河试验河段水面宽远大于水深（水面宽/水深≈50），水流雷诺数主要由流速和水深控制，因此本次模拟作用力仅设置流速和水深两项，流速和水深皆采用水动力模块的模拟结果。

3.4.2 模型鱼卵投放设置

为控制模型计算时间，本次模拟采用单次投放 200 颗粒子（模型鱼卵）的方式，模拟开始时，分别在试验河段模型鱼卵投放断面河心位置水面上一次性投放完毕。

3.4.3 水流雷诺数判别条件及情景设置

粒子（模型鱼卵）的垂向运动状态根据水动力模拟结果计算的水流雷诺数判别，为了模拟不同水流雷诺数判别条件下的鱼卵漂流情况，结合试验结果进行对比验证，从而确定适用于模型的合理水流雷诺数阈值，分别在试验河段的鱼卵漂流模拟中设置不同情景的水流雷诺数判别条件，见表 1。

表 1　不同情景下水流雷诺数判别条件设置

情景编号	情景 1	情景 2	情景 3	情景 4	情景 5	情景 6	情景 7	情景 8
雷诺数设置	7.0×10^4	7.5×10^4	8.0×10^4	8.25×10^4	8.5×10^4	8.75×10^4	9.0×10^4	1.0×10^4

水流雷诺数判别条件如式 1 所示，表示当水流雷诺数条件大于情景设置值时漂流性卵保持悬浮不下沉，当水流雷诺数条件小于情景设置值时粒子（模型鱼卵）以 0.007 5 m/s[8] 的速度下沉。

$$IF\left(Re_m = \frac{\rho v_m h_m}{\mu} \geq Re_c\right), THEN u = 0, ELSE u = 0.007\ 5 \tag{1}$$

式中：ρ 为水体密度，g/m³；v_m 为模拟流速，m/s；h_m 为模拟水深，m；μ 为动力黏滞系数，本次模拟取 1.31，对应水温 10 ℃；Re_c 为不同情景下水流雷诺数判别条件设置值，见表 1；u 为粒子垂向沉降速度，m/s。

4　结果与分析

4.1　水动力条件模拟结果及验证

试验河段收集断面河中心处位于东经 116°35′09″84‴，北纬 39°86′05″93‴，整体上看试验河段流速模拟结果与实测流速数据变化趋势基本相似，但模拟结果略大于实测流速，模拟时间内流速模拟结果和实测流速的最大相对误差出现在 10 月 15 日，相对误差为 7.50%，平均相对误差为 4.09%，能够实现对试验河段流速的较好模拟，试验河段收集断面河心模拟与实测流速对比如图 3 所示。

从整体变化趋势来看，试验河段水位模拟结果与实测水位数据基本一致，模拟结果与实测水位的差异不大，模拟时间内水位模拟结果和实测水位的最大相对误差出现在 10 月 25 日，相对误差为 0.03%。模拟结果与实测水位的平均相对误差为 0.02%，平均模拟水位为 26.701 m，能够实现对试验河段水位的较好模拟，试验河段收集断面河心处模拟与实测水位对比如图 3 所示。

4.2　试验河段鱼卵漂流模拟结果及分析

在试验河段模型鱼卵投放点（东经 116°34′79″68‴，北纬 39°86′04″65‴）投放模型鱼卵，试验河段 8 种水流雷诺数判别条件情景下鱼卵漂流 30 分钟后的最终模拟结果，如图 4 所示。

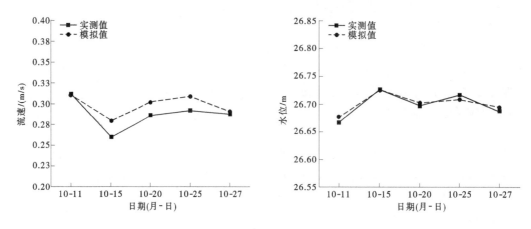

图 3　试验河段收集断面模拟与实测流速、水位对比

根据试验河段 8 种情景下鱼卵漂流模拟结果，情景 1、2、3 下模型鱼卵最终沉底位置无明显规律，在近左岸、近右岸和河中心位置皆有模型鱼卵沉底。近左岸和近右岸模型鱼卵沉底处的水动力特征基本一致，皆表现为水深不足，水深多小于 0.4 m，最终导致水流雷诺数条件不足。而在河中心模型鱼卵沉底处，则是因流速不足，流速多小于 0.2 m/s，导致模型鱼卵最终在该处沉底。而情景 4~8，由于水流雷诺数判别条件设置值较高，模型鱼卵除了上述沉底位置，更多的在鱼卵投放处附近沉底。

进一步对试验河段鱼卵漂流模拟结果原始文件（包含 200 颗模型鱼卵的经纬度坐标和漂流时间）进行数据处理，利用 Python 代码将原始文件中 200 颗模型鱼卵最终的经纬度坐标数据提取至 Excel 表格中，通过对比模型鱼卵和收集断面的经纬度坐标，判断模型鱼卵是否成功通过收集断面，得到试验河段 8 种水流雷诺数判别情景下的模型鱼卵通过数量和通过率，以及与试验平均结果的绝对误差，见表 2。

由表 2 可知，当水流雷诺数判别条件设置值小于 8.0×10^4 时，通过收集断面的模型鱼卵数量大于 141 颗，通过率大于 70.5%，与试验平均结果的绝对误差大于 12%（情景 1、2、3）；当水流雷诺数判别条件设置值大于 8.75×10^4 时，通过收集断面的模型鱼卵数量小于 79 颗，通过率小于 39.5%，与试验平均结果的绝对误差小于 −19%（情景 6、7、8）。仅当水流雷诺数判别条件设置值介于 $8.25 \times 10^4 \sim 8.5 \times 10^4$ 时，通过收集断面的模型鱼卵数量在 106~124，通过率为 53.0%~62.0%，此时鱼卵漂流模拟结果与试验平均结果基本一致，误差的绝对值小于 6%（情景 4、5）。

综合试验河段鱼卵漂流模拟结果来看，适用于试验河段鱼卵漂流模拟的水流雷诺数阈值在 $8.25 \times 10^4 \sim 8.5 \times 10^4$ 范围内。此外，试验河段模拟结果对于水流雷诺数判别条件的变化较为敏感，模拟结果随水流雷诺数判别条件的波动较大，可能是由于河段内存在一些区域无法满足鱼卵安全漂流的水流雷诺数阈值，一旦水流雷诺数判别条件增大，鱼卵通过率就会出现明显下降。

5　结论

本文基于 MIKE 模型，对试验河段进行建模，耦合水动力模块和拉格朗日粒子追踪模块，实现了鱼卵安全漂流的水流雷诺数阈值在模型中的应用。在此基础上，设置不同的水流雷诺数判别条件情景，对试验河段的鱼卵漂流进行模拟，并结合试验结果进行验证。根据模拟结果，确定适用于试验河段鱼卵漂流模拟的水流雷诺数阈值在 $8.25 \times 10^4 \sim 8.5 \times 10^4$ 范围内，此时模拟结果与试验结果的误差绝对值小于 6%，可作为提高产漂流性卵鱼类早期资源量推求精度的重要参考。

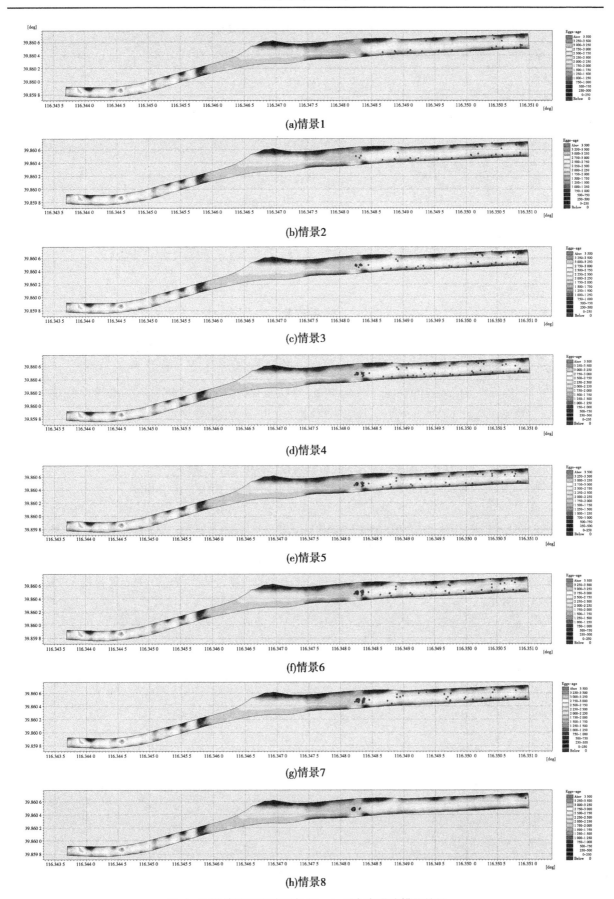

(a)情景1

(b)情景2

(c)情景3

(d)情景4

(e)情景5

(f)情景6

(g)情景7

(h)情景8

图 4　不同情景下实验河段 30 min 后鱼卵漂流模拟结果

表 2　不同情景下实验河段鱼卵漂流模拟结果

情景编号	雷诺数判别条件	模型鱼卵通过数量	模型鱼卵通过率	绝对误差
1	70 000	165	82.5%	23.90%
2	75 000	159	79.5%	20.90%
3	80 000	141	70.5%	11.90%
4	82 500	124	62.0%	3.40%
5	85 000	106	53.0%	−5.60%
6	87 500	79	39.5%	−19.10%
7	90 000	53	26.5%	−32.10%
8	100 000	1	0.50%	−58.10%

参考文献

［1］赵琴，李嘉，王锐，等 . 基于 Euler-Lagrange 方法的漂流性鱼卵生态需水量数值研究［J］. 四川大学学报（工程科学版），2010，42（6）：31-37.

［2］George A E, Garcia T, Chapman D C. Comparison of size, terminal fall velocity, and density of bighead carp, silver carp, and grass carp eggs for use in drift modeling［J］. Transactions of the American Fisheries Society, 2017, 146（5）：834-843.

［3］Ospina-Álvarez A, Palomera I, Parada C. Changes in egg buoyancy during development and its effects on the vertical distribution of anchovy eggs［J］. Fisheries Research, 2012, 117：86-95.

［4］余康 . 荆江–洞庭湖系统水动力特征与鱼卵漂流规律模拟［D］. 北京：清华大学，2019.

［5］Zeng Q, Hu P, Wang H, et al. The influence of cascade hydropower development on the hydrodynamic conditions impacting the reproductive process of fish with semi-buoyant eggs［J］. Science of the Total Environment, 2019, 689：865-874.

［6］宫雪亮 . MIKE21 水动力—水质耦合模型在南四湖上级湖的应用［D］. 济南：山东大学，2019.

［7］陈成成 . 基于 MIKE21 的城市河流水动力水质模拟研究［D］. 西安：西安理工大学，2020.

［8］唐明英，黄德林，黄立章，等 . 草、青、鲢、鳙鱼卵水力学特性试验及其在三峡库区孵化条件初步预测［J］. 水利渔业，1989（4）：26-30.

降水对雅砻江流域水沙关系的影响

叶志鑫[1]　冯家伟[1]　张　蕾[1]　宋　柯[1]　王　勇[2]　郑子成[3]　梁心蓝[1]

（1. 四川农业大学水利水电学院，四川雅安　625014；

2. 四川农业大学林学院，四川成都　611130；

3. 四川农业大学资源学院，四川成都　611130）

摘　要：水沙是河流系统的最基本要素，研究水沙对降水变化的响应能反映整个流域降水对河流生态的影响。本文根据雅砻江流域 1980—2020 年的水文泥沙数据，用 Mann-Kendall 法检验流域年降水量和水沙变化趋势，采用双累积曲线法分析径流量和输沙量之间的关系，探讨降水量变化对流域水沙关系的影响。结果显示，雅砻江流域降水量呈增加趋势，径流量和输沙量呈减少趋势。雅砻江流域降水突变点为 1997 年，径流不存在显著的突变现象，输沙突变点为 1998 年，降水径流具有高度的一致性，降水是流域产流的主要影响因素，输沙受人类活动影响较大。

关键词：降水；径流；输沙；雅砻江流域

随着全球气候变化问题的日益突出，水资源分布、循环以及生态系统也在不断改变，而降水作为气候变化的重要指标，对生态系统的变化起着重要的作用[1-3]。同时，降水会影响径流的形成，二者的改变也会造成流域水沙关系的变化[4-5]。近年来，不少学者对流域水沙进行了研究，已取得丰硕的成果。莫崇勋等[6] 分析了广西桂林市的四季降水变化特征，发现春秋两季降雨呈现下降趋势，夏冬两季呈现上升趋势；胡春宏等[7] 对黄河干流水沙进行分析，发现近 70 年来黄河干流年径流量和输沙量均呈显著性减少趋势；刘昌明等[8] 分析了黄河干流 1956—2000 年径流量不断减少的原因，发现降雨对黄河上游径流量减少的影响占 75%；达兴等[9] 应用 Mann-Kendall（M-K）和 Pettitt 检验法分析了丹江流域 1980—2009 年的水文变化趋势，发现气候变化是输沙量显著下降的主要影响因素；莫莉等[10] 对北洛河近 50 年来的水沙变化特征进行分析，发现降水是影响径流输沙变化的主要自然因素。

河流水沙关系是河流生态环境研究的一个永恒课题，是河流生态治理保护与高质量发展的一项基础性研究[11]。雅砻江为金沙江第一大支流，其为金沙江降雨径流做出主要贡献，径流资源在金沙江水系内占有重要地位[12]。因此，学者们越来越重视对雅砻江流域水文变化特征的分析。但现有的研究几乎都集中在降水和径流趋势特征分析，对输沙的研究仍然很少[13-16]。介于此，本文基于 1980—2020 年水文数据，采用 M-K 检验、滑动 T 检验、累积距平法等方法揭示雅砻江流域降水量、径流量和输沙量的演变规律与变异特征，分析流域水沙关系的变化趋势，同时探讨降水变化对流域水沙关系的影响，以期为雅砻江干流水资源管理和流域水生态环境综合整治提供依据。

1　材料与方法

1.1　研究区概况

雅砻江是金沙江左岸最大的支流，发源于青海省玉树藏族自治州称多县巴颜喀拉山南坡，位于东

基金项目：中国博士后科学基金（No. 2020M683368）。

作者简介：叶志鑫（1997—），女，硕士研究生，研究方向为土壤侵蚀。

通信作者：梁心蓝（1983—），女，博士，硕士生导师，主要从事土壤水力侵蚀方面的研究工作。

经 96°52′~102°48′和北纬 26°32′~33°58′，主要分布在四川省西部，流经青海和四川两省，于攀枝花市注入金沙江。雅砻江干流全长 1 571 km，河源到河口总落差 3 830 m，流域面积 13.6 万 km²，在南北方向大致呈条带状，主要支流有鲜水河、理塘河、安宁河。雅砻江流域内以新龙县乐安乡以上作为上游区，降水量为 600~800 mm；乐安乡至无量河口作为中游区，降水量为 1 000~1 400 mm；无量河口以下作为下游区，降水量为 900~1 300 mm。流域山谷地势东南低、西北高，且短小支流众多，水系呈羽状分布，流域位置见图 1。

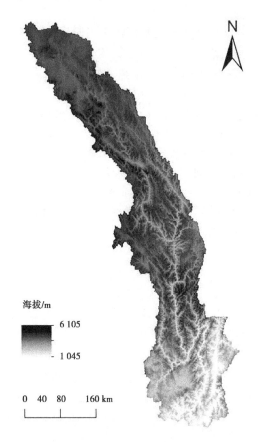

图 1 雅砻江流域位置示意图

1.2 数据来源

本研究选取雅砻江流域 1980—2020 年的降水资料，数据来源于中国气象数据网，采用多年平均插补法补全缺失的数据，以保证数据的一致性及完整性。水文数据来自雅砻江桐子林站、小得石站和湾滩站，其中 1980—1998 年的径流输沙资料使用湾滩站与小得石站之和代替桐子林站，数据来源于长江流域水文年鉴，1999—2020 年径流输沙资料取自桐子林站，数据来源于长江泥沙公报。

1.3 研究方法

为揭示雅砻江流域水沙的变化规律，选取雅砻江流域 1980—2020 年降水量及桐子林站径流输沙长时间序列数据，分析雅砻江径流泥沙演变规律与特征。对降水量、径流量和输沙量进行趋势性、突变性和阶段性分析，其中突变检验采用 M-K 非参数检验法和滑动 T 检验法，阶段性分析采用累积距平法。

1.3.1 Mann-Kendall（M-K）检验

Mann-Kendall（M-K）非参数双边检验法是一种常用于分析降水、径流、输沙和气温等要素时间序列趋势变化的方法，其计算公式如下：

$$S = \sum_{k=1}^{n-1} \sum_{j=k+1}^{n} \text{sgn}(x_j - x_k) \tag{1}$$

式中：S 表示正态分布，其均值为 0，当 $n \geq 10$ 时，统计变量 S 服从正态分布；X_j、X_k 分别为序列第 j

年和第 k 年的数值，且 $j<k$；sgn (x_j-x_k) 代表符号函数，计算公式如下：

$$\mathrm{sgn}(x_j - x_k) = \begin{cases} 1 & x_j - x_k > 0 \\ 0 & x_j - x_k = 0 \\ -1 & x_j - x_k < 0 \end{cases} \tag{2}$$

1.3.2 滑动 T 检验法

在径流泥沙长时间序列中，若出现从某变点起前期及后期平均径流量、输沙量均呈现出明显增加或减少的现象，称为跳跃点或突变点。定义统计量为：

$$T = \frac{\overline{x_1} - \overline{x_2}}{\sqrt{S_\omega \left(\dfrac{1}{n_1} + \dfrac{1}{n_2} \right)}} \tag{3}$$

式中：$\overline{x_1}$、$\overline{x_2}$ 分别为样本 n_1，n_2 的均值。

其中：

$$S_\omega = \sqrt{\frac{(n_1 - 1)S_1^2 + (n_2 - 1)S_2^2}{n_1 + n_2 - 2}} \tag{4}$$

式（4）服从自由度为（n_1+n_2-2）的 T 分布。给定显著性水平 α，当 $T>t_{\alpha/2}$ 时，序列发生突变。

1.3.3 累积距平法

年径流量和输沙量的累积距平能准确直观地反映径流量和泥沙量的阶段性变化特征，计算公式为：

$$X = \sum_{i=1}^{n} x_i - \overline{x} \tag{5}$$

式中：X 为第 n 年累积距平值；x_i 为某一变量序列，$i=1$，2，$\cdots$，n；$\overline{x}$ 为某一变量序列平均值。

2 结果与分析

2.1 雅砻江流域降水与水沙变化特征分析

2.1.1 趋势性

雅砻江流域 1980—2020 年降水量、径流量和输沙量变化趋势如图 2 所示。年降水量最大出现在 1998 年，最小出现在 2011 年，最大降水量与最小降水量之比为 1.46，总体呈微弱增加趋势。根据宋雯雯[17] 对雅砻江 1981—2017 年上、中、下游雨量变化特征分析的研究结果可知，雅砻江下游区域的最大和最小降水量出现时间分别为 1998 年和 2011 年，和本文对全流域的分析结果一致，说明雅砻江流域降水量的变化受下游降水的影响很大。同时，根据 3 年滑动平均曲线可以看出，雅砻江流域降水量在 1980—1984 年、1991—1996 年和 2000—2011 年这 3 个时段处于减少趋势，在 1984—1991 年、1996—2000 年和 2011—2020 年这 3 个时段处于增加趋势，呈现出波动增长的变化趋势。

年径流量最大出现在 1998 年，最小出现在 2011 年，最大径流量与最小径流量之比为 1.84，总体呈较弱的减小趋势。同时，根据 3 年滑动平均曲线可以看出，雅砻江流域径流量在 1980—1984 年、1991—1996 年和 2000—2011 年这 3 个时段处于减少趋势，在 1984—1991 年、1996—2000 年和 2011—2020 年这 3 个时段处于增加趋势，呈现出波动减小的变化趋势。结合降水变化分析可知，最大、最小年降水量和径流量出现在同一年份，且径流与降水的增减变化趋势及时段基本保持一致，说明径流受降水的影响较大。但由于受人类活动的影响，径流量在时间尺度上没有随降水量的增加而增加。

年输沙量最大出现在 1987 年，最小出现在 2019 年，最大输沙量与最小输沙量之比为 30.57，呈现出显著减小的现象。同时，根据 3 年滑动平均曲线可以看出，雅砻江流域输沙量在 1980—1984 年和 1987—2020 年这 2 个时段处于减少趋势，1984—1987 年处于增加趋势，呈现出先减后增再减的变

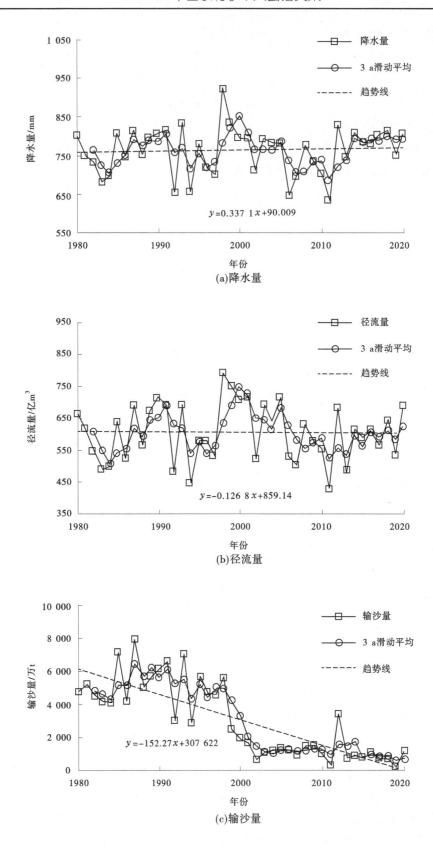

图 2　雅砻江流域降水量、径流量和输沙量变化趋势

化趋势。同时可以看出,1998 年输沙量显著减少,这是因为 1998 年二滩水库蓄水,上游来的泥沙几乎都淤积在库区,从而导致下游泥沙急剧减少。

总体来看,降水随时间变化呈现增加趋势,而径流和输沙随时间变化呈减小趋势,且输沙的变化明显大于降水和径流,说明径流输沙的变化趋势不完全受降水影响,原因是人类活动改变了下垫面环境,从而对流域径流输沙产生影响,进而导致径流输沙与降水的变化趋势不一致。同时可以看出,研究区降水径流具有高度的一致性,且河流水沙也有一定的相关性。

2.1.2 突变性

雅砻江流域 1980—2020 年降水量、径流量和输沙量的 Mann-Kendall 突变检验曲线如图 3 所示。降水的 UF 在 1980—1986 年和 2006—2017 年为负值,且在 0.05 显著性水平阈值内,说明降水量在这

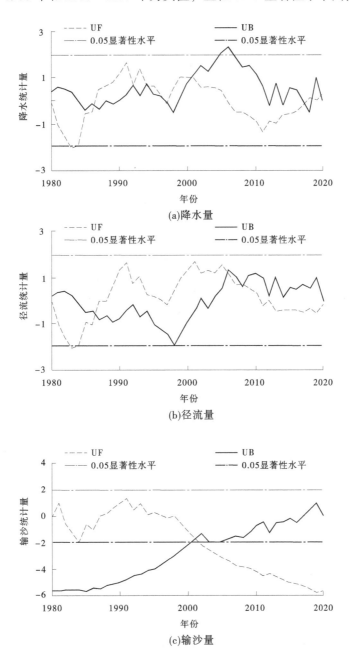

(a)降水量

(b)径流量

(c)输沙量

图 3 雅砻江流域 1980—2020 年降水、径流和输沙量的 M-K 趋势检验与突变分析

两个时段内呈不显著的减小趋势；在 1987—2005 年（1997 年除外）和 2018—2020 年为正值，且在 0.05 显著性水平阈值内，说明降水量在这两个时段内呈不显著的增加趋势。在整个研究时段内，降水量呈现出增减交替出现的现象，与前文趋势性分析中 3 年滑动平均曲线的结果一致。同时可以看出，UF 曲线未超过显著性水平，说明降水量变化趋势不显著，与前文趋势分析中降水呈微弱增加的结果一致。UF 和 UB 曲线有多个交点，分别为 1986 年、1994 年、1997 年、2001 年、2018 年和 2020 年，降水量可能在这几个年份发生突变，但也可能是此方法产生的误差问题，因此需要结合滑动 T 检验方法来进行进一步判断真正的突变点。

径流的 UF 在 1980—1988 年和 2011—2020 年为负值，且在 0.05 显著性水平阈值内（仅 1983 年越过 -1.96 信度线），说明径流量呈不显著的减小趋势；1989—2010 年为正值（1997 年除外），且在 0.05 显著性水平阈值内，说明径流量呈不显著的增加趋势。在整个研究时段内，径流量呈现出增减交替出现的现象，与 3 a 滑动平均曲线的分析结果一致。UF 曲线未超过显著性水平（1983 年除外），径流量变化趋势不显著，与前文趋势分析中径流呈微弱减少的结果一致。因此，虽然 UF 和 UB 曲线存在较多交点，但均未达到显著突变，为避免单一方法带来误差，同样结合滑动 T 检验方法来进行进一步判断。

输沙的 UF 在 1980—1981 年和 1988—1998 年（1997 年除外）为正值，且在 0.05 显著性水平阈值内，说明输沙量在这两个时段内呈不显著的增加趋势；在 1982—1987 年和 1999—2020 年为负值，说明输沙量在这两个时段内呈减小趋势，且在 2002 年之后越过 -1.96 信度线，呈显著减小趋势。在整个研究时段内，输沙量呈现出增减交替出现的现象。UF 和 UB 曲线在 2001 年交汇，说明 2001 年为输沙量的突变年份。但根据图 2 显示，2001 年的输沙量变化并不大，所以需要结合滑动 T 检验方法来进一步验证。

取显著性水平 $\alpha = 0.05$，雅砻江流域 1980—2020 年降水量、径流量和输沙量的滑动 T 检验结果如图 4 所示。降水最大突变年份为 2011 年，其次为 1997 年。因为滑动 T 检验值 $|T| = 1.62 < T(0.05/2) = 1.64$，所以降水量发生不显著突变现象。结合降水过程线和 M-K 突变检验分析，最终确定 1997 年为雅砻江流域降水突变点。径流最大突变年份为 2005 年，其次为 1997 年。滑动 T 检验值 $|T| = 1.5 < T(0.05/2) = 1.64$，因此径流量发生不显著突变现象。两种方法的检测结果都没有显著突变年份，且检测结果时间间隔较大，因此认为径流不存在显著的突变现象。输沙滑动 T 检验值 $|T| = 11.69 > T(0.05/2) = 1.64$，$|T|$ 最大点在 1998 年，说明输沙量 1998 年前后发生显著跳跃。因此，输沙的突变年份为 1998 年。根据曲线变化可以看出，输沙量在 1998 年之前呈上升趋势，之后为下降趋势。结合输沙实测资料可知，输沙量在 1998 年之后急剧下降，相比于 2001 年变化更为剧烈，虽然两种方法的突变判断结果不同，但将 1998 年作为输沙突变年更合理。

2.1.3 阶段性

雅砻江流域年降水量、径流量和输沙量的累积距平计算结果见表 1 和图 5，三者均呈现出明显的阶段性变化。结合前文分析，把降水量阶段性变化分为六个时期：1980—1984 年、1992—1997 年和 2006—2011 年为少水期，三个时期的年降水量基本小于多年平均值，累积距平值呈现波动减少趋势；1985—1991 年、1998—2005 年和 2012—2020 年为多水期，三个时期的年降水量基本大于多年平均值，累积距平值呈现波动增加趋势。把径流量阶段性变化分为五个时期：1980—1986 年、1992—1997 年和 2006—2020 年为少水期，三个时期的年径流量基本小于多年平均值，累积距平值呈现波动减少趋势；1987—1991 年和 1998—2005 年为多水期，三个时期的年径流量基本大于多年平均值，累积距平值呈现波动增加趋势。其中，降水量变化最大的是第六阶段，相比于第五阶段增加了 13.64%；径流量变化最大的是第四阶段，相比于第三阶段增加了 25.38%。二者的阶段性变化及特性基本保持一致，说明径流与降水的相关关系较为密切且受降水的影响很大，这与以往的研究结果一致[18-20]。

(a)降水量

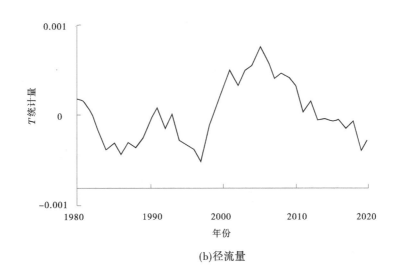

(b)径流量

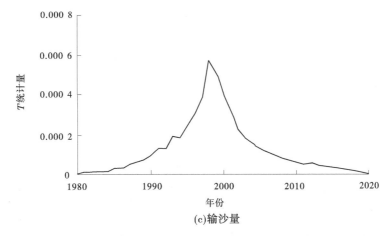

(c)输沙量

图4　雅砻江流域1980—2020年降水量、径流量和输沙量的滑动T检验

表 1　雅砻江流域降水量和径流量阶段性特征统计

项目	时段	降水特性	均值	相比于其他阶段的变化率				
				第 1 阶段	第 2 阶段	第 3 阶段	第 4 阶段	第 5 阶段
降水量/mm	1980—1984 年	少水期	734.15	—	—	—	—	—
	1985—1991 年	多水期	793.48	8.08%	—	—	—	—
	1992—1997 年	少水期	724.72	-1.29%	-8.67%	—	—	—
	1998—2005 年	多水期	803.62	9.46%	1.28%	10.89%	—	—
	2006—2011 年	少水期	698.31	-4.88%	-11.99%	-3.64%	-13.10%	—
	2012—2020 年	多水期	793.53	8.09%	0.01%	9.49%	-1.26%	13.64%
径流量/亿 m³	1980—1986 年	少水期	568.22	—	—	—	—	—
	1987—1991 年	多水期	667.42	17.46%	—	—	—	—
	1992—1997 年	少水期	551.97	-2.86%	-17.30%	—	—	—
	1998—2005 年	多水期	692.06	21.80%	3.69%	25.38%	—	—
	2006—2020 年	少水期	577.62	1.65%	-13.45%	4.65%	-16.54%	—

把输沙量阶段性变化分为两个时期：1980—1998 年为多沙期，年输沙量基本大于多年平均值，累积距平值呈现波动增加趋势；1999—2020 年为少沙期，年输沙量基本小于多年平均值，累积距平值呈现减少趋势。其中，第一个阶段 1980—1998 年的年均输沙量为 5 233.59 万 t，第二个阶段 1999—2020 年的年均输沙量为 1 231.53 万 t，相比于第一阶段减少了 76.47%。根据已有资料可知，二滩水库巨大的拦沙效益减少了上游来沙的 70%[21]，本文的研究结果与之吻合。

2.2　径流量与输沙量的关系

由图 6 可以看出，以 1998 年为分界点，径流量与输沙量的关系在此前后差异明显，但在两段时间内，二者变化都大体上满足多水多沙、少水少沙的规律[22]。1980—1998 年平均含沙量为 8.63×10^{-4} t/m³，径流量增加是输沙量增加的主要原因；1999—2020 年为 1.95×10^{-4} t/m³，径流量微弱减少的同时含沙量显著减少，输沙量变化表现为急剧减小后维持在相对较小的数值。导致二者关系发生显著变化的主要原因是二滩水库的建设拦截上游来的大部分泥沙，同时水土保持措施也为泥沙拦截做出一定贡献。考虑到近些年水土保持措施的治沙效果显著，预计未来雅砻江流域输沙量会进一步减小。值得注意的是，输沙量在 2012 年明显高于少沙期的其他时段，原因是安宁河流域内多个市县持续强降雨，出现大面积的山体滑坡、塌方、泥石流、山洪等自然灾害，使大量的泥沙进入安宁河，从而导致雅砻江桐子林站年输沙量大幅增加。

由前文分析结果可知，将径流-输沙分为 1980—1999 年、1999—2011 年和 2012—2020 年 3 个时段研究较为合理，使用 Pearson 相关性分析方法研究二者关系，各时段的相关系数和显著性水平见表 2。1980—1998 年和 1999—2011 年径流量和输沙量在 0.01 水平上显著相关，而 1980—2011 年和 1980—2020 年径流量和输沙量相关性较低。同时，可以看出 1980—2020 年的相关系数最小，说明分时段研究径流量和输沙量的关系是可行的。1999—2020 年的水沙相关性小于 1980—1998 年，说明雅砻江流域径流量对输沙量的影响在不断减小，一方面是二滩水库拦截了大量泥沙，减少了下游径流的泥沙携带量；另一方面随着城镇化建设的不断发展，人类活动使地表产沙机制发生变化，从而降低了径流输沙相关性。

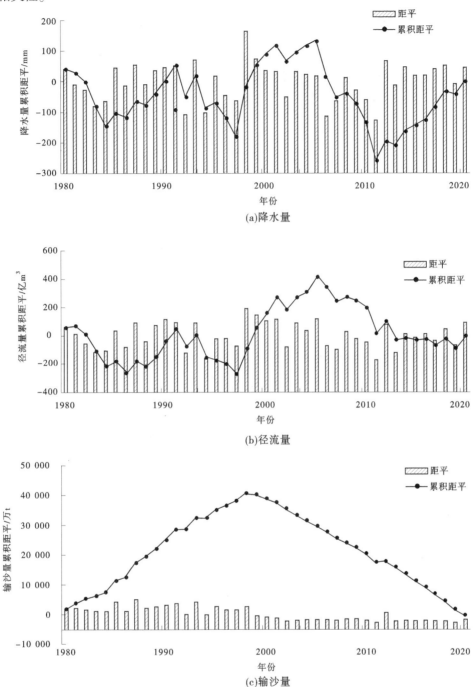

(a)降水量

(b)径流量

(c)输沙量

图5 雅砻江流域年降水量、径流量和输沙量累积距平图

绘制累积径流量与累积输沙量关系图，径流–输沙双累积曲线如图7所示。径流–输沙双累积曲线发生了两次明显的偏转，3个时段的 R^2 均大于0.9，呈现出良好的线性关系，且变化情况具有一致性。同时可以看出，斜率从1999年开始明显变小，说明1999年流域水沙特性发生了系统变化，原因是1998年二滩水库建成蓄水，拦截了上游的大量来沙，导致下游桐子林站水沙关系发生显著变化。

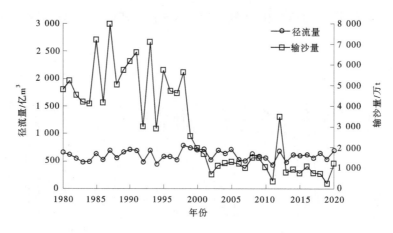

图 6 雅砻江流域 1980—2020 年径流量和输沙量变化

表 2 雅砻江流域 1980—2020 年径流量和输沙量的相关性

时段	相关系数	显著性水平
1980—1998 年	0.790	＊＊
1999—2011 年	0.809	＊＊
1980—2011 年	0.299	
2012—2020 年	0.575	
1999—2020 年	0.645	＊＊
1980—2020 年	0.286	

注：＊＊表示在 0.01 水平（双侧）上显著相关。

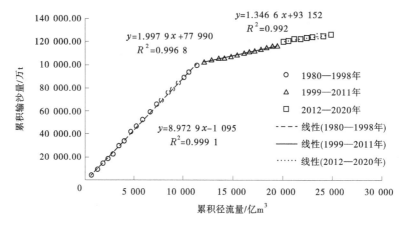

图 7 雅砻江流域径流－输沙双累积曲线

2.3 降水与径流输沙的关系

图 8 为雅砻江流域年降水量－年径流量和降水量－年输沙量双累积曲线。基于前文分析，将雅砻江流域降水－径流的研究期分为 1980—1997 年和 1998—2020 年两个时段，并以 1980—1997 时段作为研究的基准期。两段时期的 R^2 均大于 0.99，呈现出良好的线性关系。从图 8 中可以看出，两个时期双累积曲线的斜率一致，表明径流量受降水变化的影响较大。将雅砻江流域降水－输沙的研究期分为 1980—1998 年、1999—2011 年和 2012—2020 年三个时段，并以 1980—1998 时段作为研究的基准期。

降水–输沙双累积曲线发生了两次明显的偏转，分别在1998年和2011年，1998年之后，输沙量大幅减少，1999—2011年的双累积曲线斜率由基准期的7.06下降至1.64，下降幅度为76.80%，而2012—2020年的斜率相比于基准期下降了85.64%，由此可见，输沙量对降水量变化的响应程度在减弱，而人类活动对输沙量的影响更为显著，而且随着时间的增加，影响也在不断增大。

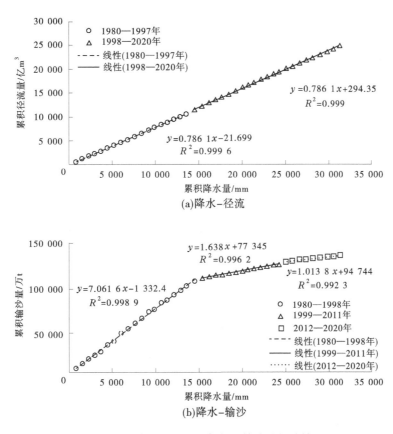

图8 雅砻江流域降水与径流输沙的相关性

2.4 降水变化对水沙的影响

由前文分析可知，年降水量与年径流量、年输沙量均具有良好的线性相关性，表明年降水量变化是雅砻江桐子林水沙变化的重要影响因素，且降水–径流和降水–输沙双累积曲线方程的相关系数均达到0.9以上，达到了显著性水平（$P<0.05$），所以可以用双累积曲线模拟降水对径流输沙的贡献率。

将实测降水量数据代入基准期方程，分别求出降水变化和人类活动对流域径流量和输沙量的影响，结果见表3。1998—2020年雅砻江流域年均径流量比基准期增加了27.07亿 m^3，占基准期多年平均径流量的4.59%，降水和人类活动影响对径流量增加的贡献率分别为61.58%和38.42%，说明降水对流域年径流增加量的贡献高于人类活动的影响。1999—2011年雅砻江流域年均输沙量比基准期减少了3 919.85万t，占基准期多年平均输沙量的74.90%，降水和人类活动影响对输沙量减少的贡献率分别为0.78%和99.22%。2012—2020年雅砻江流域年均输沙量比基准期减少了4 120.81万t，占基准期多年平均输沙量的78.74%，降水和人类活动影响对输沙量减少的贡献率分别为8.98%和91.02%。整体而言，人类活动对流域年输沙减少量的贡献远远高于降水的影响，且1999—2011年人类活动的贡献率最高。另外，相比于1999—2011年这段时期，2012—2020年人类活动对输沙的贡献率减少了8.2%，说明2011年之后人类活动对输沙的影响在减小，原因可能是水土保持工作的有力推进改善了流域的下垫面条件，降低了流域侵蚀产沙能力，有效地减少了流域输沙量。

表 3 降水和人类活动对径流输沙的影响

项目	时段	实测值	计算值	变化量		降水影响		人类活动影响	
				数量	比例	数量	比例	数量	比例
径流量/ 亿 m³	1980—1997 年	590.36	591.58	—	—	—	—	—	—
	1998—2020 年	617.42	607.03	27.07	4.59%	16.67	61.58%	10.40	38.42%
输沙量/ 万 t	1980—1998 年	5 233.59	5 319.44	—	—	—	—	—	—
	1999—2011 年	1 313.74	5 264.19	3 919.85	74.90%	30.60	0.78%	3 889.25	99.22%
	2012—2020 年	1 112.78	5 603.56	4 120.81	78.74%	369.98	8.98%	3 750.83	91.02%

3 结论

本文分析了雅砻江降水与径流输沙的变化规律及其对二者的影响，主要得出以下结论：

（1）1980—2020 年，雅砻江流域降水量呈增加趋势，径流量和输沙量呈减少趋势，降水径流具有高度的一致性，说明径流受降水的影响较大，河流水沙表现出多水多沙、少水少沙的特点，且径流量对输沙量的影响在不断减小。雅砻江流域降水突变点为 1997 年，径流不存在显著的突变现象，输沙突变点为 1998 年。降水可分为 6 个阶段，径流分为 5 个阶段，输沙分为 2 个阶段。

（2）年降水量与年径流量、输沙量具有良好的线性相关性，表明年降水量变化是雅砻江桐子林水沙变化的重要影响因素。降水对流域年径流增加量的贡献高于人类活动的影响，对输沙减少量的贡献远远低于人类活动的影响，且随着时间的增加，人类活动的影响也在不断增大。

参考文献

［1］吕振豫 . 黄河上游区人类活动和气候变化对水沙过程的影响研究［R］. 中国水利水电科学研究院，2017.

［2］付金霞 . 小理河流域径流泥沙对气候和土地利用变化的响应研究［D］. 西安：西北农林科技大学，2017.

［3］Shanghong Z, Zehao L, Xiaoning H, et al. Impacts on watershed-scale runoff and sediment yield resulting from synergetic changes in climate and vegetation［J］. Catena, 2019, 179.

［4］柴雪柯 . 渭河流域水沙变化及其影响因素［D］. 杨凌：西北农林科技大学，2017.

［5］秦瑞杰，李桂芳，李平 . 降水和土地利用变化对罗玉沟流域水沙关系的影响［J］. 水土保持学报，2018，32（5）：29-34.

［6］莫崇勋，阮俞理，林怡彤，等 . 月、季尺度降雨变化特征及未来变化情况分析［J］. 节水灌溉，2018（1）：52-57.

［7］胡春宏，张晓明 . 论黄河水沙变化趋势预测研究的若干问题［J］. 水利学报，2018，49（9）：1028-1039.

［8］刘昌明，张学成 . 黄河干流实际来水量不断减少的成因分析［J］. 地理学报，2004（3）：323-330.

［9］达兴，岳大鹏，梁伟，等 . 气候变化和人类活动对丹江流域泥沙变化影响的定量分析［J］. 江西农业学报，2016，28（9）：102-106.

［10］莫莉，穆兴民，王勇，等 . 近50多年来北洛河水沙变化特征及原因分析［J］. 泥沙研究，2009（6）：30-36.

［11］陈凯，吴彦昭，王巧娟 . 非一致性条件下输沙对降水与径流的响应变化研究［J］. 水资源开发与管理，2022，8（8）：30-35.

［12］陈媛，王文圣，陶春华，等 . 雅砻江流域气候变化对径流的影响分析［J］. 人民长江，2012，43（S2）：24-29.

［13］杨晓玉，张琳 . 雅砻江流域径流特性分析［J］. 黑龙江水利科技，2015，43（7）：35-37.

［14］李荣波，魏鹏，纪昌明，等 . 雅砻江流域近60 a径流趋势特征分析［J］. 人民长江，2017，48（5）：38-42.

［15］万浩，齐明臣，李红梅 . 雅砻江流域降水时空变化特征分析［J］. 水资源开发与管理，2022，8（4）：34-42.

［16］龚成麒，董晓华，董立俊，等 . 雅砻江流域 REOF 分区的降水特征及其未来趋势分析［J］. 水土保持研究，2022，29（3）：78-87.

［17］宋雯雯，郭洁，袁媛，等.1981~2017 年雅砻江流域面雨量变化特征分析［J］.高原山地气象研究，2020，40
（1）：56-60.

［18］汤凌云.基于 SWAT 模型的雅砻江径流对气候与土地利用变化的响应研究［D］.武汉：华中科技大学，2020.

［19］袁奥宇.未来气候情景下雅砻江流域径流响应研究［D］.武汉：华中科技大学，2019.

［20］陈媛，王文圣，陶春华，等.雅砻江流域气候变化对径流的影响分析［J］.人民长江，2012，43（S2）：24-29.

［21］刘尚武，张小峰，许全喜，等.近 50 年来金沙江流域悬移质输沙特性研究［J］.泥沙研究，2020，45（3）：
30-37.

［22］刘惠英，白桦.赣江上游章水流域水沙变化的驱动力分析［J］.长江流域资源与环境，2018，27（3）：
615-623.

横断山区降雨侵蚀力时空变化规律研究

张 蕾[1] 梁心蓝[1] 宋 柯[1] 叶志鑫[1] 冯家伟[1] 王 勇[2] 郑子成[2]

(1. 四川农业大学水利水电学院，四川雅安 625000；
2. 四川农业大学林学院，四川成都 611130)

摘 要：为全面了解横断山区的土壤侵蚀状况，评估横断山区降雨侵蚀力变化规律，本文选取横断山区及邻近地区具有 2000—2020 年完整日降雨资料的地面站点，使用日降雨模型并结合空间插值技术计算了横断山区的降雨侵蚀力。结果表明：①横断山区的降雨侵蚀力存在着明显的季节变化，呈现出先增加后降低的趋势。②横断山区降雨侵蚀力呈现从南向北、从东到西的递减趋势，大理、保山及汶川地区是降雨侵蚀力的高值地区，昌都地区为降雨侵蚀力低值区。③横断山区的降雨侵蚀力重心处于一个比较稳定的位置，降雨侵蚀力分布规律较为稳定。

关键词：降雨侵蚀力；横断山区；重心转移

土壤侵蚀是土壤及其母质在水力、风力、冻融或重力等外营力的作用下，被搬运、剥蚀和沉积的过程[1-2]。近年来，随着环境的急剧改变，极端天气频繁出现，土壤侵蚀也成为世界一大环境难题[3]。横断山区是我国西南地区山脉群的总称，包含范围广，跨越距离大，从东至西的气候差异十分明显，降雨也随地区的不同两极分化显著。

降雨侵蚀力的算法主要是基于降雨过程的经典算法和基于降雨资料的简易算法[6]。经典算法是由 Wismechmeier 提出的，使用降雨总动能和一次降雨中最大 30 min 的降雨强度相乘所得[7]，但由于经典算法需要详细记录降雨过程，所以一般使用较少。为能够比较精准容易的计算降雨侵蚀力，随后便建立了以日降雨、月降雨、年降雨为基础资料的简易算法。我国学者通过试验也提出了适用于不同地区的降雨侵蚀力计算方法。周伏建提出了以月降雨数据为基础的福建省降雨侵蚀力计算公式[8]，吴素叶建立了安徽大别山降雨侵蚀力计算模型[9]，马志尊通过回归分析提出了海河流域的降雨侵蚀力值[10]。章文波提出的基于日降雨量为基础的降雨侵蚀力计算方法，由于计算结果精确，数据获取容易，已经成为我国最常用的降雨侵蚀力计算方法之一[11]。

1 研究区概况

研究区选取整个横断山区，北部以囊谦—色达—玛曲—南坪为界，西至类乌齐—察隅—腾冲一线，南临龙陵—南涧—下关—丽江—盐源偏北，东抵文县—灌县—消定—盐源以西，总面积为 36.4 万 km²[12]。纬度范围为北纬 24.5°~33.9°，经度范围为东经 96.3°~104.5°，是我国第一级阶梯和第二级阶梯的分界线，为高原地区向丘陵地区的过渡带。跨越了西藏、四川、云南三省（自治区），少部分地区位于青海、甘肃两省（自治区），海拔变化范围在 600~7 200 m，从北至南，从西至东逐渐降低。

横断山区共有七列山脉平行，以及怒江、澜沧江、金沙江、雅砻江、大渡河、岷江六大水系

基金项目：中国博士后科学基金（020M683368）。

作者简介：张蕾（1998—），女，硕士研究生，研究方向为土壤侵蚀。

通信作者：梁心蓝（1983—），女，博士，硕士生导师，主要从事土壤水力侵蚀方面的研究工作。

（见图1），河流沿峡谷流淌，怒江、澜沧江、金沙江三江并流却不相交，随海拔降低，河流落差大，区域内水能资源丰富，世界上最薄的大坝乌东德水电站大坝就位于此区域。

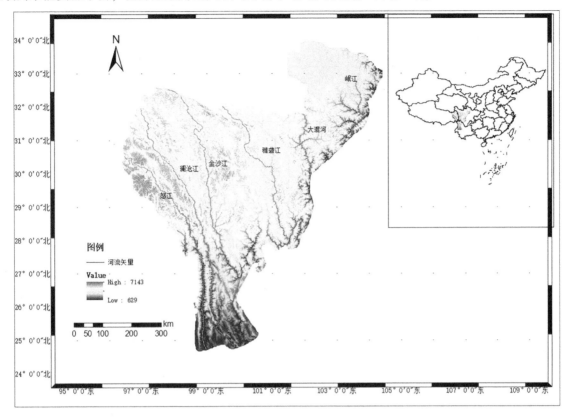

图1　研究区位置

横断山区土地利用主要以天然林地为主，土壤类型包含砖红壤和赤红壤、红壤、山地棕壤和暗棕壤[13]。研究区内自然资源丰富，热带和亚热带植物以及高山寒温带植物均有分布，植被类型受海拔和纬度影响，呈现十分明显的垂直分带。横断山区包含范围广，气候类型随纬度和海拔变化很大，生物资源丰富多样，对于调节国内气候，涵养水源，促进经济发展有着重要作用。

2　材料与方法

2.1　数据来源

本研究选取了横断山区及其周围地区共34个具有2000—2020年完整日降雨数据的地面站点，数据来源于中国气象数据网。站点名称及位置如表1所示。

表1　站点位置

区站号	经度/（°）	纬度/（°）	省份	市	站点
56038	98.1	32.98	四川	甘孜	石渠
56116	95.6	31.42	西藏	昌都	丁青
56223	95.83	30.75	西藏	昌都	洛隆
56227	95.77	29.87	西藏	林芝	波密
56434	97.47	28.65	西藏	林芝	察隅
56533	98.67	27.75	云南	怒江	贡山

续表 1

区站号	经度/（°）	纬度/（°）	省份	市	站点
56643	98.85	25.87	云南	怒江	怒江
56739	98.5	24.98	云南	保山	腾冲
56748	99.18	25.12	云南	保山	保山
56565	101.52	27.43	四川	凉山	盐源
56462	101.5	29	四川	甘孜	九龙
56374	101.97	30.05	四川	甘孜	康定
56188	103.67	31	四川	成都	都江堰
56182	103.6	32.67	四川	阿坝	松潘
56079	102.97	33.58	四川	阿坝	若尔盖
56173	102.55	32.8	四川	阿坝	红原
56152	100.33	32.8	四川	甘孜	色达
56144	98.58	31.8	四川	甘孜	德格
56146	100	31.62	四川	甘孜	甘孜
56137	97.17	31.15	西藏	昌都	昌都
56251	100.32	30.93	四川	甘孜	新龙
56167	101.12	30.98	四川	甘孜	道孚
56331	97.83	29.67	西藏	昌都	左贡
56247	99.108 1	30.003 1	四川	甘孜	巴塘
56257	100.27	30	四川	甘孜	理塘
56357	100.3	29.05	四川	甘孜	稻城
56444	98.92	28.48	云南	迪庆	德钦
56543	99.7	27.83	云南	迪庆	香格里拉
56459	101.27	27.93	四川	凉山	木里
56548	99.28	27.17	云南	迪庆	维西
56172	102.23	31.9	四川	阿坝	马尔康
56178	102.356 1	30.995 8	四川	阿坝	小金
56751	100.18	25.7	云南	大理	大理
56651	100.22	26.85	云南	丽江	丽江

2.2 降雨侵蚀力计算

降雨侵蚀力因子是由降雨引起潜在土壤侵蚀的能力，是降雨对土体剥蚀、冲刷、搬运强度的综合反映。相关研究表明，采用日降雨模型比起月降雨、年降雨模型更能准确计算降雨侵蚀力，对地区的适用性更广、计算过程也比较简单，所以本文采用日降雨模型计算横断山区的降雨侵蚀力[14]。降雨侵蚀力的具体计算公式如下：

$$M_i = \alpha \sum_{j=\phi}^{k} (D_j)^{\beta} \tag{1}$$

式中：M_i 表示第 i 个半月时段的降雨侵蚀力，MJ·mm/（hm²·h）；α、β 为模型参数；k 表示该半月时段内的天数；D_j 表示半月时段内第 j 天大于 12 mm 的日雨量，不足 12 mm 计为 0。

参数 α、β 计算公式如下：

$$\begin{cases} \beta = 0.836\,3 + 18.144/P_{d12} + 24.455/P_{(y12)} \\ \alpha = 21.586\beta^{-7.189\,1} \end{cases} \tag{2}$$

式中：P_{d12} 为半月内日雨量≥12 mm 的日平均雨量；P_{y12} 表示日雨量≥12 mm 的年平均雨量。

2.3 区域重心模型

区域重心模型起源于 19 世纪，美国学者 F. A. Walker 首次将重心方法引入到区域人口研究中[15]。重心模型可以反映一个区域数据的重心迁移情况，使用重心模型可以直观反映横断山区的土壤侵蚀分布规律变化[16]。重心坐标计算公式为：

$$\begin{cases} x = \dfrac{\sum\limits_{i}^{n} T_i X_i}{\sum\limits_{i}^{n} T_i} \\ y = \dfrac{\sum\limits_{1}^{n} T_i Y_i}{\sum\limits_{i}^{n} T_i} \end{cases} \tag{3}$$

式中：x、y 分别表示区域重心的横纵坐标；n 表示次级单位个数；X_i、Y_i 为第 i 个次级单元的地理中心坐标；T_i 表示区域某一属性值。

3 分析与讨论

3.1 年内降雨侵蚀力变化特征

研究年内降雨侵蚀力变化特征，以站点降雨侵蚀力算数平均数作为区域降雨侵蚀力，分析了不同月份降雨侵蚀力的变化特征。

图 2 计算了横断山区 2000 年、2005 年、2010 年、2015 年、2020 年横断山区不同月份的降雨侵蚀力，根据图 2 可以明显看出横断山区降雨侵蚀力呈现出明显的上升再下降的趋势，从 11 月到翌年 1 月由于降雨量明显减少，降雨侵蚀力也随之明显降低。由选取的地面站点记录数据所得，2020 年 12 月降雨侵蚀力为 0，所有站点均未有达到降雨侵蚀力标准值的记录，1 月、2 月的降雨侵蚀力也都是处于一个较低水平。总体来看，从 1 月到 8 月降雨侵蚀力在逐月上升，7 月、8 月达到峰值，随后从 9 月开始急剧降低。2000 年降雨侵蚀力最大值出现在 8 月，达到了 482 mm/（hm²·h），占年降雨侵蚀力的 23.8%；2005 年降雨侵蚀力最大值出现在 8 月，达到了 505.768 4 MJ·mm/（hm²·h），占年降雨侵蚀力的 31.13%；2010 年降雨侵蚀力最大值出现在 7 月，达到了 659.564 4 MJ·mm/（hm²·h），占年降雨侵蚀力的 27.73%；2015 年降雨侵蚀力最大值出现在 8 月，达到了 550.804 3 MJ·mm/（hm²·h），占年降雨侵蚀力的 30.33%；2020 年降雨侵蚀力最大出现在 8 月，达到了 1 062.611 MJ·mm/（hm²·h），占年降雨侵蚀量的 41.59%。所以，对于横断山区的水土流失治理应该重点关注 7、8 月，及时监测区域内的降雨情况，在雨季之时提前做好应急准备，在发生水土流失及次生灾害之前及时做出干预措施。

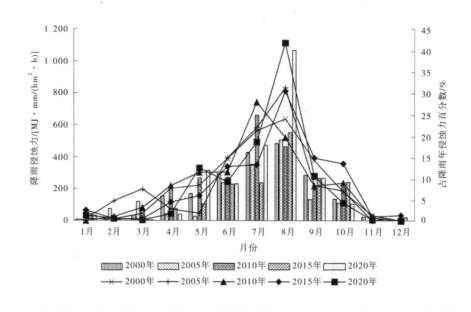

图 2 年内降雨侵蚀力分布

3.2 降雨侵蚀力空间变化特征

由章文波的日降雨模型，可计算得出区域内地面站点的降雨侵蚀力，随后利用克里金插值法得到了横断山区的降雨侵蚀力分布图（见图 3）。横断山区降雨侵蚀力具有非常显著的空间分异规律，在云南一带，由于降水更加充沛，暴雨天气更加频发，导致横断山区南部降雨侵蚀力高于整个区域平均值，而在靠近青藏高原地区降雨侵蚀力明显降低。在横断山区东边及南部地区距离川中丘陵地区近，无高山阻挡季风，降雨充足，而靠近横断山区西部，海拔急剧升高，气温低蒸发少，加上地面水汽不足，植被稀薄，降雨不足，所以降雨侵蚀力两极分化明显。总体而言，降雨侵蚀力由南向北递减，云南省地区年降雨侵蚀力远高于其他地区，是土壤侵蚀的重点防治地区；由 2000 年到 2020 年通过插值得到降雨侵蚀力分布图可以明确看到横断山区东南部降雨侵蚀力出现了增长趋势，而横断山区西部降雨侵蚀力有减少趋势，所以除了重点关注云南地区的水土防治外，对于横断山区东部也应该逐渐加以重视，及时监测土壤侵蚀状况。

2000 年区域平均降雨侵蚀力为 1 753.187 MJ·mm/（hm^2·h），最大值 7 417.88 MJ·mm/（hm^2·h）；2005 年区域平均降雨侵蚀力为 1 482.683 MJ·mm/（hm^2·h），最大值 3 738.092 MJ·mm/（hm^2·h）；2015 年降雨侵蚀力为 1 506.667 MJ·mm/（hm^2·h），最大值为 5 026.767 MJ·mm/（hm^2·h）；2020 年土壤侵蚀力为 2 246.653 MJ·mm/（hm^2·h），最大值为 9 924.47 MJ·mm/（hm^2·h）。从这五年的数据来看（见图 4），短期横断山区的降雨侵蚀力处于一个震荡波动的趋势，但总体上，从 2000 年到 2020 年不管是区域平均降雨侵蚀力还是最大降雨侵蚀力都有一定的增长。这可能与全球气候变暖、导致横断山区东部地区蒸发变多从而增加降雨有关，2020 年大理、贡山、腾冲三个站点的降雨侵蚀力分别达到了 7 766.024 MJ·mm/（hm^2·h）、6 469.203 MJ·mm/（hm^2·h）、5 512.432 MJ·mm/（hm^2·h），远远大于多年平均水平，所以经过插值以后的区域平均降雨侵蚀力也增加，且三个站点距离较近，使得插值以后的最大值达到 9 900 多，远高于 2015 年的 1 506.667 MJ·mm/（hm^2·h）。所以，推测未来一段时间内，横断山区的年平均降雨侵蚀力仍然处于一个正常波动范围，不会发生大的改变，但由于极端气候影响，将会导致地区降雨不均情况更加常见，区域内降雨侵蚀力两极分化会更加明显，降雨侵蚀力最值会有较大波动。

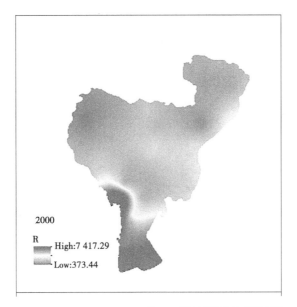

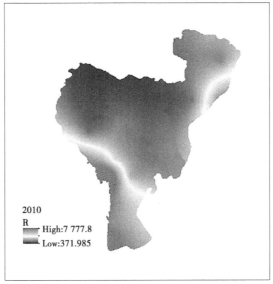

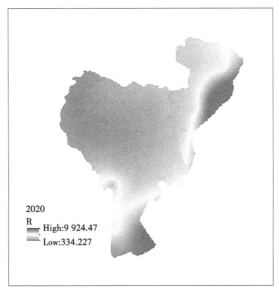

图 3 横断山区降雨侵蚀力分布

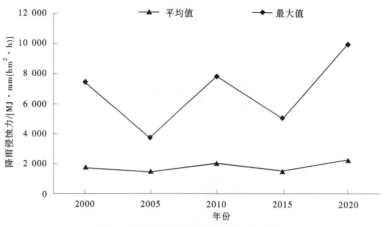

图 4　横断山区降雨侵蚀力五年变化

3.3　横断山区降雨侵蚀力重心转移分析

重心研究可以反映横断山区降雨侵蚀力的一个空间分布规律,以平均中心作为重心,五年时间段作为时间间隔,分析 2000—2020 年横断山区的降雨侵蚀力重心转移规律(见图 5)。从总体来看,横断山区的降雨侵蚀力重心并没有发生大的偏移,多年平均重心位置处于 29.130°N,100.136°E,与 2000 年重心位置重合,2005 年降雨力侵蚀力重心往西北方向偏移了 19 km,但在 2005—2010 年向东部方向偏转,2010 年和 2015 年的重心刚好重合。所以,在 2000—2010 年,降雨侵蚀力的重心迁移不大,都在稻城县内,表明从 2000 年到 2015 年降雨侵蚀力的空间分布规律并没有发生大的改变,这与降雨侵蚀力空间分布图得到的结果一致。到 2020 年,横断山区的降雨侵蚀力重心已由 2015 年的 29.049°N,100.415°E 变为 29.571°N,100.939°E,向东北方向偏移了 82 km,相较于前三次重心转移偏移距离最长。

以 2000 年重心为原点,除 2005 年向西部转移,2010 年、2015 年、2020 年的重心都有向东部发展的趋势,但总体而言处于一个比较稳定的位置。2020 年的降雨侵蚀力转移距离较长,重心偏移平均重心较远的原因推测与 2020 年都江堰地区发生几次强降雨有关,2020 年都江堰地区年降水量为 1 782.2 mm,相较于 2000 年增长 88.3%,比 2010 年减少 11.4%,但 2020 年 8 月发生了 5 次 100 mm 以上的强降雨,其中最大日降水量达到了 204.4 mm,仅次于 2013 年的 415.9 mm。这也说明降雨侵蚀力除受年降雨总量影响外,单次强降雨对降雨侵蚀力或许会产生更大的影响,故对于区域的水土治理应重点放在更易发生暴雨的地区,特大暴雨发生之后要及时关注土壤变化情况。

图 5　降雨侵蚀力重心迁移

4　结论

（1）横断山区的月降雨侵蚀力呈现先增大后减小的趋势，在降雨量少的月份，降雨侵蚀力较小可达到 0，7 月、8 月是降雨侵蚀力的高值月，在 8 月以后降雨侵蚀力开始逐渐减小。

（2）降雨侵蚀力空间分布呈现从南至北、从东至西递减的趋势，与降雨变化趋势具有相似性，区域内降雨侵蚀力平均值处于一个较稳定的水平，并未有较大波动，但受个别地区暴雨影响，降雨侵蚀力最值波动较大，单次强降雨对于降雨侵蚀力会有较大影响。

（3）运用重心迁移模型得到的间隔五年降雨侵蚀力的重心偏移范围较为稳定，降雨侵蚀力重心常年稳定在稻城县内且有向东部偏移的倾向，降雨侵蚀力的空间分布并没有发生大的改变。

参考文献

［1］牛俊文．国内土壤侵蚀预报模型研究进展［J］．中国人口·资源与环境，2015，25（S2）：386-389.

［2］史志华，刘前进，张含玉，等．近十年土壤侵蚀与水土保持研究进展与展望［J］．土壤学报，2020，57（5）：1117-1127.

［3］David P，Michael B. Soil Erosion Threatens Food Production［J］. Agriculture，2013，3（3）：443-463.

［4］范建容，刘飞，宫奎方，等．基于 GIS 的藏东横断山区土壤侵蚀分布特征研究［J］．干旱区资源与环境，2012，26（4）：144-149.

［5］王友胜，谭诗，刘宝元，等．考虑季节变化的降雨侵蚀力计算方法（英文）［J］. Journal of Geographical Sciences，2017，27（3）：275-296.

［6］王万中，焦菊英，郝小品，等．中国降雨侵蚀力 R 值的计算与分布（Ⅱ）［J］.水土保持学报，1995，9（4）：12.

［7］Gillespic R H，Countryman D，Blomquist R F. Agriculture handbook［J］. U. S. Govt. Print. Office，1978.

［8］周伏建，黄炎和．福建省降雨侵蚀力指标 R 值［J］．水土保持学报，1995，9（1）：6.

［9］吴素业．安徽大别山区降雨侵蚀力简化算法与时空分布规律［J］．中国水土保持，1994（4）：2.

［10］马志尊．应用卫星影像估算通用土壤流失方程各因子值方法的探讨［J］．中国水土保持，1989，000（3）：24-27.

［11］章文波，谢云，刘宝元．利用日雨量计算降雨侵蚀力的方法研究［J］．地理科学，2002，22（6）：705-711.

［12］李炳元．横断山脉范围探讨［J］．山地研究，1987（2）：74-82.

［13］杨勤业，郑度．横断山区综合自然区划纲要［J］．山地研究，1989（1）：56-64.

［14］章文波，付金生．不同类型雨量资料估算降雨侵蚀力［J］．资源科学，2003（1）：35-41.

［15］States U. Statistical atlas of the United States based on the results of the ninth census 1870［J］.

［16］王双宇．基于 RS 和 GIS 的土地利用变化对土壤侵蚀响应研究［D］．哈尔滨：黑龙江大学，2019.

世界主要流域输沙模数评估

黄 海[1] 张 磊[1] 郭庆超[1] 杜三林[2] 王大宇[1]
杨 靖[2,3] 乐茂华[1] 赵庆绪[2] 张恒熙[1] 赵 伟[1]

(1. 流域水循环模拟与调控国家重点实验室 中国水利水电科学研究院，北京 100048；
2. 华能西藏水电安全工程技术研究中心，四川成都 610093；
3. 四川大学，四川成都 610065)

摘　要：本文对全球 10 个主要流域输沙模数进行了评估。结果表明，各个流域间的输沙模数存在明显差异，除长江、黄河和亚马孙河的输沙模数超过 100 t/km²，其余流域的输沙模数均不超过 100 t/km²，莱茵河输沙模数最小仅有 6 t/km²，黄河多年平均输沙模数最大可达到 1 288 t/km²。世界 10 个主要流域输沙模数总体呈现减小趋势，仅有尼罗河和多瑙河较多年平均情况略微增加。其中科罗拉多河、幼发拉底—底格里斯河、长江和黄河输沙模数减幅达到 48% ~ 78%，其余河流近 5 年输沙模数较多年平均减幅不超过 20%，说明研究流域的侵蚀产沙强度普遍有所减弱，河道输沙条件有所改善。

关键词：河流健康；流域；输沙模数；侵蚀强度

1 引言

河流是地球的血脉，人类文明的摇篮，是流域区域发展的核心。维护良好的河流生态健康既是人类社会永续发展的重要基础，也是最普惠的民生福祉。维护与修复好健康河流生态，实现"鱼翔浅底、万物共生"，维护河流生态系统的健康，提升河流生态系统质量与稳定性，实现人与自然和谐共生，是人类期望下河流的理想状态。河流健康已成为学术界、决策者以及公众共同关心的热门问题[1-2]。

河流的稳定性是影响河流健康的重要因素之一，水流中挟带的泥沙通过淤积或冲刷从而改变河流形态。另外，河流中的泥沙又是其他悬浮物的载体，因此分析河流的输沙量变化是评估流域稳定性甚至河流健康的重要研究内容。输沙模数指某一时段内流域输沙量与相应集水面积的比值。输沙模数是表示流域侵蚀产沙强度的指标之一，是流域内地貌、地面组成物质、气候、植被覆盖度及人类活动对泥沙综合影响的结果和反映，是研究流域侵蚀产沙规律，进行水土保持规划、水利工程设计等的最基本依据[3]。已有研究分析了不同流域的输沙模数变化规律[4-6]。本文基于收集到的实测数据，针对世界十大流域，分别计算了输沙模数大小，提出了输沙模数指标赋分评估方法，并对世界十大流域输沙强度进行了评估和分析。

2 方法与数据

2.1 计算方法

输沙模数的定义为：

基金项目：国家自然科学基金青年科学基金（52009145）；中国水利水电科学研究院基本科研专项项目（SE0145B042021，SE110145B0022021，SE0199A102021）；长江水科学研究联合基金项目（U2040217）。

作者简介：黄海（1990—），男，副高级工程师，副室主任，主要从事水力学及河流动力学方面的研究工作。

$$M = \frac{W}{A} \tag{1}$$

式中：W 为流域年均输沙量，t/a；A 为流域（集水）面积，km²；M 为输沙模数，t/（km² · a）。

2.2 数据资料来源

本研究分析河流输沙模数时间分布格局的数据来源广泛，主要是在泥沙中心数据库、相关文献资料调研、成勘院、USGS 官网、国际泥沙研究培训中心数据库、中国河流泥沙公报等。表 1 是世界主要流域输沙量数据来源。图 1 为世界主要流域位置分布。

表 1 世界主要流域输沙量数据来源

序号	河流名称	时段	站名	数据来源
1	亚马孙河	1950—2010 年	Obidos	Water and sediment runoff at the Amazon River mouth
2	密西西比河	1981—2013 年	Thebes	USGS 官网
3	科罗拉多河	1926—1972 年	Grand Canyon	USGS 官网
4	幼发拉底—底格里斯河	1958—1981 年	Bagh Dad	Spatial total load rating curve for a large river: a case study of the Tigris River at Baghdad
5	恒河	1965—2007 年	Baruria Transit	成勘院
6	尼罗河	1965—1979 年	Aswan Dam	泥沙中心数据库
7	莱茵河	1965—2007 年	Koeln	泥沙中心数据库
8	多瑙河	1972—2010 年	Iron gate1	Sediment Regime of the River Danube（1956—1985 年）
9	长江	1991—2020 年	大通	泥沙中心数据库
10	黄河	1950—2018 年	潼关	泥沙中心数据库

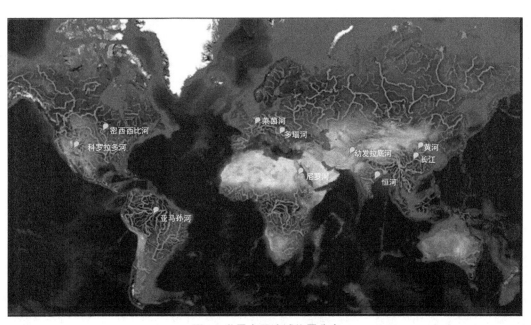

图 1 世界主要流域位置分布

3　计算结果与讨论

3.1　亚马孙河

亚马孙河为世界第二长河,是世界上流量最大(2.19×10⁶ m³/s)、流域面积最广、支流最多的河流。亚马孙河位于南美洲北部,全长 6 448 km,流域面积 597 万 km²,支流超过 1.5 万条,最长的是马代拉河,长逾 3 200 km。通过对亚马孙河流域长时间序列输沙量与流域面积的比值估算可知(见图 2),年输沙量 9.2 亿 t,流域面积 597 万 km²,计算可得多年平均输沙模数 154.1 t/km²,1952—2010 年,河流输沙模数无显著趋势性增减。

图 2　亚马孙河流域输沙模数变化

3.2　密西西比河

密西西比河是美国最大的河流,是世界第四长河,全长为 6 051 km,流域面积 373 万 km²,覆盖了美国东部和中部广大地区。河口平均年径流量为 5 800 亿 m³,是北美洲流程最长、流域面积最广、水量最大的河流,流域属世界三大黑土区之一。通过对密西西比河流域长时间输沙量与流域面积比值可知(见图 3),多年平均年输沙量 1.0 亿 t,密西西比河流域输沙模数总体较小,多年平均输沙模数 27 t/km²,除个别年份变化剧烈外,其余年份变化不显著。

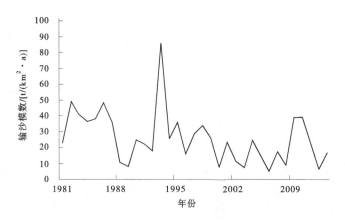

图 3　密西西比河流域输沙模数变化

3.3　科罗拉多河

科罗拉多河,发源于美国西部科罗拉多州中北部落基山脉,全长 2 330 km,流域面积 65 万 km²。科罗拉多河上游水量较丰,支流较多,但中、下游大部分地区属于干旱、半干旱气候,年降水量不足 100 mm。科罗拉多河含沙量很高,河水混浊,呈暗褐色。河流比降很大,从河源到河口总落差 3 500

多 m，水能资源丰富。科罗拉多河对美国西南部和墨西哥西北部干旱地区经济发展具有重要意义，素有"美洲尼罗河"之称。通过对科罗拉多流域长时间序列输沙量与流域面积的比值估算发现（见图 4），从 1926 年至今，多年平均输沙量约为 0.46 亿 t，科罗拉多河流域面积约为 65 万 km²，计算得到科罗拉多河流域多年平均输沙模数为 71 t/km²，受胡佛大坝建库影响，流域输沙模数总体上呈现下降趋势，尤其是在 1926—1933 年下降最为显著。

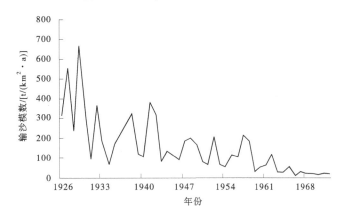

图 4　科罗拉多河流域输沙模数变化

3.4　幼发拉底—底格里斯河

幼发拉底—底格里斯河又称两河流域，是西亚最长河流，两河源头在土耳其东部山间，沿东南方向流注入波斯湾，年平均降水量为 278.2 mm，全长约 2 800 km。底格里斯河全长约 1 950 km。两河于古尔奈（Al-Qurnah）汇合形成阿拉伯河，长约 200 km，最后注入波斯湾。如图 5 所示，1958—1980 年，该流域输沙模数总体呈现下降趋势，流域多年平均输沙模数为 86 t/km²，减少为 19 世纪 70 年代末约为 44 t/km²。

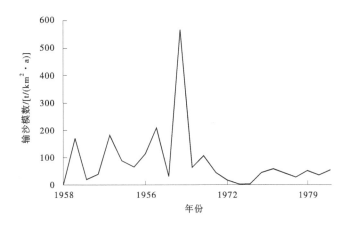

图 5　幼发拉底河—底格里斯河流域输沙模数变化

3.5　恒河

恒河位于南亚地区，干流全长（从河源至孟加拉湾）2 527 km。受南亚热带季风气候影响，恒河降水的时空变化很大。多年平均降水量西部地区为 460 mm，中部地区为 900 mm，三角洲地区为 1 150~2 000 mm。通过对恒河流域长时间序列输沙量与流域面积的比值可知（见图 6），多年平均输沙量约为 1.8 亿 t，流域面积约为 176 万 km²，计算得到恒河流域多年平均输沙模数为 102 t/km²，恒河流域输沙模数无明显趋势性变化，但年际间变化剧烈，最小和最大的输沙模数分别可达 50 t/km² 和 200 t/km²。

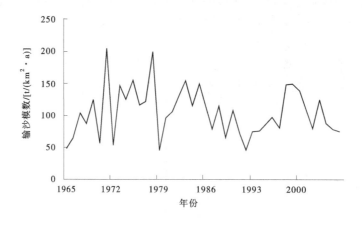

图 6　恒河流域输沙模数变化

3.6　尼罗河

尼罗河是一条流经非洲东部与北部的河流，自南向北注入地中海，是世界上最长的河流。尼罗河总长 6 650 km，流域面积 309 万 km²。尼罗河在阿斯旺的多年平均径流量为 840 亿 m³，即尼罗河的总水量。由于尼罗河流经不同的自然带，水资源的分布亦呈现明显的纬度地带性。流域径流资源总的趋势是由南往北递减。如图 7 可知，尼罗河多年年均输沙量约为 1.07 亿 t，输沙模数为 35 t/km²。

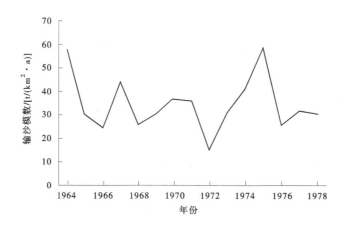

图 7　尼罗河流域输沙模数变化

3.7　莱茵河

莱茵河是欧洲西部第一长河，发源于瑞士格劳宾登州（Grisons）境内的阿尔卑斯山北麓，全长 1 320 km，平均流量 2 900 m³/s，流域面积 16 万 km²，流域内人口约 5 400 万人。莱茵河流域内 200 km 以上的支流 11 条。如图 8 所示，莱茵河流域输沙量不大，多年平均输沙量仅为 0.01 亿 t，年输沙量呈现下降趋势，莱茵河流域输沙模数为 6 t/km²，输沙侵蚀强度较小，流域内年际间输沙量稳定。

3.8　多瑙河

多瑙河是欧洲第二长河，全长约 2 857 km，发源于德国西南部。流域内降雨分布不均匀，流域面积 75 万 km²，河口年平均流量 6 430 m³/s，多年平均径流量 2 030 亿 m³。通过对多瑙河流域长时间序列输沙量与流域面积的比值计算发现（见图 9），从 1972 年至今，多年平均输沙量约为 0.14 亿 t，多瑙河流域面积约为 75 万 km²，计算得到多瑙河流域多年平均输沙模数为 19 t/km²，1972—1980 年该流域输沙模数有所减小，1980 年之后，输沙模数维持在较为稳定的水平。

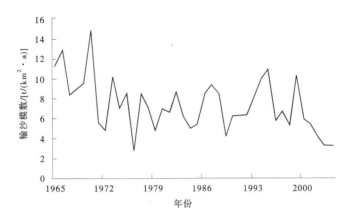

图 8　莱茵河流域输沙模数变化

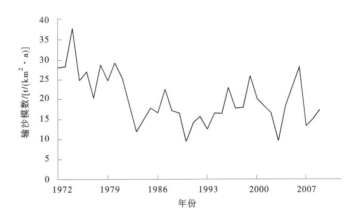

图 9　多瑙河流域输沙模数变化

3.9　长江

长江地处中国中南部，发源于青藏高原唐古拉山脉中段格拉丹冬雪山西南侧，全长约 6 300 km，流域面积约 180 万 km²，占中国国土面积的 18.8%。长江水系发育，流域面积在 1 000 km² 以上的有 437 条，在 1 万 km² 以上的河流有 49 条，8 万 km² 以上的有 8 条。长江湖泊众多，除江源地带有很多面积不大的湖泊外，多集中在中下游地区。如图 10 可知，长江流域输沙量变化明显，1960—2003 年间多年平均输沙量约为 3.45 亿 t，受三峡工程建库影响[7]，2003 年后骤减至 1.34 亿 t，长江流域多年平均输沙模数为 195 t/km²，近年来输沙模数仅为 68 t/km²，侵蚀产沙强度呈现出明显的下降趋势。

3.10　黄河

黄河地处亚洲东部，是中国的第二大河，也是全球四大文明发源地之一。黄河发源于青藏高原巴颜喀拉山北麓，河流全长 5 464 km，流域面积 79.5 万 km²。流域面积大于 1 万 km² 的一级支流有 13 条。由实测资料可知（见图 11），黄河流域输沙量总体呈现减少趋势。1960 年以前，黄河年均输沙量约 15.76 亿 t，处于黄河治理前水沙的自然状态，从 1961—1999 年作为水土保持工作掀起高潮且水保水利工程（三门峡等建成运用）减沙明显后至退耕还林前阶段，黄河年均输沙量为 10.81 亿 t，2000 年后水保水利工程减沙显著且实施退耕还林，受建成近 6 万座淤地坝及大量小型保土蓄水工程影响[8]，年输沙量骤减为 2.44 亿 t。

3.11　赋分评估

由于流域（集水）面积是可假设为不变的，则输沙模数的变化可进一步简化为流域年均输沙量 W_s 的变化。设某条河流多年平均的输沙量为 W_{sl}，某 5 年的平均输沙量为 W_{s5}，则某 5 年输沙模数均值与多年输沙模数均值的相对偏差 ΔM_s 可表示为：

图 10　长江流域输沙模数变化

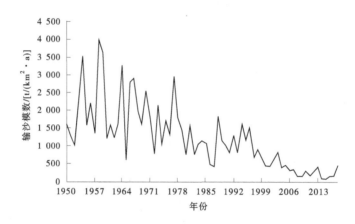

图 11　黄河流域输沙模数变化

$$\Delta M_s = \frac{W_{s5} - W_{sl}}{W_{sl}} \times 100 \tag{2}$$

每条河历史平均按照 80 分计算：①输沙模数减少的情况：减少到原来的 0~70%，评分从 80 分线性增加至 100 分，若输沙模数进一步减少超过 70%，则开始从 100 分扣分，减幅 70%~100%，评分从 100 分线性减小至 80 分（分数最小为 80 分）；②输沙模数增加的情况：输沙模数增加到原来的 0~50%，评分从 80 分线性减少至 70 分，输沙模数增加到原来的 50%~100%，评分从 70 分线性减少至 50 分。

本文结合现有的数据资料，对世界 10 个主要流域的输沙模数进行估算赋分，结果见表 2，可知世界上 10 个主要流域输沙模数存在明显差异，除了长江、黄河和亚马孙河的输沙模数超过 100 t/km²，其余流域的输沙模数均不超过 100 t/km²，莱茵河输沙模数最小仅有 6 t/km²，黄河多年平均输沙模数最大可达到 1 288 t/km²。世界上 10 个主要流域输沙模数总体呈现减小趋势，仅有尼罗河和多瑙河较多年平均情况略微增加。其中科罗拉多河、幼发拉底—底格里斯河、长江和黄河输沙模数减幅达到 48%~78%，其余河流近 5 年输沙模数较多年平均减幅不超过 20%，说明受自然和人为因素的综合影响，这些流域侵蚀产沙强度普遍有所减弱，河道输沙条件有所改善。基于上述赋分方法计算各个流域分值见表 2，可知科罗拉多河、幼发拉底—底格里斯河、长江和黄河的赋分均大于 90 分，这是由于这些河流水利水保工程的建设，减沙作用显著，流域侵蚀强度有所减弱，与实际相符，也证明了该赋分指标能够有效表征人类或自然因素引起的流域侵蚀强度变化程度。

表 2 世界主要流域输沙模数得分计算

序号	流域名称	面积/万 km²	多年平均输沙量/亿 t	多年平均输沙模数/(t/km²)	近5年输沙量/亿 t	近5年输沙模数/(t/km²)	相对偏差/%	分数
1	亚马孙河	597	9.0	154	8.11	136	−12	83
2	密西西比河	373	1.00	27	0.93	25	−7	82
3	科罗拉多河	65	0.46	71	0.14	23	−70	100
4	幼发拉底河	77	0.66	86	0.34	44	−48	94
5	恒河	176	1.80	102	1.57	89	−13	84
6	尼罗河	309	1.07	35	1.17	38	9	77
7	莱茵河	16	0.01	6	0.01	5	−20	86
8	多瑙河	75	0.14	19	0.16	22	14	76
9	长江	180	3.45	195	1.22	68	−65	99
10	黄河	79.5	9.1	1 288	2.04	272	−78	95

4 结论

本文采用输沙模数这一指标,对世界主要河流输沙侵蚀强度进行了计算评估。研究发现,世界主要流域输沙模数年际间存在着变化,各个流域间的输沙模数也存在明显差异,除长江、黄河和亚马孙河的输沙模数超过 100 t/km²,其余流域的输沙模数均不超过 100 t/km²,莱茵河输沙模数最小,仅有 6 t/km²,黄河多年平均输沙模数最大可达到 1 288 t/km²。世界 10 个主要流域输沙模数总体呈现减小趋势,仅尼罗河和多瑙河较多年平均情况略微增加。其中科罗拉多河、幼发拉底—底格里斯河、长江和黄河输沙模数减幅达到 48%~78%,其余河流近 5 年输沙模数较多年平均减幅不超过 20%,说明受自然和人为因素的综合影响,这些流域侵蚀产沙强度普遍有所减弱,河道输沙条件有所改善。

参考文献

[1] 文伏波,韩其为,许炯心,等 . 河流健康的定义与内涵 [J] . 水科学进展,2007.

[2] 左其亭,郝明辉,马军霞,等 . 幸福河的概念、内涵及判断准则 [J] . 人民黄河,2020,42 (1):1-5.

[3] 景昭伟,何洪鸣,Soksamnang Keo,等 . 全球河流输沙量分布格局及其影响因素 [J] . 水土保持学报,2017,31 (3):1-9.

[4] 景昭伟 . 全球河流输沙量时空分布及其影响因素分析 [D] . 杨凌:西北农林科技大学,2017.

[5] 朱颖洁 . 近 60 年广西西江流域年输沙模数特性分析 [J/OL] . 人民珠江:1-10 [2022-09-05] .

[6] 师长兴 . 长江上游输沙模数分布图的制作及其空间分异特征初步分析 [J] . 长江流域资源与环境,2010,19 (11):1322-1326.

[7] 姚仕明,邢国栋,陈栋 . 三峡建库前后长江中游河道输沙率变化分析 [J] . 长江科学院院报,2022,39 (8):10-16.

[8] 张红武,侯琳,李琳琪 . 黄河治理巨大的减沙成就与未来输沙需水量 [J] . 中国水利,2021 (21):17-20.

流域水生态修复的总体框架与策略体系

丁　洋　赵进勇　张　晶　付意成　彭文启

（中国水利水电科学研究院，北京　100038）

摘　要：目前，保护和恢复水生态系统成为全球共识。联合国《2030 年可持续发展议程》、"联合国生态系统恢复十年"行动计划、《昆明宣言》等相继提出要保护和恢复水生生态系统。我国高度重视生态文明建设，并将"复苏河湖生态环境"作为推动新阶段水利高质量发展六条实施路径之一。流域是水系的汇水区域，是具有水文过程和环境生态功能的连续体，流域水生态系统结构功能整体性模型可以作为流域水生态修复工作的理论基础。遵循流域水文水动力过程、水环境过程与水生态过程基本规律，构建流域水生态修复的总体框架与策略体系，即考虑"三全三可"的流域水生态修复总体框架与"三步走"的流域水生态修复策略体系，可指导流域水生态修复工作的开展。

关键词：流域；水生态修复；三全三可；策略体系

1　共识与战略

保护和恢复水生态系统已成为全球共识。河湖生态损害问题日益凸显，保护和恢复水生态系统日益迫切，建立面向水生态系统健康的水治理体系日益重要。2015 年在联合国大会第 70 届会议上通过的《2030 年可持续发展议程》中，提出保护和恢复与水有关的生态系统的可持续发展目标要求，同时提出保护、恢复和可持续利用陆地和内陆的淡水生态系统及其服务。为了实现 2030 年可持续发展目标，2019 年联合国提出"联合国生态系统恢复十年"行动计划——从开发自然到治愈自然的行动计划，主要目标是：预防、制止并逆转对生态系统的破坏。2021 年 10 月在中国昆明召开的联合国生物多样性大会通过的《昆明宣言》中承诺：实施"2020 年后全球生物多样性框架"，确保最迟在 2030 年使生物多样性走上恢复之路，进而全面实现"人与自然和谐共生"2050 年愿景的目标，并承诺增加生态系统方法的运用，以解决生物多样性丧失、恢复退化生态系统、增强复原力、减缓和适应气候变化、支持可持续粮食生产、促进健康，并为应对其他挑战做出贡献。

生态文明是新时代的科学认知。十八大以来，我国高度重视生态文明建设，山水林田湖草生命共同体统筹保护理念得到贯彻实施，水生态保护成为贯穿国民经济和社会发展各个方面的主线，推动长江大保护、黄河流域生态保护和高质量发展，部署实施国家"江河战略"。2021 年 6 月，水利部部长李国英在"三对标、一规划"专项行动总结大会上提出，将"复苏河湖生态环境"作为推动新阶段水利高质量发展六条实施路径之一。

共建双碳目标，筑牢人类命运共同体。2015 年《联合国气候变化框架公约》（UNFCCC）的第 21 届缔约方大会通过《巴黎协定》提出，到 2030 年全球碳排放量控制在 400 亿 t 二氧化碳当量，2080 年实现碳中和。我国高度重视温室气体治理，在降碳减排方面取得明显成效。2020 年习近平总书记在第 75 届联合国大会上发表讲话提出"中国的二氧化碳排放力争于 2030 年前达到峰值，努力争取 2060 年前实现碳中和"。我国实现"双碳行动"目标的主要途径包括两个方面：一是倒逼能源和工业

基金项目：中国水科院"城乡水系生态景观构建理论和技术研究创新团队"项目（WE0145B042021）。
作者简介：丁洋（1993—），男，工程师，博士，主要从事河湖生态保护与修复等研究工作。
通信作者：赵进勇（1976—），男，正高级工程师，主要从事河流生态修复、生态水工学等研究工作。

减排，促进技术进步和发展转型；二是驱动生态环境综合治理，培育新型生态经济。通过生态环境综合治理，在 2060 年前可以减少 20 亿~25 亿 t 的碳排放[1]。森林、湿地、草原等生态环境是实现碳汇的重要载体，为此应强化水生态系统修复，提升生态系统固碳能力，统筹考虑生态系统的完整性和经济社会发展的可持续性，持续提升水生态系统质量和稳定性，增强碳汇和固碳能力。

2 水生态修复发展历程

水生态修复最早可追溯到 1938 年，德国生态学家 Seifert 提出了"亲河川整治"概念。自 20 世纪 70 年代以来，随着生态学的发展和应用，发达国家对于河湖治理有了新的认识，水利工程需同时兼顾人类社会与生态系统可持续性及生物多样性的需求[2]。20 世纪 80 年代，德国、瑞士等国提出"重新自然化"概念，提出将河湖修复到接近自然的程度。自此，欧洲开始兴起河道复原工程[3]。20 世纪 90 年代，澳大利亚开展了国家河流健康计划（National River Health Program，NRHP），日本开始倡导多自然型河流建设。进入 21 世纪后，欧盟颁布了迄今为止对其最重要的《水框架指令》；美国开始了全国水生资源调查，旨在确定全国的河流、湖泊等水体的生态状况以及识别对其造成影响的因素，从而更好地规划河湖生态保护与修复的项目。2018 年联合国水资源发展报告题目为《基于自然的水问题解决方案》，提出了基于自然的水问题解决策略体系，强调了维持河湖健康的生态水利工程体系的重要性（见图 1）。

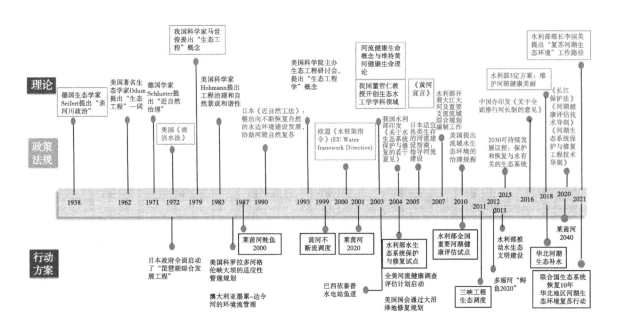

图 1 水生态修复理论与实践发展历程

我国水生态修复工作从 20 世纪 90 年代开始，此时主要以水生态重建视角的生态工程为主，水生态修复的核心理念是应对水生态环境破坏问题，实施人为保护措施。目标旨在人类协助生态系统重建，在人为活动辅助下创造或促进生态系统发展，核心理念是应对水生态环境破坏问题，实施人为保护措施。例如 1999 年，为了解决黄河断流问题，按照国务院授权，水利部黄河水利委员会对黄河水量实施统一调度，首开大江大河统一调度先河。21 世纪新时期以来，水生态修复的核心理念是保障水生态安全，促进人与自然和谐发展。水生态修复工程主要围绕三大方面：统筹山水林田湖草沙系统治理、推进水资源全面节约和循环利用、实施重要生态系统保护与修复重大工程。目标旨在全面增进水生态系统服务功能，维护山水林田湖草沙生命共同体。

3 流域水生态修复理论基础

流域是水系的汇水区域，是具有水文过程和环境生态功能的连续体。水污染的产生、水生态的退化本质上是流域过程的综合体现，流域不同组成单元中由于自然作用和人类活动产生的营养物质和其他污染物，以流域水文过程为载体，通过一系列物理化学过程进入水体中，引起富营养化等水环境和生态特征的重大变化，从而导致水生态系统的退化。

3.1 江河湖泊在流域中的作用

江河湖泊是国土空间规划的资源和地理基准，是矫正器。国土是生态文明建设的空间载体。国土空间规划需先厘清国土空间自然本底条件，即对国土空间自然资源禀赋、生态服务功能和地理环境承载力等多要素本底条件具有全面性认知和综合性评价。从资源环境承载能力来看，需根据资源禀赋、生态条件和环境容量，明晰国土开发的限制性和适宜性，根据水资源承载状况确定土地用途，坚持"四水四定"。从空间布局来看，需以江河湖泊为地理基准划定"三线"（生态保护红线、永久基本农田、城镇开发边界），优化国土空间布局，推进区域协调发展。

江河湖泊是串联山水林田湖草沙各景观格局要素的生态廊道，是连接器。水循环及其伴生过程是串联山、水、林、田、湖、草、沙七要素的动力和核心。江河作为大地血脉，是地球上水分循环的重要路径，对全球物质、能量的传递与输送起着重要作用。

江河湖泊是抵御外力强干扰的国土空间生态安全屏障，是缓冲器。生态屏障是处于某一特定区域的复合生态系统，其结构和功能符合人类生存和发展的生态要求。黄河：黄河重点生态区秦岭为例，横亘中央的秦岭是我国南北分界线，秦巴山地具有维持生物多样性、水源涵养、调节气候等一系列突出生态功能。长江：长江上游在整个流域中具有重要的生态功能地位，如水源涵养、土壤保持和生物多样性保护。上游生态系统的稳定是确保长江流域生态安全的根本。

江河湖泊是映射流域生态质量的低地空间单元，是验证器。江河湖泊是位于流域最低处的低地生态空间单元，是由地形地貌以及水利工程构成的物理通道与容器，是流域水循环过程的"汇"。江河的水生态环境质量实质反映的是流域整体的生态质量，江河是表象，真正的根在流域。

3.2 流域水生态系统结构功能整体性模型

在生态水工学理论发展的促使下，董哲仁[4]提出了河流生态系统结构功能整体性概念模型（Holistic concept model for the structure and function of river ecosystems，HCM），其目的是在发展和整合已存在的若干概念模型的基础上，形成统一的反映河流生态系统整体性的概念模型。河流生态系统结构功能整体性概念模型抽象概括了河流生态系统结构与功能的主要特征，既包括河流生态系统各个组分之间相互联系、相互作用、相互制约的结构关系，也包括与结构关系相对应的生物生产、物质循环、信息流动等生态系统功能特征。该模型是一个完整反映河流生态系统整体性的概念模型，可作为河流生态修复工作开展的指导框架。模型包含 3 个生境因子，为水文情势、水力条件和地貌景观，并基于生境因子与河流生态过程、水生生物生活史特征及生物多样性的相关关系，模型又细分为 4 个子模型：河流四维连续体模型（4-dimension river continuum model，4-D RCM）；水文情势—河流生态过程耦合模型（Coupling model of hydrological regime and ecological process，CMHE）；水力条件—生物生活史特征适宜模型（Suitability model of hydraulic conditions and life history traits of biology，SMHB）；地貌景观空间异质性—生物群落多样性关联模型（Associated model of spatial heterogeneity of geomorphology and the diversity of biocenose，AMGB）。图 2 表示了河流水文、水力和地貌等自然过程与生物过程的耦合关系，标出了 4 个模型在耦合关系中所处的位置，同时标出了相关领域所对应的学科。

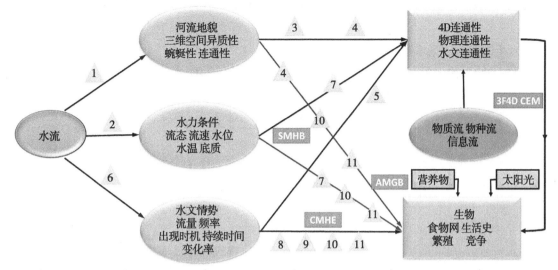

图 2 整体性概念模型示意图（董哲仁，2010）

4 流域水生态修复总体框架与治理策略

4.1 流域水生态修复总体框架

遵循流域水文水动力过程、水环境过程与水生态过程基本规律，连接源头控制、过程阻控和末端治理三个关键环节，统筹流域山水林田湖草生态要素，考虑河湖水系自然—社会高度耦合特点，流域水生态修复总体框架可概况为"三全三可"，"三全"即全覆盖、全过程、全要素，"三可"即问题可定位定时识别、措施可落地有效、效果可定量预测[5]。

4.1.1 "三全"

全覆盖指的是在流域视角下对断面水质达标问题进行分析，统筹陆域和水域。在陆域，将全部陆域面积进行网格划分，形成若干控制单元，把产水产污分配到各个控制单元里，以控制单元为抓手做好"减源"，减少关键污染物的污染负荷排放和入河。全过程指的是遵循流域内水文循环和污染物输移转化规律，从污染源源头控制、污染负荷过程阻控到水系内末端治理的全环节。在污染源源头控制方面，通过点源、面源、内源、移动源等不同类型污染源控制，减少污染负荷产生量。在污染负荷过程阻控方面，遵循流域水循环和给水排水规律，根据径流产生和污染物输移转化的规模、频率、时机、持续时间和变化情况，选择合适的坡地、台地、坑塘、建成区、岸滨带等多类型空间区域，构建截留、削减、转化等组合式阻控体系，减少进入河湖水系的污染负荷总量。在河湖水体末端治理方面，需在保证水利工程安全和不影响河道行洪能力的前提下，结合闸坝工程、河道整治工程等，通过单点工程合理调度或生态化改造、河道内直接接触氧化、闸坝群调度改善水动力循环条件等措施提高水体自净能力、进一步减少污染负荷。全要素指的是从系统工程和全局角度寻求新的治理之道，统筹兼顾、整体施策、多措并举，不同要素对于污染负荷的削减降解功能也存在差异，从而影响流域污染负荷的产生量和入河量，科学处理好治水与治山、治林、治田、治草、治湖、治沙的协调关系。

4.1.2 "三可"

问题可定位定时识别指的是在空间尺度上识别引起控制断面水质指标超标（或水生生物指标变化）的关键陆域控制单元，又能在时间尺度上明晰问题突出的敏感时段；措施可落地有效指的是目标明确、可操作、有效果、符合当地实际。体现在国土空间土地类型布局、总体措施体系构建和具体措施选择三个方面；效果可定量预测指的是对措施效果进行多个情景下的定量预测，优化总体布局，必要时还应能推演不同分步措施的递进实施效果，分布式水文模型+水动力模型+水质模型+生物栖息地模型。

4.2 流域水生态修复治理策略

流域水生态修复治理策略为正向分析，反向设计和正向实施的"三步走"策略（见图3）。

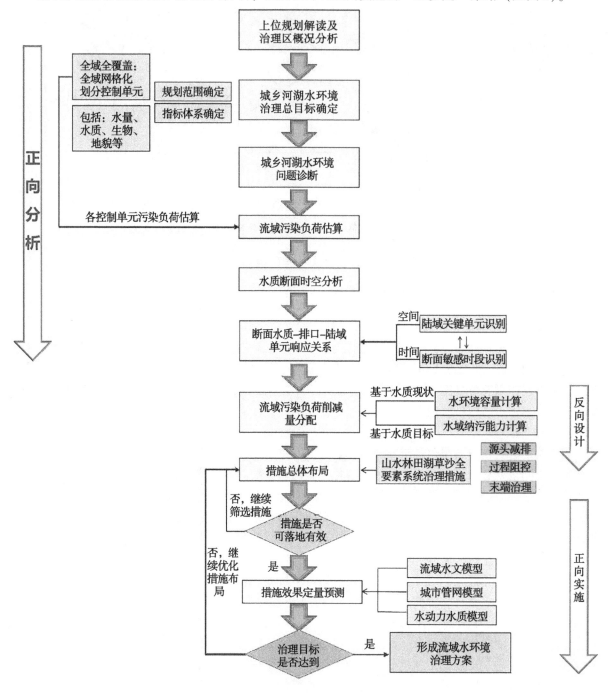

图3 流域水生态修复"三步走"治理策略

（1）正向分析，即陆域—水体。首先，对上位规划进行解读，并分析治理区的自然社会现状，确定流域水环境治理目标；其次，对流域网格化，划分控制单元，利用源强系数、数值模型等方法估算流域各个控制单元污染负荷；最后，分析河流控制断面水质变化情况，建立"断面水质—排口—陆域单元"的响应关系，识别陆域的关键控制单元识别和断面水质的敏感时段。

（2）反向设计，即水体—陆域。首先，基于水质现状和水质治理目标，分别计算河湖水系水环境容量和河湖水系水域纳污能力，进而确定污染负荷削减总量；其次，根据"断面水质—排口—陆域单元"的响应关系，将污染负荷削减总量分配至各个控制单元；最后，针对每个控制单元的污染负荷削减量，选择相应的治理措施，使治理措施可以有效地落地到各个控制单元上。

（3）正向实施，即陆域—水体。首先，综合考虑流域污染物输移过程、山水林田湖草沙及建设区域等全部要素，连接源头控制、过程阻控和末端治理三个关键环节，对措施进行总体布局；其次，根据流域现状，选择适宜的模型方法，定量预测治理措施对污染物的削减效果，判断水域控制断面水质指标达标情况；最后，若控制断面水质不达标，则继续优化措施布局并预测，直至达标。

5 结语

本文通过对介绍目前水生态保护与修复的共识与战略，及水生态保护与修复的发展历程，提出流域水生态修复的总体框架与策略体系，即考虑"三全三可"的流域水生态修复总体框架与"三步走"的流域水生态修复策略体系。推进流域水生态修复首先要尊重自然、敬畏自然，同时应当识别流域水生态系统的基本规律，道法自然。任何技术措施都有其自身特点与适用范围，应当具体分析流域的地域性特点，并以此量身定做最适宜的修复方案。在流域水生态修复过程中，需要多学科的交叉，多行业的协同，以及多部门的合作，统筹水利、生态环境、城市住建以及农业农村等部门力量形成合力，共同建设生态河湖。拥有健康、美丽、安全的河湖水系，河湖生态系统服务功能才能够有序发挥，人类社会的可持续性才能得到保障。

参考文献

[1] 于贵瑞，郝天象，朱剑兴. 中国碳达峰、碳中和行动方略之探讨 [J]. 中国科学院院刊，2022，37（4）：423-434.

[2] 董哲仁，孙东亚，赵进勇，等. 生态水工学进展与展望 [J]. 水利学报，2014，45（12）：1419-1426.

[3] 王文君，黄道明. 国内外河流生态修复研究进展 [J]. 水生态学杂志，2012，33（4）：142-146.

[4] 董哲仁，孙东亚，赵进勇，等. 河流生态系统结构功能整体性概念模型 [J]. 水科学进展，2010，21（4）：550-559.

[5] 赵进勇，彭文启，丁洋，等. 流域视角下的城乡河湖水环境治理"三全三可"策略及案例分析 [J]. 中国水利，2020（23）：9-13.

厦门马銮湾内湾水环境改善措施研究

王海鹏　佘小建　崔　峥

（南京水利科学研究院，江苏南京　210029）

摘　要：本文通过潮流、水体交换数学模型计算，研究分析了马銮湾内湾各水流运动状态下内、外湾水体交换条件的变化，提出了利用潮汐动力和闸门调度改内湾往复流为单向水流，通过开挖人工明渠和利用南侧排洪渠将湾顶水体引向湾外的措施，有效改善了马銮湾内湾水体交换条件。

关键词：厦门马銮湾；数学模型；水体交换；水环境

1　引言

　　厦门位于台湾海峡中部，为岛屿城市。马銮湾位于厦门西海域西北部，马銮海堤于1957年开始兴建，1960年6月建成，海堤全长1 655 m，现有马銮湾水面和周边滩涂面积约17 km²。为适用厦门城市发展，马銮湾片区将建成马銮湾新城，形成城市的副中心。马銮湾水域将是城市景观的亮点，水域规划布置见图1，分为外湾水域和内湾水域，外湾水域面积约6.1 km²，内湾水域面积约1.1 km²，内湾北侧与外湾间建有过云溪纳潮闸，南侧由于隧道将内外湾隔开，外湾湾口目前已建有9孔挡潮闸。内湾水体有海水和淡水两种考虑工况，本文主要研究内湾为海水的工况。规划马銮湾内湾为狭长水道，水体交换能力相对较差，水生态环境是人们十分关心的问题，为此有必要研究内湾水动力分布及改善水环境的工程措施。

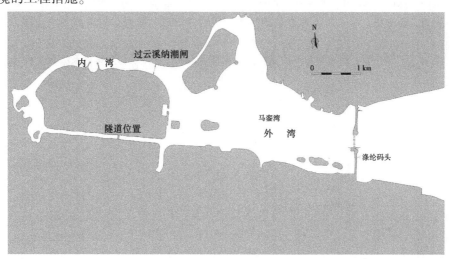

图1　马銮湾水域规划布置图（方案0A、方案0B）

　　水体交换能力是指水体充分利用自身水动力实现物理自净的能力，研究海湾水交换能力是研究海湾的物理自净能力，评价和预测海湾环境质量的重要指标和手段[1]。本文通过数值模拟的方法研究内湾水体交换能力，从而提出改善水环境的工程措施。

基金项目：中央级公益性科研院所基本科研业务费专项资金项目（Y416014）；江苏省水利科技项目（2016036）。

作者简介：王海鹏（1980—），男，高级工程师，主要从事水利工程、岩土工程相关的科学研究、项目管理工作。

2 厦门海域潮汐潮流特征

厦门海域属正规半日潮，潮汐参数 $F = 0.34$，潮波呈驻波形态。根据统计，厦门海域为强潮地区，潮差累计频率不大于10%的大潮潮差为5.3 m左右，潮差累计频率不大于50%的中潮潮差为4 m左右，平均潮差3.98 m。

受地形约束，厦门东西海域潮流呈涨落潮往复流，见图2，东、西海域自湾口向湾顶流速逐渐减小，东海域主流区大潮平均流速为0.4 m/s左右，西海域为0.2~0.4 m/s，高集海堤开口处大潮涨落潮平均流速0.18~0.19 m/s。

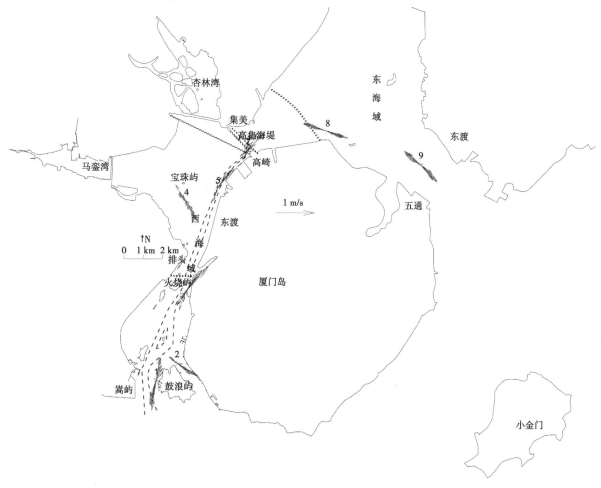

图2 厦门湾2014年10月水文测验大潮流速矢量图

3 二维潮流及水体交换数学模型

3.1 基本方程

二维潮流连续方程：

$$\frac{\partial \zeta}{\partial t} + \frac{\partial}{\partial x}\left[(h+\zeta)u\right] + \frac{\partial}{\partial y}\left[(h+\zeta)v\right] = 0 \tag{1}$$

运动方程：

$$\frac{\partial u}{\partial t} + u\frac{\partial u}{\partial x} + v\frac{\partial u}{\partial y} + fv = -g\frac{\partial \zeta}{\partial x} - \frac{gu\sqrt{u^2+v^2}}{c^2(h+\zeta)} + \frac{\partial}{\partial x}\left(N_x\frac{\partial u}{\partial x}\right) + \frac{\partial}{\partial y}\left(N_y\frac{\partial u}{\partial y}\right) \tag{2}$$

$$\frac{\partial v}{\partial t} + u\frac{\partial v}{\partial x} + v\frac{\partial v}{\partial y} + fu = -g\frac{\partial \zeta}{\partial y} - \frac{gv\sqrt{u^2+v^2}}{c^2(h+\zeta)} + \frac{\partial}{\partial x}\left(N_x\frac{\partial v}{\partial x}\right) + \frac{\partial}{\partial y}\left(N_y\frac{\partial v}{\partial y}\right) \tag{3}$$

式中：x、y 为直角坐标系坐标；t 为时间变量；ζ 为潮位；h 为静水水深；g 为重力加速度，$g = 9.8$ m/s^2；u、v 分别为 x、y 方向的垂线平均流速；f 为科氏系数（$f = 2\omega\sin\varphi$，ω 为地球旋转角速度，φ 为纬度）；c 为谢才系数，$c = \dfrac{1}{n}(h+\zeta)^{\frac{1}{6}}$，$n$ 为曼宁系数。

二维对流、扩散输移方程

$$\frac{\partial HC}{\partial t} + \frac{\partial HuC}{\partial x} + \frac{\partial HvC}{\partial y} - \frac{\partial}{\partial x}\left(D_x\frac{\partial HC}{\partial x}\right) - \frac{\partial}{\partial y}\left(D_y\frac{\partial HC}{\partial y}\right) = 0 \tag{4}$$

式中：C 为浓度；D_x、D_y 为沿 x、y 轴向的水平涡动分散系数；$H = h+\zeta$。

3.2 边界条件及主要计算参数选取

模型开边界位于厦门湾流会—围头角连线以外，开边界采用潮位过程进行控制，边界潮位由中国海潮波模型提供。为合理模拟海域潮流场，模型闭边界采用干湿判别的动边界。

主要计算参数：模型最小计算时间步长 0.01 s；糙率取 0.015~0.03。

3.3 模型范围和网格

数学模型涵盖整个厦门湾、围头湾等海域，并采用最新厦门海域边界条件和水深资料，其中包括高集海堤打开、同安湾和西海域清淤等，模型包含水域面积约 1 500 km^2。模型计算区域离散采用非结构三角形网格，湾最小网格尺度 10 m，计算单元数合计 155 000 个左右。模型网格见图 3。

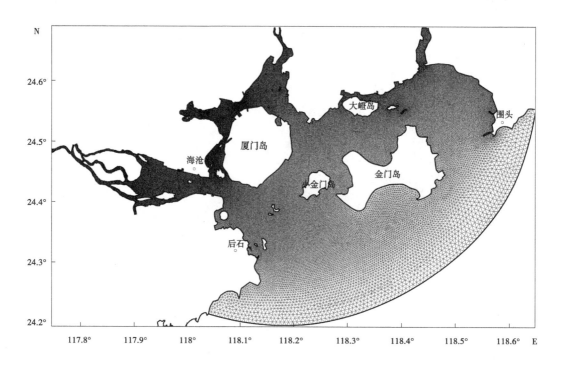

图 3 厦门湾数学模型范围及计算网格

3.4 模型验证

2014 年 10 月在厦门东西海域开展了一次大、小潮水文观测，分别设置了 5 个潮位站（湾内 3 个）、垂线测站 9 个（见图 4）。

水文测验期间高集海堤正在施工，该处流速验证结果稍有偏差，潮位及其他测站流速流向验证结果良好，精度满足规程要求，图 5、图 6 为大潮验证结果。

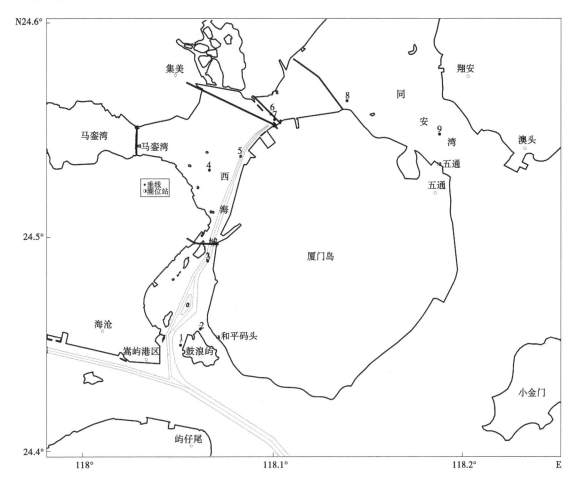

图4　2014年10月厦门湾海域水文测站布置

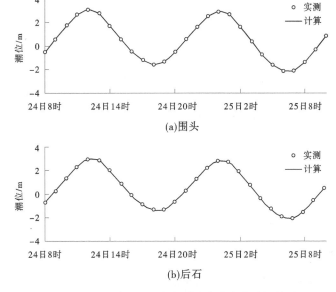

(a)围头

(b)后石

图5　2014年10月水文测验大潮潮位验证结果

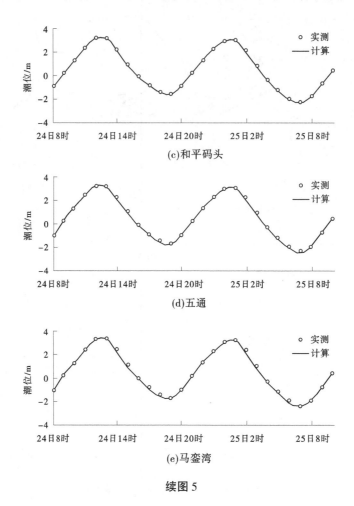

(c)和平码头

(d)五通

(e)马銮湾

续图 5

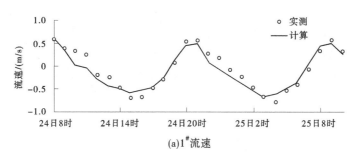

(a)1#流速

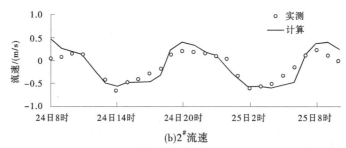

(b)2#流速

图 6   2014 年 10 月水文测验大潮测点流速、流向验证结果

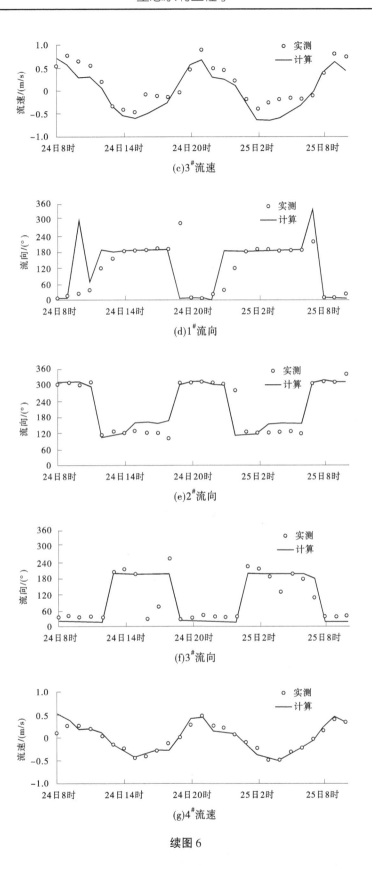

(c)3#流速

(d)1#流向

(e)2#流向

(f)3#流向

(g)4#流速

续图6

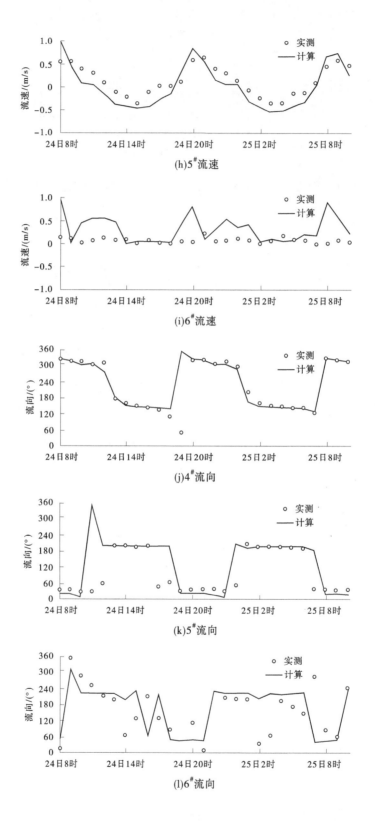

(h)5#流速

(i)6#流速

(j)4#流向

(k)5#流向

(l)6#流向

续图 6

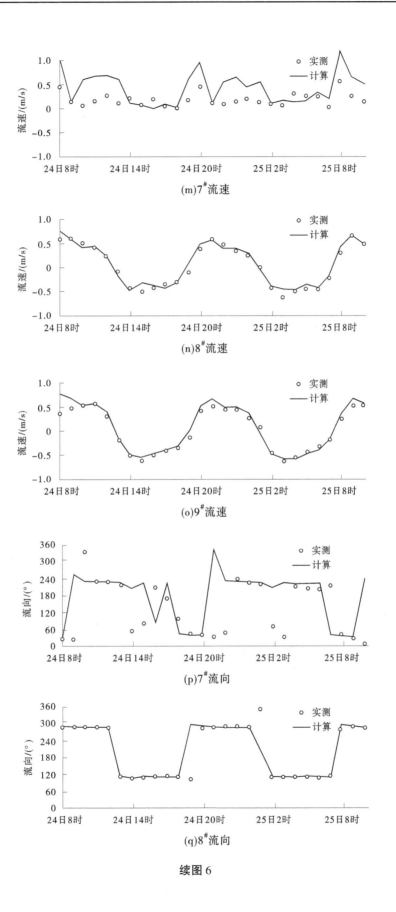

(m)7#流速

(n)8#流速

(o)9#流速

(p)7#流向

(q)8#流向

续图6

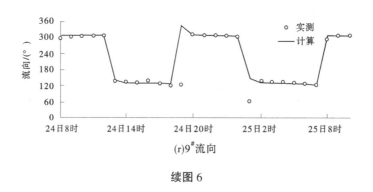

(r)9#流向

续图6

4 方案及计算条件

4.1 计算方案

方案0A：内湾不开闸，内湾不参与水体交换；方案0B：过云溪纳潮闸开闸，方案布置见图1。方案1：内湾的南水道通过箱涵绕过隧道位置与外湾连接，通过过云溪纳潮闸和箱涵口闸门控制在内湾形成过云溪纳潮闸进水箱涵出水的单向水流，方案布置见图7。方案2：通过开挖人工渠和利用南侧排洪渠在内湾形成单向水流，过云溪纳潮闸进水、翁厝闸出水。方案3：边界条件同方案2，内湾水流运动方向相反、翁厝闸进水、过云溪纳潮闸出水，方案布置见图8。

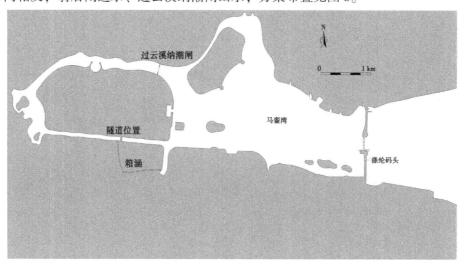

图7　方案1布置图

图8　方案2、方案3布置图

4.2 计算条件

（1）外湾底标高-4.4 m，闸门9孔全开，不控制水位。

（2）内湾底标高0 m，起始水位1.5 m，控制水位不低于1.5 m；过云溪挡潮闸宽度100 m，翁厝闸宽度50 m，人工渠宽度27 m，箱涵为2孔，每孔宽4.5 m，高2 m。

（3）闸门控制方式：涨潮时，当外湾水位高于内湾水位时打开闸门进水，至最高水位时关闸，同时另一侧闸门在外侧水位低于内湾水位时开闸放水，当放水闸门附近内湾水位落至最低或者内湾平均水位接近1.5 m时关闸。

（4）开始计算时马銮湾内湾和外湾水体的初始浓度为$C=1$，外部水体的初始浓度$C=0$。污染物通过对流输运和稀释扩散等物理过程与周围水体混合，与外海水交换，浓度降低，水质得到改善。

5 计算成果分析

图9为各方案条件下交换87 h后内、外湾浓度分布，表1为交换第四天内各区域平均浓度、内湾平均潮差及内外湾半交换期统计结果。

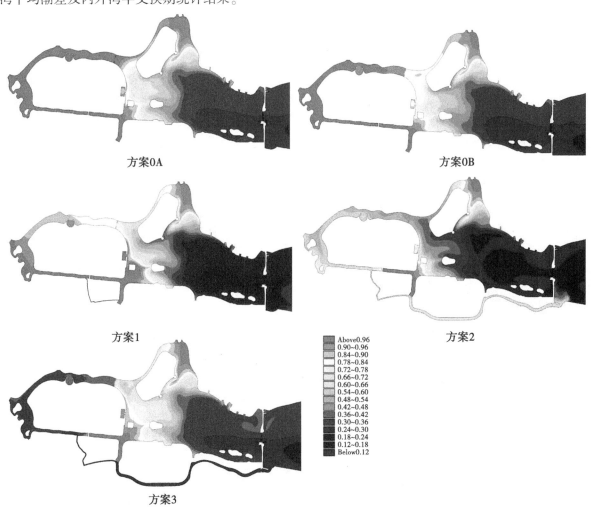

图9 各方案水体交换87 h后内、外湾浓度分布

表1 交换第四天内各区域平均浓度、内湾平均潮差及内外湾半交换期统计

方案	内湾平均浓度	外湾平均浓度	平均潮差/m	半交换期/d
方案0A		0.56		
方案0B	0.97	0.55	1.15	5.0
方案1	0.91	0.55	0.67	4.6
方案2	0.63	0.51	0.85	3.7
方案3	0.32	0.58	0.35	4.2

5.1 潮流动力分析

5.1.1 流速流向分布

方案0A条件下内湾水闸不开,水体不参与交换,只是外湾水体与西海域进行交换。方案0B条件下涨潮水流由过芸溪水闸进入内湾,落潮时水流也由过芸溪水闸出内湾,内湾水流为涨落潮往复流。方案1条件下涨潮时西海域水流进入马銮湾外湾,当外湾潮位高于内湾水位时过芸溪水闸开闸纳潮,水流进入内湾。落潮时水流通过箱涵再排入外湾,在内湾形成单向水流。方案2条件下涨潮时方案2水流流态与方案1相似,西海域水流进入马銮湾外湾,当外湾潮位高于内湾水位时过芸溪水闸开闸纳潮,涨急时闸口处最大流速1 m/s左右,过芸溪内最大流速0.4~0.5 m/s,越向湾顶流速越小,局部岸线凸出部分最大流速0.8 m/s左右,流速比方案1稍大。落潮时内湾水体通过人工渠进入南侧新阳排洪渠,再通过翁厝水闸排入西海域,在内湾形成单向水流。方案3条件下,涨潮时西海域水流通过翁厝水闸进入新阳排洪渠,再通过人工渠进入内湾,落潮时内湾水体通过过芸溪水闸进入马銮湾外湾,在内湾形成单向水流,水流运动方向与方案2相反。

5.1.2 内湾潮差变化

方案0B条件下内湾水流由过芸溪水闸进出,过芸溪水闸较宽,过流顺畅,内湾潮差相对较大,为1.15 m;方案1条件下,因出水箱涵过水能力有限,排水时内湾水位降不到1.5 m,内湾潮差只有0.67 m;方案2条件下,因出水人工渠排水能力比箱涵有所增大,内湾潮差可以达到0.85 m;方案3条件下,因涨潮时间短且人工渠过水能力有限,内湾潮差只有0.35 m。由于内湾最低控制水位较高,使得内湾进水时间明显小于出水时间,方案2进水闸宽,方案3进水的人工明渠窄过水能力小,因此造成了两方案内湾潮差相差较大。

5.2 水体交换分析

5.2.1 往复流条件下内湾水体交换条件

方案0A条件下内湾不纳潮,外湾湾顶水动力较弱,水体交换条件相对差。方案0B条件下,内湾参与纳潮,外湾湾顶附近水动力增强,水体交换条件有所改善。水体交换第4天内,方案0A和方案0B外湾的平均污染物相对浓度分别为0.56和0.55,方案0B条件下外湾水体交换条件优于方案0A,增大纳潮量有利于增强水体交换能力。方案0B条件下内湾水流为往复流,内湾污染物向外扩散较慢。

5.2.2 单向流条件下内湾水体交换条件

方案1条件下,内湾水体交换条件要明显好于方案0B,外湾顶附近水体交换条件也有明显改善。运行87 h条件下内湾浓度仍然较高,主要因为开始时北侧过芸溪水闸进入的也是浓度较高的水体。只有等外湾水体交换一段时间后,西海域水体进入外湾顶附近,内湾才开始有低浓度水体进入。与方案0B比较,方案1对马銮湾内、外湾水体交换均有明显改善。方案2条件下,通过单向水流作用内湾高浓度水体被直接排向西海域。与方案1比较,方案2条件下马銮湾内、外湾水体交换条件均明显改善,统计时间内内湾、外湾浓度明显减低。方案3条件下,直接从西海域引水进入内湾,内湾水质

条件较好，内湾"污水"排入外湾，再经过外湾从马銮水闸进入西海域，外湾的水质条件不及方案2。

5.2.3 水质点运动统计

根据水质点运动时间统计，方案1条件下水质点从北侧进南侧出，在内湾的运行时间约30 h，即30 h左右内湾水体可以交换一次。方案2条件下水质点从北侧进南侧出，在内湾的运行时间约17 h，即17 h左右内湾水体可以交换一次。方案3条件下水质点南侧进北侧出，在内湾的运行时间约40 h，即40 h左右内湾水体可以交换一次。可见方案2条件下内湾水体交换最快。

5.2.4 半交换周期变化

方案0B条件下内、外湾作为整体水体半交换周期约为5 d，方案1、2、3条件下分别为4.6 d、3.7 d和4.2 d，可见采用闸门调度使内湾形成单向水流能明显提供内外湾水体交换能力，其中方案2最优。

6 结论

本文通过水流、水体交换数学模型计算，研究马銮湾内湾各水流运动状态条件下内、外湾水体交换条件的变化，提出改善马銮湾内湾水环境的措施。主要结论如下：

（1）利用潮汐动力和闸门调度，改内湾往复流为单向水流可以明显改善内湾水体交换条件。

（2）通过开挖人工明渠和利用南侧排水明渠，使内湾、人工明渠和南侧排水明渠形成单向水道，可明显改善马銮湾内湾、外湾水体交换条件。

（3）自内湾北侧过芸溪水闸进水、南侧排水明渠出水的方案2水体交换条件最优，如内湾采用海水工况，可考虑方案2为推荐方案。

（4）外湾的西南水域存在水体交换的盲肠区，对该区域水道应进一步优化。

参考文献

[1] 王宏，陈丕茂，等. 海水交换能力的研究进展 [J]. 南方水产，2008，4（2）：75-80.

[2] 崔峥，佘小建，徐啸. 高集海堤打开后马銮湾开口对厦门东西海域的影响 [J]. 应用海洋学学报，2018，37（4）：496-505.

[3] 佘小建，崔峥. 湾口建闸海湾水体交换及景观水位数值模拟 [J]. 应用海洋学学报，2020，39（2）：229-238.

[4] 肖立敏，韩信，等. 唐山国际旅游岛内海水环境改善措施试验研究 [J]. 海洋开发与管理，2021（7）：103-108.

WEPP 模型的国内历史演进及实用性研究展望

张校棱

（四川农业大学 水利水电学院，四川雅安　625014）

摘　要：作为以细沟侵蚀为主要模拟对象的一种土壤侵蚀预测模型，WEPP 模型已被广泛运用于世界各地。本文利用 citespace 软件对 WEPP 模型的主要研究方向和研究人员进行了总结，有利于研究者对 WEPP 模型的研究趋势进行把握。随着多年研究，WEPP 模型不仅在国外取得了很多研究成果，国内也有了一定的突破和发展。然而，WEPP 模型还有很多方面值得我们深入挖掘，不同地区的适应性可能会是我们未来的重要发展方向。

关键词：WEPP 模型；土壤侵蚀；citespace

1　引言

土壤侵蚀过程与预报研究是科学地进行水土保持规划、水土流失综合治理及水土保持效益评价的基础。土壤侵蚀模型是水土保持规划和水土流失调查与侵蚀危险性评价的技术工具，是土壤侵蚀研究成果的集中体现和研究水平的重要标志[1]。史志华等对近 10 年土壤侵蚀与水土保持研究进行了总结和分析，得到结论 "10 年国际上对土壤侵蚀与水土保持研究，重点关注水蚀与风蚀动力机制、坡面侵蚀-流域产沙过程"[2]。

以往的通用流失方程是建立在经验基础上的预测模型，难以对单场降雨的土壤侵蚀过程、沉积位置、土壤侵蚀量等进行预测，因此模拟复杂斜坡的土壤侵蚀较为困难。为了克服缺陷，美国农业部农业研究局于 1985 年主持开发了新一代水蚀预报模型 WEPP（Water Erosion Prediction Project），用以取代通用流失方程[3]。

我国是世界上土壤侵蚀最严重的国家之一，复杂多变的地貌类型决定了侵蚀类型的多样性和侵蚀产沙过程的复杂性，加之人类活动影响的长期性和强烈性，导致国际上现有的土壤侵蚀预报模型难以运用。因此，深入探索我国土壤侵蚀过程及其机制，建立以侵蚀过程为基础的土壤侵蚀预报模型已成为当前的研究重点，而 WEPP 模型作为近年较新颖的土壤侵蚀模型，已被证明在国外多个地区能够使用并且预报较为准确，但在我国使用时始终存在某些问题，这就要求我国学者对模型及其参数做一定的微调。

2　WEPP 模型概述

2.1　WEPP 模型介绍

WEPP 模型实际上是 USDA 推出的用以替代 USLE（universal soil loss equation，土壤流失方程）的新一代土壤侵蚀预测模型。USLE 是经验模型，不能预测次降雨过程所产生的土壤流失量、侵蚀过程和沉积位置等，难以模拟复杂坡面的侵蚀状况[4]，但 WEPP 模型新一代的用于土壤侵蚀预测预报的计算机模型，可以预测土壤侵蚀以及农田、林地、牧场、山地、建筑工地和城区等不同区域的产沙和输沙状况。WEPP 模型分为 3 个版本：坡面版（hill slope）、流域版（watershed）和网格版（grid）。在 WEPP 模型的 3 个版本中，坡面版本的研发相对成熟，并得到了较广泛的应用；流域版本仅适用

作者简介：张校棱（1998—），女，硕士研究生，研究方向为水土保持。

最末一级的流域，其应用受到限制；网格版仍是空白[5]。之后篇幅中的 WEPP 模型特指 WEPP 模型的坡面版。

WEPP 模型中，土壤侵蚀过程包括侵蚀、搬运和沉积三大过程。暴雨所产生的径流及其挟带的侵蚀泥沙在从坡面向沟道汇集并最后从流域出口输入到较大一级的流域过程中，侵蚀、沉积、搬运连续发生，坡面侵蚀包括细沟侵蚀和细沟间侵蚀，WEPP 模型预先确定细沟密度，并假定所有细沟流量相同[6]。土壤侵蚀用两种方式表达：①细沟间，土壤颗粒由于雨滴打击和分离的作用而剥离；②细沟内，土壤颗粒由于集中水流的作用而剥离、运输或沉积，侵蚀计算以单位沟宽或单位坡面宽为基础[7]。

2.2 WEPP 模型的优缺点

与传统的侵蚀模型相比，WEPP 模型具有很多优点：①可模拟土壤侵蚀过程及流域的某些自然过程，如气候、入渗、植物蒸腾、土壤蒸发、土壤结构变化和泥沙沉积等；②可模拟非规则坡形的陡坡、土壤、耕作、作物及管理措施对侵蚀的影响等；③可以模拟土壤侵蚀的时空变异规律，模型的外延性好，能够在多个领域进行运用；④能较准确地预测泥沙在坡地以及流域中的运移状态，能很好地反映侵蚀产沙的时空分布。

但 WEPP 模型的缺点也较为明显：①模型侵蚀产沙基本方程基于稳定建成，与实际瞬态侵蚀过程不符；②细沟侵蚀预报没有考虑细沟流量随细沟发育过程的变化，忽略了降雨和下垫面条件对细沟分布密度的影响；③模型不能用以预报切沟和河道侵蚀；④同中国相比，美国的水土保持措施相对简单，中国的水土保持措施较 WEPP 模型中涉及的水土保持措施复杂。

3 WEPP 模型研究的时空分布

为查清 WEPP 模型研究的历史脉络，首先使用中国学术网络出版总库（CNKI）数据库对相关文献进行检索，检索策略为主题＝"WEPP"，筛选得到中、英文论文共 553 篇。通过进一步的阅读筛选和补充，共得到 1988 年至 2020 年的 468 篇正式发表的中、英文文献。从图 1 可以发现，WEPP 模型相关文章的发文量累计百分比增长较为平稳，在 1998 年、2010 年、2017 年达到阶段性最高，21世纪初期之后国际对 WEPP 模型的关注度逐渐上升，90%左右的文献是在近 20 年间（2000—2020年）发表的，其中 2017 年发文量达到 42 篇，为历史最高。

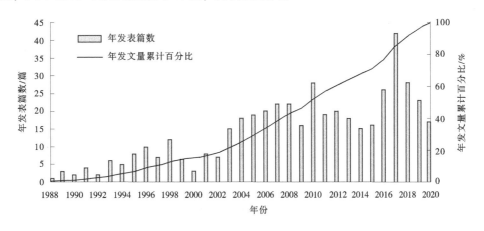

图 1 1989—2020 年 WEPP 模型年发文量

在关键词知识网络图谱的基础上，选取 LLR 算法，得到关键词聚类网络图谱（见图 2），其中呈现了"sediment""soil redistribution""soil erosion""runoff prediction" 4 个主要的聚类，反映了 WEPP 模型主要在土壤侵蚀上进行研究，主要是预报和分析侵蚀量和径流量。

从作者合作网络图谱（见图 3）可以看出，国际学者的整体合作形势较好，范围较为广泛，形成以郑粉莉、何丙辉、XC ZHANG 等几位学者为核心的研究网络，表 1 列出了发文量在 5 篇以上的学者

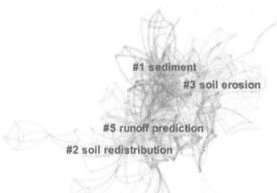

图2 国内研究热点关键词聚类网络图谱

名单及发文数量。可以较为明显地看到，虽然国外对于相关研究范围广泛，合作较多，学者研究水平较为均衡，但大部分学者发文量在5篇以下，说明WEPP模型的应用还未成为较多学者研究的主要方向，一般作为研究坡面侵蚀的补充方法。

图3 国际作者合作网络图谱

表1 作者及发文数量

作者	发文数量/篇
郑粉莉	10
何丙辉	7
XC ZHANG	6
王云琦	6
王玉杰	6

4 WEPP模型在国内的适用性研究分析

4.1 WEPP模型在国内紫色土区的研究分析

从众多研究紫色土区的资料中可以得到以下结论：①WEPP模型对型对径流量的模拟比侵蚀量的模拟更为准确[8-11]；②模型对作物高度和盖度、植被高度模拟精确，对植被盖度的模拟值偏高[8]；③模型对大产流侵蚀事件的模拟精度要高于对小产流侵蚀事件的模拟精度[9]；④对模型模拟产流、产沙量的误差有影响的土壤参数包括初始饱和度、细沟侵蚀值、临界剪切力、有效水力传导率和土壤反照率[9]；⑤降雨过程参数的敏感性排序为：降雨量>最大雨强>降雨历时>达到最大雨强的时间与降水总历时的比率[9-10,12]；⑥WEPP模型更适用于坡度较小的情况[10-12]；⑦农耕地小区预测效果远远好于林地小区[11,13]；⑧模型对侵蚀趋势与过程预报基本合理[14]；⑨可蚀因子的定义不完整使模型存在局限性[15]。

虽然很多研究者在试验后认同WEPP模型在紫色土区的适用性，但不能否认的是依然存在很多的问题，比如数据不相匹配的问题。因为没有形成集中的数据收集处理站点，很多研究者采用的方式都是选取一个跟研究区气候等数据相近的美国站点，然后只对主要数据进行修改，非主要因子直接采用模型中的原数据[8-10,13,15]，但这种做法肯定会产生误差，而这种误差也无法进行修正或者有统一的方式计算。WEPP模型涉及参数众多，需要大量的数据积累。在美国，地学相关信息基本上已经完全实现数字化，大量的地学相关数字化信息可以免费提供。在我国，除一些试验研究区域有完备的资料外，大部分地区尚不具备能够直接应用于WEPP模型的数字化信息，已有信息也难以共享。除了模型本身外，模拟预测结果的可靠性取决于各项参数的取值[9-12,14]。因而需要进行大量的测试工作，建立和完善相应的参数数据库文件[8]。解决这个问题的重点还是建立数据数据站点，但个人的力量不够，团队的力量不足，最好的方法其实是政府组织各地团队集中建立数据库，而这也需要很长的路要走。

而WEPP模型自身的一些缺陷也需要引起重视，虽说WEPP模型的出现是取代USLE模型，但WEPP模型作为物理模型却还存在一些参数需要通过经验公式得到，而且因为每个环节都存在误差，误差和误差之间的累计使得模型的模拟值偏差较大，而USLE模型在建立时就利用经验将误差降到最低[15]，因此WEPP模型中物理模型和经验公式之间的取舍也应该是我们引进模型时需要考虑的重点之一。对于此问题，笔者暂时未找到相关解决办法，留待之后的研究者寻找研究方案。

4.2 WEPP模型在国内其他土区的研究分析

与紫色土区相比，其余地区在WEPP模型方面的研究较为分散，且一些结论也不尽相同：①模型在北京山区[16]、东北黑土区[17]径流量的模拟结果更加准确，而在砒砂岩区[18]、黄土丘陵沟壑区[19]侵蚀量的模拟效果更好，但在黄土丘陵区多级梯田[20]处却是径流量的模拟更为准确；②模型在黄土地区使用时存在适用范围[19-21]；③对砒砂岩区土壤侵蚀进行模拟时，发现模型对于林地和草地模型具有很好的适用性，但休闲地模型的适用性较弱[22]；④最大30 min降雨强度对WEPP模型模拟次降雨径流量有重要影响[19]；⑤GeoWEPP模型模拟黄土高原流域的产流输沙效果较好[23-24]；⑥在不同水力梯度下细沟可蚀性和临界剪切力是动态变化的，并非是一个定值[20,25-26]；⑦WEPP模型适用于降雨偏少、气候温和、产流较少的条件[27]。

总体上来看，WEPP模型在我国的应用研究才刚刚起步，缺乏全面的系统性的、应用与评价研究，特别是缺乏在陡坡地区的适用性评价以及不同农作物和草地种植条件下的适用性评价。因此，有必要在这些方面进行WEPP模型适用性评价的研究，为土壤侵蚀预报模型研究积累资料。

4.3 WEPP模型在特定土区的研究分析

一些研究员除对我国最具有代表性的坡耕地进行研究分析外，还对另一种特殊地形——梯田做出了研究评估。贾立志[28]等学者发现WEPP模型能够较好地模拟黄土丘陵区多级梯田在暴雨条件下的产流量与土壤侵蚀量，且产流量的模拟精度要高于土壤侵蚀量的精度，对下级梯田的模拟精度低于上级梯田，WEPP模型的模拟精度有随着梯田级数的增加而降低的趋势。由于WEPP模型缺少拦挡措施模块，在模拟土壤侵蚀量时，模拟值总体上要大于实测值，随着梯田级数增加，模拟值与实测值之间的相对误差值增加显著[29]。梯田田埂在应对暴雨冲刷时对多级梯田的防蚀起到了重要的作用[30]。同样是黄土丘陵地区，因为地形不同，WEPP模型的模拟结果出现较大差别，在普通地区的模拟结果是径流量模拟精度更高，但在多级梯田地区却是侵蚀量模拟精度更高，那么在其他地形地区会不会也出现不一样的情况呢？这也可能是研究者未来研究的一个方向。

除美国外，大部分国家研究员对 WEPP 模型在本国的适用性存疑，且试验后发现，WEPP 模型对径流和侵蚀的模拟值需要进行调整，但并没有文章指出本国研究员进行微调后的 WEPP 模型能否适用于本国其他地区。也有研究员针对一些比较特殊的环境进行 WEPP 模型模拟结果对比，如森林火灾，Fernández Cristina[31] 等曾针对 WEPP 模型对西班牙西北部森林大火发生后的第一年的土壤侵蚀和湿润侵蚀模拟结果进行评估，最终却发现其并不适用于此情况下的土壤侵蚀预测，并建议若要使 WEPP 模型针对森林大火的情况做进一步改进，应给土壤燃烧严重性赋予更大的权重；Deog, Park Sang[32] 等在利用 WEPP 模型对森林火灾地区进行径流和泥沙产量模拟的过程中发现，在小径流中高估了径流，在大径流中低估了径流，而在较低的泥沙径流中，该模型倾向于高估了土壤流失。

5 研究展望

目前为止 WEPP 模型对紫色土区的研究较多，而其他地区相对较少，我想主要原因有以下两点：一是紫色土区在我国是仅次于黄土区土壤侵蚀最严重的地区，而因为黄土区的特殊性，WEPP 模型在黄土地区的适用性不足，因而紫色土区成为较好的选择。二是因为遂宁水土保持试验站的存在，使得研究者们能够在固定的地区获得需要的数据，对经费要求较低。但近年 WEPP 模型在其他地区的研究也增多，这对 WEPP 模型的引进是有很大好处的，WEPP 模型作为不完整的物理模型被推出，注定它需要被不断地改进，而若想要 WEPP 模型在我国各地都能够使用，势必需要针对每个地区的特性进行调整。而且 WEPP 模型研究区域的增大一方面对推进中国建立水土保持相关的数据库有好处，另一方面有助于中国研究者学习其原理并尝试组建属于我国的水土侵蚀模型。且有研究者发现模型不仅适用于农田、林区等常规地区，在湿地系统和旱地种植系统中也能够适用，虽然模型在多级梯田中进行试验后发现并不适用，但主要原因是缺少拦坎模块从而造成误差较大，那么未来可能会在研究相关内容后，将 WEPP 模型由 9 大板块变为 10 大板块。综上所述，笔者认为 WEPP 模型在未来势必会在各研究者的努力下在多个地区进行相关试验。

很多研究者在研究 WEPP 模型时都是在不同坡度、不同坡长、不同作物的条件下进行的，但是不同耕作强度、不同景观部位、不同细沟形态的研究却相对较少，笔者认为可以从这几方面入手，研究 WEPP 模型在不同情况下能否使用，哪种情况的模型适用性最好，其中哪些参数在整个研究过程中对 WEPP 模型影响最大，与其他研究者相比是否有差异，调整后的 WEPP 模型是否适用于其他地区等问题进行研究。截至目前，我国对 WEPP 的研究很少涉及除 GeoWEPP 以外的其余 WEPP 模型衍生模型，衍生模型很多都是私人研究员基于 WEPP 模型的理念研究出的适用于其他地区或目的的模型，它们的出现为我们提供了一条新的思路，即能否利用理论基础对 WEPP 模型的性能进行增加。

参考文献

[1] 谢云，岳天雨.土壤侵蚀模型在水土保持实践中的应用 [J].中国水土保持科学，2018，16（1）：25-37.

[2] 史志华，刘前进，张含玉，等.近十年土壤侵蚀与水土保持研究进展与展望 [J].土壤学报，2020，57（5）：1117-1127.

[3] Min-Kyeong Kim, Seong-Jin Park, Chul-Man Choi, et al. Soil Erosion Assessment Tool - Water Erosion Prediction Project（WEPP）[J].2008，41（4）：235-238.

[4] 刘宝元，史培军.WEPP 水蚀预报流域模型 [J].水土保持通报，1998（5）：3-5.

[5] 张玉斌，郑粉莉，贾媛媛.WEPP 模型概述 [J].水土保持研究，2004（4）：146-149.

[6] 牛志明，解明曙.新一代土壤水蚀预测模型——WEPP [J].中国水土保持，2001（1）：23-24，48.

[7] 肖培青，姚文艺.WEPP 模型的侵蚀模块理论基础 [J].人民黄河，2005（6）：38-39，50.

[8] 马浩.WEPP 模型在川中紫色土区小流域水土流失中的应用 [D].北京：北京林业大学，2010.

[9] 苏锋.WEPP 模型在紫色土休闲地的应用及其因子权重分析 [D].重庆：西南大学，2008.

[10] 赵丽君.WEPP 模型（坡面版）在紫色土区域高速公路边坡水土流失中的应用 [D].重庆：重庆大学，2015.

［11］李振林，何丙辉，何建林，等．紫色土区 WEPP 模型不同预测参数组合模拟的分析与评价［J］．重庆：西南大学学报（自然科学版），2013，35（11）：118-126.

［12］代华龙，曹叔尤，刘兴年，等．基于 WEPP 模型的紫色土坡面水蚀预报［J］．中国水土保持科学，2008（2）：60-65.

［13］何建林．WEPP 模型预测参数在紫色土区的研究［D］．重庆：西南大学，2010.

［14］陈晓燕，何丙辉，缪驰远，等．WEPP 模型在紫色土坡面侵蚀预测中的应用研究［J］．水土保持学报，2003（3）：42-44，77.

［15］缪驰远．WEPP 模型在紫色土地区的应用及与 USLE 的对比研究［D］．重庆：西南农业大学，2005.

［16］歌丽巴．WEPP 模型在北京山区的适用性评价及应用［D］．北京：北京林业大学，2016.

［17］刘远利，郑粉莉，王彬，等．WEPP 模型在东北黑土区的适用性评价——以坡度和水保措施为例［J］．水土保持通报，2010，30（1）：139-145.

［18］胡剑汝，饶良懿，申震洲．基于 WEPP 的砒砂岩坡面复合侵蚀治理生态水文效应评价［J］．水土保持学报，2020，34（2）：123-129，238.

［19］王建勋，郑粉莉，江忠善，等．WEPP 模型坡面版在黄土丘陵沟壑区的适用性评价——以坡长因子为例［J］．水土保持通报，2007（2）：50-55.

［20］王晨沣，马超，王玉杰，等．水力梯度影响下 WEPP 模型估计细沟侵蚀参数的可行性分析［J］．农业工程学报，2017，33（8）：126-133.

［21］景卫华，贾忠华，罗纨，等．WEPP 模型在黄土地区的适用性分析［J］．水资源与水工程学报，2006（2）：28-31.

［22］叶俊道，秦富仓，岳永杰，等．WEPP 模型在砒砂岩地区土壤侵蚀模拟的适用性研究［J］．干旱区资源与环境，2012，26（7）：132-135.

［23］Xinxiao YU, Xiaoming ZHANG, Lili NIU. Simulated multi-scale watershed runoff and sediment production based on Geo WEPP model［J］. International Journal of Sediment Research, 2009, 24（4）.

［24］莫放，贾忠华，罗纨，等．基于水蚀模型 WEPP 和 GIS 的高原小流域侵蚀模拟——以延安地区向阳沟小流域为例［J］．水资源与水工程学报，2005（4）：45-49.

［25］Sayiro K. Nouwakpo, Chi-hua Huang, Laura Bowling, et al. Impact of Vertical Hydraulic Gradient on Rill Erodibility and Critical Shear Stress［J］. Soil Science Society of America Journal, 2010, 74（6）.

［26］Nouwakpo, Sayjro Kossi, Huang, et al. The Role of Subsurface Hydrology in Soil Erosion and Channel Network Development on a Laboratory Hillslope［J］. Soil Science Society of America Journal, 2012, 76（4）.

［27］王树军．WEPP 模型在旱地种植系统中的应用［J］．水土保持应用技术，2010（5）：13-15.

［28］贾立志，高建恩，许秀泉，等．基于 WEPP 模型的多级梯田暴雨侵蚀模拟初步研究［J］．水土保持研究，2014，21（6）：1-5.

［29］贾立志．黄土丘陵区高效农业多级梯田暴雨侵蚀规律初步研究［D］．北京：中国科学院研究生院（教育部水土保持与生态环境研究中心），2014.

［30］邬铃莉，杨文涛，王云琦，等．基于 WEPP 模型的水土保持措施因子与侵蚀量关系研究［J］．土壤通报，2017，48（4）：955-960.

［31］Fernández Cristina, Vega José A. Evaluation of the rusle and disturbed wepp erosion models for predicting soil loss in the first year after wildfire in NW Spain［J］. Environmental Research, 2018, 165：279.

［32］Park, Sang-Deog. Estimation of WEPP's Parameters in Burnt Mountains［J］. Journal of Korea Water Resources Association, 2008（41）：565-574.

湖北省枝江市金湖生态保护与治理研究

孙秋慧 邬 龙 张鹏文 秦敏敏 张迪岩 王文华 郭英卓

（中水北方勘测设计研究有限责任公司，天津 300222）

摘 要：以湖北省枝江市金湖为研究对象，从区位概况、水系现状、生态环境现状等方面对金湖进行了分析，得出金湖现状存在围湖造田、水流不畅、水质恶化、生态萎缩等问题。结合金湖治理目标以及对以上问题的原因分析，本文提出了金湖的生态保护与治理应以"山水林田湖草生命共同体"系统保护理念为基调，并充分融合"基于自然的解决方案（NbS）"设计理念，通过开展河湖连通、水质提升与水生态修复、湖滨生态缓冲带修复、智慧金湖和科普宣教等一系列工程建设，系统全面地提升金湖整体生态质量，将金湖建设成为和谐共生、人地关系协调的湖泊典范。

关键词：生态治理；山水林田湖草；河湖连通；退渔还湿；湖滨岸带；金湖

金湖于 2018 年入选"长江经济带建设美丽河流湖泊"，是长江生态带上的典型湖泊湿地，也是长江沿江生态系统的重要组成部分。同时金湖湿地作为枝江市城郊湿地，素有"枝江城市之肾"的称号，是城市快速发展中保留下来的优良环境资源，其自然资源丰富、生态功能独特，具有巨大的生态与经济价值，对枝江市和长江中游三峡地区生态系统维护具有重要意义，对促进区域绿色发展与生态文明建设具有重要作用。2018 年 10 月底，湖北省长江三峡地区成功列入国家第三批山水林田湖草生态保护修复工程试点，其中枝江市是主要的试点区，金湖湿地生态修复项目是试点工程的重要组成部分。因此，金湖生态保护与治理研究具有重要意义。

1 金湖概况

1.1 区位概况

枝江市地处长江中游北岸、江汉平原西缘，属三峡之末、荆江之首，素有"三峡门户""川鄂咽喉"之称[1]。枝江市是湖北省辖县级市，北靠当阳市，西南接宜都市，西北靠猇亭区、夷陵区，东南邻荆州，位于湖北省宜昌市东南部，由宜昌市代管。

金湖位于枝江市东部，为枝江市城市内湖，因其形状极像金鱼故取名金湖。金湖旧称东湖（孙家湖）。古孙家湖"湖分东西，中直一脊"，因西南有刘家牌坊，湖以西改称刘家湖，湖以东改称东湖[2]。因此，现在的金湖是东湖、刘家湖的统称，其中刘家湖与东湖仅隔一堤，有闸涵相通。金湖通过管道和暗渠与长江连通，地理位置及水系关系如图 1 所示。

1.2 水系情况

金湖流域总面积 106 km²，发源于当阳市梅家垴。仙女镇处拦坝修建了鲁家港水库，水库以上流域面积 39.6 km²，以下流域面积 66.4 km²。水库下泄水流经鲁家大港流入东湖。金湖共有 5 条水系注入，分别为鲁家大港、太平桥港（仙女镇主排渠）、新四季港、曹家港、万店渠；并有 3 条主要排水水渠，分别为东湖排水港、刘家湖循环闸（红星渠）、西排渠，如图 2 所示。

作者简介：孙秋慧（1990—），女，工程师，博士研究生，研究方向为水生态环境保护、修复与治理。

通信作者：郭英卓（1968—），男，高级工程师，中水北方水生态院副院长、总工程师，主要从事河湖水生态治理与修复工作。

图 1　金湖位置

图 2　金湖流域水系

1.3　生态环境现状

1.3.1　水环境现状

金湖水质目标要求为Ⅲ类。根据 2017 年 8 月至 2019 年 7 月共 24 个月逐月水质结果，刘家湖与东湖水质达标率分别为 0 与 0.04，达标次数为 0 次与 1 次；Ⅴ类以下水质分别占 96% 与 71%，主要超标指标为总磷，其次为化学需氧量。上游汇水中 2017 年 11 月对上游汇水港 18 个监测点的监测结果显示，Ⅱ类水质 1 个占 5.6%，Ⅲ类水质 6 个占 33.3%，Ⅳ类 6 个占 33.3%，Ⅴ类 2 个占 11.1%，劣Ⅴ类 3 个占 16.7%，从监测点位置看，自上而下，水质呈下降趋势。成为涌入金湖的重要污染源。

1.3.2　水生态现状

金湖湿地资源丰富，类型多样。根据相关调查，自 2010 年至 2016 年，金湖国家湿地公园内的湿地面积占公园面积的比例一直高于 90%，其中永久性淡水湖比例最高，草本沼泽比例最低。湿地面积整体呈萎缩趋势，其中天然湿地面积变化特别明显，自 2010 年至 2016 年期间，永久性淡水湖面积减少了近 54 hm²[3]。2019 年金湖未整治前，刘家湖南侧为鱼塘区域，通过红星渠、毛湖淌沟渠引金湖水进行渔业养殖。该区域面积约 232.0 hm²，其中鱼塘面积 182 hm²。由于金湖水产养殖业的迅猛发展，湿地面积萎缩加剧。

总而言之，金湖水生态环境现状可总结为：

（1）湿地空间被侵占，植被覆盖度低，物种单一；浮游藻类、浮游动物和底栖动物均以耐污种为主，鱼类以滤食性鱼类和底栖鱼类为主，水生生物多样性低。

（2）水体透明度低、水质浑浊。水质监测结果表明，金湖水质为劣 V 类，主要超标因子为总磷，其次为化学需氧量。

（3）刘家湖底泥淤积厚度为（0.6±0.2）m，东湖底泥淤积厚度为（1.2±0.9）m，底泥淤积厚度不同区域差别较大。

2 存在的问题分析

（1）来水量减少，湖泊水面萎缩，水体循环减弱。

金湖流域总面积 106 km²，但鲁家港水库拦截 39.6 km²，占 37.4%，为枝江城区的水源，基本无多余水下泄。鲁家港水库以下流域年均有效产水量约 3 000 万 m³，但降雨主要集中在 4—9 月，基本不能产生较大的水流，上游沟渠的生态流量不足，湖泊水体多年来得不到循环流动，成了"一潭死水"。

（2）排水沟渠淤积，河湖水系连通性较差。

排水沟渠经多年运行，存在淤积等情况，缩窄了过水断面，也降低了排水能力；由于上游来水不足，排水渠道多数时间处于断流状态，渠内杂草丛生，部分渠段种植了水生作物，作物腐烂后造成水质恶化。同时，沟渠淤积造成河湖水系连通不畅，影响了金湖与周边水系及长江干流的水力联系。

（3）上游污染，导致入湖河港水质较差。

金湖上游河港存在生活污水直排及垃圾堆放的情况。生活污水中含较高的总磷，对水体富营养化有重要的推动作用；垃圾腐烂形成污物随水流进入湖体，也造成了湖泊水质的进一步恶化。

（4）面源污染和内源性污染较为严重。

项目区周边因有大量的农田和鱼塘，降雨、灌溉等形成的地表径流很容易将农田中化肥、农药等污染物质带入水体；渔业养殖长时间的投饵投肥，不仅沉积形成污染底泥，渔塘富营养水也排放流入湖泊造成水体污染；同时金湖原为投肥养鱼，后又改种芡实，大量的投入氮、磷肥，加之种植芡实植物烂根沉积在湖泊底泥中，导致有机质含量、总磷过高，底泥发黑发臭，内源污染严重。

（5）湿地空间被侵占，人为干扰严重。

20 世纪 90 年代初，金湖沿岸湿地滩涂被人为开垦成鱼池或者稻田，鱼塘及耕地总面积达数千亩。人为活动对生态系统的干扰不仅对水体造成了污染，降低了湖泊对洪水的调蓄功能，还直接减小了生物的活动空间，导致湖泊生境破碎和生物栖息地减少，造成金湖生态系统的失衡。

（6）物种单一，生物多样性水平较低，生态系统脆弱。

受水体的富营养化及长期人为干扰影响，陆域植物多为农作物及人工栽植的林草，水生植物多为芦苇、睡莲、浮萍等，水生动物多为鲢、鲤等养殖鱼类，野生动物数量少且种类单一。原生的湿地生态系统破坏较为严重，生态系统脆弱。

3 保护与治理方案

3.1 设计目标

3.1.1 水环境目标

金湖水质得到提升，劣 V 类水体全面消除，最终使金湖水质达到 Ⅲ 类标准，保障入江水质。

3.1.2 水生态目标

金湖湿地受损生态系统得到初步修复、生态服务功能基本恢复，湖泊湿地的生态完整性和物种多样性有效提升，区域绿色发展水平显著提升。

3.2 设计理念

金湖的生态保护治理，采取以"山水林田湖草生命共同体"系统保护理念为基调，充分融合"基于自然的解决方案（NbS）"的设计理念，并秉持治理应遵循流域性、综合性、可持续发展性。在设计上尊重自然、顺应自然、保护自然。通过对金湖的深切认知，采取以生态为基础、安全为导向、减少对生态系统造成伤害的工程设计。从金湖整体生态系统出发，统筹岸上水下，将各生态要素紧密结合，整体保护、系统修复、综合治理。协同整合各个环境子系统，从流域角度将湖泊地貌修复、环湖截污、环湖生态修复、水质改善提升、水系连通、农业面源污染治理等进行系统规划，协同设计，最终实现金湖生态质量的整体提升。

3.3 治理方案

3.3.1 河湖连通工程

连通长江与金湖补水及排水的通道，保障湖泊生态需水要求，构建健康良性循环的河湖生态水网。通过江口泵站提水至高灌渠，经高灌渠输水至西排渠，进而向金湖补水；清淤整治西排渠、东湖排水港、红星渠、鱼塘区退水沟渠，确保洪涝期间排水通畅。

实施东湖排水港、西排渠及环湖周边沟渠生态综合治理，构建金湖—环湖河流—长江互连互通的生态水系网，实现"旱可补水、涝可排水"，维持金湖基本生态用水需求，解决湖泊湿地生存问题，保障环湖周边村镇、农田的灌溉和排涝要求。

3.3.2 水质提升与水生态修复工程

构建起"源头减排、过程阻断、末端治理"的全过程水环境治理体系，消除金湖劣 V 类水体，水质提升达到 III 类标准。

（1）截污纳管，推进环湖周边村镇水污染治理，在金湖上游的仙女镇、问安镇建设截污管网及污水处理厂，切断入湖污染物来源。

（2）开展入湖河口湿地建设，在金湖的三处主要入湖口建设河口湿地，恢复湿地生态系统功能，控制入湖面源污染物，提高入湖水质。

（3）实施金湖湖泊水体水生植被群落重建，在金湖湖区栽植水生植物，强化自净能力，提升水质与湖泊水体的自净能力，逐步恢复金湖水生态系统功能。

3.3.3 湖滨生态缓冲带修复工程

以湖滨生态系统结构与功能恢复为核心，通过退渔（耕）还湖措施，保护湖滨生态空间；开展实施湖滨基底修复、植被群落恢复措施，加强湖滨带对地表径流的截留净化、水源涵养与水土保持等生态功能；通过地貌形态修复和植被恢复，保护金湖鸟类、鱼类、底栖动物等生物的重要栖息地生境，增强栖息地连通性、改善栖息地质量、增加物种丰富度，最终达到生态系统的自我维持和良性循环状态。同时，结合金湖湿地公园绿道等配套工程建设，将湖滨绿带、水系、休闲观光等多功能多要素串联、融合，打造一条"水清、岸绿、安全、宜人"的滨水空间，创建优美的水生态环境，提升金湖湿地公园的生态服务功能和社会服务功能。

对金湖沿岸部分鱼塘退还湖区，主要集中在刘家湖北岸、东湖沿岸及鲁家大港河口区域。鲁家大港河口区域将结合湿地建设进行退渔还湿，其余区域退渔（耕）还湖总面积约 1 300 亩。环湖路外侧 5~120 m 为外边界，以湖水正常蓄水位向湖心偏移 10 m 为内边界，布置湖滨生态缓冲带，总面积约 155. hm²。

3.3.4 智慧金湖工程

在金湖湿地现状 9 处视频监控设备的基础上，新增 2 处视频监视系统；实施入湖、出湖水质、水位自动化监测设施监控管理；完善金湖湿地感知层建设、网络系统建设、管理应用平台建设；建设智慧金湖管理应用平台，实现金湖湿地水生态环境管理能力的信息化、自动化和现代化。

建设鲁家大港、太平桥港、曹家港、万店渠 4 处河流入湖口自动水质监测设备，建设西排渠、东湖排水港、毛湖淌沟渠 3 处出湖口自动水质监测设备，完善金湖水质监测网络。

东湖排水港节制闸上下游分别建设 1 处自动水位监测设备（共 2 处），在江口泵站位置建设 1 处自动水位监测设备；结合江口泵站改造，配套建设泵站自动化启闭系统；配套建设东湖港节制闸、高灌渠节制闸、高灌渠分水闸、西排渠 1# 节制闸、西排渠 2# 节制闸共 5 处节制闸或排水闸自动化控制系统，根据湖区水位和长江水位动态自动化监测，对节制闸或排水闸、补水泵站进行实时远程调度，实现"旱可补水、涝可排水"的自动化调度运用。

3.3.5 科普宣教工程

为更好地保护湿地，提高广大市民的湿地保护意识，可规划建设湿地科普馆，通过参观、探索湿地世界的奥秘，加强广大市民和游客对湿地的认知，让人们认识到保护湿地的重要性。同时也可提升金湖湿地公园的整体魅力，双向带动旅游功能的提升。既可以作为业内人士考察、了解、研究本地湿地发展现状、倡议湿地环境保护的一个示范点，成为专业人士及湿地业余爱好者们交流的平台，又可以提升枝江城市的"软实力"，进一步擦亮城市"金名片"，推动区域旅游经济的发展与繁荣。

4 结论

湖泊与流域是一个密不可分的完整生态系统，湖泊治理应放眼于整个流域。本研究以"山水林田湖草生命共同体"系统保护理念为指引，以湖泊湿地生态系统功能恢复和绿色发展为导向，以水环境保护、水生态修复为重点内容，水域陆域统筹、水量水质并重，预防、保护、修复、治理综合施策，提出了开展河湖连通工程、水质提升与水生态修复工程、湖滨生态缓冲带修复工程、智慧金湖工程和科普宣教工程建设，系统全面的提升金湖整体生态质量，将金湖建设成为和谐共生、人地关系协调的湖泊典范。

参考文献

[1] 阮洲，罗英，纪道斌，等．平原地区城市湖泊防洪与景观功能协调研究——以枝江市金湖为例 [J]．水利水电技术，2018，49（6）：8．

[2] 吴庆．枝江市金湖引江济湖方案优化及其水环境改善效果研究 [D]．湖北：三峡大学，2018．

[3] 王艳丽，黄万梅，朱桂才．湖北省枝江市金湖国家湿地公园景观多样性研究 [J]．长江大学学报（自然科学版），2018，15（6）：4．

近 20 年国内生态水利工程的研究热点与趋势分析——基于 Citespace 可视化分析

刘欢平　石琪仙　袁小虎　陈　茜　闫　敏　余文俊　郑彩霞

（四川农业大学，四川雅安　625000）

摘　要： 为了阐明国内生态水利工程领域研究的特征、前沿方向、热点及其发展趋势，本文基于文献计量学，运用 Citespace 软件对 CNKI 数据库中近 20 年有关生态水利工程领域的研究论文从作者、机构及关键词等方面进行可视化分析。结果表明：国内在该领域起步较晚且发展缓慢，中文期刊年度发文量于 2018 年达到峰值后便出现"断崖式"下跌，作者及机构之间缺乏学术交流合作的途径与机制。近些年该领域的研究热点有可能趋向于生态水利、河道治理、水利工程和生态环境等方面。

关键词： 生态水利工程；河道治理；文献计量学；Citespace；可视化分析；CNKI

生态水利工程主要是指在传统水利工程的基础上，将现代水利工程学、环境科学、生物学、生态学及美学融为一体的新型水利工程[1]。研究生态水利工程对于充分有效地把握工程经济与社会、生态效益的平衡、在满足社会发展对防洪度汛以及正常航运发电需求的同时，在整体维护河湖流域生态系统稳定和推动水利工程建设可持续发展等方面具有重要意义[2-7]。国内在该领域的研究起步较晚，但广大水利工作者通过大量的研究已从生态水利内涵[8]、基本设计原则[9-10]、主要技术要点及施工工艺[11-13] 等多方面逐步丰富了生态水利工程研究的基础理论体系。同时，生态水利工程在实际应用中也取得了众多成果。王兴超[14] 首次将生态水利理论应用于海绵城市建设中，实现了保障城市水安全、解决城市水问题的目标，也让该理论成为海绵城市建设的核心发展战略。黄哲等[15] 在 2021 年提出一种新型生态水利护坡结构（镂空驼峰型生态护坡），同年应用于引江济淮工程巢湖口门航道整治工程中表现出良好的消浪性能及生态效应。近些年来，现代水利工程建设运行在河道系统修复与治理、对河流水域生态环境造成影响与破坏方面一直是国内外学者关注的热点研究问题。本文基于文献计量学，利用 Citespace 软件对 CNKI 数据库近 20 年收录的有关生态水利工程研究领域的文献数据进行可视化分析。以阐明生态水利工程研究领域的具体研究特征、热点和演变历程，明晰该研究领域的发展特征和潜在的研究趋势，旨为该领域的研究者提供参考。

1　数据来源与分析方法

1.1　数据来源

本文文献数据均选自于中国知网数据库[16]（China National Knowledge Infrastructure，CNKI），在高级检索界面设置检索类型为"主题"，以"生态水利工程"为检索主题词，时间跨度为 2003—2022

作者简介： 刘欢平（1997—），男，硕士研究生，研究方向为农业水土工程。

通信作者： 郑彩霞（1982—），女，副教授，主要从事农业水土工程方面的研究工作。

年（近 20 年），检索时间 2022 年 9 月 2 日，共计检索出有关生态水利工程研究的文献 1 258 篇；去除无效信息（包括剔除外文文献、学位论文、会议论文、报纸、专利、标准、出版著作及成果等）[17-18] 与进行人工纠错后保留中文期刊文献共 1 033 篇。

1.2 数据分析方法

本文使用 Excel 对近 20 年的文献资料进行整理分析，用 Origin 制图软件进行绘图，采用 Citespace（V6.1.R3）[19-20] 软件对文献数据的关键词、作者及机构进行可视化分析[21-23]，生成相关的知识图谱，再结合文献计量法[24]，以定性与定量相结合的方式研究该领域不同作者、机构之间的合作和发文情况、研究脉络及热点趋势。关键词图谱（包括关键词共现、关键词突现、关键词聚类分析图谱）中，每个节点大小代表关键词出现的影响力，节点越大代表该关键词出现越频繁；节点的颜色代表关键词出现的年份，颜色越鲜艳代表该关键词出现的年份越近；节点间连线的粗细程度代表两个关键词出现的频率，连线越粗代表关键词共现频率越高[25]。本文中 Citespace 软件的参数设置分别为[26]：时间分段（Time slicing）为 2003—2022 年，时间切片为 1 年，节点类型（Node types）根据分析目的选择不同的类型；阈值 G-index、Top N 和 Top N% 分别为 25、50 和 10，其他参数均为系统默认值。分析结果中 Q 值为 0.543 1、S 值为 0.847 9，均大于 0.500 0，图谱结果可信。

2 结果与分析

2.1 发文情况

年度发文量可以直观地展示出国内生态水利工程研究的情况[27]，论文发表的时间分布则能反映出某一时间段内该领域的研究状况和研究热点[28]。特定领域发文量的年际变化在一定程度上反映出研究人员对该领域的关注与重视程度，由图 1 可知，2003—2018 年国内生态水利工程领域年度发文量（期刊）整体上呈现上升趋势，其中 2003—2010 年波动较为平缓；而硕博论文数量呈现上下波动趋势。从期刊年度发文量来看，2018 年发文量达到峰值（126 篇），但 2019 年之后出现"断崖式"下跌；2004 年发文量最少，仅为 5 篇；2003 年、2004 年和 2005 年发文量均低于 10 篇，而 2016 年、2017 年、2018 年和 2019 年发文量均高于 100 篇；近 20 年该领域期刊年度发文量最高与最低相差 25 倍。说明该领域在 2003—2010 年间经历了生存发展阶段，直到 2018 年该领域迎来了发展高峰期，但是 2019 年之后学者对该领域的关注度急剧下滑，这可能与国家大的政策方针调控及国内经济转型等有关。从硕博论文数量来看，2017 年达到峰值（10 篇），但是之后同样出现"断崖式"下跌；2003 年、2011 年、2012 年、2014 年、2018 年和 2021 年硕博论文数量出现空白。国内"生态水利工程"领域的第一篇硕博论文始于 2004 年，王海亚[29] 研究了生态水工学理论在河道治理中的实际应用效果，在宁波市甬新河工程中提供了将防洪排涝与环境整治有机结合起来的新思路，这为今后生态水利工程在河道系统修复中提供了借鉴。

2.2 作者分析

本文所筛选的文献数据中涉及生态水利工程领域的作者共 455 位，其中发文量排名前 15 的作者如表 1 所示。由表 1 可知，排名前 15 的作者发文量仅为 2~3 篇，中心性值均为 0，说明该领域研究者之间缺乏学术交流合作的途径与机制，在"生态水利工程"领域内研究的方向过于宽泛，没有学者起到"领头羊"的作用就某个方向进行更深入的研究。图 2 为发文量达到 2 篇及以上的作者共现知识图谱，图中各节点间连线数量极少、连线较细。从连线来看，在 2013 年左右有极少数学者进行过交流合作（如杨云仙、孙冬英和沈中印）；从节点颜色来看，近几年仅有刘洋涉足过该领域的研究；从整体网状构成来看，没有形成完整的"蜘蛛网"结构，中心性值无法计算，均为 0。

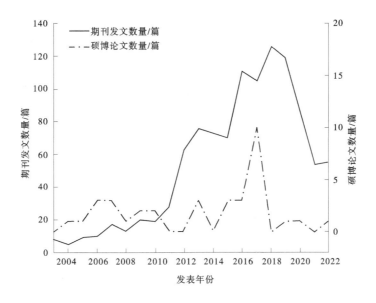

图 1 2003—2022 年国内生态水利工程研究领域年度发文量比较

表 1 频数排名前 15 的作者

作者	频数	中心性	排名
沈中印	3	0	1
刘正茂	3	0	2
董哲仁	3	0	3
杨云仙	3	0	4
孙冬英	3	0	5
邓建明	2	0	6
刘伟	2	0	7
周林	2	0	8
崔玉玲	2	0	9
万军	2	0	10
毕文强	2	0	11
何冰	2	0	12
程冬兵	2	0	13
兰喜祥	2	0	14
汪恕诚	2	0	15

图 2　作者合作知识图谱

2.3　机构合作分析

某一机构在某一研究领域的发文数量通常代表他们在该领域的活跃程度与科研实力。结合 CNKI 数据库中的刊文量统计数据，将发文量排名前 15 的机构列于表 2。在表 2 中频数代表各机构在生态水利工程领域的刊文记录数，反映出这些机构在该领域的活跃程度，其共现频数和中心性值由机构合作知识图谱（见图 3）分析结果导出，中心性值均为 0，说明在该领域内各机构之间几乎没有合作，无法突出某个机构在该研究领域的重要性。由表 2 可知，中国水利水电科学研究院是该领域发文量最大的机构（5 篇），该机构于 2004 年探讨了河道治理中生态工程学的发展历程与未来的热点趋势[30]，同期又提出了生态水利工程在设计阶段的几项基本原则[31]，这为后期生态水利工程的设计优化提供了新思路。

表 2　发文量前 15 的机构

机构	频数	年份	中心性	排名
中国水利水电科学研究院	5	2004	0	1
吉林省水利水电勘测设计研究院	4	2011	0	2
黑龙江农垦勘测设计研究院	4	2007	0	3
水利部发展研究中心	4	2003	0	4
山东新汇建设集团有限公司	4	2010	0	5
洛阳水利勘测设计有限责任公司	3	2019	0	6
九江学院鄱阳湖生态经济研究中心	3	2010	0	7
河南灵捷水利勘测设计研究有限公司	3	2013	0	8
东北师范大学城市与环境科学学院	3	2007	0	9
惠州市华禹水利水电工程勘测设计有限公司	3	2019	0	10
长春市新立城水库管理局	3	2012	0	11
黄河勘测规划设计有限公司	3	2006	0	12
河北省水利水电勘测设计研究院	2	2018	0	13
信阳市水利勘测设计院	2	2013	0	14
河南省水利勘测设计研究有限公司	2	2015	0	15

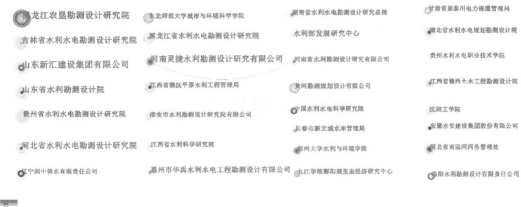

图 3　机构合作知识图谱

2.4　关键词共现分析

论文中关键词是其核心内容的总结，更充分表达了论文的核心观点[32]。文献计量学分析中，关键词分析是对文献中关键词、标题和摘要中的词或短语进行分析，可明晰某研究领域的研究前沿和热点变化。由表 3 可知，频数较高的关键词分别为：生态水利（320）、水利工程（303）、生态环境（99）、河道治理（97）等。由图 4 可知，关于生态水利工程的研究方法主要采用生态设计理念融入实际应用的方式探寻生态水利工程的实践功效，而在研究内容上侧重于对比分析生态水利工程与传统水利工程的优劣之处，总结与优化生态水利工程基本的设计原则，探究生态水利工程在河道治理方面取得的成果。

从关键词中心性值来看，"生态水利""水利工程""生态环境""河道治理""生态"等具有较高的中心性值，且共现频数较高，表明以上关键词在该领域研究网络中发挥着"桥梁"的作用。以"生态环境"为例，出现此关键词的文献共计 99 篇，排名第三，中心性值为 0.07。研究表明，可以通过探究生态水利工程设计施工与运行维护对河流水域及其周围生态环境造成的影响，以定性与定量分析互补的方式完善科学合理、公正统一、具有一致性和代表性的生态环境影响评价指标、方法、标准与机制[33-34]；分析生态水利工程造成区域水文变化与生物生态系统的响应机制，探究水生生物系统对水文及环境要素变化所能承受的阈值范围[35-38]。

表 3　频数排名前 15 的关键词

关键词	频数	中心性	年份	排名
生态水利	320	0.79	2003	1
水利工程	303	0.48	2003	2
生态环境	99	0.07	2005	3
河道治理	97	0.06	2007	4
生态	78	0.07	2004	5
设计	76	0.03	2004	6
应用	72	0.02	2011	7

续表 3

关键词	频数	中心性	年份	排名
生态理念	64	0.03	2013	8
生态工程	44	0.03	2003	9
设计原则	43	0.06	2008	10
规划设计	39	0.04	2012	11
水利建设	37	0.03	2003	12
影响	32	0.01	2008	13
问题	29	0.01	2014	14
原则	26	0.03	2004	15

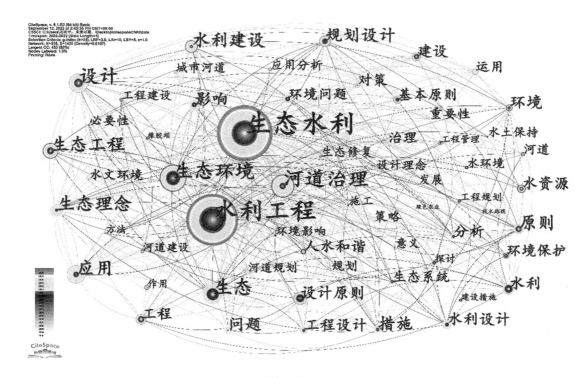

图 4　关键词共现知识图谱

2.5　关键词聚类分析

关键词聚类分析[39]是将具有类似属性的关键词聚成一类，以区分某学科领域形成的不同研究类团，聚类时间线可以了解某一类研究的时间过程以及该聚类在某一时间可能出现的重要核心文献。利用 Citespace 软件分析文献数据，得到部分（共出现 23 个聚类）聚类分析的时间轴图谱（见图 5）。由图 5 可知，各聚类间整体联系较为紧密，聚类共现词集中于河道治理、水利工程、生态理念、设计原则等 23 个聚类。由表 4 可知，生态水利工程领域的研究已从"理论摸索"逐步转变至河道治理的实践探索与应用中，这十分符合水利建设现实发展特征的研究转变。

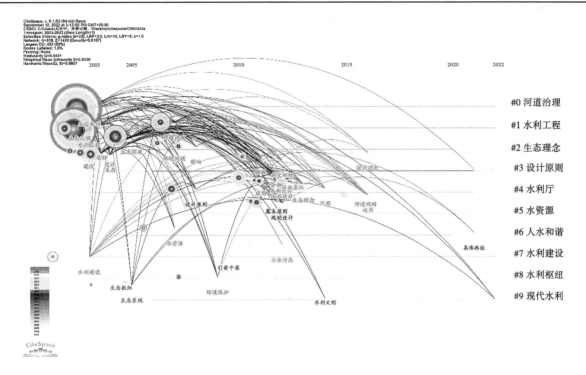

图 5　关键词聚类分析时间轴图谱（部分）

表 4　关键词聚类列表（部分）

序号	尺寸	子类聚轮廓值	LLR 对数似然率标签名	关键词（部分）
#0	93	0.773	河道治理	生态水利；河道治理；实践探究；水利设计；生态学原理
#1	86	0.699	水利工程	水利工程；生态环境；生态工程；环境问题
#2	60	0.828	生态理念	生态理念；设计；生态；水利；水利设计
#3	29	0.919	设计原则	设计原则；规划设计；基本原则
#4	28	0.955	水利厅	水资源；水环境；资源水利；工程水利
#5	28	0.923	水资源	水利厅；水利投资；生态修复工程；小型水库；水网工程
#6	24	0.95	人水和谐	人水和谐；堤防；生态修复；水土保持；河道疏浚
#7	24	0.917	水利建设	水利建设；环境保护；水库工程；水资源保护
#8	20	0.94	水利枢纽	水利枢纽；可持续发展水利；治水思路；水利工程
#9	12	0.993	现代水利	现代水利；灌区渠首；健康发展；钱塘江

2.6　关键词突现分析

Citespace 中突现性关键词通常指的是短时间内使用频率激增的关键词，反映了该领域学者对该主题的关注程度及该领域研究前沿的发展趋势[40]。因此，关键词突现分析可以了解该领域整体的变化趋势，探知该领域研究热点的动态变化，分析特定时间域内关键词的爆发趋势，从而进一步预测该领域可能的最新研究方向[26,39]。本文中，利用 Citespace 进行关键词突现分析（$\alpha=1.0$），共得到突现关键词 12 个（见表 5）。表中的突现强度表示该关键词激增的剧烈程度，突现强度越大说明领域内的学者对该关键词的关注度越高。起、止年和持续时段则反映该关键词引起领域内学者广泛关注的开始与结束时间和持续时长。其中突现强度位列前五的关键词为"河道治理""生态理念""应用""生态""设计原则"，而爆发期持续时长排名前三的分别为"人水和谐""设计原则""生态修复"。由表 5 可知，早期关于生态水利工程的研究多集中于水利工程建设中如何体现出人水和谐的主题和生态水利工程对生态修复的作用方面[41-44]。樊江串等[45] 提出人类开发利用水资源的历史正在经历着原始、工程、资源与生态水利阶段，而城市生态水利是生态水利的关键一环，它是以可持续性发展理论为基础，以人水和谐、协调共处为出发点，对新的治水、用水思路与理念的集中概括。同时，王智阳[46] 认为应从规划、设计、施工、运行与维护等方面入手，尽可能地降低水利工程对周围环境造成的负面影响。这些研究使得我们对水资源开发历程与生态水利发展的理论基础、生态服务主体有了深入的了解。随着相关理论、研究方法的成熟和相关技术工艺的不断完善，后期学者逐渐关注生态理念与现代水利工程相融合后在河道治理中发挥的作用[47-53]，以及生态水利工程在不同水文地质区域的建设中如何科学合理地处理各种工程问题和实际的应用效果[54-64]。通过这些研究让我们认识到水利工程规划、设计与建设应当融入生态理念，应加强区域水文地质-生物系统响应的基础理论研究，采用"因地制宜"的方式进行"生态式"水利工程规划与设计。

表 5　关键词突发性检测知识图谱

序号	关键词	年份	突现强度	开始年份	结束年份	持续时间/年
1	人水和谐	2003	3.12	2004	2011	7
2	生态修复	2003	3.34	2007	2011	4
3	设计原则	2003	4.42	2011	2016	5
4	生态	2003	6.19	2013	2015	2
5	规划设计	2003	4.36	2013	2017	4
6	水利	2003	3.59	2013	2015	2
7	影响	2003	3.57	2014	2017	3
8	生态理念	2003	8.13	2017	2020	3
9	运用	2003	3.75	2017	2019	2
10	问题	2003	3.47	2017	2020	3
11	河道治理	2003	8.34	2018	2019	1
12	应用	2003	6.32	2018	2020	2

3　结论与展望

本文采用文献计量法，通过 Citespace 软件的作者、机构、关键词共现与突现、关键词聚类分析等功能对所筛选出的 1 033 篇文献进行了系统的分析，获得了该研究领域的科研产出特点、知识领域分布特征和研究主题的演化历程，从一定角度揭示了该领域的研究热点与前沿。经过图谱分析，本研究可以得出以下结论：①从刊文时间脉络上来看，2003—2011 年期刊年度发文量增长幅度较小，呈现平稳发展的态势。2011—2018 年整体上增长幅度较大，在 2018 年达到峰值（126 篇），但是 2019年以后各类学者对该领域的关注度出现"断崖式"下滑。②从机构分布来看，水利类事、企业单位的活跃程度与发文量较为突出，高校等其他单位发文量相对较少，以发文量前 15 名的机构来看，有13 个是事、企业单位，发文量占前 15 名机构发文总量的 83.33%。③从作者及机构合作来看，作者及机构之间缺乏科研交流合作的途径与机制；高校及其他科研院所的影响力有待进一步提高。④从研究热点来看，生态水利工程的研究内容多样化，近些年的研究热点与未来发展有可能趋向于生态水利、河道治理、水利工程和生态环境等方面。

综上所述，我国生态水利工程发展较慢，现阶段仍处于起步探索的初级阶段，理论基础相对薄弱、相关技术人才欠缺。故本文对该研究领域有如下几点展望：①研究水生态系统中影响生物种群结构与种类数量的环境因素，分析生态水利工程造成流域水文地质变化与水陆生态系统的响应机制，探究水生生物系统对水文及环境要素变化所能承受的阈值范围，完善现代水利工程"生态化"设计施工的理论体系。②以定性与定量分析相结合的方式，完善水利工程生态环境影响的评价指标、标准、方法与机制。③构建数字化管理平台，对生态水利工程与原有的传统水利工程的运行与维护进行实时监测与数据共享，使二者更有效地协调运行。

参考文献

[1] 王震宇. 生态堤防设计原则及问题分析 [J]. 水利规划与设计, 2018 (11): 20-22.

[2] 段红东, 李发鹏, 王建平, 等. 青岛大沽河生态堤防工程建设经验挖掘分析 [J]. 水利经济, 2019, 37 (6): 41-45.

[3] 杨晴, 张建永, 邱冰, 等. 关于生态水利工程的若干思考 [J]. 中国水利, 2018 (17): 1-5.

[4] 吴志良. 基于生态理念下农田水利工程规划多功能设计的研究 [J]. 珠江水运, 2020 (9): 88-89.

[5] 刘多斌. 生态水利工程在水资源保护中的运用 [J]. 建材发展导向, 2022, 20 (12): 52-54.

[6] 崔保山, 刘康, 宋国香, 等. 生态水利研究的理论基础与重点领域 [J]. 环境科学学报, 2022, 42 (1): 10-18.

[7] 梁开明, 章家恩, 赵本良, 等. 河流生态护岸研究进展综述 [J]. 热带地理, 2014, 34 (1): 116-122.

[8] 尹海涛. 水利工程建设中生态堤防设计研究 [J]. 工程技术研究, 2018 (7): 216-217.

[9] 高裕鸿. 生态堤防设计在水利工程中的应用 [J]. 河南水利与南水北调, 2019, 48 (3): 5-6.

[10] 欧徽彬. 生态堤防设计在水利工程中的应用探讨 [J]. 工程技术研究, 2020, 5 (6): 235-236.

[11] 刘峰峰. 生态水利工程设计在水利建设中的运用 [J]. 工程技术研究, 2022, 7 (4): 196-197.

[12] 秦玥佳. 河道建设中生态水利工程设计的应用分析 [J]. 四川建材, 2022, 48 (6): 214-215.

[13] 任浩楠, 祝诗学. 生态水利工程设计在水利建设中的运用探究 [J]. 长江技术经济, 2022, 6 (S1): 200-202.

[14] 王兴超. 基于生态水利的海绵城市设计原则 [J]. 水土保持通报, 2017, 37 (5): 250-254.

[15] 黄哲, 徐华, 王登婷. 一种新型生态护坡结构及其设计方法 [J]. 水运工程, 2021 (7): 111-116.

[16] 冯雪, 吴国春, 曹玉昆. 基于 Citespace 的中国生物质能源研究知识图谱分析 [J]. 干旱区资源与环境, 2018, 32 (1): 35-42.

[17] 于美佳, 叶彦辉, 段少荣, 等. 基于文献计量学的氮沉降对土壤微生物影响的可视化分析 [J]. 安徽农业科学, 2021, 49 (9): 230-236.

[18] 于美佳, 叶彦辉, 韩艳英, 等. 基于文献计量学对氮沉降研究的可视化分析 [J]. 安徽农业科学, 2021, 49 (8): 231-239.

[19] 时广军. 国内教育治理研究的脉络及展望：基于 Citespace 的分析 [J]. 西南大学学报 (社会科学版), 2018, 44 (4): 112-119.

[20] 张元圆, 张曼, 曾豪. 政治生态研究的现状、热点与展望——基于 Citespace 的文献计量学分析 [J]. 中共宁波市委党校学报, 2020, 42 (3): 77-86.

[21] Chen Chaomei. Science Mapping: A Systematic Review of the Literature [J]. Journal of Data and Information Science,

2017, 2 (2)：1-40.

[22] 孙颉, 原保忠. 基于文献计量学核盘菌研究现状及趋势分析 [J]. 植物保护, 2019, 45 (4)：108-115.

[23] 荣兴民. 王朗国家级自然保护区森林土壤养分与微生物的分异特征研究 [D]. 重庆：西南农业大学, 2004.

[24] 陈奕云, 唐名阳, 王淑桃, 等. 基于文献计量的中国农田土壤重金属污染评价 [J]. 土壤通报, 2016, 47 (1)：219-225.

[25] 赵蓉英, 许丽敏. 文献计量学发展演进与研究前沿的知识图谱探析 [J]. 中国图书馆学报, 2010, 36 (5)：60-68.

[26] 杨阳, 李海亮, 虞凡枫, 等. 氮沉降对土壤微生物影响研究热点与趋势分析——基于 Citespace 可视化分析 [J]. 土壤通报, 2022, 53 (1)：116-126.

[27] 李军, 张恒星, 蓝芙宁. 基于文献计量学的中国地下水微生物研究现状分析 [J]. 人民长江, 2019, 50 (9)：54-59.

[28] 董巧连, 苑士涛, 梁山, 等. 基于 Web of Science 收录的湿地研究文献分析 [J]. 安徽农业科学, 2010, 38 (8)：4386-4388.

[29] 王海亚. 生态水工学的理论方法及其在河道治理中的应用 [D]. 武汉：武汉大学, 2004.

[30] 董哲仁. 河流治理生态工程学的发展沿革与趋势 [J]. 水利水电技术, 2004 (1)：39-41.

[31] 董哲仁. 试论生态水利工程的基本设计原则 [J]. 水利学报, 2004 (10)：1-6.

[32] 韩增林, 李彬, 张坤领, 等. 基于 Citespace 中国海洋经济研究的知识图谱分析 [J]. 地理科学, 2016, 36 (5)：643-652.

[33] 刘媛媛, 刘春江. 生态水利工程设计存在的问题及措施探讨 [J]. 长江技术经济, 2022, 6 (S1)：41-43.

[34] 刘正茂, 吕宪国, 武海涛. 生态水利工程设计若干问题的探讨 [J]. 水利水电科技进展, 2008 (1)：28-30.

[35] 何怀琛. 生态水利在现代河道治理中的应用探索 [J]. 农业科技与信息, 2022 (12)：36-38.

[36] 姜翠玲, 王俊. 我国生态水利研究进展 [J]. 水利水电科技进展, 2015, 35 (5)：168-175.

[37] 肖江. 中小河道生态水利规划设计的思考 [J]. 水利技术监督, 2022 (2)：101-104.

[38] 肖江, 赵斯佳, 胡斌. 中小河道生态水利设计实践 [J]. 水利技术监督, 2022 (4)：211-215.

[39] 梁天民, 刘丽荣. 我国耕地资源保护的发展脉络与趋势——基于 Citespace 的可视化分析 [J]. 城市建筑, 2022, 19 (15)：51-56.

[40] 李瑞瑞, 党佩佩, 李琛. 生物炭农田利用领域的研究热点与趋势：基于文献计量学的可视化分析 [J]. 科学技术与工程, 2021, 21 (33)：14440-14450.

[41] 邓良军. 构建人水和谐的生态水利 [J]. 企业科技与发展, 2008 (16)：157-158.

[42] 李春国. 坚持人水和谐　发展生态水利 [J]. 江苏水利, 2006 (9)：10-13.

[43] 黄志毅. 莱西市以科学发展观统领水利工程规划建设 [J]. 山东水利, 2006 (11)：33-34.

[44] 乔世珊. 统筹人水和谐　发展生态水利——论水利风景区建设与管理 [J]. 水利发展研究, 2004 (12)：58-62.

[45] 樊江串, 何冰. 试析城市生态水利的理论内涵和特征 [J]. 水利发展研究, 2006 (12)：15-18.

[46] 王智阳. 水利工程的生态环境影响及调控措施 [J]. 黄河水利职业技术学院学报, 2011, 23 (4)：7-9.

[47] 姜文. 探究生态理念在水利工程设计中的应用 [J]. 农家参谋, 2020 (3)：153.

[48] 刘丹. 以生态水利理念引领河道治理 [J]. 河北水利, 2017 (2)：31.

[49] 冯庆标. 中小河流治理工程中生态水利理念的渗透 [J]. 珠江水运, 2019 (2)：60-61.

[50] 李钦哲. 关于现代生态水利设计的研究 [J]. 珠江水运, 2017 (2)：60-61.

[51] 王婷, 王卿, 毛宗杰. 浅谈生态水利在广州番禺水利整治工程中的应用 [J]. 科技信息, 2010 (1)：312-390.

[52] 努尔买买提·居买. 生态水利工程建设置于塔里木河流域的治理 [J]. 科技创新导报, 2009 (16)：133.

[53] 孟华锋. 应用生态工程原理解决水利工程施工中的环境问题 [J]. 科协论坛 (下半月), 2007 (12)：50.

[54] 沈英朋. 龙王水库湖区生态水利综合治理关键技术探讨 [J]. 绿色环保建材, 2020 (6)：235-236.

[55] 韩素丽. 生态水利工程在河流廊道工程中的应用研究 [J]. 山西水利科技, 2018 (4)：73-76.

[56] 任艳梅. 枣庄市推进生态水利建设有效措施探讨 [J]. 工程技术研究, 2017 (2)：158-167.

[57] 杨傲, 高鹏. 基于实例的水利工程生态分析 [J]. 东北水利水电, 2017, 35 (1)：17-20.

[58] 邓刚. 生态水利工程设计中的问题及优化策略 [J]. 建材与装饰, 2020 (2)：288-289.

[59] 张强. 水利工程施工中生态工程的环境措施问题 [J]. 中国高新技术企业, 2017 (3)：131-132.

［60］张岸红．浅析生态水利在河道治理工程的应用［J］．水利科学与寒区工程，2021，4（5）：118-120.

［61］明开宇．生态水利工程设计在水利建设中的运用［J］．科学技术创新，2020（19）：116-117.

［62］朱睿婷．生态水利工程在河道建设中的运用［J］．河南水利与南水北调，2018，47（10）：4-5.

［63］孙晓波．生态水利在河道治理中的重要性及应用［J］．河南水利与南水北调，2018，47（9）：6-13.

［64］管德松，王磊．兴城市烟台河（干流段）河道综合治理问题分析［J］．吉林农业，2018（18）：54-55.

湖泊健康评价体系研究综述

袁小虎[1]　彭伟国[2]　闫　敏[1]　张志亮[1]

(1. 四川农业大学，四川雅安　625014；
2. 河北农业大学，河北保定　071000)

摘　要：湖泊是地表水资源的重要载体和维系生态系统健康的重要因子。本文基于文献综述的方法，阐述了湖泊健康的概念与内涵、国内外湖泊健康评价研究现状及湖泊健康评价体系与方法，并且针对2016—2021年湖泊健康评价体系与方法进行总结对比，经分析：我国湖泊健康评估起步较晚，但在湖泊健康概念、内涵、体系构建方法与国外侧重不同，且较为完善；2016—2021年间，我国湖泊健康状况由亚健康向健康转变。在此基础上，归纳出我国湖泊健康评价方面存在的问题与研究重点，旨在为我国湖泊健康评价工作及推动我国全面推行湖长制工作提供参考。

关键词：湖泊健康；健康评估体系；评估方法；研究进展

湖泊健康是人类社会经济健康发展的重要基石，湖泊能够提供相对稳定的水面条件，并孕育出丰富的生态系统，从而担负供给水资源、提供水产品、维持生态平衡、调节局地气候、调蓄洪水等多种生态与社会经济功能；我国的湖泊基本属于浅水湖泊，在湖泊形成与发展历程当中，生态系统相对容易失衡。国外河流健康概念偏重生态系统完整性、兼顾社会服务价值，国内更注重河湖生态系统与社会功能的平衡，强调自然与社会功能的可持续性，并开始重视人水和谐。自2016年全面推行河长制、湖长制以来，在我国全面推行河长制、湖长制背景下，河湖健康的概念进一步明确，健康河湖是指具有较完整的自然生态系统结构，能够满足人类社会可持续发展需求，且在一定的扰动条件下可自我修复或通过措施可恢复生态功能的河湖[1]。因此，本文从湖泊健康概念、评价体系构建方法和评价指标选取等综述前人研究成果，为我国湖泊健康评价工作及推动我国全面推行湖泊制工作提供参考。

1　湖泊健康的概念及内涵

湖泊健康的概念与内涵至今尚未形成一个统一的说法：国外研究者对于湖泊健康的定义倾向于湖泊的自然属性，Schaeffer 等[2]在1988年提出了湖泊生态系统健康的理论，认为生态系统健康就是生态系统"无疾病"，并首次对"无疾病"进行了定义；国内对于湖泊健康的定义考虑了湖泊对人类社会的服务功能，强调湖泊自然属性与社会属性的平衡。湖泊的形成和发展是人与自然相互作用的过程。湖泊不仅是自然的湖泊，更是社会的湖泊。随着我国经济社会的飞速发展，我国的水资源供需问题矛盾突出，不考虑湖泊的社会服务功能，则没有任何意义。对此，我国研究者针对不同水体河湖健康评价研究进行了大量分析和讨论[3-6]，在国外研究者对湖泊健康概念的基础上，更多地考虑人类发展和河流开发的利益共同点，胡志新等[7]将湖泊健康的概念定义为：满足人类社会合理要求的能力和湖泊生态系统自我维持与更新的能力。

湖泊健康不仅要求湖泊具备结构整体性及生态系统的稳定性，还要使湖泊系统可以为自然环境及经济社会发展提供持续的保障，具体包括以下几个方面：

（1）自然结构完整。湖泊本身所具有的完整结构，包括水文情势、水力条件和地貌景观格局等

作者简介：袁小虎（1997—），男，硕士研究生，研究方向为农业水土工程。

通信作者：张志亮（1980—），男，教授，主要从事农业水土工程方面的研究工作。

基本特征要素。

（2）生态系统稳定。湖泊能够正常发挥其在自然界的各项生态功能。

（3）具有完整可持续的社会生态服务功能。湖泊能够提供供水、养殖、航运、旅游等多种可持续的社会服务功能，且在一定程度上能够满足人类经济社会发展的需要，不对人类健康和经济社会发展的安全构成威胁或损害。

2　国内外湖泊健康评估研究现状

湖泊健康评价，国内外均有较为深入的研究和评价。国外对于湖泊健康的定义大多倾向于湖泊生态系统健康，强调湖泊的自然属性。国内对于湖泊健康的定义考虑了湖泊对人类社会的服务功能，强调湖泊自然属性与社会属性的平衡。

2.1　国外湖泊健康评估研究进展

湖泊健康自提出以来，湖泊健康评估在西方发达国家及一些发展中国家得到了广泛应用，尤其以欧盟的水框架指令、美国全国河湖健康评估、澳大利亚河流及湿地健康评估、南非河流健康计划等影响较大。表1描述了国外学者有关湖泊健康评价体系方面的研究成果。

表1　国外湖泊健康评价体系研究成果

作者	年份	研究内容及成果
美国	1972	颁布了"清洁水法"，条例中指出立法旨在维持美国水系中化学、物理、生物三方面的完整性，为生态健康提供强制的法律保障[8]
Schaeffer 等	1988	提出了湖泊生态系统健康的理念，"无疾病"的定义也首次被提出[2]
Haskell	1992	提出其评价程序：确定症状、度量关键指标、初步评价、通过测试得出评估结果、做出预测及提出修复和重建措施[9]
Jorgenson	1995	提出一套评价生态系统健康的程序[10]
欧盟	2000	颁布了"水框架指令"，在法律框架内来调动欧盟各国利用流域综合管理措施对欧盟各个国家的水生生态系统进行保护和改善。评估体系按地表水类型分类，分为河流、湖泊、沿海水域（过度性水域）、人为地表水或重大改变地表水。健康评估指标体系中以物理—化学、生物、水文地貌三要素进行湖泊健康评估[11]
DouglasDKane 等	2009	利用伊利湖浮游生物和营养状态数据构建了生物完整性（P-IBI）来衡量湖泊生态系统健康状况的变化，采用判别分析确定浮游植物与浮游动物的受损程度，再利用浮游植物生物度量来对水体营养状态等级进行分类确定湖泊健康状况[12]
MonikaJangra 等	2013	采用卡尔森营养状态指数（CTSI）、辛普森多样性指数（SDI）和水质指数（WQI）组成的多指标体系对湖泊的提拉湖的健康状况进行评估，结果表明湖泊健康状况为不良状态[13]
Michael S. Amato 等	2016	以内陆湖泊通过岸线开发造成的水生环境威胁生物多样性为方向，就观赏性、实用性、水质和生境4个维度采用线性混合效应模型分析了人为影响对湖泊的损害状况[14]
F. RussellCole	2018	采用对岸线开发程度和相关的营养盐径流方面对缅因湖进行研究，并以目前缅因湖所面临的生态威胁创建了 LakeSmart 方案，采用 237 次调查为样本探讨 LakeSmart 方案的有效性[15]

续表 1

作者	年份	研究内容及成果
YannickHuot	2019	以加拿大为气候变化中的水管理提供科学依据，利用 NSERC 湖泊脉冲网络对国家级湖泊进行健康评估，通过基因组学、新兴污染物、温室气体、入侵病原体、古湖沼学、空间建模、统计分析和遥感等领域的最先进的方法对全国 680 个湖泊进行取样与分析，结合历史档案对湖泊流域的地质学进行分析，研究湖泊现在及未来的变化趋势，并对水生生态系统对社会服务功能的影响进行了探讨[16]

2.2 国内湖泊健康评估研究进展

国内关于河湖健康评估的研究起步较晚，近十几年才逐渐从河流、湖泊健康视角关注河流、湖泊生态系统，逐步在河湖健康评估指标体系、河湖健康状况评估方法学、河流和湖泊的可持续管理等方面开展了一定的工作。初期阶段，国内将关注点更多放在河湖健康内涵和评估方法上[17-19]；第二阶段，在河湖健康内涵的基础上进一步发展河湖健康评估指标体系及评估方法[20-21]；第三阶段，河湖健康评估研究发展到研究不同类型河流、湖泊健康评估方法的实际应用以及不同类型区域河流、湖泊健康评估方法研究等方面[22-23]。

我国在湖泊健康评估方面也开展了一定的工作，取得了一些成果。在评估体系方面，国内学者在以往的指标体系中不断完善，众学者在对青海湖[24]、松花湖[25]、骆马湖[26]、衡水湖[27]、呼伦湖[28]及南湖[29]等湖泊的健康评估中，由最初的水文、物理结构、水质、生物、功能完善至目前的水文完整性、物理结构完整性、水化学完整性、生物完整性和服务功能完整性 5 个指标体系。

在湖泊健康评估方面，胡志新等[7]利用系统能、系统能结构、生态缓冲容量和湖泊营养状态指数等指标和聚类分析方法对太湖不同湖区的生态系统健康状况进行了评价研究，结果表明东部湖区生态系统健康状况较好，西部湖区较差。卢媛媛[30]采用包含总氮、总磷、浮游植物生物量、浮游动物生物量、结构能质等的结构指标和包含水资源蓄积、降解废物、物质生产、休闲娱乐等的服务功能指标，利用健康综合指数对武汉市湖泊的生态系统健康状况进行了评价，结果显示湖泊健康总体较好。帅红[31]根据水环境要素、生物指标、水动力条件、外部指标，利用投影寻踪模型从时空上对洞庭湖的生态系统健康状况进行了评价，结果表明洞庭湖健康状况有变差的趋势，南洞庭湖健康水平最高，东洞庭湖最差。王春等[32]按生态健康评估方法对梁子湖流域生态健康开展综合评估，结果表明梁子湖评估分析结果为"良好"。袁玲等[33]在兼顾流域因子下，以对湖泊环境驱动因素分析的前提下，着重考虑流域方面的驱动因素对湖泊的生境影响，构建兼顾流域因子的星云湖健康评估修正指标体系，综合利用遥感与 GIS 技术对星云湖健康状况进行量化评估与特性分析。然而，部分评估无明确结果，卢志娟[34]采用包含环境要素状态指标、结构指标、系统指标的指标体系，利用熵权综合指数模型对杭州西湖四季的生态系统健康状况进行了评价，评价结果显示西湖健康随季节变化显著。

综上所述，目前国内外开展的湖泊健康研究主要的侧重点并不相同，且没有较为统一的评价方法与标准。因此，如何构建较为完善的、能适用于大多数湖泊的健康评价指标体系、如何确定湖泊健康的评价方法与标准以及如何维持和修复湖泊健康，都是湖泊健康研究领域中值得探讨的科学问题。

3 湖泊健康评价体系及方法

面向湖泊健康评价体系及方法，根据水利部 2010 年印发的《湖泊健康评估指标、标准与方法（试点工作用）1.0 版》，要求湖泊健康评估指标体系采用目标层（河湖健康状况）、准则层和指标层 3 级体系。其中准则层包括水文水资源、物理结构、水质、生物和社会服务功能等 5 个方面，而指标层的指标则是在不同准则层下进行了具体规定，共计有 15 个必选指标。具体指标包括：水文水资源准则层下的指标有最低生态水位满足状况、入湖流量变异程度等 2 个；物理结构准则层下的指标有河湖连通状况、湖泊萎缩状况、湖滨带状况等 3 个；水质准则层下的指标有溶解氧水质状况、有机污染水质状况、富营养状况等 3 个；生物准则层下的指标有浮游植物密度、大型水生植物覆盖度、鱼类生物损失指数 3 个；社会服务功能准则层下的指标有水资源开发利用指标、防洪指标、公众满意度指标等 4 个。相关学者对湖泊健康的评价均以本标准及湖泊健康评价的概念及内涵展开。

3.1　湖泊健康评价体系构建

如何根据湖泊实际状况及标准，构建合理的评价指标体系，选择最佳评估方法，是当前国内外湖泊科学研究的热点之一。目前，我国湖泊健康评估指标体系一般由目标层、准则层、评估指标及流域自选组成。目标层是指评估结果，即湖泊健康状况，不同的标准有不同的等级划分；准则层指反映湖泊主体在某一方面的结构类型特征，通常由水文水资源、物理结构、水质、生物和社会功能 5 个部分组成；指标层是构建准则层的基本元素，指标层的选择具有多样性，通常可根据所评估湖泊的特性所确定；流域自选指标的选定是根据所评估的湖泊所在流域的特性来选定的。

表 2 展示了 2016—2021 年部分学者对我国湖泊的评价方法、体系及结果，由表 2 可知，在湖泊健康评价方面，2018 年之前，我国部分湖泊处于亚健康状态，大家对湖泊的健康评价及管理重视度不足，之后，学者们开始关注湖泊健康的评价，加强对湖泊的管理，学者们对湖泊健康评价的结果为健康状态；在湖泊健康评价体系方面，大多数学者同时考虑主观因素与客观因素进行体系构建，少数学者只选择了客观指标进行评价，且对评价体系的构建处于一直完善的状态。显而易见，每个湖泊的评价方法及构建的体系均不一样，说明我国湖泊健康评价存在一定的局限性，适用性不强。构建一个相对完整的湖泊健康评价体系并选择具有意义的评价指标，建议遵循以下原则[35]。

表 2　2016—2021 年典型湖泊健康评价体系及方法

时间	作者	评价对象	评价方法	评价体系			综合评价结果
				目标层	准则层	指标层指标数	
2016	崔东文 梁廷报	抚仙湖/星云湖	投影寻踪模型法	湖泊健康评价	水文水资源	1	健康/亚健康
					物理结构	1	
					水质	3	
					生物	3	
					社会服务功能	3	
2017	张新星 郝达平	白马湖	层次分析法	白马湖健康评价	湖泊形态	1	亚健康
					水动力	1	
					湖体水质	2	
					水生生物	2	
					防洪安全	1	
					水资源供给	1	
2018	樊贤璐	白洋淀	生态—社会服务功能协调发展度评价方法	白洋淀健康评价	水文水资源	4	不健康
					物理结构	6	
					水质	7	
					生物	9	
					社会服务功能	12	

续表 2

时间	作者	评价对象	评价方法	评价体系			综合评价结果
				目标层	准则层	指标层指标数	
2019	吴计生等	松花湖	健康指标评价方法+湖泊生态健康指数	松花湖健康评价	水文水资源	2	健康
					湖滨带结构	3	
					水质状况	3	
					水生生物	5	
2020	赵伟等	衡水湖	指标赋分评估法	衡水湖健康评价	水文水资源	3	健康
					物理结构	5	
					水质	5	
					生物	4	
					社会服务	3	
2021	孙迎迎等	淮北南湖	分级指标评分法	南湖健康评价	水文完整性	2	健康
					物理完整性	4	
					化学完整性	3	
					生物完整性	3	
					社会服务功能	1	

（1）科学性。评估指标的选取要建立在科学的理论及实践基础上。

（2）系统性。评估指标体系要能够从湖泊的自然形态结构、生态系统和社会服务功能等多方面表征湖泊的健康状况，并能够组成一个完整的体系，综合的反映湖泊健康的内涵、特征及评估水平。

（3）代表性。建立湖泊健康评估指标体系，要选取具有一定代表性的指标。

（4）独立性。建立湖泊健康评估指标体系，要选择能全面涵盖湖泊健康各项特征同时又具有一定独立性的指标，从而增加湖泊健康评估的准确性。

（5）区域性。构建湖泊健康评估指标体系，要考虑区域性的差异。

（6）可操作性。选取的评估指标要概念明确，能被非专业的人员理解和掌握，易于测量和取得数据，易于统计和分析，具有较强的可操作性及实用性。指标数据获取的费用要合理，要用较少的投入获取较大的信息量。

（7）定量与定性相结合。指标体系中应包含定量指标与定性指标，定量指标与定性指标相结合才能更加全面地反映湖泊的健康状态，使指标体系更具有说服力。

3.2　湖泊健康评估方法

湖泊健康评估方法中，受众多学者关注的典型方法主要有组合综合评价法、层次分析法、模糊评判法、综合健康指数评价法、生态系统健康指数、投影寻踪模型法及"PSP"模型等。

3.2.1　组合综合评价法

国内众多学者对湖泊进行评价时，为提高评价结果的准确性与可靠性，对不同准则层的指标采用不同的评价方法后，再用其他评价方法对整个评价指标体系进行综合健康评价，即将众多评价方法按其适应性组合在一起综合评价，这种将两种及以上评价方法应用于同一评价体系的方法称为组合综合评价法。贺方兵[36]以湖北省 24 个典型湖泊为研究对象，采用主成分分析和相关性分析筛选并建立了与水生态系统健康密切相关的多因子评价指标体系，采用层次分析法确定了评价权重，确定了相应评价标准，筛选并建立了多层次模糊综合评价模型，最终建立了完整的东部浅水湖泊生态健康评价体系，完成了对研究区域湖泊的生态系统健康评价。

3.2.2 层次分析法

层次分析法（AHP）是一种综合主、客观信息从而定性和定量地计算权重的研究方法，采用两两比较的方法，建立矩阵，利用了数字大小的相对性，数字越大越重要权重会越高的原理，最终计算得到每个因素的重要性。该方法体现了"分解—判断—综合"的基本决策思维过程，适用于有多个层次的综合评价中。张新星与郝达平[37]结合白马湖实际自然健康情况和社会服务功能，采用 AHP 法确定 8 项评价指标权重系数，根据各项评价指标现状值确定赋分值，对白马湖进行健康评价，健康综合指数为 45.3，健康等级为"中"。

3.2.3 模糊评价法

模糊评价法是基于模糊数学原理将无法定量地评价因子进行模糊合成定量化，即利用模糊变换原理得到一个模糊集，最后根据最大隶属度原则得到评价结果。主要步骤包括：建立隶属度集，形成模糊关系矩阵；将指标权重集与模糊关系矩阵进行合成运算，获得一个模糊综合评价集；根据评价对象对各级标准的隶属程度，由最大隶属度原则得出评价结果。贺方兵[36]采用多层次模糊综合评价模型对东部浅水湖泊区域湖泊生态系统健康进行评价。

3.2.4 综合健康指数评价法

综合健康指数（Comprehensive Health Index，I_{CH}）是刘永等[38]在前人[39-40]研究基础上提出的，并用此方法对滇池不同年份的生态系统健康状况进行了评价，并取得理想的结果。其公式为：

$$I_{CH} = \sum_{i=1}^{n} I_i \cdot W_i \tag{1}$$

式中：I_i 为第 i 种指标的归一化值，$0 \leqslant I_i \leqslant 1$；$W_i$ 为指标 i 的权重值。

3.2.5 生态系统健康指数

生态系统健康指数（Ecosystem Health Index，简称 EHI）是赵臻彦等[41]提出的一种湖泊生态系统健康定量评价方法，设计了一个 0~100 的生态系统健康指数作为评价等级，利用此方法对意大利西西里 30 个湖泊和其中一个湖四季的生态系统健康状况进行了评价，结果表明此方法适用于不同类型湖泊及同一湖泊不同历史阶段的生态系统健康状态的定量评价。

生态系统健康综合指数公式如下：

$$EHI = \sum_{i=1}^{n} EHI_i \cdot W_i \tag{2}$$

式中：EHI 为生态系统健康综合指数；EHI_i 为第 i 个指标的生态系统健康分指数；W_i 为第 i 个指标的权重。

3.2.6 投影寻踪模型法

投影寻踪（Projection Pursuit，PP）是处理和分析高维数据的统计方法，其基本思想是将高维数据投影到低维子空间上，并在该空间上寻找出能够反映原高维数据结构或特征的投影，从而达到研究和分析高维数据的目的，在克服"维数祸根"以及解决小样本、超高维等问题中具有明显优势。崔东文与梁廷报[42]提出湖泊健康评价指标体系和分级标准，构建基于投影寻踪（PP）模型的湖泊健康评价模型，以云南省抚仙湖和星云湖健康评价为例进行实例研究。

3.2.7 PSR 模型法

PSR（Pressure-State-Response）模型最初由加拿大统计学家 Rapport 和 Friend 提出，后由经济合作与发展组织（OECD）和联合国环境规划署（UNEP）于 20 世纪八九十年代共同发展起来的用于研究环境问题的框架体系。该方法从社会经济与环境有机统一的观点出发，精确地反映了生态系统健康的自然、经济、社会因素间的关系，综合考虑了环境受到的压力和环境退化之间的因果关系，压力、状态、响应三个环节相互制约、相互影响，以及环境决策和制定对策措施的全过程。毛旭峰[43] 利用 PSR 模型从生态环境特征、生态功能和社会环境三个方面，从湖泊生态环境特征、生态功能和社会环境三个方面筛选出 25 项诊断指标，对乌梁素海的生态系统健康进行了分区评价。

4 结语

湖泊是地表水资源的重要载体和维系生态系统健康的重要因子，对进行湖泊健康评估是加强湖泊管理保护、对湖泊进行开发治理和维护湖泊健康可持续发展的基础。湖泊健康评估逐渐成为国内外不可忽视的问题，目前，国际上推出了美国清洁水法（1972 年）、欧盟水框架指令（2000 年）等许多与湖泊健康评价相关标准。我国关于湖泊健康评估的起步较晚，第一批全国重要湖泊健康评估工作于 2010 年开始，2012 年完成并验收。国内外在湖泊健康概念和内涵的侧重不同，国外对于湖泊健康的概念大多倾向于湖泊生态系统健康，强调湖泊的自然属性，偏重生态系统完整性、兼顾社会服务价值。国内对于湖泊健康的概念考虑了湖泊对人类社会的服务功能，强调湖泊自然属性与社会属性的平衡，强调自然与社会功能的可持续性，并重视人水和谐。

我国学者在对湖泊健康开展评价的历程中，2016—2021 年间，健康评价的结果由亚健康向健康状态转变，表明我国对湖泊的评价愈加重视，对湖泊的管理采取了一定的措施；在评价体系方面，评价体系的构建愈加完整，形成由水文完整性、物理完整性、化学完整性、生物完整性及社会服务功能组成的湖泊健康评价体系，该体系可靠性、完整性及适用性较强。

我国的湖泊健康评价方面有较多研究成果，但随着经济社会的高速发展，湖泊系统不断受到人类活动的干扰和破坏，要实现湖泊的合理开发和利用，就要清楚地了解和掌握湖泊的基本状况，特别是湖泊的健康状况。我国湖泊健康评估中仍存在较多问题，如评估的不确定性、指标权重确定争议突出、标准不统一等一系列问题。因此，从哪些方面入手构建较为完善的、能突出大型通江湖泊特点的湖泊健康评价指标体系，采用什么方法与标准评价湖泊是否健康，对影响湖泊健康状况时空动态变化的驱动因子的探索及维持与修复湖泊健康的措施，是下一步需要深入考虑的问题。

参考文献

［1］刘国庆，范子武，李春明，等. 我国河湖健康评价经验与启示［J］. 中国水利，2020（20）：14.

［2］David J. Schaeffer, Edwin E. Herris Harold W. Kerstet. Ecosystem health：I. Measuring ecosystem health［J］. Environmental Management，1988：125-137.

［3］张浩，高晓月，周绪申，等. 海河流域河湖健康评估探索与展望［J］. 中国水利，2018（6）：40-42.

［4］王贺. 水生态文明试点城市建设效果综合评估指标的确定及其量化方法研究［J］. 水利规划与设计，2019（6）：72-74.

［5］何海吉. 基于模糊层次分析法的水生态文明综合评价：以四川省西充县为例［J］. 水利规划与设计，2018（6）：4-6.

［6］关艳庆. 太子河健康评价及保护对策［J］. 水利规划与设计，2016（4）：45-47.

［7］胡志新，胡维平，谷孝鸿，等. 太湖湖泊生态系统健康评价［J］. 湖泊科学，2005（3）：256-262.

［8］United States Environmental Protection Agency Office of Water. Rapid Bioassessment Protocols for Use in Wadeable Streams and Rivers：Periphyton, Benthic Macroinvertebrates, and Fish［J］. United States Environmental Protection Agency，1999：238-248.

［9］Haskell B D, Norton B G, Costanza R. What is ecosystem health and why should we worry about it? Ecosystem Health：New Goals for Environmental Management［M］. Washington：Island Press，1992：3-20.

［10］Jogensen S E. Exergy and ecological buffer capacities as measures of ecosystem health［J］. Ecosystem Health，1995，1（3）：150-160.

［11］Hering. The European Water Framework Directive at the age of 10：A Critical review of the achievements with recommendations for the future［J］. Science of The Tatal Environment，2010，408（19）：4007-4019.

［12］ Douglas D Kane, et al. The Planktonic Index of Biotic Integrity（P-IBI）：An approach for assessing lake ecosystem health ［J］. Ecological Indicators, 2009, 9（6）：1234-1247.

［13］ Monika Jangra, Mahendra Pal Sharma. Assessment of Ecological Health of Tilyar Lake, India ［J］. Journal of Integrated Science and Technology, 2015, 3（2）：34-38.

［14］ Michael S Amato, et al. The challenge of motivated cognition in promoting lake health among shoreline property owners：biased estimation of personal environmental impact ［J］. Lake and Reservoir Management, 2016, 32（4）：386-391.

［15］ F. Russell Cole, et al. Assessing Lake Smart, a community-based lake protection program ［J］. Journal of Environmental Studies and Sciences, 2018, 8（3）：264-280.

［16］ Yannick Huot. The NSERC Canadian Lake Pulse Network：A national assessment of lake health providing science for water management in a changing climate ［J］. Science of the Total Environment, 2019：695.

［17］ 董哲仁. 河流健康评估的原则和方法 ［J］. 中国水利, 2005（10）：17-19.

［18］ 唐涛, 蔡庆华, 刘健康. 河流生态系统健康及其评价 ［J］. 应用生态学报, 2002, 13（9）：1191-1194.

［19］ 耿雷华, 刘恒, 钟华平, 等. 健康河流的评价指标和评价标准 ［J］. 水利学报, 2006, 37（3）：253-258.

［20］ 张楠, 孟伟, 张远, 等. 辽河流域河流生态系统健康的多指标评价方法 ［J］. 环境科学研究, 2009, 22（2）：162-170.

［21］ 张方方, 张萌, 刘足根, 等. 辽河流域河流生态系统健康的多指标评价方法 ［J］. 水生生物学报, 2011, 35（6）：963-971.

［22］ 王勤花, 尉永平, 张志强, 等. 干旱半干旱地区河流健康评价指标研究分析 ［J］. 生态科学, 2015, 34（6）：56-63.

［23］ 王蔚, 徐昕, 董壮, 等. 基于投影寻踪—可拓集合理论的河流健康评价 ［J］. 水资源与水工程学报, 2016, 27（2）：122-127.

［24］ 安婷, 朱庆平. 青海省河湖健康评估关键技术探讨 ［J］. 水利规划与设计, 2018（11）：8-11.

［25］ 吴计生, 吕军, 刘洪超, 等. 松花湖生态健康评估 ［J］. 中国水土保持, 2019（9）：65-69.

［26］ 高劲松, 刘明, 吴明白, 等. 宿迁市骆马湖健康生态评估的分析 ［J］. 治淮, 2020（5）：43-45.

［27］ 李晓璐. 衡水湖生态健康评估体系和方法探究 ［J］. 内蒙古水利, 2020（11）：37-39.

［28］ 渠晓东, 张敏, 张海萍, 等. 呼伦湖健康评估与问题诊断研究 ［C］//中国水利学会2020学术年会论文集第一分册. 2020：190-201.

［29］ 孙迎迎, 马博, 丁婕. 淮北市南湖健康评估分析 ［J］. 小水电, 2021（3）：21-24, 48.

［30］ 卢媛媛. 武汉市湖泊生态系统健康评估 ［D］. 武汉：华中科技大学, 2006.

［31］ 帅红. 洞庭湖健康综合评估研究 ［D］. 长沙：湖南师范大学, 2012.

［32］ 王春, 朱燕, 王玲玲, 等. 梁子湖流域生态健康评估 ［J］. 环境科学与技术, 2015, 38（S1）：398-404.

［33］ 袁玲, 甘淑, 杨明龙, 等. 综合兼顾流域因子的云南省星云湖健康评估 ［J］. 水土保持通报, 2017, 37（6）：220-224.

［34］ 卢志娟. 杭州西湖生态系统健康评价研究 ［D］. 杭州：浙江大学, 2008.

［35］ 田伟东. 内蒙古乌梁素海湖泊健康评估 ［D］. 呼和浩特：内蒙古农业大学, 2016.

［36］ 贺方兵. 东部浅水湖泊水生态系统健康状态评估研究 ［D］. 重庆：重庆交通大学, 2015.

［37］ 张新星, 郝达平. 白马湖健康评估实践与探索 ［J］. 治淮, 2017（5）：10-12.

［38］ 刘永, 郭怀成, 戴永立, 等. 湖泊生态系统健康评价方法研究 ［J］. 环境科学学报, 2004（4）：723-729.

［39］ Xu F L, Tao S, Dawson R W, et al. Lake ecosystem health assessment：indicators and methods ［J］. Water Research, 2001, 35（13）：3157-3167.

［40］ Xu F L, Dawson R W, Tao S, et al. A method for lake ecosystem health assessment：an Ecological Modeling Method（EMM）and its application ［J］. Hydrobiologia, 2001, 443（1）：159-175.

［41］ 赵臻彦, 徐福留, 詹巍, 等. 湖泊生态系统健康定量评价方法 ［J］. 生态学报, 2005（6）：1466-1474.

［42］ 崔东文, 梁廷报. 改进蝙蝠算法—投影寻踪湖泊健康评估模型及应用 ［J］. 人民珠江, 2016, 37（7）：86-93.

［43］ 毛旭锋, 崔丽娟, 张曼胤. 基于PSR模型的乌梁素海生态系统健康分区评价 ［J］. 湖泊科学, 2013, 25（6）：950-958.

指数法在内蒙古岱海湖水质评价中的应用研究

焦　瑞　徐晓民　刘华琳

（水利部牧区水利科学研究所，内蒙古呼和浩特　010020）

摘　要：湖泊水质状况是水资源保护和水环境治理的基础，也是河湖健康评价的重要指标。近年来，岱海湖水位持续下降，湖面不断萎缩，水质也呈现出明显的恶化趋势。本文以典型内陆湖内蒙古岱海湖为研究对象，采用单项污染指数法、内梅罗指数法和单因子标识指数法对岱海湖水质进行评价，旨在为岱海湖水环境质量改善提供基础诊断信息。结果表明：岱海湖现状水质为劣 V 类，综合评价结果"严重污染"和"重污染"，主要污染指标为 pH、化学需氧量、五日生化需氧量、总氮和氟化物。

关键词：岱海湖；水质评价；单项污染指数；内梅罗指数；单因子标识指数

　　半干旱区内陆湖泊是陆地水圈的重要组成部分，参与自然界水循环过程，同时作为半干旱区水资源的重要载体，是维系流域生态安全与区域经济社会可持续发展的关键因子[1-2]。岱海湖是我国半干旱区的一个典型内陆湖，近年来受自然气候变化和人类活动的双重影响，岱海湖生态环境发生了很大变化，湖泊水位持续下降，湖面不断萎缩[3-6]，水质也呈现出明显的恶化趋势[7]，已引起了国家特别重视和社会广泛关注，因此采用合适的方法对岱海湖水质进行科学评价，为湖泊水环境质量改善提供基础诊断信息，是湖泊水环境保护及水质控制的一项基础性工作，具有十分重要的意义。

　　目前，常用的水质评价方法主要有单项污染指数法[8]、内梅罗指数法[9]、标识指数法[10-11]、模糊综合评判法[12]、主成分分析法[13] 等。单项污染指数法是污染指数法的基础，用来表示某一单项水质指标是否达到规定的水功能区类别以及相对于水功能区类别的达标或超标情况。但是，单项污染指数法主要是关注超标污染物，特别是超标倍数大的污染物，不利于水环境质量的全面反映。本文采用单项污染指数法的同时采用内梅罗指数法和单因子标识指数法分析评价岱海湖水质现状，力求全面、客观地反映湖水水质，以期为岱海和其他相近的半干旱区内陆湖泊保护、水污染防治及持续健康发展提供参考。

1　研究区概况

　　岱海湖位于内蒙古自治区乌兰察布市凉城县境内，是内蒙古自治区三大内陆湖之一，地处东经 112°37′38″~112°45′38″，北纬 40°32′36″~40°36′35″，2020 年湖面水域东西长约 12 km，南北宽约 7.5 km，平均水深约 4 m，面积约 54 km²。岱海湖地处一个狭长的断陷盆地之中，四周环山，北部为蛮汉山，南部为马头山，是我国半干旱区典型的封闭型内陆湖[14]。有 10 条较大的河沟直接汇入岱海，分别为弓坝河、五号河、天成河、步量河、大河沿河、土城子河、索岱沟、水草沟、园子沟和圪料沟，其中只有弓坝河、天成河和大河沿河为常年河流，其余均为季节性河流，湖水补给主要来源于地面径流、地下径流和降水[15]。

基金项目：中国水利水电科学研究院基本科研业务费专项项目（MK2019J10）；内蒙古"一湖两海"科技重大专项项目（ZDZX2018054）。

作者简介：焦瑞（1981—），男，高级工程师，技术负责人，主要从事水资源水环境研究和检测机构资质认定等研究工作。

全湖共设置 13 个采样点，主要布置在各河流入湖口及湖中部。水样采集按照《水质采样技术指导》（HJ 494—2009）的规定进行，用有机玻璃采水器于湖面下 0.5 m 处采集水样并加入保护剂，个别指标现场测定，其余指标用聚乙烯瓶密封带回实验室检测。水质指标检测按照《地表水环境质量标准》（GB 3838—2002）规定的标准检测方法进行，全部样品的测试由试验中心完成。

2 评价方法

2.1 单项污染指标法

单项污染指数法通常采用超标倍数表示，其超标倍数为某一水质评价指标的测定值与执行标准的相应水质类别的该项目的限定值之间的比值，其中 pH 值和溶解氧除外[9]。

单项污染指数按式（1）计算：

$$I_i = \frac{C_i}{C_0} \tag{1}$$

式中：I_i 为单项污染指数；C_i 为某一水质指标 i 的实测值；C_0 为与水功能区类别对应的水质指标 i 限定值。

pH 的单项污染指数按式（2）或式（3）计算：

$$I_{pH} = \frac{7.0 - pH_j}{7.0 - pH_{sd}} \quad (pH \leq 7.0, \ pH_{sd} = 6) \tag{2}$$

$$I_{pH} = \frac{pH_j - 7.0}{pH_{su} - 7.0} \quad (pH \leq 7.0, \ pH_{sd} = 6) \tag{3}$$

式中：I_{pH} 为 pH 的污染指数；pH_j 为 pH 的实测值；pH_{sd} 为与水功能区类别对应的 pH 的下限值；pH_{su} 为与水功能区类别对应的 pH 的上限值。

单项污染指数法中 $I_i > 1$（$I_{pH} > 1$），则水质不达标，其具体水质类别按单因子评价法评价。单因子评价法是将样品评价因子与《地表水环境质量标准》（GB 3838—2002）评价标准中相应指标比较，按照指标值所在的范围确定地下水质量类别，指标限值相同时，从优不从劣。在各单项指标评价的最差水质类别，就是该样品点的最终水质类别，同时也可以确认水体的主要污染指标。

2.2 内梅罗指标法

内梅罗指数法是当前国内外进行综合污染指数计算的常用方法之一[16]。此方法根据样品检测指标的单项污染指数计算得到内梅罗指数法。其特点是同时兼顾各检测指标污染指数的平均值和最高值，重点突出最大污染项目对水环境质量的影响和作用。

内梅罗指数 F 按（4）计算：

$$F = \sqrt{\frac{\bar{I}^2 + I_{max}^2}{2}} \tag{4}$$

式中：F 为内梅罗指数；$\bar{I}$ 为各项检测指标单项污染指数的平均值；I_{max} 为各项检测指标单项污染指数的最大值。

内梅罗指数的污染程度划分为：$F < 1$，水质清洁；$1 \leq F \leq 2$，轻度污染；$2 < F \leq 3$，污染；$3 < F \leq 5$，重污染；$F > 5$，严重污染[9]。

2.3 单因子标识指标法

单因子水质标识指数法是近几年来提出的一种全新的水质评价方法，它不仅能完整地表达出单因子的水质类型，还可以定性、定量的评价综合水质。其是由一位整数、一个小数点和小数点后一位有效数字组成，形式可以表示为式（5）：

$$P_i = X_1 \cdot X_2 \tag{5}$$

式中：P_i 为单因子标识指数；X_1 为代表第 i 项水质指标的水质类别；X_2 为代表监测数据在 X_1 类水标

准下限值与 X_1 类水标准上限值区间中所处的位置，根据公式按四舍五入的原则计算确定。

（1）当水质优于 V 类时，$X_1 \cdot X_2$ 的确定：

对于一般指标（除溶解氧、pH、水温等外），$X_1 \cdot X_2$ 按式（6）计算，并按四舍五入的原则取一位数字确定：

$$X_1 \cdot X_2 = X_1 + \frac{C_i - S_{i下}}{S_{i上} - S_{i下}} \tag{6}$$

对于溶解氧，$X_1 \cdot X_2$ 按式（7）计算，并按四舍五入的原则取一位数字确定：

$$X_1 \cdot X_2 = X_1 + 1 - \frac{C_i - S_{i下}}{S_{i上} - S_{i下}} \tag{7}$$

式中：C_i 为溶解氧的实测浓度；$S_{i上}$ 为溶解氧在 X_1 类水质标准区间的上限值；$S_{i下}$ 为溶解氧在 X_1 类水质标准区间的下限值；$X_1 = 1、2、3、4、5$，由水质检测指标与《地表水环境质量标准》（GB 3838—2002）比较确定。

（2）当水质劣于或等于 V 类时，$X_1 \cdot X_2$ 的确定：

对于一般指标（除溶解氧、pH、水温等外），$X_1 \cdot X_2$ 按式（8）计算，并按四舍五入的原则取一位数字确定：

$$X_1 \cdot X_2 = 6 + \frac{C_i - S_{V上}}{S_{V上}} \tag{8}$$

对于溶解氧，$X_1 \cdot X_2$ 按式（9）计算，并按四舍五入的原则取一位数字确定：

$$X_1 \cdot X_2 = 6 + \frac{S_{V下} - C_i}{S_{V下}} \times m \tag{9}$$

式中：C_i 为溶解氧的实测浓度；$S_{V上}$ 为溶解氧在 V 类水质标准区间的上限值；$S_{V下}$ 为溶解氧在 V 类水质标准区间的下限值；m 为公式修正系统，按照文献［10］的研究结果，取 $m = 4$。

3 评价结果与分析

3.1 水质检测结果

根据岱海湖水质历年监测结果和本次水质检测的结果，筛选 pH、高锰酸盐指数、五日生化需氧量、氟化物、化学需氧量、氨氮、总磷、总氮、硫酸盐计 9 项指标作为主要指标，检测结果见表 1。

表 1 岱海湖主要水质指标检测结果

样品编号	检测结果								
	pH	高锰酸盐指数/（mg/L）	五日生化需氧量数/（mg/L）	氟化物数/（mg/L）	化学需氧量数/（mg/L）	氨氮（以 N 计）数/（mg/L）	总磷（以 P 计）数/（mg/L）	总氮（以 N 计）数/（mg/L）	硫酸盐数/（mg/L）
1	9.36	8.9	8.6	2.15	210	0.29	0.15	4.16	267
2	9.15	8.6	7.8	2.26	201	0.241	0.14	4.01	278
3	9.32	9.2	8.1	3.05	162	0.276	0.14	4.2	271
4	9.36	9.1	7.9	2.15	186	0.271	0.14	3.89	269
5	9.32	9.2	8	1.98	195	0.335	0.16	3.8	281
6	9.41	8.5	7.5	1.12	176	0.216	0.14	3.7	274
7	9.58	8.7	7.2	2.99	199	0.254	0.16	3.6	280

续表1

| 样品编号 | 检测结果 | | | | | | | | |
	pH	高锰酸盐指数/（mg/L）	五日生化需氧量数/（mg/L）	氟化物数/（mg/L）	化学需氧量数/（mg/L）	氨氮（以N计）数/（mg/L）	总磷（以P计）数/（mg/L）	总氮（以N计）数/（mg/L）	硫酸盐数/（mg/L）
8	9.6	7.5	6.3	3.05	201	0.323	0.15	3.7	290
9	9.44	8.5	6.4	2.92	187	0.314	0.14	3.68	261
10	9.15	8.8	7.5	2.86	175	0.377	0.14	4.76	264
11	9.37	6.5	5.3	2.26	194	0.28	0.18	4.8	310
12	9.16	8.9	7.8	0.91	182	0.223	0.14	4.32	271
13	9.42	8.5	7.1	0.88	188	0.227	0.17	4.8	267

3.2　单项污染指数法

按照岱海湖水功能区管理目标《地表水环境质量标准》（GB 3838—2002）Ⅳ类对水质检测结果进行评价并计算水质超标倍数，评价结果见表2。

表2　岱海湖水质单项污染指数法评价结果

样品点位	现状类别	主要污染指标及超标倍数（以水功能区Ⅳ类目标计算）
1	劣Ⅴ	pH（1.2）、化学需氧量（7.0）、五日生化需氧量（1.4）、总氮（2.8）、氟化物（1.4）
2	劣Ⅴ	pH（1.1）、化学需氧量（6.7）、五日生化需氧量（1.3）、总氮（2.7）、氟化物（1.5）
3	劣Ⅴ	pH（1.2）、化学需氧量（5.4）、五日生化需氧量（1.4）、总氮（2.8）、氟化物（2.0）
4	劣Ⅴ	pH（1.2）、化学需氧量（6.2）、五日生化需氧量（1.3）、总氮（2.6）、氟化物（1.4）
5	劣Ⅴ	pH（1.2）、化学需氧量（6.5）、五日生化需氧量（1.3）、总氮（2.5）、氟化物（1.3）
6	劣Ⅴ	pH（1.2）、化学需氧量（5.9）、五日生化需氧量（1.3）、总氮（2.5）
7	劣Ⅴ	pH（1.3）、化学需氧量（6.6）、五日生化需氧量（1.2）、总氮（2.4）、氟化物（2.0）
8	劣Ⅴ	pH（1.3）、化学需氧量（6.7）、五日生化需氧量（1.1）、总氮（2.5）、氟化物（2.0）
9	劣Ⅴ	pH（1.2）、化学需氧量（6.2）、五日生化需氧量（1.1）、总氮（2.5）、氟化物（1.9）
10	劣Ⅴ	pH（1.1）、化学需氧量（5.8）、五日生化需氧量（1.3）、总氮（3.2）、氟化物（1.9）
11	劣Ⅴ	pH（1.2）、化学需氧量（6.5）、总氮（3.2）、氟化物（1.5）
12	劣Ⅴ	pH（1.1）、化学需氧量（6.1）、五日生化需氧量（1.3）、总氮（2.9）
13	劣Ⅴ	pH（1.2）、化学需氧量（6.3）、五日生化需氧量（1.2）、总氮（3.2）

单项污染指数评价结果表明岱海湖现状水质类别为劣Ⅴ类，水质主要污染指标为pH、化学需氧量、五日生化需氧量、总氮和氟化物，其中pH、化学需氧量、总氮3个指标超标率为100%，五日生化需氧量超标率为92.3%，氟化物超标率为84.6%。可见，单项污染指数可以快速判断出水体中存在的主要污染物及其超标程度，适用于对水功能区管理类别和主要污染物的快速识别。

3.3　内梅罗指数法

根据单项污染指数法评价结果，以pH、化学需氧量、五日生化需氧量、总氮、氟化物共5个污染指标作为内梅罗指数参评指标，评价结果见表 3。

表 3　岱海湖水质内梅罗指数评价结果

样品点位	水功能区目标	内梅罗指数法（F）	水质评价
1	IV	5.4	严重污染
2	IV	5.2	严重污染
3	IV	4.3	重污染
4	IV	4.8	重污染
5	IV	5.0	严重污染
6	IV	4.5	重污染
7	IV	5.2	严重污染
8	IV	5.2	严重污染
9	IV	4.9	重污染
10	IV	4.7	重污染
11	IV	5.0	严重污染
12	IV	4.7	重污染
13	IV	4.9	重污染

内梅罗指数评价结果表明，岱海湖水质评价结果为"严重污染"和"重污染"，其中，"严重污染"占 16.15%，"重污染"占 53.85%，可见，内梅罗指数从整体上说明水质状况并突出说明浓化学需氧量对湖水环境的影响显著（内梅罗指数 F 值大小变化与化学需氧量大小变化基本一致）。

3.4　单因子标识指标法

根据单项污染指数法结果，采用与内梅罗指数法相同的检测指标作为单因子标识指数参评指标，评价结果见表 4。

表 4　岱海湖水质单因子标识指数评价结果

监测点位	水功能区目标	化学需氧量	五日生化需氧量	总氮	氟化物
1	IV	8.7	4.7	7.1	6.43
2	IV	8.9	4.5	7.0	6.51
3	IV	10.8	4.5	7.1	7.03
4	IV	10.2	4.5	6.9	6.43
5	IV	9.8	4.5	6.9	6.32
6	IV	7.7	4.4	6.9	4.24
7	IV	10.3	4.3	6.8	6.99
8	IV	10.0	4.1	6.9	7.03
9	IV	9.1	4.1	6.8	6.95
10	IV	9.7	4.4	7.4	6.91
11	IV	9.9	3.7	7.4	6.51
12	IV	9.4	4.5	7.2	3.82
13	IV	10.0	4.3	7.4	3.76

单因子标识指数评价结果表明，从水质类别判断的角度分析化学需氧量、总氮单因子标识指标（$P_i>6$）可直观表达岱海湖水质为劣Ⅴ类；从水质污染程度判定的角度分析岱海湖样品点3（单因子标识指标最大值）水质最差，超出Ⅳ类水浓度上限的6.8倍。可见，单因子标识指数适用于直观的判断水质类别和水质污染程度。

4　结论

（1）单项污染指数法主要突出了最大污染因子对整个水质评价的作用，可以快速判断出水体中存在的主要污染物及超标程度，适用于对水功能区管理类别和主要污染物的快速识别，有助于我们有针对性地治理水环境。

（2）内梅罗指数法兼顾考虑最大污染因子和各污染因子的平均值，在一定程度上能综合反映出水体的受污染程度，适用于侧重最大污染因子的水质综合评价，有助于我们了解水体整体情况。

（3）与单项污染指数法和内梅罗指数法相比，单因子水质标识指数法既能直观判断单项指标的水质类别，又能对同一水质类别中水质污染程度进行比较和反推水质监测数据，是目前在水质评价中应用较为广泛的一种评价方法。

（4）水质评价结果表明，岱海湖现状水质为劣Ⅴ类，综合评价结果"严重污染"和"重污染"。按照《地表水环境质量标准》Ⅳ类水功能区管理目标确定岱海湖主要污染物为pH、化学需氧量、五日生化需氧量、总氮和氟化物。

参考文献

[1] 王莺，闫正龙，高凡．1957—2015年红碱淖湖水域面积时空变化监测及驱动力分析［J］．农业工程学报，2018，34（2）：265-271.

[2] 白洁，陈曦，李均力，等．1975—2007年中亚干旱区内陆湖泊面积变化遥感分析［J］．湖泊科学，2011，23（1）：80-88.

[3] 周云凯，姜加虎．近43年岱海湖区气候变化特征分析［J］．干旱区资源与环境，2009，23（7）：8-13.

[4] 孙占东，姜加虎，黄群．近50年岱海流域气候与湖泊水文变化分析［J］．水资源保护，2005（5）：16-18，26.

[5] 金章东，王苏民，沈吉，等．全新世岱海流域化学风化及其对气候事件的响应［J］．地球化学，2004（1）：29-36.

[6] 张振克，吴瑞金．近300年来岱海流域气候干湿变化与人类活动的湖泊响应［J］．首都师范大学学报（自然科学版），2001（3）：70-76

[7] 周云凯，姜加虎，黄群．内蒙古岱海水质现状分析与评价［J］．干旱区资源与环境，2006（6）：74-77.

[8] 宋天琪，张百ател．指数评价法在苏干湖水系水质评价中的运用研究［J］．地下水，2019，41（6）：58-59，108.

[9] 李志林，任重琳．基于均值和内梅罗综合污染指数法的岳城水库水质评价及分析研究［C］//中国水利学会2021学术年会论文集第一分册．2021：340-344.

[10] 徐祖信．我国河流单因子水质标识指数评价方法研究［J］．同济大学学报（自然科学版），2005，33（3）：321-325.

[11] 徐祖信．我国河流综合水质标识指数评价方法研究［J］．同济大学学报（自然科学版），2005，33（4）：482-488.

[12] 帕提古丽·热合曼．新疆博斯腾湖水质评价［J］．广西水利水电，2018（2）：100-102，106.

[13] 解文静，王松，娄山崇，等．山东南四湖上级湖水质变化评价（2008—2014年）及成因分析［J］．湖泊科学，2016，28（3）：513-519.

[14] 陈海英，安莉娟，张锦龙．岱海湖水面面积演变特征及与气象因子关联度分析研究［J］．环境科学与管理，2018，43（12）：62-65.

[15] 赵丽，陈俊伊，姜霞，等．岱海水体氮、磷时空分布特征及其差异性分析［J］．环境科学，2020，41（4）：1676-1683.

[16] 刘捷，邓超冰，黄祖强，等．基于综合水质标识指数法的九洲江水质评价［J］．广西科学，2018，25（4）：400-408.

城市浅水湖泊关键水质因子数值模拟与综合评估
——以成都市兴隆湖为例

史天颖[1,2]　陈永灿[1,3]　刘昭伟[1,2]　张　红[2]　王皓舟[2]　范聪骧[2]　丁意恒[2,4]

(1. 清华大学，北京　100084；2. 清华四川能源互联网研究院，四川成都　610213；
3. 西南石油大学，四川成都　610500；4. 大连理工大学，辽宁大连　116024)

摘　要：针对城市河湖生态结构单一、污染源复杂等问题，本研究以成都市兴隆湖为例，基于长序列监测数据全方位分析湖区水质要素的时空变化特征；建立基于 PCLake 的水质模型实现高精度模拟；引入多元统计方法定量解析水质要素的内在关系；构建综合营养状态模型实现水质综合评估。结果表明，2016—2020 年兴隆湖氮、磷浓度波动下降，但仍呈现富营养化；PCLake 模拟结果显示未来 4 年氮、磷浓度将以 0.146 mg/（L·a）和 0.015 mg/（L·a）的速度增长（RMSE<0.2）；水深、藻密度、溶解氧是影响湖泊透明度的主要因素。本研究为浅水湖泊水质模拟、预测和评价提供了一种有效方法，为兴隆湖长效维持提供重要数据支撑。

关键词：浅水湖泊；兴隆湖；PCLake 模型；数值模拟；综合评估

1　引言

随着我国治水矛盾的转变和新时期治水目标的要求，水生态环境的数值模拟和综合评价已成为水环境管理的重要依据。城市河湖多为人工浅水湖泊，生态结构单一、水体置换率低，水生态系统往往稳定性较差，易出现富营养化等一系列水质问题[1]。因此，建立河湖关键水质因子的相互关系、高精度模型及全面时空分析有利于预测和全方位感知水生态环境，为河湖治理和管理提供支持。

目前，国内外针对城市河湖水生态环境问题已开展了一系列研究。Liu 等[1]研究发现，城市河湖水系普遍存在水循环不畅、水体交换周期长、水生态系统结构和功能薄弱等问题。为解析内在机制，武士蓉等[2]利用冗余分析方法进行了白洋淀水质与水生物相关性分析，陈永灿等[3]发现影响藻类生长的限制因素在河流与湖泊中不尽相同。CHEN 等[4]构建了 Delft3D 模型，发现减少营养盐输入对淀山湖藻类影响不大，但改变流场特性能够抑制藻类。Chou 等[5]利用 PCLake 模型开展了极端气候对水质因子的响应研究。陈永灿等[6]利用概率神经网络模型对三峡近坝水质进行了评价。毛劲乔等[7]建立浅水湖泊生态模型，揭示了水体富营养化进程的变化规律。目前，各种水生态环境模型多为单一模型，缺乏对水生态环境因子间相互影响的驱动机制研究，并且缺乏针对城市浅水湖泊特征的深入挖掘与系统模拟。

本研究以四川省成都市兴隆湖为研究区域，针对兴隆湖生态系统脆弱，缺乏关键水质因子时空变化分析和模拟评价，无法全面了解湖泊水环境状态的问题，基于长序列监测数据分析水质要素的时空

基金项目：公园城市宜居河湖生态价值提升关键技术研究（310042021004）；城市河湖水系生态功能提升的关键集成技术研究与示范（2022YFS0474）；流域"厂网河（湖）"多源异构数据融合与共享技术研究（2021YFSY0013）。

作者简介：史天颖（1999—），女，博士研究生，研究方向为水力学与生态环境。

通信作者：陈永灿（1963—），男，教授，主要从事水力学与生态环境方面的研究工作。

变化规律；基于 PCLake 构建兴隆湖水质高精度模型，对水生态环境变化趋势进行科学预测；定量解析水质要素的内在关系，筛选影响透明度的关键因子；建立综合营养状态模型实现湖区总体水环境状态的综合评估，为兴隆湖长远的富营养化防控和科学有效的管理提供依据。

2 研究方法

2.1 研究区域概况

兴隆湖位于成都市天府新区（见图 1），地理坐标为东经 104°04′18″~104°06′00″，北纬 30°23′26″~30°24′28″。兴隆湖水面面积 2.6 km²，平均水深 2.5 m，湖岸线长约 11.70 km，东西长约 2.6 km，南北长约 1.3 km。

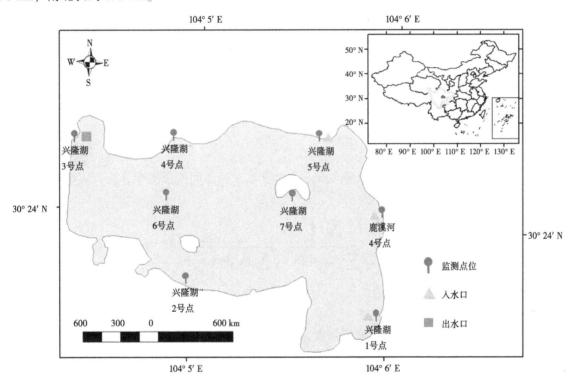

图 1　研究区域示意图

2.2 数据与方法

2.2.1 数据来源

兴隆湖地处成都平原，属于亚热带季风气候，具有春早夏热、秋凉冬暖的气候特点。多年平均气温 18 ℃，最高温度在 8 月（27.5 ℃），最低温度在 1 月（7.8 ℃），年平均降水量 1 100 mm，夏季占 60%。全年平均风速 2.8 m/s，盛行东北偏北风（NNE）。

本研究重点关注兴隆湖 7 个点位与出入水口，点位分布见图 1。于 2016 年 4 月至 2022 年 6 月开展了连续 7 年的野外监测，采样频次为每月至少 1 次，现场测定水温、透明度（SD）等参数，每次采集距离湖水表层 0.5 m 的 3 组平行水样，取样后带回实验室测定总氮（TN）、总磷（TP）、氨氮（NH_3-N）和高锰酸盐指数（COD_{Mn}）等关键水质参数。

2.2.2 水质模型构建

PCLake 模型由荷兰湖沼生态模型学家 Janse 团队开发，是一个复杂水生生态系统的综合生态模型，它能够模拟浅水湖泊中的氮磷、浮游动植物和食物网的动态变化[8-10]，模型原理与流程图如图 2 所示。本研究以兴隆湖的出入水流量为边界条件，以气象和水文数据为外部环境条件构建模型。模型时间为 2017 年 1 月至 2021 年 1 月，筛选模型敏感性参数 43 个进行参数率定，部分参数见表 1。

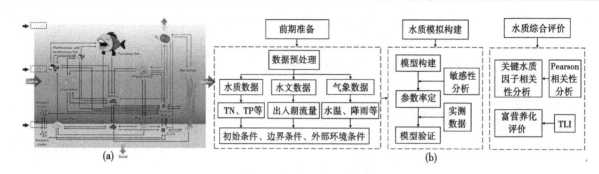

图 2　水质模型原理与模拟流程

表 1　PCLake 模型相关参数

参数	水深	NH₃-N 初始值	NO₃-N 初始值	PO₃-P 初始值	入流量	P 负荷	N 负荷
单位	m	g/m^3	g/m^3	g/m^3	mm/d	g/（$m^2 \cdot d$）	g/（$m^2 \cdot d$）
值	2.5	0.064 5	0.204	0.008 6	Qin. txt	PLoad. txt	PNoad. txt

2.2.3　数据分析方法

（1）水质因子相关性分析方法。

基于 Pearson 相关性分析法开展兴隆湖气象、水文和水质因子间的相关性分析，从而识别影响湖泊透明度的关键影响因子，计算公式如下：

$$r = \frac{\sum (x_i - \bar{x})(y_i - \bar{y})}{\sqrt{\sum (x_i - \bar{x})^2} \sqrt{\sum (y_i - \bar{y})^2}} \tag{1}$$

式中：r 为相关系数；x_i、y_i 为变量值；$\bar{x}$、$\bar{y}$ 为变量平均值。

（2）综合营养状态指数法。

综合营养状态指数（TLI）是以湖水叶绿素 a（Chla）为基准的营养状态评价指数[11]，TLI 和相关权重计算公式如下，我国湖泊 Chla 与其他参数间的相关关系见表 2，营养状态分级见表 3。

$$TLI = \sum_{j=1}^{m} W_j \cdot TLI(j) \tag{2}$$

$$W_j = \frac{r_{ij}^2}{\sum_{j=1}^{m} r_{ij}^2} \tag{3}$$

式中：$TLI(j)$ 为第 j 种参数的营养状态指数；W_j 为第 j 种参数的营养状态指数的相关权重；r_{ij} 为第 j 种参数与基准参数 Chla 的相关系数。

表 2　中国湖泊部分参数与 Chla 的相关关系

参数	TP/（mg/L）	TN/（mg/L）	Chla/（mg/L）	COD/（mg/L）	SD/m
r_{ij}	0.84	0.82	1	0.83	−0.83
r_{ij}^2	0.705 6	0.672 4	1	0.688 9	0.688 9

表 3　湖泊营养状态分级

TLI	<30	30~50	50~60	60~70	>70
营养状态	贫营养	中营养	轻度富营养	中度富营养	重度富营养

3 结果与讨论

3.1 多源水质监测数据的时空变化规律分析

3.1.1 兴隆湖水生态二次提升工程前水质规律分析

图 3 是兴隆湖水生态二次提升工程前 2016—2020 年月均水质时间变化规律图。2016 年 4 月至 2020 年 8 月湖 TN、TP 浓度以 0.28mg/（L·a）和 0.02 mg/（L·a）的速率波动下降，秋季较高，春季较低；NH_3-N 浓度略有波动增加。图 4 是兴隆湖水生态二次提升工程前 2016—2020 年的季尺度水质时间变化规律图。受气温、降雨和藻类繁殖影响，春冬两季湖水质量明显好于夏秋两季，秋季 NH_3-N 浓度约为冬季的 3 倍。受到 2018 年 7 月特大洪水的影响，2018 年秋季兴隆湖的 3 项水质因子约为其他季节的 2~3 倍。总体上兴隆湖水质较差（Ⅳ类及以下），有必要以提升水质标准为目标开展专项水污染治理和生态修复工程。

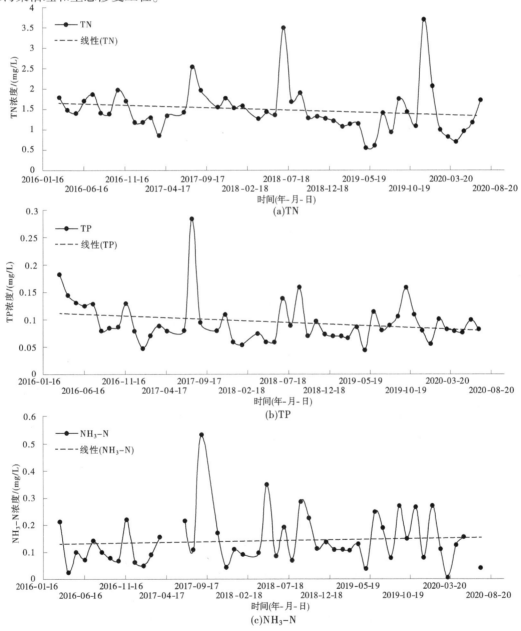

图 3 兴隆湖水生态二次提升工程前水质月尺度时间变化规律

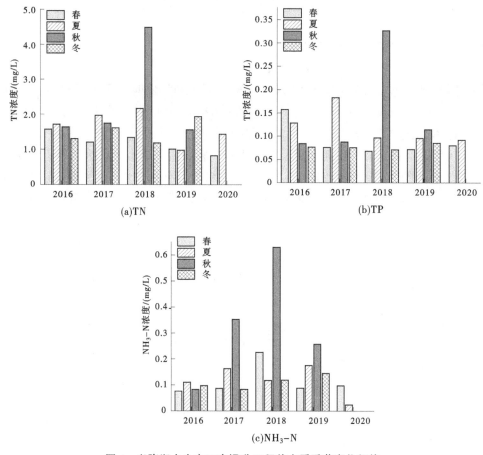

图 4 兴隆湖水生态二次提升工程前水质季节变化规律

3.1.2 兴隆湖水生态二次提升工程后水质规律分析

2020 年底至 2021 年，兴隆湖进行了水生态二次提升工程，关键水质因子对比分析如图 5 所示。2021 年 12 月 TP 浓度除湖心减少 80% 以上，TN 浓度较前 4 年约减小 5 倍，但 NH_3-N 在 TN 中占比增加，分析认为是由于收割沉水植被所引起的。2022 年 3 月湖心与出水口 TN、TP 浓度较往年均减少 50%，2022 年 6 月进一步减少至 1/3，这是由于补水源由鹿溪河变为东风渠，水质情况显著改善。2021 年 12 月至 2022 年 6 月，TP 浓度由 0.058 mg/L 下降至 0.03 mg/L，TN 浓度由 0.51 下降至 0.40 mg/L，Chla、BOD_5 均呈下降趋势，表明二次提升工程后，春夏季节沉水植物的生长吸收了湖泊中的营养盐，有效地维持了兴隆湖的生态系统稳定。

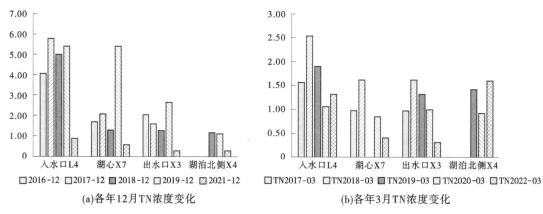

图 5 兴隆湖水质时间变化规律（二次提升工程后 2021—2022 年）

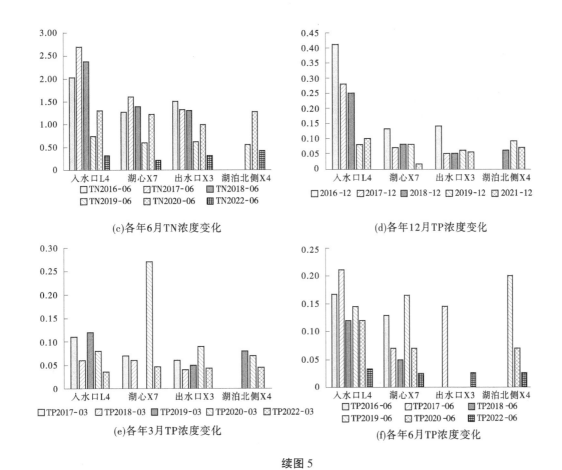

(c)各年6月TN浓度变化

(d)各年12月TP浓度变化

(e)各年3月TP浓度变化

(f)各年6月TP浓度变化

续图5

图6为兴隆湖水生态二次提升工程后主要水质因子空间分布图。在空间上，TP浓度冬季呈现湖心最低，周围浓度较高的趋势，而春季相反。TN 和 NH_3-N 浓度冬季在湖泊入水口和湖心深水区最高，春季湖心 TN 浓度约降低 0.5 mg/L，入水口 TN 和 NH_3-N 浓度仍然最高。分析认为，湖泊深水区 TN 和 NH_3-N 浓度季节性变化可能是由于沉水植物冬季死亡释放出 NH_3-N，春季生长吸收 NH_3-N 所引起的。

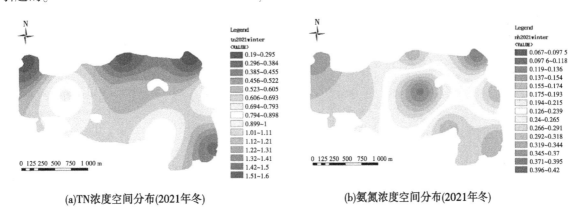

(a)TN浓度空间分布(2021年冬)

(b)氨氮浓度空间分布(2021年冬)

图6　兴隆湖水质空间变化规律（二次提升工程后 2021—2022 年）

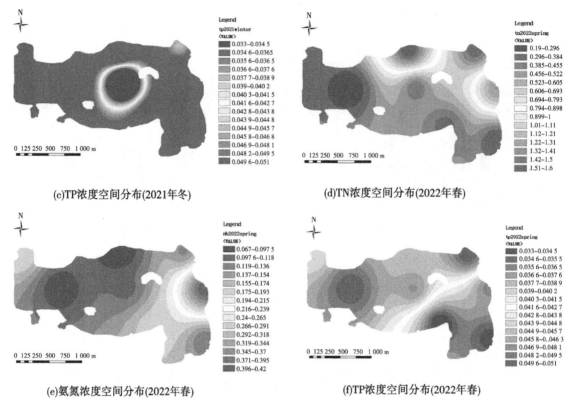

(c)TP浓度空间分布(2021年冬)　　　　　　(d)TN浓度空间分布(2022年春)

(e)氨氮浓度空间分布(2022年春)　　　　　　(f)TP浓度空间分布(2022年春)

续图 6

3.2 基于 PCLake 的关键水质因子模拟与预测

基于 PCLake 的兴隆湖关键水质因子模拟与预测结果如图 7 所示。结果表明：TP 浓度整体模拟趋势与实测值符合，TN 浓度在 200~400 d 模拟值偏低，TN 和 TP 的最高值出现在秋季，分别为 1.43 mg/L 和 0.12 mg/L，春夏两季的氮、磷浓度明显下降。这是由于秋冬季节水草的腐烂和分解，植物内的氮、磷被释放回水体，而春夏季节水草逐渐繁盛，能够吸收水体内的部分氮和磷。若不采取湖泊治理措施，未来 4 年兴隆湖 TP 和 TN 浓度将分别以 0.015 mg/（L·a）和 0.146 mg/（L·a）的速度增长，透明度显著降低。总体上水质因子的模拟值走势较平缓，而现实中影响湖泊氮磷浓度的因素很多，且各因素间相互关联，呈现非线性变化，因此模拟结果难免存在一定误差，尤其是氨氮。

针对未来兴隆湖水质变化可能导致的危害，建议控制外源污染，维护前置湿地，减少营养盐负荷；适当疏浚，控制内源污染；种植水生植物，投放鱼类，构建良好的水生态系统。

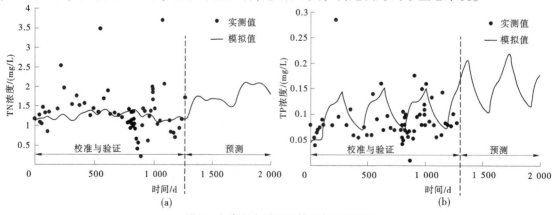

图 7 兴隆湖水质因子模拟与预测结果

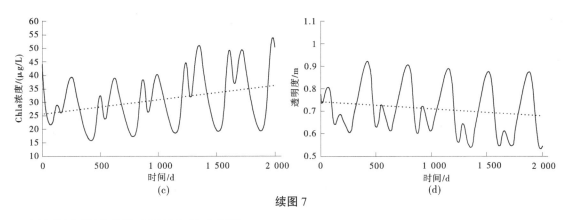

(c)   (d)

续图 7

3.3 兴隆湖水质要素关系解析与综合评价

3.3.1 水质要素内在驱动机制解析

兴隆湖透明度与水生态环境因子的 Pearson 相关性分析结果见图 8。结果表明，透明度/水深与水温、水深、藻密度之间呈现显著负相关关系（$r = -0.574 \sim -0.448$），与溶解氧、风速呈正相关（$r = 0.284 \sim 0.436$）；藻密度与水温、氨氮、生化需氧量呈正相关（$r = 0.360 \sim 0.622$）；叶绿素 a 与总磷、氨氮呈正相关关系（$r = 0.333 \sim 0.485$）。相关性分析验证了氮磷是藻类生长的必须因子，氨氮与叶绿素 a 关系密切是由于氨氮更易被藻类吸收；藻类繁殖导致叶绿素增加，直接影响湖泊透明度；水温升高，藻类更易繁殖，水深增加，水下光照减少，沉水植物难以生长，藻类占据优势，从而影响透明度。

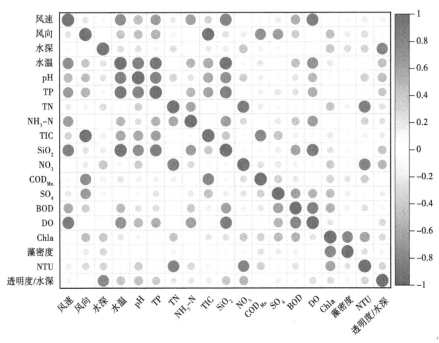

图 8 兴隆湖关键水质因子相关性分析热图

3.3.2 湖泊富营养化综合评价

湖泊富营养化评价是水环境评价的重要组成部分，本研究采用综合营养状态指数 TLI 对兴隆湖进行富营养化评价。根据式（2）、式（3）计算 2016—2022 年的综合营养状态指数，其中 2021 年 12 月至 2022 年 6 月为兴隆湖水生态二次提升工程后实测数据，得到的结果如图 9 所示。兴隆湖在 2022 年之前存在中度富营养化问题，2018 年 TLI 达到 68.77，富营养化最为严重。

经过第二次提升工程整体整治后，2021 年冬季仍存在轻度富营养化问题，这是因为水生植物在

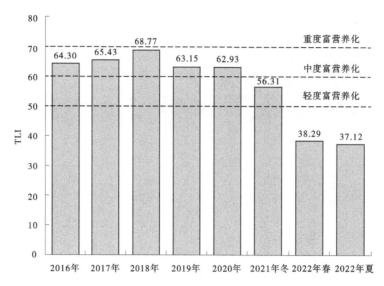

图9　兴隆湖富营养化评价结果

冬季尚未生长，藻类处于竞争优势状态。2022 年春季和夏季综合营养状态指数显著降低，兴隆湖不再存在富营养化问题，这是因为二次提升工程有效控制了污染源，构建了完整的水生态系统使得兴隆湖能够保持清水状态。

总体上，2016—2020 年兴隆湖存在中度富营养化问题，2021—2022 年兴隆湖水质明显改善，自 2022 年起不再存在富营养化问题。

4　结论

本文根据历史和原型监测数据的时空分布，分析了兴隆湖过去 7 年的水质变化趋势以及水质因子间的相互关系。同时构建了 PCLake 水质模型模拟 TN、TP 和 NH_3-N 浓度的动态变化，并引入综合营养状态指数法开展兴隆湖水质综合评价。结论如下：

（1）2016—2020 年期间兴隆湖 TN、TP 浓度波动下降，呈现入水口浓度最高，泄洪闸的浓度最低的空间变化规律，但约 30% 水域未达到Ⅳ类水质。2021 年完成二次提升工程后，湖泊整体达到Ⅲ类水质。

（2）PCLak 模拟 TN、TP 浓度结果良好（RMSE<0.2）。若不采取治理措施，兴隆湖未来 4 年氮磷浓度将分别以 0.146 mg/（L·a）和 0.015 mg/（L·a）的速度增长。

（3）相关性分析显示，非汛期影响兴隆湖透明度的指标主要是水温、水深、溶解氧和藻密度。营养状态指数的计算结果显示，2021 年前兴隆湖存在富营养化现象，尤其是 2018 年状况最差（TLI=68.77），2022 年起不再存在富营养化问题。

本文针对城市浅水湖泊特征，通过对兴隆湖全方位的水质特征分析、模拟预测、驱动机制解析和综合评价，研究成果在一定程度上能够为兴隆湖的长效治理提供支持，推动兴隆湖入水口污染负荷控制，开展生态修复工作是有效维持湖泊生态系统健康的长远措施。未来将继续开展水生生物定量化模拟、极端气候影响等方面的研究。

参考文献

［1］Liu Y B. Dynamic evaluation on ecosystem service values of urban rivers and lakes: A case study of Nanchang City, China ［J］. Aquatic Ecosystem Health & Management, 2014, 17（2）: 1-12.

［2］武士蓉，徐梦佳，赵彦伟，等. 白洋淀湿地水质与水生物相关性研究 ［J］. 环境科学学报，2013，33（11）：

3160-3165.

［3］陈永灿，俞茜，朱德军，等．河流中浮游藻类生长的可能影响因素研究进展与展望［J］．水力发电学报，2014，33（4）：186-195.

［4］Chen Y, et al. Numerical simulation of an algal bloom in Dianshan Lake［J］. Chinese Journal of Oceanology and Limnology, 2016, 34（1）：231-244.

［5］Chou Q, et al. The impacts of extreme climate on summer-stratified temperate lakes：Lake Soholm, Denmark, as an example［J］. Hydrobiologia, 2021, 848（15）：3521-3537.

［6］毛劲乔，陈永灿，刘昭伟，等．太湖五里湖湾富营养化进程的模型研究［J］．中国环境科学，2006（6）：672-676.

［7］陈永灿，陈燕，郑敬云，等．概率神经网络水质评价模型及其对三峡近坝水域的水质评价分析［J］．水力发电学报，2004（3）：7-12.

［8］Janse J H, L Vanliere. PCLAKE-A modeling tool for the evaluation of lake restoration scenarios［J］. Water Science and Technology, 1995, 31（8）：371-374.

［9］Janssen A B G., et al. PCLake plus：A process-based ecological model to assess the trophic state of stratified and non-stratified freshwater lakes worldwide［J］. Ecological Modelling, 2019, 396：23-32.

［10］Janse J H, et al., Critical phosphorus loading of different types of shallow lakes and the consequences for management estimated with the ecosystem model PCLake［J］. Limnologica, 2008, 38（3-4）：203-219.

［11］王明翠，刘雪芹，张建辉．湖泊富营养化评价方法及分级标准［J］．中国环境监测，2002（5）：47-49.

水土保持对土壤生物多样性影响研究进展

杨 奇 宁堆虎 刘子兰 许晶晶 刘焕永

（中国水利水电科学研究院，北京 100038）

摘 要：土壤生物多样性是土壤生态系统发挥功能和服务的基础。探究水土流失和水土保持措施对土壤性质及土壤生物多样性的影响，可为水土流失区土壤生物多样性恢复提供理论指导。本文梳理水土流失和水土保持对土壤生物多样性影响研究的发展过程；总结水土流失对土壤生物多样性的威胁；综述减少对土地的干扰，以及保护性耕作、植被恢复、工程措施等水土保持措施在对土壤理化性质、土壤生物种类数量的影响，突出水土保持措施对于改善土壤性质与促进土壤生物多样性发展的积极作用。最后就未来研究方向进行展望。

关键词：土壤生物多样性；水土流失；水土保持措施；土壤理化性质

1 引言

土壤生物多样性包括生活在土壤中生物类群多样性及遗传多样性[1]，一般以物种多样性作为简单度量，通常用物种丰富度、均匀度衡量，担负其生态系统的基本功能和服务，包括物质能量流动、养分循环、信息传递、有机物质分解和污染物降解等[2]，在维持生态系统的功能与稳定性，并在解决粮食安全、环境污染、气候变化及公共卫生问题等方面起着关键作用[3]。

水土流失即雨滴和径流的侵蚀力对土壤物质的分离、运输和沉积过程[4]，造成严重的土地退化和生产力损失[5]。据第一次全国水利普查公报，中国水土流失面积达 294.91 万 km^2。在自然和人为双重干预下，水土流失加剧，土壤生物多样性受到严重威胁，这对生态系统服务产生重大影响[6]。水土保持措施作为防治水土流失的重要手段，通过耕作、林草、工程措施三方面改良土壤条件以遏制水土流失，对土壤生物的保护也是其重要目的。特别是 21 世纪以来，大量学者对保护性耕作下土壤微生物研究、林草措施中有关植物群落构建机制、生物多样性与生境、退化生境的植被恢复、工程措施中生态效益及土壤生物开展研究，取得许多重要进展。本文总结了水土流失和水保措施引起的土壤理化性质和土壤生物多样性变化的发展过程和研究现状，在此基础上对未来研究方向提出展望，以期为水土流失区的生物多样性恢复提供指导，促进相关研究的开展。

2 水土流失和水土保持对土壤生物多样性影响研究的发展过程

2.1 水土流失对土壤生物多样性影响研究的发展过程

20 世纪 90 年代，水土流失领域的研究热点是土壤侵蚀机制与定量分析，包括土壤持水性、土壤结构稳定性、土壤结皮、土壤侵蚀的判定等多方面的研究[7] 以及土壤侵蚀模型建立、优化，还有 C、N、P 等元素在水土流失下的损失情况[8]。这一时期，大量物种在人类活动干扰下快速灭绝，生物多样性降低对生态系统功能的影响成为学者关注的热点[9]，越来越多有关水土流失的研究开始注重土

基金项目：黄土高原水土保持布局对策与评估指标（U2243212-04）。

作者简介：杨奇（1998—），男，硕士研究生，研究方向为水土保持。

通信作者：宁堆虎（1963—），男，高级工程师，主要从事水土保持方面的研究工作。

地利用引起的土壤生物多样性变化与生态系统服务之间的关系。

20世纪90年代末期开始，Helgason[10]、Mäde[11] 等学者相继发现人为干扰如农业集约化和土地利用变化导致的土壤退化减少了土壤生物丰度和整体多样性，Dupouey[12] 认为水土流失是直接干扰土壤生物的丰度、分布和活动的方式。此后，大量学者针对水土流失对土壤生物多样性影响开展研究。2013年，Baxter[13] 就土壤侵蚀对温带农业生态系统影响进行分析，对土壤侵蚀过程和土壤生物群运动（线虫）之间的相互关系进行初步探究，概述未来的研究热点：明确侵蚀造成土壤生物（线虫）重分布的机制、侵蚀改变土壤性质进而对土壤生物的影响等。此前的研究大多集中在小区域尺度单个物种的丰度和群落结构[14]，如土壤线虫、跳虫、蚯蚓等，基于大尺度领域的研究视角很少。2014年，Tsiafouli[15] 对欧洲四国农业地区研究发现，土壤退化降低土壤食物网的复杂性、土壤动物加权平均体重、物种丰富度受到负面影响，并在较大区域尺度上印证前人结论[16]，即较大体型土壤动物对土壤变化干扰具有更强的敏感性。此外，Trap[17] 从土壤细菌的角度出发并进行定量分析，强调土壤细菌对于土壤生物多样性的重要性，对未来相关研究具有导向性。Lewis[18] 将水土流失和种子库联系起来，评估温带北欧可耕地杂草种子库所受影响，这对保护和恢复可耕植物具有重要意义。水土流失对生物栖息地的影响也是需要被重视的研究方向[19]。将土壤生物多样性和侵蚀建模合并是近年来的一些尝试，但大多是基于特定物种的参数估计[6]，在对土壤生物多样性和侵蚀之间相互影响的实际分析方面还需要进一步研究。2019年，全球土壤侵蚀研讨会（GSOE19）将了解全球土壤侵蚀和土壤生物多样性动态以采取有效行动作为未来两年的关键事项[6]。近年来，一些学者探究土地利用强度变化导致的生物多样性或生态系统特性改变对土壤侵蚀的直接[20] 或间接[21] 影响，为水土流失与土壤生物多样性研究提供了新思路。这些研究在很大程度上丰富了对水土流失与土壤生物多样性的认识，引起国际社会的高度关注，促使越来越多的国际组织、研究人员对水土流失与土壤生物多样性相互影响机制进行探究。

2.2 水土保持对土壤生物多样性影响研究的发展过程

20世纪90年代之前关于水土保持与土壤生物多样性主题的研究成果较少，生物多样性生态系统功能研讨会[22] 和第一次国际土壤生物多样性学术讨论会[23] 的召开逐渐使人们认识到水土保持与生物多样性保护及恢复的密切联系。Liu[24] 基于文献统计法分析，水土保持与生态系统服务领域1990—1997年发表的文章占1976—1997年发表文章的75.17%，这表明将水土保持与生态系统服务两个主题相联系的研究呈上升趋势。进入21世纪，早期的研究视角仍聚焦于水土保持生态系统服务与生物多样性之间的关系，大量学者就保护性耕作、林草措施、工程措施对土壤生物丰度和群落结构的影响进行研究并取得丰富成果，这一阶段绝大部分的研究对象是微生物（包括细菌、真菌、放线菌等）以及土壤动物如蚯蚓、蜘蛛等，部分学者指出土壤有机碳是改变土壤生物群落的主要因素[25]；由于中大型土壤动物的活动性较强，采样及观测存在一定难度，所以针对中大型土壤动物的研究相对较少。此外，土壤生物物种丰度值往往会随着天气条件和季节而大幅波动，关于水土保持生态系统服务与生物多样性时空变化和相互作用的研究也越来越多。鉴于气候变化会影响土壤过程和性质以及微生物群落的演替和物质能量传输[26]，且水土保持措施的实施通过减少温室气体排放和增加从大气到植被、土壤和沉积物中的碳固存对气候变化起到减缓作用，水土保持、气候变化、生物多样性间的学科交叉也逐渐成为研究热点。

近年来，有学者指出水土流失造成的栖息地破坏是土壤生物多样性丧失的主要原因[27]，土壤健康强烈依赖于土壤食物网，土壤管理策略及措施应主要集中在为构成土壤食物网的生物维持适宜的栖息地，欧洲最近提出的绿色新政也强调水土保持修复的生物栖息地发挥着大型生物多样性库的作用[28]。Saura[29] 指出生物栖息地数量不是生态恢复的重点，Rappaport[30] 认为应侧重提高栖息地可用性以促进生物流动。此外，大规模的退耕还林也是近年研究热点，通过林草植被恢复修复土壤生物生境进而增加土壤生物的丰度，但部分学者基于中国退耕还林认为增加植被覆盖率并不一定会导致生物多样性或自然生态系统的恢复[31]。目前通过跨学科研究水土保持生态修复以增强土壤生物多样性和生态系统服务是研究主流。

3 水土流失威胁土壤生物多样性

水土流失对土壤生物多样性的威胁主要包括以下三个方面：一是土壤有机质含量下降，抑制土壤颗粒结构形成和导致土壤径流水分及养分流失，致使土壤生物呼吸作用受阻、摄入营养物质能量减少，进而损害土壤生物多样性；二是土壤物理结构退化，导致土壤层稀释变薄和土壤抗蚀性减弱，从而压缩生物的生存空间以及增大土壤侵蚀的威胁，物种丰富度与均匀度减少，使得土壤生物多样性下降；三是造成土壤化学性质恶化如养分含量下降、盐碱化等后果，土壤生物生命活动受到抑制，威胁到土壤生物多样性（见图 1）。

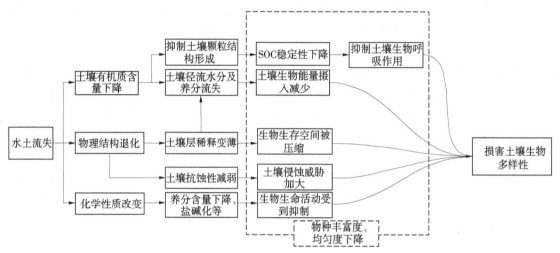

图 1　水土流失对土壤生物多样性影响模式

4 水土保持促进土壤生物多样性恢复

水土保持措施作为防治水土流失的有效手段，通过采取减少土地干扰的保护措施，以及保护性耕作、植被恢复、工程恢复等一系列手段，降低水土流失对土壤以及土壤生物的危害，改良土壤性质提高土壤质量，增加生物丰度与均匀度，促进土壤生物多样性的恢复与发展（见图 2）。

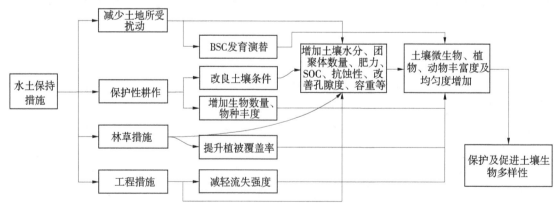

图 2　水土保持措施对土壤生物多样性影响模式

4.1 减少土地干扰

保护和促进生物土壤结皮（Biological Soil Crust，BSC）是水土保持措施在减少土地所受干扰过程中的重要目的和手段。BSC 通过生物覆盖层和生物量形成的物理保护提高土壤抗蚀性，减缓土壤表面结构所受破坏速率，维持表层土壤的物理稳定性，提高土壤肥力，促进养分代谢，为生物多样性的发展提供良好条件。武志芳[32]研究表明,BSC 的土壤含水量、有机碳量、全氮量、全磷量明显高于无 BSC 土壤,显著增加土壤肥力和微生物数量。在黄土高原地区的研究发现[33],2 cm 厚度左右的结皮层养分含量是无结皮土壤的 0.43~10.51 倍,这与在毛乌素沙漠地区研究结论相似[34],生物结皮促进土壤养分含量提升,但对结皮层的提升显著高于下层土壤。此外,动物多样性也在结皮作用下恢复与发展,刘艳梅等[35]研究表明,藻结皮和藓类结皮均可显著影响 0~10 cm、10~20 cm 和 20~30 cm 土层线虫多样性,但随着土层深度的增加,土壤线虫丰度逐渐降低;李新荣[36]总结道,BSC 直接参与荒漠昆虫食物链和食物网的构成,为部分荒漠昆虫提供食物来源,增加其丰度。目前,关于 BSC 对中大型动物多样性影响的研究仍相对较少。

4.2 保护性耕作措施

保护性耕作(Conservation Tillage,CT)显著改良土壤条件,提高土壤含水量、水分入渗率、土壤养分含量、土壤有机碳含量、土壤抗蚀性,改善土壤孔隙度、容重,利于维持土壤生态系统的正常功能。

在促进生物多样性方面,CT 有利于土壤生物生命活动的开展,生物群落的丰富度随之提升。CT 农田细菌的丰富度和均匀度均显著高于传统耕作农田[37];我国北方旱地的研究表明[38],CT 使油菜的 Simpson 指数提高了 378%,且土壤细菌群落的种类更为多样化;周子军[39]利用磷脂脂肪酸(PLFA)方法表征土壤微生物群落,发现 CT 处理显著提高土壤微生物总 PLFA 和细菌 PLFA 丰度,对真菌 PLFA 和放线菌 PLFA 无影响;Li[40]综合全球范围内 43 篇针对免耕与土壤微生物多样性关系的评述文献,通过结构方程模型表明,免耕留茬通过改变土壤有机碳和全氮含量对土壤微生物多样性的影响最显著,中等水平施氮量(100~200 kg/hm²)显著改变土壤微生物的多样性,对土壤细菌多样性有促进作用,而对真菌多样性没有显著影响;张星杰[41]则得出不同结论,发现真菌数量在 CT 管理下也会有明显的增加。此外,CT 对土壤动物数量及多样性也有显著影响,蚯蚓等生物数量、生长速率更多更稳定[42],土壤小节肢动物群体数量也会增加。CT 管理年限的增加对土壤生物多样性的恢复及发展和改良土壤条件具有显著影响。在长期 CT 条件下,土壤微生物量明显高于传统耕作[43]。Helgason[44]研究发现,经过 40 年免耕处理的土壤中真菌群落丰富度相比较短免耕年限的土壤更高;大量研究[45]发现随着免耕管理年限的增加,土壤中的有机质含量、剖面分层、生物体型多样性、生物数量、全氮含量、速效氮、速效钾含量也相应增加。

4.3 林草措施

林草措施能增强光合作用、改善土壤理化性质、增加植被覆盖率、土壤有机质含量、土壤团聚体的稳定性,从根本上改善生态系统服务功能,利于土壤生物生存繁殖。

林草措施在促进土壤生物多样性方面有显著作用。不同学者针对植被恢复对生物多样性影响得出不同结论:逐步达到稳定[46]、先升高后降低[47]等,但最终都利于生物多样性水平的稳定。不同植被恢复类型对土壤微生物量影响不同。亚热带红壤区研究表明[48],植被恢复显著增加土壤细菌数量,不同林型作用效果表现为纯樟树林>杉木樟树混交林>纯杉木林>自然恢复地。但也有针对宁南山区植被恢复模式对土壤微生物多样性影响的研究[49]指出,植被恢复模式对土壤细菌多样性无显著影响,而对真菌影响较大,且植被恢复模式对土壤微生物多样性的提高不太显著,这可能是因为样地土壤孔隙度较小,不利于微生物活动。此外,会促进优势植被物种的演化,在青海大通地区的研究表明[50],植被由低矮耐旱的灌木丛逐渐过渡到高大喜阴的乔木层,演替为正向发展。在古尔班通古特沙漠的白梭梭人工林林下植被恢复研究表明,群落优势种逐渐由单一物种占绝对优势的结构向多物种同时占优的方向演替,物种丰富度达到较高的水平,生活型组成结构逐渐多样化,且建植时间越长恢复效果越好[51]。

林草措施促进土壤生物多样性的原因首先在于植物根系分泌的多糖、氨基酸和细菌代谢物结合土壤细颗粒[52],有利于土壤大团聚体的形成与稳定,促进土壤碳氮磷等养分的固持[53],提高土壤养分肥力和土壤结构稳定性,为生物提供更稳定适宜的生存场所;其次,植物通过腐烂根系和凋落物等输入对土壤养分保留和缓冲性能具有重要调节作用，为土壤生物提供多样的食物来源和可分解基质；再次，植物根系直接拦截降雨、降低雨滴动能和增加坡面粗糙度以降低径流速度，削减径流的侵蚀动力，提高土壤的抗冲性能[54]，在一定程度上减少侵蚀带来的威胁，降低土壤生物多样性的损失。

4.4 工程措施

地埂植物带、淤地坝等水土保持工程措施有效改善土壤理化性质、恢复土壤生物多样性。

地埂植物带/篱有效减少土壤受降雨冲刷影响，改善土壤物理性状，增加土壤养分肥力。Lecq[55]指出植物带凋落物和分泌物给土壤微生物生存提供营养和栖息地，增加其种类及数量。地埂植物带对土壤大型动物多样性也有一定影响。Girma[56]发现有植物篱的农田蜘蛛数量比无植物篱的农田高77%。吴玉红[57]认为地埂植物篱的存在提高土壤大型动物的个体密度、类群数和多样性指数，有利于土壤动物多样性的保护；并在其关于不同植物篱类型对农田地面蜘蛛种群的影响研究中[58]指出，植物篱带可作为地面蜘蛛重要的越冬场所，但并没有显著提高农田地面蜘蛛的活动密度。

据实地调查，淤地坝坝地作物单产水平是梯田的2~3倍，是坡耕地的6~10倍。在意大利南部的短暂洪流中，淤地坝上游植被覆盖增加、其冠层结构更复杂，而在下游情况相反[59]，Zema[60]的研究结论给出很好的解释，淤地坝保留的水分可用于河岸植物的生长，促进大坝上游植被覆盖和群落结构。Agoramoorthy[61]也强调了淤地坝集水功能对生态环境的积极影响，包括供给牲畜和野生动物食用、森林植被恢复等，有利于土壤生物多样性的发展。

5 总结与展望

水土流失导致土壤肥力下降、理化性质变差、土壤扰动加剧，减少土壤生物营养摄入、破坏其固有生境、影响种间平衡，直接或间接对土壤生态系统造成威胁，使土壤生物多样性受到严重损害。作为生态修复的重点问题，不同地区的水土流失状况、制约条件不尽相同，因此亟待通过采取因地制宜的手段进行治理和修复。

水土保持措施作为改善水土流失状况以及恢复保护土壤生物多样性的有效手段，通过采取减少土地所受干扰的保护措施，以及保护性耕作、植被恢复措施、工程措施等方式，从不同恢复地区、不同制约条件、不同的生物形态结构（如动物、植物、微生物）出发，提高治理区土壤有机质含量、改良土壤理化性质、优化土壤结构、调节土壤生物种内种间关系、改善土壤生境和肥力等，促进土壤生物多样性和生态稳定性的恢复和发展。

目前，鉴于土壤生物多样性本身许多基础科学问题仍不清楚且土壤生物本身具有的种类数量庞大、复杂性、不确定性的特点，有关水保措施对土壤生物多样性影响的研究还不够深入，大部分研究基于水保措施实施后土壤性质变化导致土壤微生物、植物多样性变化，而针对土壤中大型动物的研究仍相对较少。为更全面、系统地认识水保措施对土壤生物多样性及其生态功能的影响，未来还需要从以下几个方面开展进一步研究：

（1）深化土壤退化（如侵蚀）对土壤生物多样性影响机制的研究，量化土壤生物多样性威胁的变化趋势，强调跨学科研究意识，为土壤生物多样性保护提供理论和技术支持。

（2）推动和深化土壤生物多样性因子评价体系建立与完善。

（3）进一步深化水保措施对土壤生物（尤其是土壤中大型动物）多样性影响机制的研究。土壤生物之间与环境之间存在密切作用，包括共生、拮抗、寄生等关系，这使得通过采取特定水保措施对特定生物物种的作用效果从而影响到整个土壤生态系统变得有迹可循，因此未来可基于生态网络分析和生物工程技术明确受不同水保措施影响的关键物种，通过具体措施改变土壤生物的种间数量关系来促进生态环境的修复。

（4）探索各种因素对生物多样性压力的机制，将科研成果纳入监测管理应用，建立土壤生物多样性监测评价体系，可以在一定程度上定量综合评价未来土壤生物多样性的影响，这对于避免生态系统的恶化和对人类社会的负面作用十分关键。

参考文献

［1］ Crawford J W, Harris J A, Ritz K, et al. Towards an evolutionary ecology of life in soil ［J］. Trends Ecol Evol, 2005, 20: 81-87.

［2］ Delgado-Baquerizo, et al. Multiple elements of soil biodiversity drive ecosystem functions across biomes ［J］. Nature Ecology & Evolution, 2020, 4: 210-220.

［3］ 褚海燕, 刘满强, 韦中, 等. 保持土壤生命力, 保护土壤生物多样性 ［J］. 科学, 2020, 72 (6): 38-42, 4.

［4］ Shi Z H, Yan F L, Cai C F, et al. Interrill erosion from disturbed and undisturbed samples in relation to topsoil aggregate stability in red soils from subtropical China ［J］. Catena, 2010, 81 (3): 240-248.

［5］ Jing K, Wang W Z, Zheng F L. Soil Erosion and Environment in China ［M］. Beijing: Science Press, 2005.

［6］ Guerra C A, et al. Global vulnerability of soil ecosystems to erosion ［J］. Landscape Ecology, 2020, 35: 823-842.

［7］ 张宇婷, 肖海兵, 聂小东, 等. 基于文献计量分析的近 30 年国内外土壤侵蚀研究进展 ［J］. 土壤学报, 2020, 57 (4): 797-810.

［8］ Gregorich E G, Greer K J, Anderson D W, et al. Carbon distribution and losses: Erosion and deposition effects ［J］. Soil and Tillage Research, 1998, 47 (3/4): 291-302.

［9］ Schulze E D, Mooney H A. Biodiversity and Ecosystem Function ［M］. New York: Springer, 1993.

［10］ Helgason T, Daniell TJ, Husband R, et al. Ploughing up the wood-wide web? ［J］. Nature, 1998, 394 (6692): 431.

［11］ Mäder P, et al. Soil fertility and biodiversity in organic farming ［J］. Science, 2002, 296 (5573): 1694-1697.

［12］ Dupouey J-L, Dambrine E, Laffite J-D, et al. Irreversible impact of past land use on forest soils and biodiversity ［J］. Ecology, 2002, 83: 2978-2984.

［13］ Baxter C, Rowan J S, et al. Understanding soil erosion impacts in temperate agroecosystems: bridging the gap between geomorphology and soil ecology using nematodes as a model organism ［J］. Biogeosciences Discussions, 2013, 10, 7133-7145.

［14］ Sousa J P, Bolger T, da Gama M M, et al. Changes in Collembola richness and diversity along a gradient of land-use intensity: A pan European study ［J］. Pedobiologia, 2006, 50: 147-156.

［15］ Tsiafouli Maria A, et al. Intensive agriculture reduces soil biodiversity across Europe ［J］. Global change biology, 2015, 21 (2): 973-85.

［16］ Postma-Blaauw M B, de Goede RGM, Bloem J, et al. Soil biota community structure and abundance under agricultural intensification and extensification ［J］. Ecology, 2010, 91, 460-473.

［17］ Trap J, Bonkowski M, Plassard C, et al. Ecological importance of soil bacterivores for ecosystem functions ［J］. Plant Soil, 2016, 398 (1-2): 1-24.

［18］ Lewis T D, Rowan J S, Hawes C., et al. Assessing the significance of soil erosion for arable weed seedbank diversity in agro-ecosystems ［J］. Progress in Physical Geography, 2015, 37, 5: 622-641.

［19］ Bourlion N, Ferrer R. The Mediterranean region's development and trends: framework aspects ［C］// In: FAO and Plan Bleu. 2018. State of Mediterranean Forests 2018. Food and Agriculture Organization of the United Nations, Rome and Plan Bleu, Marseille. Chapter 1, pp. 2-15.

［20］ Berendse F, van Ruijven J, Jongejans E, et al. Loss of plant species diversity reduces soil erosion resistance ［J］ 0. Ecosystems, 2015, 18: 881-888.

［21］ Gould I J, Quinton J N, Weigelt A, et al. Plant diversity and root traits benefit physical properties key to soil function in grasslands ［J］. Ecology Letters, 2016, 19: 1140-1149.

［22］ Hawksworth D L, Colwell R R. Microbial-diversity-21-biodiversity amongst microorganisms and its relevance ［J］. Biodivers Conserv, 1992, 1: 221-226.

［23］ Lavelle P, Lattaud D T, Barois I. Mutualism and biodiversity in soils ［C］// In: Collins H P, Robertson G P, Klug M J, eds. The Significance and Regulation of Soil Biodiversity. Dordrecht: Springer Netherlands, 1995: 23-33.

［24］ Liu S, Lei Y, Zhao J. et al. Research on ecosystem services of water conservation and soil retention: a bibliometric analysis [J]. Environ Sci Pollut Res, 2021, 28: 2995-3007.

[25] Pastorelli R, Vignozzi N, Landi S, et al. Consequences on macroporosity and bacterial diversity of adopting a no-tillage farming system in a clayish soil of Central Italy [J]. Soil Biol Biochem, 2013, 66: 78-93.

[26] Albaladejo J, Díaz-Pereira, E, de Vente J. Eco-holistic soil conservation to support land degradation neutrality and the sustainable development goals [J]. Catena, 2021, 196: 104823.

[27] Sala O E, et al. Global biodiversity scenarios for the year 2100 [J]. Science, 2000, 287: 1770-1774.

[28] Montanarella L, Panagros P. The relevance of sustainable soil management within the European Green Deal [J]. Land Use Policy, 2021, 100: 104950.

[29] Saura S, Bodin O, Fortin M J. Stepping stones are crucial for species' longdistance dispersal and range expansion through habitat networks [J]. J. Appl. Ecol, 2014, 51: 171-182.

[30] Rappaport D I, Tambosi L R, Metzger J P. A landscape triage approach: combining spatial and temporal dynamics to prioritize restoration and conservation [J]. J. Appl. Ecol, 2015, 52: 590-601.

[31] Xu J C. China's new forests aren't as green as they seem [J]. Nature, 2011, 477: 371.

[32] 武志芳. 黄土高原典型沟壑区生物结皮不同演替阶段土壤碳氮养分与微生物活性的关联特征 [D].

[33] 王芳芳, 肖波, 李胜龙, 等. 黄土高原生物结皮对土壤养分的表层聚集与吸附固持效应 [J]. 植物营养与肥料学报, 2021, 27 (9): 1592-1602.

[34] 樊瑾, 李诗瑶, 余海龙, 等. 毛乌素沙地不同类型生物结皮与下层土壤酶活性及土壤碳氮磷化学计量特征 [J]. 中国沙漠, 2021, 41 (4): 109-120.

[35] 刘艳梅, 李新荣, 赵昕, 等. 生物土壤结皮对荒漠土壤线虫群落的影响 [J]. 生态学报, 2013, 33 (9): 2816-2824.

[36] 李新荣, 陈应武, 贾荣亮. 生物土壤结皮: 荒漠昆虫食物链的重要构建者 [J]. 中国沙漠, 2008 (2): 245-248, 398.

[37] Legrand F, Picot A, Cobo-Díaz J F., et al. Effect of tillage and static abiotic soil properties on microbial diversity [J]. Applied Soil Ecology, 2018, 132: 135-145.

[38] Wang Z, Liu L, Chen Q, et al. Conservation tillage increases soil bacterial diversity in the dryland of northern China [J]. Agronomy for Sustainable Development, 2016, 36 (2): 28.

[39] 周子军, 郭松, 陈琨, 等. 长期秸秆覆盖对免耕稻-麦产量、土壤氮组分及微生物群落的影响 [J/OL]. 土壤学报: 1-13 [2022-07-13].

[40] Li Y, Song D, Liang S, et al. Effect of no-tillage on soil bacterial and fungal community diversity: A meta-analy-sis [J]. Soil and Tillage Research, 2020, 204: 104721.

[41] 张星杰, 刘景辉, 李立军, 等. 保护性耕作对旱作玉米土壤微生物和酶活性的影响 [J]. 玉米科学, 2008 (1): 91-95, 100.

[42] Moos J H, Schrader S, Paulsen H M, et al. Occasional reduced tillage in organic farming can promote earthworm performance and resource efficiency [J]. Applied Soil Ecology, 2016, 103: 22-30.

[43] 樊晓刚, 金轲, 李兆君, 等. 不同施肥和耕作制度下土壤微生物多样性研究进展 [J]. 植物营养与肥料学报, 2010, 16 (3): 744-751.

[44] Helgason B L, Walley F L, Germida JJ. Fungal and bacterial abundance in long-term no-till and intensive-till soils of the northern Great Plains [J]. Soil Science Society of America Journal, 2009, 1: 120-127.

[45] Adl S M, Coleman D C, Read F. Slow recovery of soil biodiversity in sandy loam soils of Georgia after 25 years of no-tillage management [J]. Agriculture Ecosystems & Environment, 2006, 114: 323-334.

[46] 鲁绍伟, 陈吉虎, 余新晓, 等. 华北土石山区不同林分结构与功能的研究 [J]. 水土保持学报, 2007 (4): 77-80, 84.

[47] 王树森, 余新晓, 班嘉蔚, 等. 华北土石山区天然森林植被演替中群落结构和物种多样性变化的研究 [J]. 水土保持研究, 2006 (6): 48-50.

[48] 刘飞渡, 韩蕾. 亚热带红壤丘陵区不同人工林型对土壤理化性质、微生物类群和酶活性的影响 [J]. 生态环境学报, 2015, 24 (9): 1441-1446.

[49] 陶吉杨, 谭军利, 郑飞龙, 等. 宁南山区植被恢复模式对土壤主要酶活性、微生物多样性及土壤养分的影响

［J］．干旱地区农业研究，2022，40（3）：207-217.

［50］刘硕．北方主要退耕还林还草区植被演替态势研究［D］．北京：北京林业大学，2009.

［51］姜有为，张恒，陶洪飞，等．白梭梭人工林林下植被恢复的演替规律研究［J］．新疆农业大学学报，2021，44（3）：213-222.

［52］Wang B, Zhang G, Yang Y, et al. The effects of varied soil properties induced by natural grassland succession on the process of soil detachment［J］. CATENA, 2018, 166：192-199.

［53］乐易迅，胡敏杰，肖琳，等．河口湿地红树林植被恢复对土壤养分动态的影响［J］．水土保持学报，2022，36（3）：333-337.

［54］李占斌，朱冰冰，李鹏．土壤侵蚀与水土保持研究进展［J］．土壤学报，2008（5）：802-809.

［55］Lecq S, Loisel A, Brischoux F, et al. Importance of ground refuges for the biodiversity in agricultural hedgerows［J］. Ecological Indicators, 2017, 72（1）：615-626.

［56］H Girma M R Rao, S Sithanantham. Insect pests and beneficial arthropods population under different hedgerow intercropping systems in semiarid Kenya［J］. Agroforestry Systems, 2000, 50（3）：279-292.

［57］吴玉红，蔡青年，林超文，等．地埂植物篱对大型土壤动物多样性的影响［J］．生态学报，2009，29（10）：5320-5329.

［58］吴玉红，蔡青年，林超文，等．不同植物篱类型对农田地面蜘蛛种群的影响［J］．中国农业科学，2009，42（4）：1264-1273.

［59］Lucas-Borja M E, Piton G, Yu Y, et al. Check dams worldwide：Objectives, functions, effectiveness and undesired effects［J］. Catena, 2021, 204：105390.

［60］Zema D A, Bombino G, Denisi P, et al. Evaluating the effects of check dams on channel geometry, bed sediment size and riparian vegetation in Mediterranean mountain torrents［J］. Sci. Total Environ, 2018, 642：327-340.

［61］Agoramoorthy G, Chaudhary S, Chinnasamy P, et al. Harvesting river water through small dams promote positive environmental impact［J］. Environ. Monitor. Assess, 2016, 188.

引水水库分期建设中生态基流调度方案研究

尹 星 王 成 娄 云

（淮河流域水资源保护局淮河水资源保护科研所，安徽蚌埠 233000）

摘 要：在引水水库分期建设过程中，为尽早发挥水库综合效益，结合工程实际建设情况，制订调度方案，协调流域防洪、灌溉与水生态的关系。以江巷水库为例，分别在驷马山引江灌溉工程建设前、驷马山引江灌溉工程（近期工程）建设后，以及工程完全建设后三个阶段充分考虑下游河道生态需水情况，联动项目环评要求，以保障生态需水为前提条件，兼顾水库不同阶段对于防洪、城镇供水及灌溉的需求，研究制定生态基流调度方案，方案具有可操作性，研究成果可为分期建设的大型水利工程生态流量调度提供参考。

关键词：引水工程；分期建设；生态基流调度

淮河流域水资源开发利用程度较高，用水矛盾突出，跨流域引调水已成为解决区域水资源紧缺的重要手段[1]。然而水利工程的建设运行往往重视防洪、供水、发电等社会、经济效益，忽略甚至破坏了河流的生态功能[2]。随着"十四五"规划纲要的提出，水利工程的生态目标已经与社会经济目标同等重要。目前，对于科学确定河流生态基流，国内外已有较为成熟的研究[3-4]，但对于生态基流调度，尤其是大型引水水库工程在分期建设中如何实施生态流量调度，以保障下游水生态环境的问题还有待研究。本文以江巷水库为例，结合驷马山引江灌溉工程建设进度，从区域生活、生产和生态用水统筹协调的角度出发，探索研究江巷水库不同阶段的生态基流调度实施方案，确保水库发挥社会经济效益的同时，不会对下游河道水生态环境产生影响。

1 工程概况

1.1 水库工程概况

江巷水库位于安徽省定远县，为大（2）型水库，是一座以供水、灌溉为主要任务，兼顾防洪等综合利用的水库工程。水库为不完全年调节型，总库容 1.30 亿 m³，其中防洪库容 0.30 亿 m³，兴利库容 0.34 亿 m³。工程实施后，结合驷马山引江灌溉工程，可向定远县城、盐化工业园、炉桥镇等乡镇供给多年平均供水量为 1.44 亿 m³ 的生活和工业用水，灌区多年平均补水 0.97 亿 m³，新增灌区面积 29 万亩，改善灌溉面积 42.59 万亩，通过水库控泄调度，使坝址至石角桥的池河上游防洪标准提高到 20 年一遇。

江巷水库工程于 2016 年 12 月开工建设，目前已基本建成，水库具备下闸蓄水条件。

1.2 驷马山引江灌溉工程概况

驷马山引江灌溉工程是以引长江水灌溉为主，结合滁河分洪、航运的大型水利工程。工程规划 5 级提水，渠首位于长江左岸和县乌江枢纽，设计抽水流量 230 m³/s，装机 1.76 万 kW；滁河一、二、三、四级泵站设计抽水流量分别为 120 m³/s、110 m³/s、105 m³/s、71.4 m³/s（其中进入江巷水库 51 m³/s），装机 1.5 万 kW、1.5 万 kW、1.5 万 kW、2.24 万 kW。驷马山引江水道是引江灌溉工程的总干渠，自乌江枢纽至金银浆入滁河，长 27.4 km；金银浆至一级站为滁河一级干渠，长 47 km；二级

作者简介：尹星（1988—），女，工程师，主要从事水资源与水生态环境保护工作。

引水河（一级站至二级站）长 17.4 km；三级干渠（二级站至三级站）长 9.0 km；四级干渠（三级站至四级站）长 23.2 km，其中一、二级干渠均利用滁河引水，三、四级干渠为人工开挖河道，四级干渠需穿江淮分水岭入江巷水库。经过多年建设，目前，乌江枢纽、滁河一、二、三级泵站、驷马山四级站及一、二级输水干渠和部分三级干渠已经建成，四级干渠尚未建设完成。江巷水库工程开工后，为不影响工程的整体进度，加快四级干渠建设，引江入库规模分期实施，近期四级站干渠流量为 24 m³/s，不考虑沿线灌区，仅增加水库直灌区 29 万亩情况下的引江入库流量；远期四级站干渠流量 64.7 m³/s，包括沿线灌区及江巷水库设计灌溉灌区 71.59 万亩情况下的引江入库流量 51 m³/s。该工程已于 2020 年 11 月开工建设，预计 2023 年 4 月建成投入使用。

由此可见，江巷水库主体工程已完工，具备下闸蓄水能力，而引水干渠—驷马山滁河四级站干渠工程有所滞后。为促进江巷水库尽早发挥综合效益，研究判断驷马山滁河四级站干渠工程建设不同阶段，在保证水库下泄生态流量的前提下，能否通过调蓄本地雨洪资源蓄水是十分必要的。

2 生态基流的确定及要求

为减缓工程运行后对下游水生生态系统的影响，采取下泄生态流量的措施，保护下游河道内水生生物生境。在江巷水库设计阶段，规划的水库兴利调度运行方式仅考虑了驷马山滁河四级站干渠按规划规模完成后的调度运用方式，因此项目环评阶段也仅考虑了江巷水库最终运用状态时应采取的生态调度方案。

根据项目环评批复，每年 10 月至翌年 3 月，通过生态放水闸以 0.5 m³/s 下泄生态基流（见表 1），当入库流量小于规定下泄生态基流时，按入库流量下泄，但不得低于 0.2 m³/s；每年 4—9 月，通过鱼道和生态放水闸以 1.5 m³/s 下泄生态基流，当入库流量小于规定下泄生态基流时，按入库流量下泄，但不得低于 0.6 m³/s，满足过鱼设施用水需求。

表 1   推荐江巷水库坝址生态基流成果   单位：m³/s

月份	1	2	3	4	5	6	7	8	9	10	11	12
推荐生态基流	0.5	0.5	0.5	1.5	1.5	1.5	1.5	1.5	1.5	0.5	0.5	0.5
生态基流不得低于	0.2	0.2	0.2	0.6	0.6	0.6	0.6	0.6	0.6	0.2	0.2	0.2

3 不同阶段生态基流调度方案

3.1 生态基流调度原则

工程生态基流方案结合驷马山滁河四级站干渠不同建设阶段分别制定，按驷马山滁河四级站干渠工程通水前、通水后（江巷水库近期引水）以及驷马山滁河四级站干渠（江巷水库远期引水）工程通水后三个阶段进行研究。

江巷水库生态基流调度方案制定原则：

（1）在驷马山滁河四级站干渠（近期）工程通水前，池河年径流量较低，且江巷水库灌区尚未建设，水库的调度运用原则应以保障生态需水和防洪为主，兼顾城镇供水和直流灌溉等综合利用。

（2）在驷马山滁河四级站干渠（近期）工程通水后，长江水可入库，水库的调度运用原则按照保障生态需水和城镇供水为主，兼顾防洪和直流灌溉等综合利用。

（3）在江巷水库灌区建设，且驷马山滁河四级站干渠（远期）工程通水后，水库的调度运用原则按照在保障生态需水的前提下，以城镇供水和灌溉为主，兼顾防洪等综合利用。

3.2 下闸蓄水阶段生态基流调度方案

江巷水库下闸蓄水阶段，通过生态放水闸下泄生态基流，保障下游河道不存在脱水时段。为了最大限度地发挥水库的生态效益，水库相机蓄水期间采用环评推荐生态流量，即 10 月至翌年 3 月按

0.5 m³/s 下泄，4—9 月按 1.5 m³/s 下泄，此外，该阶段仅考虑已有的郭集水厂（$Q = 5\,000$ m³/d）的生活用水需求。

平水年（$P = 50\%$），在保证下游生态环境需水和生活用水的情况下，水库 6 月开始蓄水，7 月即可通过截蓄洪水达到汛限水位，11 月达到正常蓄水位。水库下闸蓄水不完全截蓄当地径流，并按照生态优先的调度原则加大下泄水量，改善河道断流情况，尤其是 8—9 月，增大下泄流量，对下游水生生态环境起到了改善作用，见图 1。

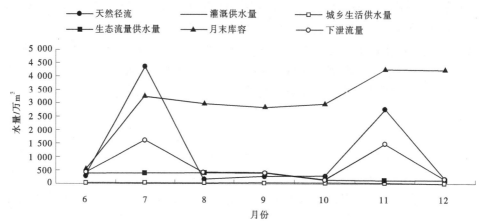

图 1　$P = 50\%$ 时天然径流量与下游生态需水及下泄水量过程曲线（下闸蓄水）

枯水年（$P = 80\%$），水库从汛期开始蓄水，一个水文年蓄水不能达到正常蓄水位，需要在优先保障生态流量的前提下，延长蓄水周期（见图 2）。在满足下游生态环境用水和生活用水的情况下，在第二年 12 月可达水库正常蓄水位。水库下闸蓄水过程中，经水库调蓄，坝址处按照生态调度原则下泄流量，满足生态流量要求，且在 12 月至翌年 5 月下泄流量大于天然流量，有利于改善下游河道生态环境。

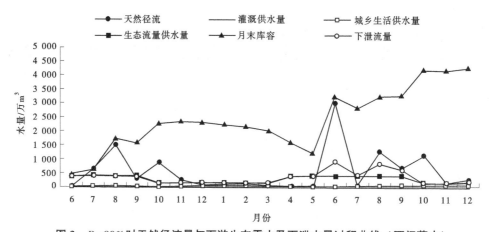

图 2　$P = 80\%$ 时天然径流量与下游生态需水及下泄水量过程曲线（下闸蓄水）

由此可见，江巷水库在满足生态基流下泄目标的前提下，可以完成水库蓄水。

3.3　引江干渠建设前生态基流调度方案

驷马山滁河四级站干渠通水前水库调度运行以保障下游生态用水和防洪安全为主，兼顾城乡供水和自流灌溉等综合利用。引江前，江巷水库下泄生态基流参考环评及其批复文件确定，按照生态优先的原则，每年 10 月至翌年 3 月，通过生态放水闸以 0.5 m³/s 下泄生态流量；每年 4—9 月，通过鱼道和生态放水闸以 1.5 m³/s 下泄生态流量。在优先满足下游生态需水和城乡生活需水的前提下，多余下泄水量可供给坝下自流片农业灌溉。城乡供水为现有郭集水厂 0.5 万 m³/d；自流灌溉面积 3.46 万亩，年均灌溉供水量 674.4 万 m³。

由图 3、图 4 可以看出，$P=50\%$ 和 $P=80\%$ 时，在优先满足下游生态用水的情况下，考虑城市生活供水和坝下自流片灌溉用水，旬末调节库容均在死库容 820 万 m³ 以上。驷马山引江灌溉工程建成前，江巷水库蓄水可保障下游生态用水需求，同时满足供给生活需水。

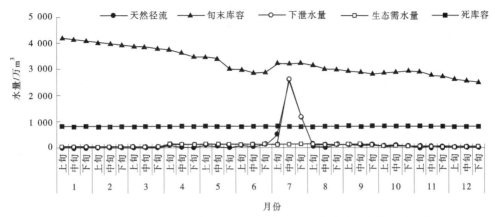

图 3　$P=50\%$ 时天然径流量与下游生态需水及下泄水量过程曲线（引江前）

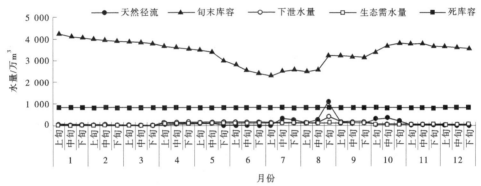

图 4　$P=80\%$ 时天然径流量与下游生态需水及下泄水量过程曲线（引江前）

平水年（$P=50\%$）情况下，与建库前相比，7 月和 10 月下泄流量减少 $0.51 \sim 1.4$ m³/s，减幅分别为 8.57% 和 50.40%；其他月份下泄流量增加 $0.47 \sim 1.5$ m³/s，增幅 45.62% ~ 3 248.00%，其中 3 月增幅最大。

枯水年（$P=80\%$）情况下，与建库前相比，7 月、8 月和 10 月下泄流量减少 $0.78 \sim 3.03$ m³/s，减幅 34.14% ~ 84.21%，其中 10 月减幅大；其他月份下泄流量增加 $0.24 \sim 1.5$ m³/s，增幅 31.35% ~ 2 319.20%，其中 2 月流量增幅最大。

3.4　引江干渠近期工程建设后生态基流调度方案

驷马山滁河四级站干渠（江巷水库近期引水）工程通水后水库调度运行原则为，以保障生态用水和城乡供水为主，兼顾防洪和直流灌溉等综合利用。

该阶段下泄生态基流依据环评及其批复文件确定，每年 10 月至翌年 3 月，通过生态放水闸以 0.5 m³/s 下泄生态流量，当入库流量小于规定下泄生态流量时，按入库流量下泄，但不得低于 0.2 m³/s；每年 4—9 月，通过鱼道和生态放水闸以 1.5 m³/s 下泄生态流量，当入库流量小于规定下泄生态流量时，按入库流量下泄，但不得低于 0.6 m³/s，满足过鱼设施用水需求。此外，结合当地供水规划，城乡供水增加新建炉桥水厂一期工程 5 万 m³/d，总供水规模达到 5.5 万 m³/d；灌溉面积在 3.46 万亩自流灌片的基础上，增加 25.54 万亩库周提水灌片，共计 29 万亩。

平水年（$P=50\%$）和枯水年（$P=80\%$）时，在优先满足下游生态用水的情况下（见图 5、图 6），考虑城市生活供水和直灌片灌溉用水，部分月份通过驷马山干渠引水，可在满足下游生态调度需求的同时，满足江巷水库炉桥、郭集水厂生活用水量和直灌区 29 万亩农业用水。

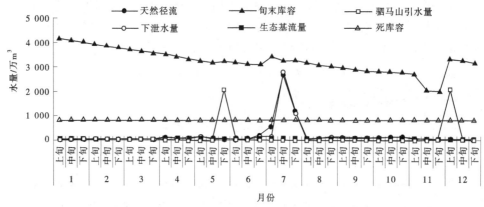

图 5 $P=50\%$ 时天然径流量与下游生态需水及下泄水量过程曲线（近期工程）

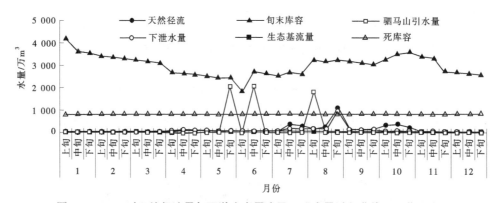

图 6 $P=80\%$ 时天然径流量与下游生态需水及下泄水量过程曲线（近期工程）

驷马山滁河四级站干渠（江巷水库近期引水）工程通水后，平水年型下，与建库前相比，6 月、7 月和 10 月，近期工程完工后流量减少 $0.02\sim1.29$ m³/s，减幅 $0.21\%\sim50.40\%$，最大减少时段为 10 月。其他月份流量增加，增加 $0.19\sim0.31$ m³/s，增长 $32.81\%\sim1239.20\%$，3 月增幅最大。

枯水年型下，与建库前相比，7 月、8 月和 10 月流量减少 $0.99\sim2.67$ m³/s，减幅 $17.82\%\sim84.21\%$，10 月减少最多。其他月份流量增加 $0.02\sim0.25$ m³/s，增幅 $4.23\%\sim867.68\%$，2 月增幅最大。

3.5 引江干渠完全建成后生态基流调度方案

驷马山引江灌溉工程建成后，江巷水库生态基流方案依照环评及其批复阶段确定的生态流量执行，优先生活用水，保障生态需水，其次为农业、工业生产用水。

经综合分析后确定，每年 10 月至翌年 3 月，通过生态放水闸以 0.5 m³/s 下泄生态流量，当入库流量小于规定下泄生态流量时，按入库流量下泄，但不得低于 0.2 m³/s；每年 4—9 月，通过鱼道和生态放水闸以 1.5 m³/s 下泄生态流量，当入库流量小于规定下泄生态流量时，按入库流量下泄，但不得低于 0.6 m³/s，满足过鱼设施用水需求。

在满足生态基流下泄的前提下，江巷水库可向定远县城、盐化工业园、炉桥等乡镇生活和工业多年平均供水量 1.44 亿 m³，灌区多年平均补水 0.97 亿 m³，水库直接灌溉面积 29 万亩，联合蔡桥等 3 座中型水库补水灌溉面积 42.59 万亩，充分发挥江巷水库的综合效益。

4 结论

在驷马山引江灌溉工程建设之前，江巷水库主要以保障生态需水和防洪为主，兼顾城镇供水和直流灌溉等综合利用。在驷马山滁河四级站干渠（近期）工程通水后，按照保障生态需水和城镇供水为主，兼顾防洪和直流灌溉等综合利用。在江巷水库灌区建设，且驷马山滁河四级站干渠（远期）

工程通水后，水库在保障生态需水的前提下，以城镇供水和灌溉为主，兼顾防洪等综合利用。

经分析论证，江巷水库在配套引江工程建成前，提前下闸蓄水，拦蓄当地雨洪资源是具备可行性的。江巷水库在以保障下游生态基流的前提下，可对当地发挥较好的社会经济效益，不同阶段生态基流调度方案的研究，具有实操性，有利于缓解工程建设对流域生态造成的生态压力，协调水利工程建设与生态环境之间的关系，推进水生态文明建设。

参考文献

［1］Zhang Chi，Wang Guoli，Peng Yang，et al. A negotiation based unlti-objective，multi-party decsision-making model for inter-basin water transfer scheme optimization［J］. Water Resource Managemen，2012，26（14）：4029-4038.

［2］尹正杰，黄薇，陈进. 长江流域大型水库实施生态调度方法框架研究［J］. 人民长江，2011，42（4）：60-63.

［3］尚文绣，王忠静，赵钟楠，等. 水生态红线框架体系和划定方法研究［J］. 水利学报，2016，47（6）：99-107.

［4］褚俊英，严登华，周祖昊，等. 基于综合功能辨识的城市河湖生态流量计算模型及应用［J］. 水利学报，2018，49（11）：1357-1368.

噶日沟裂点对河流消能减灾的作用分析

易南亲　谢沁辛　漆力健

（四川农业大学水利水电学院，四川雅安　625014）

摘　要： 青藏高原的持续抬升导致青藏高原边缘河流强烈下切，带来滑坡、崩塌、泥石流等一系列生态问题。对噶日沟实地调查结合 DEM 资料分析表明，保留的堰塞坝发育而成的裂点在山区河流自适应保护机制中起到重要的作用，其主要通过河谷演变与河床质响应来实现对不同河段下切侵蚀能力与水流能量调节能力相匹配。在裂点影响范围内，裂点上游灾害数量、线密度与规模分别相当于下游的 15%、8.5%、23.7%，说明裂点具有良好的防灾减灾效能，其上游极大降低两岸不稳定山体的物质势能，减少流域灾害，促进河流生态的良性发展。

关键词： 裂点；河床质响应；河谷演变；消能减灾

1　研究背景

相对高差超过 4 000 m 的青藏高原东缘位于中国自然地势的第一级阶梯向第二级阶梯的过渡地带，是我国重要的能源资源基地与西部开发战略重地。这一区域是诸多江河的发源地与世界生物多样性最丰富的地区之一。青藏高原边缘河流受高原持续抬升影响，河流快速侵蚀下切，水流能量较高。河流下切导致岸坡变陡，地质灾害能量增加，多发崩塌、滑坡和泥石流灾害。但河流系统自身具有自适应保护机制，往往依靠自然调节趋于平衡，即下切河流必然孕育着遏制下切的因素[1]。该机制主要体现在，主河强烈下切引发的灾害体常堵塞河流形成堰塞坝，保留的堰塞坝在泥沙淤积和水流的长期作用下会在河流纵剖面上形成一些陡缓突变点——裂点[2]。裂点的形成主要受堆积体堵河事件、构造活动的差异性隆升、岩性变化等的影响[3]。前人对于河流裂点的研究有很多，张会平等构建了河流裂点溯源迁移模型，定量了裂点溯源迁移速率与流域面积之间的关系[4]；黄伟亮等通过识别活动断层上游河流纵剖面中的河流裂点序列来反推断层的强震活动历史[5]；但大多集中于裂点的溯源侵蚀速率、裂点与强震活动关系等，关于裂点对河流消能减灾作用相关的分析较少。因此，研究噶日沟裂点对河流消能减灾作用对于理解青藏高原东缘下切河流的消能减灾具有一定的借鉴意义。

2　研究区域

噶日沟流域位于四川省宝兴县硗碛藏族乡，属青衣江源区，为宝兴河东河最大支流，如图 1 所示，城墙岩沟为其主源，与草棚子沟交汇后称为噶日沟。文中将流域划分为城墙岩沟、草棚子沟、噶日沟三个部分进行研究。流域面积 269 km²，主沟全长 32.6 km，最高海拔 4 808 m，最低海拔 2 051 m，落差 2 757 m，沟口流量 8.75 m³/s。

流域位于夹金山（海拔 4 930 m）南麓，构造运动强烈，褶皱断裂发育，河流快速深切，"V"字形峡谷广泛分布。如图 1 所示，流域内当前共有滑坡、崩塌点 112 个，泥石流沟 17 条。区域内的堰塞坝基本由泥石流堵塞主沟形成，保留下来的堰塞坝稳定后发育成裂点的共 8 个。堰塞坝溢洪道内往往发育阶梯-深潭系统（见图 2），阶梯与深潭在河段中依此交替排列，纵断面形成一系列台阶状，具

作者简介： 易南亲（1998—），男，硕士研究生，主要研究方向为山区河流。

通信作者： 漆力健（1972—），男，教授，主要从事水力学及河流动力学方面的研究工作。

有极强的河床阻力。

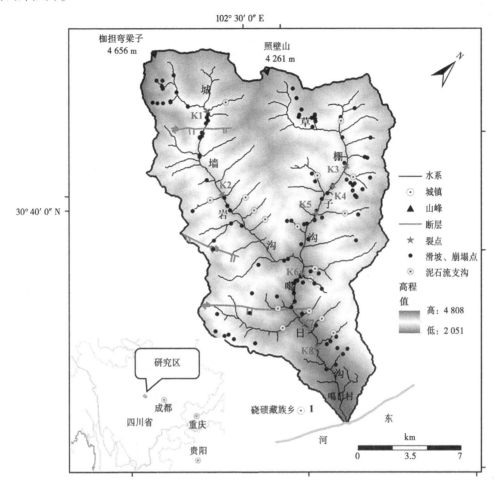

图 1 研究区概况

图 2 阶梯-深潭系统

3 研究方法

本文通过对比河流沿程演变特征及裂点上下游地貌差异，研究河流自适应保护机制；并通过对流域重力灾害的数量、规模分布，研究裂点对于流域消能减灾的重要性。

作者于 2020—2022 年非汛期对噶日沟流域进行多次野外踏勘和测量，获取流域主要沟道沿程河床宽度、河道宽度、河道比降等基本情况；进行裂点的辨识，比较裂点上下游河型和河流地貌差异，确定各裂点的上下游影响距离（裂点上下游的影响距离依据为野外实测与 DEM 提取的河道纵剖面数据共同判定）。用激光测距仪（测距精度<0.3 m）、GPS 接收器等工具，对流域内的灾害点进行定位与勘测。本文采用 GDEMDEM-30 分辨率数字高程数据提取流域的水系、河道纵剖面等数据。河床质粒径级配测定方法为在堆积现场进行量测统计，文中主要使用中值粒径 D_{50} 反映河床质差异。

4 裂点与河流自适应保护机制

现场调查的结果表明，堰塞坝发育而成的裂点对河床纵剖面的调整有着直接的影响。图 3（a）、（b）为主沟及草棚子沟的河道纵剖面，图中三角形为裂点（编号 K1~K8，其相对于河道纵剖面的位置即为实际左右岸位置）。不难发现，在裂点紧邻的下游河道内，往往存在着天然形成的高比降河段，最大比降可达 109‰，两者在位置上有着一定的相关性。经对裂点影响范围内上下游河道比降实测数据整理，各裂点上下游平均比降倍比范围为 0.3~0.7，上游平均比降 35.3‰，显著小于测量平均比降 52.4‰，下游平均比降 70.9‰，显著大于测量平均比降。裂点下游比降约为上游比降的 2 倍，裂点 K8 处甚至达 3.1 倍，这种局部比降差异在平原河流罕见，原因来自裂点在山区河流自适应保护机制中的重要性，其主要通过河谷演变与河床质响应来实现对河流的保护。

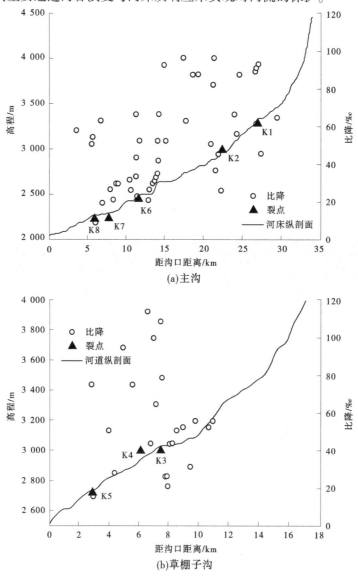

(a)主沟

(b)草棚子沟

图 3 主沟及草棚子沟河流纵剖面

对流域测点的河床宽度与河道比降数据进行统计整理（见图4），流域河床宽度与河道比降呈现明显的负相关关系，宽阔、分叉的河段往往表现为较小的河道比降，而窄深的基岩河道以及泄槽段往往存在较大的河道比降。K3为噶日沟中上游的一个堰塞坝，上游河床宽度最大值达100 m，比降20.9‰；其下游泄槽峡谷段，河床宽度仅为8.1 m，比降达99.8‰。这正是裂点通过河谷演变实现对河流的自适应保护。裂点形成后，卵石、泥沙等在上游淤积，上游河段下切减缓，比降减小的同时，河床由纵向转为横向演变，原先的V形河谷向宽谷转变。

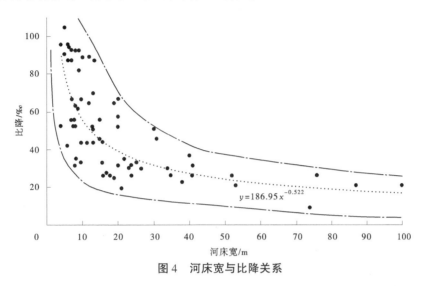

图4　河床宽与比降关系

上述分析可知，裂点对于山区河流的河谷横、纵向演变具有一定的控制性作用，但流域面积、流量具有很大差异性，为便于对比分析，本文利用C这一无量纲参数来表征裂点对于河谷演变的影响，按式（1）计算：

$$C = 1\ 000B/bi \tag{1}$$

式中：B为河床宽度，m，为河流在洪水期过流的河槽；b为河道宽度，m，为河流在非汛期过流的河槽；i为河道比降，‰。

图5（a）、（b）分别为主沟及草棚子沟沿程C值变化图，在裂点下游通常C值较小，说明裂点下游河谷深切，比降较大，纵向演变占据主导。而在裂点的上游C值通常较大，且先增加到一个极大值，再逐渐减小，表示裂点上游河谷宽浅，比降较小，横向演变占据主导。因此，C值越大，表明河谷横向演变空间越宽裕。经对裂点影响范围内上下游河道C值数据整理，在裂点上游的河谷演化过程中，C值最大可达461.5，甚至更大。流域各裂点上下游C值倍比均值为4.8，由此可知裂点上游的横向演变空间约为下游的4.8倍。裂点对于C值的影响，反映了汛期与非汛期河流面对不同流量调节的自适应保护机制。非汛期，裂点上游，水流能量较小，河床宽阔，水流大多集中于较窄河道，便于下切河床，这是山区河流的根本属性；裂点下游，水流能量相对上游大得多，但河床结构强，且水流流态多为跌落水流，消能效果明显。而汛期，在面对大流量时，上游C值大，河谷横向约束弱，水流便于展宽，可通过侧向侵蚀来消耗一部分能量，且由于裂点束窄段卡口的壅水作用，会引起泥沙在卡口上游开阔段内的落淤，减弱水流对于河床的冲刷。而下游虽单宽水流能量增长快，但下游多发育连续阶梯-深潭系统，其形状阻力作用很强，且消能率不随流量增大急剧下降，仍可将水流的绝大部分能量消耗掉。

河床质响应也是山区河流自适应保护机制很重要的一环，其对河道纵比降有着直接的影响。图6所示河床质D_{50}与河道比降关系图中，河道比降与河床质中值粒径D_{50}呈现出较为明显的正相关关系。经对裂点影响范围内上下游河道比降实测数据整理，裂点上游的物质较细，河床质中仅出现部分卵石，中值粒径区间15~30 cm；而裂点下游物质更粗，河床质中多出现大量卵石、漂石等，粒径大

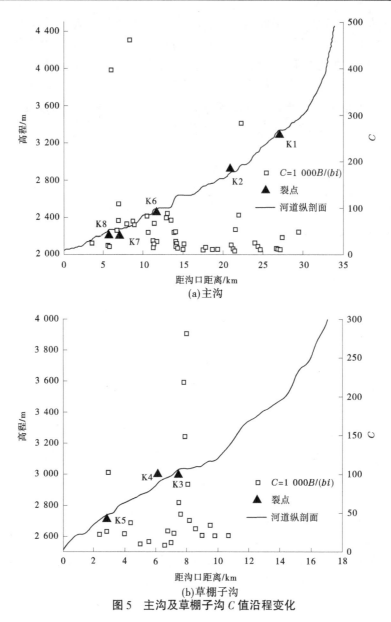

(a)主沟

(b)草棚子沟

图5　主沟及草棚子沟 C 值沿程变化

小可达 1 m 以上，最大漂石可达 5 m。裂点下游河床质的 D_{50} 平均值约为上游的 3.6 倍，上下游河床质差异的原因主要来自河流通过裂点进行的自适应补偿，反映着不同河段消耗水流能量的能力。裂点上游河道宽浅，水动力条件弱，河床质粒径小。裂点下游，为对抗水流冲刷以及维持裂点自身稳定性，较大粒径的组分则停留在河道内，并在堰塞坝溢流段发育阶梯—深潭结构、肋状结构等强阻力河床结构，与高比降河段的强大下切能力相匹配，消耗更多水流能量，实现更好的河流消能效果。

5　裂点对流域减灾效应

　　山区流域河流下切严重，一方面易使滑动体失去坡脚支撑在外力（地震、强降雨）作用下发生滑动，另一方面加大崩滑位置与河谷底部高差，增大物质势能，故灾害点多集中于河道两岸，所以主沟与草棚子沟灾害呈线性分布（见图1）。噶日沟全流域滑坡、泥石流、崩塌堆积体方量共计 202.7 × 10^4 m³，相较宝兴河、松林河、田湾河流域其他支流[6-8]，其灾害体堆积小得多，这正是裂点发挥的重要减灾效应。按照灾害点相对于主沟的线性位置，在裂点的影响范围内，对灾害点做表1的分析。在影响范围内，裂点上游灾害数量、线密度与规模都远低于下游，分别相当于下游的 15%、8.5%、23.7%；上游灾害数量均小于 3 个，为零星分布，且规模较小，下游灾害数量则明显增加，且多沿河

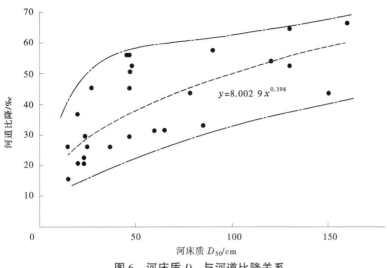

图6 河床质 D_{50} 与河道比降关系

连片发育，规模也较大。除K6、K7外所有裂点上游线密度均小于1个/km，灾害点分布密度远低于下游。这是由于裂点上游水动力条件弱，泥沙等细颗粒物质沉积，河谷逐渐演化为宽谷地貌，极大降低两岸不稳定山体的物质势能。同时，主河的淤积抬升，意味着支沟侵蚀基准面的抬升，对支沟的下切、崩滑泥石流等灾害的发生也起到了抑制作用，有利于河流生态的良性发展。而裂点下游虽保留了山区河流的强烈下切属性，但下游发育的阶梯—深潭系统也能消耗掉大部分水流能量，抑制河床的进一步下切，维持裂点的稳定。要使流域拥有更好的河流生态环境，往往需要多个裂点形成裂点群，就如同梯级水库一样，使得裂点上游影响范围扩大，下游强烈下切范围缩小，这样才能发挥裂点的最大效应。

表1 裂点影响范围内流域灾害点统计

序号	上游影响距离/km	上游灾害数量	下游影响距离/km	下游灾害数量	上游线密度/（个/km）	下游线密度/（个/km）	上游重力侵蚀量/万 m^3	下游重力侵蚀量/万 m^3
K1	1.6	1.0	2.4	7.0	0.6	2.9	4.0	10.4
K2	1.1	1.0	2.2	8.0	0.9	3.6	0.4	6.2
K3	2.5	1.0	0.9	15.0	0.4	16.1	1.2	20.9
K4	0.3	0.0	0.2	6.0	0.0	25.0	0.0	2.4
K5	1.5	1.0	0.5	6.0	0.7	11.5	2.9	3.7
K6	1.2	3.0	1.4	9.0	2.6	6.3	7.2	21.8
K7	1.5	2.0	1.1	2.0	1.3	1.9	0.7	0.2
K8	0.5	0.0	0.9	7.0	0.0	7.8	0.0	3.6
总计	—	9.0	—	60.0	0.8	9.4	16.4	69.2

6 结论

（1）在裂点紧邻的下游河道往往存在着天然形成的高比降河段，两者在位置上有着一定的相关关系，裂点下游平均比降约为上游平均比降的2倍。

（2）山区河流具有独特的自适应保护机制，往往通过河谷演变与河床质响应来实现。流域各裂点上下游C值倍比为4.8，故裂点上游的横向演变空间约为下游的4.8倍，裂点上下游C值的差异，反映了河流面对不同流量调节的自适应保护机制，能最大程度实现对水流能量的消耗。裂点下游河床质的中值粒径约为上游的 3.6 倍，上下游河床质差异的原因主要来自河流通过裂点进行的自适应补偿，反映着不同河段消耗水流能量的能力。

（3）下切河段中的河谷演变与河床质响应对河流纵剖面比降调整有着直接的影响；河道比降与河床质粒径呈现明显的正相关关系，与河床宽度呈现明显的负相关关系。

（4）在裂点影响范围内，裂点上游灾害数量、线密度与规模都远低于下游，分别相当于下游的 15%、8.5%、23.7%，说明裂点具有良好的防灾减灾效能，其上游能极大降低两岸不稳定山体的物质势能，更有利于河流生态的良性发展。

参考文献

［1］WANG Z Y, CUI P, YU G A, et al . Stability of landslide dams and development of knickpoints［J］. Environmental earth sciences, 2012, 65（4）: 1067-1080.

［2］刘譞，林舟，丁超 . 岷江上游流域裂点分布及成因分析［J］. 高校地质学报，2020，26（3）：339-349.

［3］张康，王兆印，刘怀湘，等 . 裂点发育及其对堰塞坝的稳定性影响［J］. 山地学报，2011，29（4）：474-482.

［4］张会平，张培震，樊祺诚 . 河流裂点的发育及其溯源迁移：以鸭绿江-望天鹅火山区为例［J］. 中国科学（地球科学），2011，41（11）：1627-1635.

［5］黄伟亮，杨虔灏，彭建兵，等 . 基于河流裂点序列研究秦岭北缘断裂强震活动历史［J］. 第四纪研究，2022，42（3）：843-857.

［6］吴雪峰 . 若笔沟流域侵蚀特征研究［D］. 雅安：四川农业大学，2021.

［7］谭龙 . 裂点对松林河流域侵蚀的影响［D］. 雅安：四川农业大学，2022.

［8］唐笛 . 田湾河流域土壤侵蚀分布特征［D］. 雅安：四川农业大学，2020.

暴雨洪水过程对浅水湖泊总悬浮泥沙及沉水植物影响研究——以成都市兴隆湖为例

范骢骧[1]　陈永灿[1,2]　刘昭伟[1,3]　王皓冉[1]　张　红[1]　史天颖[1,3]

（1. 清华四川互联网研究院，四川成都　610000；2. 西南石油大学，四川成都　610000；
3. 清华大学，北京　100089）

摘　要：近年来城市暴雨事件频发，城市浅水湖泊长期面临洪水风险。洪水携带大量泥沙进入湖泊，将造成藻类大量繁殖，沉水植被衰退，导致生态功能严重下降。目前水质因子对沉水植物生长影响的研究已较为成熟，但基本未考虑水动力过程的影响。因此，本文以兴隆湖为例，建立了湖区二维水动力—泥沙耦合模型，模拟了5年一遇、50年一遇两种暴雨情景洪水过程湖区总悬浮泥沙浓度的时空演变情况。模拟结果表明湖区泥沙主要来源为携沙水流输入，底床侵蚀作用不明显；高重现期情景泥沙影响范围更大、携沙水流传播更快，湖区中部及东侧受泥沙影响严重，且持续影响时间达65 h以上，可能造成沉水植被衰退。根据模型模拟结果，兴隆湖需采取水动力调控和外源泥沙拦截的方式降低暴雨洪水过程对湖泊生态的影响。

关键词：暴雨洪水；悬浮泥沙；沉水植物；水沙模拟

城市浅水湖泊通常具备生态系统较为脆弱，污染负荷能力较低[1]，水土界面不稳定等特征[2]。近年来，由于全球气候变暖改变局地气候特征，导致城市极端暴雨事件频发[3]。暴雨洪水携带大量污染物质进入城市湖泊从而引起水质恶化，使得沉水植物衰退消亡[4]，容易导致清水态湖泊生态系统向浊水态生态系统转换，生态系统功能严重下降[5]。目前，针对湖泊稳定性影响因子的研究多集中在外源营养物质的输入，如氮、磷的输入致使藻类大量繁殖，从而抑制了水生植物的生长[6-7]。对于重要的城市公园湖泊，通常在非汛期对外源污染输入采取了严格控制，但难以隔绝汛期暴雨洪水输沙过程对湖泊的影响。水下光照强度是沉水植物生长最直接、最重要的影响因子[8]，而光照强度在浅水湖泊中最为明显的特征就是受水体中悬浮泥沙浓度的影响，研究表明悬浮泥沙通过降低水体中的光照强度，导致沉水植物光合放氧速率明显降低，沉水植物生长受到严重抑制，在藻类大量繁殖的双重作用下，水生植被群落迅速衰退[9]。暴雨洪水挟带了大量泥沙进入湖泊，容易引起泥沙再悬浮导致水体悬浮泥沙浓度急剧升高[10]，因此掌握暴雨情景湖泊悬浮泥沙浓度变化十分重要。目前，泥沙测验方法虽然能够实现泥沙含量的精确分析，但存在布点有限、时效不足等问题[11]，且不能预测泥沙浓度的未来变化，所以通常采用模型模拟的方法来研究湖泊泥沙运动规律。当前针对湖泊水生态模型模拟技术已较为成熟，但全面考虑生态组分的生态模型大多不考虑水动力过程的影响[12]。因此，建立湖泊水动力—泥沙耦合模型，获取悬浮泥沙浓度的时空演变情况，提前制定相应的泥沙治理预案，对于城市湖泊的生态环境管理具有重要意义。

本文以成都市兴隆湖为例，模拟湖区多种暴雨情景下的输沙过程，分析不同暴雨情景悬浮泥沙在

基金项目：公园城市宜居河湖生态价值提升关键技术研究（310042021004）；城市河湖水系生态功能提升的关键集成技术研究与示范（2022YFS0474）；流域"厂网河（湖）"多源异构数据融合与共享技术研究（2021YFSY0013）。

作者简介：范骢骧（1990—），男，博士，助理研究员，主要从事水生态环境、城市防洪管理相关研究工作。

灾害周期内对湖区沉水植物生长的影响，为兴隆湖的生态环境管理提供决策依据。

1 研究区域概况

兴隆湖位于成都市天府大道南延线东侧，水域面积达 4 500 多亩，是集防洪、灌溉、生态和景观于一身的综合性水生态场所，被称为天府新区的"生态之肾"，其生态价值定位极高。兴隆湖上游鹿溪河发源于成都市龙泉驿区长松山西坡，为天然山溪河流，雨季时水位流量变化大、含沙量高，为保护湖区安全和水质，兴隆湖修建时在其东北方向鹿溪河上修建人工泄洪道，汛期时洪水经由闸门控制均进入泄洪道，湖区不承担行洪功能，只承担周边及上游支流降雨汇流。但兴隆湖所在天府新区的气候具有春旱、夏洪、秋涝、冬干的特点，且处于湿润多雨的成都平原丘陵、鹿溪河上游鹿头山暴雨区向平原区的过渡地带，经常发生强度大、笼罩面广的特大暴雨。

兴隆湖湖区自 2020 年 10 月开展二次生态提升工程后，沉水植物覆盖度达 70%，种植有苦草、金鱼藻、伊乐藻等沉水植物，其分布情况见图 1。兴隆湖正常水位保持在 464 m，平均水深 2.38 m，湖心处最大水深 9.02 m，非汛期湖区透明度达 3 m 以上，已形成清水稳态湖泊生态系统。2021 年 7 月 15 日兴隆湖遭遇一次较强降雨，兴隆湖上游大量泥沙的洪水涌入湖区，置换了约 20% 的库容。湖区 80% 的水域范围受到影响，呈现浑浊状态，3 天后湖区才基本恢复了透明度，造成大量沉水植物凋亡。湖区水生态系统虽然未发生稳态转换，但也为兴隆湖的生态环境管理敲响了警钟，有必要对兴隆湖暴雨洪水输沙过程进行研究，制定生态保护应急预案。

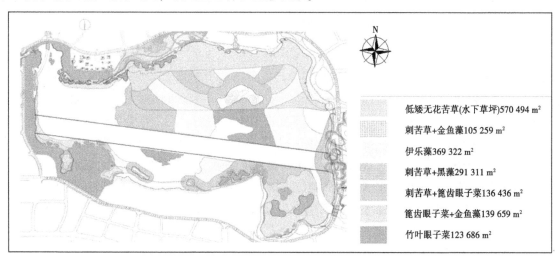

低矮无花苦草(水下草坪)570 494 m²

刺苦草+金鱼藻105 259 m²

伊乐藻369 322 m²

刺苦草+黑藻291 311 m²

刺苦草+篦齿眼子菜136 436 m²

篦齿眼子菜+金鱼藻139 659 m²

竹叶眼子菜123 686 m²

图 1 兴隆湖沉水植物分布

2 研究方法

2.1 模型建立

2.1.1 水动力控制方程

泥沙输运、冲淤的求解计算是建立在水动力学模型基础之上的。本文研究区域水流边界明晰，过流断面宽深比较大，因此采用二维浅水方程组进行模拟计算，其控制方程为沿水深平均的二维浅水流动质量和动量守恒控制方程组，可分别表示为：

$$\frac{\partial \zeta}{\partial t} + \frac{\partial p}{\partial x} + \frac{\partial q}{\partial y} = \frac{\partial d}{\partial t} \tag{1}$$

$$\frac{\partial p}{\partial t} + \frac{\partial}{\partial x}\left(\frac{p^2}{h}\right) + \frac{\partial}{\partial y}\left(\frac{pq}{h}\right) + gh\frac{\partial \xi}{\partial x} + \frac{gp\sqrt{p^2+q^2}}{C^2 \cdot h^2} - \frac{1}{\rho}\left[\frac{\partial}{\partial x}(h\tau_{xx}) + \frac{\partial}{\partial y}(h\tau_{xy})\right] - \Omega_q - fVV_x + \frac{h}{\rho}\frac{\partial}{\partial x}(P_a) = 0 \tag{2}$$

$$\frac{\partial q}{\partial t} + \frac{\partial}{\partial y}\left(\frac{q^2}{h}\right) + \frac{\partial}{\partial x}\left(\frac{pq}{h}\right) + gh\frac{\partial \xi}{\partial y} + \frac{gp\sqrt{p^2+q^2}}{C^2 \cdot h^2} - \frac{1}{\rho}\left[\frac{\partial}{\partial y}(h\tau_{yy}) + \frac{\partial}{\partial x}(h\tau_{xy})\right] - \Omega_p - fVV_y + \frac{h}{\rho}\frac{\partial}{\partial y}(P_a) = 0 \quad (3)$$

式中：ζ 为水位，d 为时变水深，h 为水深，$h = \zeta - d$，m；p、q 为 x、y 方向上的单宽流量，m^2/s；C 为谢才系数，$\mathrm{m}^{1/2}/\mathrm{s}$；$\rho$ 为水的密度，$\mathrm{kg/m}^3$；τ_{xx}、τ_{xy}、τ_{yy} 为有效剪切应力分量；Ω 为科氏力系数；F 为风阻系数；V、V_x、V_y 为风速及 x、y 方向的风速分量，$\mathrm{m/s}$。

2.1.2 泥沙输运模型

本研究主要考虑细颗粒泥沙的运动，即悬移质沙（粒径小于 0.06 mm）。在一般情况下，泥沙平衡包含三种运输机制的贡献：平流、沉降和扩散。由对流和湍流扩散控制悬浮泥沙输运的方程为：

$$\frac{\partial \rho}{\partial t} + u\frac{\partial \rho}{\partial x} + v\frac{\partial \rho}{\partial y} = \frac{1}{h}\frac{\partial}{\partial x}\left(hD_x\frac{\partial \rho}{\partial x}\right) + \frac{1}{h}\frac{\partial}{\partial y}\left(hD_y\frac{\partial \rho}{\partial y}\right) + \Delta S \quad (4)$$

式中：ρ 为水深平均的泥沙质量密度；D_x、D_y 为 x、y 方向扩散系数；ΔS 为源汇项，表示冲刷和淤积。

用泥沙与水流相互作用的随机方程来表示沉积率：

$$S_D = w_s c_h p_d \quad (5)$$

式中：w_s 为沉速；c_h 为近岸泥沙浓度；p_d 为沉积概率，$p_d = 1 - \dfrac{\tau_b}{\tau_{cd}}$，$\tau_b \leqslant \tau_{cd}$，$\tau_b$ 为床底切应力，τ_{cd} 为沉积的临界切应力。

侵蚀根据底床的特性不同分为两种情况，对于密室的已充分固结的底床，有以下侵蚀率公式：

$$S_E = E\left(\frac{\tau_b}{\tau_{ce}} - 1\right), \quad \tau_b > \tau_{ce} \quad (6)$$

对松软的部分固结底床，则有：

$$S_E = E\exp\left[\alpha(\tau_b - \tau_{ce})^{1/2}\right], \quad \tau_b > \tau_{ce} \quad (7)$$

式中，E 为单位时间内单位面积上的底床侵蚀量，$\mathrm{kg}/(\mathrm{m}^2/\mathrm{s})$；$\tau_{ce}$ 为底床侵蚀的临界切应力，$\mathrm{N/M}^2$；N 为侵蚀指数；α 为地形坡度系数。

2.2 模型边界条件

本文拟研究湖泊悬浮泥沙含量增多到恢复整个过程中的变化规律，因此从低暴雨强度到极端暴雨强度依次设计了暴雨重现期 5 年一遇（下文中几年一遇简称为几年）、50 年一遇共计 2 种典型降雨情景，暴雨设计公式采用成都市中心城区暴雨强度公式[13]：

$$i = \frac{44.594 \times (1 + 0.651\lg P)}{(t + 27.346)^{0.953[(\lg P)^{-0.017}]}} \quad (8)$$

式中：i 为降雨强度，$\mathrm{mm/min}$；t 为降雨历时，min；P 为暴雨重现期，年。

降雨持续时间设置为 24 h，模型初始水位设置为 464 m，含沙量根据试验实测数据给定，初始泥沙浓度为 $0.0023\ \mathrm{kg/m}^3$。

2.3 模型参数设置

模型中水动力模块主要有水平涡黏系数和糙率，泥沙输运模块主要参数有絮凝浓度、沉降速度、侵蚀系数等，泥沙输运模块中的糙率取值与水动力模块一致（见表 1）。

表 1 模型参数设置

模块	参数		取值
水动力模块	水平涡黏系数	Smagorinsky 系数	0.28
	糙率	曼宁系数	32

续表 1

模块	参数		取值
黏性输沙模块	沉积物密度		2 650 kg/m³
	絮凝浓度		0.01 kg/m³
	受阻沉降浓度		10 kg/m³
	沉降速度		0.01 m/s
	侵蚀系数		5×10^{-5} kg/（m³·s）
	临界剪切应力		0.07 N/m²
	床面粗糙度		0.001 m

3 研究结果

3.1 不同情景下湖泊水动力学结果

入流洪水洪峰发生在 6 h 时刻附近，5 a 和 50 a 情景水深分布与流场分布分别见图 2、图 3。从水深分布图中可以看出，两种情景水深分布情况基本一致，水深在湖区东侧以及南侧较大，达到 6 m 以上，湖区中部及西侧沉水植被覆盖率较高的区域水深在 5 m 以下。与降雨前比较，5 a 情景湖区平均水深增加 0.71 m，50 a 情景增加 0.93 m，相差 0.22 m，降雨停止后，两种情景平均水深差逐渐减小。

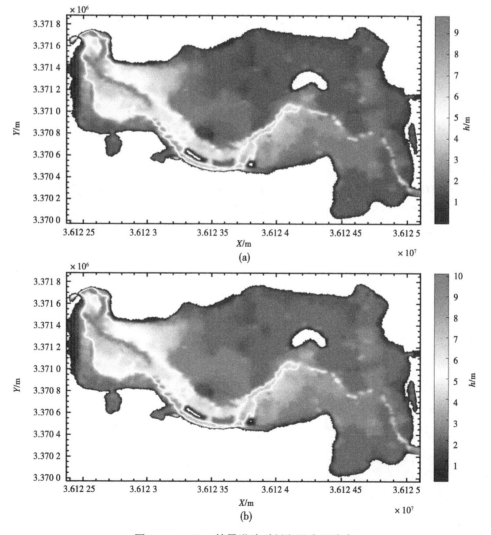

图 2　5 a、50 a 情景洪峰时刻湖区水深分布

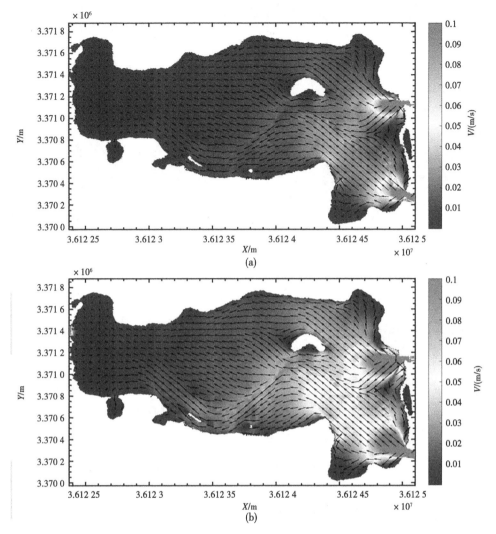

图 3　5 a、50 a 情景湖区流场分布

从流场分布看，两种情景湖区流速均较小，大部分区域流速均低于 0.05 m/s，洪水通过两个进口进入湖区后流速迅速衰减，来流对湖区水体的驱动作用不明显。沿主流方向湖区南侧的流动速度大于北侧，在洪峰时刻，湖区东侧水体几乎为静水状态，对底床几乎不造成侵蚀。50 a 情景洪水在湖区演进速率明显大于 5 a 情景，但较高流速影响区域集中在进口处以及两股水流的交汇处，在湖区中部及东侧，两种情景流速差距不大。

3.2　湖泊总悬浮泥沙浓度空间分布

选取 6 h、24 h、72 h、192 h 四个典型时刻对湖区总悬浮泥沙浓度（SSC）空间分布情况进行分析，模型模拟结果见图 4、图 5。悬浮泥沙浓度分布规律与流场分布规律基本一致，泥沙浓度与流速大小呈现较强相关性，在进口附近流速较大、紊动较强的区域，水体泥沙浓度与来流泥沙浓度（0.146 kg/m³）差距较小，说明底床受到侵蚀造成的泥沙浓度增加不明显，湖泊泥沙浓度增加主要来源于携沙水流的传播。泥沙浓度随着洪水传播距离而减小，在降雨期内，50 a 情景较之 5 a 情景泥沙扩散更快，沿主流传播距离更远，进一步说明湖区悬浮泥沙浓度主要受到来流泥沙的影响，6~24 h，湖体含高浓度沙范围迅速扩展，但两种情景携沙水流均未抵达东侧出口。降雨结束后，泥沙缓慢沿主流方向扩散小段距离，由于絮凝与沉降作用，水体泥沙浓度逐渐降低。在 72 h 时，5 a 情景仅出口和湖区中部泥沙浓度高于 0.1 kg/m³，50 a 情景 72 h 时除上述区域外，湖区南侧与东侧沿主流方向流速加大的区域泥沙浓度仍然高于 0.1 kg/m³。经历 192 h 后，5 a 情景除进口和中部区域泥沙浓度保持在 0.05 kg/m³，其余区域泥沙浓度基本恢复正常，接近湖泊本底泥沙浓度，50 a 情景湖区南侧部分区域泥沙浓度仍在 0.1 kg/m³ 以上，进口和中部泥沙浓度与 5 a 情景接近，但该浓度影响的范围更大，湖区整体上仍受到泥沙影响。

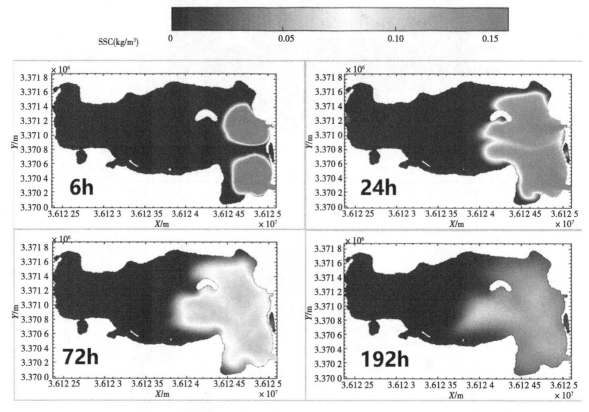

图 4　5 a 情景典型时刻泥沙浓度空间分布

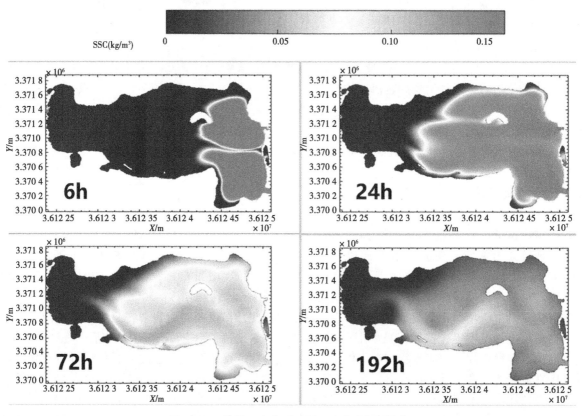

图 5　50 a 情景四个典型时刻泥沙浓度空间分布

3.3 典型节点总悬浮泥沙浓度变化

从进口到出口依次在沉水植被集中覆盖区域选取 3 个典型节点，分别编号 1、2、3，分析其总悬浮泥沙浓度随时间变化过程，见图 6。同一节点在不同情景下泥沙浓度达到峰值的时间不同，原因是高重现期情景携沙水流速度更快，到达节点的时间更早，在 5 a 情景入流泥沙甚至在 24 h 后才扩散到节点 3 位置，且泥沙浓度较小，仅为 0.02 kg/m³。从恢复过程上看，泥沙浓度越大，絮凝沉降的速率越快，当泥沙浓度低于 0.06 kg/m³ 时，节点水体泥沙浓度降低特别缓慢。从持续时间上看，5 a 情景靠近进口的节点 1 和中部的节点 2 泥沙浓度处于高于 0.1 kg/m³ 的时间较长，达到 65 h；而 50 a 情景 3 个节点泥沙浓度大于 0.1 kg/m³ 的时间均较长，恢复趋势与 5 a 情景相似，说明不同情景洪水入流在雨后在同一位置的影响程度几乎相同，但结合上文可知影响的范围区别更大。节点水体长时间泥沙浓度处于对沉水植物生长有明显影响的浓度之上（0.1 kg/m³），可能引起植物群落衰退[9,14]。

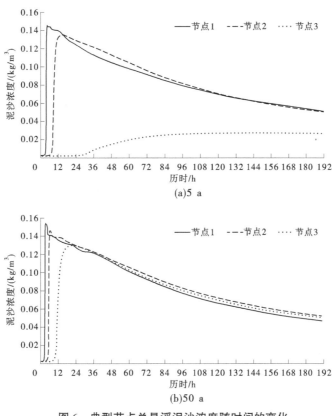

(a)5 a

(b)50 a

图 6 典型节点总悬浮泥沙浓度随时间的变化

4 结论

（1）暴雨洪水过程增加了湖区水深，5 a、50 a 两种暴雨情景湖区水深最大增加值分别为 0.71 m 和 0.93 m，暴雨结束 4 d 后，湖区平均水深仍高于正常平均水深 0.31 m。水深增加将使得沉水植物接收到的光照强度变低，影响植物生长。此外，由于兴隆湖湖区库容较大、湖面较宽、沉水植被覆盖率高，滞洪效果较好，洪水入流对湖区流速影响不大，流速最大的湖区进口附近流速仅在 0.1 m/s，对沉水植物影响不大。

（2）湖区泥沙浓度增加以洪水挟带的泥沙为主，整个湖区在暴雨期间底床侵蚀作用不明显。挟沙水流影响范围主要集中在湖区中部和东侧，该区域沉水植被覆盖率高，受悬浮泥沙影响严重。50 a 情景较 5 a 情景高浓度泥沙区域范围更大，挟沙水流扩散距离更远，且在降雨结束后，50 a 情景高浓度泥沙区域分布较 5 a 情景更偏西侧。因此，在雨后来流泥沙含量较低时，可开启进口闸门引入清水促使泥沙向东侧植被覆盖率较低的区域扩散，减小泥沙对沉水植物影响。

（3）沉水植被高覆盖区域从进口端至出口端高浓度悬浮泥沙保持时间依次递减，5 a 情景靠近进口端的节点与 50 a 情景的 3 个节点在雨后均有较长时间泥沙浓度较高，可根据模型模拟结果适当引入清水调控湖区的水力条件，减少高浓度泥沙对沉水植被的影响时间。此外，在降雨周期内湖区大部分区域泥沙浓度达到 0.1 kg/m³，将严重降低沉水植物的光合作用效率，造成植被衰退，因此在强降雨风险下，兴隆湖应进一步加强外源泥沙输入的拦截能力，做好上游区域的水土保持工作。

参考文献

［1］ Scheffer M. Ecology of Shallow Lakes ［M］. London：Chapman and Hall，1998.

［2］ Three-dimensional hydrodynamic and water quality model for TMDL development of Lake Fuxian，China ［J］. 环境科学学报：英文版，2012，24（8）：9.

［3］ 张冬冬，严登华，王义成，等. 城市内涝灾害风险评估及综合应对研究进展 ［J］. 灾害学，2014，29（1）：144-149.

［4］ Zhang Y L，Liu X，Qin B，et al. Aquatic vegetation in response to increased eutrophication and degraded light climate in Eastern Lake Taihu：Implications for lake ecological restoration ［J］. Scientific Reports，2016，6：23867.

［5］ 闫志强，夏北成. 不同干扰因素对浅水湖泊生态系统稳态转换过程的影响研究 ［C］//2015 年水资源生态保护与水污染控制研讨会论文集. 中国环境科学学会、哈尔滨师范大学，2015：208-213.

［6］ Liu Z，Zhang X，Chen F，et al. The responses of the benthic-pelagic coupling to eutrophication and regime shifts in shallow lakes：Implication for lake restoration ［J］. Journal of Lake Sciences，2020，32（1）：1-10.

［7］ 吴思枫，梁中耀，刘永. 富营养湖泊稳态转换的恢复时间及影响因素模拟研究 ［J］. 北京大学学报（自然科学版），2018，54（5）：1095-1102. DOI：10.13209/j.0479-8023.2018.043.

［8］ 林超，韩翠敏，潘辉，等. 不同光照条件对 8 种沉水植物生长的影响 ［J］. 环境工程，2016，34（7）：16-19.

［9］ 吴建勇，温文科，邵留，等. 悬浮泥沙与斜生栅藻（Scenedesmus obliquus）对亚洲苦草（Valisneria natans）光合放氧速率的影响 ［J］. 生态科学，2015，34（4）：1-8.

［10］ Shi K，Zhang Y，Zhu G，et al. Long-term remote monitoring of total suspended matter concentration in Lake Taihu using 250 m MODIS-Aqua data ［J］. Remote Sensing of Environment，2015，164：43-56.

［11］ 侯雪姣. 基于遥感的长江中下游大型湖库悬浮泥沙浓度时空动态及其与湿地植被覆盖的关系研究 ［D］. 武汉：武汉大学，2020.

［12］ 赵磊，刘永，李玉照，等. 湖泊生态系统稳态转换驱动因子判定方法研究进展 ［J］. 水生态学杂志，2017，38（1）：1-9.

［13］ 朱钢，赵刘伟，黄鑫，等. 成都市中心城区暴雨强度公式（修订）［Z］. 成都：成都市市政工程设计研究院，2015.

［14］ 王瑞，何亮，张萌，等. 中国苦草属（Vallisneria）植物萌发与生长的影响因素 ［J］. 湖泊科学，2021，33（5）：19.

水下原位生境监测塔设计与示范应用

丁意恒[1,2]　陈永灿[3,4]　李佳龙[2]　刘昭伟[2,4]　王皓冉[2]　张　红[2]　史天颖[2,4]

（1. 大连理工大学，辽宁大连　116000；2. 清华四川能源互联网研究院，四川成都　610213；
3. 西南石油大学，四川成都　610500；4. 清华大学，北京　100084）

摘　要： 河湖水系是生态环境的重要组成部分。针对浅水河湖生态监测数据采集烦琐以及设备体系覆盖不全的现状，本研究从结构、功能、机制等角度出发，介绍了自主研发的一款集"智能监测-无线传输"于一体的水下原位生境监测塔，实现水质 5 参数的高质量监测和水生生物的透彻感知。通过在成都市兴隆湖的测试和环湖应用，水质监测精度高（>90%），水生生物 360°环形监测影像清晰且连续（识别率达到81.35%）。本设备灵活性强、持续性好且节约人力，可为河湖水生态监测和智慧化管控提供重要技术手段。

关键词： 智能监测；水质；水生生物；图像采集；兴隆湖

1　引言

生态环境监测是生态环境保护的基础，加强河湖生态保护治理，需要先进强大的监测感知能力和规范高效的监督管理手段。智能技术在水体生态环境监测领域的应用可降低劳动力，提高自动化程度和工作效率，具备灵活、快速、适用性强等传统测量手段无法比拟的优势[1]。

水利部指出要建立河湖信息管理系统，运用科技手段实现动态监控，实现常态化监测，及时收集整理信息，为决策部门提供支持。针对河湖水质及生态监测国内外已开展一系列理论研究和设备研制工作。在水质监测方面，胡焕明等[2]利用遥控无人监测船集成了水质、水文传感器和水生生物全息显微观测系统，实现对水域多项指标的监测。于家斌等[3]结合串口技术和 3G 通信技术设计手持检测仪，实现水质参数的实时显示、历史数据曲线显示查询以及水质评价分析。珠江水利科学研究院等单位利用潜航器、无人船等设备，将微观监测与宏观检测相结合，实现水质和水生态参数的大范围、高效率、多频次智能感知。

在水生态感知方面，随着人工智能的发展，基于计算机视觉采集水生态要素特征进行分析研究逐渐成为新的生态监测手段。杨雨航等[4]利用卷积神经网络通过识别图像的特征属性来区分水生植物所属的类别。Pech-Pacheco 等[5]应用图像捕捉处理对墨西哥 Todos Santos 湾的角藻（Ceratiun）进行自动识别和计数。Embleton 等[6]使用自己构建的图像捕捉和计算机软件系统对爱尔兰 Lough Neagh 湖的 4 种浮游植物进行了识别计数。但是，目前研究大多针对单一物种进行分类识别，缺乏对整个河湖生态系统关键物种的整体性识别。并且受成像分辨率限制易受水中杂质干扰，算法和设备精度仍有改进空间。基于物联网的水生态监测设备的应用推动了全方位、实时、高效的水生态动态监测，为水生态环境监测提供新的技术方法。但是，仍存在监测持续性、布置灵活性以及成本等问题。因此，综

基金项目： 公园城市宜居河湖生态价值提升关键技术研究（310042021004）；城市河湖水系生态功能提升的关键集成技术研究与示范（2022YFS0474）；流域"厂网河（湖）"多源异构数据融合与共享技术研究（2021YFSY0013）。

作者简介： 丁意恒（1999—），男，硕士，研究方向为水利工程与水环境。

通信作者： 李佳龙（1991—），男，硕士，研究方向为机械工程。

合灵活布置和长期连续监测需求的新型微观监测设备可以补充构建水生态常态化时空监测网络。

本文提出一种适用于浅水河湖的智能化水下监测设备——水下原位生境监测塔，利用自身携带的可见光相机以及温度、浊度、pH、导电率、溶解氧 5 参数水质监测传感器，结合无线传输模块实现远程控制与数据共享，实现对水质要素的高质量监测和水生生物透彻感知。引入机器视觉与深度学习技术搭建识别模型，开展水生生物的实时跟踪和量化识别，实现水底定点、全时段、连续生态环境监测和生物态势感知。该设备以成都市兴隆湖作为典型应用场景，通过全时空水生生物-生境态势感知，为水下生态环境变化趋势分析、驱动机制解析、生态健康评价等研究提供关键数据，为河湖水生态优化保护策略制定及推进公园城市建设提供重要依据和理论基础。

2 水下原位生境监测塔设计方案

2.1 主体结构

水下原位生境监测塔主要由顶盖、密封舱、监视相机、检测传感器、安装底座等 5 部分组成，如图 1 所示。设备主体直径为 30 cm，高度 31~100 cm 可调，重量 6 kg。

（1）安装底座：可将设备高度在 31~100 cm 调节，使用时固定在河床上。

（2）监视相机：可调节视角且相互补充，拼接实现原位 360°环视拍摄。

（3）密封舱：水下 20 m 防水等级，保护传感器和数据传输模块。

（4）顶盖：开口便于水质传感器的监测水体流通，低可视度减少对水生生物的惊扰。

（5）检测传感器：具备温度、浊度、pH、电解质、溶解氧 5 项指标监测的能力，结合存储和无线传输模块实现实时数据回传分析。

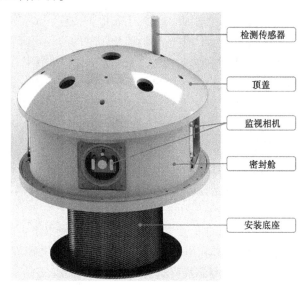

图 1 水下原位生境监测塔实物

2.2 基本功能

水下原位生境监测塔首先满足远程控制、监测、记录等基本功能，其次具有灵活布置的特点，还要兼顾环境协调，不对生物产生影响。除此之外，还具备 48 h 监测的续航水平应对离岸工作环境。主要功能如图 2 所示。

2.3 水生态监测与态势感知机制

2.3.1 水质要素监测机制

温度、浊度、pH、导电率、溶解氧水质五参数是判断水质污染程度的重要标准之一（见表 1），已在地表水监测中得到广泛应用。水下原位生境监测塔采用半导体电阻随光强、温度等因素改变的特性测量温度和浊度，利用湖水作为电解质溶液测量 pH、电导率和溶解氧。

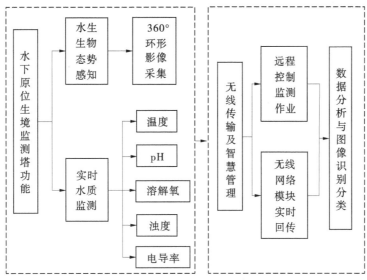

图 2 水下原位生境监测塔基本功能

表 1 水环境指标监测执行标准

项目	水温（WT）	酸碱度（pH）、溶解氧（DO）、电导率（Cond）、浊度（NTU）
执行标准	水和废水监测分析方法	GB/T 5750.4—2006

（1）温度。

选用厚膜铂电阻[7] 作为测温元件制成测温模块，厚膜铂电阻抗振动性好，性能稳定可靠，价格便宜。电阻 $R(t)$ 与温度 t 的关系满足下式

$$R(t) = \begin{cases} R(0\ ℃)[1 + At + Bt^2 + C(t - 100)t^3], & t < 0 \\ R(0\ ℃)[1 + At + Bt^2], & t > 0 \end{cases} \tag{1}$$

式中：A、B、C 为常数，试验表明 $A = 3.91×10^{-3}/℃$，$B = -5.08×10^{-3}/℃$，$C = -4.27×10^{-3}/℃$；$R(0\ ℃)$ 取 100 Ω。

（2）pH 值。

溶液 pH 值与氢离子浓度直接相关，传感器电极电压同氢离子的浓度满足能斯特方程[8]：

$$E = E_0 + RT × \mathrm{pH}/nF \tag{2}$$

式中：R 为摩尔气体常数，$R = 8.314$ J/mol·K；F 为法拉第常数，$F = 96\,500$ C/mol；n 为离子化合价，根据氢离子基本属性，$n = 1$；T 为热力学温度，$T = 273.15 + t$，t 是摄氏温度值；E_0 为等电势点电位；E 为传感器电极被待测溶液影响后的电位输出值。

（3）电导率测定。

溶液的导电问题可采用欧姆定律处理。一段金属导体电阻为

$$R = \rho \frac{l}{A} \tag{3}$$

式中：l 为导体长度，cm；A 为导体截面面积，cm^2；ρ 为电阻率，Ω·cm。溶液中 ρ 与温度成反比，将电极间溶液视作导体，令 $k = \dfrac{1}{\rho}$，$G = \dfrac{1}{R}$。

$$k = G\frac{l}{A} = GK \tag{4}$$

式中：G 为电导，$Ω^{-1}$；l 为电解质溶液的导电长度，cm，与电极间距有关；A 为电解质溶液的导电截面面积，cm^2，与电极面积有关；K 为电极常数，即电导池常数，电极结构确定，电极常数也随之确

定；k 为电导率，Ω^{-1}/cm 即 S/cm。

（4）溶解氧。

向电极施加一定的电压，使溶解氧在电极表面发生电化学反应，在测量电路中产生电流，该电流的大小与溶解氧的浓度成正比，满足

$$I = A \cdot p_{O_2} \cdot e^{\left(\frac{-a}{T}\right)} \tag{5}$$

式中：I 为稳态响应电流；A 为电极材料结构相关常数；p_{O_2} 为氧分压[9]。

根据亨利定律 $$P = k_x x \tag{6}$$

式中：P 为气体分压，kPa；k_x 为亨利常数，与温度相关；x 为物质摩尔浓度。内置模块计算得出溶解氧质量浓度。

（5）浊度。

采用透射光式浊度测量法[10]，从光源（发光二极管）发出的光束射入水样，浊度物质使光强衰减，此光穿过待测液体并被光敏晶体管接收转换，得到的电信号指示液体的浑浊程度（见图3）。光强衰减程度与水样的浊度之间的关系可用式（7）表示：

$$I = I_0 e^{-Kdl} \tag{7}$$

式中：I 为透射光发光强度，cd；I_0 为入射光发光强度，cd；K 为比例常数；d 为浊度，NTU；l 为透过深度，mm。

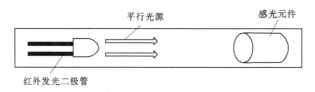

图3　透射光浊度测量原理示意图

2.3.2　水生生物态势感知机制

针对实际河湖水生生物样本类型及数量不足、形式单一、样本分辨率低的问题，利用水下高灵敏度生态环境360°环向全景成像技术，开展基于计算机视觉的底栖动物、水生植物、鱼类等关键水生生物行为分析与态势感知技术研究。建立水下生物图像样本集与测试集，基于全卷积神经网络算法搭建水生生物识别模型（本研究以鱼类图像识别为例）。

（1）建立数据集：根据"Labeled_ fish in the wild"鱼类资料图（见图4）建立野生鱼类图像特征数据集，其中80%用于制作鱼类精确标注数据集，20%用于测试。制作图像对应标签以备输入模型。

（2）搭建训练模型：基于 Pytorch 框架使用 resnet18 网络，设置学习率为0.01，学习次数为50次，导入数据集进行训练评估准确率。准确率达到90%即可开始检测。

（3）检测模型：将监测的图像导入模型中进行识别，嵌套分类计数模块，识别完成以后计算统计数据。具体流程如图5所示。

3　兴隆湖生态监测示范应用与结果分析

3.1　现场测试方案与验证

水下原位生境监测塔经过了室内水池密封性、功能性测试后，于2021年11月在成都市兴隆湖开展多次水质监测和水生生物态势感知原位测试和应用实践。测试点位和应用实践点位1~5的分布及现场工作见图6。

图4　数据集标注示意图

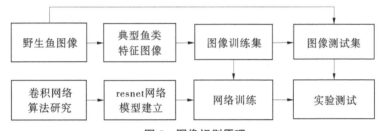

图5　图像识别原理

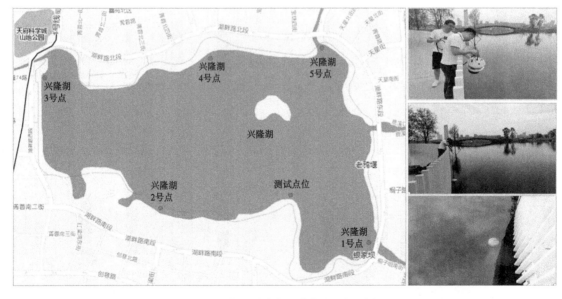

图6　水下测试点位分布及现场测试

　　经过现场测试，水质五参数（溶解氧、电导率、pH、温度、浊度）传感器工作正常，可实现10 min一次的数据采集。结果如表2所示，将生境监测塔监测数据和手持仪器人工监测结果进行比较，水质五参数监测精度>90%，满足监测要求。

水下图像采集清晰连续，可实现离岸状态为期 48 h 的 360°环形透彻感知。

表 2　水质五项指标监测实地测试数据

项目	时间	水温/℃	pH 值	溶解氧/（mg/L）	电导率/（μs/m）	浊度/NTU
第一次	监测塔	14.4	8.2	9.29	490.50	3.30
	手持仪器	13.8	8.5	8.52	473.80	3.10
	误差	4.35%	3.53%	9.04%	3.52%	6.45%
第二次	监测塔	9.4	8.8	9.74	247.10	7.47
	手持仪器	9.6	8.4	8.72	268.90	8.58
	误差	2.08%	4.76%	11.70%	8.11%	12.94%

3.2　水质监测结果与讨论

经过实地测试满足要求，在兴隆湖 1~5 监测点位进行水生态五项指标监测以及水下图像采集。兴隆湖水质溶解氧、电导率、pH、温度、浊度监测结果如图 7 所示。结果显示，兴隆湖水水温空间分布较均衡，pH 值随季节波动较大，夏季偏高。结合溶解氧含量变化分析，原因可能是夏季水温升高气体溶解度降低，藻类光合作用等影响导致二氧化碳含量减少，碱性物质积聚。由溶解氧含量随空间变化分析，兴隆湖 1 号点附近水域湿地面积较大所以溶解氧含量同期相对较高。5 号点电导率略高于其余位置，春季升高明显，考虑是受水动力扰动和上游挟带污染物影响，具体原因有待进一步监测验证。

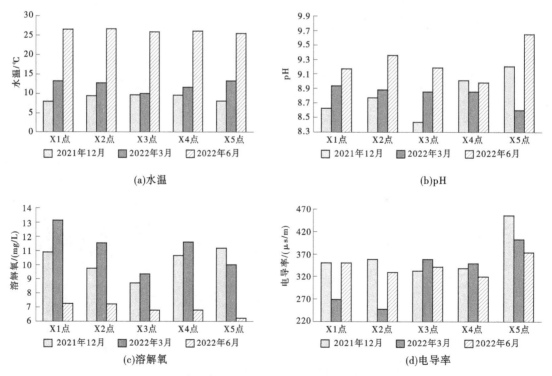

图 7　兴隆湖五个点位的五项指标监测数据

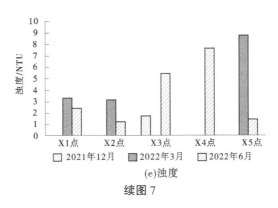

(e)浊度

续图 7

3.3 水生生物态势感知与讨论

兴隆湖水生生物态势感知结果见图 8。将采集的水下图像导入模型进行识别分类，可实现从水草等杂乱背景中准确识别鱼类，鱼类识别率达到 81.35%。由于部分图像数据中水域能见度不理想或者鱼类体型较小，后续研究将扩大学习样本数量，改进图像前处理方法减少背景影响。本设备可以提供持续监测数据，为进一步的水环境模拟和要素分析提供研究依据。该设备将和水质检测无人船、岸基定点水质监测站共同搭建起兴隆湖水质检测体系，全方位、全时空进行水质、水生态监测，确保兴隆湖水生态稳定、可控。

图 8   兴隆湖水生生物态势感知结果

4   结论

本文提出的水下生境原位监测塔利用了半导体材料的特性实现对溶解氧、电导率、pH、温度、浊度五项水质指标的监测，同时能够实现清晰图像的采集。经过现场测试准确率达 90%，验证了机器人设计合理、结构可靠，采集信息精度初步满足要求。

监测塔利用自身携带的可见光相机、五参数水质检测传感器，实现水底定点、全时段、连续生态环境监测，结合深度学习图像识别技术进行分类。通过水质五参数的监测，发现兴隆湖水质随季节变化较大，1 号点湿地改造区域水质改善明显。图像识别准确率达到 81.35%，克服了人工监测采集的高成本、可持续性弱的难题。

目前，团队自主研发的水下生境原位监测塔针对五项基本水质指标的监测仍有精度提升空间，水下图像清晰程度还可以进一步提升。在未来的工作中，将提高相机传感器分辨率和精度，为建设全方位、全时空的河湖水生态监测体系发挥重要节点作用。

参考文献

［1］李永龙，王皓冉，张华．水下机器人在水利水电工程检测中的应用现状及发展趋势［J］．中国水利水电科学研究院学报，2018，6（6）：586-590.

［2］胡焕明，李中贤，吴旦．基于"5G+无人机无人船"的工业互联网数据采集平台方案研究［J］．电信技术，2019（8）：26-28，33.

［3］于家斌．便携式河湖水质在线监测仪表的研发与设计［J］．计算机与应用化学，2016（33）：8.

［4］杨雨航．改进卷积神经网络算法及其在水生植物识别中的应用［D］．长春：长春工业大学，2022.

［5］Pech-Pacheco J L, Borrego J A, Cristòbal G. Identification of a red tide blooming species through an automatic optical−digital system. Proceedings of Algorithms and Systems for Optical Information Processing V, volume 4471 of Optics and Imaging Systems［M］．San Diego, CA, USA, 2001：243-250.

［6］Embleton K V, Gibson C E, Heaney S I. Automated counting of phytoplankton by pattern recognition：a comparison with a manual counting method［J］．Journal of Plankton Research, 2003, 25：669-681.

［7］彭雨田．厚膜铂电阻温度传感器的性能与应用［J］．传感器世界，1997（11）：24.

［8］孔小平，孟洁，许建军．pH 电极的测量原理及正确使用［J］．计量技术，2009（10）：52.

［9］李厚群．在线溶解氧分析仪的测量原理及使用维护［J］．泸天化科技，2008（3）：263.

［10］左辉．浊度的检测原理及方法［J］．中国计量，2012（4）：86.

草地过滤带对径流中重金属镉的截留

霍炜洁[1]　宋小艳[1]　刘来胜[1]　付　凌[2]　赵晓辉[1]

（1. 中国水利水电科学研究院，北京　100044；2. 中国电力建设集团，北京　100044）

摘　要：利用自行设计的 6 m 土槽构建高羊茅过滤带系统，采用模拟径流试验，以无植被土槽为对照过滤带，研究不同植被条件、土壤条件下过滤带系统对径流中重金属镉的截留效应。结果表明：径流中重金属镉以吸附态为主要存在方式，其截留主要发生在过滤带 0~4 m 范围内；相比于对照过滤带，高羊茅过滤带中镉的去除率较高，但土壤条件为不显著影响因素；径流中的全量镉及镉离子经土壤渗流后，出水浓度均显著降低，全量镉去除率达 92 % 以上，镉离子去除率达 68% 以上，植被条件和土壤条件均为不显著影响因素。

关键词：草地过滤带；高羊茅；截留；镉

随着工农业快速发展以及人类活动加剧，采矿冶炼、电镀、农药化肥的大量施用产生的废水使得河流重金属污染逐年加剧[1]。重金属含量超出正常范围，会引起生态系统的不良反应，造成动植物、大气和水环境质量下降，并能通过食物链危害人类的健康[2-3]。而重金属污染又具有富集性、长期性和不可逆的特点，很难在环境中去除和降解，因此对重金属污染防治的深入研究十分重要。

重金属污染主要是由重金属（包括 Pb、Cr、Cu、Zn、Hg、Cd 等）及其化合物引起的环境污染。重金属污染治理主要有工程措施、物理化学技术、微生物和植物生态修复等方法[4-7]，其中植物生态修复技术因具有运行成本底、不易产生二次污染，并能产生一定经济效益等优点，得到了快速的发展。

本研究自行设计 6 m 长草地过滤带系统，通过模拟径流试验，研究植被条件（对照过滤带和高羊茅过滤带）以及土壤条件（1#土壤和 2#土壤）对重金属镉（Cd）的截留效应，以期为重金属污染防治提供参考。

1　材料与方法

1.1　试验系统构建

试验系统由 PE 配水桶和土槽系统构成，PE 配水桶容积 800 L，以流量计控制出水流量，土槽系统由引流槽和土槽组成，引流槽容积 7.5×10^{-2} m³（长 0.3 m×宽 0.5 m×高 0.5 m），污水进入引流槽后经水平溢流进入土槽，土槽容积 1.5 m³（长 6.0 m×宽 0.5 m×高 0.5 m），沿槽体 2 m、4 m 和 6 m 处开有表孔（01 号、03 号和 05 号）和底孔（02 号、04 号和 06 号）。土槽置于托架之上，坡度可调，结构如图 1 所示。

土槽内填土深约 0.35 m，并于 3 个试验土槽上构建过滤带，设置如下：C 为对照过滤带，未种植植物，填埋 1#土壤；A 为高羊茅过滤带，高羊茅覆盖度约为 90%，平均根长 35 cm，地上组织平均高 42 cm，鲜重 4.11 kg/m²，干重 0.721 kg/m²，填埋 1#土壤；B 为高羊茅过滤带，高羊茅覆盖度约为 90%，平均根长 36 cm，地上组织平均高 40 cm，鲜重 4.76 kg/m²，干重 0.913 kg/m²，填埋 2#土壤。1#和 2#土壤的主要理化指标列于表 1，根据土壤机械组成数据，按照国际制土壤质地分类标准[8]，判

作者简介：霍炜洁（1980—），女，高级工程师，主要从事水环境监测、水生态修复、实验室管理方面的工作。

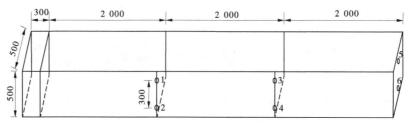

图 1   土槽系统结构示意图   （单位：mm）

断 1#土壤为砂壤土，2#土壤为砂质黏壤土。

表 1   供试土壤的主要理化性质

土壤编号	有机质含量/（g/kg）	全氮含量/（g/kg）	全磷含量/（g/kg）	镉/（mg/kg）	CEC/（mol/kg）	pH 值	颗粒组成/%		
							沙粒	粉粒	黏粒
1#	5.64	0.191	0.243	0.15	3.41	7.60	70.96	26.00	3.04
2#	18.25	1.062	0.442	0.12	12.5	7.52	61.83	20.76	17.41

注：CEC 为土壤阳离子交换量。

1.2 试验方案

试验土槽放置于北京玉渊潭公园南侧昆玉河旁实验区内，采用模拟径流方式进水，抽取河水至配水桶（800 L），根据试验方案精确添加泥土颗粒，以及 Cd 高浓度储备液，模拟农田地表径流中的泥沙和重金属污染物。

试验处理采用分组比较设计，分别考察植被条件因子（对照过滤带和高羊茅过滤带）以及土壤条件因子（1#土壤和 2#土壤）对草地过滤带截留径流中重金属的影响效应。

模拟径流开始后，从配水桶出水口每间隔 10~15 min 采集一次模拟径流系统进水样，土槽 2 m、4 m 和 6 m 表孔及其垂向对应的底孔持续收集三种径流长度的地表径流和系统渗流出水样。各收集的径流出水均取 4 个平行样品进行悬浮物和重金属浓度测定。

本研究中重金属的浓度测定分为重金属总量测定和重金属离子测定。重金属总量测定即为混匀水样消解后测得的浓度，测定方法参照水和废水监测分析方法（第四版）[9]，具体为量取 15 mL 水样，加入 1.5 mL HNO_3，置于恒温电热板上 120 ℃消解浓缩至 2~5 mL 后，再加入 1.5 mL HNO_3 和 1 mL H_2O_2，继续消解浓缩至 1 mL，最后用去离子水定容至 25 mL。重金属离子测定为水样经 0.45 μm 过滤后直接测定。各水样前处理后采用 ICP-MS（Perkin-Elmer，USA）测定样品中的 Cd 浓度。实验所用 HNO_3 和 H_2O_2 均为优级纯，平行样品间相对标准偏差小于 5%。

2 结果与分析

2.1 地表径流重金属 Cd 的截留特征分析

存在于水体中的重金属可在水相和悬浮物颗粒相间进行分配，重金属既可以结合于土壤颗粒的活性基团上以吸附态存在，也可受环境 pH 值的影响，从吸附颗粒上解离进入水相以活性离子形式存在[10-11]。本研究选择地表水体检出率较高的重金属镉为目标污染物，分别从地表径流和地下渗流两种径流途径考察其截留特征。

地表径流水样中重金属测定为全量测定，既包括了结合于悬浮物上的吸附态重金属，也包含了溶解于水相的具有反应活性的重金属离子，以污染物出水浓度相比于进水浓度的减少率计算去除率来评价过滤带对地表径流重金属的净化效果，结果如图 2 所示。

如图 2 所示，对照过滤带的 2 m、4 m 和 6 m 的全量 Cd 平均去除率依次为 27.53%、35.70% 和 51.51%，高羊茅过滤带（1#土壤）的全量 Cd 平均去除率依次为 53.96%、76.29% 和 80.89%，高羊

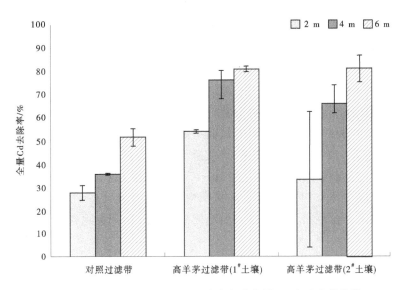

图 2　各处理 2 m、4 m 和 6 m 地表径流全量 Cd 去除率的比较

茅过滤带（2#土壤）的全量 Cd 平均去除率依次为 33.34%、65.99% 和 81.05%。经比较可知，对照过滤带、高羊茅过滤带（1#土壤）和高羊茅过滤带（2#土壤）的全量 Cd 去除率均呈现出随带宽增加而增加的趋势。

经 spss17.0 单因素方差分析各过滤带 6 m 出水的全量 Cd 去除率，可知高羊茅过滤带（1#土壤）的去除率显著优于对照过滤带（$p<0.05$），但两种高羊茅过滤带无显著差异（$p=0.698$），可以得出植被条件为影响全量 Cd 截留的显著性影响因素，土壤条件为不显著性因素。

本研究地表径流水样中重金属测定为全量测定，既包括吸附态重金属，也包括溶解于水相的具有反应活性的重金属离子，进水中的全量 Cd 浓度为 20.04~23.51 μg/L，Cd 离子浓度为 0.123~0.352 μg/L。经比较可知溶解态离子在总量中的比例较小，Cd 离子占全量 Cd 的比例仅为 0.61%~1.50%，由此可知，吸附态镉为在地表径流进水中的主要存在方式。

径流经由土壤和植物组成的植被过滤带湿地系统，在较为短暂的水力停留时间里，污染物主要通过沉积、过滤、吸附等物理化学过程初步截留，截留下来的污染物再经植物吸收、微生物代谢和化学反应完成进一步的转移、转化[12-13]。

植被是植被过滤带系统中的必要元素，植被可以阻滞地表径流，降低径流速度，一方面促进径流中的颗粒物沉积，从而促使吸附态污染物截留，另一方面径流速度降低后水力停留时间延长，增加了污染物与吸附位点间的作用时间，促进重金属在系统内的吸附等过程[14]。此外，植物组织在与径流水的接触过程中可以对重金属产生吸附，植物生长也可以增加土壤有机质含量，有利于吸附反应的发生。本实验中对照过滤带和高羊茅过滤带（1#土壤）的填埋土壤和进水条件均相同，二者的重金属去除率差异可主要归因于植被条件，经比较得出，植被的存在有利于全量 Cd 的截留。分析认为，在短暂的停留时间里，污染物的截留主要为物理截留，而本实验进水中重金属主要为吸附态存在方式，因此相比于吸附、过滤等过程，沉积作用为污染物的主要截留过程。进水中全量 Cd 中吸附态组分比例平均为 98.94%，Cd 的吸附态比例较高，因此沉积过程对于 Cd 的截留更为显著，植物阻滞水流促进颗粒物沉积，从而增加污染物的去除率。

此外，比较重金属去除率随径流长度的变化特征，可以得出，吸附态占主体的全量重金属的截留特征与悬浮物的截留特征一致，大部分实验中重金属的截留主要发生在过滤带前段，即 0~4 m 的系统长度内，当带宽由 4 m 增加到 6 m，各过滤带镉的去除率均未随径流延长而显著增加。

2.2　系统渗流重金属 Cd 的截留特征分析

在污染源和受纳水体间构建草地过滤带可以改变地表径流的水力学特征，植被的阻挡及土壤渗透使得径流速度迅速下降，径流速度降低则延长了水力停留时间，从而又促进污水渗透，因此土壤渗透是湿地系统截留径流污染物的重要方式。本研究在采集系统地表径流水样的同时，收集 2 m、4 m 和 6 m 出水口垂向对应的底孔渗流水样，为方便比较，以 6 m 渗流出水浓度相比于 6 m 地表径流浓度的减少率计算去除率，研究下渗水流经 0.35 m 土层渗滤后的重金属 Cd 截留效应。

重金属在径流水中的存在方式为溶解态和吸附态，本部分分别从包括吸附态和溶解态在内的全量重金属和溶解态重金属离子两方面，考察重金属的截留效应。

过滤带 6 m 出水处重金属 Cd 经土壤渗透后的去除率如图 3 所示，对照过滤带、高羊茅过滤带（1#土壤）和高羊茅过滤带（2#土壤）的全量 Cd 去除率依次为 97.70%、93.46% 和 92.80%，Cd 离子去除率依次为 67.92%、75.83% 和 76.94%。经 spss17.0 单因素方差分析比较可知，对照过滤带和高羊茅过滤带（1#土壤）的全量 Cd 和 Cd 离子去除率均无显著差异（$p_1 = 0.756$，$p_2 = 0.612$）；高羊茅过滤带（1#土壤）和高羊茅过滤带（2#土壤）的全量 Cd 和 Cd 离子去除率均无显著差异（$p_1 = 0.806$，$p_2 = 0.723$）。

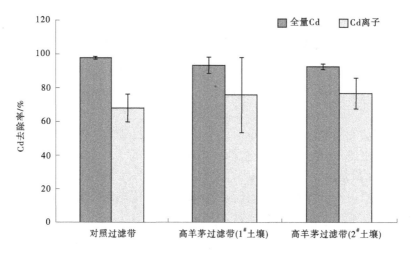

图 3　各处理 6 m 处系统渗流重金属 Cd 去除率

全量重金属包括溶解态重金属和吸附态重金属，而吸附态重金属在全量重金属中的比例较大，径流下渗过程中绝大部分悬浮物无法通过土壤孔隙，经渗滤拦截在土壤层中，因此不同植被和土壤条件过滤带的全量重金属截留效果均无显著差异，去除率达 92% 以上，明显高于对应的溶解态重金属离子的去除率。溶解态重金属经土壤渗流的截留过程较为复杂，存在土壤吸附-解吸、植物吸收和微生物代谢等物理化学过程[15-16]，但在较短的水力停留时间内，物理化学过程的吸附-解吸作用应为重金属离子参与的重要过程。实验过程中同时测定水样电导率，对照过滤带及草地过滤带的地表径流电导率为 585.5~655.5 μs/cm，渗流出水电导率 424.0~526.5 μs/cm，对照过滤带和草地过滤带的渗流电导率均显著低于其对应的地表径流电导率（$p < 0.05$），且降低幅度在不同植被和土壤条件下均无显著差别（$p = 0.856$），也未表现出沿带宽的变化趋势。电导率的变化特征说明在径流渗透过程中，发生的上述有机质矿化、生物降解、阳离子交换等增加溶液离子数量的生化过程较为微弱，而短时间内导致离子数量减少的吸附作用是电导率降低的主要原因，同时也验证了吸附作用是渗透过程中溶解态污染物截留的主要机制。

3　结论

（1）本研究地表径流系统中考察的是全量重金属的截留特征，地表径流中吸附态为重金属镉的主要存在方式，其截留特征与悬浮物一致，均为截留主要发生的系统前段，径流长度由 4 m 增加到 6 m，Cd 的去除率均无显著增加；植被的存在有助于全量 Cd 的截留；土壤条件是对全量 Cd 无显著影响。

（2）渗流过程中考察的是全量 Cd 和 Cd 离子的截留特征，经 0.35 m 土层的渗流截留，全量 Cd 去除率达 92% 以上，Cd 离子去除率达 68% 以上，植被条件和土壤条件均为不显著影响因素。

参考文献

[1] 王春凤，方展强，郑思东，等．广州市河涌沉积物及底栖生物体内的重金属含量及分布［J］．安全与环境学报，2003，3（2）：41-43.

[2] 徐小清，丘昌强．三峡库区汞污染的化学生态效应［J］．水生生物学报，1999，23（3）：197-203.

[3] 孙铁珩，周启星，李培军．污染生态学［M］．北京：科学出版社，2001.

[4] 赵新华，马伟芳，孙井梅，等．植物修复重金属-有机物复合污染河道疏浚底泥的研究［J］．天津大学学报，2005，38（11）：1011-1016.

[5] 张剑波，冯金敏．离子吸附技术在废水处理中的应用和发展［J］．环境污染治理技术与设备，2000，1（1）：46-51.

[6] 刘秀梅，聂俊华，王庆仁．植物对污泥的响应及根系对重金属的活化作用［J］．土壤与环境，2002，11（2）：121-124.

[7] 桑伟莲，孔繁翔．植物修复研究进展［J］．环境科学进展，1999，7（3）：40-44.

[8] 林大仪．土壤学实验指导［M］．北京：中国林业出版社，2004：37.

[9] 国家环境保护总局．水和废水监测分析方法［M］.4 版．北京：中国环境科学出版社，2002：243-258.

[10] 陈苏，孙丽娜，孙铁珩，等．不同污染负荷土壤中镉和铅的吸附-解吸行为［J］．应用生态学报，2007，18（8）：1819-1826.

[11] 王亚平，潘小菲，岑况，等．汞和镉在土壤中的吸附和运移研究进展［J］．盐矿测试，2003，22（4）：277-283.

[12] Dillaha T A, Reneau, et al. Vegetative filter strips for agricultural non-point source pollution control ［J］. Transactions of the American Society of Agricultural Engineers. 1989, 32：513-519.

[13] T J Schmitt, M G Dosskey, K. D. Hoagland. Filer strip performance and processes for different vegetation, widths, and contaminants. J. Environ. Qual. 1999, 28：1479-1489.

[14] Majed Abu-Zreig, Ramesh P. Rudra, Manon N. Lalonde, et al. Experimental investigation of runoff reduction and sediment removal by vegetated filter strips ［J］. Hydrol, 2004, 18：2029-2037.

[15] Boyd P M, J L Baker, et al. Pesticide Transport with Surface Runoff and Subsurface Drainage Through a Vegetative Filter Strip ［J］. Transactions of the ASAE, 2003, 46（3）：675-684.

[16] L J Krutz, S A Senseman, R M Zablotowicz, et al. Reducing Herbicide Runoff from Agricultural Fields with Vegetative Filter Strips：A Review ［J］. Weed Science, 2005, 53（3）：353-367.

基于数字孪生的公园城市知水系统框架设计与典型示范

张　红[1,2]　王皓冉[1]　陈永灿[2,3]　刘昭伟[1,2]　罗　彬[1,2]
李永龙[1,2]　范骢骧[1]　谢　辉[1]

(1. 清华四川能源互联网研究院，四川成都　610213；2. 清华大学，北京　100084；
3. 西南石油大学，四川成都　610500)

摘　要：城市河湖是生态系统稳定和公园城市建设的灵魂，建设智慧化综合管理系统是保障这些水体长治久安的重要手段。数字孪生技术掀起智慧流域管控系统的建设热潮，已在防洪、水资源、工程安全等场景展开应用。本文以成都市兴隆湖生态环保与防洪减灾应用为例，提出面向城市湖泊综合管理的智慧知水系统。探索数字化场景、数据底板、智慧模拟、精准决策重点和关键技术，以数字治理赋能城市河湖的精准管控，实现对城市湖泊的管理能回溯历史、掌控现在、预判未来的目标效果，为城市河湖水安全–水环境–水生态长效运维和智慧管控输出原创技术解决方案。

关键词：数字孪生；公园城市；知水系统；水生态；兴隆湖

1　研究背景及意义

山川秀美，关键在水，建设公园城市，应做足水文章。郑州龙湖、上海滴水湖、西岸雁鸣湖、成都锦城湖、兴隆湖等城市湖泊，具有防洪抗旱、景观美化、休闲游憩等多重功能。构建湖泊智慧管控系统，推动城市水体的信息化、数字化、智慧化建设，对打造高质量标杆性智慧湖泊示范工程，助力湖泊生态环境治理和长期健康运行，践行公园城市建设和区域碳中和目标实现都具有重要意义。

智慧水利建设是推动新阶段水利高质量发展的重要实施路径之一。传统的河湖数字化管理系统，存在数据冗余、模型功能单一、应用场景薄弱、智慧化水平不高等问题，难以满足系统灵活且运行优化的要求，迫切需要构建更加智能化的管理平台。数字孪生流域作为推进智慧水利建设的核心和关键，其"数字化场景—智慧化模拟—精准化决策"建设路径是提升流域决策管理科学化、精准化、高效化能力和水平的有力支撑[1]。自2021年底水利部《关于大力推进智慧水利建设的指导意见》的提出，数字孪生流域建设工作掀起热潮，已有长江、黄河、海河、珠江、南水北调等水系围绕防洪减灾[2]、水资源配置[3]、工程安全[4]等重要业务场景开展数字孪生系统的理论研究、方案设计和应用实践工作，在流域数字孪生系统的建设中起到重要示范作用。

城市湖泊是流域水系的重要组成部分，运用物联网、大数据、AI、虚拟仿真和人工智能等技术，以数字化映射、智慧化模拟和精准化决策为路径，建设以湖泊为单元的数字孪生智慧知水系统，是助力湖泊水资源的安全管理和生态环境系统的长期健康运行的重要手段。目前，数字孪生湖泊的建

基金项目：公园城市宜居河湖生态价值提升关键技术研究（310042021004）；城市河湖水系生态功能提升的关键集成技术研究与示范（2022YFS0474）；流域"厂网河（湖）"多源异构数据融合与共享技术研究（2021YFSY0013）。

作者简介：张红（1988—），女，助理研究员，研究方向为数字孪生与水生态。

通信作者：王皓冉（1988—），男，正高级工程师，研究方向为数字孪生与水生态。

设尚处于起步阶段,仅有巢湖[5]、太湖[6]、金鸡湖[7] 等大型湖泊围绕防洪排涝、水环境治理、水生态保护等业务场景开展应用。不同于山区河流、水库、引调水隧洞和渠道等水系,城市人工/半人工湖泊受限于水系的随机性,且面临污染复杂,动力多变,生态脆弱等问题。以维持湖泊长期健康运行为目标,建设湖泊数字孪生系统具有挑战性。

本文围绕成都市兴隆湖,以多维度水文-环境-生态感知数据为基础,面向防洪减灾、水质保障、水生态提升等典型业务场景,构建数字孪生技术与智慧水利需求相融合的"公园城市知水系统"。提出集"数字化场景—全要素数据底板—智慧化模拟评估—精准化决策处置"于一体的总体架构,以全面推进算据、算法、算力建设为目标深度解析系统建设的难点及关键技术,实现河湖管理精细化、趋势预测精准化、决策科学化。以数字治理赋能城市河湖智慧管理,有力保障城市河湖的长期健康运行及生态价值的高效发挥。

2 公园城市知水系统总体架构与技术体系

2.1 总体功能框架

公园城市知水系统,主要综合利用数字孪生、物联网、5G、大数据、AI、虚拟仿真、知识图谱等技术,围绕基础信息设施、智慧管控平台、典型业务应用等方面开展总体框架构建。系统以物理河湖泊为单元,以立体化时空感知数据为底座,以水文、水环境、水生态及综合评估专业模型为核心,对物理水系全要素(水体、枢纽、地形、生境、水生生物等)和城市河湖治理与管理全过程进行数字化映射、智慧化模拟评估和精准化决策,实现与物理水系的同步仿真运行、虚拟交互和迭代优化。全面推进算据、算法、算力建设,以河湖智慧化管控系统的建设带动水系水文-环境-生态的智慧化管控,达到全要素动态实时畅通信息交互和深度融合,实现对城市水体防洪减灾、水质安全保障、水生态长效运维等业务场景的科学化、精准化、高效化管理能力和水平的提升。系统总体功能框架见图1。

2.2 关键支撑技术

2.2.1 数字化场景建设

数字化场景旨在构建面向城市河-湖-工程-生态环境要素的数字孪生体。以研究区域内的关键工程或场景(自然水体、水利枢纽工程、水下地形、水下生境、水生生物)为对象,借助 GIS 数据和 BIM 模型等技术,汇聚项目地理空间数据、基础数据、监测数据、业务管理等多源异构数据以及外部共享数据,搭建关键要素的数字孪生空间场景。在虚拟空间中对物理水系全面数字化建模和完全映射,从而反映相对应的河流、湖泊、基础设施全生命周期过程,实现虚拟数字孪生体在信息维度上与物理实体信息上的全面表达和映射,并提供高性能渲染能力和高真实感渲染效果。应用交互:将真实的数据要素作为边界条件,输入对应的数字模型,各项物理指标在数字孪生体中展现,支持河湖水文-环境-生态管理中的各项方案模拟、发展推演与应用交付,形成虚实协同的创新管理体系,提升河湖安全高效稳定运行水平。

2.2.2 全要素数据底板建设

公园城市知水系统的全要素数据底板建设,通过引入卫星遥感、无人机、地面传感器、水下智能感知系统等多源监测设备与方法,并充分融合物理模型、传感器更新、历史数据等技术,搭建城市河湖的专属高精度立体监测系统,获取河流/湖泊-河/湖段-微生境多尺度气象、水文、生境、生物感知数据,实现目标河湖关键水生生物(鱼类、植被、藻类、底栖等)特性及生境要素(流速、水位、水温、泥沙、溶解氧、生物物质等)态势的持续跟踪及多尺度透彻感知。然后,借助光纤、5G、NB-IoT 窄带物联网、无线专网等业务和工控网,建立立体感知数据的智能化信息网络,实现数据的实时采集和传输。进一步,借助云计算系统,开展数据映射、数据汇聚、数据治理、数据服务等功能模块建设,构建集基础信息、历史数据、监测数据、业务数据、物理镜像数据于一体的城市河湖全要素数据库,并借助人工智能方法开展数据的检查—转换—过滤—去重—分类—挖掘处理,形成高效数据中台,为平台后续专业模拟评估和决策处置提供精细化基础数据。

图 1 公园城市知水系统功能框架

2.2.3 智慧化模型平台建设

数字孪生的核心是模型和数据。智慧化模型平台的建设瞄准城市河湖水生态环境系统的气象、水文、水温、水质、生境和生物要素，并基于标准化数据接口的城市河湖系统气象-水文-生态-环境数据底板，运用水系实时监测、数据分析、模型演算以及成果展示等功能模块，实现城市河湖水安全-水环境-水生态要素的精准化态势分析、模拟预测和综合评估。系统基本模拟预测模型库包括：① 降雨-洪水淹没计算模型；② 水动力-水量调度模型；③ 水动力-产沙输沙模型；④ 水质要素输移扩散模型；⑤ 水动力-水生态演替模型等。通过搭建水动力机制、水质输移扩散及生态环境演变专业模型库，明晰各要素内在互馈机制，构建多气象-水动力-水环境-水生态要素耦合关系模型，利用监测资料率定模型参数，并解析城市河湖适宜生境态势，为揭示城市河湖水文-环境-生态演变路径提供技术支撑。关键综合评估模型包括：① 安全风险评估模型；② 生态健康评价模型；③ 生物多样性评估模型；④ 幸福-宜居评价模型；⑤幸福河评估模型等。通过综合评估模型库，实现对城市河湖整体状况的定量化、归一化评价。以水生态宜居性评价为例，搭建城市河湖以"蓝色空间-绿色空间-蓝绿空间"为对象的多层次评价指标体系，采用定量+定向方法识别指标权重，引入模糊数学法构建综合评估模型，精准掌控水体及周边蓝绿空间水生态宜居状况。

在此基础上，搭建融合机制模型、数据驱动智能模型平台，构建智能可视化模型，并开展异构专业模型的封装技术研究和关键数据的可视化分析，基于人工智能技术提高模型计算速率，拓展提升模型算力。研究成果可为构建典型业务应用平台提供算法支持，为水生态保护与修复、河湖生态流量水量管理以及河湖水系连通工作等提供有力支持。

2.2.4 精准化决策与处置系统建设

数字孪生的重点是预测预警和智慧决策。城市河湖水文-环境-生态精准化决策与处置系统的建设主要借助大数据、人工智能和知识图谱技术，在云计算的支撑下建立多目标知识管控平台，实现对防洪减灾、水质安全保障、水生态保护等业务场景的预警、预报、预演，为城市河湖水生态环境系统的治理和提升提供最优的快速决策方案。首先，需要充分利用数据挖掘和知识图谱技术，对多源异构历史数据、监测数据、模拟数据、评估数据、专家经验知识等进行组织、融合和抽取，形成针对典型业务应用的知识图谱，如防洪安全知识图谱、生态环境知识图谱、结构安全知识图谱等。在此基础上，耦合机制模型、综合评估模型与智能优化算法，针对不同水、雨、工、险情、突发事件等特征，研发知识图谱驱动的多目标决策方案，智能推荐与方案自适应校正优化技术，形成洪水—突发污染等事件驱动的处置预案规则库，包括防洪调度、生态调度、水质治理、生态修复等应急与综合处置策略库，实现模拟过程快速迭代与精准响应，为决策和处置过程的自适应评估与动态优化提供方案输入[8]。本系统的建设可为保障水安全维持生态流量、提高水质保障率、维护生物多样性，支撑不同时空粒度下维持生态系统健康运行的精细化快速决策，实现资源-经济-生态的耦合协调和综合效益最优，为城市河湖水安全保障和水生态环境长效维护提供应用指导。

3 建设数字孪生兴隆湖支撑城市河湖综合治理

为具体阐述公园城市知水系统在城市河湖综合治理与管理中的关键业务应用实践，本文以成都市典型人工湖泊——兴隆湖为典型示范，基于湖泊已有的水生态综合应用系统研究和实践内容，借助数字孪生技术，按照"需求牵引、应用至上、数字赋能、提升能力"的总体要求，面向城市河湖系统的防洪减灾管理、水质安全保障和水生态健康维护等业务场景，以多维度水生态环境感知数据基础，构建集数据可视化、监测预警、模拟预测、智能决策于一体的数字孪生兴隆湖。全面推进算据、算法、算力建设，实现对河湖管理精细化、趋势预测精准化、决策科学化，实现对兴隆湖的管理能回溯历史、能掌控现在、能预判未来的目标效果。以数字治理赋能城市河湖智慧管理，为城市河湖的长期健康运行输出原创技术解决方案。

本次兴隆湖数字孪生知水系统应用实践的关键监测装备与智慧管控平台全部由团队自主研发，主要框架设计见图2。通过面向水文-环境-生态要素的年轮（数据管理、规律呈现）、知水（仿真模拟、预演预报）、评价（管理决策、预警预案）等模块的构建，为兴隆湖的防洪减灾、水质安全保障、水生态长效运维、多目标综合管理提供技术支撑。主要业务应用流程见图3。

3.1 防洪减灾应用

兴隆湖的防洪减灾数字孪生应用模块建设主要基于流域实测断面资料与高精度DEM数据，并借助GRACE和GLDAS卫星数据，并完善传感器装备，搭建设兴隆湖地理-气象-水文"空天地水"一体的监测体系。构建基于MIKE Flood的河段一维水动力模型和两岸洪水威胁区二维暴雨-洪水淹没计算模型，并实现两者的实时动态耦合，模拟河段不同水文年洪水漫溢演进过程及淹没风险，计算不同时段内洪水淹没范围和水深分布。通过模拟各种流场，科学预判湖区水情和雨情发展态势，实现洪水预报和调度方案推演，提供预报、预警、预演、预案"四预"支撑，为湖泊腾退库容、拦洪蓄洪、削峰错峰等业务决策提供有力支持。最后，提供最优化的联合处置水力调度方案，有效避免"极端降雨""洪水灾害"等对河湖水系统的安全冲击。通过提升湖泊水旱灾害防御能力，赋能兴隆湖防洪减灾治理。

3.2 水质安全保障应用

兴隆湖水质安全保障应用模块主要针对湖泊面临的多参数水质预报预警问题，综合利用人工智能、大数据、神经网络、多源异构、数值模拟等理论与方法，搭建空天地水一体化站网观测与多源异构大数据处理方法优势实现多参数水质的大范围监测及预警。通过研发数值模拟+人工智能方法双驱动下的水动力-水质要素耦合模型，实现兴隆湖水质要素（水温、浊度、泥沙、溶解氧、叶绿素、COD、TP、TN等）的高效模拟和快速预报，有利于揭示兴隆湖水系统的水质时空演变规律并解析影响水质变化的驱动机制。通过研发不同输配水方案下的水质安全保障和水力调控方法，为兴隆湖的水

图 2　兴隆湖数字孪生系统框架设计

力学-水质要素的精准智能监测、高效模拟、预报预警、安全保障提供理论与技术支撑。

3.3　水生态长效维护应用

兴隆湖水生态长效维护应用模块主要面向城市水体生态脆弱问题，围绕公园城市建设中水要素的生态价值体现，系统开展公园城市宜居河湖水生态长期健康运行的智慧管控系统建设。以多源城市浅水河湖水系的气象、水文、水环境、水生态监测数据为基础，并引入深度学习理论实现水生生物的识别与量化。建立全要素数据底板。构建基于 Pclake 的浅水河湖生态系统演变模型、城市关键气候-水质-水生态因子的动力演变模型，利用监测资料率定模型参数，确定兴隆湖水生态系统的清水稳定状态和浊水非稳定状态，科学预测城市河湖生态系统的变化趋势。搭建以"蓝色空间-绿色空间-蓝绿空间"为对象的多层次公园城市水生态宜居性评价模型，采用定量+定向方法识别指标权重，引入模糊数学法构建综合评估模型（见图 3），科学评价兴隆湖水生态宜居性。通过城市水生态的精准分析、科学研判、自动预警、全面防控，支撑公园城市水生态环境的治理和城市河湖的健康长效维护。

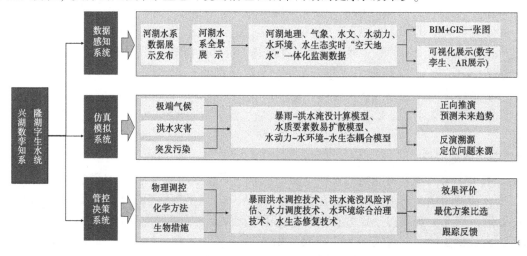

图 3　兴隆湖数字孪生系统业务应用流程

4 结论与建议

公园城市知水系统的建设，数据是基础，模型是核心，应用是目标。本文围绕成都市兴隆湖水系，构建以数字化场景、全要素数据底板、智慧化模拟、精准化决策为目标的城市河湖数字孪生平台，加快构建具有"四预"功能的智慧管控系统，以数字治理赋能城市河湖智慧管理。研究成果可为提升城市水体水灾害防御调度能力，保障水体环境质量，维护生物多样性和水生态系统稳定性，提供理论依据和技术支持。

参考文献

[1] 本刊辑. 水利高质量发展主题下数字孪生流域建设 [J]. 中国水利, 2022 (9): 65.

[2] 金思凡, 廖晓玉, 高远. 数字孪生松辽流域防洪"四预"应用建设探究 [J]. 中国水利, 2022 (9): 21-24, 41.

[3] 李民东, 刘瑶. 数字孪生技术在山东黄河水资源管理与调度中的应用研究 [C] //2021 (第九届) 中国水利信息化技术论坛论文集. 2021: 253-255.

[4] 张岑, 张志强, 朱芋奇, 等. 数字孪生密云水库流域建设方案构想 [J]. 北京水务, 2022 (4): 4-9.

[5] 蔡姝雯. "数字孪生流域"助力湖泊生态治理 [N]. 新华日报, 2022-02-16 (011).

[6] 徐璐. 太湖局专题推进数字孪生先行先试任务建设 [EB/OL]. 水利部太湖流域管理局, 2022-08-12.

[7] 虞恬静. 数字孪生金鸡湖水环境综合治理入选国家级试点, 初步实现水环境信息全面掌握 [EB/OL]. 苏州日报, 2022-05-24.

[8] 黄艳. 数字孪生长江建设关键技术与试点初探 [J]. 中国防汛抗旱, 2022, 32 (2): 16-26.

南渡江引水工程仿自然型鱼道模型试验研究

张艳艳　邹华志　张金明　黄鹏飞　许　伟　林中源

（水利部珠江河口动力学及伴生过程调控重点实验室
珠江水利委员会珠江水利科学研究院，广东广州　510611）

摘　要：本文开头部分分析了仿自然型鱼道布设的条件及优缺点，在满足仿自然型鱼道布设条件的工程上，建议多采用仿自然型鱼道，不仅可以为上溯鱼类提供上溯和栖息的环境，还可以提高鱼类的上溯成功率。本文进一步以南渡江引水工程鱼道为例，通过模型试验的方法，模拟了鱼道进出口及鱼道控制性断面和平坡段的水流流态，测量了鱼道进出口、典型断面的流速分布，以满足目标鱼类上溯需求为目标的鱼道控制流速来控制鱼道各个部位的流速大小，并以此提出仿自然型鱼道的布置原则，研究成果可为仿自然型鱼道布置设计提供参考依据。

关键词：仿自然型鱼道；整体模型试验；鱼道进出口布置；非连续性底坡

水利工程在防洪、发电、灌溉等方面发挥重要作用的同时，给河流生态环境也带来了不利影响。大坝的修建截断了河流自下而上的物质与能量输移，阻隔了鱼类的洄游通道[1]。鱼道作为一种过鱼设施，能有效缓解水坝对鱼类洄游通道的阻隔作用。传统结构型鱼道多是针对某种经济鱼类或珍稀鱼类设计的[2]，从运行实践来看，可以取得较好的过鱼效果[3-4]。但是，随着人们对生态环境整体性认识的不断深入，传统鱼道作为生态廊道和景观廊道的作用[5]，为更多不同种类鱼类提供洄游、栖息和繁殖的场所是远远不够的。工程鱼道与天然河道在水力特性上的本质差异是影响工程鱼道过鱼效率的关键。因此，仿自然型鱼道应运而生[6-7]。

所谓仿自然型鱼道，就是采用天然漂石、砂砾、木头等天然材质，尽可能地模拟天然河流的水流流态，水流条件更为鱼类熟悉[8]，适用于多种鱼类通过，因此，过鱼效果更好[6]。但这种鱼道自身的稳定性较差，完全依靠材料自身重力所产生的摩擦阻力和形状阻力来抵挡水流冲击力。仿自然型鱼道分两种形式：水池浅滩型鱼道和加糙坡道型鱼道[9]。水池浅滩型鱼道是阶梯型的，由陡峭的短渠或是低堰联结长且平坦的水池组成。浅滩处水深较浅，流速较大，水池则相反[10]。两个相邻水池水位差异越大，浅滩处流速越大。为了鱼类能成功上溯，浅滩处最大流速要小于鱼类的突进速度。该鱼道长度较长，可顺直亦可弯曲。加糙坡道型鱼道由一个长的斜槽构成，坡道的长度和坡度受鱼类的耐久性游泳能力限制，需要每隔一段添加一个休息室。

这两种鱼道布置形式不同，但具有几个共同点[11-12]：①就地取材，尽可能地模拟天然河道水流形态；②适合各种鱼类上溯和降河，过鱼效率高且具有生态廊道功能；③占地面积大，需要合适的地形，在低水位时，容易干涸，需底床封闭；④为防止洪水、冰冻以及其他极端条件的破坏，需要保持结构完整、稳定，因此，建造费用低，维护费用高。国内以往在这方面做过很多研究，并在工程实践中进行了应用[13-15]。但是效果并没有达到预期效果。

如何在原有仿自然型鱼道结构型式的基础上提出改进措施，使其适应于更大水头差、有较好的水流流态、满足不同鱼种对水流流速的需求，且不增加鱼道的长度，成为工程设计、工程造价、科研人员所关注的焦点。

作者简介：张艳艳（1982—），女，博士，主要从事水环境、水生态及河流动力学方面的研究工作。

本文主要依托南渡江鱼道项目，通过整体物理模型试验的方法，采用天然块石，研究不同断面结构形式及鱼道进出口与水利工程衔接型式，使鱼道能适用的流速范围达到 0.8~1.5 m/s，并能使目标鱼类顺利上溯，研究结果可为枢纽仿生态鱼道布置设计提供参考依据。

1 鱼道整体模型试验

1.1 模型设计与制作

鱼道整体水工模型采用正态模型，按重力相似准则设计。根据鱼道各段的断面尺寸、试验场地、设备、供水量和仪器量测精度等要求，参考《水利水电工程鱼道设计导则》（SL 609—2013），确定模型几何比尺为 15，其他各相似比尺关系为：

几何比尺：$\lambda_L = \lambda_H = 15$；流量比尺：$\lambda_Q = \lambda_H^{5/2} = 871$

流速比尺：$\lambda_V = \lambda_H^{1/2} = 2.87$；糙率比尺：$\lambda_n = \lambda_L^{1/6} = 1.57$

模型范围包括坝址上下游长 350 m、宽 110 m 的河道地形；岸坡模拟高程为 17 m，河床模拟高程为 8 m，模型高度为 0.7 m，模型布置见图 1。

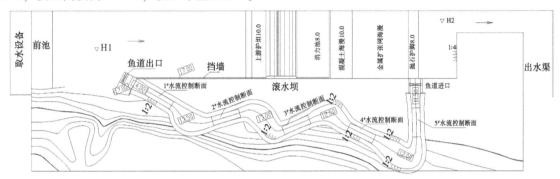

图 1 模型布置

1.2 模型制作

模型地形采用断面板法制作，水泥砂浆抹面；钢筋石笼采用铁丝网包裹石子的方法进行模拟，石子尺寸按照几何比尺对原型 10~20 cm 块石进行换算，石子直径为 0.7~1.5 cm；漂石同样采用几何比尺对原型 50~100 cm 块石进行换算，模型漂石尺寸为 3.3~7.0 cm。

模型制作完成后进行物理验证，模型各部位误差控制在 ±0.2 mm 以内，满足水工模型试验规程要求。

1.3 控制设备

模型流量由流量计控制，上、下游水位由固定测针量测；流速由精细的 LS-3C 光电旋桨流速仪施测；沿程流态由数码相机记录。

1.4 试验工况

根据枢纽工程调度原则：“当上游来水量 $Q<387$ m³/s 时，水库按正常蓄水位 15.0 m 运行，在满足泵站取水外，泄水闸局部开启控泄，泄量不小于生态流量”。在水闸参与泄洪时，主流基本位于河道左岸主槽内，而鱼道泄流量相对小，对鱼类的吸引力不够，因此鱼道设计的主要运行阶段应该为小泄量、下游低水位工况，本次试验即针对小流量时的鱼道过鱼条件进行研究。

1.5 非连续性底坡方案布置

（1）根据“鱼道进口宜布置于泄水闸、电站尾水、生态放水口等经常有水流下泄处或鱼类洄游路线及经常集群地附近”的原则，首先将鱼道进口由下游滩地调整至抛石防冲槽断面。一方面利用抛石防冲槽内的活水吸引鱼群；另一方面避免因为鱼道进口设置而产生的下游滩地开挖，同时保证运行期鱼道进口不被淤积。见图 2。

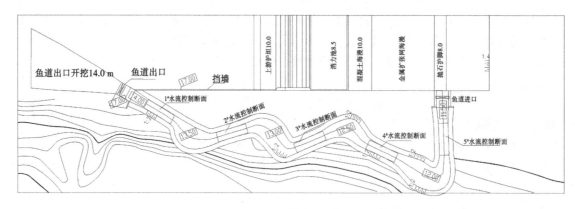

图 2　鱼道平面布置

（2）在鱼道进出口位置、水流控制段坡比确定的情况下，仍按照 5 个水流控制段、4 个近自然型弯道进行鱼道走向调整，使其满足平面布置要求（见图 2）。

（3）将水流控制段底宽由 3.0 m 调整至 6.0 m，近自然弯道底宽由 6.0 m 调整至 12.0 m，同时保持边坡坡比 1∶2 不变（见图 3）。

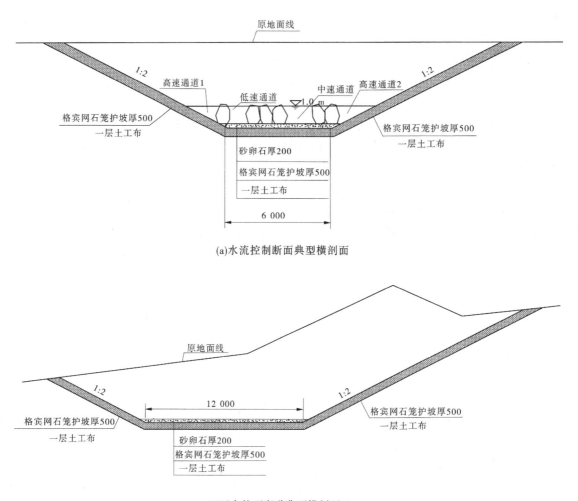

(a)水流控制断面典型横剖面

(b)近自然型弯道典型横剖面

图 3

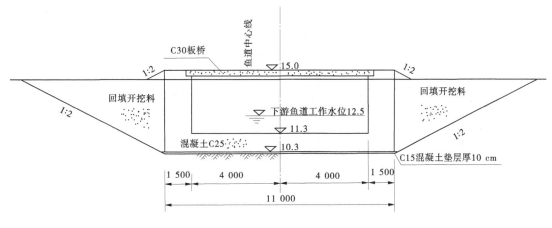

(c)鱼道进口段横剖面

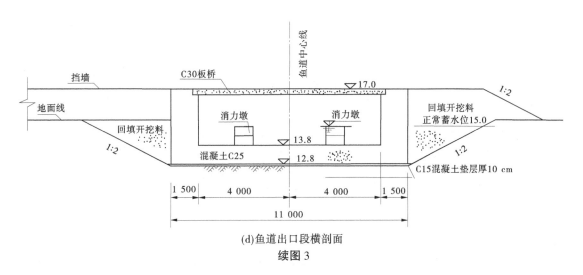

(d)鱼道出口段横剖面

续图3

（4）将鱼道进出口断面宽度由 5.0 m 调整至 8.0 m（见图3）。

（5）根据"鱼道出口外水流应平顺利于引导鱼类上溯，流速不宜大于 0.5 m/s，主要过鱼季节鱼道出口水深不宜小于 1.0 m"的原则，试验将鱼道出口滩地高程开挖至 14.0 m，开挖范围见图2。

1.6 试验成果

1.6.1 鱼道过流能力

鱼道的过流能力不仅与鱼道出口的尺寸及形式、消力墩的尺寸及形式有关，还与水流控制段蛮石摆放形式、有效阻水面积、主要蛮石段面间的次要蛮石摆放及与过口通道面积关系相关。本次研究主要在保证水流控制段过鱼水流条件满足的情况下，对鱼道单体模型测算的过流能力进行复核，以此来调整鱼道出口段闸门开度及消力墩尺寸。

经测试，按照给出的水流控制段蛮石摆放形式及有效阻水面积，在上游库区保持正常蓄水位 15.0 m、鱼道下泄 4.7 m³/s 流量时，基本能够达到所需的过鱼水流条件。鱼道整体模型如图4所示。

1.6.2 进出、口水流条件

鱼道进、出口水流条件见图5。

在上游库区保持正常蓄水位时，鱼道出口滩地开挖及河道侧滩地的阻水作用下，上游来流能够沿着左侧平顺地进入到鱼道出口内，而鱼道出口右侧产生部分扰流（未考虑滚水坝泄水）；鱼道出口右侧为高程为 14.8 m 的滩地，水流流速小，鱼道出口设置满足鱼道进入上游库区的水流条件。

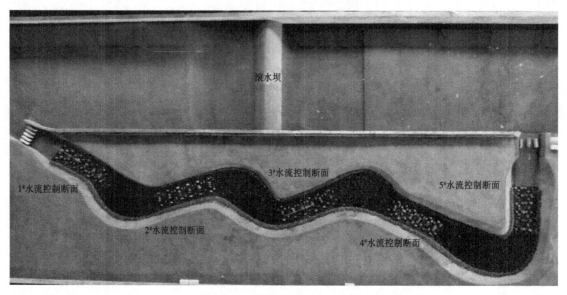

图 4　鱼道整体模型布置

(a)鱼道进口水流流态

(b)鱼道出口水流流态

图 5

在鱼道正常运行工况下，上游多余流量通过水闸下泄，滚水坝下游基本为静水区，鱼道泄流在抛石防冲槽断面形成表面射流，射流流速为 0.4~0.6 m/s，泄流沿着抛石防冲槽进入到主河道，对水闸泄流吸引过来的鱼群有一定的引导性，且水闸泄流量越小，引导性越强。

为增加鱼道进口泄流对鱼群的吸引，试验在鱼道侧的滚水坝顶部开一个宽为 35.0 m、深度为 0.3 m 的槽，通过该槽下泄初始多余水量（避免泄水闸闸门频繁开启，下泄量约为 10.0 m³/s），使得滚水坝泄流与鱼道泄流汇聚后，沿抛石防冲槽汇入到主河道。滚水坝设槽后的鱼道出口附近，两股水流汇聚后形成斜向下的泄流，流速有所增大，对鱼群寻找进口是有利的。

1.6.3　沿程水面线变化

鱼道沿程水面线变化见表 1，由表 1 可见，上游 1#~4# 水流控制断面上下游水位差基本在 0.5 m左右，断面水深跌落相差不大，说明各阶消能充分，水流控制断面蛮石总体设置合理，满足设计水面线控制要求。

1.6.4　鱼道沿程流速、流态分布

鱼道沿程流速分布见图 6。

鱼道水流控制段低速通道流速为 0.80~1.04 m/s，中速通道流速为 1.15~1.26 m/s，能够形成不同的流速通道；近自然型弯道内流态基本与中心线一致（个别位置受岸坡影响形成小回流区），流速为 0.2~0.6 m/s，满足作为鱼类休息区的要求。

表1　鱼道沿程水面线变化

位置	水位/m	差值/m
1#上	15.00	0.5
1#下	14.50	
2#上	14.49	0.51
2#下	13.98	
3#上	13.97	0.51
3#下	13.46	
4#上	13.45	0.47
4#下	12.98	
5#上	12.95	0.36
5#下	12.59	

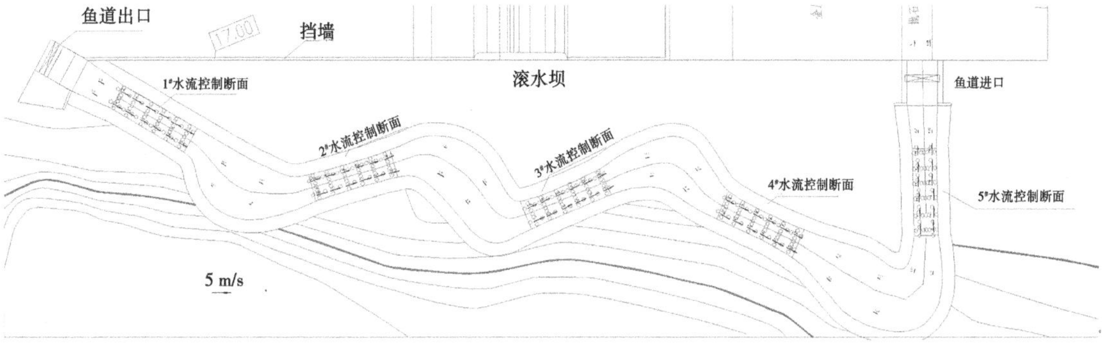

图6　鱼道沿程流速分布

2　结论

本文以南渡江引水工程鱼道为例，通过模型试验的方法，模拟了鱼道进出口及鱼道控制断面和平坡段的水流流态，测量了鱼道进出口、典型断面的流速分布，以满足目标鱼类上溯需求为目标的鱼道控制流速来控制鱼道各个部位的流速大小。主要得出以下几点结论：

（1）按照给出的水流控制断面蛮石摆放形式及有效阻水面积，在上游库区保持正常蓄水位15.0 m、鱼道下泄4.7 m³/s流量时，基本能够达到所需要的过鱼水流条件。

（2）为增加鱼道进口泄流对鱼群的吸引，试验在鱼道侧的滚水坝顶部开一个宽为35.0 m、深度为0.3 m的槽，通过该槽下泄初始多余水量（避免泄水闸闸门频繁开启，下泄量约为10.0 m³/s），使得滚水坝泄流与鱼道泄流汇聚后，沿抛石防冲槽汇入到主河道。滚水坝设槽后的鱼道出口附近，两股水流汇聚后形成斜向下的泄流，流速有所增大，对鱼群寻找进口是有利的。

（3）鱼道沿程水面线变化表面，上游1#~4#水流控制断面上下游水位差基本在0.5 m左右，断面水深跌落相差不大，说明各阶消能充分，水流控制断面蛮石总体设置合理，满足设计水面线控制要求。

（4）鱼道水流控制段低速通道流速为0.80~1.04 m/s，中速通道流速为1.15~1.26 m/s，能够形成不同的流速通道；近自然型弯道内流态基本与中心线一致（个别位置受岸坡影响形成小回流区），流速为0.2~0.6 m/s，满足作为鱼类休息区的要求。

参考文献

[1] Kim J H, Yoon J D, Baek S H, et al. An efficiency analysis of a nature-like fishway for freshwater fish ascending a large Korean River [J]. Water, 2016, 8 (3): 1-18.

[2] 曹庆磊, 杨文俊, 周良景, 国内外过鱼设施研究综述 [J]. 长江科学院院报, 2010, 27 (5): 39-43.

[3] 李捷, 李新辉, 潘峰, 等. 连江西牛鱼道运行效果的初步研究 [J]. 水生态学, 2013, 34 (4): 53-57.

[4] 潭细畅, 陶江平, 黄道明, 等. 长洲水利枢纽鱼道功能的初步研究 [J]. 水生态学, 2013, 34 (4): 58-62.

[5] 杨宇, 严忠民, 陈金生. 鱼道的生态廊道功能研究 [J]. 水利渔业, 2006, 3 (26): 65-67.

[6] 孙双科, 张国强. 环境友好的近自然型鱼道 [J]. 中国水利水电科学研究院学报, 2012, 1 (10): 41-47.

[7] 王猛, 岳汉生, 史德亮, 等. 仿自然型鱼道进出口布置试验研究 [J]. 长江科学院院报, 2014, 31 (1): 42-46.

[8] 杨宇, 严忠民, 陈金生. 鱼道的生态廊道功能研究 [J]. 水利渔业, 2006, 3 (26): 65-67.

[9] Katopodis C, Kells J A, Acharya M. Nature-Like and Conventional Fishways: Alternative Concepts? [J]. Canadian Water Resources Journal, 2001, 26 (2): 211-232.

[10] Acharya M, Kells J A, Katopodis C. Some Hydraulic Design Aspects of Nature-Like Fishways [J]. Water Resources 2000, 5 (27): 39-43.

[11] 李盛青, 丁晓文, 刘道明. 仿自然过鱼通道综述 [J]. 人民长江, 2014, 45 (21): 70-73, 96.

[12] 徐进超, 王晓刚, 宣国祥, 等. 仿自然鱼道整体物理模型试验研究 [J]. 水科学进展, 2017, 28 (6): 879-887.

[13] 何雨朦, 安瑞冬, 李嘉, 等. 蛮石斜坡型仿自然鱼道水力学特性研究 [J]. 水力发电学报, 2016, 35 (10): 40-47.

[14] 李广宁, 孙双科, 郭子琪, 等. 仿自然鱼道水力及过鱼性能物理模型试验 [J]. 农业工程学报, 2019, 35 (9): 147-154.

[15] 刘志国, 安瑞东. 永庆水库仿自然过鱼通道水力学特性研究 [J]. 水利水电技术, 2016, 47 (6): 60-65.

城市面源污染定量化研究进展

麦叶鹏　解河海　曾碧球　马兴华

（珠江水利委员会珠江水利科学研究院，广东广州　510611）

摘　要： 城市面源污染模型主要是在城市水文模型的基础上叠加污染物模拟模块，从而进行城市地表雨水径流污染累积、冲刷和输移过程的模拟。本研究概述了城市面源污染的特征及其研究方法，介绍了 SWMM 模型在城市面源污染研究中的应用，并着重介绍了城市面源污染中最为重要的初期雨水径流污染研究情况。此外，综合国内外城市面源污染研究情况，提出了城市面源污染定量化研究的发展趋势。

关键词： 城市面源污染；SWMM；初期雨水径流

1　城市面源污染特征

以城市暴雨径流污染为代表的城市面源污染成为污染城市自然水体、危害城市水生态的主要原因之一。城市暴雨径流中包含有大量的污染物，包括固体物质、还原性有机物、重金属、氮磷营养物、石油烃类等，主要来源于固态废物碎屑（城市垃圾、动物粪便、城市建筑施工场地堆积物）、化学药品（草坪施用的化肥农药）、空气沉降物和车辆排放物等[1]。城市面源污染的污染物种类、排放强度与城市发展程度、经济活动类型及居民行为等因素密切相关。城市面源污染物中的 SS、重金属及碳氢化合物的浓度在数量级上与未经处理的城市生活污水基本相同[2]，特别是初期雨水径流污染负荷远高于城市生活污水。

2　城市面源污染研究方法概况

城市面源污染研究一方面关注不同城市下垫面直接形成的地表径流污染，另一方面分析排水分区出口的雨水径流污染外排过程。如果知道一年内每场降雨的径流量及径流平均浓度，那么就可以直接计算出雨水径流年污染负荷，但这显然是很难做到的。因此，通常采用年平均降雨量和多场降雨的径流平均浓度来计算年污染负荷。现有的地表径流污染负荷计算方法主要有美国的华盛顿政府委员会方法、按监测降雨量占年降雨量比例估算方法、美国国家环境保护局年污染负荷估算方法、输出系数模型、公路路面径流污染负荷模型、城市面源污染模型等[3]。相较于其他方法，城市面源污染模型分别从污染物的累积、冲刷、迁移过程建立数学模型，从而得出污染物的输出，具有较明确的物理意义。因此，城市面源污染模型的构建与模拟，是城市面源污染定量化研究、影响评价研究及污染控制治理最有效、最直接的方法，加强数值模型的研究，对面源污染的定量预测、控制管理有着重要的意义。

城市面源污染主要是由降雨动能冲击及雨水径流冲刷地表累积污染物而引起的。因此，城市面源污染模型的基本框架，是在城市水文模型的基础上叠加模拟径流污染物的组件，从而进行城市面源污染的模拟。早期，城市面源污染模型主要根据径流和水质的现场监测结果进行因果分析和统计分析，分析污染负荷与土地利用类型、降雨径流量之间的关系；20 世纪 70 年代中后期，随着城市面源污染

作者简介：麦叶鹏（1993—），男，博士后，研究方向为海绵城市建设、城市面源污染。

机制研究的深入，陆续产生了机制模型和连续时间序列响应模型，著名的模型有 SWMM、STORM、HSPF、DR3M-QUAL 等[4]；80 年代，国外的面源污染模型加强了 3S 技术在定量负荷计算、管理、规划中的应用研究，而我国城市面源污染研究仅局限于城区径流污染的宏观特征和污染负荷定量计算模型的研究[5]；90 年代以后，主要是不断完善和提高已建立的城市面源污染模型，并结合 3S 技术开发出许多功能强大的流域模型，如美国农业部（USDA）的农业研究中心 Jeff Arnold 博士开发的 SWAT 模型，我国赵冬泉等将 SWMM 与 GIS 嵌合在一起开发的 DigitalWater 商用软件[6]。

3 SWMM 模型在城市面源污染研究中的应用

SWMM 作为分布式、连续模拟模型，在城市区域内的排水区和排水管网的非点源污染负荷计算方面有着较明显的优势。因而，选用 SWMM 作为研究模型进行非点源污染负荷的定量化计算的研究居多。例如，戴莹等[7] 基于 SWMM 模型分析了研究区域 5 种不同数据集空间分辨率对城市非点源污染模拟效果的影响。Ma 等[8] 基于 SWMM 模型模拟分析了不同 LID 措施组合下的 TSS、COD、TN 和 TP 等面源污染物的负荷控制效果。Zhao 等[9] 基于 SWMM 模型探讨了城市建设用地面积及不透水率对城市径流污染的影响机制和程度。Shin 等[10] 使用 SWMM 模型量化了韩国某合流制排水系统的面源污染物负荷。Tong 等[11] 基于 SWMM 模型研究了不同的降雨过程对城市面源污染负荷及其变化的影响。Zeng 等[12] 用 SWMM 模拟小区在低影响开发后的面源污染初期冲刷效应，结果表明经 LID 改造后面源污染的初期冲刷效应强度降低。

除了直接运用 SWMM 模型展开城市面源污染的相关研究外，SWMM 模型还可与其他模型进行耦合，耦合模型包括 GIS、SWAT 等。例如，Chen 等[13] 通过结合 SWMM、SWAT 和 MIKE 11，开发了一种针对城乡流域的面源污染模拟模型。也有不少学者将 SWMM 模型部分模块与其他模型进行耦合来展开更加丰富的研究。例如，戴莹等[14] 将 SWMM 与细胞自动机（CA）方法集成，保留了 SWMM 模型的管网传输模块，并用 CA 算法替代子汇水区的产汇流过程，从而构建 CA-SWMM 模型，用于模拟预测城市面源污染。

4 城市初期雨水径流污染

初期降雨径流过程中污染物浓度明显高于径流后期冲刷的污染物浓度，初期雨水径流中污染物浓度是最高的，这种现象被称为初期冲刷效应。城市面源污染的雨水径流特征常表现为初期冲刷效应，初期雨水径流的相关研究也成为城市面源污染的重要研究内容。有研究提出，初期 20% 的雨水径流中的污染负荷占整场降雨的 80%，而有效控制一定量的初期雨水，就可以有效控制径流带来的面源污染。

在初期雨水径流污染机制研究方面，多数学者比较关注的是各类下垫面/土地利用类型具有的初期冲刷效应。例如，马英[15] 对东莞市同沙水库集水区进行主要污染物初期冲刷效应研究，通过定性及定量评价识别方法研究污染物的初期冲刷效应，并根据径流污染负荷分配规律提出初期雨水截留标准，还提出了城市降雨径流面源污染冲刷模型。吴伟勇等[16] 通过监测分析芜湖市中心城区的道路、公共建筑、绿地、城区居住区、工业企业区、码头等 6 个典型下垫面的雨水径流水质，结果表明人为活动较为频繁的道路、公共建筑、居民区的污染物浓度相对较高，COD 为初期雨水径流污染的主要指标。黄国如和聂铁锋[17] 以广州市新河浦社区部分排水区为研究区域，监测分析各典型下垫面雨水径流中的 COD、BOD_5、TSS、TN、TP、NH_3-N 等污染物的浓度，揭示污染物的时空变化规律和径流的初期冲刷效应。何湖滨等[18] 以扬州市为研究区域，通过对小青瓦屋面、水泥瓦屋面和混凝土屋面这 3 种屋面进行降雨径流监测，比较不同材料屋面径流污染物浓度、冲刷规律以及初期冲刷效应。也有研究表明工业区的排水口表现出强烈的初期冲刷效应，但都市化区域及郊区则没有明显的初期冲刷效应，说明不同土地利用方式下面源污染物的径流特征具有明显的差异[19]，而 Zeng 等[12] 的研究表明城市各类下垫面中屋顶的初期冲刷效应最明显。然而车伍等[20] 指出关于初期冲刷规律的研究很多，但结论却大相径庭。这可能是监测条件不同所致的。大量类似的研究证明，初期冲刷现象具有明显的不确定性和对特定条件的依赖性。一般如屋面、道路等源头平整的小汇水面，具有较明显的初期冲刷现象，而汇流区域或管道系统等的汇水条件越复杂，初期冲刷越不明显，甚至消失。值得注意的是，初期雨水与初期冲刷有关但不能混淆。对任何条件下、任意场次降雨形成的径流，初期雨水是客观存在的，与该场次径流过程是否存在初期冲刷现象无关。

在初期雨水径流污染削减和管控方面，绿色基础设施和灰色基础设施皆有所应用。基于"海绵城市"理念的初期雨水径流处理技术（绿色基础设施）主要有：绿色屋顶、生物滞留池、下凹式绿地、透水铺装和雨水塘系统等，其主要通过截污净化、滞蓄、渗透和转输排放等方式将初期雨水径流加以处理和利用。而传统初期雨水处理技术主要是采用各式弃流装置（灰色基础设施）对初期雨水径流进行弃流，往往忽略了雨水的渗透和调蓄。

5 研究趋势与展望

综上所述，我国目前还停留在面源污染模型应用研究阶段，多采用国外的成熟模型或结合实际的研究情况加以修正，对模型结构改进较少。大多数论文一次性研究了多种面源污染物，但只是泛泛地讨论了模型输出污染物负荷结果而不具体讨论污染物累积、冲刷和输移情况。此外，综合国内外城市面源污染研究情况，有明确水文基础和污染物迁移转化机制的模型以研究为主，应用落地较少。

SWMM 模型中，污染物累积采用的是以时间为自变量的累积模型，但累积模型多以简单的函数关系表示，存在一定的地域性；污染物冲刷则是基于指数冲刷函数、比例函数和平均浓度进行计算；污染物的输移过程模拟则是假设管道为连续搅拌式反应器（CSTR），即管道水质的模拟采用完全混合一阶衰减模型[21]。国内不少学者也在探索污染物的累积冲刷过程模型。比如，边博选择镇江具有代表性的土地使用类型，实测其地表累积污染物，并根据"贮存-输入-输出"平衡原理建立地表污染物累积模型，与双曲线函数关系、线性关系和幂指数关系方程相比，其提出的累积方程能更准确地预测镇江城市地表污染物的累积量[22]。陈伟伟利用雨水径流产流负荷替代降雨强度校正了传统冲刷模型，研究有效降雨深度与径流水质之间的相关函数关系，构建了城市屋面降雨冲刷污染物变化模型[23]。因此，可以对 SWMM 进行二次开发，改进其水质模块，亦或者与其他软件进行耦合。

另外，由于城市面源污染监测难度大、费用高及重视不够等原因，我国几乎没有系统的长系列城市面源污染监测资料。常常只有几场暴雨径流过程的水质水量同步监测数据，而国外开发的面源污染模型软件需要输入数据的时间系列长，建模费用昂贵。因此，研究有限资料条件下城市面源污染负荷计算方法、面源污染模拟与预报模型也是未来的趋势之一。

参考文献

[1] 韩冰，王效科，欧阳志云．城市面源污染特征的分析 [J]．水资源保护，2005 (2)：1-4.

[2] Ellis K V, White G, Warn A E. Surface Water Pollu-tion and Its Control [M]. England：Macmillan Publish-ers Ltd. 1989：268-270.

[3] 李家科，李亚娇，李怀恩．城市地表径流污染负荷计算方法研究 [J]．水资源与水工程学报，2010，21 (2)：9.

[4] Zoppou C. Review of Urban Storm Water Models [J]. Environmental Modelling and Software, 2001, 16 (3)：195-231.

[5] 施为光．城市降雨径流长期污染负荷模型的探讨 [J]．城市环境与城市生态，1993，006 (2)：6-10.

[6] 赵冬泉，陈吉宁，佟庆远，等．基于 GIS 的城市排水管网模型拓扑规则检查和处理 [J]．给水排水，2008，34 (5)：4.

[7] Ying D, Lei C, Hou X, et al. Effects of the spatial resolution of urban drainage data on nonpoint source pollution prediction [J]. Environmental Science and Pollution Research, 2018, 25 (3)：14799-14812.

[8] Qing M, Xiaojun S, Xiangyang X. Control effect simulation of low impact development on non-point source pollution load in urban residential area based on SWMM model [J]. Water Resources and Power, 2015, 33 (9)：53-57.

［9］Zhao G, Chen H, Lei Z, et al. Effect of urban construction land change on stormwater runoff and pollution process ［J］. Fresenius Environmental Bulletin, 2021, 30（4）：3350-3364.

［10］Shin H S, Jang J K, Jang Y S, et al. Quantification of nonpoint source pollutants discharged from the combined sewer system in the Nakdong River Basin, Korea, using SWMM ［J］. Desalin. Water Treat, 2017, 70：86-94.

［11］Tong Y, Shi J, Hou J, et al. Effects of rainfall on reduction of urban non-point source pollution load in a low impact development（lid）residence community in shaanxi, china ［J］. Environmental Engineering & Management Journal（EEMJ）, 2020, 19（11）.

［12］Zeng J, Huang G, Luo H, et al. First flush of non-point source pollution and hydrological effects of LID in a Guangzhou community ［J］. Scientific reports, 2019, 9（1）：1-10.

［13］Chen L, Dai Y, Zhi X, et al. Quantifying nonpoint source emissions and their water quality responses in a complex catchment：A case study of a typical urban-rural mixed catchment ［J］. Journal of Hydrology, 2018, 559：110-121.

［14］Dai Y, Chen L, Shen Z. A cellular automata（CA）-based method to improve the SWMM performance with scarce drainage data and its spatial scale effect ［J］. Journal of Hydrology, 2019, 581（2）：124402.

［15］马英. 城市降雨径流面源污染输移规律模拟及初始冲刷效应研究 ［D］. 广州：华南理工大学, 2012.

［16］吴伟勇, 许高金, 王旭航, 等. 芜湖中心城区初期雨水径流面源污染特征研究 ［J］. 人民长江, 2020, 51（S1）：27-29.

［17］黄国如, 聂铁锋. 广州城区雨水径流非点源污染特性及污染负荷 ［J］. 华南理工大学学报（自然科学版）, 2012, 40（2）：142-148.

［18］何湖滨, 陈诚, 林育青, 等. 城市不同材料屋面径流的污染负荷特性 ［J］. 环境科学, 2019, 40（3）：1287-1294.

［19］Kim S W, Park J S, Kim D, et al. Runoff characteristics of non-point pollutants caused by different land uses and a spatial overlay analysis with spatial distribution of industrial cluster：a case study of the Lake Sihwa watershed ［J］. Environmental earth sciences, 2014, 71（1）：483-496.

［20］车伍, 张鹍, 张伟, 等. 初期雨水与径流总量控制的关系及其应用分析 ［J］. 中国给水排水, 2016, 32（6）：9-14.

［21］王宏杰, 董文艺, 吴建立, 等. 基于 SWMM 模型的城市低影响开发水文水质效应模拟分析 ［J］. 广东化工, 2019, 46（15）：18-20, 46.

［22］边博. 城市地表污染物累积模型研究 ［J］. 土木建筑与环境工程, 2010, 32（6）：137-141.

［23］陈伟伟, 吴晓楷, 李自明. 城市屋面降雨冲刷污染物变化模型模拟研究 ［J］. 水利与建筑工程学报, 2017, 15（1）：4.

淤损水库治理与管理技术

水库清淤研究进展

熊　庭[1,2]　缪雪松[3]　范世东[1,2,3]

（1. 武汉理工大学交通与物流工程学院，湖北武汉　430063；
2. 国家水运安全工程技术研究中心 水运设施建养与安全所，湖北武汉　430063；
3. 武汉理工大学 船海与能源动力工程学院，湖北武汉　430063）

摘　要： 水库泥沙淤积会减少水库的有效库容，缩短水库的使用寿命，为航运、生态、安全等方面带来严重的负面影响，做好水库泥沙清淤工作势在必行。本文将水库淤积治理分为上游、中游和下游治理三个部分，分别从治理目标、技术特点、适用范围、研究现状等方面进行了系统性综述，重点梳理了水库清淤的清淤机制、数学模型、清淤装备，并列举了具体治理案例浅析各种治理技术的适用性，为以后清淤技术及方案的选用与制订提供参考和决策依据。

关键词： 水库；泥沙淤积；防治技术；清淤方案

1　水库清淤背景

水利万物，水资源在人类日常的生产生活中至关重要[1]。我国幅员辽阔，水资源充足，但在地理位置的分布上，具有时空分布的不均匀性，再加上人为的不合理开采，最终导致我国水旱灾害等问题频繁发生[2]，水库孕育而生。水库泛指人工水库，即在山沟或河流的狭口处建造拦河坝形成的人工湖泊，系起到拦洪蓄水和调节水流作用[3]的水利工程建筑物。水库的益处体现在对社会经济和自然环境等两方面的作用，不仅可以起到防洪涝灾害、水力发电和基本的灌溉作用，还可以通过水产、航运等副业带动当地的经济发展[4-5]。然而，水库在为人类带来巨大收益的同时，仍存在一些随之而来的弊端。由于人为地修建水库，自然的水流走势发生改变，其中无法避免的问题就是水库泥沙的淤积。水库会导致水势由陡变缓，再加上库尾回水区影响，水库内会淤积大量的泥沙，尤其是大坝和库尾部分最为严重[6-7]，如图1所示。

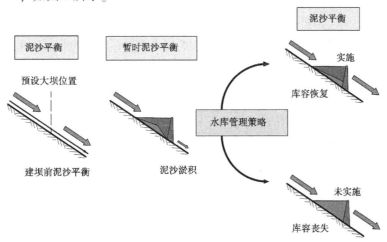

图1　水库蓄水前后泥沙的平衡交替过渡

作者简介： 熊庭（1982—），男，副教授，主要从事疏浚技术与装备方面的研究工作。

水库淤积所造成的问题，主要反映在库容丧失、环境破坏与航运影响等方面[8]。首先，泥沙大量淤积导致库容逐渐丧失，进而缩短水库的有效寿命，降低水库的水力发电与供水能力，影响水库防洪和兴利的效益；其次，泥沙沉积向上游、支流和山脊传播，导致河道和支流退化、河岸侵蚀，加剧土地盐碱化，受污染的沉积物还会使水质下降，严重破坏库区生态环境；最后，库尾回水区泥沙淤积会导致河床升高，减少桥下通航净空，造成航道堵塞，为航运带来负面影响[9]。因此，水库淤积问题为水库的正常运行带来严峻考验，是目前和未来水库管理的一个世界性重要课题[10-11]。

水库淤积主要由自然因素与人为因素两方面造成[12-13]。自然因素主要包括地形地质、气候水文、植被等。气候干旱与否、植被覆盖程度以及水库流域内的土质松软程度，都会引起水库周围的水土流失，进而对水库泥沙的淤积造成不同程度的影响[14]。若水库流域内地形坡度大，土质松软而植被覆盖程度不足或植被遭到破坏，雨水不能自行消纳就会顺势下流冲刷土壤造成严重的水土流失引起水库泥沙的淤积，且土地肥力日趋衰竭，便会加剧这一现象的产生。人为因素主要是由于人类自主的不合理活动，如不当的土地利用导致的植被覆盖程度变化、过度放牧、不当耕作及滥砍滥伐、甚至武装冲突等，进而引起土壤侵蚀与水土流失，最终导致泥沙的大量淤积。通常情况下，一旦水库淤积便会直接引起水库容量的下降，进而威胁到农业和城市供水保障，影响其防洪、水电、航运和渔业等方面的正常运行，由此造成难以估量的损失。由于适合修建新水坝和水库的地点受到地形、地质、水文和竞争性土地使用的限制，当前的水库已经占据了最好的位置。此外，再考虑新修水库所需的土地资源以及周边居民迁移的赔偿款等，重新修建水库所需要的实际工作成本远远高于在目前水库淤积基础上进行清淤工作的成本，大坝无法重建以达到预期目的[15]。因此，做好清淤工作对整体经济效益来说尤为重要[16]。

目前，水库淤积治理流程纵向来看主要分为三大部分，即上游治理（减少流域的产沙量）、中游治理（减少泥沙淤积）和下游治理（水库清淤）。

2　水库清淤策略

2.1　上游治理

从长远来看，最有效的技术是通过流域管理来防止过多的泥沙到达水库[17]。首先，上游治理的重点在于控制上游流域的水土流失问题[18-19]，众多学者也围绕此展开了研究。庞启航等[20]通过对黄土高原的水土流失问题进行研究，发现植被缺乏与水力侵蚀是导致泥沙下泄的主要原因，提出了"防治结合+工程治理"的治理对策以恢复植被提高流域治理水平。史庆玲[21]研究发现人为因素是皖西大别山山地丘陵水源涵养保土区水土流失问题的重要因素，认为政府领导各界充分认识水土流失防治的重要性和紧迫性，增强公民环保意识，鼓励公民参与资源保护是治理环节的重中之重。卢颖[22]对北安市山口水库供水工程进行分析，发现其水土流失问题原因为项目施工期间人为对土壤和植被的破坏，并根据各防治分区的特点提出了相应的水土保持的工程、植物及临时防护措施。

随着水土流失治理技术日渐成熟，目前上游流域有效的治理措施主要包括土壤保护、重新植被[23]和渠道侵蚀控制[24]。上游流域应大力发展退耕还林，减少建筑用地等工程作业。并广泛发展林业，保护土壤进而调节径流，防止水土流失。上游渠道定期检查水坝做好河岸、沟壑稳定工作。有效的侵蚀控制取决于确定侵蚀热点[25-26]，然后实施有效及自我维持的干预措施，实施更好的土壤管理，减少下游的沉积物。此外，上游拦沙也是减少流域的产沙量的一大措施[27]，其主要包括在上游建造大型水库或分散储存。上游蓄水是限制沉积物产量的主要因素[28]，然而，仅仅为了保护更远的下游而建造一个大型上游水库在经济上是不可行的。相反，建造小型农场和淤地坝可以有效减少土壤侵蚀并保持农场水分更为实用。黄河流域等地区大量建造的淤地坝有效地解决了当地的水库淤积问题[29]。

2.2　中游治理

在中游治理阶段，减少泥沙淤积成为了该阶段工作的重中之重。也就是挟沙水流在抵达下游河流之前，使泥沙通过设计与规划，绕过或通过水库以实现减少水库淤积的目的。其具体措施包括开通河道、挖掘排沙隧洞[30]、建造泄洪道及修建主河道外水库等。

目前，通过构建排沙隧洞实现泥沙输送的方法已得到了广泛的研究与应用。瑞士索利斯水库[31]为解决上游山洪引起的泥沙淤积问题，设计建造了旁通排沙隧洞，用以将挟沙水流绕过大坝冲刷到尾水。Asahi 大坝[32]修建的旁路隧洞有效控制了入库泥沙，保护了下游河道环境。汾河水库[33]采用泄洪排沙隧洞方案不仅恢复了水库库容，还在运行、管理与经济方面获得了更好的效益。三门峡水库[34]以压力洞与明流洞相结合的方式修建了泄流排沙隧洞，为在多沙河流上修建隧洞提供了经验。霍继申[35]针对庙宫水库排沙隧洞进行了水流特性分析，通过求解得到了隧洞安全运行水位范围，并给出了非稳定水流流态下工作闸门的调控方法。谢锡滨等[36]基于水工与河工模型试验分析了泄洪排沙长隧洞在不同工况下的水力特性，计算出了最佳排沙效果的隧洞布置位置，为类似的新增排沙洞工程提供了参考。陕西省强家湾水库，辽河他拉干水库、英力庙水库等[37]则是采用修建主河道外水库的方法进行引清排浑。河道外水库可以将清水（正常水流）分流至蓄水库，而泄洪道则可以将浑水（洪水水流）分流至蓄水库周围排沙隧洞。该措施对水库地形有较为严苛的要求，在更为宽广的地区可以将水库一分为二，分别利用主库和副库进行引清排浑。新疆西大桥水库将主库修建于主河道旁侧用以引进清水，而副库下泄洪水期的浑水。这种布置方式减淤效果显著，并有效延长了水库使用寿命。

此外，绕库排浑保持下游输沙不仅可以降低河道的规模，减少引水工程施工期间的泄洪能力，还能够降低成本和超额风险，对下游流域具有高度的地貌和生态重要性。

2.3 下游治理

下游部分是整个水库淤积问题的外在表现，也是直接影响水库功能的发挥和使用质量要求的根源所在。下游治理即水库清淤，旨在彻底解决水库淤积问题，在清淤形式上主要分为机械清淤与水力清淤。机械清淤根据是否在水上作业，可分为空库干挖及疏浚清淤。另外，疏浚清淤由输送方式分为绞吸式挖泥船（泥浆泵输送）、虹吸清淤（虹吸式管道输送）、气力泵清淤、机械提升（铲斗式、抓斗式、斗轮式、反铲式挖泥船等）及气动冲淤等。水力清淤包括异重流排沙和通过空库或降低水位迎洪实现泥沙冲刷的滞洪排沙以及水力冲沙。水力清淤在各国水库清淤工程中应用广泛，1958 年，新西兰 Mangahao 水库[38]原有的储水量已经损失了 59%，水库于 1969 年进行水力冲刷，1 个月内有75% 的累积沉积物被清除。其他成功的水库案例包括 Baira 水库[39]（印度）、Gebidem 水库[40]（瑞士）、Gmund 水库（奥地利）、红领巾水库和闸德海水库（中国）。

3 水库清淤技术与装备

本文重点以下游治理为研究对象，梳理了水库清淤的清淤机制、数学模型、清淤装备，并列举了具体治理案例浅析各种治理技术适用性，为以后清淤技术及方案的选用与制订提供参考和决策依据。

3.1 水力清淤机制

水力清淤包括异重流排沙、滞洪排沙和水力冲沙。水力清淤是指用水力冲刷去除先前淤积的沉积物。全面梳理清淤机制对于如何根据水库的地形特征、当前的淤积状况，采取合理的清淤技术，选择恰当的时机及水库调度方式进行水力排沙清淤至关重要。

3.1.1 异重流排沙

异重流排沙的机制是两种或两种以上的密度接近的流体在接触时，因密度差产生的相对运动。水库蓄水时，洪水挟带大量泥沙入库，浑水潜入库底形成的浑水异重流[42-44]。由于浑水异重流的密度高于周围水体，在密度差的作用下开始向坝前运动[45]，最终在重力的作用下，悬浮的泥沙颗粒会沉积到库底。因此，在泥沙沉积之前，若及时打开底孔闸门，将浑水排出库外，则可减少水库淤积量。

异重流排沙是水库清淤的有效手段，其特点主要包括挟沙能力强、可长距离连续输送泥沙等[46-47]。因此，异重流排沙更适用于库容小、回水短、坡降大的中小型水库，以及常年蓄水运行没有降低水位排沙条件的的水库。在国内，异重流排沙得到了普遍的应用，刘家峡水库、小浪底水库、官厅水库、三门峡水库等通过调度水库进行异重流排沙取得了良好的清淤效果。

水库观测资料是研究异重流的有效工具，众多学者借此对异重流排沙进行了广泛的研究，申冠卿等[48] 通过分析小浪底水泥沙冲淤数据，计算出了河道输沙能力变化与累计冲刷量间的关系，并结合三门峡水库观测资料，对比研究了异重流排沙效果及下游河道对高含沙异重流水沙过程的响应。王强等[49] 利用刘家峡水库的异重流排沙资料，分析了水库不同运行期的库区排沙特点，研究发现相比于单独运行，两库联调排沙效果显著提高，进而提出了黄河上游水库群联合调度的泥沙治理策略。张俊华等[50] 以小浪底水库为研究对象基于理论推导与水槽试验的方法，分析了水库输沙流态的动态转变，水库滞留层的物理参量和异重流输沙水动力机制的改变，以及它们和水动力之间的响应机制，并推行了水库高效的输沙调度的原则。

目前，异重流排沙领域仍存在许多问题有待于进一步研究，如高含沙洪水演进机制、库区异重流的运行规律及下游河道泥沙输移规律等问题。

3.1.2 滞洪排沙

滞洪排沙的机制是指在汛期利用低水位或空库运行水库以提高水流流速，当大量洪水进入水库时，水会在泥沙沉淀之前将其细颗粒运出水库。汛期对多沙河流的水库实施滞洪排沙，可以有效地减少库内泥沙淤积，是国内外普遍运用的水库减淤措施。乌切一库尔甘水库、三门峡水库、青铜峡水库、黑松林水库、恒山水库等通过汛期低水位运行的方式均取得了良好的排沙效果。值得注意的是，实施滞洪排沙水库调度时，洪水初期排沙效率最高，但是如果不能及时开闸，就会造成水位变高；如果下泄的流量小或者长时间的滞洪，就会导致水位下降不及时，库内长时间滞留的浑水，便会沉积过多的泥沙，排沙的效率也会随之降低。因此，必须在最大泄流量时开闸放水；在一段时间后，排沙的效率降低，此时需要降低泄流流量，进而避免弃水量的增加。

此外，该技术弃水量大，应将滞洪排沙过程与应季的农田灌溉进行合理的有机结合，以充分利用清淤弃水。

3.1.3 水力冲沙

水力冲沙是利用自然或人工水力条件扰动库内泥沙，并将其冲刷出库，最普遍的有泄空冲沙和横向冲蚀两种方式。

泄空冲沙的清淤机制主要是利用水库泄空过程中形成的沿程冲刷和溯源冲刷带走淤积在水库中的泥沙。其优点是由于汛期水沙比较集中，利用此种方式排沙效果较好。缺点是适用范围较窄且耗水量大，不适于多年调节的水库应用；具有很强的周期性，仅适用于季节性利用的水库。国内外水库包括吉尔吉皮立克水电站、黑松林水库、洗马林水库、恒山水库等通过定期泄空冲沙的方式获得了很好的清淤效果，并显著提高了水库的使用寿命。

横向冲蚀[51] 的机制是指在水库两侧适当高程开挖高渠，或利用滩槽高差开挖小沟槽，引入上游水流，依靠水流的水力冲刷与重力侵蚀作用对淤积泥沙进行破离和输移，进而排沙出库。横向冲蚀对于严重的泥沙淤积，或水资源匮乏的干旱和半干旱地区的中小型水库的清淤作业更为适用，如红领巾水库、官山水库、黑松林水库等。因其清淤特点主要是高效率、低成本、耗水少、范围大等。

3.2 数学模型

随着计算机技术的发展，数值模拟凭借其高效、计算量大且获得空间内流域数据的分辨率高等特点，关于泥沙运动的研究广度进一步拓宽，水沙数学模型也从一维到二维，再到三维得到了快速发展。

一维数学模型主要用于研究长时段内长河段的水流及宏观河床变形情况。曹慧群等[52] 以三峡水库为例，利用一维非恒定水流泥沙数学模型对挖粗沙后水库的减淤效果及过程进行了研究，确定了最佳挖沙主槽。洪振国等[53] 采用一维非恒定模型，模拟了云南某水电站的冲淤演进过程，为泥沙淤积数值模拟提供了参考。

当工程河段的垂向尺度远小于平面尺度的时候，为准确探究水沙运动的规律与河床演变状况，通常采用沿二维数学模型，且更有利于阐明清淤塑槽及水库调度等系统调控措施干预后，库区的水沙的响应机制。包为民等[54]与杜殿勋等[55]分别利用水库水沙联合调度随机动态规划模型与异重流总流微分模型，进行了水沙联合调度运用的优化研究。李鹏峰等[56]以鸭子荡水库为例，同时考虑输水渠道和水库，建立了水库水沙数值模型，分析了引水明渠内最大淤积厚度和库区泥沙淤积发展过程，为制定多目标下的水沙联合调度方案提供了参考。韩景等[57]以青草沙水库为例，采用构建了青草沙库区二维水动力水质数学模型，分析了库区总体形态和库区现状水动力特征，并且通过考虑库区水动力和关于水质提高的需求，探究了关于青草沙水库清淤疏浚工程的规划方案。陶晨[58]以卡拉贝利枢纽工程上游水库为例，基于水动力学计算方法，对水库泥沙淤积状态开展了模拟分析，并进一步预测了水库泥沙淤积的演化过程。

为探究复杂的坝前水沙运动特性，众多学者采用三维数学模型对水库冲淤过程展开了广泛的研究。张晓雷等[59]以小浪底坝区为研究对象，建立了小浪底三维水沙数学模型，对水库坝前水沙运动特性及库区冲淤过程进行了研究并利用实测冲淤地形及水沙资料对所建模型的适用性与正确性进行了验证。练继建等[60]以锦屏二级水电站为例，采用泥沙输运数学模型研究了非常规洪水对锦屏二级库区内泥沙的输移过程，预测了库区河道的冲淤响应过程及发展变化趋势。

3.3 清淤装备

3.3.1 空库干挖

对水库进行空库干挖作业前，应首先于非汛期低水位或空库运行水库以营造干挖工程环境，再利用挖掘机械对裸露及半裸露的水库沉积物进行清理[61]。其优点包括耗水量小、清淤量可控性强、清淤彻底，对环境影响相对较小。缺点是在清淤作业期间，水库必须停止运行；遇恶劣天气时无法施工，受气候因素影响较大；需耗费外部动力装备，清淤成本高且仅适用于小型水库等。

3.3.2 疏浚清淤

疏浚清淤由输送方式分为绞吸式挖泥船、虹吸清淤、气力泵清淤、气动冲淤及机械提升（铲斗式、抓斗式、斗轮式、反铲式挖泥船等）。其特点突出体现为较小的耗水量、具有很强的机动性且受水库调度的影响较小；不足之处在于清淤的能力不强，清淤的范围有限，汛期的时候很容易反复淤积，并且需要较大的成本来清淤。

3.3.2.1 绞吸式挖泥船

绞吸式挖泥船是一种通过旋转绞刀切削沉积的岩土，并用泥浆泵和排泥管将形成的泥浆输送到岸上的吸扬式挖泥设备。根据中国船级社对挖泥船系统的划分，绞吸式挖泥船作业系统主要由绞刀及其驱动系统、桥架及其吊放系统、横移绞车系统、泥泵及其驱动系统、吸排泥管系统、定位桩系统及疏浚集成控制系统组成，如图2所示。

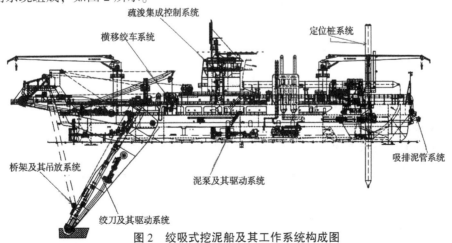

图2 绞吸式挖泥船及其工作系统构成图

绞吸式挖泥船具有高效率、高产量、挖掘和输送一次性完成，低成本，经济效益好，适应性广等特点。

3.3.2.2 环保疏浚专用设备

随着生态保护意识的提高，传统的挖泥装备如绞吸式挖泥船，疏浚过程中所产生的底泥扩散、泄漏和残留等无法达到环保的要求[62]，环保疏浚专用设备的研发不断得到重视。如日本研制出的螺旋式挖泥装置和密闭旋转斗轮挖泥设备、荷兰 IHC 公司带罩式环保绞刀、BOSKALIS 疏浚公司立式圆盘环保绞刀、HAM 公司和国际疏浚公司的螺旋环保绞刀和刮扫吸头等多种环保型绞刀，以及各种封闭式铲斗、抓斗等[63]。这些改造的新型设备均具有防止污染底泥泄漏和扩散的功能，既能够有效防止污染的扩散，又能够保证较高的挖泥浓度。中交上海航道局有限公司为了防止疏浚运输过程的二次扩散，为耙吸挖泥船研发了环保溢流阀，在溢流过程中可通过持续调整阀体开合角度，使溢流混合物进入水体后能够迅速沉淀，有效降低了溢流混合物中泥沙在水体中的悬浮时间，达到降低悬浮扩散污染的目的[64]。

此外，气泡帘防污技术既可抑制悬浮物的二次扩散，又具有系统简单、易于操作等优点，在环保疏浚技术中有其独特的优势，也得到了广泛的应用[65]。其工作原理如图 3 所示，位于底泥上部的软管开有气泡孔，可经空压机产生自下向上的连续压缩空气，带动水流从气泡出口处至水面形成气泡帘，在密封疏浚区形成回流，从而将疏浚悬浮物限制在疏浚核心区域内。同时，气泡帘还具有降噪功能，可减轻疏浚施工噪音对水生生物的影响[66-67]。

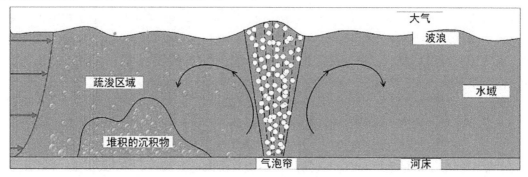

图 3　气泡帘工作原理

3.3.2.3 虹吸清淤

虹吸清淤系统由虹吸挖泥船、吸头和水下抽沙管道等组成，利用水库上下游水位差产生的虹吸作用进行清淤，适用于坝前的小规模清淤。近年来，虹吸式管道排沙技术研究取得很多成果，也开展了很多试验。Luis Vásquez Ramírez 等[68] 利用物理模型分析了虹吸法处理小型水库泥沙的水力特性；R. Pishgar 等[69] 研究了钻孔式吸水管几何和机械规格对水力吸水法性能的影响；山西省水科所通过研究红旗水库虹吸式排沙试验，分析了其排沙效果和经济成本；曾杉等[70] 利用临界不淤流速计算模型，研究了小浪底水库虹吸式排沙管道的泥沙输送特性，并提出了最优排沙量的排沙管径与流速范围等参数；闫振峰等[71] 基于西霞院水库清淤试验，研究了不同工况下虹吸式管道排沙的清淤效果；陈成林等[72] 通过水工模型试验与水力计算相结合的方式，分析了影响大库盘水库虹吸式排沙管道含沙量的因素，并计算出了虹吸清淤系统的年排沙量。

利用虹吸式管道排沙技术对水库进行清淤不仅具有成本低、设备可拆卸、易运输等优点还可以结合农田灌溉排沙。但主要缺点是有机碎屑容易阻塞管道且清淤范围有限，在大型水库的工程应用相对较少。

3.3.2.4 气力泵清淤

气力泵由泵体、进出气管、排料管、空气分配器、空气压缩机及水平输料管等组成。工作过程包括排气阶段、进料阶段、进气阶段，其工作原理为气力提升[61]，如图 4 所示，压缩空气经进气口注入提升管，在提升管内，气流和液体冲击形成许多气泡，在浮力作用下，气泡在上移过程中聚结并当横截面积几乎等于管道直径时，气泡开始破裂，大气泡便分裂为许多个小气泡，小气泡在向上运动过程中又会重复上述过程，从而推动流体在管道内部上升运动。当液体被提升后，沉积到底部的固体颗粒受到运动流体的摩擦阻力和自身重力作用，当摩擦阻力大于固体颗粒的重力时，固体颗粒便被提升上来[73]。

众多学者对气力泵疏浚模型进行了深入研究，胡东等[73] 建立了气力提升系统效率模型并将其与混合流体动量方程耦合，研究了浆料气力提升系统的工作性能，为有效控制浆料输送及寻求气力提升性能增强方法提供理论及实践指导。气力泵清淤的优点为扰动小、扩散少、疏浚深度大、精度高、疏浚物含固量高，尤其适用于水库清淤。缺点包括浅水区效率低、适应性较差、单船排距短、成本高等。

3.3.2.5 气动冲淤

为提高水流的输沙能力，气动冲淤技术旨在向河底通入空气，引起气、水、沙的充分混合，进而产生联合运动，提高水流紊动能力和泥沙的上扬速度最终实现冲淤效果。徐进超等[74]采用立面二维水沙气三相仿真模型研究了气动冲淤的作用机制。气动冲淤技术主要包括掺气耙冲淤和通气管路冲淤。掺气耙清淤船成本低、效率高，在维持沿海挡潮闸闸下航道容积、防止闸下航道淤积等方面发挥了很大作用。通气管路冲淤通过空压机将一定压力的气体泵送至通气管路，气泡不断从通气孔冒出，形成上升流挟泥沙上扬，使得沉降速度相对较小的泥沙在较弱的水流条件下输送较远的距离。

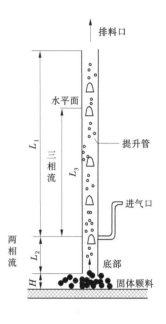

图 4　气力提升物理模型

4　水库清淤案例分析

在水库清淤实际工程中，应依据不同治理技术的优缺点制定具体实施方案，以修复水库正常功能。表 1 是水库基本数据及不同地区水库清淤的治理案例。

表 1　水库清淤治理案例

案例	总库容	治理前水库状况	淤积原因	治理思路与措施	结论
猛进水库	6 500 万 m³	自 1956—2010 年共淤积 3 123 万 m³，平均年淤积 57.8 万 m³，设计总库容的 48% 被淤积[75]	猛进水库无引水控制性设施，泥沙淤积问题严重，污水直接进入猛进水库，生态环境破坏严重	方案一：纯清淤方案。方案二：清淤结合猛进水库坝体加高，此外可根据工程要求增加所需库容[76]	方案一：纯清淤方案，虽然仅能恢复 641 × 10⁴ m³ 库容，但工程内容单一，施工程序简单，实施难度小，不会带来其他安全问题。方案二：从长远看，加高坝体无法永久性解决水库淤积问题，后期仍需进行清淤工作。而且坝体加高，水库特征水位将发生变化，改变了原水库大坝设计工况，对坝体安全影响较大

续表 1

案例	总库容	治理前水库状况	淤积原因	治理思路与措施	结论
山美水库	6.55 亿 m^3	山美水库的淤积主要集中在 80 m 高程以下，其中 64～80 m 高程的淤积最为严重，占总淤积量（2 884 万 m^3）的 67.8%，80 m 以上高程淤积逐渐减少，库区水质存在总氮、总磷超标等污染问题[77]	泥沙主要来源自流域内地表冲蚀，其次还有河床的冲刷，主要因素是气候因素和人类活动（包括开荒种果、植被破坏及工程开挖等）。另外，流域内生活污水、生活垃圾、农业面源等污染物排放导致了水质污染	治理重点在于清除水库污染底泥以保护山美水库库区水质环境。采用环保绞吸式挖泥船进行底泥疏浚，并通过输泥管将污染底泥输至岸边进行脱水干化处理	通过污染底泥疏浚，可以大幅度地削减水体中的内源污染物数量，减少底泥营养盐对水质的影响及底泥再悬浮造成的污染，减少营养盐的内源负荷，减少底泥中污染物对水体乃至水生生物的污染和生态危害风险，为山美水库水质改善与生态修复发挥积极作用
官山水库	590 万 m^3	泥沙淤积比较严重，丧失调蓄能力，成为名副其实的"死库"	水库上游植被较差，沟壑纵横，遇暴雨侵蚀，泥土大量流失、使之水库泥沙淤积问题十分突出	采用横向冲蚀技术结合辅助工程，主要包括挡水低坝、输水高渠及集流槽三部分[78]	利用横向冲蚀技术重新恢复了调节径流和蓄水兴利的功能，不仅能使淤废的死库复活，而且能有效地用于水库清淤，并有清淤效率高、费用低等优点
红旗水库	351.25 万 m^3	截至 1987 年底，淤积量达 167 万 m^3，占有效库容的 75.9%，侵占了兴利库容，危及着水库的防洪安全	流域全系黄土丘陵区，植被很差，水土流失十分严重，年侵蚀模数高达 6 287 t/km^2	采用引水冲滩技术，工程设施包括挡水低坝、引水渠、冲刷沟[79]	采用引水冲滩技术，不仅能形成再生库容，而且对农田生产也具有十分显著的经济效益
西霞院水库	1.62 亿 m^3	截至 2016 年汛前，西霞院水库累计淤积 0.20 亿 m^3，年均淤积量约为 254 万 m^3，其中 2010 年淤积量最大为 0.17 亿 m^3，2009 年、2011 年、2015 年度淤积量减少	西霞院水库是黄河小浪底水利枢纽的反调节水库，泥沙直接受三门峡和小浪底两个大型水库调节影响。主要为泥沙淤积，且河底有少量砂卵石推移	开展水库虹吸式管道排沙试验研究。包括试验方案线路布设，泥沙取输平台设计，吸泥头设计，排沙系统设计，管道布设，方案设计	在黄河中游西霞院水库实施的虹吸式管道排沙试验，分析了各工况含沙量的变化情况、清淤效率和生产成本等。同已有水库清淤试验的成本比较来看，本次试验成本较低，为水库清淤扩大库容发挥了积极的作用

续表 1

案例	总库容	治理前水库状况	淤积原因	治理思路与措施	结论
官厅水库	41.6 亿 m^3	官厅水库上游流域 1950—1980 年间总产沙量为 28.5 亿 t，1950—2000 年间总产沙量 40.73 亿 t。泥沙淤积严重，严重影响了水库功能的发挥和使用质量要求[80]	流域内人类活动频繁，气候干旱、植被差，且丘陵区及河川区的土质松软使得流域侵蚀严重水库流域侵蚀严重土壤侵蚀模数可达 0.3 万～1.0 万 t/km^2。官厅水库上游流域成为典型的重水土流失区	治理方案包括水土保持、水库拦沙、引水冲沙和河道淤积配合挖泥疏浚拦门沙治理、增设防淤堤、坝前泥沙淤积治理、岸边挖槽治理、"导沙入妫"等	应急供水或近期治理措施配合以中长期治理方案有效的解决了拦门沙迅速淤高和坝前严重淤积问题且挖泥疏浚可以有效地缓解坝前泥沙严重淤积所造成的危险局面，水库得以发挥正常的防洪和供水效益
日本天龙川水库群	6.19 亿 m^3	总淤积量 1.62 亿 m^3，已达总库容的 26%，其中总淤积量有 22% 淤积在有效库容内[81]，而且还在逐年增长，严重影响了水库的防洪等效益	天龙川正处在构造带区，岩石较破碎。从外表看流域植被很好，但因坡陡和地质构造的作用，暴雨后侵蚀量较大，平均年侵蚀模数 2 000 m^3/km^2	美和大坝的改建和再开发（上游端兴建分沙堰及旁侧排沙隧洞，水库末端兴建拦沙堰，兴建一座与美和坝联合调节的大坝）及佐久间水库的泥沙处理	利用上述方法，可以每年清除三角洲泥沙与库区来沙量相当，可以保持三角洲顶面的输沙平衡

通过分析以上水库淤积的成功治理案例可知：

（1）制定适宜的清淤方案应首先对水库地貌、淤积情况等进行详细的勘察，并根据水库的具体淤积原因等情况选择合理的清淤技术。

（2）不同的水库选择合理的淤积防治措施，不仅需要考虑技术可行性，还要分析经济性及对社会和环境的影响。

（3）机械清淤技术适用范围广但受成本限制，主要适用于中小型水库或大型水库的局部清淤。水力清淤技术排沙能力强、效率高，但对水库水动力条件要求较高，适用范围具有一定的局限性。

（4）单一水库清淤技术的适用范围和清淤效果存在局限性，根据水库淤积的多元成因及复杂地貌，联合运用不同的技术，有助于发挥更显著的清淤效果。

由此，为确定最优的清淤措施，应首先根据水库基本数据（包括水库地形参数、入库径流参数及入库泥沙参数等，见表 2），分析可选择的清淤措施，再结合清淤能力的计算及社会和环境的影响制定可行的方案，最后进行各方案成本对比评估选择出最优的清淤方案。此外，受污染的疏浚底泥[82] 需进行脱水干化处理，或根据其来源及成分[83] 进行资源化利用，将疏浚底泥变为路基填料、陶粒和路面砖等可有效利用的资源。

表 2 水库基本数据

参数	参数描述
水库地形参数	最高运行水位下的水库初始库容
	现有兴利库容
	初始兴利库容
	汛限水位下的水库初始库容
	水库正常蓄水位
	正常库水位对应的水库库容
入库径流参数	年均入库径流量
	年入库径流量变差系数
	汛期排沙天数
	水库代表水温
入库泥沙参数	库区泥沙干密度
	年均入库泥沙质量
	汛期年均入库泥沙质量
	入库泥沙中值粒径
	库区泥沙中值粒径

5 结论

水库泥沙的淤积减少水库的有效库容，缩短水库的使用寿命，为航运、生态、安全等方面带来严重的负面影响。我国在长期的水库建设过程中，积累了大量泥沙防治方法和经验。本文分别总结了上游、中游和下游三类水库泥沙防治方法及其在水库中的实践情况。得到以下结论：

（1）上游治理的主要目的是减少流域的产沙量，措施包括水土流失治理技术、上游拦沙、建造小型农场和淤地坝等。目前，水土流失治理技术已日渐成熟，在国内得到了广泛的应用，建造大型上游水库在经济上不可行，建造小型农场和淤地坝更为实用。

（2）中游治理旨在减少泥沙淤积，措施包括开通河道、挖掘排沙隧洞、建造泄洪道及修建主河道外水库等。中游绕库排浑保持下游输沙不仅可以降低河道的规模，减少引水工程施工期间的泄洪能力，还能够降低成本和超额风险，对下游流域具有高度的地貌和生态重要性。

（3）下游治理即水库清淤，旨在彻底解决水库淤积问题，清淤措施包括上主要分为机械清淤与水力清淤。机械清淤技术适用范围广但受成本限制，主要适用于中小型水库或大型水库的局部清淤。水力清淤技术排沙能力强、效率高，但对水库水动力条件要求较高，适用范围具有一定的局限性。

（4）为确定最优的清淤措施，应首先根据水库基本数据分析可选择的清淤措施，结合清淤能力的计算以及社会和环境的影响制定可行的方案，最后进行各方案成本对比评估选择出最优的清淤方案。

目前，水库泥沙防治方法还存在一定的局限性和负面作用，单一水库淤积治理技术的适用范围和清淤效果有限，水库淤积治理技术联合运用，水库多目标优化调度有待于进一步研究。

参考文献

［1］BRABBEN T. Reservoir desilting methods［J］. 1988.

［2］JOHNSON W K, WURBS R A, BEEGLE J E. Opportunities for reservoir-storage reallocation［J］. Journal of Water Resources Planning and Management, 1990, 116（4）: 550-566.

［3］LANDWEHR T, KANTOUSH S A, NOHARA D, et al. Demonstration of the impacts of anti-sedimentation techniques on Japanese reservoir siltation via mass data ANN analysis［J］. Journal of Hydroinformatics, 2022, 24（2）: 223-242.

［4］PANDEY A, CHAUBE U, MISHRA S, et al. Assessment of reservoir sedimentation using remote sensing and recommendations for desilting Patratu Reservoir, India［J］. Hydrological Sciences Journal, 2016, 61（4）: 711-718.

［5］BOUALEM R, DJILLALI B, MOHAMED M. Silting of Foum el Gherza Reservoir［J］. GeoScience Engineering, 2015, 61（1）: 1-9.

［6］NAVAS A, VALERO GARCéS B, MACHíN J. Research Note: An approach to integrated assessement of reservoir siltation: the Joaquín Costa reservoir as a case study［J］. Hydrology and Earth System Sciences, 2004, 8（6）: 1193-1199.

［7］MOUSSA A M A. Assessment of sediment deposition in Aswan high dam reservoir during 50 years（1964—2014）［J］. Grand Ethiopian Renaissance Dam Versus Aswan High Dam, 2018: 233-253.

［8］贾金生, 袁玉兰, 郑璀莹, 等. 中国水库大坝统计和技术进展及关注的问题简论［J］. 水力发电, 2010, 36（1）: 6-10.

［9］BRIGNOLI M, ESPA P, QUADRONI S, et al. Environmental impact of reservoir desilting operation［J］. UPB Scientific Bulletin, Series D: Mechanical Engineering, 2015, 77（2）: 257-270.

［10］董索, 李建清, 陈利强. 水库清淤技术概述［J］. 水利水电快报, 2019, 40（11）: 49-52, 63.

［11］薛怀军. 关于水库清淤技术的研究［C］//《环境工程》2018年全国学术年会, 北京: 2018.

［12］曹慧群, 李青云, 黄苗, 等. 我国水库淤积防治方法及效果综述［J］. 水力发电学报, 2013, 32（6）: 183-189.

［13］TOMCZYK-WYDRYCH I, WIERCZ A. Methods of management of bottom sediments from selected water reservoirs-a literature review［J］. Geologos, 2021, 27.

［14］杜建涛. 中小型水库清淤措施分析［J］. 山西水利科技, 2019（2）: 90-91, 96.

［15］MORRIS G L. Classification of management alternatives to combat reservoir sedimentation［J］. Water, 2020, 12（3）: 861.

［16］闫智云, 张红霞. 小浪底水库淤积浅析［J］. 吉林水利, 2016（11）: 15-16, 20.

［17］ZAWADZKI P, BŁA EJEWSKI R, PAWLAK M. REVIEW OF RESERVOIRS' DESILTING METHODS［J］. Acta Scientiarum Polonorum Formatio Circumiectus, 2017, 16（2）: 217.

［18］秦俊平. 汾河水库上游水土保持对水库淤积的影响［J］. 山西水土保持科技, 2016（4）: 34-36.

［19］DUTTA S. Soil erosion, sediment yield and sedimentation of reservoir: a review［J］. Modeling Earth Systems and Environment, 2016, 2（3）: 1-18.

［20］庞启航, 毕忠飞, 樊晓华, 等. 新时期黄土高原水土流失治理存在问题与对策［J］. 人民黄河, 2022, 44（S1）: 73-74.

［21］史庆玲. 皖西大别山山地丘陵水土流失问题研究［J］. 现代盐化工, 2022, 49（2）: 78-80.

［22］卢颖. 北安市山口水库供水工程水土流失特点及防治措施［J］. 黑龙江水利科技, 2019, 47（9）: 160-162.

［23］SRICHAICHANA J, TRISURAT Y, ONGSOMWANG S. Land use and land cover scenarios for optimum water yield and sediment retention ecosystem services in Klong U-Tapao Watershed, Songkhla, Thailand［J］. Sustainability, 2019, 11（10）: 2895.

［24］李露, 马啸. 我国水土保持技术研究现状与进展［J］. 乡村科技, 2018,（10）: 112-113.

［25］李佳民, 李长玉, 李海斌. 北部引嫩工程渠道侵蚀与淤积机制的研究［J］. 黑龙江水利科技, 2002（4）: 69-70.

［26］王国志, 勾智慧, 张丽琦. 北部引嫩渠道侵蚀及其治理措施［J］. 泥沙研究, 2000（2）: 76-78.

［27］李健, 金中武. 应用拦沙率方法研究长江上游水库淤积问题［C］//科技创新与水利改革——中国水利学会2014学术年会, 天津, 2014.

［28］陈建, 张先起, 余欣. 金沙江建库对三峡水库泥沙淤积的影响［J］. 科学技术与工程, 2009, 9（21）:

6436-6439.

[29] 王启龙. 陕西省黄河流域淤地坝建设研究 [J]. 农业与技术, 2021, 41 (18): 71-74.

[30] EMAMGHOLIZADEH S, SAMADI H. Desilting of deposited sediment at the upstream of the Dez reservoir in Iran [J]. Journal of Applied Sciences in Environmental Sanitation, 2008, 3 (1): 25-35.

[31] C. 奥尔, 张向荣, 沃海燕. 瑞士索利斯水库旁通排沙隧洞的设计与建造 [J]. 水利水电快报, 2013, 34 (9): 27-30.

[32] H DOI, T TADA, KYAMASHITA. 通过旁路排沙系统保护大坝下游河道环境 [C] //大坝技术及长效性能国际研讨会, 郑州, 2011.

[33] 肖干, 李永平. 汾河水库泄洪排沙隧洞设计方案优选 [J]. 山西水利科技, 2001 (4): 40-42.

[34] 夏广逊. 三门峡水库泄流排沙隧洞的设计和运行 [J]. 人民黄河, 1991 (4): 60-65.

[35] 霍继申. 庙宫水库新增排沙洞水流特性及调度运用 [J]. 水科学与工程技术, 2006 (S1): 25-27.

[36] 谢锡滨, 许青, 康飞, 等. 某水库泄洪排沙洞水力特性及排沙效果研究 [J]. 水电能源科学, 2018, 36 (11): 116-119, 115.

[37] 陈国祥, 徐和兴. 水库泥沙与防治 [J]. 湖泊科学, 1992 (4): 86-96.

[38] JOWETT I. Sedimentation in New Zealand hydroelectric schemes [J]. Water international, 1984, 9 (4): 172-176.

[39] L JAGGI A, R KASHYAP B. Desilting of Baira Reservoir of Baira Siul Project [J]. Water and Energy International, 1984, 41 (4).

[40] MEILE T, BRETZ N-V, IMBODEN B, et al. Reservoir sedimentation management at Gebidem dam (Switzerland) [J]. River Flow, Lausanne, 2014: 245-255.

[41] ATKINSON E. The feasibility of flushing sediment from reservoirs [J]. 1996.

[42] 李书霞, 张俊华, 石标钦, 等. 水库异重流挟沙能力试验研究 [C] //第十六届全国水动力学研讨会, 北京, 2002.

[43] FENG Z-Z. Words of the Editor-in-Chief—some ideas about the comments and discussions of hyperpycnal flows and hyperpycnites [J]. Journal of Palaeogeography, 2019, 8 (1): 1-5.

[44] CHAMOUN S, DE CESARE G, SCHLEISS A J. Managing reservoir sedimentation by venting turbidity currents: A review [J]. International Journal of Sediment Research, 2016, 31 (3): 195-204.

[45] SPENCER K, DEWHURST R, PENNA P. Potential impacts of water injection dredging on water quality and ecotoxicity in Limehouse Basin, River Thames, SE England, UK [J]. Chemosphere, 2006, 63 (3): 509-521.

[46] 范家骅, 祁伟, 戴清. 异重流潜入现象探讨 I: 水槽实验与理论分析成果回顾 [J]. 水利学报, 2018, 49 (4): 404-418.

[47] 范家骅, 祁伟, 戴清. 异重流潜入现象探讨 II: 浑水水槽实验与分析 [J]. 水利学报, 2018, 49 (5): 535-548.

[48] 申冠卿, 尚红霞, 李小平. 黄河小浪底水库异重流排沙效果分析及下游河道的响应 [J]. 泥沙研究, 2009 (1): 39-47.

[49] 王强, 王远见, 李丽珂. 刘家峡水库排沙分析及泥沙治理策略浅探 [C] //中国水利学会 2020 学术年会, 北京, 2020.

[50] 张俊华, 马怀宝, 夏军强, 等. 小浪底水库异重流高效输沙理论与调控 [J]. 水利学报, 2018, 49 (1): 62-71.

[51] 曹慧群, 周建军. 我国水利清淤疏浚的发展与展望 [J]. 泥沙研究, 2011 (5): 67-72.

[52] 曹慧群, 周建军. 挖粗沙减淤在三峡水库中的数值模拟研究 [J]. 水力发电学报, 2012, 31 (3): 131-136.

[53] 洪振国, 李建伟. 云南某水电站水库泥沙淤积数值模拟研究 [J]. 水资源与水工程学报, 2017, 28 (5): 186-191.

[54] 包为民, 万新宇, 荆艳东. 多沙水库水沙联合调度模型研究 [J]. 水力发电学报, 2007 (6): 101-105.

[55] 杜殿勋, 朱厚生. 三门峡水库水沙综合调节优化调度运用的研究 [J]. 水力发电学报, 1992 (2): 12-24.

[56] 李鹏峰, 李国栋, 史蝶, 等. 高含沙河流注入型供水水库泥沙淤积模拟研究 [C] //中国水利学会 2020 学术年会, 北京, 2020.

[57] 韩景, 朱宜平, 吴彩娥, 等. 上海长江水源地大型水库清淤疏浚工程规划方案研究 [J]. 水利技术监督, 2022, (1): 90-94, 155.

[58] 陶晨. 卡拉贝利枢纽工程上游水库泥沙淤积特征研究 [J]. 水利技术监督, 2021 (7): 131-135.

［59］张晓雷，吴新宇，王恩．MIKE3 在小浪底坝区水沙运动模拟中的应用［J］．华北水利水电大学学报（自然科学版），2018，39（3）：73-78.

［60］练继建，菅佳乐，徐奎，等．锦屏二级非常规洪水冲沙减淤优化调控研究［J］．水力发电学报，2018，37（12）：44-53.

［61］刘增辉，倪福生，徐立群，等．水库清淤技术研究综述［J］．人民黄河，2020，42（2）：5-10.

［62］范成新，钟继承，张路，等．湖泊底泥环保疏浚决策研究进展与展望［J］．湖泊科学，2020，32（5）：1254-1277.

［63］李进军．污染底泥环保疏浚技术［J］．中国港湾建设，2005，（6）：46-47.

［64］冯沛洪，胡京招，李忠，等．新建 6 500 m³ 耙吸挖泥船疏浚系统技术研究［J］．中国港湾建设，2019，39（1）：67-70，74.

［65］李智．疏浚工程中气泡式防污帘防污特性研究［D］．武汉：武汉理工大学，2019.

［66］JR. C R G. Characteristics of oil industry dredge and drilling sounds in the Beaufort Sea［J］. The Journal of the Acoustical Society of America, 1998, 82（4）.

［67］WüRSIG B, GREENE C R, JEFFERSON T A. Development of an air bubble curtain to reduce underwater noise of percussive piling［J］. Marine Environmental Research, 2000, 49（1）.

［68］RAMíREZ L V, CRUZ G M. Análisis hidráulico de la conducción de sedimentos finos en la descolmatación de pequeños embalses por sifonaje, aplicando un modelo físico［J］. Revista Caxamarca, 2019, 18（1-2）.

［69］PISHGAR R, AYYOUBZADEH S, GHODSIAN M, et al. The influence of burrowing-type suction pipe geometrical and mechanical specifications on the hydro-suction method performance［J］. ISH Journal of Hydraulic Engineering, 2021, 27（2）：170-179.

［70］曾杉，秦毅，李时．小浪底水库泥沙管道高效输送的合理参数分析［J］．南水北调与水利科技，2017，15（5）：156-163.

［71］闫振峰，马怀宝，蒋思奇．虹吸式管道排沙技术在西霞院水库清淤中的试验研究［J］．南水北调与水利科技，2019，17（1）：150-156.

［72］陈成林，夏新利，侍克斌．大库盘水库自吸式管道排沙系统研究［J］．中国农村水利水电，2011（6）：101-103.

［73］胡东，刘和云，康勇，等．水下浆料气力提升效率模型研究［J］．高校化学工程学报，2019，33（5）：1070-1078.

［74］徐进超，丁磊，罗勇．气动冲淤数值仿真模型研究［J］．人民黄河，2019（6）：33.

［75］王多辉，蒲春玲．猛进水库清淤工程效益评价研究［J］．经济研究导刊，2016（28）：188-189.

［76］袁喜泉．新疆猛进水库清淤方案比选［J］．水利科技与经济，2020，26（2）：16-19.

［77］颜少清．山美水库库区底泥及清淤疏浚技术［J］．江淮水利科技，2016，（3）：36-38.

［78］夏迈定，程建民．官山水库的复活及其清淤技术［J］．水利水电技术，1993（2）：44-47.

［79］张崇山，唐仲元，冯进喜，等．红旗水库引水冲滩清淤试验的初步研究［J］．泥沙研究，1992（3）：103-109.

［80］胡春宏，王延贵．官厅水库流域水沙优化配置与综合治理措施研究 Ⅱ——流域水沙优化配置与水库挖泥疏浚方案［J］．泥沙研究，2004（2）：19-26.

［81］张启舜．日本天龙川水库群的泥沙淤积及其处理［J］．水利水电快报，1995（16）：20-24.

［82］ZEMELKA G. Heavy metal contamination in sediments from different recreational reservoir catchments in Poland［J］. International Multidisciplinary Scientific GeoConference: SGEM, 2016, 1：375-381.

［83］TARNAWSKI M, BARAN A, KONIARZ T, et al. The possibilities of the environmental use of bottom sediments from the silted inlet zone of the Rożnów reservoir［J］. Geology, Geophysics and Environment, 2017, 43（4）：335-335.

水库建设期库区河段采砂实施方案编制实践与要点分析

盖永岗[1,2]　崔　鑫[1,2]　焦军丽[1,2]

（1. 黄河勘测规划设计研究院有限公司，河南郑州　450003；
2. 水利部黄河流域水治理与水安全重点实验室（筹），河南郑州　450003）

摘　要：水库及水电站大坝工程，尤其是混凝土坝，在工程建设期间需要大量的砂石骨料，水库库区河段距离大坝工程近，同时一般具有大量的优质天然砂石料源，而且河段采砂完成后将被淹没至库底，综合影响较小，因此将库区河段作为工程建设用砂的砂石料场具有多方面的优越性。为保障水库建设期库区河段采砂的合规合法性和科学合理性，需编制好采砂实施方案。以黑河黄藏寺水利枢纽工程为例，对其配套砂石料场河段采砂实施方案的编制进行了概要介绍，并对编制要点进行了全面分析总结，为该类采砂实施方案的编制提供了有益参考。

关键词：水库建设期；库区河段；采砂；实施方案

1　研究背景

经过长期的工程实践证明，河道砂石料是重要的天然建筑材料，河道砂石资源的开采利用由来已久，随着我国城乡建设、基础设施建设和经济社会建设的快速发展，砂石资源的需求量越来越大，导致河道采砂规模呈迅速增大趋势[1-2]。同时，砂石又是河道河床的重要组成部分，是维持河道水沙平衡及保障河势稳定的关键物质要素[3]，河道采砂是人为改变河道自然形态的一项活动，必须遵循河道及其砂石资源的自然演变规律。加强河道采砂管理，是维系河势稳定，保障防洪、通航、水生态环境安全及涉水工程正常运行的重要举措，也是践行和落实"水利行业强监管"的重要任务之一[4]。河道采砂管理最重要的不是资源管理，而是与河道相关的安全管理，包括涉及河道上下游与左右岸经济社会布局的河势稳定、人民生命财产安全的防洪安全问题，以及与河道水资源保护及开发利用相关的生态安全、通航安全、取水安全等有关的安全问题。

2013 年前，国家、省、市对河道采砂管理没有专门的规定，河道采砂管理缺乏依据、秩序紊乱，在河道管理范围内乱采乱挖、随意堆放，严重影响河势稳定、防洪安全、相关工程安全和生态安全，社会矛盾集中，严重影响社会稳定。近年来，随着采砂管理工作的逐步加强，我国先后出台了多部法律、法规、地方性法规及地方、部委规章、规范性文件，为河道采砂管理工作提供了重要的法律支撑，其中《长江河道采砂管理条例》就是根据长江干流河道特性及采砂状况制定的法规，是对《中华人民共和国河道管理条例》的细化。

河道采砂规划是河道采砂管理的重要依据，也是合理开发利用河道砂石资源的科学依据。2019 年 9 月，水利部办公厅印发了《关于加快规划编制工作、合理开发利用河道砂石资源的通知》，要求河道采砂规划的编制按照《水利部关于河道采砂管理工作的指导意见》（水河湖〔2019〕58 号）和

作者简介：盖永岗（1982— ），男，高级工程师，主要从事水利规划、水文分析计算和水情自动测报系统设计等相关工作。

通信作者：崔鑫（1995— ），女，助理工程师，主要从事水利规划、泥沙分析等相关工作。

《河道采砂规划编制规程》（SL 423—2008）相关规定执行，目前，全国大多数省份对主要河道组织开展了河道采砂规划的编制工作。河道采砂许可则是采砂管理工作在操作实施层面的进一步工作，一般要求根据采砂规划对具体采砂河段编制详细的采砂实施方案，经行政主管部门审查合格后才能予以许可。

"水利工程补短板、水利行业强监管"将是今后水利改革发展的总基调。在2020年遭遇新冠肺炎疫情及夏季汛期罕见的洪涝灾害的情景下，全国水利系统落实水利建设投资达7 695亿元，创历史新高，重大水利工程开工数量也成为历史之最，水利工程的建设迎来了大发展时期，然而水利工程的建设同样离不开砂石料源的支撑，尤其是混凝土大坝工程，砂石料需求量大且集中，而水库库区河段距离大坝工程近、运距小，并且具有大量的天然砂石料源，开采方便、成本低廉，而且库区河段采砂完成后将被淹没至库底，综合影响较小，所以，在水利工程规划设计阶段，库区河段一般作为重要的砂石料场选址区域。同时，在水利行业强监管逐步落实的大背景下，河道采砂管理也逐步走向正轨，河道采砂行政许可和采砂监管日趋严格。因此，水库大坝工程若将库区河段设计为砂石料场，则在工程建设期需编制好库区河段采砂实施方案并取得主管部门的行政许可，才能保证工程建设在符合监管要求的前提下顺利开展。

2 黄藏寺库区河段采砂实施方案编制实践

2.1 水库工程概况

黄藏寺水利枢纽工程是由国务院批准实施的《黑河流域近期治理规划》中的黑河干流骨干调蓄工程，是黑河流域重要的水资源配置工程、生态保护工程和扶贫开发工程。工程位于黑河上游东西两岔交汇处以下11 km的黑河干流上，距青海省祁连县约25 km，祁连县现有公路与宁张公路（227国道）相连，至西宁市距离约299 km，至张掖市距离约223 km。黄藏寺水利枢纽具有合理调配中下游生态和经济社会用水，提高黑河水资源综合管理能力，兼顾发电等任务。黑河黄藏寺水利枢纽工程为Ⅱ等大（2）型工程，水库总库容为4.03亿m³，黑河干流回水约13.5 km，东岔八宝河回水约1.6 km，水库具有年调节性能。工程枢纽主要由挡水建筑物、泄水建筑物、引水发电系统等组成。挡水建筑物为碾压混凝土重力坝，最大坝高122.00 m。藏寺水利枢纽工程2016年4月27日开工，工程建设共需砂石料约85万m³，设计主要在水库库区河段开采。

2.2 库区河道及气象水文条件

黄藏寺水库回水范围为坝址以上16 km。坝址以上10 km范围的库区段内为高原山间盆地，呈不对称的"U"形宽谷。河谷底宽一般为550~1 300 m，枯水期水面宽一般为80~150 m，河流阶地发育，受两岸山体及一级阶地约束，该段河道较为顺直，局部呈微弯型，弯道处略有摆动和分叉现象，总体河势较为稳定。水流自南向北出盆地后东折进入峡谷，黄藏寺水库坝址上游1 km坝前段以及下游均为典型的峡谷河段，河宽30~50 m，两岸山体陡峭，河谷窄深，河势稳定。整个库区原始河道比降较大，达7.8‰，水流流速大，河道输沙能力强，泥沙很难落淤。同时，河床由卵石夹砂组成，抗冲性能强，河道稳定，不易发生冲刷。从长期来看，河道冲淤变化不大，河床处于相对稳定状态。

项目区位于青藏高原东北侧的祁连山系中，主要受青藏高原气候的影响，位于高寒半干旱气候带。坝址地势高峻，气候严寒、湿润，海拔在2 500 m以上。项目区多年平均降水量400 mm，其中6—9月降水量占全年降水量的78%；多年平均气温0.7 ℃，极端最低气温-31.1 ℃；每年9月至次年5月为冰冻期，最大冻土深度1.25 m，全年无霜期为40~110 d。

黑河中小洪水主要是由暴雨和冰雪融水所形成，大洪水主要由暴雨形成，发生时间以7月、8月为最多，主要来源于莺落峡以上山区，较大洪水过程为3~7 d，呈单峰型或多峰型。河道泥沙主要来自洪水期，非洪水期河流来水以雪山融水为主，含沙量较小，黄藏寺坝址处多年平均悬移质来沙量为170万t。

2.3 库区河段砂石料源概况

黄藏寺水库库区河段从黄藏寺村到坝前的黑河河道和心滩滩地内均为冲积的砂砾石，砂石料源储藏丰富。根据地形及至坝址距离将库区河段分为三个料场，分别为 1$^\#$~3$^\#$砂砾石料场，总面积 3.53 km^2，总储量为 1 609.5 万 m^3，三个料场河段现场情况见图 1。

(a)1$^\#$砂砾石料场河段

(b)2$^\#$砂砾石料场河段

(c)3$^\#$砂砾石料场河段

图 1 黄藏寺库区 1$^\#$~3$^\#$砂砾石料场河段情况

1#砂砾石料场位于黄藏寺坝址上游 5~9 km，黄藏寺村下游约 2 km 处的黑河河床及漫滩上；料场宽 420~800 m，顺河长 4 100 m，料场面积 2.34 km²，储量 1 018.5 万 m³，分布高程 2 564~2 600 m，距黄藏寺坝址直线距离 4.6~8.4 km。2#砂砾石料场位于黄藏寺坝址上游 2~5 km，位于 1#砂砾石料场上游黑河河床及其两岸河漫滩部位；料场宽 290~560 m，顺河道长约 1 740 m，料场面积 0.85 km²，储量 421.5 万 m³，分布高程 2 546~2 554 m，距黄藏寺坝址直线距离 2.5~4.4 km。3#砂砾石料场位于 2#砂砾石料场上游的黑河河漫滩上，料场宽约 265 m，顺河道长约 1 700 m，料场面积 0.34 km²，储量 169.5 万 m³，分布高程 2 535~2 548 m；距黄藏寺坝址直线距离 1.1~2.1 km。3 个料场基本呈长条带状，属Ⅱ类料场，均可通过 3#土石路与坝址相连，开采运输条件较好。

2.4 采砂设计

2.4.1 开采量及计划

年度采砂控制总量是指一条河流或一个河段年度最大允许的开采量，是采砂管理的一项极为重要的控制指标，是有效控制采砂规模的重要依据。对于黄藏寺水利枢纽来说，水库年度采砂控制总量应根据水库库区河段河道演变特性、库容变化、来水来沙条件、砂石分布、采砂可能造成的影响及枢纽工程建设用砂需求等因素综合确定，避免过度采砂对河势及防洪安全等造成较大的影响。黄藏寺库区河段 1#、2#、3#砂石料场储量分别为 1 018.5 万 m³、421.5 万 m³、169.5 万 m³，总可开采量富有。根据黄藏寺工程建设用量需求估算了工程 2021—2022 年的规划开采总量为 111.4 万 m³。结合黄藏寺水利枢纽工程建设进度，设计开采年限为 2021—2022 年。结合前期工程建设进度及后期工程建设计划，设计黄藏寺库区河段河道砂石开采计划，开采计划详见表 1。

表 1 砂石料开采计划　　　　　　　　　　　　　　　　　单位：万 m³

料场	2021 年				2022 年				总计
	第一季度	第二季度	第三季度	第四季度	第一季度	第二季度	第三季度	第四季度	
1#料场	0	18	27	8.6	0	14.6	10.8	5.4	84.4
2#料场	0	0	0	0	0	0	7	0	7
3#料场	0	0	5	5	0	10	0	0	20
合计	0	18	32	13.6	0	24.6	17.8	5.4	111.4

2.4.2 开采期及安全设计

根据黄藏寺水利枢纽工程库区河段的洪水特性及防洪度汛、生态环境保护等要求，并考虑到鱼类繁殖期在每年 5—8 月，采砂开采期确定为每年 10 月 1 日至 12 月 31 日和翌年的 1 月 1 日至 5 月 31 日。禁采期为每年 6 月 1 日至 9 月 30 日，遇极端天气条件等适时调整涉河采砂作业。遇春汛等停止开采，若根据施工进度计划必须在禁采期采砂，汛期服从防汛调度指挥，在全面做好河道防洪围堰工程，制定合理可行的防洪预案情况下，在安全区域进行开采，确保汛期人员生命财产安全。开采期间不得在黑河河道内设置永久性挡水建筑物，采砂围堰可采取局部临时围挡方式，围挡规模根据开采期水情变化而定，汛前拆除临时围堰。

2.4.3 开采设计

河道砂石料开采方式主要有人工开采、机械挖采、船采、混合采等类型。本项目采砂主要供应黄藏寺水利枢纽工程大坝建设使用，采砂施工期间水库未蓄水，天然河道水深较小，且开采区均位于主河槽两岸滩地，因此根据实际开采区的开采条件，拟定开采方式采用旱采方式和工艺流程，为及时供应黄藏寺水利枢纽工程建设，采取机械挖采的手段进行开采，采用 1.2~1.6 m³ 液压反铲挖掘机直接开挖，采用液压反铲装车，20 t 自卸汽车运输至砂石料加工系统毛料受料坑，弃料立即进行回填。生产废水经沉淀池回用不外排；生活污水产生量较少，盥洗废水泼洒消耗，防渗旱厕定期清理拉运。采砂活动严格落实已批复的环保相关要求。

砂砾石料场开采区设计为分层分区进行开采。除开采区外的管理区、生活区、加工区、堆料区等的布置按照《中华人民共和国水法》《中华人民共和国防洪法》等法律法规有关规定分开布置，并遵循就近的原则，结合大坝填筑对砂石需求情况，便于砂石运输，从而减少运输汽车数量，节约成本，经分析论证，布置在河道管理范围之外的坝址上游 2.1 km 处的右岸台地，管理区、生活区有关布置情况见图 2。

图 2　管理区、生活区实景情况

2.4.4　采砂影响分析及处理

根据黄藏寺水利枢纽工程配套砂石料场采砂设计，全面分析了可能带来的影响及补偿措施。采砂活动的实施不需针对采砂河段水势岸线稳定开展专门的保护和补偿措施；采砂活动不存在对防洪设施的影响问题；采砂活动对在建的黄藏寺水利枢纽大坝、上游肖家筏黑河大桥、上游八宝河新建寺沟大桥、宝瓶河牧场、地盘子水电站、天桥山水电站、祁连水文站、扎马什克水文站等设施的安全和运行管理不会产生影响；采砂活动不涉及对通航及航道安全影响的问题；采砂实施方案针对性制定了水土保持重点工作，以减少采砂活动实施对水土保持造成影响；采砂实施方案中针对性制定了环境保护重点工作，严格控制采砂活动实施可能造成的环境影响。

3　编制要点分析

3.1　采砂设计要点

河道采砂实施方案编制前，应首先梳理出方案编制的规划依据，对于在建的水库或水电站工程库区河段采砂实施方案的编制，应结合工程项目本身的审批以及工程项目的水保、环评、洪评等专题审批情况开展工作。在采砂设计中，应首先对采砂河段的河道演变、水文泥沙、砂石储量情况进行全面系统分析，在此基础上，结合工程建设用砂石资源需求，通过测量、地勘、分析计算和合理规划布局，分析确定砂石料场的开采区域、开采总量、开采期及禁采期、开采计划、开采顺序、开采方式、采砂机具、采砂场地布置、加工及污水处理、原料及成品外运、临时性工程、附属设施设备、生产监控、采砂恢复治理、防洪度汛与消防等安全生产。

3.2　采砂影响分析及处理

采砂影响分析及保护和补偿措施是采砂实施方案应重点关注的部分。主要应综合运用科学的方法，开展采砂对河势、生态、水保、通航、相关设施、第三方利益等的影响进行分析并提出处理措施。根据采砂设计，对采砂对河流水势形态、水质、岸线稳定的影响进行分析论证，预测采砂后河流水势形态、水质、岸线稳定的变化趋势；根据相关法律法规规定和管理要求，对采砂对防洪度汛的影响进行分析论证，对采砂及加工储运等对水土保持的影响进行分析论证；根据周边设施种类、分布及管理规定和管理要求，对采砂对周边设施安全和运维管理的影响进行分析论证；根据通航及航道安全管理规定和管理要求，对采砂对通航及航道安全的影响进行分析论证；根据河流健康、生态环境保护等法律法规规定和管理要求，在全面、准确调查的基础之上，掌握采砂区域所有生态环境敏感因素，对采砂对河流水生态、自然环境的影响进行分析论证；在全面调查可能影响利益的第三方情况的基础上，运用科学的方法，对采砂对有利害关系的第三方利益影响进行分析论证；对其他可能的影响情况进行分析论证。经分析论证后，对于有影响的，应针对性提出保护和补偿措施。对于已编制专项评价报告并通过审查的，可引用专项评价报告的内容及结论。

3.3 生产管理

目前，水利行业强监管工作扎实推进，河道采砂管理工作也在逐步向正轨化转变，为确保采砂工作能够科学合理的实施，在编制采砂实施方案时，还应制订生产管理相关规定及落实措施。首先应充分结合地方河湖长制建设明确设计采砂场生产经营组织管理机构，并明确水利、国土、交通运输、环保、公安等相关部门的管理职责；做好采砂场管理制度建设，建立行政执法和刑事司法衔接制度、联合执法制度，维护河道采砂秩序；明确责任落实，全面做好采砂管理责任、环境保护责任、安全生产（防洪度汛和消防）责任落实等设计。

4 结语

当前，在水利工程补短板逐步落实的大背景下，水利工程建设迎来了良好的发展，水库大坝工程的建设如火如荼，对于大坝建设，尤其是混凝土坝，砂石料需求量大且集中，工程建设用砂石料源是保障大坝工程建设顺利开展的必要建筑材料。水库库区河段一般具有大量的天然砂石料源，开采方便、成本低廉，距离大坝工程近、运距小，而且库区河段在采砂完成后将被淹没至库底，砂石资源开采的综合影响较小，故而，在水利工程规划设计阶段，库区河段一般作为重要的砂石料场选址区域。

与此同时，水利行业强监管工作也在扎实推进，河道采砂管理也逐步走向正轨，河道采砂行政许可和采砂监管日趋严格。因此，水库大坝工程若将库区河段设计为砂石料场，应在工程规划设计前期，多方筹划，将库容河段采砂纳入流域采砂规划，在工程建设期则结合规划编制好库区河段采砂实施方案，联合工程环评、水保、洪评等专项工作的审批，报送水利主管部门进行审批，取得行政许可，才能保证工程建设在符合监管要求的条件下顺利开展。

本文介绍了黑河黄藏寺水利枢纽工程库区河段采砂实施方案的编制实践，并从采砂设计、采砂影响分析及处理、生产管理等方面对编制要点进行了分析，为水库及水电站工程建设期库区河段采砂实施方案的编制提供了有益参考。

参考文献

［1］李峻，赵义．《河道采砂规划编制规程》解读［J］．中国水利，2008，18：12-15.
［2］李伟，李晓坡，李起．河道采砂管理现状分析及对策探讨［J］．河南水利与南水北调，2021，3：5-6.
［3］王治．关于破解河道采砂管理难题的思考［J］．中国水利，2014（12），36-38.
［4］王冠军，刘小勇．河湖长制为抓手，推进水利行业强监管［EB/OL］．http：//www.xinhuanet.com/politics/2019-01/21/c_1210043451.htm? from = singlemessage，2019-01-21.

高性能喷射混凝土配合比设计关键技术研究

张　戈[1,2]　李昆鹏[1,2]　王远见[1,2]　黎思恒[1,2]

（1. 黄河水利委员会黄河水利科学研究院，河南郑州　450003；
2. 水利部黄河下游河道与河口治理重点实验室，河南郑州　450003）

摘　要： 现有喷射混凝土普遍存在强度等级偏低、回弹率高等问题，亟需研发高性能喷射混凝土。基于工作性能、强度和耐久性的要求，开展了胶凝材料用量、水胶比及砂率这三个关键因素对喷射混凝土性能影响的试验研究。结果表明：水胶比影响着喷射混凝土的内聚力和黏附力，是影响喷射混凝土工作性能的最主要因素；受工作性能和施工工艺的影响，胶凝材料用量是影响喷射混凝土 1 d 和 28 d 抗压强度的主要因素；当胶凝材料用量为 540 kg/m³、水胶比为 0.38、砂率为 50%时，可制备出回弹率为 11.9%，28 d 抗压强度为 60.3 MPa，电通量为 187C，抗冻等级大于 F300，28 d 碳化深度为 4.2 mm 的高性能喷射混凝土。

关键词： 高性能喷射混凝土；配合比设计；工作性；强度；耐久性；水胶比；胶凝材料用量；砂率

1　引言

喷射混凝土由于特殊的施工工艺，具有施工速度快、早期强度高、不需振捣等多种优点，广泛应用于水利工程、轨道交通、采矿工程等工程。但目前国内所用的喷射混凝土以 C25 为主，强度等级偏低，同时现有研究应用往往过于追求速凝和早强，对耐久性问题考虑不足，为结构安全服役埋下隐患。因此，亟需研发出性能更优异的喷射混凝土以适应复杂的工程环境，从而提高结构的耐久性和安全性。

近年来，回弹率低、强度高和耐久性好的高性能喷射混凝土成为喷射混凝土的主要发展方向[1-2]。有研究指出[3-4]，浆体含量、砂率和水胶比等参数对喷射混凝土的回弹率影响较大[5]。王巧等[6]提出，C50 及以上的高强湿喷混凝土水胶比宜为 0.32 ~ 0.36，砂率宜为 50% ~ 70%。张亚梅等[7]研究表明，在 C20 的喷射混凝土中掺入 6%的硅灰，回弹率降低了约 50%。刘康[8]研究发现，掺入超细矿物掺合料的 C50 湿喷混凝土的回弹率为 9.1%，相比基准组降低了 44.2%。周敏娟等[9]研究表明，在 C50 湿喷混凝土中掺入 6%硅灰后，其电通量由 3 120 C 降至 406 C。曾鲁平等[10]研究发现，干喷混凝土的强度及抗水渗透性能均低于湿喷混凝土。谢颖川等[11]也指出，湿喷混凝土的抗压强度及抗拉强度均高于干喷混凝土。文献［12-13］中青岛胶州湾海底隧道第三合同段初期支护设计采用了回弹率为 10%、抗渗等级为 P12 的 C35 高性能喷射混凝土。谢绍英等[14]研制了一种适用于砂岩区地下水封洞库、回弹率小于 10%的 C40 高性能钢纤维喷射混凝土。张露晨[15]研制出了回弹率为 10%、渗透高度为 5.4 cm 的 C40 高性能喷射混凝土。

结合上述文献及实际应用成果，本文采用湿喷工艺，研究水胶比、胶凝材料用量和砂率对喷射混凝土性能的影响，从而设计出高性能喷射混凝土的最佳配合比，以期为喷射混凝土在水利工程中的应

基金项目： 中央级公益性科研院所基本科研业务费资助项目（HKY-JBYW-2021-06、HKY-JBYW-2020-16）；水利技术示范项目（SF-202204）。

作者简介： 张戈（1989—），男，博士，研究方向为湖库泥沙处理与资源利用。

通信作者： 李昆鹏（1981—），男，正高级工程师，主要从事水库优化调度、湖库泥沙处理与资源利用研究工作。

用及服役结构的维修加固提供参考。

2 原材料与试验方法

2.1 原材料

水泥采用冀东 P·O42.5 普通硅酸盐水泥；细骨料选用河砂，细度模数为 3.01，表观密度为 2 630 kg/m³，含泥量为 0.2%；粗骨料为 5～10 mm 的单级配石灰岩质碎石，表观密度为 2 820 kg/m³，针片状含量为 3.7%；减水剂采用聚羧酸类高性能减水剂，含固量为 35%，减水率为 30%；无碱液体速凝剂，掺量为 8%，性能指标见表 1。

表 1　速凝剂性能指标

pH 值	密度/ (g/cm³)	含固量/ %	凝结时间/min		1 d 抗压强度/ MPa	28 d 抗压强度比/ %
			初凝	终凝		
2.8	1.379	52.49	4.25	9.43	12.9	96

注：1 d 抗压强度及 28 d 抗压强度比按照《喷射混凝土用速凝剂》（GB/T 35159—2017）测试。

2.2 试验方法

2.2.1 试件制备及养护

试件成型及测试均采用湿喷法，湿喷机为 GYP-90C 液压泵送式，由 PDSG-680 空压机提供风压。回弹率测试试模为 600 mm×600 mm×10 mm 的钢板，一次喷射厚度测试试模为 1.8 m×1.2 m×10 mm 的钢板。将喷射成型的 450 mm×350 mm×120 mm 大板试件覆膜养护，室内放置 20 h 后拆模，之后通过切割或钻芯得到待测试件。其中，抗压强度和抗碳化性试验采用 100 mm×100mm×100 mm 的试件，抗冻性试验采用 100 mm×100 mm×400 mm 的试件，电通量试验采用直径 100 mm、高度 50 mm 的圆柱体试件。将制备好的试件标养至测试龄期。

2.2.2 性能测试

喷射混凝土回弹率测试方法按《喷射混凝土回弹率试验方法》（JSCE-F 563—2005）进行，回弹率测试结果取多次测量平均值，喷射混凝土回弹率测试如图 1 所示，回弹率计算如下：

$$R = \frac{W_r}{W_r + W_w} \times 100\% \tag{1}$$

式中：R 为回弹率，%；W_r 为回弹料的质量，kg；W_w 为黏结在回弹测试模具上混凝土的质量，kg。

(a)

图 1　喷射混凝土回弹率测试

(b)

(c)

续图 1

　　由于目前暂无相关标准试验方法测试一次喷射厚度,参考研究多用的方法,采用喷射面为 1.8 m×
1.2 m 的平板,对准某一基点连续喷射混凝土直至混凝土在自重作用下脱落前,停止喷射测试其厚
度,一次喷射厚度试验方法如图 2 所示。

　　抗压强度按《混凝土物理力学性能试验方法标准》(GB/T 50081—2019)进行测试,结果取平均
值;耐久性(碳化、抗冻性、电通量)按《普通混凝土长期性能和耐久性能试验方法标准》(GB/T
50082—2009)进行测试。

2.3　配合比设计

　　正交试验设计是根据正交性原理从全面试验中挑选出部分有代表性试验方案进行试验。这些代表
性的试验方案具有"均匀分散、整齐可比"的特点,正交设计试验是分析因素设计的主要并且常用
的方法,其特点是高效率、快速并且经济,通过相对较少的试验就能获得混凝土配合比中各个因素对
混凝土性能最全面的影响。

(a)

(b)

图 2　一次喷射厚度试验方法

　　水胶比、胶凝材料用量、砂率是混凝土配合比设计中 3 个关键参数，对于普通混凝土工作性能有显著影响，但影响规律并不统一。关于水胶比、胶凝材料用量和砂率协同作用对于喷射混凝土工作性能研究较少。因此有必要对其开展研究。

（1）水胶比是影响喷射混凝土强度最主要的因素，喷射混凝土水胶比一般取 0.38~0.48，《喷射混凝土应用技术规程》（JGJ/T 372—2016）规定高强喷射混凝土水胶比不应大于 0.45，胶材用量不应小于 450 kg/m³，已有研究发现喷射混凝土水胶比不宜低于 0.32[16]。试验前期通过大量试喷发现，0.32 和 0.33 水胶比堵管较为严重，如图 3 所示。通过更换大功率空压机，增大空压机的风压和出风量依然无法解决堵管问题。随后将水胶比调整为 0.34 进行试喷，混凝土有效喷出量较少，而且回弹率较大。因此，本试验水胶比选取为 0.35、0.38 和 0.40，胶凝材料用量选为 500 kg/m³、520 kg/m³ 和 540 kg/m³。

图 3　0.32 和 0.33 水胶比试喷堵管情况

（2）砂率是影响混凝土工作性能及力学性能的主要因素之一，JGJ/T 372—2016 规定喷射混凝土砂率宜为 45%~60%。《岩土锚杆与喷射混凝土支护工程技术规范》（GB 50086—2015）规定砂率宜为 50%~60%。综合比较，本试验砂率选取为 50%、55% 和 60%。

因此，本试验选用三因素三水平正交试验，正交试验选用正交表 $L_9(3^3)$，试验选定的因素及其水平如表 2 所示，正交试验表如表 3 所示。

表 2　正交试验设计因素及水平

因素	胶凝材料用量/（kg/m³）	水胶比	砂率/%
水平	500	0.35	50
	520	0.38	55
	540	0.40	60

表 3　正交试验表

编号	胶凝材料用量/（kg/m³）	水胶比	砂率/%
B500−W0.35−SR50	500	0.35	50
B500−W0.38−SR55	500	0.38	55
B500−W0.40−SR60	500	0.4	60
B520−W0.35−SR55	520	0.35	55

续表 3

编号	胶凝材料用量/（kg/m³）	水胶比	砂率/%
B520-W0.38-SR60	520	0.38	60
B520-W0.40-SR50	520	0.4	50
B540-W0.35-SR60	540	0.35	60
B540-W0.38-SR50	540	0.38	50
B540-W0.40-SR55	540	0.4	55

注：W0.35 表示水胶比 0.35；B500 表示胶凝材料用量为 500 kg/m³；SR50 表示砂率为 50%；其余类推。

喷射混凝土由于采用泵送和喷射成型工艺，坍落度过高或过低对于成型效果均不利。通过改变减水剂掺量配制不同坍落度的喷射混凝土，进行试喷并选择合适的坍落度，通过大量试喷发现，当拌和物坍落度大于 220 mm 时，喷射时会引起较大的跌浆，混凝土不密实且浆体与骨料黏结性较差，如图 4 所示。当拌和物坍落度小于 180 mm 时，喷射时回弹料较多，如图 5 所示。最终试验确定，当混凝土坍落度在 210 mm 左右时，喷射质量最好。因此，掺入合适的减水剂，使不同配合比喷射混凝土坍落度控制在 210 mm 左右。表 4 为不同配合比参数喷射混凝土配合比。

图 4 坍落度过大时试喷情况

图 5 坍落度过小时试喷情况

表 4　不同配合比参数喷射混凝土配合比　　　　　　　　　单位：kg/m³

编号	水泥	砂子	石子	水	速凝剂	减水剂
B500-W0.35-SR50	500	886	886	175	40.0	4.4
B500-W0.38-SR55	500	949	777	190	40.0	3.9
B500-W0.40-SR60	500	1 016	677	200	40.0	5.0
B520-W0.35-SR55	520	951	778	182	41.6	7.0
B520-W0.38-SR60	520	1 009	673	198	41.6	5.5
B520-W0.40-SR50	520	833	833	208	41.6	5.0
B540-W0.35-SR60	540	1 012	675	189	43.2	9.1
B540-W0.38-SR50	540	827	827	205	43.2	6.5
B540-W0.40-SR55	540	891	729	216	43.2	6.0

注： 速凝剂掺量取 8%，减水剂掺量由适配决定，坍落度控制在 210 mm±10 mm。

3　试验结果与分析

不同配合比喷射混凝土的试验结果如表 5 所示。由表 5 可知，不同配合比参数喷射混凝土性能差异较大，回弹率为 10.8%~21.1%，一次喷射厚度为 170~316 mm，1 d 抗压强度为 26.4~33.6 MPa，28 d 抗压强度为 45.2~60.3 MPa。喷射混凝土 1 d 抗压强度达到了 28 d 的 49.7%~67.7%，早期强度较高。

表 5　喷射混凝土工作性能和强度试验结果

编号	工作性能		强度	
	回弹率/%	一次喷射厚度/mm	1 d/MPa	28 d/MPa
B500-W0.35-SR50	17.9	230	28.5	28.5
B500-W0.38-SR55	15.5	264	30.6	30.6
B500-W0.40-SR60	16.4	204	26.4	26.4
B520-W0.35-SR55	21.1	193	31.1	31.1
B520-W0.38-SR60	15.6	316	31.7	31.7
B520-W0.40-SR50	13.3	253	33.6	33.6
B540-W0.35-SR60	16.3	259	30.8	30.8
B540-W0.38-SR50	11.9	316	33.3	33.3
B540-W0.40-SR55	10.8	170	29.5	29.5

3.1　回弹率

极差分析结果如表 6 所示。由表 6 可知，影响喷射混凝土回弹率因素的主次顺序为：水胶比>胶凝材料用量>砂率。水胶比对喷射混凝土回弹率影响最为显著，胶凝材料用量次之，砂率最小。

表6　回弹率极差分析表

极差	胶凝材料用量/（kg/m³）	水胶比	砂率/%
R_h	3.6	5.0	1.8

图6为胶凝材料用量、水胶比和砂率对喷射混凝土回弹率平均值的影响。由图6可知，喷射混凝土回弹率平均值随着胶凝材料用量和水胶比的增加而减小，但随着砂率的增加而增大。当水胶比从0.35增加到0.40，喷射混凝土回弹率平均值下降了26.6%。在一定范围内增加胶凝材料用量和水胶比可以提高喷射混凝土与接触面的黏附力以及混凝土的内聚力，从而降低回弹率。但砂率的增大却会使得骨料表面积增加，致使骨料不能被水泥浆体有效润滑，包裹性较差[17]，回弹率增大。且有研究指出在一定范围内，砂率越小新拌混凝土的内聚力越大[18]。因此，选择适宜的水胶比和胶凝材料用量可显著降低喷射混凝土的回弹率。

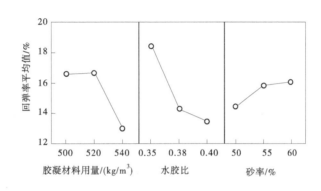

图6　胶凝材料用量、水胶比和砂率对喷射混凝土回弹率平均值的影响

3.2　一次喷射厚度

极差分析结果如表7所示。由表7可知，影响喷射混凝土一次喷射厚度因素的主次顺序为：水胶比>砂率>胶凝材料用量。水胶比对喷射混凝土一次喷射厚度影响最为显著，砂率次之，胶凝材料用量最小。

表7　一次喷射厚度极差分析表

极差	胶凝材料用量/（kg/m³）	水胶比	砂率/%
R_h	21	90	57

图7为胶凝材料用量、水胶比和砂率对喷射混凝土一次喷射厚度平均值的影响。由图7可知，喷射混凝土一次喷射厚度随着胶凝材料用量和水胶比的增加先增大后减小，随着砂率的增加先减小后增大。当水胶比由0.35增加至0.40，一次喷射厚度先显著增加，后急剧下降，以水胶比为0.38时一次喷射厚度最大，说明对于一次喷射厚度存在合适的水胶比，以水胶比0.38为最佳。

3.3　抗压强度

极差分析结果如表8所示。由表8可知，影响喷射混凝土1 d和28 d抗压强度的主次顺序均为：胶凝材料用量>砂率>水胶比，胶凝材料用量对喷射混凝土抗压强度的影响最大。区别于普通混凝土，喷射混凝土的强度更依赖于喷射质量。其中，影响喷射质量的一个重要环节就是喷射混凝土在管道中的运输，这与混凝土的润滑层有重要关系，而形成润滑层的浆体含量必须满足最低限值的要求[17]，故胶凝材料用量会直接影响到浆体含量和喷出时混凝土的完整性，对抗压强度起重要作用。

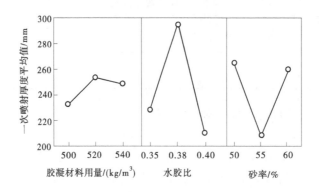

图 7 胶凝材料用量、水胶比和砂率对喷射混凝土一次喷射厚度平均值的影响

表 8 抗压强度极差分析表

极差	胶凝材料用量/（kg/m³)	水胶比	砂率/%
R_{1d}	3.6	2.0	2.2
R_{28d}	5.4	0.8	3.5

图 8 为胶凝材料用量、水胶比和砂率对喷射混凝土 1 d 抗压强度平均值的影响。由图 8 可知，喷射混凝土 1 d 抗压强度平均值随着胶凝材料用量和水胶比的增加先增大后减小，随着砂率的增加而减小。当胶凝材料用量从 500 kg/m³ 增加到 520 kg/m³ 时，喷射混凝土抗压强度平均值增加了 12.7%；当胶凝材料用量从 520 kg/m³ 增加到 540 kg/m³ 时，喷射混凝土抗压强度平均值下降了 3.0%。增加胶凝材料用量会加快水泥的水化速率，生成更多水化产物，从而提高了喷射混凝土早期抗压强度。但在加速水化反应的同时，剧烈的化学反应产生的收缩会导致基体开裂。因此，进一步增加胶凝材料用量，并不利于喷射混凝土早期抗压强度进一步提高。

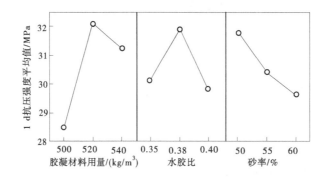

图 8 胶凝材料用量、水胶比和砂率对喷射混凝土 1 d 抗压强度的影响

图 9 为胶凝材料用量、水胶比和砂率对喷射混凝土 28 d 抗压强度平均值的影响。由图 9 可知，喷射混凝土 28 d 抗压强度平均值随着胶凝材料用量和水胶比的增加先增大后减小，随着砂率的增加先减小后增大。对于喷射混凝土而言，存在适宜的胶凝材料用量。当胶凝材料用量处在适宜的范围内时，水泥浆体能够均匀地包裹住骨料，在喷射过程中也能保持完整，抗压强度较高。

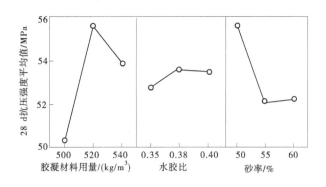

图 9　胶凝材料用量、水胶比和砂率对喷射混凝土 28 d 抗压强度的影响

4　高性能喷射混凝土的配制

综合回弹率、一次喷射厚度及抗压强度试验结果可知，当胶凝材料掺量为 540 kg/m³，水胶比为 0.38 及砂率为 50% 时，喷射混凝土能有较好的性能（配合比见表 9）。由此制备出了高性能喷射混凝土，性能如表 10 所示。

表 9　高性能喷射混凝土配合比　　　　　　　　　　　　单位：kg/m³

水泥	砂子	石子	水	减水剂	速凝剂
540	827	827	205.2	6.5	43.2

表 10　高性能喷射混凝土性能

回弹率/%	一次喷射厚度/mm	28 d 抗压强度/MPa	电通量/C	抗冻等级	28 d 碳化深度/mm
11.9	316	60.3	187	>F300	4.2

由表 10 可知，高性能喷射混凝土的各项性能较好，回弹率较低的同时具有较高的一次喷射厚度，28 d 抗压强度为 60.3 MPa，耐久性能优异。

5　结论

本文开展了胶凝材料用量、水胶比及砂率三个关键因素对喷射混凝土回弹率、一次喷射厚度和抗压强度的影响研究，并进行了耐久性试验，得出的主要结论如下：

（1）影响回弹率的主次顺序为：水胶比>胶凝材料用量>砂率，水胶比是影响回弹率最重要的因素；影响一次喷射厚度因素的主次顺序为：水胶比>砂率>胶凝材料用量。水胶比是影响回弹率最重要的因素，当水胶比为 0.38 时，回弹率平均值为 14.3%，一次喷射厚度的平均值为 299 mm。

（2）当胶凝材料用量在 500~540 kg/m³，水胶比在 0.35~0.40，砂率在 50%~60% 范围内时，影响喷射混凝土 1 d 和 28 d 抗压强度的主次顺序为：胶凝材料用量>砂率>水胶比。受工作性能和施工工艺的影响，胶凝材料用量是影响喷射混凝土抗压强度的主要因素。

（3）配置出高性能喷射混凝土，回弹率为 11.9%，28 d 的抗压强度为 60.3 MPa，电通量为 187 C，抗冻等级大于 F300，28 d 碳化深度为 4.2 mm。

（4）相比普通喷射混凝土，高性能喷射混凝土在回弹率、强度及耐久性等方面有了显著的改善。高性能喷射混凝土不仅能够满足水库复杂工程条件的性能要求，还能为水库大坝加固提供重要支撑。

参考文献

［1］ LEE S, KIM D, RYU J, et al. An Experimental Study on the Durability of High Performance Shotcrete for Permanent Tunnel Support［J］. Tunneling and Underground Space Technology incorporating Trenchless Technology Research，2006，21（3）：431-436.

［2］ BAE G J, CHANG S H, LEE S W, et al. Recent Issues in the Design and Construction of High-performance Shotcrete Lining［J］. TUNNEL AND UNDERGROUND SPACE，2004，14（1）：1-15.

［3］ 杨永民. 配合比参数对喷射混凝土回弹率的影响研究［J］. 人民珠江，2021，42（2）：57-60.

［4］ 郭永忠. 隧道湿喷混凝土回弹率影响因素及施工工艺研究［J］. 铁道建筑技术，2021（3）：18-21，178.

［5］ 王巧. 高强湿喷混凝土的制备及性能研究［D］. 重庆：重庆大学，2018.

［6］ 王巧，王祖琦，宋普涛，等. 高强湿喷混凝土强度降低的原因探析与改进［J］. 材料导报，2018，32（S2）：460-465，470.

［7］ 张亚梅，孙伟，王亚丽，等. 硅灰和钢纤维对喷射混凝土性能的影响研究［J］. 混凝土与水泥制品，2002（3）：33-35.

［8］ 刘康. 低回弹喷射混凝土技术研究［D］. 天津：河北工业大学，2015.

［9］ 周敏娟，王海彦，胡宇庭. 隧道单层衬砌高强喷射混凝土试验研究［J］. 中外公路，2012，32（2）：185-188.

［10］ 曾鲁平，赵爽，王伟，等. 硬化喷射混凝土的气泡结构特性、抗水渗透及抗冻性能［J］. 硅酸盐学报，2020，48（11）：1781-1790.

［11］ 谢颖川，刘长玲，刘迪. 干喷和湿喷混凝土的力学性能、破裂失稳机制及损伤规律研究分析［J］. 结构工程师，2020，36（6）：205-213.

［12］ 耿化军. C35 高性能喷射混凝土在青岛胶州湾海底隧道的应用［J］. 石家庄铁道大学学报（自然科学版），2013，26（S1）：16-18.

［13］ 周书明. 青岛胶州湾海底隧道总体设计与施工［J］. 隧道建设，2013，33（1）：38-44.

［14］ 谢绍英，马保松，孔海潮，等. 砂岩区水封洞库高性能钢纤维喷射混凝土试验研究［J］. 混凝土与水泥制品，2018（10）：58-63.

［15］ 张露晨. 高性能喷射混凝土研制及其在隧道工程中应用研究［D］. 济南：山东大学，2018.

［16］ 王巧，王祖琦，宋普涛，等. 高强湿喷混凝土强度降低的原因探析与改进［J］. 材料导报，2018，32（S2）：460-465，470.

［17］ 彭永凯. 铁路隧道机械手湿喷混凝土配合比研究［D］. 哈尔滨：哈尔滨工业大学，2017.

［18］ 何文敏. 高含气量湿喷混凝土性能与组成设计方法研究［D］. 西安：长安大学，2014.

利用黄河下游淤砂制备免烧砖的试验研究

万　岳　吴向东　邢建建

（江河工程检验检测有限公司，河南郑州　450000）

摘　要：黄河泥沙问题突出，利用黄河淤砂制备免烧砖是解决泥沙问题的有效方法之一。基于正交试验，研究用水量（A）、泥质粉细砂固结剂掺量（B）及人工砂掺量（C）对砖抗压强度的响应规律，选用优选配比，研究不同粒径骨料对砖强度的影响和砖的抗冻性能，并阐述了砖强度形成机制。结果表明：各因素影响顺序为 B>C>A，优选配比为 $A_2B_3C_3$；人工砂制备的砖优于碎石制备的砖，且抗冻性能满足 25 次冻融循环的要求；火山灰材料产生的火山灰效应、微集料效应、复合碱激发及通过强碱激发砂土中 SiO_2 的活性是免烧砖形成强度的主要原因。

关键词：黄河淤砂；免烧砖；骨料粒径；抗压强度

1　引言

黄河泥沙问题突出，"水少沙多，水沙关系不协调"是黄河复杂难治的症结所在。黄河下游每年有大量的泥沙淤积，巨量的泥沙造成河道萎缩，河床抬高，不但严重威胁黄河防洪安全，还会影响河道的通航。黄河流域生态保护和高质量发展上升为重大国家战略[1]，如何把黄河建设为人民的幸福河是当前需要思考的问题。治黄实践表明，泥沙的资源化利用是解决黄河泥沙问题的有效途径之一[2-3]。黄河泥沙作为一种可利用资源，在防洪安全、放淤改土与生态重建、河口造陆及湿地水生态维持、建筑材料等方面具有巨大的利用潜力。近年来，随着生态环境保护措施力度的进一步加强、城市与乡村基础设施建设步伐的进一步加快，黄河下游地区对建筑材料及其他工程材料的需求日益增加，亟需大量泥沙类原材料[4]。

黄河泥沙中含有有机质、石英、长石及黏土等硅铝酸盐矿物[5]，使其在建筑材料方面具备良好的应用潜力，这也是黄河泥沙可资源化利用的基础性条件。近年来，随着禁止黏土类实心砖政策的落地，利用黄河泥沙制砖更符合当前市场需求，并研究取得了诸多进展[6-7]。目前，泥沙制砖技术主要包括焙烧与免烧两种工艺。相比烧结工艺，免烧工艺制备的沙砖具有设备投资少、能耗低、绿色环保等优势，已成为当下泥沙制砖领域的研究热点。陈颖等[8] 以福州市晋安河淤泥为主要原料，研究了相关因素对淤泥固化免烧砖性能的影响，试验结果表明，所用河道淤泥的最佳含水率为 20%~25%，当水泥掺量为 8%、土壤固化剂掺量为 0.02%、在 10 MPa 压力下成型时，淤泥固化免烧砖的强度等级可达 MU10；刘继状等[9] 采用石灰激发、增强相双相复掺、加入少量防水剂的方法，在蒸养条件下制备出了同时满足强度、耐水性能、抗冻性能要求的免烧砖，其中淤泥、石灰、粉煤灰、水泥、防水剂（外掺）的最佳质量比为 43:32:20:5:5。

尽管许多科研人员对黄河泥沙制备免烧砖开展了大量研究。但是，要大规模地推动黄河下游泥沙资源的广泛利用，还存在黄河泥沙资源利用水平相对较低、成套技术和设备工艺缺乏、转型利用成本高等问题。为此，本文通过改变组成成分掺量、骨料粒径，研究其对免烧砖的物理力学性能的影响。此外，还对其强度形成机制进行了研究，可为黄河泥沙资源化利用提供技术支撑。

作者简介：万岳（1983—），男，高级工程师，主要从事水利水电工程材料试验研究工作。

2 试验

2.1 原材料

2.1.1 泥质粉细砂固结剂

泥质粉细砂固结剂是一种可以将多泥沙河流的泥质粉细砂资源化利用的一种新型材料,由黄河勘测规划设计研究院有限公司自主研发,固结剂如图1所示。泥质粉细砂固结剂性能试验参考《水泥胶砂强度检验方法(ISO 法)》(GB/T 17671—2021)和《水泥标准稠度用水量、凝结时间、安定性检验方法》(GB/T 1346—2011)的试验方法执行,具体见表1。

图1 泥质粉细砂固结剂

表1 固结剂主要性能指标

试验指标	7 d 抗压强度/MPa	7 d 抗折强度/MPa	28 d 抗压强度/MPa	28 d 抗折强度/MPa	初凝/min	终凝/min
试验结果	29.7	7.1	43.1	9.6	310	459

2.1.2 黄河泥砂

采用山东济南段的黄河砂,其松散堆积密度为 1 390 kg/m³,表观密度为 2 600 kg/m³,主要化学成分是 SiO_2、Fe_2O_3、Al_2O_3 和 CaO,含有少量 MgO,矿物成分主要由石英、斜长石、钾长石、方解石、伊利石、绿泥石组成,并含有少量的角闪石、白云石、蒙脱石、黄铁矿。黄河砂的粒径分布如表2所示。

表2 黄河砂的粒径分布

室内定名 [《土工试验方法标准》(GB 50123—2019)]	含量/%						d_{50}
	砂粒		粉粒			黏粒	
	颗粒大小/mm						
	2~0.5	0.5~0.25	0.25~0.075	0.075~0.05	0.05~0.005	<0.005	
粉土质砂	0	0.3	50.7	25.8	17.7	5.5	0.076 6

2.1.3 粗骨料

粗骨料采用的是 5~10 mm 的碎石,其主要性能指标见表3。

表3 粗骨料的主要性能指标

试验指标	松散堆积密度/（kg/m³）	表观密度/（kg/m³）	空隙率/%	含泥量/%	泥块含量/%	针片状颗粒含量/%
试验结果	1 520	2 680	47.1	0.6	0	0

2.1.4 人工砂

人工砂的主要性能指标见表4。

表4 人工砂的主要性能指标

试验指标	松散堆积密度/（kg/m³）	表观密度/（kg/m³）	空隙率/%	石粉含量/%	细度模数 FM
试验结果	1 560	2 680	43.3	3.1	3.27

2.1.5 水

试验用水采用的是自来水。

2.2 成型方法

试验采取振动挤压成型，由于室内制砖成型尚无规范可以参考，通过调研，自主研发了一套振动挤压成型室内一体化制砖机，制砖机如图2所示。制砖时，首先将各种原材料混合均匀，然后加水搅拌均匀，最后将混合料置于制砖机的模具内，开启振动装置和加压装置即可制备出免烧砖。

图2 制砖机

2.3 测试方法

将制备好的免烧砖养护至规定龄期进行物理力学性能和抗冻性试验，参照《混凝土砌块和砖试验方法》（GB/T 4111—2013）规定的方法执行。

3　试验方案与结果分析

3.1　试验方案

试验采用正交设计方法，选用泥质粉细砂固结剂掺量、人工砂掺量和用水量为试验因素，每个试验因素三水平，不考虑交互作用，可选用 $L_9(3^4)$ 的正交表，如表5所示。每组试验具体的材料用量如表6所示。成型时压力保持一致，每块砖所施加的压强均为 0.25 MPa。

表5　因素水平表

项目	因素A：用水量/%	因素B：固结剂/%	因素C：人工砂/%
水平1	11	20	20
水平2	12	25	25
水平3	13	30	30

表6　具体的材料用量单

序号	用水量/%	泥质粉细砂固结剂/%	粗砂/%	黄河砂/%
1	11	20	20	49
2	11	25	25	39
3	11	30	30	29
4	12	20	25	43
5	12	25	30	33
6	12	30	20	38
7	13	20	30	37
8	13	25	20	42
9	13	30	25	32

3.2　正交试验结果

表7是正交试验结果与分析数据，表8是方差分析结果。表7中K1、K2、K3为每个图素各个水平下所对应的试验结果之和。由表7可知，抗压强度的因素主次顺序为：B>C>A。每一个因素和水平的 28 d 抗压强度如图3所示。从图3可以看出，随着用水量的增加，免烧砖的 28 d 抗压强度先增大后减小。用水量过大或过低，都会导致胶凝材料浆体不能均匀包裹住泥沙及骨料，使内部孔隙增多，降低抗压强度。用水量较小时，过于干燥松散的物料颗粒间黏结力和水分子结合力相对变弱，成型时不容易黏聚成型，导致强度不高。而水分过多时，容易产生浆料流失，难以包裹骨料，导致强度降低；随着泥质粉细砂固结剂的增加，28 d 抗压强度增大，固结材料增多，其浆体的黏结强度和黏结面积增大，免烧砖内部的孔隙被有效填充，形成高密实度的骨架来提高承载力。因此，用水量存在最佳范围；随着人工砂掺量的增加，28 d 抗压强度逐渐增高，这是因为连续级配的人工砂可以起到

改善固结体的级配，使固结体的密实度提高，空隙率得到改善，进而使整体的强度得到有效提高。

通过查 F 分布临界值表，查得临界值 $F_{0.05}$（2，2）= 19，$F_{0.01}$（2，2）= 99，$F_{0.1}$（2，2）= 9，所以因素 B 对试验结果极为显著的影响，因素 C 对试验结果有显著的影响，因素 A 对试验结果有较显著的影响。在本试验中，试验指标抗压强度值越大越好，故优选方案为 $A_2B_3C_3$，即用水量为 12%，泥质粉细砂固结剂掺量为 30%，人工砂掺量为 30%。

表 7 正交试验结果与分析

试验号	因素 A：用水量/%	因素 B：泥质粉细砂固结剂/%	因素 C：人工砂/%	因素 D（空列）	28 d 强度/MPa
1	11	20	20	水平 1	18.70
2	11	25	25	水平 2	23.68
3	11	30	30	水平 3	27.33
4	12	20	25	水平 3	21.21
5	12	25	30	水平 1	26.39
6	12	30	20	水平 2	25.27
7	13	20	30	水平 2	22.33
8	13	25	20	水平 3	22.91
9	13	30	25	水平 1	25.49
K1	69.71	62.24	66.88	70.58	
K2	72.87	72.98	70.38	71.28	
K3	70.73	78.09	76.05	71.45	

表 8 方差分析结果

方差来源	离差平方和	自由度	均方	F 值	显著性
A	1.734	2	0.867	12.23	显著
B	43.631	2	21.816	307.79	极为显著
C	14.276	2	7.138	100.71	较显著
误差	0.142	2	0.071		
总和	59.783	8			

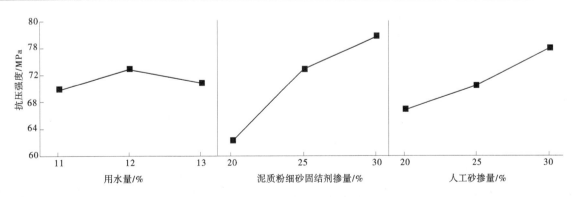

图 3 抗压强度与各因素水平趋势图

3.3 不同骨料粒径对免烧砖抗压强度的影响

试验采用优选方案 $A_2B_3C_3$ 的配比，即用水量为 12%，泥质粉细砂固结剂为 30%，人工砂或 5~10 mm 碎石为 30%，黄河砂为 28%。表 9 是不同粒径的骨料制备的免烧砖在不同龄期下的抗压强度，图 4 给出不同粒径的骨料制备的免烧砖在不同龄期的抗压强度变化规律。从表 9 和图 4 可知，人工砂制备的免烧砖比 5~10 mm 碎石制备的免烧砖的强度高，这是因为 5~10 mm 的碎石粒径太大，黄河砂的粒径较小，碎石不能紧密连接且不能有效地改善包裹碎石的过渡区的级配。而当加入人工砂后，连续级配的人工砂可以起到改善固结体的级配，使固结体的密实度提高，空隙率得到改善，进而使整体的强度得到有效提高。从表 9 还可知，由人工砂制备的免烧砖 90 d 强度可以达到 32.39 MPa，而由碎石制备的免烧砖强度为 27.02 MPa，与碎石制备的免烧砖相比，人工砂制备的免烧砖 90 d 抗压强度提高了 20%。

表 9 不同粒径的骨料制备的免烧砖在不同龄期下的抗压强度

序号	龄期/d	抗压强度/MPa		备注
		5~10 mm 碎石	人工砂	
1	7	12.79	15.87	
2	14	17.65	22.63	
3	28	22.74	28.41	标准养护
4	60	25.96	31.46	
5	90	27.02	32.39	

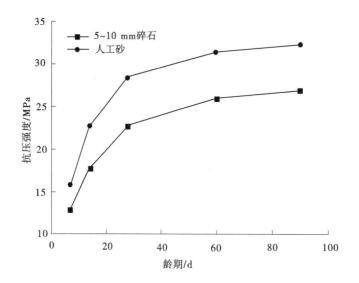

图 4 不同粒径的骨料制备的免烧砖在不同龄期下的抗压强度的变化规律

3.4 抗冻性能试验研究

试验采用优选方案 $A_2B_3C_3$ 的配比，即用水量为 12%，泥质粉细砂固结剂为 30%，人工砂为 30%，黄河砂为 28%。表 10 给出了不同冻融循环次数下的试验结果，图 5 和图 6 是质量损失率和抗压强度损失率随冻融循环次数的变化规律。从表 10 和图 5 可知，砖的质量呈现先增长后下降的趋势，这是因为在冻融较早的阶段，砖内部空隙增大，吸水增多，导致质量增加，而随着冻融循环次数的增加砖的表面剥落导致质量的下降。从表10和图6知，砖的抗压强度呈现逐渐下降的趋势，这是因为随着冻融循环次数增多，砖内部空隙逐渐增大，孔结构发生变化，并且内部胶结物变得越来越疏松，内部的黏结效果越来越差，导致抗压强度的下降。从表10还可知，在经过25次冻融循环后，砖的质量损失小于5%，抗压强度损失小于25%。

表10 不同冻融循环次数下的试验结果

循环系数	质量损失率/%	强度损失/%	备注
0	0	0	
5	0.07	0.6	本次试验采用的是优选方案 $A_2B_3C_3$ 的配比，骨料选用人工砂
10	0.09	2.9	
15	0.04	6.6	
20	−0.02	10.8	
25	−0.11	16.5	

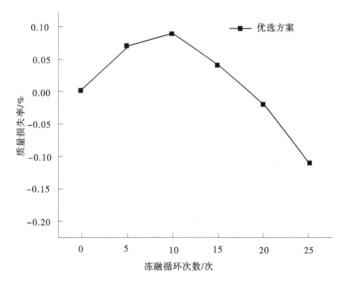

图5 不同冻融循环次数下的质量损失率的变化规律

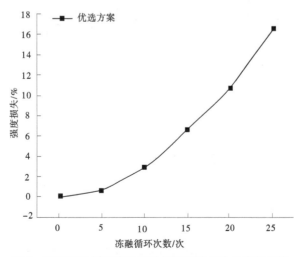

图6 不同冻融循环次数下的抗压强度损失的变化规律

3.5 免烧砖强度形成机制

免烧砖的微观形貌见图 7 和图 8。从图 7 中不难看出，泥质粉细砂固结剂固结黄河砂后比较致密，与砂粒无缝连接，因而具有较高的强度。图 8 为放大 1 000 倍的 SEM 图像，结晶体呈团状、细腻、致密，紧密地包裹着砂粒，形成一个完整的固结体。

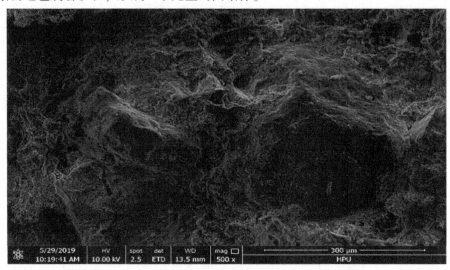

图 7 免烧砖的微观形貌（500 倍）

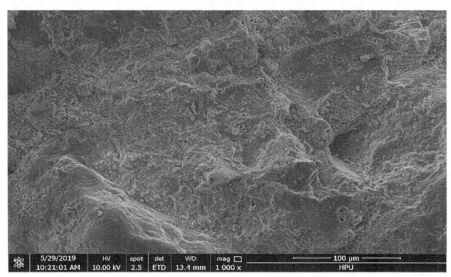

图 8 免烧砖的微观形貌（1 000 倍）

泥质粉细砂固结剂由矿渣、粉煤灰、石膏、复合激发剂和表面活性剂等材料混合而成。将泥质粉细砂固结剂掺入泥沙中，利用矿粉和粉煤灰中存在活性物质的特点，通过复合激发剂的激发作用，激发矿粉和粉煤灰的活性，再结合泥沙的矿物成分生成新的胶凝物质固化泥沙。免烧砖强度形成机制主要通过火山灰材料产生的火山灰效应、微集料效应、复合碱激发及通过强碱激发砂土中 SiO_2 的活性，使其与泥沙形成稳定的固结体。

矿渣、粉煤灰与复合激发剂可以发生物理化学耦合作用，是由于矿渣、粉煤灰固废中包含大量无定型玻璃体成分物质而具有潜在的胶凝活性。优选矿渣、粉煤灰不仅可以提高材料的整体密实度，而且在复合激发剂的作用下无定型玻璃体成分物质被活化，促进矿渣、粉煤灰发生火山灰反应，生成大量具有胶结特性的 C—A—S—H、N，C—A—S—H 等水硬性凝胶产物；矿粉与粉煤灰具有微集料效应，这些小颗粒填充在泥沙固结体的空隙中，使固结体的孔结构和孔隙率得到改善，进而固结体形成了密实充填结构。固结体越密实，最终的强度也会越大；泥沙中含有活性 SiO_2，通过强碱激发砂土中 SiO_2

的活性，使固结体的强度进一步得到提高。

4 结论

（1）正交试验中，试验因素从主到次的顺序为因素 B（泥质粉细砂固结剂）、因素 C（人工砂）、因素 A（水），优选方案为 $A_2B_3C_3$，即用水量为 12%，泥质粉细砂固结剂掺量为 30%，人工砂掺量为 30%。

（2）连续级配的人工砂可以改善过渡区的级配，使过渡区的强度有效提高，进而使整体的强度得到有效提高。优选方案配比下，人工砂制备的免烧砖与碎石制备的免烧砖相比，90 d 时抗压强度提高了 20%。

（3）砖的质量呈现先增长后下降的趋势，抗压强度呈现逐渐下降的趋势。优选方案配比下，免烧砖的抗冻性能满足 25 次冻融循环的要求。在经过 25 次冻融循环后，砖的质量损失小于 5%，抗压强度损失小于 25%。

（4）免烧砖强度形成机制主要通过火山灰材料产生的火山灰效应、微集料效应、复合碱激发以及通过强碱激发砂土中 SiO_2 的活性，使其与泥沙形成稳定的固结体。

参考文献

［1］习近平．在黄河流域生态保护和高质量发展座谈会上的讲话［J］．实践（思想理论版），2019（20）：4-11.

［2］毛海若，贾新平．对黄河泥沙的新认识［J］．人民黄河，2012，34（6）：51-52.

［3］李国英．我国主要江河泥沙淤积情况及治理措施［J］．水利水电技术，1997（4）：2-6.

［4］李攻．黄河经济带的山东机遇［J］．山东国资，2020（3）：15-16.

［5］孙剑辉，柴艳，王国良，等．黄河泥沙对水质的影响研究进展［J］．泥沙研究，2010（1）：72-80.

［6］王春丽，王娜．浅析黄河淤泥沙的开发利用［J］．砖瓦世界，2012（7）：30-31.

［7］饶兰，吴亚丽．关于黄河淤泥多孔砖开发应用的几点看法［J］．粉煤灰综合利用，2013，3（3）：50-51.

［8］陈颖，黄媚，刘阳杰，等．利用河道淤泥制备淤泥固化免烧砖的试验研究［J］．福建建材，2019（6）：6-7，16.

［9］刘继状，朱琳．免烧砖的耐久性能研究［J］．酸盐通报，2018（37）：3816-3820.

发挥河势水力作用改善大型河道型水库清漂方式

蔡 莹[1] 温乐天[2] 石浩洋[1]

(1. 长江水利委员会长江科学院，湖北武汉 430010；
2. 中国南水北调集团中线有限公司，北京 100038)

摘 要：大型水利工程库区清漂是常态任务。当前三峡、丹江口等工程清漂主要利用人力船只机械在水面分散作业，对浮物规律适应不足，环境复杂多变，打捞转运上岸各环节独立，不易发挥长期稳定效果，管理困难，难以满足工程多方面需要。依据漂浮物特性规律，因势利导发挥河道水力作用在过程中拦导集收清一体治理漂浮物，不在工程关键部位集漂清漂，经试验检验有利于提高安全性、实用性，减少人力机械操作，设施易于维护。该技术已在部分工程推广应用，大型河道型水库具有运用条件，可改善治漂短板难题。

关键词：清漂；三峡；丹江口；河道型水库；水力一体；漂浮物

1 概述

地表垃圾等汇集水面形成漂浮物，影响泄洪排涝、发电航运、取水调水、旅游景观和工程形象等，污染水质，威胁枢纽安全运行。清漂是保护水环境的重要措施，常态清漂逐渐成为各地日常任务。2022 年 6 月，国家发展和改革委员会、生态环境部、水利部制定印发《关于江河湖海清漂专项行动方案的通知》（发改办环资〔2022〕441 号），组织开展江河湖海清漂专项行动。漂浮物对大型综合水利枢纽工程各方面功能都造成影响，是河道清漂的控制部位。三峡工程初期蓄水，为确保库区水面清洁，2003 年《国务院批转环保总局关于三峡库区水面漂浮物清理方案的通知》（国函〔2003〕137 号），提出库区水面漂浮物清理方案，库区沿途县市每年都要对管辖河段开展大规模清漂工作。丹江口水库是南水北调的水源地，为守好一库碧水，库区各地都组织了专业清漂队伍。

漂浮物的形成受人为和自然因素作用，组成复杂，与地域和季节有关，在水面随机分布且不稳定，流动分散聚集缠绕下沉腐烂，治理是工程难题。当前大型库区清漂主要利用人力船只机械，在水面自然聚集区或流动中分散作业，打捞转运上岸各环节独立，过程中多依靠人力机械操作。人工清漂环境复杂多变，不可控和制约因素多，不易发挥长期稳定效果，管理困难。现有治漂方式对漂浮物规律适应不足，缺少系统研究，没有充分发挥水力作用，难以满足水利工程多方面需要。

漂浮物运移聚集分布受水流控制，因势利导利用水力合理布置工程设施可改善治理效果。长江科学院在长期专业研究三峡、葛洲坝等工程漂浮物治理工作中，提出水力一体拦导集（临时）清（排运吊）治漂方式，依托国家重点研发计划专题"枢纽库面拦排漂及安防技术与装备研发"（2016YFC0401900）和长江科学院技术研转基金项目"水力一体化治漂技术研转与推广应用"（CK-ZS2014002/SL）等项目，经深入调查研究开发"水力一体拦导排漂浮排"关键技术装备，在三峡坝前库区木鱼岛水域以及黄河三门峡电站运用检验，获得预期实用效果，经完善成果已用于湖北汉江碾盘山水利枢纽电站和四川岷江龙溪口航电枢纽电站。水力一体治漂措施有拦导漂浮排、集收漂浮闸、浮槽、网栅、滤收漂网闸等实用技术设施，获多项国家专利，已列入水利部 2022 年水利先进实用技

作者简介：蔡莹（1965—），男，高级工程师，主要从事工程水力学研究与国家重点研发计划"水力一体治漂及水面安防技术"研发和推广应用。

术重点推广指导目录。

依据漂浮物特性规律及河道工程清漂实际需要，结合水力一体治漂技术研究应用成果，利用河道河势水力一体化拦导清运漂浮物，可获得主动可控治理效果，改善工程痛点难点问题，河道型水库及水利工程都具有运用条件。

2 漂浮物特性

漂浮物特性复杂，作用因素多，对工程影响不尽相同。长江科学院研究过程中，多次组织专业人员对长江、黄河、闽江、珠江等流域漂浮物开展调研。

理论上整体密度小于水体且具密水性的物体，无论是钢铁还是鸿毛，在水流、风力、人工等影响下都有可能进入水体形成漂浮物，可形成漂浮物的种类繁多，散布陆上各地。漂浮物规格大小、种类和数量多少与环境影响因素有关，在水面漂流聚集分布沉浮与水流状态、流速、时间等相关。漂浮物密水性和吸水性的差异，导致在运行中部分成为潜悬物，部分形成沉积物。漂浮物与水相互作用自然分解腐烂，对工程的影响是各种因素综合作用的结果。

根据漂浮物产生的条件，大地植被绿化改善、社会经济活动增强都会增加漂浮物产量，流域面积越大、水量丰富的河流漂浮物越多，漂浮物在过程中产生，河流不停息漂浮物也不会终止，日复一日，年复一年，水面清漂保洁工作也须满足相应要求。河道型大型水库清漂是长期艰巨任务。

3 大型水库清漂问题

工程漂浮物与水流之间复杂关系，加之环境影响，简单治理方式难以获得长期稳定的效果。当前水利枢纽库区分段分时对水面漂浮物打捞，不能有效地解决大部分问题，达不到工程和环境的需要。

三峡和丹江口库区是典型的河道型水库，工程控制流域面积广阔，漂浮物量大、路线和历时长，治理工作也十分重要。根据要求三峡库区沿途数十县市与枢纽运行管理单位每年都投入巨大人力物力清漂，三峡仅 2020 年坝前清漂 37.4 万 m³，出动船只 10 000 多次，人员 40 000 多人次；丹江口水库只丹江口市 2021 年清漂人力 5 200 余人次，船舶 3 800 余艘次，清理库区漂浮物 5 800 余 t。经粗略估算每年进入三峡库区的漂浮物量上百万方，部分被各地清理上岸，大量下沉物无法统计，一些排泄至下游。近年《三峡环保年报》坝前清漂统计量见表 1。

表 1 近年三峡坝前清漂量统计表

年份	2021	2020	2019	2018	2017	2016	2015	2014
清漂量/万 m³	13.6	37.4	5.8	18.8	4.7	5.9	3.2	9.8

水面人工清漂日常保洁和应急处理，与漂浮垃圾为伴，要忍受腐烂发臭的环境气味，留意虫蛇出没；从业人员乘波破浪、顶风冒雨、暴晒炙烤、起早贪黑习以为常，简单重复清漂操作，体力透支，工资待遇低，年轻人不愿干，人员普遍老化，工作难以为继；库区长期大量清漂船只机械分散作业，存在安全问题，操作限制因素多。三峡坝前配置多艘先进专业清漂船，实际运行困难多，效率难以充分体现，一般工程油料及各项费用开支都难以承受。在流动的河道分段清漂，受气象昼夜水文条件限制，作业时间和效果难以充分保障，不能确保大量漂浮物不过境，责任不明晰，管理困难。大量漂浮物最终聚集在枢纽坝前，企业必须解决现实问题，承担无穷无尽的社会责任，不得已排漂，需承受问责追究，企业不堪负重。清漂是当今社会少有的艰辛工作。

漂浮物暴露腐烂对工程环境水体影响使得问题容易受社会关注，需要改进完善。对三峡库区清漂现状，2010 年全国政协会议原长江航务管理局局长金义华呼吁保护三峡库区及大坝，重视三峡库区漂浮物立法；2017 年全国人大代表湖北省宜昌市民建会员张琼建议应尽快建立三峡库区漂浮物打捞转运处置及管理体系，推进漂浮物无害化处理；2019 年全国两会期间全国政协委员中国地质大学（武汉）童金南建议对三峡库区漂浮物进行常态化的打捞和安全处置、资源化利用；2021 年全国两会政协委员重庆市政协副秘书长王济光建议健全完善长江漂浮物科学清理工作机制，及时高效规范清理打捞三峡大坝前漂浮物，进行资源化无害化等规范处置。长江科学院科研人员对一些工程漂浮物治理调研中，深切了解和体会到技术的限制给清漂工作造成的困难，一些地方强烈企盼制定合理政策改善清漂技术。

4 水力一体治漂

针对当前工程清漂技术不足，根据漂浮物的特性及运行规律，在工程调研和水力学模型试验基础上，利用河道水流条件在流态稳定部位采取措施设立水力导漂微流场，在过程中将漂浮物引导至适合部位聚集清理，实现水力一体治理漂浮物。与传统的拦漂集漂清漂的区别在于，不在漂浮物天然直观聚集区（回流区），而是在漂浮物密集经过的水域采取措施，充分发挥河流水力引导作用，实现主动可控拦导集收排清运作业一体化，减少中间人力船只操作。

4.1 水力学模型试验

根据工程治漂需要，结合长江三峡、葛洲坝、金沙江旭龙等已有工程水力学模型，开展了系列水力一体治漂水力学模型试验，研究不同工程不同布置形式漂浮物水力治理方式，探索改善治漂措施。经试验检验在流态平顺、流速 3 m/s 以内水域，设置水力一体拦导漂浮排与集收漂浮闸，因势利导水力一体化拦导聚（临时）清（排运吊）。通过水力学模型试验对措施布置、结构形式、实用效果进行优化，可拦截、引导、收集各类漂浮物、潜悬物（藻类）、拦截鱼类等，满足水面交通以及船舶通航要求。

运用水力一体治漂浮排、浮闸、网栅、排滤收漂闸技术方案，应根据工程特点结合工程布置、水文条件、工程调度运行、漂浮物情况和治理要求进行全面专业研究、合理设置、有机组合，重大枢纽工程结合水力学模型试验进行必要的布置研究。

4.2 技术现场试验检验

为检验水力学模型试验研究成果，实现技术实际效果，切实解决工程现实问题，在国家重点研发计划等项目支持下，参考多座工程拦漂设施结构及定位方式，从安全耐久、功能实用、经济维护等方面进行综合分析比较，进一步研发水力一体拦导漂浮排关键装备。试验装备形成后，分别在长江三峡、黄河三门峡开展实用检验。

经实际运用检验，在流态流速适宜条件下设施具有预期的水力一体拦导聚收（排）漂效果，设施传力方式更合理，安全系数高，过程中减少人工干预，降低漂浮物下沉量，兼顾水面交通、辅助应急、工作平台等实用功能。设施具有适应水流的调控能力，主要性能指标可测可控，可为重点水域构建水面防恐和安防屏障。

4.3 汉江碾盘山电站拦导漂浮排

汉江水草多，已建的王甫洲、崔家营、兴隆电站及引江济汉倒虹吸等都受漂浮物直接影响，采取的拦清漂措施运行困难多，常需应急抢险。依据碾盘山电站布置、水流状态、枢纽调度、漂浮物等特点，经综合比较在电站引水渠采取"水力一体拦导漂排"方式一体化拦导排漂，更有利于电站安全运行。

碾盘山电站拦漂排在水面呈直线状态，在拦截漂浮物过程中利用水流向泄水闸一侧导漂，充分发挥泄水闸排漂效果。为尽可能适应工程水流条件、漂浮物爆发、组成等不确定性，拦漂排的形态、拦污栅吃水深度可以调节，操作便利灵活。根据电站枯水期、满发期、不运行期几种典型工况，分别采取不同的处理方式。

4.4 岷江龙溪口航电枢纽电站拦导漂浮排

根据岷江龙溪口航电枢纽电站引水渠治理漂浮物特点，经广泛研究，工程采用水力一体拦导漂浮排和集收漂浮闸相结合的方式，利用具有拦截和引导漂浮物功能的直线浮排的水力作用，在运行过程中将漂浮物导向靠近泄水闸一侧的集收漂浮闸内，避免在电站进流通道聚集漂浮物，获得拦导集收清一体化的作业效果，设施具有一定调节能力，可与水流条件、岸边地形变化相协调，过程控制减少人力机械中间操作环节，节省工程投资和运行成本，易于维护。经应用有助于治漂工作规范化、专业化，促进技术进步与创新。

4.5 三峡丹江口水库水力一体清漂

根据漂浮物的性质和危害，河道都应及时高效清漂，三峡及丹江口等大型综合性水利枢纽工程都不适合在坝前重点水域聚漂和分散清漂，当前清漂模式难以达到要求。

三峡工程蓄水后形成长约 600 km 河道型水库，在河势、支流、风力、行船等作用下，漂浮物在某些河段沿河道一侧漂流，利用自然优势在关键部位设施水力一体拦导集清漂枢纽，过程中及时处理可减少漏沉漂实，现资源集中利用，极大减轻人力船只清理难度，降低运行维护成本，改善坝前漂浮物问题，不影响航运并改善通航条件。丹江口水库为确保水质更需要及时清理漂浮物，根据汉江和丹江库区以及陶岔取水口的河势及水力条件，库区一些部位具有水力一体治漂优势。

5 结语

漂浮物组成特性复杂，对河道水面环境及水利工程各方面功能效益都造成影响，水面清漂保洁是重要工作，随社会发展对水面环境将会要求更高，三峡、丹江口等大型水利工程库区清漂是常态化工作。

当前水利工程主要是在河道或坝前漂浮物聚集区采用传统的人工船只机械分散打捞转运，水面环境复杂多变，限制因素多，操作难度大，清理流动漂浮物责任难以完全落实，管理困难，不利于促进资源利用，实际效果不佳，现有处理方式不适应漂浮物规律特性要求。根据研究和工程运用检验成果，利用河势水力条件合理设置必要的工程措施，在过程中拦截引导收集清理漂浮物，可以避免很多问题，实现主动可控高效清理漂浮物，促进漂浮物资源集中利用且有利于通航，河道型水库都具有运用条件，经推广有助于技术进步。

参考文献

[1] 童中山，周辉，吴时强，等．水电站导漂建筑物研究现状 [J]．水利水运工程学，2002 (1)：73-78.

[2] 蔡莹，唐祥甫，蒋文秀．河道漂浮物对工程影响及研究现状 [J]．长江科学院院报，2013，30 (8)：84-89.

[3] 蔡莹．水力治漂一体化技术开发及产品转化推广研发阶段总结报告 [R]．武汉：长江科学院，2016.

[4] 周建军，曾永红，蔡莹．枢纽发电、泄洪、通航运行及联合优化调控技术 [M]．北京：科学出版社，2020.

[5] 蔡莹，杨伟，黄国兵．水力一体化治漂与枢纽库面安防系统研究及实施 [J]．水利水电技术，2017，48 (11)：168-173.

[6] 蔡莹，黄国兵，卢金友，等．水力一体治漂浮排系统：ZL201520148114.0 [P]．2015-07-22.

[7] 蔡莹，黄国兵，史德亮，等．浮闸式水力一体清漂网架系统：ZL201520137674.6 [P]．2015-07-22.

[8] 蔡莹，李书友，黄明海．汉江碾盘山电站水力一体拦导漂浮排设计研究 [J]．长江科学院院报，2021，38 (10)：99-103.

嘉陵江流域水沙来源组成变化分析

李思璇　李圣伟　杨成刚

（长江水利委员会水文局，湖北武汉　430010）

摘　要：嘉陵江是长江上游主要支流之一，径流泥沙来自于武胜站以上、渠江、涪江及三江汇合等区域。借助长时间序列水沙资料，识别了径流周期性变化规律及泥沙输移突变特性，明确了嘉陵江水沙来源组成占比。结果表明：嘉陵江径流来源较为稳定，北碚站泥沙主要来源于武胜以上地区。嘉陵江干流略阳以上、略阳至武胜、武胜至北碚区间径流量多年平均占比基本稳定在 5%、33%、62%，来沙量占北碚站的 24%、23%、53%；在武胜至北碚区间中，武胜站以上地区、渠江、涪江、三江汇合区多年平均径流量占北碚的 38%、33%、22%、7%；输沙量占比分别为 47%、21%、16%、16%，与 1985—1993 年相比，1994—2020 年武胜以上地区减沙占北碚站总减沙量的 69%。研究成果可为嘉陵江流域的水土资源利用、综合治理研究提供参考。

关键词：嘉陵江；水沙变化；来源组成；减沙贡献率

1　引言

近年来，长江上游水沙来源地区组成发生显著改变，特别是金沙江下游溪洛渡、向家坝水库陆续建成投运以来，嘉陵江来沙占比显著增大，是近年来长江上游泥沙的主要来源区[1]。目前，大量学者针对嘉陵江水沙特性开展了系统研究，李怡颖、郭文献等[2-3]基于近 60 年来嘉陵江北碚站实测径流泥沙资料明确了水沙通量变化规律，结果表明年径流量呈微弱减少，而输沙量下降趋势显著，且水库拦沙等人类活动是输沙量显著减少的主要原因。高鹏等[4]量化了嘉陵江流域径流、输沙量的减少，定量分析了降水和人类活动对嘉陵江水沙变化的影响。总体来看，已有研究多侧重于嘉陵江流域水沙变化特性及其影响因素分析，然而考虑到受自然因素及人类活动多重影响，嘉陵江泥沙输移在时间尺度上存在突变特性，其沙量主要来自于武胜站以上、渠江、涪江及三江汇合等区域，而不同时段水沙组成来源存在明显差异，有待进一步深入分析。本文基于嘉陵江流域干、支流主要水文站点长时间序列水沙观测资料，分析径流泥沙年际、年内变化特点，以泥沙输移突变年份为时间节点，明确不同时段嘉陵江水沙来源组成变化，为嘉陵江流域的水土资源利用、综合治理、生态环境保护乃至三峡水库泥沙淤积研究提供参考。

2　研究区域与方法

2.1　嘉陵江流域

嘉陵江是长江上游左岸主要支流，发源于秦岭南麓，流经陕西、甘肃、四川、重庆，干流全长 1 120 km，流域面积约 16 万 km²，落差 2 300 m，平均比降 2.05‰，占长江流域面积的 9%。嘉陵江水系发育，自上而下的主要支流有西汉水、白龙江、东河、西河、渠江、涪江等，其中渠江、涪江为嘉陵江左、右岸最大支流，是嘉陵江流域治理开发的重要组成部分，如图 1 所示。

基金项目：国家自然科学基金长江水科学联合基金项目（U2040218）；三峡后续工作项目"三峡水库区间支流水沙变化"（21303）。

作者简介：李思璇（1992—），女，高级工程师，主要从事水沙输移、河床演变及数值模拟研究工作。

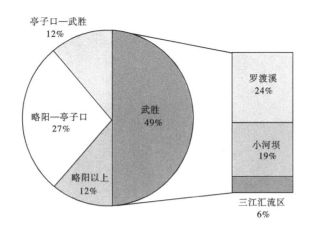

图 1　嘉陵江流域控制站点集水面积占比

北碚站是嘉陵江下游干流控制站，反映了嘉陵江入汇长江的水沙情势，其径流、泥沙主要来源于渠江、涪江、武胜站以上地区及三江汇合区，支流渠江、涪江入汇嘉陵江的控制站点分别为罗渡溪、小河坝站。

2.2　研究方法

2.2.1　径流周期性变化

考虑到水文时间序列为非平稳信号且具有多时间尺度特征，本文采用离散小波变换，揭示水文时间序列周期性变化特征。以 Morlet 小波作为基小波[5]，对嘉陵江北碚站的年径流序列进行离散小波变换，通过小波系数时频分布图反映水文时间序列变化特征。

2.2.2　泥沙跃变特性

基于费希尔最优分割法[6]，分析嘉陵江北碚站输沙量时间序列跃变特性，并采用秩和检验对跳跃点显著性进行检验。

3　结果分析

3.1　嘉陵江水沙年际变化

嘉陵江北碚站多年平均径流量和输沙量分别为 659 亿 m³、9 360 万 t，不同时段径流量、输沙量变化表明，1991—2002 年多年平均径流量和输沙量分为 533 亿 m³、3 720 万 t，与 1990 年以前相比，径流量、输沙量分别减少 164 亿 m³、1.05 亿 t，减幅分别为 24%、74%；2003—2012 年，与 1990 年以前相比，北碚站年径流量变化不大，减幅约为 5%，而输沙量则进一步减少至 2 920 万 t，减幅达 79%；溪洛渡、向家坝水库蓄水运用后，2013—2020 年北碚站径流量基本与 2003—2012 年持平，而输沙量增加 470 万 t，增幅达 16%。总体来看，嘉陵江北碚站年径流量变化相对较小，而输沙量自 20 世纪 90 年代以来呈显著降低态势。

从嘉陵江北碚站年径流量长时间尺度变化来看，能量中心的频域尺度主要集中在第 4~5 年、第 14~15 年、第 28~30 年（见图 2），在第 28~30 年尺度上径流量过程经历了 3 次丰枯交替。其中，1962—1970 年，1982—1990 年，2001—2010 年 3 个时期小波系数为正值，表示为多水期，其余各时间段为少水期。径流量变化的主周期分别为第 4 年、第 14 年、第 30 年，其中以第 30 年左右的周期震荡最强，为嘉陵江北碚站径流变化的第一主周期（见图 2）。

从嘉陵江北碚站泥沙跃变特性来看，1984 年为一级分割点，1980 年和 1993 年为次级分割点。根据输沙跃变点划分不同时段（见图 3），其中北碚站 1984 年一级跳跃幅度较大，1954—1984 年与1985—2020 年相比，输沙量减小幅度达到了 73.3%；1980 年和 1993 年两个次级跳跃点输沙量跳跃幅度则分别为 51.7% 和 -58.3%。总体而言，1985 年后嘉陵江流域输沙量显著减少，1993 年后流域输沙量进一步降低。

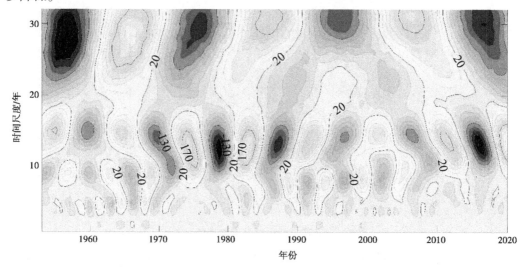

（a）小波系数实部等值线图

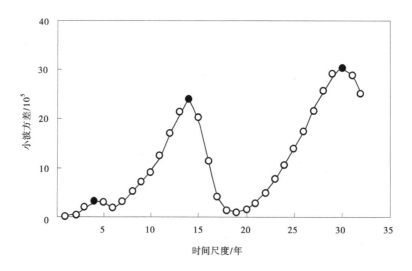

（b）小波方差图

图 2　嘉陵江北碚站年径流量小波分析

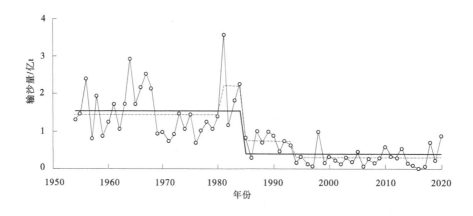

图 3　嘉陵江北碚站输沙跃变特性

3.2 嘉陵江水沙年际变化

从嘉陵江水沙年内变化来看，1954—2020年，北碚站洪季（5—10月）径流量、输沙量分别占全年的82.8%、98.3%，泥沙基本集中在汛期。从不同时段各月水沙量占全年的比例（见图4）来看，1991—2002年，北碚站洪季径流量为432亿m³，与1990年以前相比，洪季径流量减少156亿m³，受年均输沙量大幅减小的影响，洪季输沙量由1.42亿t减小至0.37万t，年内占比仍稳定在98.2%左右。三峡水库蓄水运用以来，2003—2012年洪季径流量占比82.3%，同时洪季输沙量减少至2 889万t，但年内占比增大至98.9%；溪洛渡、向家坝水库蓄水运用后，2013—2020年，北碚站洪季径流、输沙量分别占全年的79.4%、99.6%。总体来看，近年来北碚站洪季径流量、输沙量占比变化不大。

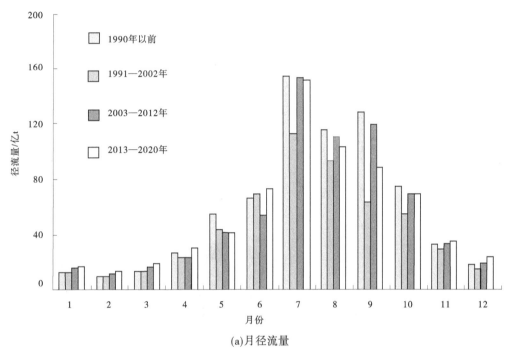

(a)月径流量

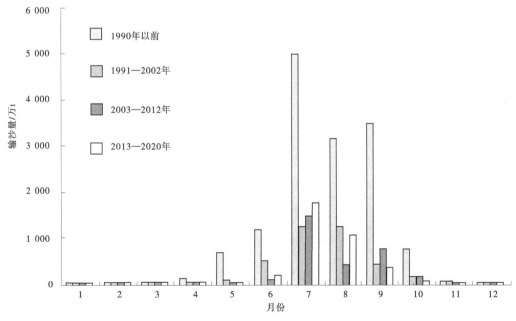

(b)月输沙量

图4 不同时段北碚站月径流量、输沙量变化

3.3 嘉陵江水沙组成变化

嘉陵江径流、泥沙主要来自干流武胜站以上地区、渠江、涪江及三江汇合区,而干流武胜站以上地区自上而下可划分为略阳以上、略阳至武胜,渠江、涪江于武胜站下游入汇嘉陵江。根据嘉陵江北碚站长时间序列输沙跃变特性,在时间尺度上划分为 1955—1980 年、1981—1984 年、1985—1993 年、1994—2020 年共计四个时段,分析不同时期嘉陵江径流、泥沙来源组成。

1955—2020 年,嘉陵江干流略阳、武胜、北碚站多年平均径流量分别为 35 亿 m³、252 亿 m³、658 亿 m³。从不同时段变化来看,1981 年以来,嘉陵江干流各控制站点径流量呈逐时段减小态势,1994—2020 年,略阳、武胜、北碚站多年平均径流量分别为 29 亿 m³、218 亿 m³、604 亿 m³,与 1981—1984 年相比,分别减少 46%、38% 和 34%。径流地区组成(见图 5)分析表明,嘉陵江径流量主要来自于武胜—北碚间,其次为略阳—武胜间。不同时段相比,径流地区组成变化不大,略阳以上、略阳—武胜、武胜—北碚径流量多年平均占比基本稳定在 5%、33% 及 62% 左右。

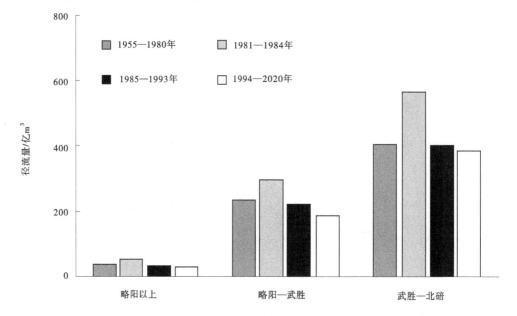

图 5 嘉陵江干流不同时段水量地区组成变化

嘉陵江近 62% 的径流量来自于武胜—北碚间,而武胜—北碚间包括了渠江、涪江及三江汇合区如图 6 所示。自 1981 年以来,武胜以上、渠江、涪江径流量均呈逐时段减小态势,但三江径流量占比变化不大。1994—2020 年,武胜、罗渡溪、小河坝站多年平均径流量分别为 218 亿 m³、201 亿 m³、129 亿 m³,与 1981—1984 年相比,水量减小主要集中在武胜以上地区,其减水量为 134 亿 m³,占北碚站总减水量的 42%,渠江和涪江减水量分别占北碚站总减水量的 38% 和 15%。总体来看,不同时段嘉陵江流域径流组成变化不大,武胜站以上地区多年平均径流量占北碚的 38%;渠江、涪江径流

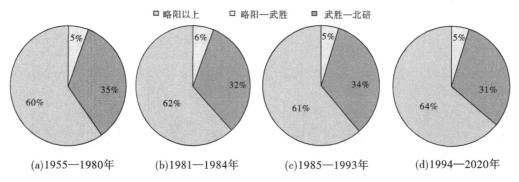

(a)1955—1980年   (b)1981—1984年   (c)1985—1993年   (d)1994—2020年

图 6 嘉陵江干流不同时段水量地区组成占比变化

量分别占 33% 和 22%；三江汇合区多年平均径流量为 49 万 t，占北碚站的 7%，如图 7 所示。

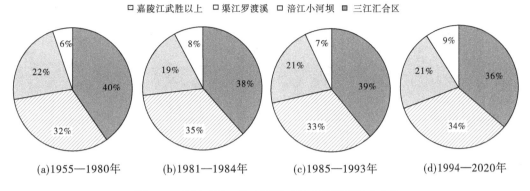

图 7　嘉陵江武胜—北碚不同时段水量地区组成变化

从泥沙来源组成来看，1955—2020 年，略阳、武胜、北碚站多年平均输沙量分别为 2 210 万 t、4 340 万 t、9 300 万 t。与径流量变化较为类似，1981 年以来，嘉陵江干流各控制站点输沙量呈逐时段减小态势，1994—2020 年，略阳、武胜、北碚站多年平均输沙量分别为 639 万 t、1 020 万 t、3 050 万 t，与 1981—1984 年以前相比，分别减少 87%、91% 和 86%。1955—2020 年嘉陵江流域输沙地区组成（见图 8、图 9）分析表明，其输沙量主要来自于武胜—北碚区间。略阳站以上地区（含西汉水）面积 1.92 万 km²，仅为北碚站的 12%，来水量仅占北碚站的 5%，但其来沙量却占北碚站的 24%；略阳至武胜地区来水量、来沙量分别占北碚站的 33%、23%；武胜至北碚多年平均来沙量占比为 53%。

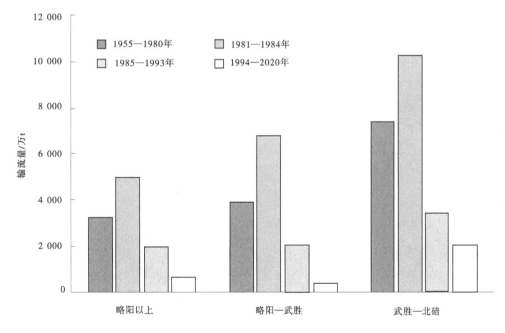

图 8　嘉陵江干流不同时段沙量地区组成变化

嘉陵江近 53% 的输沙量来自于武胜—北碚区间，如图 10 所示。1955—2020 年，武胜以上地区、渠江、涪江和三江汇合区输沙量占比分别为 47%、21%、16% 和 16%。自 1981 年以来，武胜以上、渠江、涪江输沙量均呈减小态势。1994—2020 年，武胜、罗渡溪、小河坝站多年平均输沙量分别为 1 020 万 t、979 万 t、1100 万 t，与 1981—1984 年以前相比，沙量减小主要集中在嘉陵江干流武胜以上地区，其减沙量为 1.08 亿 t，占北碚站总减沙量的 57%，渠江和涪江减沙量分别占北碚站总减沙量的 18% 和 13%。

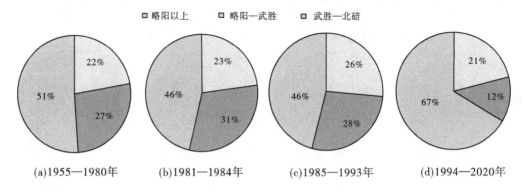

图 9　嘉陵江干流不同时段沙量地区组成占比变化

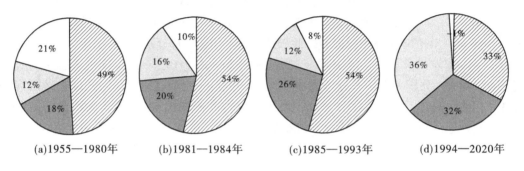

图 10　嘉陵江武胜—北碚不同时段沙量地区组成变化

　　嘉陵江干流北碚站泥沙跃变特性表明，1984 年前后输沙量减幅较大，与 1954—1984 年相比，1985—2020 年北碚站年均输沙量减少 11 380 万 t，从减沙地区来源组成来看，武胜以上地区减沙量为 6 052 万 t，渠江减沙量 1 655 万 t，涪江减沙量 990 万 t，三江汇合区减沙量 2 683 万 t，分别占北碚站总减沙量的 53%、15%、9% 和 24%，1994 年以来北碚站输沙量进一步减少，与 1985—1993 年相比，1994—2020 年北碚站减沙仍主要源于武胜以上地区，占北碚站总减沙量的 69%。嘉陵江流域水资源丰富，武胜以上开发有大量的水利枢纽工程，如位于嘉陵江支流白龙江下游的宝珠寺水库、嘉陵江干流亭子口水库等均为具有拦沙减淤等效益的综合利用工程，水库拦沙、水土保持减沙等是北碚站沙量锐减的主要影响因素。

4　结论与展望

　　本文基于 20 世纪 50 年代以来的长序列水沙资料，研究了嘉陵江流域年径流量、输沙量变化规律及水沙来源组成。得到研究结论如下：嘉陵江北碚站年径流量以周期性波动变化为主，输沙量于 1984 年后大幅减少，减幅达 73.3%。嘉陵江流域略阳以上、略阳—武胜、武胜—北碚径流量多年平均占比基本稳定在 5%、33% 及 62% 左右，在武胜—北碚中，武胜站以上地区、渠江、涪江、三江汇合区多年平均径流量占北碚的 38%、33%、22%、7%。嘉陵江输沙量主要来自于武胜—北碚区间，略阳站以上地区、略阳—武胜、武胜—北碚来沙量占北碚站的 24%、23%、53%。武胜—北碚区间中，武胜以上地区、渠江、涪江和三江汇合区输沙量占比分别为 47%、21%、16% 和 16%，1994 年以来北碚站减沙主要来源于武胜以上地区。

参考文献

［1］周银军，王军，金中武，等．三峡水库来沙的地区组成变化分析［J］．泥沙研究，2020，45（4）：21-26.

［2］李怡颖，范继辉，廖莹．近60年来嘉陵江流域水沙变化特征［J］．山地学报，2020，38（3）：339-348.

［3］郭文献，豆高飞，李越，等．近50年嘉陵江水沙通量演变特征分析［J］．水电能源科学，2019，37（4）：59-62，75.

［4］高鹏，穆兴民，王炜．长江支流嘉陵江水沙变化趋势及其驱动因素分析［J］．水土保持研究，2010，17（4）：57-61，66.

［5］冯颖，陆宝宏，马程晨，等．蒙江流域降水及径流变化特征分析［J］．水电能源科学，2019，37（5）：1-5.

［6］许全喜，张小峰，袁晶．长江上游河流输沙量时间序列跃变现象研究［J］．长江流域资源与环境，2009，18（6）：555-562.

东北某中型水库库尾淤积物综合治理研究

罗平安[1,2]　李　欢[1,2]　王　丹[3]

(1. 长江科学院流域水环境研究所，湖北武汉　430010；
2. 长江科学院流域水资源与生态环境科学湖北省重点实验室，湖北武汉　430010；
3. 武汉科技大学，湖北武汉　430081)

摘　要：针对东北地区某中型水库，分析了水库上游来沙情况及库尾泥沙淤积现状，在此基础上，针对水库上游来水来沙，结合集水范围内地形和现有沟渠分布情况，研究提出采取截流沟和生态沟渠拦截汇流泥沙、库尾修建溢流堰拦截入库泥沙等治理方案减少入库泥沙进而减轻库尾淤积；针对水库库尾淤积泥沙，经技术经济对比，研究提出冬季旱挖的方案进行生态清淤，以避免清淤对水库供水水质造成影响；针对库尾剩余的淤泥，研究提出人工湿地改造方案，治理淤泥中污染物，促进水库水质改善。

关键词：东北；中型水库；淤积物；综合治理

1　研究背景

哈达河水库位于黑龙江省鸡西市鸡东县，坝长 480 m，最大坝高 21 m，设计总库容 7 580 万 m³，兴利库容 4 831 万 m³。水库于 1971 年竣工并投入运行，截至目前已运行 50 余年。哈达河水库上游河道主河床多为砂卵石，滩地为淤积黏土，土质松软，在汛期容易被冲刷，进而流入到河流中，最终汇入哈达河水库。经现场调查，汛期雨后哈达河水库 2 条主要入库河流水体浑浊，含沙量大。利用附近观测站的侵蚀模数，推算哈达河水库年均输沙量为 1.57 万 t。由于水库上游来沙较多，加上水库运行时间长，经勘测，哈达河水库库尾泥沙淤积厚度 3~5 m。库尾泥沙淤积不仅影响水库库容，而且影响水库防洪、供水、灌溉等效益的发挥，还会影响库尾河道行洪，对两岸农田带来淹没风险。此外，库尾淤积物一般含有较高浓度的营养物质或重金属等有害物质，长此以往也会对水库水质造成一定影响。

2　水库库尾淤积现状分析

2.1　哈达河水库概况

哈达河水库位于鸡东县城北 25 km、新华乡北 20 km 的哈达河中游，坝址距鸡西市区 22.5 km，如图 1 所示。坝址以上河长 32 km，河道比降 1.4‰~3.7‰，控制流域面积 282 km²，多年平均径流量 3 900 万 m³。水库设计洪水位 223.00 m，设计总库容 7 580 万 m³；正常蓄水位 219.85 m，相应库容 5 011 万 m³；兴利库容 4 831 万 m³，死库容 180 万 m³，死水位 208.8 m。哈达河水库是一座以防洪、供水为主，结合灌溉等综合利用的多年调节水库，保护下游 2.4 万亩耕地，13 个村屯，2.03 万人，以及 3 km 哈虎铁路和 3 km 方虎公路；1995 年水库对鸡西市进行供水，年供水量 1 800 万 m³；灌溉水田面积 2 万亩。哈达河水库上游无大型水利工程。

哈达河流域属于中温带大陆性季风气候区，春季干旱多大风，夏季温热多雨，秋季降温急骤多旱

基金项目：国家自然科学基金重点项目"三峡水库水沙过程调控及生态环境响应"（批准号：52130903）。

作者简介：罗平安（1989—），男，工程师，主要从事水环境咨询、保护和治理等研究工作。

霜，冬季寒冷而漫长。多年平均气温 3 ℃左右，最高气温出现在 7 月、8 月，最低气温出现在 1 月。气温日变幅较大，最大冻土深度 2.55 m，无霜期 136 d 左右。多年平均降雨量为 538.3 mm，降水量年内分配不均匀，大部分集中在 6—9 月，约占全年降水量的 71%。流域多年平均蒸发量 1 281 mm。

哈达河水库上游河道主河床多为砂卵石构成，滩地为淤积黏土。水库流域内植被良好，为大面积的次生林所覆盖。流域内土壤为草甸黑钙土，黑土层厚度一般在 1 m 左右，山坡脚下为 0.5 m，土壤透水性中等。地下水埋深 2~3 m（5—8 月），靠近河岸为 1.7~1.9 m。

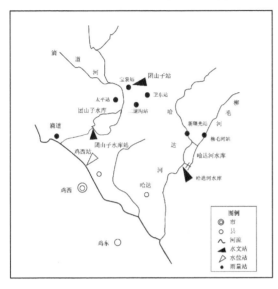 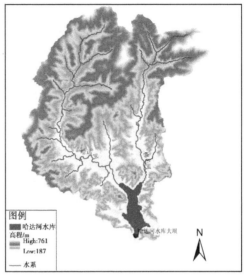

图 1　哈达河流域概况

2.2　水库来沙和库尾淤积现状

哈达河水库没有泥沙观测资料，邻近流域有穆棱河干流穆棱站和穆棱河下游杨岗站。穆棱站和哈达站均处于上游山区，因此参考穆棱河站的泥沙资料估算哈达河水库坝址以上年输沙量。哈达河水库集水面积 282 km²，按穆棱站侵蚀模数（42.8 t/km²），推移质按悬移质输沙量的 30% 计算，求得哈达河水库年均输沙量为 1.57 万 t。经现场调查，汛期雨后哈达河水库两条入库河流水体浑浊，含沙量大，哈达河约为 1.5 g/L、柳毛河约为 2.5 g/L，中值粒径约为 100 μm。

根据工程地勘结果，哈达河水库流域内典型荒地地层岩性自上而下分层为：

①低液限黏土：黑色，可塑，黏性一般，属微透水层，厚度为 0.60~0.80 m。

①₁杂填土：杂色，以建筑垃圾为主，含砂土及黏粒，厚度为 1.00~1.20 m。

②低液限黏土：黄褐色，可塑，黏性一般，属微透水层，厚度为 2.40~3.70 m。

②₂黏土质砾：混合土，黄褐色，稍密-中密，饱和，厚度为 0.80~1.00 m。

②₃低液限黏土：淤积形成，灰色，软塑，局部夹薄层细砂，厚度为 0.40~0.80 m。

③级配不良圆砾：河道中发育，灰黄色，松散状态，厚度为 2.50~5.30 m。

③₁级配不良粗砾：河道中发育，灰黄色，松散状态，厚度为 0.30~3.30 m。

③₂坡洪积碎石：坡积、洪积形成，河道中发育，厚度为 1.00~4.20 m，局部发育。

④花岗岩：黄色，全-强风化，手掰易碎，埋藏在 4.00~87.00 m。

④₁砂岩：灰黄色，全-强风化，泥质胶结，埋藏在 2.00~7.80 m。

总体上，哈达河水库流域内土地表层地层岩性以低液限黏土、杂填土、低液限黏土、黏土质砾为主，土质松软，在汛期容易被冲刷，进而流入河流，最终汇入水库。根据地勘资料，由于水库运行时间长，水库库尾淤积厚度为 3~5 m。

3　水库库尾淤积物综合治理研究

针对哈达河水库上游来水来沙情况，结合地形和现有沟渠分布情况，采取截流沟和生态沟渠拦截汇流泥沙、库尾修建溢流堰拦截入库泥沙，形成两道拦截网；针对水库库尾淤积泥沙，经技术经济对比，采取冬季旱挖的方式生态清淤；针对库尾剩余的淤泥，采取人工湿地改造的方式，治理淤泥中的污染物。

3.1 入库河流来沙治理研究

3.1.1 村屯截流沟

针对哈达河水库上游6个村屯，根据村屯地形和现有沟渠情况，6个村屯地形有一定起伏，且均朝着某一个方向倾斜，因此在6个村屯周边，充分利用现有沟渠，建设截流沟，拦截村屯四周坡面径流及携带的泥沙。经设计和测算，新建截流沟约7.2 km，改造和疏浚已有沟渠约5.6 km，总长12.8 km。截流沟采用预制U型槽，坡降不小于1%。

3.1.2 生态沟渠

针对哈达河水库上游水田排水干沟、村屯退水沟，改造生态沟渠。水田和村屯排水经停生态沟渠，依靠沟壁和沟底种植的水生植物吸收营养元素和沉淀泥沙颗粒，既能对水质起到一定净化作用，还能拦截部分泥沙。经设计和测算，改造生态沟渠约5.0 km。

生态沟渠采用梯形断面和植生型防渗砌块技术，因地制宜进行削坡、整地，保证断面统一顺畅，两侧沟壁和沟底均由蜂窝状水泥板组成。沟体内相隔一定距离设置拦截透水坝，拦截透水坝由栅板和透水坝组成，栅板布设在每条生态沟渠入口处，用于拦截漂浮物，一般每隔50 m设置透水坝1座。沟壁和沟底铺设的蜂窝状水泥板，单元尺寸为50.0 cm×45.0 cm×10.0 cm，在水泥板上均匀布孔（孔径为8.0 cm），沟底植物选择香蒲、黄花鸢尾、芦苇3种挺水植物，沟壁植物选择小叶章和再力花2种植物。

3.1.3 入库泥沙溢流堰拦截

针对哈达河水库上游来水含沙量较高问题，在水库库尾两条主要入库河流分别设置1座溢流堰，其中哈达河溢流堰长约120 m、柳毛河溢流堰长约110 m，溢流堰出露地面净高度约1 m。此外，溢流堰左右两侧衔接堤上各设引水闸1座（主要将水引入人工湿地，对淤泥中的污染物进行生态治理），人工湿地下游围堤上各设排水闸1座。

经测算，哈达河溢流堰顶高程220 m对应的库容为8.39万 m³、柳毛河溢流堰顶高程220 m对应的库容为0.72万 m³。根据前述资料，哈达河水库年均输沙量为1.57万 t。哈达河拟建堰闸处集水面积约158.6 km²，柳毛河拟建堰闸处集水面积约88.6 km²，据此比例，计算得到哈达河拟建堰闸处的推移质年输沙量为0.20万 t、悬移质年输沙量为0.68万 t；柳毛河拟建堰闸处的推移质年输沙量为0.11万 t、悬移质年输沙量为0.38万 t。

溢流堰建成后，绝大部分推移质泥沙淤积在库中，出库推移质较少，在此考虑全部淤积在溢流堰库区。针对悬移质，根据《水利水电工程泥沙设计》[1]，采用韩其为、张启舜、涂启华和李国庆的相关拦沙率、排沙比公式[2]分别计算哈达河和柳毛河溢流堰的排沙比。由此可得，哈达河和柳毛河溢流堰年淤积总量分别约为0.54万 t、0.17万 t。哈达河和柳毛河溢流堰库区内淤积的泥沙密度取1.3 t/m³，折算后的哈达河溢流堰年淤积量为0.42万 m³、柳毛河溢流堰年淤积量为0.13万 m³。在不考虑清淤情况下，哈达河溢流堰的淤积年限约20.0年，柳毛河溢流堰的淤积年限约为5.5年，具有一定的泥沙拦截功能。

3.2 水库库尾生态清淤研究

生态清淤是指在无须抽干河流情况下，以遥控方式将污泥柔和地抽吸至岸上指定地点，整个清淤过程快速、彻底、卫生、干净。通过柔和的抽吸清理方式，底部淤泥不会产生湍流，因此不会污染河流水体。清淤不仅可以增加水库有效库容，同时能够有效保护和改善水库水环境。

根据哈达河库尾泥沙淤积现状，以柳毛河库尾为例，清淤工程设置13个断面，清淤面积约10万 m²。根据地形，设计底高程从断面1至断面13依次降低，坡度近似0.5%。根据地形和清淤断面设计，利用ArcGIS空间分析工具，将现有矢量数据生成栅格数据，计算清淤量。考虑到ArcGIS针对拐角点插值的精度的问题，拟将清淤底面设想成倾斜平面，计算出的结果减去两侧三角形区域的重复计算量，以此求出清淤量约 15.3 万 m³。清淤前后地形栅格图如图 2 所示。

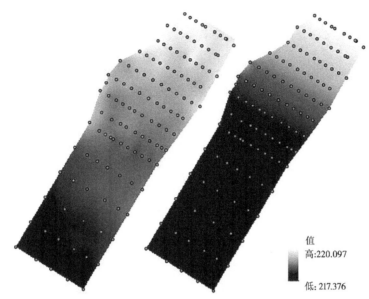

值
高:220.097

低: 217.376

图 2　清淤前后库区地形栅格图（柳毛河库尾为例）

清淤无法避免会对水库造成较强的扰动，短期内可能对水库水质造成不利影响，哈达河水库作为饮用水水源地，每年对鸡西市供水 1 800 万 m³，清淤造成的扰动可能对供水造成一定影响。经现场调查，水库库尾存在大量枯枝，也会给清淤带来较大难度。根据哈达河水库水位运行调度规程，冬季水库水位相对较低，库尾地形出露，加上冬季库尾上冻，有利于开挖施工。因此，选择在冬季进行清淤施工，在库尾直接开挖淤泥，然后转运至其他区域。

3.3　淤积物污染治理研究

经调查，哈达河水库库尾淤积物中含有较高浓度的氮磷等营养物质。因此，在未实施冬季开挖清淤的区域，采用围堰对区域进行封闭，并对库尾淤积区域改造为人工湿地，其中哈达河两岸构建面积共 100 000 m² 的人工湿地，柳毛河左岸构建面积 50 000 m² 的人工湿地。在人工湿地上游布置溢流堰及水闸拦蓄调控来水并将水引入湿地。

湿地采用当地的砾石及土壤为基质，整个表面流人工湿地基质深度为 40 cm 左右。湿地下层为防渗层，防渗层由下向上填充 10 cm 黏土、防渗土工布及 10 cm 黏土，整个防渗层深度为 20 cm。防渗层上方填充厚 10 cm、粒径为 20~50 mm 的当地碎石，基质上层填充厚度为 10 cm 土壤层。表面流人工湿地分为四级湿地，每级人工湿地之间有挡墙控制相应分块人工湿地水位。一级湿地单元、二级湿地为强化处理单元，主要种植挺水植物；三、四级湿地单元为混合植物区，主要配置挺水、沉水植物及浮叶植物。通过库尾改造人工湿地，治理淤泥中污染物，改善水库水质。

4　结语

针对东北地区某中型水库，在现场调查监测和资料收集的基础上，分析了水库上游来沙情况及库尾泥沙淤积现状，并针对性地提出了通过拦截减少上游来沙、库尾淤积物生态清淤及库尾人工湿地改造治理淤泥等综合治理方案，主要结论如下：

（1）哈达河水库已运行 50 余年，水库集水范围内土质松软，汛期冲刷剧烈，导致汛期入库河流含沙量较高，库尾泥沙淤积严重，对水库库容、入库河流行洪以及水库水质造成一定影响。

（2）针对水库上游来水来沙，结合集水范围内地形和现有沟渠分布情况，研究提出采取截流沟和生态沟渠拦截汇流泥沙、库尾修建溢流堰拦截入库泥沙等治理方案减少入库泥沙进而减轻库尾淤积。

（3）针对水库库尾淤积泥沙，经技术经济对比，研究提出冬季旱挖的方案进行生态清淤，方便施工，成本低廉，且不会对水库供水水质造成影响。

（4）针对库尾剩余的淤泥，研究提出人工湿地改造方案，治理淤泥中污染物，促进水库水质改善。

参考文献

［1］朱鉴远．水利水电工程泥沙设计［M］．北京：中国水利水电出版社，2010.

［2］韩其为，杨小庆．我国水库泥沙淤积研究综述［J］．中国水利水电科学研究院学报，2003，1（3）：169-178.

湖库淤积物资源化利用分析研究与应用

黄 伟 诸 青

（长江河湖建设有限公司，湖北武汉 430010）

摘 要：环境和资源问题是困扰世界各国的头等大事。湖库作为各区域重要的水利枢纽工程，它们的底部沉积物有巨大的资源化利用价值，是探索河湖治理与废料处理的一种可行性途径。随着大量淤泥资源化处理技术的不断问世，湖库淤积物资源化利用处理取得了更大突破，为解决资源紧张问题提供了一条新途径。本文对湖库淤积物资源化利用处理技术进行了全面分析，以实际案例客观论证了水库沉积物资源化利用的多种可行性方式，这些针对性对策各有特点，需要有关部门具体问题具体分析，争取使湖库沉积物最大限度地得到开发利用，助力国家发展建设。

关键词：湖库淤积物；资源化利用；水库治理

1 引言

针对湖库沉积物，目前已经有包括脱水处理技术、建材法、污泥填埋法、污泥堆肥法、污泥掺烧法、化学固结法、厌氧制沼法及干馏处理法等在内的多种技术应用，这些处理技术为有效处理及资源化利用湖库淤积物提供了解决途径，湖库所在地的有关部门还须对上述技术应用进行认真研究分析，通过堆肥技术、焚烧法、土壤固化处理，以及建材应用等多种渠道，对这种自然资源进行开发利用，保障经济建设快速发展，于国于民都是一种有益探索，是可持续发展和环境建设的可行性方式。

2 资源化利用湖库淤积物技术

湖库的水底由于长期处于水下，通常会沉积大量淤泥等沉积物，其中还会伴有其他物质，这些淤泥杂质一般有极其复杂的组成成分，它们的主要特点是有很高的含水率和压缩性，极细的组成物颗粒度，而且强度不会很高。值得注意的是，这些水底沉积物通常重金属含量非常高，环境污染危害较大。完全对湖库淤积物进行资源化利用，在脱水处理后，还需要结合它们的具体特点进行针对性处理，常用方法有建材法、厌氧制沼、污泥填埋、化学固化、污泥掺烧及污泥堆肥缝理化等处理方式，以下详细介绍各种淤积物处理技术：

2.1 化学固化法

这种技术是把生石灰掺入污泥，使它的胶团结构遭到破坏，含水率下降，对污泥完成除臭灭菌处理，使污泥的理化性质趋于稳定，再晾晒、烘干或堆放，得到接近 10%~20% 含水率的污泥，然后进行破碎处理，压实钩进行填埋。化学固化法常用于城市污泥的针对性固化处理后填埋的方式更麻烦，影响其适用性。

2.2 干馏处理法

这种技术要求处理环境密封且无氧，加热污泥至高温状态，无须燃烧即形成热分解，污泥水分蒸发生成水蒸气，内含的有机物进而生成有机碳与可燃性气体。可视淤泥成分差异选择适用处理方式。

作者简介：黄伟（1974—），男，高级工程师，工程部副主任，主要从事水利工程建设管理的研究工作。

通信作者：诸青（1976—），男，高级工程师，江苏分公司总经理，主要从事水利工程建设管理的研究工作。

2.3 脱水处理技术

湖库淤积物的高压缩性和含水率，以及很低的物质强度，通常的处理方式是先脱水处理。脱水处理淤泥一般有三种常用方法，即物理脱水、高温烧结和絮凝脱水。

（1）物理脱水。淤泥中的水分主要是吸附水和自由水，它们在淤泥孔隙内存在，可通过离心法自然风干，以及外力挤压等方式使它们与淤泥分离，把原来松散的淤泥颗粒黏结起来，呈密实状态分布。

（2）高温烧结。利用加热等方式使淤泥处于高温状态，使淤泥实现脱水，内含的有机物被分解，颗粒物黏结在一起，再冷却成固体颗粒，强度得到一定程度提升。

（3）絮凝脱水。把包括絮凝剂及混凝剂等在内的化学凝集剂加入淤泥，与其他脱水处理技术结合，达到淤泥高效脱水的目的。

2.4 建材法

一些类似砂石等在内的淤泥沉积物有较大颗粒，可利用清淤设备进行疏浚，这种设备为气动式，深水作业非常高效，淤泥清至地面合适场地完成脱水和筛分，可当作适宜的建材使用。那些细小颗粒的淤泥也可在陶粒制造、砖块制造、水泥制造及工程用土中应用。但是这种技术也有局限性，使用范围很窄，适用于水库淤泥大颗粒硬质沉积物，且主要组成成分为推移质的淤泥处理，湖泊淤泥由于颗粒非常细小，所以不能使用这种方法。

（1）施工用土。把清淤所得淤泥进行针对性处理，在工程施工中可用作工程填土、其他用土以及砂石替代品、在城建工程、港口低洼回填等作业中广泛应用；对路基施工，防范边坡冲刷及失稳处理中也适用；也可加固水利工程的堤防。

（2）制砖。一般制砖用土为黏质土，但是清淤所得淤泥如果没有超过30%的含砂率，就可在制砖中用作黏质土的替代品在建筑工程中应用，且质量有保障。

（3）制陶粒。利用淤泥制造陶粒由外国专家发明，国内专家利用淤泥已经研制出质量性能达标的陶粒产品。

（4）制水泥。如果湖库淤积物质地类似黏土，可以用作水泥制造中的黏土替代品。

2.5 污泥堆肥法

一些湖库淤积物含有较多有机物，用作堆肥在农田中使用，可大幅提升其有机质含量，降低肥料用量，且有较高的土壤改良作用，降低农土壤侵蚀风险。这种技术的优势就是简便易行，缺陷是耗时费力，须投入较高成本，而且大气污染较重，需要占用很大场地，受天气因素和市场需求因素影响很大，适用性不高。

2.6 厌氧制沼气法

一些污泥含有较多有机物，可对其进行发酵处理，使其生成沼气，达到资源化利用的目的。沼气是很好的燃料和发电原料，处理后的污泥成为熟污泥，可用作花肥，在农业生产中有广泛应用。但是人类活动常常造成重金属污染进入湖库淤积物，还须对污泥残渣进行去污染处理，这是厌氧制沼法的重大限制因素，因此难以大面积推广。

2.7 污泥掺烧法

这种技术是对污泥进行脱水处理，使其含水率控制在接近80%，形成湿污泥，利用高压泵把污泥向垃圾焚烧厂和热电厂锅炉泵送焚烧，但是要控制污泥在燃料总量中占比须小于等于20%。这种技术的缺陷是：①降低锅炉效率，大幅提升耗煤量和碳排放量；②导致烟气急速升高水蒸气含量，严重腐蚀锅炉和其他处理设施；③烟气内水蒸气量大且温度太高，对除尘造成不利影响；④燃料燃烧不充分，致使热值下降。

2.8 污泥填埋法

这种淤泥处理方式更为简单直接。它分为两种方式，即直接填埋与卫生填埋。直接填埋即对污泥进行灭菌处理，然后在低洼地带直接填埋；卫生填埋由垃圾填埋场完成，即把垃圾和污泥进行混合，是一种无害化处理方式。污泥填埋法的技术优势在于整个过程简便易行，仅用简单设备就可完成处理；但是也有缺陷，即需要占用很大场地，有产生填埋气和渗滤液的可能性，对填埋场透水透气性能可能带来不利影响，进而使使用年限下降，只能当成填埋料使用，无法达到更好的资源化利用效果，浪费现象严重。而且污泥填埋法的适用性也不高，仅对地形条件合适且低有机物和重金属污染含量的污泥适用。

3 资源化利用湖库淤积技术应用案例

3.1 水库概述

以宿鸭湖水库为例，它的主要功效是防洪作用，同时还能发挥发电、灌溉、旅游及养殖作用，是一个大型枢纽工程。总库容为 16.38 亿 m^3，其中 2.34 亿 m^3 为兴利库容，其控制流域面积达到 4.498 km^2。库区特点是南北走向，水面面积很大，形状狭窄，库床缓和，而且由于太长的下泄通道，水流由库区北部入库，此时水速降低，所挟泥沙在库底沉积，致使库床越积越高，库容越来越小，库容降低危害还在其次，重点是使兴利效益大幅下降，水库越来越浅，水体无法有效自净，造成严重的营养富集污染，区域有大量污染物向库区违法排放，在库底形成吸附，重金属含量超标，水质连年下降。

3.2 水库淤积物资源化利用对策

3.2.1 堆肥技术

以国家针对污染物控制颁布的权威标准衡量，本水库对沉积物进行总体质量测试，得到较好评价，但是汞金属元素含量超标严重，目前水库四周为大片耕地，非常适合对沉积物进行堆肥法处理，可有效改良区域土壤，提高肥力，可促进化肥农药大幅降低用量，使区域生态实现良性循环。而且本水库区域自然风景优美，为国家级保护区，区域林地资源丰富，堆肥处理过的污泥可直接用于绿化施肥，不仅节省用量而且降低成本，有利于植物更好生长。

3.2.2 焚烧法

本水库上部淤泥中有机物含量是 9.6%，该数据在中部是 6.03%，在下部是 5.09%，有机物含量相对低，如果处理方式选用焚烧法，可能达不到理想成效，还要耗费过多成本。本水库与附近县城和地级市距离很近，焚烧法会产生大量污染烟气，扩散后影响城市环境和正常生产生活，因此得出结论，焚烧法并不适用处理本水库沉积物。

3.2.3 建材应用

本水库的库底沉积物特点是颗粒极其细小，只有极低含砂率，有良好的结合力和塑性，和制砖适用的黏土相比，沉积物的应用优势更加明显，而且它的有机物含量非常高，烧砖期间会烧化而生成细小的孔隙，使成砖体积密度大幅降低，再对制砖配方进行合理调整，即可烧制轻质砖，它的透气性非常优秀，投入市场后会获得很好销路。但是这种处理方式需要提前完成预处理，成砖投入使用后会接触到人体，因此预处理的除臭灭菌步骤势在必行，可有效降低危害。本水库沉积物土质以中轻粉质与重粉质壤土为主，是黏土砖制备的适用材料，而且本水库区域周边城市化进程非常快，区域居民大量翻修住房，而且景区建设也需要大量应用黏土砖。经科学调查，本水库目前含有接近 7 711 万 m^3 的沉积物，以 50%含水率计算，估测沉积物每立方米可制 250 块砖，则沉积物总量出产总砖量可达接近 96 亿块，经济效益十分可观。所以，库底沉积物制砖可节省大量淤泥占地，而且制砖产生的经济收益反过来为库区清淤作业和维保提供资金支持，不仅实现资源化利用，而且工程及环境建设也可实现可持续发展。

3.2.4 土壤固化处理再利用

在道路施工方法中，结合土壤理化性质，为土壤掺入适量固化剂后形成稳定的固化效果，再碾压和铺装处理后建成路面，就成为固化土道路。这种道路安全稳定，经久耐用，有广泛的适用性，而且材料属于再生利用，环保效果良好较之传统修路工艺有独特的优越性，创新应用的实用性非常明显。较之修路传统工艺，固化土道路可节约成本，且质量更为优秀，有优良的紧固度和密实度，极高的水稳性和适用性，在抗压强度和承载力方面表现更加卓越，而且其路面材料不易脆化，其路基结构更加安全稳定。固化土道路材料就近供应，废弃建材也可应用，很少用到砂石料和混凝土，无论人工费、占地费、材料费及机械费都可大幅节省，而且这种修路工艺作业进度极快，工程周期短，各方面都有利于成本控制。本水库临近地级市城市化进程中东扩趋势明显，新的开发区需要在市区和水库之间修建多条道路基础设施，上述工程的路基土用量很大，传统工艺周期太长且成本极高，改用库底黏土和淤泥土，进行脱水处理加入固化剂即可在路基和水稳层大量应用，有利于成本控制，同时缩短工期，工程质量性能也比传统修路工艺高出很多。

3.3 技术应用益处

与国际国内湖库淤积物资源化利用相比，对水库区域实际情况综合分析，本水库沉积物资源化利用的主要方式有三种，即制砖、土地施肥及道路工程。具体到本水库，由于是大型水利工程，有极高的沉积物总量和广泛的分布范围，资源化处理利用很难单纯依靠一种方式达到高效处理目的，如果处理迁延时间太久，就会严重污染区域环境，还需有关部门因地制宜地采取综合性措施进行有效处理。

4 结语

综上所述，面对日益增长的基础设施建设和经济发展趋势，资源紧张状况已经是困扰国家和民生可持续发展迫在眉睫的难题。而湖库淤积物含有丰富的资源化利用储藏量，是一种可以进行大举开发的优质资源。水库和湖泊水系是国家的水利命脉，不仅提供防洪、排涝功能，而且是生态环境建设的重要组成部分，湖库淤积物长年累月地淤积，会在底部形成越来越厚的沉积层，这种情况在一定程度上属于一种危害现象，它降低水库库容，减少兴利效益，不利于水体自净。同时，湖库淤积物也富含有机物，其沉积土质在建材、化肥等诸多领域有巨大资源化利用价值，有关部门还须利用湖库沉积物的多种处理技术，结合自身实际对湖库淤积物进行资源化处理再利用，为地方经济增添活力，为国家的经济建设和可持续发展探索创新途径，增添优质再生资源。

参考文献

[1] 陈霞，彭子凌，周显，等. 咸宁市水库淤积物品质特性及资源化利用 [J]. 长江科学院院报，2021，38（12）：7.

[2] 宁建凤，邹献中，杨少海，等. 有机物料对辣椒生长及水库淤积物的改良效应 [J]. 中国生态农业学报，2010（2）. 250-255

[3] 余慧娟，许士国，朱林. 水库沉积物资源化利用基础研究——以碧流河水库大堡库区为例 [J]. 农业环境科学学报，2018，37（9）：9.

[4] 贾兵营. 南水北调中线干渠退水闸前淤积物处置研究 [C] //中国水利学会 2019 学术年会论文集，北京：中国水利水电出版社，2019.

[5] 王立华，赖冠文，陈锡容. 水库淤积物烧制技术在兴宁合水水库的应用研究 [J]. 甘肃水利水电技术，2017，53（1）：4.

湖泊底泥氮磷污染治理技术综述

于滨养[1,2,3]

（1. 三峡大学水利与环境学院，湖北宜昌　443002；

2. 长江科学院流域水环境研究所，湖北武汉　430012；

3. 流域水资源与生态环境科学湖北省重点实验室，湖北武汉　430010）

摘　要：随着对外源污染的持续治理，内源污染对湖泊的影响变得日益严重，且内源污染的治理具有更大的难度。本文分析了湖泊底泥氮磷现状，湖泊底泥释放氮磷对水体造成的严重影响，综述了常用的湖泊底泥氮磷污染治理技术原理、适用范围、优缺点及其发展现状，总结了在治理湖泊底泥污染过程中的实际治理案例。根据治理技术特点分类，对不同污染程度的底泥提出了治理建议，但仍须根据实际情况选择综合治理技术，注重整体修复，做好修复后效果评估，保护好湖泊生态系统。最后对各种治理技术的发展进行了展望，对底泥氮磷污染物的治理具有一定的参考意义。

关键词：底泥；氮磷；富营养化；治理技术

1　湖泊底泥氮磷污染现状及污染特征

根据 2021 年全国河流湖泊水库底泥污染状况调查研究表明，全国所评的 658 个底泥监测断面中，总磷含量小于 730 mg/kg 的一级断面占监测总数的 60.0%；含量在 730~1 100 mg/kg 之间的二级断面占 27.5%；在 1 100~1 500 mg/kg 之间的三级断面占 7.6%；大于 1 500 mg/kg 的四级污染断面占 4.9%。全国所评的 619 个底泥监测断面中，总氮含量小于 1 100 mg/kg 的一级断面占监测断面总数的 68.3%；含量在 1 100~1 600 mg/kg 之间的二级断面占 15.0%；在 1 600~2 000 mg/kg 之间的三级断面占 5.7%；大于 2 000 mg/kg 的四级断面占 11.0%。由此可见，我国底泥污染情况不容乐观。

底泥（沉积物）是自然水域的重要组成部分。底泥的成分包含各种泥沙、腐殖质及微生物等[1]。底泥一方面可以提高水体的自净能力；另一方面又可能成为水体的污染源[2]，对氮磷等污染物具有源和汇的双重作用，调节水体中氮磷浓度处于动态平衡中[3]。底泥按照粒径大小可分为粗砂、细砂、粉粒和黏粒[4]，对上覆水体有显著影响的是细颗粒底泥[5]，除底泥自身因素（粒径等）外，其释放量还会受到氮磷的形态和含量的影响。由于底泥持续向水体释放氮磷，水体中磷的含量过高会造成藻类大量生长繁殖，在此过程中藻类会消耗大量水体中的溶解氧；氮的含量过高会对水中有机体造成毒害作用[6]。部分水体内源氮磷释放量可达到甚至超过外源的水平[7-8]。因此，控制底泥中氮磷的释放成为治理水体污染的一个关键性因素。

2　常用底泥氮磷污染原位治理技术

2.1　原位覆盖技术

原位覆盖技术，是指在污染的底泥表面添加一个覆盖层，覆盖层主要具有隔离、稳固底泥和吸附三个功能[9]，使被污染的底泥与上覆水隔开，从而阻止底泥中的污染物再次进入水体中。覆盖层是原位覆盖修复的核心部分，常见的有无机覆盖材料改性活性材料及生物覆盖材料[10-12]。无机覆盖材

基金项目：国家自然科学基金项目（51979006）。

作者简介：于滨养（1998—），男，硕士研究生，研究方向为水资源保护与污染控制。

料主要有砂石、红壤、灰渣等，这些材料易于获取、成本低、适合大范围使用，但吸附能力有限，覆盖厚度大[13-14]；改性活性材料主要有黏土、沸石、生物炭等，具有比表面积大、高离子交换性和高吸附性的特点，但价格昂贵，同时需要控制用量，防止对水体造成二次污染[15-16]。生物覆盖材料主要有微生物、生物活性剂等，材料自身没有毒性对环境友好，但对环境要求严格、处理周期长，容易被冲刷[17-18]。原位覆盖技术具有操作简便、成本低、对环境破坏小等优点[19-20]，但由于覆盖层会增加底质的体积、改变底部原有地形、水流流速等环境条件，此外，在流速较快的水体中，覆盖材料易被冲刷，从而影响长期覆盖的效果[21]。Bona 等[22] 研究表明原位覆盖构建了受污染的沉积物和水位所在环境之间的有效屏障，对于缓流水体且污染物水平不太高的流域中，原位覆盖是一种可行的解决方案，受污染沉积物在原位覆盖后，所有微量元素的垂直通量均显着降低。底泥中 Fe 、Mn 、Ca 和 Al 等氧敏感元素对磷具有很好的调节作用，可以在缺氧沉积物中再迁移和在好氧界面沉淀，在覆盖受污染的沉积物后，观察到其通量显著减少（高达 80%）。原位覆盖技术已经在国内外许多场地进行了试验，根据国内外一些应用实例来看，大部分覆盖材料厚度在 5~80 cm[23-24]。国内外应用实例如表 1 所示[9]。

表 1 原位覆盖国内外应用实例

工程位置	覆盖条件	效果
日本，Kihama inner 湖	采用 20 cm 厚的细沙覆盖	有效减缓磷的释放
新西兰，Okaro 湖	铝盐和铁盐改性沸石现场覆盖	好氧和厌氧环境下均可一定程度抑制磷的释放
德国，Arendsee 湖	采用沙子、陶粒、鹅卵石、硅藻土等钝化材料来覆盖	覆盖材料形成了 20~120 mm 的钙质基底层，控制磷从沉积物中的释放
贵州百花湖	采用改性沸石覆盖	降低 69% 以上的磷释放通量

2.2 环保疏浚技术

环保疏浚是指通过机械方式，将水体底部上层一定范围内富含污染物（如营养盐、重金属、有机污染物等）的沉积物进行移除并妥善处理，从而减轻水体富营养化的一项技术[25-26]。环保疏浚技术从 20 世纪 90 年代末引入我国，便成了我国治理湖泊污染的主要方式之一[27-28]。环保疏浚已经在我国南湖、鄱阳湖、韩国汉江等多地应用[29-31]。环保疏浚范围确定的核心问题，即是建立底泥污染性质和生态风险等级的划分方法及科学的空间整合体系，其具有永久清除水体中的污染底泥、增大湖泊库容或水体深度、为水生生物恢复创造条件等优点[32-33]，然而人们对于环保疏浚技术是否能从根本上改善水环境仍存在大量争议[34]。一方面，疏浚后底泥表面会变得松散，而由于这部分颗粒具有较小的粒径、较大的比表面积和较高的有机质，使得这部分颗粒具有更高的吸附性，导致底泥表层污染物的浓度和活性较疏浚前更高[35]。同时，疏浚后的底泥更加容易发生倾斜、倒塌，导致底泥中的污染物加速向水体中扩散[36]，如果疏浚不当，反而会加重湖泊的污染状况。另一方面，疏浚工程往往工程扰动量大，会对底栖环境产生重大影响，而短时间内底栖的环境不会得到很好的修复[37-38]。环保疏浚国内外应用实例如表 2 所示。

表 2 环保疏浚国内外应用实例

工程位置	效果
嘉兴南湖	大部分区域水体透明度达到 80 cm 以上，悬浮物 SS 指标均不超过 4 mg/L[29]
鄱阳湖	底泥中 TP 去除率达到 44.2%[30]
韩国汉江	底泥中 TP 的释放通量减少至 19%[31]

2.3 原位洗脱技术

原位洗脱是一种最近几年发展起来的内源污染物控制技术[39]。原位洗脱技术是通过对表层底泥进行物理扰动来混合表层沉积物与上覆水，使部分污染物进入水相形成洗脱液，再将洗脱液分离并进一步净化，从而达到降低沉积物中污染物浓度、改善底质生境的目的[40]。原位洗脱具有处理周期短、持续性强和投资成本低等优点，已逐渐应用于浅水湖泊内源污染控制工程中[41]。李国宏等[42] 研究发现经过洗脱修复后的沉积物，含水率显著降低，pH 值和氧化还原电位有所提高。含水率的降低主要是因为植物碎屑等有机物的去除，使得沉积物变得更为紧实，不易再受扰动的影响释放污染物[43]，pH 值的升高有助于沉积物中 NH_3-N 向硝酸氮（NO_3^--N）的转变，减少 NH_4^+-N 向上覆水中释放[44]。侯绪山等[45] 对沉积物进行模拟原位物理洗脱处理后发现，NH_4^+-N、硫化物等生物有害还原性物质浓度减少，促进了苦草的萌发生长。但是人们对于使用技术处理层底泥中氮磷的去除作用及去除机制等研究甚少，以及洗脱施工是否会对沉积物中底栖动物、微生物及群落多样性有影响，还有待于进一步研究[42,46]。

2.4 曝气增氧技术

曝气增氧技术是根据水体受到污染后缺氧的特点，人工向水体中充入空气或氧气，加速水体复氧过程，以提高水体的溶解氧（DO）水平，进而增加底泥中溶解氧浓度，有效抑制水体中 NH_4^+-N 和 TP 的释放[47]，从而改善受污染水体的水质[48]。曝气的运行方式[49]、溶解氧、pH 值、温度等因子对硝化过程的影响是目前研究的重点[50]。目前，国内外用于黑臭水体修复所采用的人工曝气技术包括水下射流曝气设备、纯氧充氧曝气系统、微气泡曝气系统、叶轮曝吸气推流式曝气器设备等[51]。一些研究人员对底泥曝气进行了探究，分析了底泥曝气对磷、重金属[52] 等迁移转化的影响。对底泥进行曝气可加快 DO 的恢复。人工曝气技术具有占地面积小、投资少、运行简单、无二次污染处等优点。但其水质提升效果与温度、水深、水体流速等存在密切关系，且修复时间较长，效率低。在实际的工程应用中，需要考虑到曝气位置、曝气强度、曝气方式等因素[53]。谌伟等[54] 研究了不同曝气强度及曝气时间对污染物去除的影响，结果表明，低强度连续曝气能有效改善河道污染状况，同时大大降低能耗；杜旭等[55] 研究了不同曝气深度对底泥氮释放的影响，结果表明，水体曝气能有效抑制底泥氮释放，促进上覆水 NH_4^+-N 向 NO_3^--N 的转化。人工曝气应用实例如表 3 所示。

表 3　人工曝气应用实例

工程位置	效果
广州市荔湾区郭村涌	经治理后底泥中重金属形态稳定，释放量降低了 87.2%，总磷的去除率在 90% 左右[56]
同济大学	总磷去除率达到 88% 左右，温度越高，抑制氨氮和总氮的释放效果越好[57]
佛山市南海区大沥镇龙沙涌	总氮输出最大质量浓度由 27.0 mg/L 左右下降到 17.0 mg/L，总磷输出最大质量浓度由 0.30~0.60 mg/L 下降到 0.10~0.30 mg/L[58]

2.5 沉水植物修复技术

沉水植物主要通过直接吸收和降解的方式去除有机污染物，根部分泌的各种营养物质聚多糖、氨基酸使在根部共生的大量微生物的活性提高，增强对污染物的降解能力[59-60]。相对于环保疏浚、原位覆盖等目前常用的工程措施，植物修复具有投入低、对生态环境的扰动小、持续有效时间长、处理污泥量大等特点，不仅可以恢复和重建底泥和水体的自然生态功能，且具有一定的观赏价值和经济价值[61-62]。但该技术仍然有不少缺点，如植物生长周期过长、植物成熟后清除工作较烦琐、植物的安全有效处置是植物修复领域面临的一个现实问题，此外，还需要考虑适度控制植物生长规模，避免其过度繁殖引起水体中溶解氧的过度消耗。因此，对于如何有效地将植物修复技术应用实际工程中，仍需要进一步系统的研究[63-64]。利用多种大型水生高等植物和水生植被组建人工复合生态系统在治理污染底泥时具有独特优势[61]，它可克服单一水生植物季节性变化明显、生物净化作用不稳定的缺点，发挥多种水生高等植物在时间和空间上的差异，实现优势互补[65]。已经有学者[66]利用植物组织培养技术来挑选植物，降低了挑选成本，也不受季节限制，提供了新的寻找方式，利用转基因技术，增强植物修复能力。沉水植物应用实例如表4所示。

表4　沉水植被应用实例

工程位置	效果
上海后滩湿地	总氮和总磷的去除率分别达到了78.8%和32.2%，沉水植物0~30 cm内底泥总氮去除效果显著；对0~15 cm内总磷质量比去除效果好，但对15~30 cm内总磷去除效果不显著[67]
河北省白洋淀	与生长小麦的土柱相比，生长芦苇的土柱对污水中总氮、总磷的净化率较高，对化学需氧量的净化率后者是前者的近2倍[68]

2.6　电动修复技术

电动修复是20世纪90年代初兴起的一项底泥修复技术，基本原理是在底泥两端加上低压直流电场，利用电场的作用将污染物迁移到一端电极室，从而使污染物与底泥介质分离，然后通过收集系统将其收集，并做进一步的集中处理[69-70]。污染物在底泥中的迁移动力主要有3种：电迁移、电渗透和电泳。电迁移是带电离子向相反电极方向的迁移；电渗透是在电场作用下底泥中的间隙水从阴极向阳极方向流动；电泳是底泥中带电胶体粒子的迁移运动[71]。这种方法特别适用于低渗透性的疏浚底泥，还可以通过改变底泥介质的理化性质，促进污染物的迁移、降解和分离，有效地解决原位修复的局限性，具有适用范围广、运用方式灵活、成本低效率高等优点[72]，但是该技术尚未有较为成熟的原位应用，在使用该技术时由于极化现象，电极也容易产生腐蚀[73]，电动修复规模越大，修复单位体积底泥的能耗越高，N、P的电动去除率却越低[74-75]。电动修复技术研究较多，但规模化原位修复应用较少。原位修复的有效性很大程度上取决于污染物的化学性质（淌度、有效性等）及底泥的均质化程度[76]。

3　技术比选

在底泥污染治理过程中，每种技术都有着各自的优势和不足，表5对上述治理技术进行了对比分析[4]，单一使用某种技术很难达到综合治理底泥污染的目的。需要根据底泥污染特征，淤积情况等做出综合解决方案，如将环保疏浚与沉水植物修复结合可减少疏浚工程对生态系统的负面影响；将原位覆盖与化学材料结合可提高覆盖的有效性、持久性；将原位覆盖与沉水植物修复结合既能快速抑制污染物排放，又能彻底消除底泥氮磷污染物。

对于轻度污染的底泥，可以优先选用原位覆盖、原位洗脱或电动修复技术，这些技术能在短期内抑制底泥氮磷污染物的扩散，对于浅水湖泊或淤积严重的水域，由于原位覆盖会减少湖泊库容，不建议选用该技术。对于中、重度污染的底泥，应选用环保疏浚、曝气增氧、沉水植物修复或电动修复技术。环保疏浚技术相较于其他技术，更适用于底泥淤积严重，大量氮磷污染物持续释放的水体，可以更加直接去除底泥污染物；而对于底泥淤积一般的水体，可以选用沉水植物修复或电动修复技术，更符合生态文明的发展理念。

表 5　治理技术对比

治理技术	优点	缺点	适用性
原位覆盖	在短期内有效控制住污染物释放；省去后续淤泥处理的成本	抬高河床；在流速较快的水体中或者水位涨落频繁的河道中，覆盖层容易受到破坏，影响其本身的效果	适用于轻度污染水体；不宜用在浅水或者对水深有要求的水域、淤积情况严重的水体中；不宜用于有修建桥墩、铺设管道需要的水体
环保疏浚	清除潜在的内污染源，改善水体环境质量	施工中底泥再悬浮污染；破坏底栖生物的生存环境，影响水生态系统的恢复；疏挖的底泥不妥善处理存在二次污染风险；底泥后处置量大且成本高	一般用于前处理，污染底泥淤积严重，影响行洪；重金属污染严重或积累了大量的持久性有机污染物并向上覆水释放水体
原位洗脱	去除底泥表层污染；生态干扰小、污染物去除率高；产生污染物量少	对重金属去除效率低；作业深度较浅，对污染深度厚的底泥去除效果一般	不适用于重金属污染严重或污染底泥淤积严重水体
曝气增氧	设备简单；见效快；适应性广；不危害水生生态	耗能高；单一技术使用易引起河道底泥的扰动，造成二次污染；易加快臭气的挥发，影响居民正常生活	与其他技术组合实施的条件下，多数不通航水体
沉水植物修复	投资和运行成本相对较低；改善生态景观	修复周期较长，见效慢，效果易受季节气候变化影响；需维护，防止水生植物生长过旺抑制其他生物生长及其死亡后未及时打捞造成二次污染	适用于透明度较高的水体
电动修复	适用范围广，高浓度污染物的修复效率较高	原位应用技术不完善，极化现象，电极腐蚀	适用于低渗透性和非均质的土壤/底泥

4　展望

　　湖泊底泥氮磷污染物的治理是一项系统性工程，应全面把握，统筹考虑各种因素，如修复方式的可行性，修复的效率、成本，修复后生态系统的恢复、生物毒性评价等因素，加强系统治理思维，保护和治理两手发力，治理方法的选择应以安全、科学、有效为前提，推进湖泊底泥保护和修复，完善治理体制机制，推出效果评价体系。同时，应注重修复后底泥的监测和管理，尽可能地维持修复效果，及时对修复过程进行评估，为修复技术的应用和普及提供技术及数据支撑。尽快推动各种修复技术走出实验室，把实验做在大地之上，到实践中发现问题，在实验室中解决问题，反馈应用到实践中去，相互协同，促进治理技术尽快落地生根。加大综合治理技术的研究，根据不同治理技术的优缺点，促进物理、化学、生物等多学科交叉融合，综合治理，巩固长板，互补短板，针对不同情况污染的底泥，灵活采用不同综合治理方案，打出一套组合拳，这是以后底泥修复的发展方向。

　　总之，湖泊底泥氮磷污染物的治理作为一项生态修复工程，要加强风险意识，防范"黑天鹅"事件，避免出现治理后生态失衡、治理后污染情况加剧等适得其反的情况，做到科学治污，尽可能地减少修复过程中对于生态系统的破坏，维持原貌，去除污染物。

参考文献

［1］延霜. 水体—沉积物界面氮迁移转化的生物化学过程［D］. 西安：西安建筑科技大学，2010.

［2］范坡. 我国城市水体底泥污染特征分析及治理方案探讨［J］. 广东化工，2022，49（4）：167-169.

［3］王若楠. 黑臭水体底泥对氨氮的吸附-解吸特征研究［D］. 长春：吉林农业大学，2020.

［4］张友德，田文凤，何建军，等. 黑臭水体底泥内源污染治理技术对比及分析［J］. 绿色科技，2022，24（8）：103，107，113.

［5］魏岚，刘传平，邹献中，等. 广东省不同水库底泥理化性质对内源氮磷释放影响［J］. 生态环境学报，2012，21（7）：1304-1310.

［6］杨建峡. 河道底泥原位生物修复及工程应用［D］. 重庆：重庆大学，2019.

［7］钟继承，刘国锋，范成新，等. 湖泊底泥疏浚环境效应：Ⅰ. 内源磷释放控制作用［J］. 湖泊科学，2009，21（1）：84-93.

［8］钟继承，刘国锋，范成新，等. 湖泊底泥疏浚环境效应：Ⅱ. 内源氮释放控制作用［J］. 湖泊科学，2009，21（3）：84-93. 335-344.

［9］陈方鑫. 湖泊沉积物内源磷释放特性及电化学控磷技术研究［D］. 北京：中国地质大学（北京），2021.

［10］Palermo M R. Design considerations for in-situ capping of contaminated sediments［J］. water Seience and technology，1998，37（6-7）：315-321.

［11］C Liu，JA Jay，R Ika，et al. Capping Efficiency for Metal-Contaminated Marine Sediment under Conditions of Submarine Groundwater Discharge［J］. water Seience and technology，1998，37（6-7）：323-329.

［12］Bona F，Ceeconi G，Maffiotti A. An integrated approach to assess the benthic quality after sediment caping in Venice lagoon［J］. Environmental Science & Technology，2001，35（11），2334-2340.

［13］José M Azcue，Alex J Zeman，Alena Mudroch，et al. Assessment of sediment and porewater after one year of subaqueous capping of contaminated sediments in Hamilton Harbour，Canada［J］. Water Science and Technology，1998，37（6-7）：323-329.

［14］Michael R Palermo. Design considerations for in-situ capping of contaminated sediments［J］. Water Science and Technology，1998，37（6-7）：315-321.

［15］Diana Guaya，César Valderrama，Adriana Farran，et al. Simultaneous phosphate and ammonium removal from aqueous solution by a hydrated aluminum oxide modified natural zeolite［J］. Chemical Engineering Journal，2015，271：204-213.

［16］Patrick H Jacobs，Ulrich Förstner. Concept of subaqueous capping of contaminated sediments with active barrier systems（ABS）using natural and modified zeolites［J］. 1999，33（9）：2083-2087.

［17］Raul Muñoz，Benoit Guieyssea. Algal–bacterial processes for the treatment of hazardous contaminants：A review［J］. Water Research，2006，40（15）：2799-2815.

［18］Luz E de-Bashan，Yoav Bashan. Immobilized microalgae for removing pollutants：Review of practical aspects［J］. Bioresource Technology，2010，101（6）：1611-1627.

［19］MohanR K，BrownM P，BarnesCR. Design criteria and theoretical basis for capping contaminated marine sediments［J］. Applied Ocean Research，2000，22：85-93.

［20］陈曦. 原位联合修复技术控制底泥黑臭及氮磷释放的研究［D］. 哈尔滨：哈尔滨工业大学，2020.

［21］Olsta J T. In-Situ Capping of Contaminated Sediments with Reactive Materials［C］//The Eleventh Triannual International Conference：Ports 2007，2007.

［22］F Bona，G Cecconi，A Maffiotti. An integrated approach to assess the benthic quality after sediment capping in Venice lagoon［J］. Aquatic Ecosystem Health and Management，2000，3（3）：379-386.

［23］Wang C，Jiang H L. Chemicals used for in situ immobilization to reduce the internal phosphorus loading from lake sediments for eutrophication control［J］. Critical Reviews in Environmental Science &Technology，2016，46（10）：947-997.

［24］Yin H B，Wang J F，Zhang R Y，et al. Performance of physical and chemical methods in the co-reduction of internal phosphorus and nitrogen loading from the sediment of a black odorous river [J]. Science of the Total Environment, 2019, 663: 68-77.

[25] 范成新, 钟继承, 张路, 等. 湖泊底泥环保疏浚决策研究进展与展望 [J]. 湖泊科学, 2020, 32 (5): 1254-1277.

[26] Y Wang, et al. Potential Effects of Sediment Dredging on Internal Phosphorus Loading in a Shallow, Subtropical Lake[J]. Lake and Reservoir Management, 2015, 23 (1): 27-38.

[27] 金相灿, 荆一凤, 刘文生, 等. 湖泊污染底泥疏浚工程技术——滇池草海底泥疏挖及处置 [J]. 环境科学研究, 1999, 12 (5): 9-12.

[28] 柳惠青. 湖泊污染内源治理中的环保疏浚 [J]. 水运工程, 2000, 11: 21-27.

[29] 魏志杰, 尚晓, 张彦朋, 等. 嘉兴市南湖生态环境修复工程的系统构建与效果评价 [J]. 环境工程学报, 2022, 16 (9): 1-12.

[30] 潘乐, 茆智, 董斌, 等. 塘堰湿地减少农田面源污染的试验研究 [J]. 农业工程学报, 2012, 28 (4): 130-135.

[31] Reddy K R, Fisher M M, Wang Y, et al. Potential Effects of Sediment Dredging on Internal Phosphorus Loading in a Shallow, Subtropical Lake [J]. Lake and Reservoir Management, 2015, 23 (1), 27-38.

[32] 姜霞, 王书航, 张晴波, 等. 污染底泥环保疏浚工程的理念·应用条件·关键问题 [J]. 环境科学研究, 2017, 30 (10): 1497-1504.

[33] 张建华, 殷鹏, 张雷, 等. 底泥疏浚对太湖内源及底栖生物恢复的影响 [J]. 环境科学, 2022: 15.

[34] 濮培民, 王国祥, 胡春华, 等. 底泥疏浚能控制湖泊富营养化吗? [J]. 湖泊科学, 2000, 12 (3): 269-279.

[35] Liu, Fan, Shen, et al. Effects of riverine suspended particulate matter on post-dredging metal re-contamination across the sediment-water interface [J]. Chemosphere, 2016, 144: 2329-2335.

[36] 朱广伟, 陈英旭, 田光明. 水体沉积物的污染控制技术研究进展 [J]. 农业环境保护, 2002, 21 (4): 378-380.

[37] 卢少勇, 李珂, 贾建丽, 等. 串联垂直流人工湿地去除河水中磷的效果 [J]. 环境科学研究, 2016, 26 (8): 1218-1223.

[38] 钟继承, 范成新. 底泥疏浚效果及环境效应研究进展 [J]. 湖泊科学, 2007, 19 (1): 1-10.

[39] 杜海明, 余增亮, 吴敬东, 等. 受污染水体底泥洗脱原位置换的清污设备: CN102503005B [P]. 2013-05-01.

[40] 李国宏, 叶碧碧, 吴敬东, 等. 原位洗脱技术对凉水河底泥中氮、磷释放特征的影响 [J]. 环境工程学报, 2020, 14 (3): 671-380.

[41] 史瑞君, 陈静, 金泽康, 等. 底泥洗脱原位修复污染河道的治理效果 [J]. 北京水务, 2019 (4): 10-14.

[42] 李国宏, 叶碧碧, 吴敬东, 等. 底泥原位洗脱过程中氮磷含量与形态变化特征 [J]. 环境科学研究, 2020, 33 (2): 392-401.

[43] 任万平, 李晓秀, 张汪寿. 沉积物中磷形态及影响其释放的环境因素研究进展 [J]. 环境污染与防治, 2012, 34 (9): 53-60, 66.

[44] Strauss E A, Mitchell N L, Lamberti G A. Factors regulating nitrification in aquatic sediments: Effects of organic carbon, nitrogen availability, and pH [J]. Canadian Journal of Fisheries and Aquatic Sciences, 2002, 59 (3): 554-563.

[45] 侯绪山, 袁静, 叶碧碧, 等. 沉积物原位物理洗脱技术对苦草萌发生长的影响 [J]. 环境工程技术学报, 2021, 11 (3): 514-522.

[46] 阚丹. 浅水湖泊内源磷污染控制技术研究进展 [J]. 环保科技, 2020, 26 (4): 59-64.

[47] Nathalie Caille, Christophe Tiffreau, Corinne Leyval, et al. Solubility of metals in an anoxic sediment during prolonged aeration [J]. Science of The Total Environment, 2003, 301 (1-3): 239-250.

[48] 王瑟澜, 孙从军, 张明旭. 水体曝气复氧工程充氧量计算与设备选型 [J]. 中国给水排水, 2004, 20 (3): 63-66.

[49] 孙从军, 张明旭. 河道曝气技术在河流污染治理中的应用 [J]. 环境保护, 2001, 4: 12-14, 20.

[50] 吴馨婷, 檀炳超, 闫姝晓, 等. 曝气周期对城市污染河道水体氮素形态的影响 [J]. 中国水运 (下半月), 2015, 15 (3): 98-99.

[51] 陈平, 倪龙琦. 曝气技术在黑臭河道上的研究进展 [J]. 化学工程师, 2020, 34 (5): 63-65, 37.

[52] 李大鹏，黄勇，李伟光．底泥曝气对磷吸附容量和底泥中不同形态磷含量的影响（英文）[J]．黑龙江大学自然科学学报，2009，26（2）：234-238，242.

[53] 吴比．底泥稳定与生物过滤联动修复受污染河道的研究 [D]．上海：上海交通大学，2020.

[54] 谌伟，李小平，孙从军，等．低强度曝气技术修复河道黑臭水体的可行性研究 [J]．中国给水排水，2009，25（1）：57-59.

[55] 杜旭，王国祥，刘波，等．曝气深度对城市河道沉积物氮释放及形态的影响 [J]．中国给水排水，2013，29（15）：115-120.

[56] Nathalie Caille, Christophe Tiffreau, Corinne Leyval, et al. Solubility of metals in an anoxic sediment during prolonged aeration. [J]. Science of The Total Environment, 2003, 301 (1-3): 239-250.

[57] 林建伟，朱志良，赵建夫．曝气复氧对富营养化水体底泥氮磷释放的影响 [J]．生态环境，2005，14（6）：812-815.

[58] 徐礼强，杨芳，罗欢，等．曝气复氧对华南农村重污染河道底泥氮磷的作用机制研究 [J]．人民珠江，2014，35（6）：116-118.

[59] 童昌华，杨肖娥，濮培民．水生植物控制湖泊底泥营养盐释放的效果与机理 [J]．农业环境科学学报，2003，22（6）：673-676.

[60] 滑丽萍．湖泊底泥中磷与重金属污染评价及其植物修复 [D]．北京：首都师范大学，2006.

[61] 杜月，胡滨，毕业亮，等．植物修复对黑臭水体底泥中氮磷的去除研究 [J]．环境与发展，2020，32（3）：129-130，134.

[62] 周润娟，张明，孙俊伟．城市河流底泥中重金属污染的植物修复技术研究 [J]．西安文理学院学报（自然科学版），2016，19（4）：72-76.

[63] Haycock N E, Burt T. Floodplain as nitrate buffer zones [J]. NERC-News, 1992, 21: 28-29.

[64] 谷超．红枫湖疏浚底泥中重金属的植物修复研究 [D]．贵阳：贵州师范大学，2016.

[65] Capers R S. Macrophytes colonization in a fresh water tidalwetland（Lyme, CT, USA）[J]. Aquatic Botany, 2003, 77: 325-338.

[66] Zhou C F, An S Q, Jiang J H, et al. An in vitro propaga-tion protocol of two submerged macrophytes for lake revegetation in east China [J]. Aquatic Botany, 2006, 85: 44-52.

[67] 李贵宝，周怀东，刘芳．水陆交错带芦苇根孔及其净化污水的初步研究 [J]．中国水利，2003，6：66-68，5.

[68] 白峰青，郑丙辉，田自强．水生植物在水污染控制中的生态效应 [J]．环境科学与技术，2004，27（4）：99-120.

[69] Jurate Virkutyte, Mika Sillanpää, Petri Latostenmaa. Electrokinetic soil remediation–critical overview [J]. Science of The Total Environment, 2002, 289 (1-3): 97-121.

[70] Ho Sa V, Sheridan P Wayne, Athmer Christopher J, et al. Integrated In Situ Soil Remediation Technology: The Lasagna Process [J]. Environmental Science&Technology, 1995, 29 (10), 2528-2534.

[71] Fabienne Baraud, Sylvaine Tellier, Michel Astruc. Ion velocity in soil solution during electrokineticremediation[J]. Journal of Hazardous Materials, 1997, 56 (3): 315-332.

[72] 何益波，李立清，曾清如．重金属污染土壤修复技术的进展 [J]．广州环境科学，2006，21（4）：26-31.

[73] 吴兴熠．电动导排孔隙水脱除底泥氮的效果及机理研究 [D]．宜昌：三峡大学，2021.

[74] R López-Vizcaíno, C Risco, J Isidrob, et al. Scale-up of the electrokinetic fence technology for the removal of pesticides. Part II: Does size matter for removal of herbicides [J]. Chemosphere, 2017, 166: 549-555.

[75] Rubén LópezVizcaíno, Vicente Navarro, María J León, et al. Scale-up on electrokinetic remediation: Engineering and technological parameters [J]. Journal of Hazardous Materials, 2016, 315 (5): 135-143.

[76] Krishna R Reddy. Technical Challenges to In-situ Remediation of Polluted Sites [J]. Geotechnical and Geological Engineering, 2010, 28 (3): 211-221.

基于多类数理统计方法的岷江水沙
时空变化特性分析

李圣伟　李思璇　朱玲玲

（长江水利委员会水文局，湖北武汉　430010）

摘　要： 岷江流域来水来沙过程对三峡水利枢纽工程的正常运行具有较大的影响。基于长时段水沙序列，采用多类数理统计方法，系统分析了岷江水沙时空变化规律及特性。分析结果表明，高场站多年平均径流量变化不大，近年来洪季径流量占比小幅降低，洪、枯季输沙量年内分配未出现明显变化。高场站径流过程呈现波动变化，存在 28～30 年大尺度的丰枯水期周期变化，来水量于 2019 年由偏枯期转为偏丰期。高场站年输沙量呈明显减小趋势，特别是 1970 年以后年输沙量下降趋势显著。

关键词： 水沙变化；特性分析；多类数理统计；岷江

1 引言

　　岷江位于四川盆地腹部区的西部边缘，发源于四川和甘肃接壤的岷山南麓，流域面积 13.6 万 km²，干流河道总长 735 km，天然落差 3 560 m，平均坡降 0.483%[1]。岷江是长江上游的五条主要支流之一。岷江流域来水来沙过程对三峡水利枢纽工程的正常运行具有较大的影响[2]。陈泽方、李龙成等[1-2]研究了岷江流域水沙变化特性，石国钰、吕超楠等[3-4]对岷江流域已建水库群拦沙进行了分析和计算。李海彬、周银军等[5-7]对长江上游已建水库群拦沙对三峡水库入库站沙量影响进行了分析，许全喜、杨成刚等分析了长江上游近期水沙变化特点及其趋势[8-11]。以上研究成果对揭示岷江流域水沙变化特性及其对三峡入库泥沙的影响起到了一定的支撑作用，然而已有研究成果多基于对实测资料成果的表观分析，对岷江流域资料序列规律的挖掘深度和水沙趋势性分析还不够，部分研究序列年代较早。本文采用高场站 1954—2020 年 60 多年的长序列水沙资料，基于多类数理统计方法，系统分析了岷江水沙变化规律及特性，并进一步探讨了径流、泥沙趋势性变化。

2 水沙输移量变化分析

2.1 水沙年际、年内变化

2.1.1 年际变化

　　高场水文站是国家基本水文站，离河口距离 27 km，隶属于长江水利委员会水文局，系长江重要支流岷江控制站。高场站水沙资料系列起讫年份为 1954—2020 年。为方便分析岷江水沙变化对三峡库区水沙特性的影响，将时间段划分为 1990 年以前、1991—2002 年、2003—2012 年、2013—2020 年四个时段。

　　实测资料表明，高场站多年平均径流量和输沙量分别为 852 亿 m³、4 250 万 t，年径流量、输沙量最大值出现在 1954 年、1966 年，最小值出现在 2006 年、2015 年。不同时段径流量、输沙量变化

基金项目： 长江水科学研究联合基金（U2040218）。

作者简介： 李圣伟（1978—），男，高级工程师，主要从事水文泥沙研究工作。

表明，1991—2002 年多年平均径流量和输沙量分别为 815 亿 m³、3 450 万 t，与 1990 年以前相比，径流量、输沙量分别减少 63 亿 m³、1 810 万 t，减幅分别为 7%、34%；2003—2012 年，高场站径流量、输沙量进一步减少，与 1990 年以前相比，减幅分别为 10%、44%；2013 年以来，高场站多年平均径流量和输沙量分别为 866 亿 m³、2 430 万 t，与 2003—2012 年相比，径流量增幅为 10%，而输沙量减幅达 17%。总体来看，高场站年径流量变化相对较小，而输沙量呈逐时段下降态势。

2.1.2 年内变化

1954—2020 年，高场站洪季（5—10 月）径流量、输沙量分别占全年的 79.1%、98.9%。从不同时段各月水沙量占全年的比例[见图 1（a）]对比来看，1991—2002 年，高场站洪季径流量为 647 亿 m³，与 1990 年以前相比，洪季径流量减少 59 亿 m³，受年均输沙量大幅减小的影响，多年平均洪季输沙量由 5 214 万 t 减小至 3 421 万 t，但年内占比仍稳定在 99.0% 左右，可见，输沙量占比的减少主要集中在主汛期。三峡水库蓄水运用以来，2003—2012 年洪季流量占比在 77% 左右，同时洪季输沙量进一步减少至 2 885 万 t，占比达 98.6%；溪洛渡、向家坝水库蓄水运用后，2013—2020 年，高场站洪季径流、输沙量分别占全年的 74.0%、98.1%，径流量占比略有减小，而输沙量占比变化不大。总体来看，不同时段高场站洪季径流量占比呈逐时段减小态势，变化范围在 74.0% ~ 80.6%，年内流量过程调平；洪、枯季输沙量年内分配未出现明显变化。

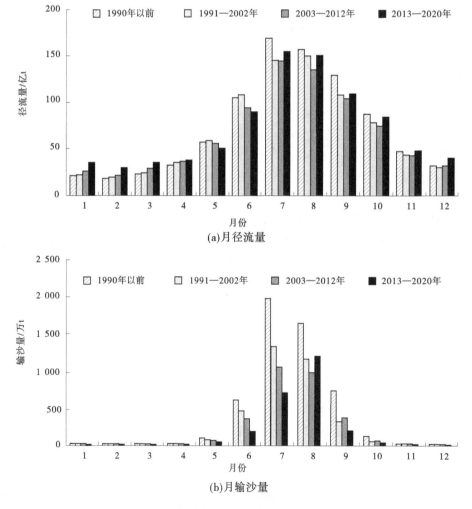

图 1 不同时段高场站月径流量、输沙量变化

2.2 径流周期性变化

根据实测资料分析，高场站多年径流过程呈现波动变化，本文基于小波分析法，开展了高场站径

流周期性变化研究。

从高场站径流量小波等值线（见图2）可以看出，径流量从上至下存在着28~30年，14~15年、10~12年和6~7年三类尺度的周期变化规律，且各尺度的周期变化波动性明显。从尺度较大的28~30年分析来看，径流量过程经历了3次丰枯交替。1962—1969年、1980—1988年、2000—2008年3个时期小波系数为正值，表示为多水期，其余各时间段为少水期。小波方差图中共出现4个峰值，说明径流量变化的主周期分别为30年、15年、12年和7年，其中以30年为第一主周期的变化最为显著。

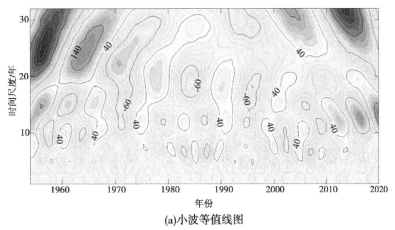

(a)小波等值线图

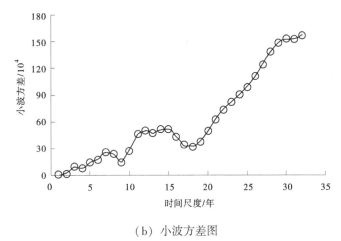

（b）小波方差图

图2 高场站年径流量小波分析与主周期

2.3 输沙跃变分析

跃变是水文系统所具有的非线性特殊表现形式，指时间序列在某时刻发生急剧变化的一种形式，表现为跳跃点前后平均值发生陡升或是陡降。跳跃分析的本质是有序聚类分析，首先找出跳跃点，然后进行检验[12]。岷江高场站1954—2020年共67年输沙序列计算结果表明，输沙量分别在1969年和1993年发生跳跃，且秩和检验、游程检验结果表明跳跃点显著存在。各分期年平均输沙量见表1。图3为高场站输沙量跳跃变化的情势。

1970年一级跳跃的跳跃幅度很大，输沙量减小幅度达到了37.9%，其主要是受1970年建成的龚嘴水库拦沙影响；而1993年次级跳跃点输沙量减幅为28.2%，则主要受1994年建成的铜街子电站拦沙影响。自1994年开始，输沙量平均值仅为0.280亿t，最大值为0.663亿t（2020年）。1994年后，高场站的输沙量发生了质的变化，说明岷江输沙量变化主要受龚嘴、铜街子、瀑布沟、紫坪铺水库明显的拦沙作用影响。

表1 高场站各分期年平均输沙量

时段	1954—1969 年	1970—2020 年			相差
		1970—1993 年	1994—2020 年	相差	
输沙量/亿 t		0.474	0.280	−0.194 （−40.9%）	−0.226 （−37.9%）
	0.597	0.371			

3 水沙输移特性分析

3.1 径流趋势性分析

根据前文分析，高场站多年径流过程呈现周期变化，根据小波方差检验结果分析，自 20 世纪 50 年代以来，在 30 年特征时间尺度上，高场站年径流量变化的平均周期为 16 年左右，大约经历了 3 个丰水期—枯水期的循环阶段；在 14 年特征时间尺度上，流域的平均变化周期为 10 年左右，大约 6 个周期的丰水期—枯水期变化。根据 30 年尺度的小波系数变化趋势，初步可以预计岷江高场站来水量将于 2019 年由偏枯期转为偏丰期（见图 3）。

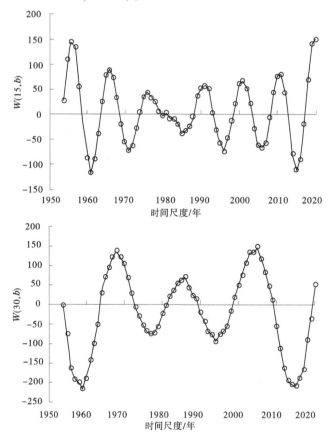

图 3 高场站年径流量变化 15 年、30 年特征时间尺度小波实部过程线

3.2 泥沙趋势性分析

根据线性趋势的回归检验、Spearman 秩次相关检验、Mann-Kendall 秩相关检验法 3 种趋势预测方法对岷江高场站的输沙量变化趋势进行了预测分析，分析结果见表 2。由表 2 可见，在 5% 显著水平下，高场站输沙量呈明显减小趋势。

表2　高场站水沙变化趋势预测结果统计（显著水平0.05下）

站名	统计年数/年	年输沙量			综合分析结论
		线性趋势回归检验	Spearman秩次相关检验	Mann-Kendall秩相关检验	
高场	67	明显	明显	明显减小	输沙量减小趋势明显

总体来看：1970年以前，岷江高场站年输沙量Mann-Kendall值在0值附近波动，自1971年以来，高场站年输沙量呈下降趋势，特别是2006年以后Mann-Kendall值均突破了显著水平的临界值下限，下降趋势显著（见图4）。

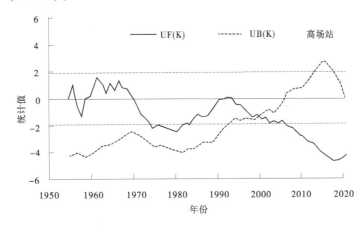

图4　1954—2020年高场站年输沙量Mann-Kendall统计量序列

4　主要认识

（1）岷江高场站多年平均径流量变化不大，近年来洪季径流量占比小幅降低，洪、枯季输沙量年内分配未出现明显变化。径流过程呈现28~30年大尺度的丰枯水期周期变化。根据小波系数变化趋势，岷江高场站来水量将于2019年由偏枯期转为偏丰期。

（2）从泥沙跃变和趋势变化特征来看，受径流量减小和水利工程拦沙等因素的影响，岷江高场站1970年前后输沙量呈现明显减小趋势，减小幅度达到了37.9%。

参考文献

[1] 陈泽方，许全喜. 岷江流域水沙变化特性分析 [J]. 人民长江，2006，37（12）：65-67.

[2] 李龙成，陈光兰，岑静，等. 长江上游岷江流域水沙变化特征分析 [J]. 人民长江，2008，39（20）：42-44，49.

[3] 石国钰. 岷、沱江流域水库群拦沙分析及计算 [J]. 水文，1991（5）：20-26.

[4] 吕超楠，金中武，林木松，等. 岷江流域水库建设对水沙输移的影响 [J]. 长江科学院院报，2020，37（8）：20-26.

[5] 李海彬，张小峰，胡春宏，等. 三峡入库沙量变化趋势及上游建库影响 [J]. 水力发电学报，2011，30（1）：94-100.

[6] 周银军，王军，金中武，等. 三峡水库来沙的地区组成变化分析 [J]. 泥沙研究，2020，45（4）：21-26.

[7] 石国钰，陈显维，叶敏. 长江上游已建水库群拦沙对三峡水库入库站沙量影响的探讨 [J]. 人民长江，1992（5）：23-28.

[8] 许全喜，石国钰，陈泽方. 长江上游近期水沙变化特点及其趋势分析 [J]. 水科学进展，2004，15（4）：

420-426.

［9］杨成刚，李圣伟，董炳江. 三峡水库试验性蓄水以来长江上游来水来沙变化［J］. 水利水电技术（中英文），2022，53（S1）：38-44.

［10］戴会超，王玲玲，蒋定国. 三峡水库蓄水前后长江上游近期水沙变化趋势［J］. 水利学报，2007（S1）：226-231.

［11］张信宝，文安邦. 长江上游干流和支流河流泥沙近期变化及其原因［J］. 水利学报，2002（4）：56-59.

［12］许全喜，张小峰，袁晶. 长江上游河流输沙量时间序列跃变现象研究［J］. 长江流域资源与环境，2009，18（6）：555-562.

清淤底泥资源化利用研究进展

孙婷婷[1,2]　赵良元[1,2]　刘　敏[1,2]　金海洋[1,2]　张　为[1,2]　余　婵[1,2]

(1. 长江水利委员会长江科学院流域水环境研究所，湖北武汉　430010；
2. 流域水资源与生态环境科学湖北省重点实验室，湖北武汉　430010)

摘　要：十八大以来，随着水污染防治工作的不断推进，各地政策由"重水轻泥"转向"泥水并治"，清淤底泥的合理处置及资源化利用已经成为研究重点。本文总结了国内外近年来底泥在土地利用、建材利用、水处理等相关资源化利用方式的研究现状及进展，并分析了影响资源化利用的相关因素，并提出了底泥资源化利用的一些建议。

关键词：底泥；资源化；土地利用；建材利用；水处理

1　引言

"水十条"颁布后，全国上下掀起了一场河湖黑臭水体治理风波。随着我国河湖综合治理大范围的开展，产生了大量的河湖底泥。填埋堆放与海洋倾倒曾是河道底泥处置的主要方式，填埋堆放虽然操作简单，但将占用宝贵的土地资源，极易造成堆放地环境的二次污染；而向海洋倾倒运输成本高昂，也会对海洋生态环境造成影响。

随着国家生态文明工作持续推进和"双碳"目标的提出，河道底泥传统的处理处置方式已无法满足社会的需求，其资源化利用逐渐成为研究的热点。本文系统梳理和总结了国内外河湖底泥资源化利用方式，并探索了影响资源化利用的相关因素，以期为底泥资源化利用相关研究及工程应用提供参考。

2　资源化方式

面源污染、直排等导致大量污水进入河流、湖泊，随着污染物的自然沉降，底泥中的污染物逐渐累积，为资源化利用提供了可能。河湖清淤底泥由于富含有机质、氮磷等营养元素，可为植物生长提供养分，同时又含有大量的细颗粒物，可以改善土壤性能如 pH 值、容重及孔隙度，从而促进植物的生长[1]。此外，清淤底泥中的黏土等成分，可以用来制砖、陶粒、水泥、填方材料等。清淤底泥资源化方式包括农业利用、园林利用及生态修复等。

2.1　土地利用

2.1.1　农业利用

胡浩南[2] 采用河道底泥作为主要原料，添加工农业废弃物粉煤灰和中药渣作为辅料，研究不同基质配方对草皮的生长的影响，实验表明利用河道底泥制作成的最优配方基质能显著提高草皮的生长速度。Braga 等[3] 将巴西水库清淤底泥用于玉米种植，与传统施肥方式相比，可以降低 10%~25% 的成本。刘伟等[4] 研究表明将河道底泥用作土地利用能显著增加土壤养分含量，促进植物生长，相对

基金项目：固定化可见光催化材料的制备及其灭藻机制研究（CKSF2021442/SH）；复合固定化光催化材料降解地表水中邻苯二甲酸二丁酯的机制研究（41907155）。

作者简介：孙婷婷（1991—），女，工程师，主要从事水环境治理生态修复研究工作。

通信作者：赵良元（1983—），男，正高级工程师，副所长，主要从事水环境治理生态修复、资源化利用研究工作。

于其他资源化利用方式，河道底泥土地利用处理成本较低，市场空间和潜力较大。刘旭[5] 将内蒙古乌梁素海底泥添加到土壤中进行葵花种植，发现株高提高 30%，葵花籽脂肪、蛋白质、氨基酸等含量都有所提高。

在将底泥用作农业利用前，应对底泥成分进行严格分析，定期进行环境因子监测，大规模使用时应避免造成环境二次污染。

2.1.2 园林利用

底泥中含有大量的有机质和营养成分，但仍存在环境污染风险，应避免其进入食物链，可用作苗木与草皮种植基质、园林绿化工程用营养土、移动森林等。

对于不符合《土壤环境质量标准》（GB 15618—1995）、《农用污泥污染物控制标准》（GB 4284—2018）要求的污泥不能用于农业生长，但可以用于园林利用促进植物、花卉、草皮等生长。夏军[6] 将清淤淤泥用来种植生态护坡基材的狗牙根，随着淤泥掺量的增加，狗牙根的出芽率也会增加，而且有利于早期萌芽，也能使茎长增大，能够快速形成基材植被覆盖层，当淤泥掺量为 50%～75% 时，促进效果最为明显。Guzel 等[7] 将处理后的疏浚底泥用于市政绿化工程，发现植物长势良好。朱广伟等[8-9] 将京杭运河（杭州段）的疏浚底泥进行园林利用，研究发现可以促进草坪草及园艺花卉的生长，而且对于底泥的投放量具有较好的耐性，在底泥用量控制在一定范围内时，并未造成地下水的污染。

2.1.3 生态修复

清淤底泥可以改善现有的生物栖息地，提供生物基质，将破坏或退化的生态环境进行提升或修复。田旭等[10] 将淤泥制作生态护坡材料用于示范工程中，研究表明，施工前后水体中溶氧含量有明显增加，水中氮磷含量降低，改善了水体的自净能力，增强了生态修复能力。Whomersley 等[11] 研究发现清淤底泥的沉积物与原位沉积物的有机碳和黏土含量越接近，就会发生快速的"定居现象"。位于我国杭州江洋畔生态公园，曾是西湖疏浚底泥的堆积场，底泥堆晒了 6 年。而后生态修复工程设计者们利用淤泥种子中百年沉睡的水生、陆生植物种植，遵循其自然演替过程，打造成了 21 世纪杭州西湖生态公园新典范[12]。

清淤底泥还可用于有潜在环境危害的矿山和采石场的生态恢复。我国矿山修复工作主要集中在金属矿山的生态修复和废弃煤矿的地质及生态修复，主要治理措施包括对矿山进行土壤改良，结合植物重建、边坡治理、多种技术等共同修复矿山生态环境。截至 2020 年，我国矿山开发地约 177.50 万 hm²，开采后产生的废弃矿山占地约 45%，通过人工生态修复治理的矿山面积仅为 4.8%，底泥用作矿山修复存在很大的前景[13]。

目前，国内尚未出台填充材料的相关标准与导则，因而在规划利用初期，应首先考虑生态环境效益，实地调查地质、地下水、土地成本、排水、周围动植物等状况，考虑潜在的社会和环境影响；其次也要考虑运输车辆和相关设备的可达性，尽量减小经济成本。

2.2 建材利用

2.2.1 填方材料

疏浚底泥经脱水、固化后，可用来制作填方材料。其优点在于该固化体强度好、不易透水、不易产生沉降等，可用于筑堤或道路工程的路基、矿坑、沟渠等地区的回填等，可降低运输、生产成本，实现资源回收利用[14]。

Ramaroson 等[15] 通过对清淤底泥的加热温度和停留时间进行控制，使用旋转炉高温处理后的底泥，可以广泛应用于砂浆、道路材料等。彭丽思等[16] 研究表明将河道底泥、石灰、水泥和炉渣按照一定比例混合，经过养护，填方材料达到最大强度且满足填筑土标准要求，混合养护后填方材料所含的重金属浓度远小于我国危险废弃物的限值标准。Gu 等[17] 将水泥、磷石膏、飞灰等作为固化剂添加到河道清淤底泥中，经强氧化处理制得的材料具有较好的强度和水稳定性，可以满足路基填方材料的标准。

2.2.2 陶粒

清淤底泥中富含黏土，因此可以利用淤泥取代部分原料来烧制陶粒。

徐振华[18] 将污水处理厂污泥与底泥作为主要原料，对烧结工艺进行研究并建立中试生产线进行分析，对环境影响很小，实现了经济环保的要求。王中平等[19] 对苏州河底泥组分进行调节，高温处理后制作陶粒，底泥中的重金属被固化，降低了环境风险。何世华[20] 利用污泥、底泥为主要原料，经过破碎、烘干、加入添加剂后经过造粒制得轻质陶粒，将其制作保温陶粒砖，可应用在建筑商的墙体保温材料。

2.2.3 砖

底泥中含有大量有机物，在烧结过程中会分解并产生微孔，从而降低体积密度，提高透气性能，提高容重导热系数等，是制作环保砖的良好材料。清淤底泥制砖相比资源化方式具有很大的优势，焚烧后的产物物质比较稳定，不会造成二次污染。常见的制砖技术有烧结砖和免烧砖。

刘贵云等[21] 将煤粉和城市生活污泥添加到苏州河底泥中高温烧结制砖，结果表明制成的烧结砖物理特性可与普通砖参数相符。重金属浸出浓度试验结果表明，制成砖中重金属的浸出率相对于原料而言大大降低，这是因为经高温煅烧后，绝大部分重金属被固化在烧结砖中，不会对周围环境造成二次污染。陈丽[22] 利用温瑞塘河的底泥进行制砖实验研究，制砖后毒性大大降低，制备的底泥砖在使用中对环境危害小，基本无毒，并且对水质具有净化作用，具有良好的生态效益和经济效益。有研究表明河道底泥可替代黏土作为建材生产的原料，目前利用河道底泥生产建材已实现工厂化运营[23]。底泥制砖技术在国内外已取得了较好的应用，底泥制得的环保砖不会对环境产生危害，具有较高的实用性。

2.2.4 水泥

由于底泥的灰分化学性质与黏土十分相似，因此可利用其灰分化成分代替黏土作为生产水泥的原料。水泥窑的高温能将污泥燃烧，并通过一系列物化反应，使重金属等污染物固化在水泥熟料的晶格中，实现底泥的安全处理和资源化利用。杨磊等[24] 利用苏州河底泥进行水泥熟料生产研究，该底泥所含的有机污染物和重金属污染物在水泥生产和使用中均不产生二次污染，并且符合相关标准规定，不仅可以降低中热耗和原料的消耗，更重要的是改善城市环境，实现再生资源的综合利用。Dang 等[25] 将法国布列塔尼北部海底底泥经 650 ℃高温处理后添加到水泥中，制成的混合水泥比石灰填料具有更高的抗压强度。

利用底泥制作水泥时，应考虑底泥中的氯含量，以防止水泥在使用过程中对钢筋等造成腐蚀。

2.3 水处理

使用底泥制作水处理材料，用来降解废水中的氮磷、有机物及重金属等，但主要研究集中在实验室研究阶段，对于成分复杂的废水的吸附研究较少。

底泥是一种含腐殖质的天然吸附剂。任乃林等[26] 利用底泥模拟对 Cr^{6+} 废水的吸附作用，实验表明底泥对废水中铬具有较强的吸附能力，且吸附量及去除率远大于陶土，这是由于底泥中含有大量的腐殖质，它对金属离子有吸附交换和络合的作用，且粉状底泥比颗粒状底泥吸附能力更强。宋颖等[27] 以浙江绍兴河道底泥烧结制作水处理材料，结果表明对废水中氨氮、总氮、总磷及 COD 去除效果较好。于珊珊等[28] 采用滇池底泥为原料，制作水处理吸附材料，发现可以去除废水中 70% 以上的 Cr^{6+} 和 Cu^{2+}。

清淤底不同资源化方式比较见表 1。

3 资源化利用影响因素

3.1 有机质含量

若清淤底泥中含有大量的营养物质，常被用于土地利用，以提高土地肥力，改善土壤理化性质。对于有机质含量大于 20% 的底泥，金属含量、理化性质、卫生指标等符合《农用污泥污染物控制标

表 1 清淤底不同资源化方式比较

资源化方式	具体用途	优点	缺点
土地利用	农业利用	改善土壤理化性质，提高土壤肥力，成本低	植物重金属富集
	园林利用	环境危害小，处理费用低	污染物迁移，重金属富集
	生态修复	减少运输、生产成本，因地制宜，遵循自然规律	污染物释放，可能二次污染
建材利用	填方材料	可替代黏土，降低环境风险及生产成本	能耗高；可能二次污染
	陶粒		
	砖		
	水泥		
水处理	水处理材料	废物循环利用	可能二次污染

准》（GB 4284—2018）规定的阈值，经无害化处理后可用于耕地、园地、牧草地或不种植食用农作物的耕地等。且用作农用时，年用量累计不超过 7.2 t/hm²（以干基计），连续使用不超过 5 年。

底泥中有机质含量比较高的时候，不适合用于建材利用，有机质含量在极限含量范围内的增加会显著降低淤泥固化的强度，而超过极限含量后则影响比较小[29]。朱伟等[30] 研究发现底泥中的腐殖酸会一定程度上抑制水泥水化反应，而且强度龄期的增长率会随着有机质含量的增加而减小，且存在一个极限含量为 3.62%。赵笛等[31] 研究表明有机质富里酸含量的增加会使结合水与矿物水的生成量减少，从而影响强度。

3.2 重金属含量

当底泥中重金属含量比较高，超出《绿化种植土壤》（CJ/T 340—2016）、城镇污水处理厂污泥处置 制砖用泥质》（GB/T 25031—2010）、《农用污泥污染物控制标准》（GB 4284—2018）等相关标准中规定的金属含量限值。

底泥资源化利用应遵循无害、稳定、可靠的原则。实际应用中应结合底泥性质、污染类型及污染程度进行资源化利用，以取得最优的生态效益、经济效益和社会效益。现如今应用最广泛的技术就是对底泥进行固化处理，通过添加固化剂，能够稳定污染、有害物质，改善其力学性能，制成的建筑材料具有固化强度好、低透水性、不轻易产生沉降等优点，不仅可以解决环境污染问题，而且可以解决工程施工过程中土石等资源匮乏的问题[32]。

3.3 有毒有害物质

对于底泥中含有壬基酚、多氯联苯同系物等新兴污染物、有毒有害污染物时，需要在资源化利用前进行无害化处理。可通过掺杂植物秸秆、蘑菇残渣，厌氧生物处理，延长通风时间等，以提高有毒有害物质的降解。

在底泥进行资源化利用时，还需借鉴《土壤环境质量 农用地土壤污染风险管控标准（试行）》（GB 15618—2018）、《土壤环境质量 建设用地土壤污染风险管控标准（试行）》（GB 36600—2018）等相关标准进行风险评价，避免造成底泥的二次污染。

但是国内目前尚未出台针对清淤底泥的污染监测、生态风险评价及资源利用相关标准或导则，在底泥进行可利用性评定时，相关标准的借鉴存在一定的争议，因此国家层面有必要加紧研究和出台一系列底泥资源化的相关导则和标准。

4 结论及建议

（1）底泥的资源化利用仍存在很多技术难题，其资源化利用的具体方式也须根据底泥污染程度及类别、生物指标、施用地点的土壤本底值，以及资源化技术能耗等，以达到最优的处理效果。

（2）底泥资源化利用应首先考虑生态环境效益及潜在的社会效益、环境影响，应实地考察地质、地下水、排水、周围动植物等状况，其次也要考虑运输车辆及相关设备的可达性。

（3）底泥用作农业利用时，应进行无害化处理，避免有害物质进入食物链，还要综合考虑底泥用量、使用频率及植物生长周期等因素。

（4）底泥用作建材利用技术十分成熟，产业化应用时，应着重考虑使用绿色脱水药剂以降低运输成本，也可以结合海绵城市建设，制备免烧结透水砖。

（5）底泥制备水处理材料效果良好，但多以实验室研究阶段为主。在实际应用中比较少，应特别注意二次污染。

（6）底泥中富含磷元素，未来对于磷元素的回收利用、提取附加产品也是底泥资源化研究方向之一。

（7）国内目前尚未出台针对清淤污泥的污染监测、生态风险评估等标准或导则。在进行资源化利用评定时，参考标准的选择难免存在争议。国家和地方层面亟需出台一系列导则及标准。

（8）若要清淤底泥可以安全、高效、经济、环保的实现利用，需要科研、水利、环保、农业、住建等各部门各环节通力合作，加之经济政策支持，才能实现良性循环。

参考文献

［1］Wang X, Chen T, Ge Y, et al. Studies on land application of sewage sludge and its limiting factors［J］. Journal of Hazardous Materials, 2008, 160（2）：554-558.

［2］胡浩南. 利用河道底泥制备草皮种植基质研究［D］, 杭州：浙江大学, 2021.

［3］Braga B B, et al. From waste to resource：Cost-benft analysis of reservoir sediment reuse for Soil fertilization in a semarid catchment［J］. Science of Total Environment, 2019, 67（20）：158-169.

［4］刘伟, 杨富淋, 汪华安, 等. 珠三角河道底泥资源化利用探讨［J］. 环境科学与技术, 2018, 41（S1）：363-366.

［5］刘旭. 乌梁素海底泥农田利用可行性分析及其环境风险评价［D］. 呼和浩特市：内蒙古农业大学, 2013.

［6］夏军. 基于疏浚淤泥利用的生态护坡基材研究［D］. 武汉：湖北工业大学, 2019.

［7］Güzel B, BASAR H M, GüNES K, et al. Assesmen of manine dredged materials taken fromTurkey´ ports/harbors in landscaping［J］. Desalination and water Treatment. 2017,（71）：207-220.

［8］朱广伟, 陈英旭, 王凤平, 等. 景观水体疏浚底泥的农业利用研究［J］. 应用生态学报, 2002, 13（3）：335-339.

［9］朱广伟, 陈英旭, 周根娣. 疏浚底泥的养分特征及污染化学性质研究［J］. 植物营养与肥料学报, 2001, 7（3）：311-317.

［10］田旭, 何贵堂, 王铁, 等. 利用疏浚底泥制备生态护岸材料在河道原位生态治理中的应用［J］. 净水技术, 2020, 39（7）：176-181.

［11］Whomersley S G B, et al. Invertebrate Recolonization of FineGrained-Beneficial Use Schemes：An Example from the Southeast Coast of England［J］. Journal of Coastal Conservation, 2003, 9（2）：159-169.

［12］王向荣, 林箐. 杭州江洋畈生态公园工程月历［J］. 风景园林, 2011（1）：18-31.

［13］李佳. 底泥基石灰岩矿山生态修复基料研究［D］. 绵阳：西南科技大学, 2022.

［14］柴萍, 马凯. 疏浚底泥资源化利用研究综述［J］. 绿色环保建材, 2019（3）：453-456.

［15］Ramaroson J, Dia M, Dirion J L, el al. Themal. Treatmrnt of dredgerd sedlinent in a Rotary Kiln：Inwestigation of trucetural changes［J］. Induistrial & Engineering Chemistry Research, 2012, 51（21）：7146-7152.

［16］彭丽思, 付广义, 陈繁忠, 等. 城市河道底泥的固化处理及机理探讨［J］. 环境工程, 2016, 34（S1）：747-752.

［17］GU Z, HUA S D, ZHAO W X, et al. Using Alkali-Activated cementitious materials to solidify high organic matter content dredged sludge as roadbed material［J］. Advances in Cicil Engineering, 2018.

［18］徐振华. 污水厂污泥与河道底泥联合高温烧结制备陶粒的技术研究［D］. 北京：清华大学, 2012.

［19］王中平, 徐基璇. 利用苏州河底泥制备陶粒［J］. 建筑材料学报, 1999, 2（2）：178-181.

［20］何世华．工业污泥、海泥和石粉颜值轻质陶粒的研究［J］．硅酸盐通报，2013，32（3）：453-456.

［21］刘贵云，姜佩华．河道底泥资源化的意义及其途径研究［J］．东华大学学报（自然科学版），2002，28（1）：33-36.

［22］陈丽．温瑞塘河底泥资源化制砖的实验研究［D］.上海：华东师范大学，2013.

［23］彭孟敢．应用疏浚泥制备透水砖及性能研究［D］.广州：华南理工大学，2013.

［24］杨磊，计亦奇．利用苏州河底泥生产水泥熟料技术研究［J］．水泥，2000（10）：10-12.

［25］DANG Tuan Anh，KAMALI B S，PRINCE W A．Design of new blended cement based on marine dredged sediment［J］.Construction and Building Materials．2013，41：602-611.

［26］任乃林，许佩芸．用底泥吸附处理含铬废水水处理技术［J］．水处理技术，2002，28（3）：172-174.

［27］宋颖，黄玉婷，李欣，等．疏浚底泥制作污水处理填料代理 MSL 反应器沸石填料的效果［J］．浙江农业科学，2016，57（11）：1788-1792.

［28］于珊珊，杨月红，程杨．高温焙烧改性底泥吸附剂的应用［J］．化工进展，2017，36（S1）：495-499.

［29］邓琪丰，刘卫东，韩云婷．河湖疏浚底泥资源化利用研究进展［J］．中国水运，2022（2）：138-140.

［30］朱伟，曾科林，张春雷．淤泥固化处理中有机物成分的影响［J］．岩土力学，2008（1）：33-36.

［31］赵笛，朱先杰，侯志强，等．疏浚淤泥有机质含量及其对固化淤泥强度的影响［J］．河南科学，2019，37（10）：1634-1639.

［32］林映津，曾小妹，谢贻冬，等．河道底泥处理及资源化利用研究进展［J］.2021（4）：38-41.